「피난 · 방화시설」 실무 해설서

건축소방의 이해

안성호 저서

예문사

PREFACE 머리말

자신의 마음속 배관에 흐르는 유체가 시원하게 통하지 않고 어떤 부분에서 막혀버렸다는 느낌을 가져본 적이 있는가? 필자가 지난 25년여의 시간 동안 소방 영역에서 현장경험과 학습을 해오면서 특히 자신감을 가지기 힘들었던 분야가 건축법령에서 규정하고 있는 피난과 방화시설 등이 소방법령에서 유지 · 관리되어야 하는 제도에 대한 부분이다.

건축물 사용자의 안전과 피난을 위해서는 반드시 건축법령과 소방법령에서 규정하고 있는 상호 관련성 있는 규정들의 이해와 적용이 조화롭게 되어야 함에도 그동안 우리는 건축법과 소방법을 개별적으로 적용해 왔던 것이 사실이다. 이런 이유로서 건축 관련시설에 대한 소방법령에서의 안전관리와 연관성 있는 사항들이 명확하게 적용되지 않고 항상 누군가는 체계적인 분류와 정리를 해야 하는 과제로 남아 있었다.

그동안 필자가 느끼고 해결하고 싶었던 건축 관련시설 적용의 많은 이견들을 실무에서 상호 주장하고 논쟁하던 경험과 그 연속의 시간과정에서 습득했던 '건축소방의 이해'가 안전에 종사하는 다수의 엔지니어들에게 조금이라도 도움이 되고자 이 책을 발간하게 되었다.

제1편 ▸ 건축물이 형성되는 행정적인 절차등에 관한 사항

제2편 ▸ 건축물 대장의 생성 등 건축물 관리에 대한 실무

제3편 ▸ 건축법령의 '피난시설 및 용도제한 등'의 규정에서 열거하고 있는 시설들에 소방법령의 적용을 받는 피난시설등의 종류에 따른 세부 분류

제4편 ▸ 건축 관련시설들에서 분류된 피난시설, 방화시설, 방화구획에 대한 각 시설마다의 설치 대상과 기준, 구조 등의 개별사항과 실무 적용사례 검토

제5편 ▸ 성능위주설계(PBD) 제도와 초고층 및 지하연계 복합건축물에 대한 사전재난영향성검토협의 등을 참고 부록으로 구성하여 건축방재계획 수립에 도움이 되게 하였다.

이 책의 집필 과정에서 내용의 고민과 완성에 대한 자신감을 의심했던 많은 시간들이 있었지만 주변의 응원과 격려로 결국 여기까지 오게 되었다. 비록 이 책의 내용들이 오직 필자의 기본 생각에서 시작되었기에 실력을 갖춘 많은 전문가들이 보기에는 이견이 있을 수 있겠지만 법령기준과 판례, 질의 회신등으로 최대한 객관성이 확보되도록 노력하였으므로 누군가에게 지식의 습득을 위한 과정에 조금이라도 도움이 되기를 바라는 마음이다.

그동안 많은 의견과 자료를 제공해주신 여러 교수님, 건축사님, 소방기술사님 그리고 소방관계자님들께 깊은 감사의 마음을 전합니다.

안성호

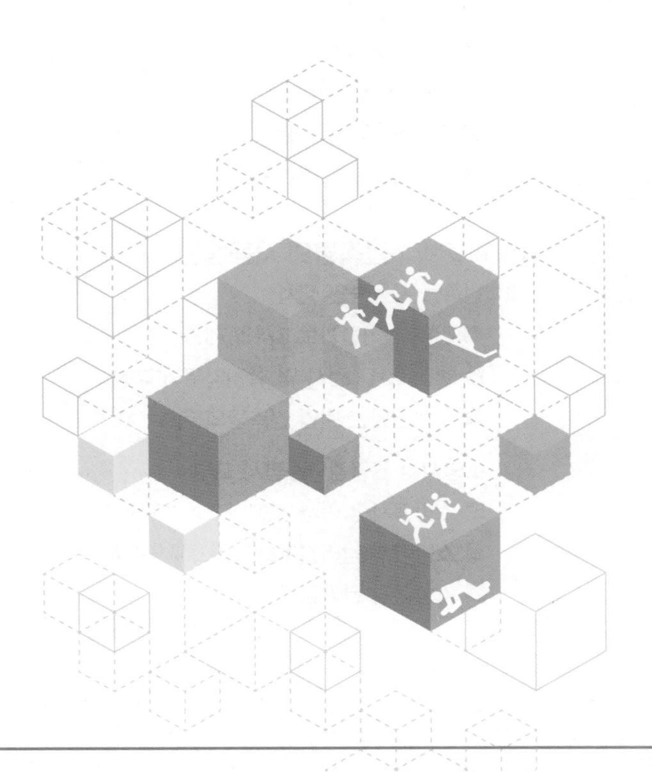

CONTENTS 차례

PART 01 건축물 형성과정의 이해

PART 02 건축물의 유지·관리

CHAPTER 01 사용승인에 따른 건축물의 관리등

CHAPTER 02 소방시설등의 자체점검등

CONTENTS 차례

CONTENTS 차례

CONTENTS 차례

PART 05 참고 부록 건축방재계획의 성능위주설계(PBD) 제도

CHAPTER 01 성능위주설계(PBD) 제도

CHAPTER 02 성능위주설계(PBD)의 심의 절차 및 방법

CHAPTER 03 성능위주설계(PBD)와 사전재난영향성검토협의

PART 01 ▶ 건축물 형성과정의 이해

제1편에서는 새로운 건축물이 신축되기까지 용도와 규모에 따른 행정절차로서 건축심의 및 허가에서부터 사용승인 시의 건축물 형성과정 전반에 대해 이해하도록 한다. 또한 건축물의 심의 · 허가 대상물 범위에 대한 사항, 건축 허가동의와 복합민원일괄협의회에 관한 사항, 건축물의 사용승인을 위한 감리결과보고서와 소방시설의 완공검사증명서 교부 등에 관한 이해의 폭을 넓힘으로써 예방행정 실무의 적용에 도움이 되도록 하였다.

PART 01 건축물 형성과정의 이해

CHAPTER

01 | 건축물의 심의/허가

01 건축물 형성의 행정절차

현재 우리가 이용하고 있는 모든 건축물은 법률에서 정한 기준과 건축주의 적법한 행정절차의 이행으로 법적 범위 내에서 주거 및 경제 행위를 할 수 있도록 허락된 것으로 볼 수 있다. 그러므로 우리의 생활과 밀접한 건축물이 어떠한 행정적 절차를 통해 형성되었는지 기본적인 이해가 필요하다. 연면적 등 규모에 따라 건축물이 형성되는 절차에 대해 구분해서 알아본다.

1 일반 건축물의 행정절차

일반적으로 건축물을 신축할 때는 각 시·도의 건축조례에서 정하는 규모의 대상이 아닌 것에 대해서는 관할하는 구청에 직접 건축허가를 신청하고 관련 부서의 협의를 거쳐 착공 후 사용승인을 받고 건축물 대장에 기재됨으로써 새로운 건축물이 형성된다.

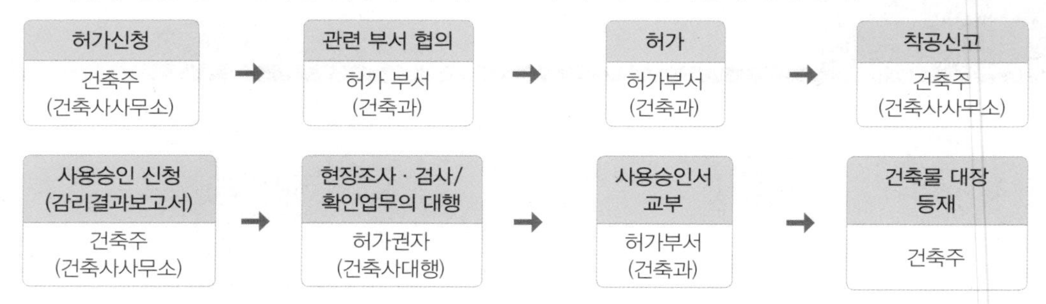

2 심의대상 건축물의 행정절차

각 시·도의 건축조례에서 정하는 일정 규모 이상의 건축물(심의대상)을 신축하고자 할 때는 건축허가 신청 전 시·도 건축위원회의 심의를 받고 건축위원회에서 제시된 다양한 조건이 충족되면 상기 일반 건축물의 행정절차에 따라 새로운 건축물이 형성된다.

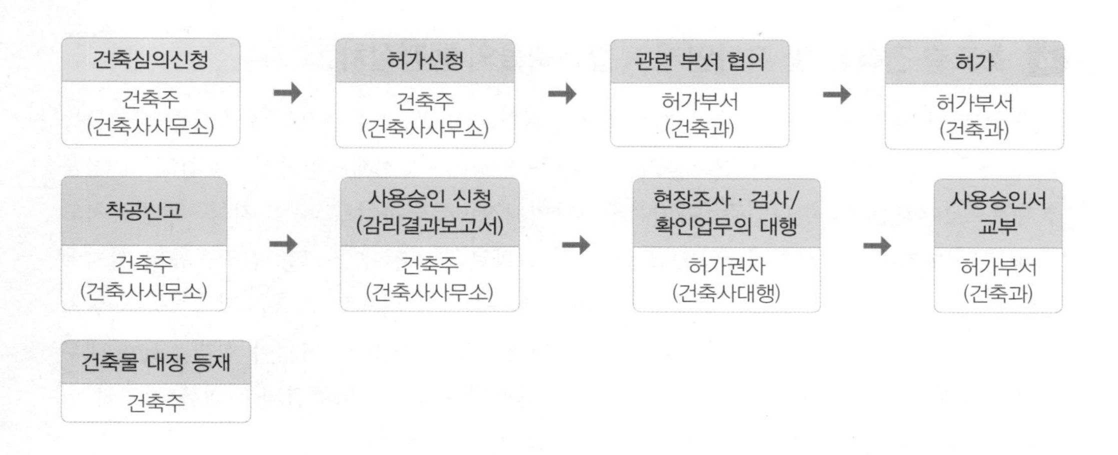

3 성능위주설계(PBD) 대상의 행정절차

소방법령에 따르면 일정규모 이상의 건축물을 신축하고자 할 때는 법령에서 정하는 동등 이상의 화재안전계획을 설계("성능위주설계") 하도록[1)]하고 있으며, 건축물의 심의 전 성능위주설계에 대한 평가심의를 관할소방서에 신청하고 각 시 · 도 소방본부에서 실시하는 「성능위주설계(PBD) 평가단」의 심의를 받아야 한다.

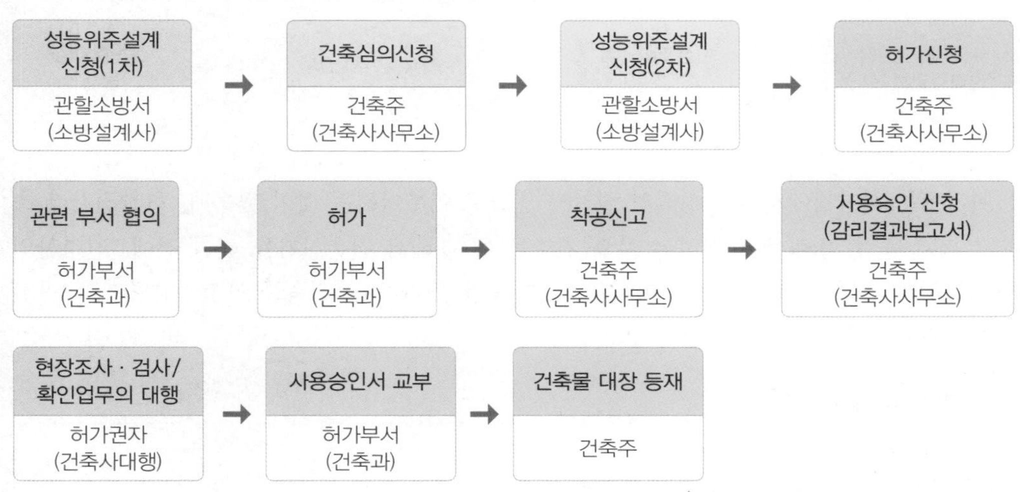

1) 소방시설 설치 및 관리에 관한 법률 제8조(성능위주설계)

4 초고층 건축물 및 지하연계 복합건축물의 행정절차

「초고층 및 지하연계 복합건축물 재난관리에 관한 특별법」에서 규정하는 초고층 건축물등을 신축하고자 할 때는 일반 건축물의 허가절차 과정에 "사전재난영향성검토협의" 과정을 추가적으로 이행해야 한다. 즉, 특별시장 · 광역시장 · 특별자치시장 · 도지사 · 특별자치도지사("시 · 도지사")는 사전재난영향성검토협의가 완료 되기전에 초고층 건축물등의 설치에 대한 허가 · 승인 · 인가 · 협의 · 계획수립 등을 하여서는 안 되므로 초고층 건축물등의 설치등을 하려는 자는 사전재난영향평가위원회의 평가과정[2]을 반드시 거쳐야 한다. 또한 대부분이 소방시설법에 의한 성능위주설계 대상이 되어 별도의 성능위주설계 심의를 거쳐야 되므로 초고층 건축물의 행정적인 절차는 더 복잡하다고 할 수 있다.

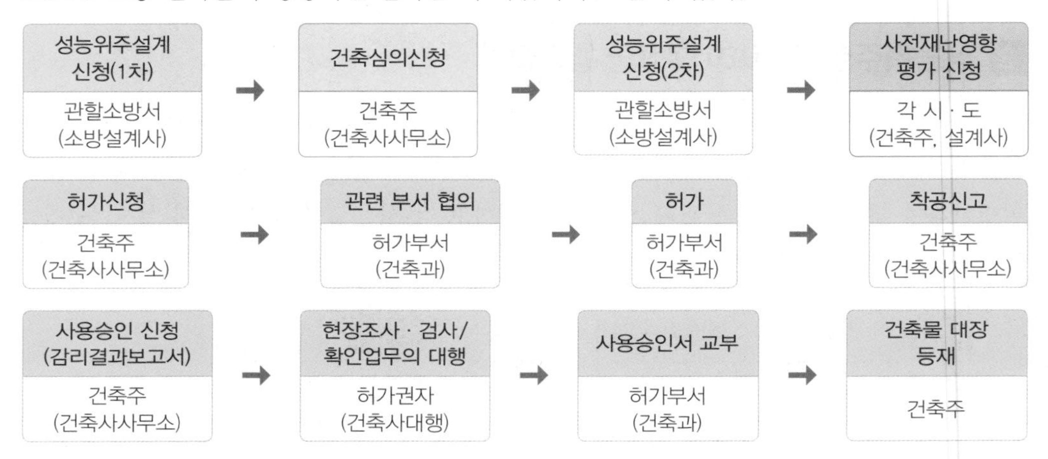

여기에는 허가청에서의 행정적인 절차가 별도로 이루어지는 것이 있는데, 허가권자가 초고층 건축물 등 법령에서 정하는 주요 건축물[3]에 대해서 건축허가를 하기 전에 "건축물의 구조안전과 인접 대지의 안전에 미치는 영향" 등을 평가하는「건축물 안전영향평가」를 안전영향평가기관에 의뢰하여 실시하여야 한다.

건축물 안전영향평가 대상

1. 초고층 건축물
2. 다음 각 목의 요건을 모두 충족하는 건축물
   가. 연면적(하나의 대지에 둘 이상의 건축물을 건축하는 경우에는 각각의 건축물의 연면적)이 10만 제곱미터 이상일 것
   나. 16층 이상일 것

2) 초고층 및 지하연계 복합건축물 재난관리에 관한 특별법 제7조(사전재난영향성검토협의 내용)
3) 건축법 시행령 제10조의3(건축물 안전영향평가) 제①항

안전영향성평가는 건축물을 건축하려는 자가 건축허가를 신청하기 전에 법령에서 규정하는 자료[4]를 첨부하여 허가권자에게 의뢰하여야 하고, 허가권자는 건축허가 전에 안전영향평가기관에 의뢰하여 실시한다.

02 건축 심의등

건축심의는 일정 규모 이상의 건축물을 지을 때 인·허가에 앞선 절차로서 도시의 경관 확보와 건축물 구조나 안전성 확보 등에 대한 공공성을 따져 보는 것이다. 그러므로 건축물의 주변뿐만 아니라 도시계획적인 기준을 충족하는지 검토하기 위해서 건축허가 이전에 관련 심의를 통과해야 건축허가를 진행할 수 있다. 건축물 관련 심의는 건축법에서 규정하고 있지만「경관법」이나「학교보건법」등 다른 법률에서 규정하고 있는 경우도 있다.

1 건축위원회

건축물의 건축 또는 대수선에 관한 사항등에 대하여 조사·심의·조정 또는 재정("심의등")하기 위하여 각각 건축위원회 두는데, 중앙행정기관의 부서에 두는「중앙건축위원회」와 특별시·광역시·특별자치시·도·특별자치도("시·도") 및 시·군·구("자치구")에 두는「지방건축위원회」로 구분된다.

건축법 제4조(건축위원회)

① 국토교통부장관, 시·도지사 및 시장·군수·구청장은 다음 각 호의 사항을 조사·심의·조정 또는 재정("심의등")하기 위하여 각각 건축위원회를 두어야 한다.
1. 이 법과 조례의 제정·개정 및 시행에 관한 중요 사항
2. 건축물의 건축등과 관련된 분쟁의 조정 또는 재정에 관한 사항. 다만, 시·도지사 및 시장·군수·구청장이 두는 건축위원회는 제외한다.
3. 건축물의 건축등과 관련된 민원에 관한 사항. 다만, 국토교통부장관이 두는 건축위원회는 제외한다.
4. 건축물의 건축 또는 대수선에 관한 사항
5. 다른 법령에서 건축위원회의 심의를 받도록 규정한 사항

---

4) 건축법 시행령 제10조의3(건축물 안전영향평가) 제②항

2 건축위원회의 심의등 범위[5)]

중앙건축위원회는 표준설계도서의 인정과 분쟁의 조정 또는 재정에 관한 사항등에 대해서 심의등을 하고, 지방건축위원회에서는 건축선(建築線)의 지정이나 조례의 제정 · 개정 및 시행에 관한 중요사항의 심의등을 하는등 범위에 차이가 있다.

(1) 중앙건축위원회의 심의등

중앙행정기관의 부서에 두는 "중앙건축위원회"에서는 다음 각 호의 사항에 대한 심의등을 한다.

중앙건축위원회의 심의등 범위[6)]

1. 표준설계도서의 인정에 관한 사항
2. 건축물의 건축 · 대수선 · 용도변경, 건축설비의 설치 또는 공작물의 축조("건축물의 건축등")와 관련된 분쟁의 조정 또는 재정에 관한 사항
3. 법과 이 영의 제정 · 개정 및 시행에 관한 중요 사항
4. 다른 법령에서 중앙건축위원회의 심의를 받도록 한 경우 해당 법령에서 규정한 심의사항
5. 그 밖에 국토교통부장관이 중앙건축위원회의 심의가 필요하다고 인정하여 회의에 부치는 사항

심의등을 받은 건축물이 다음 각 호의 어느 하나에 해당하는 경우에는 해당 건축물의 건축등에 관한 중앙건축위원회의 심의등을 생략할 수 있다.

1. 건축물의 규모를 변경하는 것으로서 다음 각 목의 요건을 모두 갖춘 경우
   가. 건축위원회의 심의등의 결과에 위반되지 아니할 것
   나. 심의등을 받은 건축물의 건축면적, 연면적, 층수 또는 높이 중 어느 하나도 10분의 1을 넘지 아니하는 범위에서 변경할 것
2. 중앙건축위원회의 심의등의 결과를 반영하기 위하여 건축물의 건축등에 관한 사항을 변경하는 경우

(2) 지방건축위원회의 심의등

건축법에서는 일정규모의 건축물을 건축하거나 대수선하려는 자는 시 · 도 및 자치구에 두는 "지방건축위원회"의 심의를 신청하도록 규정하고 있으며, 아래의 사항들에 대해 심의한다.

지방건축위원회의 심의등 범위[7)]

가. 건축선(建築線)의 지정에 관한 사항
나. 지방자치단체장이 발의하는 조례의 제정 · 개정 및 시행에 관한 중요사항
다. 다중이용 건축물 및 특수구조 건축물의 구조안전에 관한 사항

---

5) 건축법 제4조의2(건축위원회의 건축 심의 등)
6) 건축법 시행령 제5조(중앙건축위원회의 설치 등)
7) 건축법 시행령 제5조의5(지방건축위원회)

PART 1

라. 다른 법령에서 지방건축위원회의 심의를 받도록 한 경우 해당 법령에서 규정한 심의사항
마. 시 · 도지사, 시장 · 군수 · 구청장이 도시 및 건축 환경의 체계적인 관리를 위하여 필요하다고 인정하여 지정 · 공고한 지역에서 건축조례로 정하는 건축물의 건축등에 관한 것으로서 시 · 도지사 및 시장 · 군수 · 구청장이 지방건축위원회의 심의가 필요하다고 인정한 사항

심의등을 받은 건축물이 각 호의 어느 하나에 해당하는 경우에는 해당 건축물의 건축등에 관한 지방건축위원회의 심의등을 생략할 수 있다.

1. 건축물의 규모를 변경하는 것으로서 다음 각 목의 요건을 모두 갖춘 경우
   가. 건축위원회의 심의등의 결과에 위반되지 아니할 것
   나. 심의등을 받은 건축물의 건축면적, 연면적, 층수 또는 높이 중 어느 하나도 10분의 1을 넘지 아니하는 범위에서 변경할 것
2. 지방건축위원회의 심의등의 결과를 반영하기 위하여 건축물의 건축등에 관한 사항을 변경하는 경우

 여기서 잠깐!

다중이용건축물 및 특수구조 건축물의 종류

구분	내용
다중이용 건축물[8]	가. 다음의 어느 하나에 해당하는 용도로 쓰는 바닥면적의 합계가 5천m^2 이상인 건축물 1) 문화 및 집회시설(동물원 및 식물원 제외) 2) 종교시설 3) 판매시설 4) 운수시설 중 여객용 시설 5) 의료시설 중 종합병원 6) 숙박시설 중 관광숙박시설 나. 16층 이상인 건축물
특수구조 건축물[9]	다음 각 목의 어느 하나에 해당하는 건축물 가. 한쪽 끝은 고정되고 다른 끝은 지지(支持)되지 아니한 구조로 된 보 · 차양 등이 외벽(외벽이 없는 경우에는 외곽 기둥을 말한다)의 중심선으로부터 3m 이상 돌출된 건축물 나. 기둥과 기둥 사이의 거리(기둥의 중심선 사이의 거리를 말하며, 기둥이 없는 경우에는 내력벽과 내력벽의 중심선 사이의 거리를 말한다. 이하 같다)가 20m 이상인 건축물 다. 특수한 설계 · 시공 · 공법 등이 필요한 건축물로서 국토교통부장관이 정하여 고시하는 구조로 된 건축물 ※ 특수구조 건축물 대상기준[국토교통부고시 제2018-777호]

8) 건축법 시행령 제2조(정의) 제17호
9) 건축법 시행령 제2조(정의) 제18호

3 건축조례에 따른 지방건축위원회의 심의

건축심의 대상이 되는 건축물에서 일정규모에 따라 「시 · 도 건축위원회」와 「시 · 군 · 구 건축위원회」에서 심의하도록 하고 있으며, 이는 각 시 · 도의 건축물에 관한 조례(건축조례)로 정하고 있으므로 각 시 · 도별로 차이는 있을 수 있으나, 일반적으로 "다중이용건축물로서 21층 이상" 또는 "10만제곱미터 이상인 건축물" 또는 "각 법령 등에서 심의를 받도록 한 사항" 등은 시 · 도 건축위원회 즉 특별 · 광역시청 또는 각 도청에서 하고 있다.

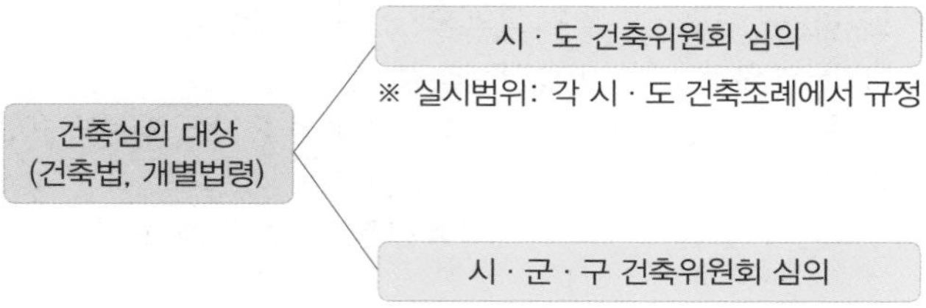

건축심의 대상
(건축법, 개별법령)

시 · 도 건축위원회 심의
※ 실시범위: 각 시 · 도 건축조례에서 규정

시 · 군 · 구 건축위원회 심의

건축위원회의 심의를 받은 자가 심의 결과를 통지 받은 날부터 "2년 이내에 건축허가를 신청"하지 아니하면 건축위원회 심의의 효력은 상실되어 행정절차를 처음부터 다시 거쳐야 한다.

03 건축물 허가등

행정법에서 허가란 "질서유지 · 위험예방 등을 위해 법률로써 개인의 자유를 일반적 · 잠정적으로 제한한 후, 일정한 요건이 구비된 경우에 행정청이 그 제한을 해제하여 본래의 자유를 회복시켜주는 행정행위"라고 정의되고 있으며, 건축법에서도 건축물을 건축하거나 대수선하려는 자는 허가를 받아야 한다고 규정하고 있으므로, 건축행위를 하고자 하는 자는 반드시 허가행위의 절차를 완료하여야 한다. 우리가 일반적으로 무허가 불법 건축물이라고 하는 이유도 이러한 행정적인 절차를 이행하지 않거나 완료하지 않은 상태에서 사용하고 있는 것으로 보면 된다. 또한 건축허가대상 중에는 일정규모 이하인 경우는 건축주의 효율성과 편의도모를 목적으로 그 절차를 단순화 시킨 "건축신고"를 하도록 하고 있으며, 기존 건축물 중에서 일부를 수선하고자 할 때에도 그 공사 규모와 범위에 따라 허가와 신고를 해야 하는 경우도 있다. 이러한 건축을 위한 행정행위들에는 「건축허가, 건축신고, 용도변경, 대수선」이 있다.

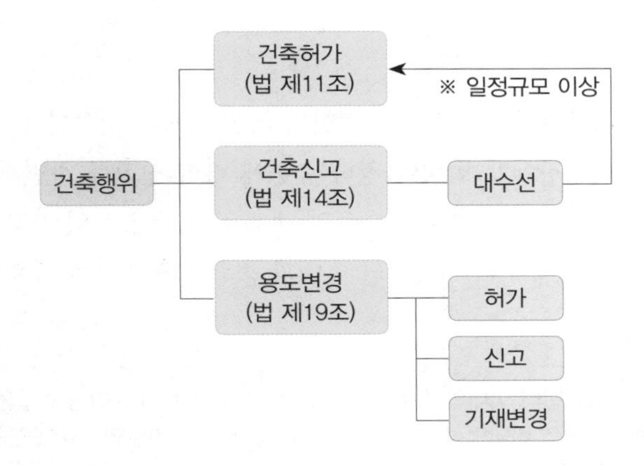

1 건축허가

현재 모든 건축물의 건축이나 대수선은 허가를 받아야 하며, 특히 층수가 21층 이상이거나 연면적 합계가 10만제곱미터 이상의 건축물을 특별시나 광역시에 건축하려면 특별시장이나 광역시장의 허가[10]를 받아야 한다. 그러나 공장, 창고, 지방건축위원회 심의 거친 건축물(초고층 건축물 제외)은 예외적으로 시장, 군수, 구청장에게 허가[11]를 받는다. 2005. 11. 08. 건축법이 개정되기 전에는 비도서지역(관리지역 · 농림지역 또는 자연환경보전지역) 안에서 연면적 200제곱미터 미만이고 3층 미만인 건축물은 허가나 신고 없이 건축이 가능했지만, 법령의 개정으로 2006. 05. 09.부터는 개정된 건축법에 따라 반드시 건축신고를 한 후에 건축하도록 하였다. 그러나 법률불소급의 원칙 특성상 법령이 개정되기 이전에 이미 건축을 하고 있었다면 개정된 법령이 적용되지 않았지만 건축물 사용승인의 절차는 이행하도록 하였다.

법 연혁

2006. 05. 08. 이전에는 비도시지역 안에서 3층 이하로 200제곱미터의 건축물은 허가나 신고 없이 건축이 가능했으나, 이후부터는 모든 건축물의 건축이나 대수선은 허가를 받아야 한다.

또한 허가를 받은 자가 허가받은 날부터 2년(공장은 3년) 이내에 공사를 착수하지 아니한 경우에는 허가권자에 의한 허가 취소[12]가 이루어질 수 있고(정당한 사유가 있다고 인정되면 1년의 범위에서 공사의 착수기간을 연장), 건축위원회의 심의를 받은 자가 심의 결과를 통지받은 날부터 2년 이내에 건축허가를 신청하지 아니하면 건축위원회 심의의 효력이 상실[13]된다.

10) 건축법 제11조(건축허가)
11) 건축법 시행령 제8조(건축허가)
12) 건축법 제11조(건축허가) 제⑦항
13) 건축법 제11조(건축허가) 제⑩항

2 건축신고와 대수선

허가대상 건축물이라 하더라도 법률에서 정한 일정한 규모의 건축물에 대해서는 미리 시 · 도지사, 시장 · 군수 · 구청장에게 법령이 정하는 바에 따라 신고를 하면 건축허가를 받은 것으로 본다. 건축신고의 행정행위 내에 대수선의 내용을 포함하고 있으며 일반적으로 건축신고의 대상은 바닥면적의 합계가 85제곱미터 이내의 증축 · 개축 또는 재축 등이 있다.

건축신고 대상[14)]

1. 바닥면적의 합계가 85제곱미터 이내의 증축 · 개축 또는 재축. 다만, 3층 이상 건축물인 경우에는 증축 · 개축 또는 재축하려는 부분의 바닥면적의 합계가 건축물 연면적의 10분의 1 이내인 경우로 한정한다.
2. 「국토의 계획 및 이용에 관한 법률」에 따른 관리지역, 농림지역 또는 자연환경보전지역에서 연면적이 200제곱미터 미만이고 3층 미만인 건축물의 건축. 다만, 다음 각 목의 어느 하나에 해당하는 구역에서의 건축은 제외한다.
   가. 지구단위계획구역
   나. 방재지구 등 재해취약지역으로서 방재지구(防災地區), 붕괴위험지역으로 지정된 구역
3. 연면적이 200제곱미터 미만이고 3층 미만인 건축물의 대수선
4. 주요구조부의 해체가 없는 등 대수선[15)]
   가. 내력벽의 면적을 30제곱미터 이상 수선하는 것
   나. 기둥을 세 개 이상 수선하는 것
   다. 보를 세 개 이상 수선하는 것
   라. 지붕틀을 세 개 이상 수선하는 것
   마. 방화벽 또는 방화구획을 위한 바닥 또는 벽을 수선하는 것
   바. 주계단 · 피난계단 또는 특별피난계단을 수선하는 것
5. 그 밖에 소규모 건축물로서 대통령령으로 정하는[16)] 건축물의 건축
   가. 연면적의 합계가 100제곱미터 이하인 건축물
   나. 건축물의 높이를 3미터 이하의 범위에서 증축하는 건축물등(이하 생략)

현재 건축법에서 정의[17)]하고 있는 「대수선」이란 "건축물의 기둥, 보, 내력벽, 주계단 등의 구조나 외부 형태를 수선 · 변경하거나 증설하는 것"을 말하는데, 위와 같이 일정한 소규모 건축물의 대수선과 주요구조부의 해체가 없는 주계단등의 대수선은 신고를 하도록 하고 있다.

대수선 범위[18)]

1. 내력벽을 증설 또는 해체하거나 그 벽면적을 30제곱미터 이상 수선 또는 변경하는 것
2. 기둥을 증설 또는 해체하거나 세 개 이상 수선 또는 변경하는 것
3. 보를 증설 또는 해체하거나 세 개 이상 수선 또는 변경하는 것

---

14) 건축법 제14조(건축신고)
15) 건축법 시행령 제11조(건축신고) 제②항
16) 건축법 시행령 제11조(건축신고) 제③항
17) 건축법 제2조(정의) 제9호
18) 건축법 시행령 제3조의2(대수선의 범위)

4. 지붕틀(한옥의 경우에는 지붕틀의 범위에서 서까래 제외)을 증설 또는 해체하거나 세 개 이상 수선 또는 변경하는 것
5. 방화벽 또는 방화구획을 위한 바닥 또는 벽을 증설 또는 해체하거나 수선 또는 변경하는 것
6. 주계단 · 피난계단 또는 특별피난계단을 증설 또는 해체하거나 수선 또는 변경하는 것
7. 다가구주택의 가구 간 경계벽 또는 다세대주택의 세대 간 경계벽을 증설 또는 해체하거나 수선 또는 변경하는 것
8. 건축물의 외벽에 사용하는 마감재료(법 제52조 제2항에 따른 마감재료)를 증설 또는 해체하거나 벽면적 30제곱미터 이상 수선 또는 변경하는 것
※ 증축 · 개축 또는 재축에 해당하지 아니하는 것

특히 여기서 주의해야 할 것은 "주요구조부의 해체"가 없는 대수선에 해당되는 대상에서는 건축신고로 가능하지만, 만일 이 조건을 넘어서는 경우에는 반드시 허가를 받아야 한다.

여기서 잠깐!

건축법 제2조(정의)

"주요구조부"란 내력벽(耐力壁), 기둥, 바닥, 보, 지붕틀 및 주계단(主階段)을 말한다. 다만, 사이 기둥, 최하층 바닥, 작은 보, 차양, 옥외 계단, 그 밖에 이와 유사한 것으로 건축물의 구조상 중요하지 아니한 부분은 제외한다.

법 연혁

2006. 05. 08. 이전에는 모든 대수선 사항은 건축신고 사항이었지만, 이후부터는 연면적 200제곱미터 미만이고 3층 미만인 건축물의 대수선만 신고사항으로 하고, 그 규모를 초과하는 경우에는 건축허가를 받아야 한다. 이러한 이유는 주택 등 각 건축물의 대수선으로 인한 안전사고 발생이 빈번히 발생하여 이를 예방하기 위한 목적으로 볼 수 있다.

3 건축물의 용도변경[19)]

최초 건축물의 신축계획은 미리 각 층별로 사용하고자 하는 용도를 결정하여 설계하고 건축물 사용승인 후에는 그에 맞는 용도로 사용하게 되는데, 이후 업종 변경의 필요성 등으로 법령에서 정하는 다른 용도로 사용하기 위해서는 「용도변경」이라는 새로운 행정절차를 이행하여야 하며, 이때 건축물의 용도변경은 변경하려는 용도의 건축법령 기준에 맞게 하여야 한다. 우리가 흔히 불법용도에 의해 많은 인명피해가 발생하였다고 하는 경우 이러한 행정절차의 이행 없이 무단으로 사용하였다는 뜻으로 이해하면 된다. 당연히 의무위반에 대한 제재로 벌금 등 행정벌의 처분이 따르게 된다. 건축법에서는 이러한 용도변경을 허가 및 신고대상과 기재사항변경 대상으로 구분하고 있으며, 각 9개의 용도 시설군으로 구분하고 각 시설군에 속하는 건축물의 세부용도를 법령으로 정하고 있다.

19) 건축법 제19조(용도변경)

법 연혁

1999. 05. 09. 이전에는 건축물의 용도를 10개의 시설군으로 분류하였고, 그 이후부터는 다시 6개 시설군으로 축소하여 용도변경을 보다 쉽게 할 수 있도록 신고제로 전환하였다. 그러나 안전에 대한 문제점이 제기되면서 2006. 05. 09.부터 각 9개 용도의 시설군으로 다시 수정하여 용도변경허가 또는 신고를 받도록 강화했다.

(1) 용도변경 허가대상 및 신고대상

구분	기준
허가 대상	각 시설군(施設群)에 속하는 건축물의 용도를 상위군(법에서 규정된 각 시설군의 번호가 용도변경하려는 건축물이 속하는 시설군 보다 작은 시설군)에 해당하는 용도로 변경하는 경우
신고 대상	각 시설군에 속하는 건축물의 용도를 하위군(법에서 규정된 각 시설군의 번호가 용도변경하려는 건축물이 속하는 시설군 보다 큰 시설군)에 해당하는 용도로 변경하는 경우
건축물대장 기재 내용의 변경신청 대상	각 시설군 중 같은 시설군 안에서 용도를 변경하는 경우

(2) 용도변경 시설군(施設群)

해당 용도로 변경하고자 하는 시설군의 번호가 현재의 용도로 사용하고 있는 용도의 시설군보다 위로 또는 아래로의 행정행위에 따라 허가대상과 신고대상으로 나누어진다.

번호	시설군		
1	자동차 관련 시설군	허가 대상 (↑)	신고 대상 (↓)
2	산업 등의 시설군		
3	전기통신시설군		
4	문화 및 집회시설군		
5	영업시설군		
6	교육 및 복지시설군		
7	근린생활시설군		
8	주거업무시설군		
9	그 밖의 시설군		

예를 들어 현재 사용하고 있는 용도가 5번의 영업시설군에 해당하는 대상이 4번의 문화 및 집회시설군에 해당되는 용도로 변경하고자 할 때 “용도변경 허가”를 받아야 하고, 7번의 근린생활시설군에 해당되는 용도로 변경하고자 하면 “용도변경 신고”를 하여야 한다. 또한 아래와 같이 동일한 시설군에 속하면서 같은 시설군 내 건축물의 세부용도로 변경하고자 할 때는 단순히 “건축물대장 기재사항 변경신청” 대상이 된다.

번호	시설군	시설군에 속하는 건축물 용도
1	자동차 관련 시설군	자동차 관련 시설
2	산업 등의 시설군	운수시설/창고시설/공장/위험물저장 및 처리시설/자원순환 관련시설/묘지관련시설/장례시설
3	전기통신시설군	방송통신시설/발전시설
4	문화 및 집회시설군	문화 및 집회시설/종교시설/위락시설/관광휴게시설
5	영업시설군	판매시설/운동시설/숙박시설/제2종 근린생활시설중 다중생활시설
6	교육 및 복지시설군	의료시설/교육연구시설/노유자시설(老幼者施設)/수련시설/야영장 시설
7	근린생활시설군	제1종 근린생활시설/제2종 근린생활시설(다중생활시설 제외)
8	주거업무시설군	단독주택/공동주택/업무시설/교정 및 군사시설
9	그 밖의 시설군	동물 및 식물 관련 시설

※ 건축물 용도의 구분은 건축법 제2조 제2항, 건축법시행령 제3조의5 [별표 1]의 세부내용 참고

04 건축물의 허가동의등

건축물을 건축하거나 대수선을 위해 허가를 받으려는 자는 허가신청서에 관계 서류를 첨부하여 허가권자에게 제출하여야 하고, 허가권자는 법령에서 규정하는 사항에 하자가 없으면 허가를 하여야 하고 허가서를 신청인에게 발급하여야 한다.

1 건축물 허가동의 절차

허가관청에서 건축허가 신청을 받고 허가서 교부 시까지의 일반적인 절차는 아래와 같다.

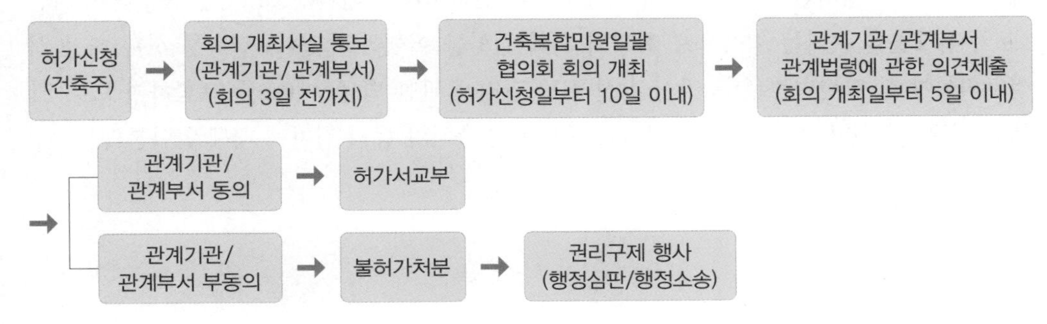

2 건축복합민원 일괄협의회

허가권자는 건축주의 신청에 따른 허가를 하려면 해당 용도 · 규모 또는 형태의 건축물을 건축하려는 대지에 건축하는 것이 관계법령의 규정에 맞는지를 확인하고, 건축허가 신청일로부터 10일 이내에 건축복합민원 일괄협의회[20](이하 "협의회"라 한다)를 개최하여야 한다.

또한 협의회 회의를 개최하기 3일 전까지 회의 개최사실을 관계 행정기관 및 관계 부서에 통보하여야 한다. 이때 관련법령의 관계 행정기관의 장은 그 소속공무원이 협의회 회의에 참석하여 관계 법령에 관한 의견을 발표하도록 해야 하고, 회의 개최 후 5일 이내에 동의 또는 부동의 의견을 허가권자에게 제출하여야 한다. 허가권자는 제출된 관계 행정기관의 의견이 「동의」 시에는 허가서를 교부하고, 「부동의」 의견 시에는 허가를 수리하지 않고 이를 반려(불허가처분)하여야 한다.

PLUS TIPS+ 건축허가 취소에 관한 쟁점[대법원 판례]

행정청으로부터 허가서를 발급받았다 하더라도, 건축허가 자체에 대한 하자와 건축허가 후 공사 중의 위법으로 인한 사유가 있을 시에는 건축허가가 취소될 수 있으며, 허가 취소는 건축허가의 하자를 전제로 하여 가능한 것이며, 취소시점부터 허가당시로 소급하여 그 효력이 소멸되게 된다. 그러나, 대법원의 판례를 보면 건축허가의 취소가 일반적으로 가능하다 하더라도 「건축허가를 취소함에 있어서는 수허가자가 입게 될 불이익과 건축행정상 공익 및 제3자의 이익과 허가조건의 위반정도를 비교 교량하여 개인적 이익을 희생시켜도 부득이하다고 인정되는 경우가 아니면 함부로 그 허가를 취소할 수 없다(대법 1992. 04. 10. 판결, 91누5358)」고 일관되게 주장하고 있다.

건축법에서는 협의회 회의를 허가 신청 시마다 허가청에서 개최하는 것으로 규정되어 있지만, 실제 각 신청 건별로 매번 회의 개최를 하는 것은 행정의 효율성을 낮게 하므로, 건축설계사가 관계법령에 맞는 설계도서를 작성하여 신청서와 함께 허가청에 신청하면 허가청에서는 관계 행정기관(부서)에 다시 설계도서와 건축허가 동의여부통보서를 송부하여 기간 내 의견 제출을 구하는 형식으로 협의회 회의 절차를 이행하고 있다. 건축물 신축 허가 시 검토되어야 할 관련법령은 「소방시설 설치 및 관리에 관한 법률」 제6조를 포함하여 모두 21개의 법령[21]이 있다. 이 중에서 소방법과 관련한 건축허가 동의 절차에 대해 알아본다.

---

20) 건축법 제12조(건축복합민원 일괄협의회)

21) 건축법 시행령 제10조(건축복합민원 일괄협의회)

3 소방법상 건축허가등의 동의

「소방시설 설치 및 관리에 관한 법률」 제6조에 따르면, “건축물 등의 신축 · 증축 · 개축 · 재축(再築) · 이전 · 용도변경 또는 대수선(大修繕)의 허가 · 협의 및 사용승인(이하 “건축허가등”이라 한다)등의 권한이 있는 행정기관은 건축허가등을 할 때 미리 그 건축물 등의 시공지(施工地) 또는 소재지를 관할하는 소방본부장이나 소방서장의 동의를 받아야 한다.”라고 규정[22]되어 있으며, 같은법 시행령 제7조에는 동의대상물의 범위를 규정하고 있다.

(1) 건축허가 시의 소방동의 처리절차

건축허가 시의 소방동의에 관한 처리절차를 요약하면 아래와 같다.

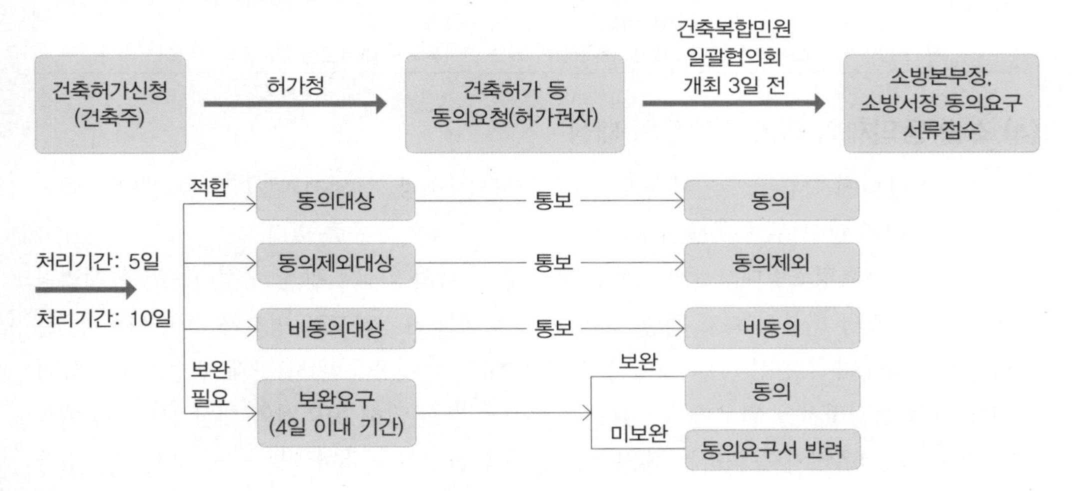

(2) 소방동의 대상

허가청에서 관할 소방기관에 소방동의를 요청해야 하는 대상은 다음과 같다.

> “건축법”에 따른 허가 · 협의 및 사용승인
> “주택법”에 따른 승인 및 사용검사
> “학교시설사업 촉진법”에 따른 승인 및 사용검사

① 건축물 등의 신축 · 증축 · 개축 · 재축(再築) · 이전 · 용도변경 또는 대수선(大修繕)의 허가 · 협의

② 사용승인

③ 사용검사

22) 소방시설 설치 및 관리에 관한 법률 제6조(건축허가등의 동의 등)

※ 건축물 등의 대수선 · 증축 · 개축 · 재축 또는 용도변경의 신고를 수리(受理)할 권한이 있는 행정기관은 그 신고를 수리하면 그 건축물 등의 시공지 또는 소재지를 관할하는 소방본부장이나 소방서장에게 지체 없이 그 사실을 알려야 함.

(3) 소방동의 대상물의 범위

건축허가등을 할 때 미리 소방본부장 또는 소방서장의 동의를 받아야 하는 건축물 등의 범위[23]를 분류하는 요소는 다음과 같은 사항으로 나타낼 수 있다.

동의대상 분류요소	• 사용용도의 연면적(예 학교시설: 100m^2 이상) • 연면적과 무관한 층수(예 6층 이상 건축물) • 연면적과 무관한 사용용도(예 항공기 격납고) • 특정용도로 사용되는 시설규모(예 자동차 20대 이상 주차시설) • 연면적과 층수와 무관한 지하층, 무창층이 있는 건축물로서 바닥면적 일정 크기가 있는 층 등

(4) 소방 동의제외 대상과 비동의 대상

건축허가 동의에 따른 소방기관의 일선 담당자들은 소방 "동의제외"와 "비동의"의 일반적 개념을 인식하지 않고 두 용어를 구분 없이 사용하는 경우가 종종 있다.

"동의제외"는 특정소방대상물의 용도나 규모등이 허가청에서 관계 행정기관의 관계법령에 대한 의견 요청 대상이 되고 개별법령에서도 동의를 요청하도록 명시가 되어 있으나, 관계법령에서 규모나 위험성 등이 적어 향후 건축허가 및 사용승인 시 관계 행정기관의 동의 없이도 자체 행정절차를 완료할 수 있는 경우이다. 다시 말해 동의제외 대상은 허가청에서 관할소방서로 건축허가 동의라는 행정적인 절차를 반드시 거쳐야 하는 것으로서 관할소방서에서 동의여부를 검토하여 소방법령에서 정하는 동의제외 사유에 해당되면 "동의제외"로 통보하는 것이다. 이것이 의미하는 것은 허가청이 향후 건축물 준공 시 소방서에서 발급하는 별도의 "소방시설완공검사 증명서"가 필요 없이 건축물의 준공을 할 수 있는 것을 말한다. 이때 동의제외 대상이라도 소방법령에 맞은 소방시설(소화기, 유도등 등)은 설치가 되어야 한다. 이것은 행정의 효율성을 위해서 관계기관의 동의를 제외한다는 것이지 관계법령을 위반해도 된다는 것은 아니므로 특히 주의해야 한다. 그리고 소방법령상의 동의제외 대상이라도 허가청에서 건축허가동의를 구하지 않는다면 행정절차상의 중대한 위법이 될 수 있다.

"비동의"는 관계 행정기관의 관계법령에 따른 동의를 요청해야 할 범위의 대상에 해당되지 않을 때를 말하는 것으로, 허가청의 동의요구 요청이 오면 동의제외가 아닌 비동의로 의견을 통보하여야 한다. 예를 들어 건축물이 아닌 일반도로의 지하부분에 공작물 등을 축조

23) 소방시설 설치 및 관리에 관한 법률 시행령 제7조(건축허가등의 동의대상물의 범위 등)

할 때 소방동의 요청이 있으면 소방법상의 동의대상물 범위에 해당되지 않으므로 비동의 통보를 하는 경우이다.

현재 실무에서는 소방동의 대상에 해당되지 않는 건축 행정행위라도 허가청에서 동의요구를 하는 경우가 많다. 소방 동의제외[24]가 되는 경우를 살펴보면 아래와 같다.

특정소방대상물의 동의제외	• 소화기구, 자동소화장치, 누전경보기, 단독경보형감지기, 시각경보기, 피난구조설비(비상조명등 제외)가 화재안전기준에 적합한 경우 • 건축물의 증축 또는 용도변경으로 인하여 해당 특정소방대상물에 추가로 소방시설이 설치되지 아니 하는 경우(「소방시설공사업법 시행령」 제4조제1호에 해당하는 하지 않는 경우)

(5) 소방동의 요구 시의 첨부서류

권한이 있는 행정기관이 건축허가 등의 동의를 요구하는 때에는 다음과 같은 서류[25]들을 첨부해야 한다.

① 동의 요구서 ※ 전자요구서 포함	+	② 각종 필요 서류(전자문서 포함) 1) 건축허가등을 확인할 수 있는 서류의 사본 └→ 건축허가신청서 및 건축허가서 또는 건축 · 대수선 · 용도변경신고서 등 2) 다음의 각 설계도서 가. 건축물 관련 상세도면 • 건축개요 및 배치도/주단면도 및 입면도/층별 평면도(용도별 기준층 평면도 포함) • 방화구획도(창호도 포함)/실내마감표 등 • 소방자동차 진입 동선도 및 부서 공가 위치도(조경계획 포함) 나. 소방시설등 관련 상세도면 • 소방시설(기계 · 전기분야의 시설)의 층별 평면도 및 층별 계통도(시설별 계산서를 포함) • 실내장식물 방염대상물품 설치 계획(「건축법」 제52조에 따른 마감재료 제외) • 소방시설의 내진설계 계통도 및 평면도 등 기본설계도면(내진시방서 및 계산서 등 세부내용이 포함된 설계도면 등은 소방시설공사 착공신고 시 첨부) • 소방시설 설치계획표 • 임시소방시설 설치계획서(설치시기 · 위치 · 종류 · 방법 등 임시소방시설의 설치와 관련한 세부사항 포함) • 소방시설설계업등록증과 소방시설을 설계한 기술인력자의 기술자격증 사본 • 소방시설설계 계약서 사본 1부 ※ 건축물 관련 상세도면, 실내장식물 방염대상물품 설치 계획, 소방시설의 내진설계 계통도 및 평면도 등 기본설계도면은 소방시설공사 착공신고대상에만 해당

24) 소방시설 설치 및 관리에 관한 법률 시행령 제7조(건축허가등의 동의대상물의 범위 등) 제②항

25) 소방시설 설치 및 관리에 관한 법률 시행규칙 제3조(건축허가등의 동의요구)

과거 실무에서는 소방 동의제외 대상에 대한 허가청의 소방동의 요구 시 법령에 규정되어 있는 서류를 의무적으로 제출하느냐에 대한 논란이 많이 있었다. 각 소방기관의 건축실무 담당자마다 업무처리 시 서류제출을 요구하기도 생략하기도 하였는데, 건축허가 동의 역시 민원업무로 정의된다면 행정기관은 민원인의 이익과 편의 제공에 적극적인 의무를 다해야 하므로, 기본적인 건축물 현황만으로 동의제외 여부를 판단할 수 있을 때는 민원인의 행정비용 부담 감소와 행정기관의 신속한 업무처리에 훨씬 효율적이므로 서류제출을 생략하는 것이 타당하다.

현재 법령에서는 건축허가 동의 시 소방시설공사 착공신고대상에 해당되는 특정소방대상물의 경우에만 '건축물 관련 상세도면'과 소방시설등 관련 상세도면 중에서 '실내장식물 방염대상물품 설치 계획, 소방시설의 내진설계 계통도 및 평면도 등 기본설계도면'을 의무적으로 첨부하도록 규정하고 있다. 그러므로 소방시설 착공신고 대상에 해당되지 않으면 동의제외 대상에 해당되므로 '소방시설등 관련 상세도면'의 기본서류만 첨부하면 된다.

(6) 건축허가 동의의 소방관련 검토 및 쟁점사항

소방의 건축허가 동의에 대한 규정은 「소방시설 설치 및 관리에 관한 법률」에서 규정하고 있으며, 이 법은 실질적으로 모든 소방대상물[26]에 대해 적용하는 것보다 특정소방대상물[27]에 대한 소방시설의 설치와 유지관리에 관한 법령으로 볼 수 있다. 이러한 특성으로 허가청의 소방에 대한 건축허가 동의 요구 시 일선 소방기관에서는 소방시설의 적정여부에 대한 검토만 해야 한다는 의견이 많이 있었다. 그러나 허가청에서 관계 행정기관의 관계법령에 대한 의견을 요구하는 의미는, 초기 화재소화를 위한 소화설비(Active System), 연소 확대방지를 위한 건축방화(Passive System), 재실자들의 피난 용이성에 대한 사항, 신속한 소방활동을 위한 소방차량 통행로 및 부서 배치 공간확보 등 긴급구조기관에서 화재로 인한 인명과 재산을 보호하기 위한 것이므로, 화재안전계획의 검토 방향이 광의적 관점에서 이루어져야 할 것이다. 그러므로 단지 소방시설의 설치 유지 부분에 한정된 협의의 관점은 현재 다양화되고 있는 소방업무 영역에 비추어 볼 때 당연히 지양되어야 한다.

현재는 법령이 전부개정 · 시행(2022. 12. 01.)되어 건축법령에서 규정하고 있는 피난시설등을 소방법에서 검토하고 의견서를 첨부할 수 있도록 하고 있다. 즉, 건축허가 동의 시 소방시설의 적법성뿐만 아니라 건축법령에 따른 피난시설, 방화시설 및 방화구획의 적정성도 검토 가능토록 소방법령에서의 근거 규정을 명확히 하였다.

26) "소방대상물"이란 건축물, 차량, 항구에 매어둔 선박, 선박 건조 구조물, 산림, 그 밖의 인공 구조물 또는 물건. 「소방기본법」 제2조의2

27) "특정소방대상물"이란 소방시설을 설치하여야 하는 소방대상물. 「소방시설 설치 및 관리에 관한 법률」 제2조

 여기서 잠깐!

「건축관련시설」의 소방법령에서 검토 규정(2022. 12. 01.)

소방시설 설치 및 관리에 관한 법률 제6조(건축허가 등의 동의 등)	동의여부 검토사항 (의무 사항)	1. 이 법 또는 이 법에 따른 명령 2. 「소방기본법」 제21조의2에 따른 소방자동차 전용구역의 설치
	검토자료 또는 의견서 첨부사항 (재량 사항)	1. 「건축법」 제49조제1항 및 제2항에 따른 피난시설, 방화구획(防火區劃) 2. 「건축법」 제49조제3항에 따른 소방관 진입창 3. 「건축법」 제50조, 제50조의2, 제51조, 제52조, 제52조의2 및 제53조에 따른 방화벽, 마감재료 등(이하 "방화시설"이라 한다) 4. 그 밖에 소방자동차의 접근이 가능한 통로의 설치 등 대통령령으로 정하는 사항 • 소방자동차의 접근이 가능한 통로의 설치 • 「건축법」 제64조 및 「주택건설기준 등에 관한 규정」 제15조에 따른 승강기의 설치 • 「주택건설기준 등에 관한 규정」 제26조에 따른 주택단지 안 도로의 설치 • 「건축법 시행령」 제40조에 따른 옥상광장 등의 설치 • 그 밖에 소방본부장 또는 소방서장이 소화활동 및 피난을 위해 필요하다고 인정하는 사항

이 규정에는 동의요구를 받은 경우 '검토하여 행정기관에 동의여부를 알려야 할 사항'과 원활한 소방활동 및 건축물 등의 화재안전성능을 확보하기 위하여 필요한 사항에 대한 '검토 자료 또는 의견서를 첨부할 수 있는 경우' 두 가지로 규정하고 있다.

여기에서 생각해 봐야 할 사항이 건축법령에서 규정하고 있는 건축관련시설에 대해 검토하고 의견을 제시할 수 있는 근거는 명확히 있으나 '할 수 있다'는 재량행위로서 건축허가동의 시에 담당자의 피난시설등 세부적인 검토가 되지 않았을 때 발생할 수 있는 문제이다. 「건축사법」에 따라 건축물의 설계 시 건축법령에 적합하게 설계하는 것은 건축사의 업무상 성실의무이다. 그러므로 최초 건축허가 동의 시 소방담당자가 피난시설등의 적합여부에 대한 검토가 되지 않고 동의 통보를 하였을 경우, 이후 소방시설 완공검사 준공 시점에 건축관련시설 규정에 적합하지 않다고 판단되는 사항들이 새로 쟁점화되었음에도, 이것에 대한 적합 판단여부와 책임은 설계를 했던 건축사의 업무영역으로 생각하여 문제인식에 대한 검토 없이 소방기관에서 완공검사필증을 교부하고 업무를 마무리하였다면 업무상 책임소재등에 대한 문제는 없을 것인가에 대한 의심이 발생할 수 있다.

PLUS TIPS 필자의 의견

최초 건축허가 동의 시에 건축관련시설 규정에 관한 검토자료 또는 의견서를 첨부할 수 있는 사항이 비록 재량사항에 불과하다고 볼 수 있지만, 건축물 준공 이후 관리적 측면에서 발생할 수 있는 문제에 대한 책임소재에서는 자유롭다고 단언할 수 없으므로 최초 건축허가 동의 시에 모든 건축관련시설의 검토가 반드시 이루어져야 한다.

현재 소방기관 건축담당자들의 건축허가 동의 검토 시에 자주 거론되는 쟁점사항에 대해 간략하게 알아보도록 하자.

첫째, 설계변경 시의 소방시설 기준에 대한 법령의 적용 시점이다.

건축법에서는 최초허가를 받았거나 신고한 사항을 변경하려면 다시 변경허가 또는 신고를 받아야 하는데 이때 문제가 되는 것이 소방기관의 소방시설기준의 적용시점이다. 현대에는 전혀 예측하지 못한 재난의 빈번한 발생과 이에 대한 법령 부재로 피해의 대형화가 증가되고 있는 실정으로 사고발생 사례에 따라 법령 정비 또한 빠르게 강화되고 있으며, 이때 새롭게 강화된 법령 정비 이전에 허가를 득하고 변경 사유의 발생으로 강화된 법령 정비 이후 시점에 변경 행정행위를 하고자 할 때, 소방시설 기준의 적용 시점을 언제로 볼 것인가에 대한 논란이 적지 않다. 예를 들면 이전에는 층수가 11층 이상의 건축물에 스프링클러설비를 설치해야 했는데, 층수가 6층 이상인 경우에는 용도와 면적에 관계없이 모든 층에 설치하도록 법령이 개정되었다. 이는 [대통령령 제27810호, 2017. 01. 26. 일부개정, 시행 2017. 01. 28.]의 개정 규정에 따라 법령이 강화되었으며, 부칙 제1조(시행일) 단서조항에 "개정 규정은 공포 후 1년이 경과 한 날부터 시행한다."라고 규정하고 있고, 부칙 제2조(소방시설 설치기준 강화에 관한 적용례)에는 부칙 제1조 단서조항의 "시행일(2018. 01. 26.) 이후 특정소방대상물의 신축 · 증축 · 개축 · 재축 · 이전 · 용도변경 또는 대수선의 허가 · 협의를 신청하거나 신고하는 경우부터 적용한다."라고 되어 있다. 가령 최초 허가 시에는 스프링클러설비 설치 대상(11층 이상)에 해당되지 않은 건축물[연면적 3000제곱미터, 8층, 근린생활시설]을 2016. 03. 15.에 허가를 받아 2층까지 건축해오던 중, 일부 층의 용도변경 필요성에 따라 2018. 02. 28. 허가청에 설계변경 신청을 하였을 때, 허가청에서 소방의 건축 허가동의 의견을 구하였다면 소방기관에서는 어떤 기준을 적용할 것인가에 대해 여러 상황을 고려해야 할 것이다. 이 행정행위가 층수의 변경이 없는 용도의 변경에 대한 설계변경으로 추가로 소방시설을 설치 할 필요가 없는 것인지, 아니면 층수의 증가가 없지만 개정된 법령으로 층수가 6층 이상이므로 스프링클러설비 설치 대상이 되는 것인지 명확한 판단이 쉽지 않다. 이것은 불특정 다수인이 사용할 건축물의 공공안전 확보 여부에 관한 것으로서 단순한 문제가 아니다. 과거 필자가 업무를 담당할 때는 설계변경 시 소방시설적용 기준 시점을 그 설계변경 당시의 기준으로 적용하였다. 즉, 설계변경은 새로운 건축허가 동의의 개념으로 생각했던 것이다. 그러나 설계변경 시점이 최초 허가부터 현장 건축공정이 상당히 진행된 상태로 변경 시점의 기준적용이 어려울 때는 재량적으로 허가 시의 기준으로 행정처리를 하기도 하였는데, 이 같은 업무처리의 이유는 설계변경이 새로운 소방시설의 추가 설치 대상이 되었을 때는 법령의 적용을 강화하려는 취지였다. 즉, 설계변경 사항이 연면적과 층수가 늘어나는 증축의 부분이 있는 반면에 일부 최초 허가 시 용도와 구조등이 변경되는 경우도 있을 것이다. 소방관서 담당자의 입장에서는 설계변경을 함으로써 새로운 시설의 추가 설치 대상이 된다고 하면, 현재 진행 중인 건축공정이 시작단계일때는 설계변경 시점의 기준을 적용하여 소방시설 설치를 강화시키려는 경향이 강할 것이다. 그러나 과거 필자가 했던 이런 행정처리는 적절하지 않다. 민원 행정의 처리에 있어서는 법령에서 규정하는 기준으로 모든 행정행위에 공통적으로 적용하는 것이 무엇보다 중요하다. 최근 중앙부서등의 질의회신 또는 업무처리방안등에 대한 지침에는 건축물의 "신축 후 건축행위 시"에 건축행위별로 구분해서 법규를 적용하도록 하고 있다.

소방시설 관련 업무처리 지침[28)]

건축물의 신축 후 건축행위 시 법규적용 지침: 「신축 당시 법규적용」과 「신축 후 건축행위 당시 법규적용」

❶ 증축 및 용도변경
- 소방시설법 관련규정*과 법 원칙에 따라 법규 강화 여부와 관계없이 신축 후 증축 또는 용도변경 당시의 법규 적용

소방시설법 제11조(소방시설기준 적용의 특례)

③ 소방본부장이나 소방서장은 기존의 특정소방대상물이 증축되거나 용도변경되는 경우에는 대통령령으로 정하는 바에 따라 증축 또는 용도변경 당시의 소방시설의 설치에 관한 대통령령 또는 화재안전기준을 적용한다.

❷ 증축 및 용도변경 외의 건축행위
- 소방시설법 관련규정**과 법 원칙에 따라 법규 강화 여부와 관계없이 건축행위(개축, 대수선 등) 당시 법규가 아닌 신축 당시의 법규 적용

소방시설법 제11조(소방시설기준 적용의 특례)

① 소방본부장이나 소방서장은 제9조 제1항 전단에 따른 대통령령 또는 화재안전기준이 변경되어 그 기준이 강화되는 경우 기존의 특정소방대상물(건축물의 신축·개축·재축·이전 및 대수선 중인 특정소방대상물을 포함한다)의 소방시설에 대하여는 변경 전의 대통령령 또는 화재안전기준을 적용한다. 다만, 다음 각 호의 어느 하나에 해당하는 소방시설의 경우에는 대통령령 또는 화재안전기준의 변경으로 강화된 기준을 적용한다.

이것은 건축물을 "신축한 후 사용 중에 있는 기존 건축물"에 대한 건축행위 시의 적용 법규에 관한 지침으로서, 신축허가를 받은 후 건축물 사용승인을 받기 전에 층수와 연면적의 증가등에 대한 허가사항변경(설계변경)의 건축행위까지 적용된다는 내용은 아니므로 이견에 있어 명확한 것은 아니다. 즉, 건축물의 신축허가를 받고 공정이 진행 중인 상태에서 설

28) 소민센①: 소방시설민원센터에서 시달하는 ①번째 지침(2020. 08.)

계변경을 하더라도 기존에 득한 허가사항에 대한 변경이므로, 이 건축행위는 새로운 신축허가의 건축행위가 아니라고 볼 것인지, 아니면 건축물이 사용승인이 되지 않은 공정 중의 상태에서 변경이 있으므로 설계변경 시의 법령의 적용을 받는 새로운 신축허가의 건축행위 개념으로 볼 것인지에 대한 다툼이 있을 수 있다는 것이다.

PLUS TIPS+ 필자의 의견

최초 허가를 득하고 공정 중인 건축물의 설계변경은 "특정소방대상물의 신축 · 증축 · 개축 · 재축 · 이전 · 용도변경 또는 대수선의 허가 · 협의의 신청"에 해당하는 새로운 행정행위가 아니라 허가사항에 대한 변경이므로 설계변경 시점에 기준이 강화되었다 하더라도 "최초 허가 시의 법령 기준을 적용"하는 것이 타당하다고 본다. 왜냐하면 「소방시설법 제11조(소방시설기준 적용의 특례)」에서 기준이 강화되는 경우 기존의 특정소방대상물의 소방시설에 대해서는 "변경 전의 기준을 적용"해야 하고, 이 기존의 특정소방대상물에 기 허가를 받은 "건축물의 신축 · 개축 · 재축 · 이전 및 대수선 중인 특정소방대상물을 포함"하기 때문이다.

다음은 부산시 소방재난본부의 「건축민원 담당자 주요 질의에 대한 업무처리 방안」에 대한 예시이다.

PLUS TIPS+ 설계변경 시 소방법규 적용시점(2016. 07.)

구분	내용
질의	신축 건축허가 이후 설계 변경 시 소방관련 법규를 최초 허가동의 시점으로 하는지, 아니면 설계 변경 시점으로 적용하는지?
답변	허가사항 변경(설계변경)은 건축허가 등에 포함되지 않으며, 또한 허가사항 변경은 건축 준공 이후에 발생하는 것이 아니라 허가를 받은 사항의 일부를 변경하는 것이므로 새로운 건축행위가 아님

※ 소방청(구. 국민안전처) 질의 답변(민원인 신청번호 1AA-1303-112137, 신청일 2013. 03. 25.)에도 최초 건축허가 동의 신고 시점을 기준으로 적용

둘째, 건축허가 동의 시 다중이용업소에 대한 구조와 시설 기준의 적용시점 여부이다.

건축허가 시에는 신축하고자 하는 건축물의 연면적과 층수 그리고 사용 용도를 미리 정해서 신청하게 되는데, 이때 각 층별로 사용하고자 하는 용도가 「다중이용영업소의 안전관리에 관한 특별법」의 적용을 받는 영업장[29]에 해당될 때에는, 영업허가를 받고자 하는 해당 층의 복도, 출입구 등의 구조가 변경될 수 있으며 소방시설 또한 별도로 추가 설치해야 한다. 이때 제일 문제가 되는 것이 비상구의 위치와 구조이다. 예를 들어 상가분양을 받은 자가 향후 영업허가를 득하고자 할 때 비상구를 주출입구의 반대방향등으로 설치하고 복도와 연결되도록 했을 때, 분양받은 전용면적의 일부가 복도로 만들어져 영업장의 크기가 줄어들고 최초 계획했던 영업장의 구조로 할 수 없는 경우가 발생할 수 있다. 이런 경우 민원인 측면에서 본다면 소방기관이 최초 건축허가 동의 및 완공 시에 이런 사항을 미리 검토하여 적용하였다면 분양자가 이런 피해를 입지 않았을 것이라 호소할 수 있다. 이는 소방기관의 민원

29) 다중이용업소의 안전관리에 관한 특별법 시행령 제2조(다중이용업)

업무에 대한 신뢰성 저하와 민원인과의 또 다른 갈등의 원인이 되고있는 실정이다. 그러나 소방서의 건축업무 담당자의 측면에서 본다면, 건축허가 동의 시 예정 용도는 향후 건축물 완공 후 상황에 따라 다른 업종으로 사용할 가능성이 높은 것으로 사용 용도의 가변성을 예측할 수 없다. 그러므로 허가동의 시 확정되지도 않은 용도의 구조와 시설을 미리 적용하라고 하는 것은 현재 사업자에 대한 또 다른 부담을 부여할 수 있기 때문에 대부분이 소극적인 측면에서 업무처리를 하려는 경향이 있다고 할 수 있다. 과거 필자가 업무처리를 할 당시 건축허가동의 여부를 허가청에 통보할 때 "향후 다중이용업소 영업허가 시 구조 및 시설이 변경될 수 있다"는 사실을 공문서에 함께 기재해 미리 허가청과 사업주에게 동시 통보하여 건축물 분양 시 고지될 수 있도록 하였는데 이것도 하나의 방법이 될 수 있을 것이다.

CHAPTER 

02 | 건축물의 사용승인

01 건축물 사용승인 절차

건축주가 허가를 받았거나 신고한 건축물의 건축공사를 완료한 후 그 건축물을 사용하려면 공사감리자가 작성한 감리완료보고서와 법령으로 정하는 공사완료 도서[1]를 첨부하여 허가권자에게 사용승인을 신청하여야 하고, 허가권자는 그 사용승인 신청서를 받은 날부터 7일 이내에 사용승인을 위한 현장검사를 실시한 후 현장검사에 합격된 건축물에 대해서는 사용승인서를 신청인에게 발급하여야 한다. 이 장에서는 건축주의 감리완료보고서 완성에서부터 건축물 사용승인서 발급 시까지의 행정절차에 대해서 알아보도록 하겠다.

1 건축 감리결과보고서의 제출

건축주는 법령에서 정하는 용도 · 규모 및 구조의 건축물에 대한 공사를 착수할 경우 허가권자에게 공사계획을 신고하여야 하고, 건축사나 법령이 정하는 자를 공사감리자로 지정[2]하여 공사 감리를 하게 하여야 하며, 선정된 공사감리자는 공사의 공정(工程)에 따른 감리일지를 기록 · 유지하고 공사를 완료한 경우에는 감리완료보고서를 작성하여 건축주에게 제출하여야 한다. 그리고 건축주가 건축물 사용승인신청서와 필요서류를 첨부하여 허가권자에게 신청을 함으로써 건축물의 사용승인 절차가 시작된다.

2 현장조사·검사 및 확인업무의 대행

현재 건축법에는 건축주 사용승인을 위한 현장조사 · 검사 및 확인업무를 제3의 건축사로 하여금 조사하게 할 수 있도록 규정[3]하고 있다. 건축허가나 사용승인을 위한 현장의 확인은 원칙적으로 담당공무원이 하는 것이지만 공무원의 현장 출입으로 인한 부조리의 발생 개연성을 이유로 원천적으로 접촉을 금지하는 제도적 방안이 도입되었는데, 이것이 바로 「현장조사 · 검사 및 확인업무의 대행」제도이다. 건축물의 사용승인은 감리건축사의 공사완료보고서에 의거 처리되지만 건축조례로 정하는 건축물의 사용승인 등에 관련되는 현장조사 · 검사 및 확인업무는 「건축사법」에 따라 건축사사무소개설신고를 한 제3의 건축사로 하여금

1) 건축법 시행규칙 제16조(사용승인신청)
2) 건축법 시행령 제19조(공사감리)
3) 건축법 제27조(현장조사 · 검사 및 확인업무의 대행)

조사하도록 하고 있다. 법령에 따른 업무대행을 한 자는 허가권자에게 사용승인조사 및 검사조서를 제출하여야 하고, 허가권자는 확인 결과 사용승인을 하는 것이 적합한 것으로 표시된 사용승인조사 및 검사조서를 받은 때에는 지체 없이 사용승인서를 교부하여야 한다. 이때 업무를 대행할 건축사 선정 기준은 해당건축물의 설계자 또는 공사감리자가 아니어야 하고, 건축주의 추천을 받지 아니하고 직접 선정을 하도록 법령에서 규정[4]하고 있다. 다음은 건축물 사용승인 처리절차를 나타낸 것이다.

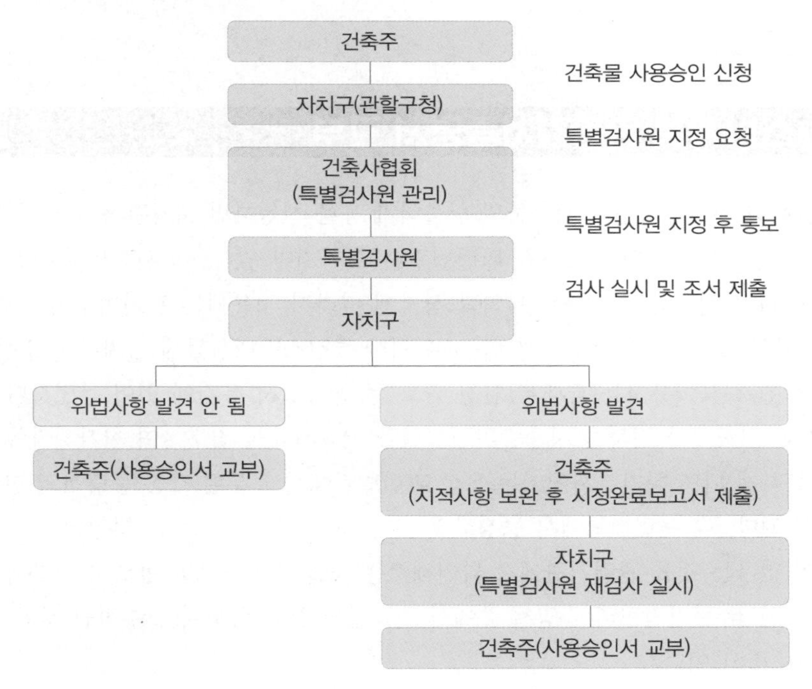

3 사용승인된 위법 건축물의 취소

사용승인을 받은 건축물이 이후 관련법령상의 위법이 발견되었을 경우 기존 허가청의 상대적금지의 해제에 해당하는 행정행위(허가)를 취소할 수 있느냐의 문제가 있다. 여기에는 여러 가지 설이 있을 수 있으나 일반적으로는 행정기관에서 처분된 허가의 취소는 극히 제한되는 입장이다. 대법원 판례에서도 그 위반의 정도가 건축 관련 법규의 제정취지나 목적에 비추어 사용승인을 취소하면 입게 될 불이익의 정도를 비교하여 개인적 이익을 희생시켜도 부득이하다고 인정되지 아니한 경우라면 기처리된 사용승인을 취소할 수 없다고 하고 있다.[5]

4) 건축법 시행령 제20조(현장조사 · 검사 및 확인업무의 대행)
5) 윤혁경 편저, 건축법 · 조례해설

PLUS TIPS 대법 1985. 01. 22. 판결, 84누515

"건축물 준공처분의 취소사유는 그 규제 법규의 제정취지와 목적 및 이로 인한 당사자들의 이해관계를 구체적으로 관련하여 건축행정목적 실현을 위하여 부득이하다고 인정되는 경우가 아니면 함부로 이를 취소사유로 할 수 없다 할 것이므로 건축허가 당시보다 다소 위치를 변동하여 건축되었다 하더라도 그 위치변동이 극히 경미할 뿐 아니라 변동이 없는 경우와 비교하여도 일조, 채광, 통풍 등 통상적인 생활환경이 별로 다를 바가 없다면 이는 건물의 준공처분을 취소할 사유에 해당되지 아니한다."

02 소방시설 완공검사증명서 교부

앞서 언급하였듯이 건축주가 건축물의 신축허가 등을 신청하면 허가관청의 건축복합민원 일괄협의회의에서 허가동의를 요구할 관련법령은 21가지가 있다. 이 관련법령이 모두 적용되는 것은 아니고 신축하고자 하는 지역과 장소에 따라서 적용되는 관련법령이 다를 수 있으나, 「소방시설 설치 및 관리에 관한 법률」에 의한 특정소방대상물에 설치하는 소방시설에 대한 사항은 건축물 이용자들에 대한 안전 확보 등 공공질서 유지에 있어 무엇보다 중요하다 할 것이다. 건축주가 건축물 사용승인신청서와 필요서류를 첨부하여 허가권자에게 사용승인 신청을 하게 되면 허가부서에서는 우선 관련법령에서 교부된 각종 증명서의 첨부 여부를 확인하게 된다. 각 관련법령에서 규정하고 있는 증명서의 교부는 그 법령에서 정하는 규정에 위반이 없다는 것을 관련기관에서 확인해주는 것을 의미하므로 반드시 첨부되어야 할 서류이다. 이런 각 관련법령의 증명서 중에서 건축물의 안전 확보에 필수적인 것이 "소방시설 완공검사증명서"이다.

아래는 건축허가 동의부터 소방시설 완공검사증명서 교부 때까지의 일반적인 행정절차를 나타낸 것이다.

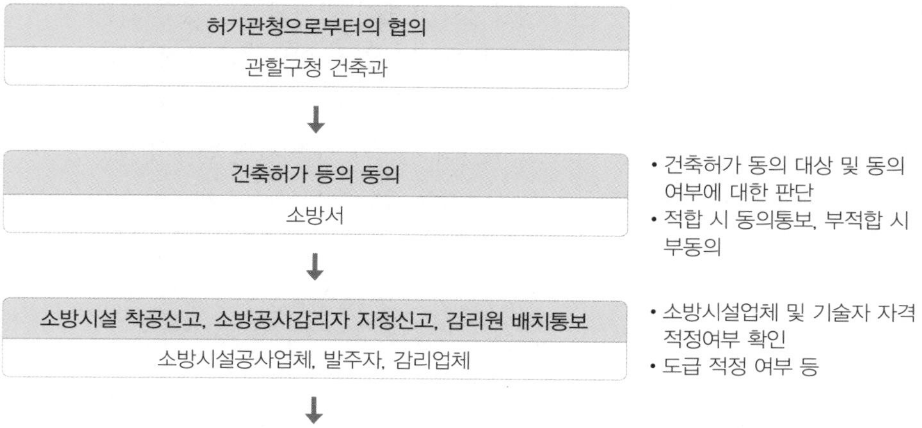

허가관청으로부터의 협의
관할구청 건축과

↓

건축허가 등의 동의
소방서

- 건축허가 동의 대상 및 동의 여부에 대한 판단
- 적합 시 동의통보, 부적합 시 부동의

↓

소방시설 착공신고, 소방공사감리자 지정신고, 감리원 배치통보
소방시설공사업체, 발주자, 감리업체

- 소방시설업체 및 기술자 자격 적정여부 확인
- 도급 적정 여부 등

↓

소방시설 착공수리
소방서

- 착공신고수리기간: 2일
- 공사업체 등 신고수리 통보

소방시설 완공검사신청, 소방공사 감리결과보고
소방시설공사업체, 감리업체

- 완공처리기간: 3일
- 비상경보설비 등 감리대상이 아닐 경우 현장확인 필요

소방시설 완공검사증명서 교부
소방서

- 소방공사업체, 감리업체 통보
- 교부받은 완공검사증명서 관할 구청에 제출

1 소방공사 감리자 지정신고와 착공신고

허가청의 소방허가 동의 요구 시 「소방시설 설치 및 관리에 관한 법률」에 따라 특정소방대상물의 관계인이 특정소방대상물의 규모 · 용도 및 수용인원 등을 고려하여 갖추어야 하는 소방시설[6]의 종류가 정해지고 화재안전기준 등에 맞는 적법한 설계가 이루어졌을 때 동의 통보를 하게 된다. 이후 건축물의 착공신고 후 건축공사 공정에 따라 그 건축물에 대한 소방시설 공사도 착공되어야 하며 또한 소방공사 감리자도 지정하여 공사기간 중 감리원을 배치하여야 한다. 소방공사 감리자의 지정은 관계인(보통 건축주)과 감리업자의 계약으로써 소방공사 감리자의 지정이 이루어졌다고 보는데, 이는 반드시 소방공사업자의 소방시설 착공신고 이전에 이루어져야 한다. 소방공사 감리자 지정대상의 특정소방대상물은 "자동화재탐지설비, 옥내소화전설비 등 대통령령으로 정하는[7] 소방시설을 시공할 때"라고 법령에서 규정하고 있다.

구분	내용
기계 소방시설	• 옥내 · 옥외 소화전설비를 신설 · 개설 또는 증설할 때 • 스프링클러설비등(캐비닛형 간이스프링클러설비 제외) · 물분무등소화설비(호스릴 방식의 소화설비 제외)를 신설 · 개설하거나 방호 · 방수 구역을 증설할 때 • 제연설비 · 연결살수설비 · 연소방지설비를 신설 · 개설하거나 제연구역 · 송수구역 · 살수구역을 증설할 때 • 연결송수관설비 · 소화용수설비를 신설 또는 개설할 때
전기 소방시설	• 자동화재탐지설비 · 비상방송설비 · 통합감시시설 · 비상조명등 · 무선통신보조설비를 신설 또는 개설할 때 • 비상콘센트설비를 신설 · 개설하거나 전용회로를 증설할 때

6) 소방시설 설치 및 관리에 관한 법률 시행령 제11조 [별표 4]
7) 소방시설공사업법 시행령 제10조(공사감리자 지정대상 특정소방대상물의 범위)

또한 소방시설공사를 하더라도 다음 사항에 해당이 되면 소방공사감리자를 지정하지 아니한다고 규정[8]하고 있다.

① 법정 소방시설 외에 자진하여 소방시설을 설치하는 경우
② 비상경보설비를 설치하여야 할 특정소방대상물에 자동화재탐지설비를 대신 설치하는 경우
③ 변경되는 소방시설이 소방시설공사 착공신고대상에 해당되지 아니하는 경우

일반적으로 소방공사 감리업자의 감리자 지정신고와 소속 감리원의 배치, 그리고 소방시설공사업자의 소방시설공사 착공신고[9]는 보통 감리업자가 소방관서에 일괄 신고업무를 하는 것이 일반적이다. 그러나 소방공사 감리자 지정대상 건축물의 공사에서 도급 등 여건상 소방공사 감리자의 선정이 늦어지고 소방공사업자의 선정이 먼저 되어 공사가 우선 진행되면서 행정적인 절차에 대한 인식이 부족한 공사업자가 먼저 시공을 하면서 소방시설공사 착공신고를 하는 경우가 종종 있는데 이는 여러 가지 법령의 위반사실에 해당되므로 특히 주의해야 한다.

첫째, 관계인(보통 사업주)의 "소방공사 감리자를 지정하지 않은 경우에 해당"되어 벌금 등의 행정형벌을 처분받게 된다. 필자가 경험한 바에 따르면 이런 경우 사태의 피해를 최소화하기 위해서 통상적으로 관계인(보통 건축주)과 감리업자의 감리 계약일자를 소방시설공사 착공신고 이전 날짜로 급히 작성하여 착공신고 이전에 계약(지정)하였으므로 소방공사 감리자의 지정에 있어서는 법령위반에 해당되지 않고, 다만 소방관서에 소방공사 감리자 지정신고를 태만한 것으로 과태료의 행정질서벌 처분을 받는 쪽으로 하고자 한다. 그러나 이런 편법적인 방법은 사인 간의 수의계약 공사 시에는 가능할 수 있으나 조달청 입찰로 감리자를 선정하는 경우에는 입찰일이 정해져 수정할 수 없으므로 변명의 여지가 없을 것이다.

둘째, 소방공사업자의 "소방시설공사 착공신고 태만에 해당"되어 과태료의 행정질서벌과 행정처분(1차 경고등)을 받을 수 있고, 감리원 배치가 없는 기간에 시공한 공정은 안전확보를 단정 지을 수 없어 철거 후 다시 시공해야 할 상황이 있을 수 있으므로 반드시 유념해야 한다. 소방법령에서 규정하는 소방시설공사 착공신고는 해당 소방시설공사를 착공하기 전에 해야 하는데, 실무에서 전기소방시설공사의 착공신고 시기에 대해서 혼선이 있는 경우가 있다. 즉, 실제 배선이 입선되는 시기를 말하는 것인지 콘크리트 타설 전 배선보호주름관(CPVC)의 매립시기로 봐야 하는지에 대한 부분이다. 「예방소방업무처리규정」에 착공신고는 해당 소방시설공사를 착공하기 전(소방시설용 전선관을 포함한 소방시설용 배관을 설치

8) 예방소방업무처리규정 제8조(증축 등의 경우 소방공사감리자 지정 등)
9) 소방시설공사업법 제13조(착공신고)

하거나 매립하는 시기를 말한다)에 하도록 규정[10]하고 있다. 전기소방시설은 배선의 입선작업 시기가 아니라 "입선용 전선관을 설치 또는 매립"하는 시기부터 해당되며, 기계소방시설은 "배관을 설치하거나 매립하는 시기"부터 착공신고를 해야 한다.

2 소방공사 감리결과보고(통보)서 제출[11]

감리업자는 소방공사의 감리를 마쳤을 때에는 소방공사감리 결과보고(통보)서에 각 서류를 첨부하여 공사가 완료된 날부터 7일 이내에 소방공사감리 결과통보 등을 하여야 한다.

서면 통보	⇨ (7일)	① 그 특정소방대상물의 관계인 ② 소방시설공사의 도급인 ③ 그 특정소방대상물의 공사를 감리한 건축사
보고서 제출	⇨ (7일)	④ 소방관서(소방본부장, 소방서장)

소방관서 제출 서류

① 소방공사감리 결과보고(통보)서 ※ 전자문서로 된 소방공사감리 결과보고(통보)서를 포함	+	② 각종 필요 서류(전자문서 포함) • 소방시설 성능시험조사표 1부 • 착공신고 후 변경된 소방시설설계도면 1부 • 소방공사 감리일지 1부 • 특정소방대상물의 사용승인신청서등 사용승인 신청 증빙 서류 1부

과거에는 건축물 사용승인 신청전에 소방공사 감리결과보고서를 소방관서에 먼저 제출하고 소방공사 완공검사증명서를 교부받은 후, 건축 감리자가 허가청에 사용승인을 신청함으로써 건축물 사용승인이 이루어졌다. 즉, 관계자(건축사)가 허가청에 건축물 사용승인신청서를 제출할 때는 소방관서에서 교부된 소방시설 완공검사증명서가 첨부되어야만 사용승인 신청을 할 수 있었다. 그러므로 건축물 사용승인 신청에서부터 사용승인까지의 기간 단축과 은행의 대출관련등 여러 이유로 건축공정이 마무리되지 않은 상태에서 소방의 완공검사증명서를 요구하게 되었다.

상대적으로 하도급자의 위치에 있는 소방관련업체에서는 건축공정이 계속적으로 진행되고 있음에도 불구하고, 관계자의 요구로 소방시설만 설치 완료되면 감리결과보고서를 제출하여 완공검사증명서를 미리 교부받았으며, 이후 건축공정이 거의 마무리되었을 때 허가청에 사용승인신청을 하는 것이 관행처럼 이루어졌다. 하지만 소방공사 완공검사증명서의 발급은 모든 건축공정이 완료된 후 소방시설이 정상 작동되는 환경이 이루어졌을 때 발급되는

10) 예방소방업무처리규정 제29조(소방시설의 착공신고 등)
11) 소방시설공사업법 제20조(공사감리 결과의 통보 등)

것이 당연할 것인데, 실제 실무에서는 건축공사가 마무리되지 않았음에도 완공검사가 이루어져 화재발생등의 위험이 존재하고 있었다. 이런 관행적인 위험의 해소를 위해 현재는 건축 감리자의 사용승인 신청이 허가청에 접수된 후 그 사본등의 증빙서류를 소방공사 감리결과보고서 제출 시 반드시 첨부해야 하는 법정 제출서류로서 규정과 제도가 변경(2021. 06. 10.)되었다.

3 소방공사 완공검사증명서 교부[12)]

소방시설 공사업자는 공사를 완공하면 소방시설공사 완공검사신청서를 소방관서에 제출하고 완공검사를 받아야 한다. 이때 소방공사 감리자가 지정되어 있는 경우에는 공사감리결과보고서로 완공검사를 갈음한다. 또한 법령에서 정하는 특정소방대상물의 경우 소방관서에서 감리결과보고서가 제출되더라도 소방시설공사가 공사감리 결과보고서대로 완공되었는지를 현장에서 확인할 수 있다. 현장 확인 또는 감리 결과보고서를 검토한 결과 해당 소방시설공사가 법령과 화재안전기준에 적합하다고 인정되면 소방시설 완공검사증명서를 공사업자에게 발급한다.

완공검사를 위한 현장확인 대상 특정소방대상물의 범위[13)]	• 문화 및 집회시설, 종교시설, 판매시설, 노유자(老幼者)시설, 수련시설, 운동시설, 숙박시설, 창고시설, 지하상가, 「다중이용업소의 안전관리에 관한 특별법」에 따른 다중이용업소 • 스프링클러설비등, 물분무등소화설비(호스릴 방식의 소화설비 제외)가 설치되는 특정소방대상물 • 연면적 10,000m^2 이상이거나 11층 이상인 특정소방대상물(아파트 제외) • 가연성가스를 제조 · 저장 또는 취급하는 시설 중 지상에 노출된 가연성가스탱크의 저장용량 합계가 1천톤 이상인 시설

현재 실무에서는 소방시설공사 완공검사신청서를 감리자가 감리결과보고서 제출 시 일괄적으로 신청하고 있으며, 건축업무 담당자는 신청서를 접수하고 3일의 기간 이내에 현장확인 또는 감리결과보고서를 검토하고 완공검사증명서를 교부한다. 소방시설 완공검사증명서 발급과 건축물 사용승인 후의 관리에는 현실적인 문제가 있다.

첫째, 소방공사 감리원의 배치기간에 대한 사항이다.

현재 소방감리업자의 감리원 배치는 소방시설 완공검사증명서 교부까지가 일반적이지만 여기에는 검토되어야 하는 사항이 있다. 건축물의 사용승인 후 30일 이내에 소방안전관리자가 선임되어야 하고 선임하는 날로부터 14일 이내에 소방관서에 신고하여야 하는데, 이 기간(총 44일)에는 관리상의 부재가 발생하여 위험하므로 소방안전관리자 선임기간까지 배치하는 것에 대한 필요성이다. 이것은 건축물 시공 과정과 건축물의 특성을 가장 잘 알고

---

12) 소방시설공사업법 제14조(완공검사)

13) 소방시설공사업법 시행령 제5조(완공검사를 위한 현장확인 대상 특정소방대상물의 범위)

있는 감리원이 향후 소방안전관리자로 선임되는 자에게 건축물 사용승인 과정의 모든 사항을 인계인수해야 하는 것이 타당하다는 것이다. 그러므로 소방감리자의 감리의무 배치기간에 대한 새로운 시각이 필요하다. 현재 소방법령에서 건설공사를 하는 자("공사시공자")가 화재발생 및 화재피해의 우려가 큰 특정소방대상물에 대해서 소방시설공사 착공 신고일부터 건축물 사용승인일까지 별도의 소방안전관리자를 선임하도록 시행하고 있으나, 이것은 건설공사 기간 중에 화재예방 등 소방안전관리 업무를 하기 위해 공사시공자가 선임하는 것으로 건축물을 준공하는 기간 동안에만 공사장의 소방안전관리 사항에 대한 업무를 수행하는 것이다.

 여기서 잠깐!

건설현장 소방안전관리대상물[14)]

1. 연면적 1만 5천제곱미터 이상인 것
2. 지하 2층 이하이거나 지상 11층 이상인 특정소방대상물로서 연면적 5천제곱미터 이상인 것
3. 냉동 또는 냉장 창고로서 연면적 5천제곱미터 이상인 것

그러므로 건축물 사용승인 후에는 건축주가 별도의 소방안전관리자를 선임해야 하고 신축 건축물이 실질적으로 안전하게 사용되기 위해서는 건축공정에 따른 소방시설등의 설치에 관한 사항의 총괄적 책임을 맡았던 감리원의 배치기간을 그 건축물의 소방안전관리자를 선임할 때까지로 하여, 소방시설등의 정상작동 유지가 연속적으로 관리될 수 있도록 하는 제도가 필요하다.

둘째, 소방시설 완공검사증명서의 발급에 관한 문제이다.

법령에 따르면 공사업자는 소방시설공사를 완공하면 완공검사를 받아야 하고, 소방관서에서는 현장확인 또는 감리 결과보고서를 검토한 결과, 해당 소방시설공사가 법령과 화재안전기준에 적합하다고 인정하면 소방시설 완공검사증명서를 "공사업자"에게 발급하여야 한다고 규정[15)]되어 있다. 실제 공사업자의 완공검사신청서는 소방공사감리 결과보고서 제출 시 감리원이 일괄 대리 신청하는 경우가 대부분이며, 실무담당자 역시 특별한 경우가 아니면 완공검사증명서 교부 시 해당 감리원에게 건네는 것이 일반적이다. 이런 관례는 향후 심각한 문제를 가져올 수 있다.

과거에는 완공검사증명서를 교부받은 감리업자는 업무 수행 중의 경비 등을 보전받기 위한 관계자나 공사업자에게 압박의 수단으로 사용한 경우가 종종 있었다. 이런 경우 관계자 등은 감리결과보고서 제출을 감리원이 하므로 당연히 감리업자가 완공검사증명서를 받는 것으로 인식하고 불가항력적인 문제라 생각하였을 것이다. 그러나 이런 행위는 "공사업자

14) 화재의 예방 및 안전관리에 관한 법률 시행령 제29조(건설현장 소방안전관리대상물)
15) 소방시설공사업법 시행규칙 제13조(소방시설의 완공검사 신청 등)

에게 발급"해야 한다는 규정의 법령위반 행위로 볼 수 있으며, 향후 행정소송등에서 문제가 될 소지가 많으므로 반드시 그 현장의 소방시설을 직접 공사한 공사업자에게 발급해야 한다. 이런 문제발생 소지 사례가 공사업자와 시행자 간의 공사대금 지급에 대한 분쟁이다. 어떤 공사업자가 필자에게 "소방시설 완공검사증명서를 건축주에게 전달하는 게 법령상 문제가 없는 것인가"에 대한 문의가 왔던 사례가 있었다. 이 사례의 발단은 소방기관의 민원실에 건축주가 방문하여 소방시설공사 완공검사증명서를 직접 수령하였고, 이후 현장의 실질적 소방시설공사를 했던 공사업자가 이 사실을 알고 소방관서의 행정처리에 대한 불만을 제기한 민원사례이다. 즉, 담당자는 건축주에게 전달하는 것에 그다지 문제인식을 하지 않았고, 이후 공사업자가 실제 공사한 본인에게 완공검사증명서를 교부하지 않은 이유와 건축주에게 전달된 완공검사증명서를 무효화하고 다시 발급해 달라는 것이었다. 공사업자는 시행부터 완료까지 공사대금을 전혀 받지 못한 상태였고, 시행자와의 문제 해결을 위해 증명서가 반드시 필요한 입장이었던 것이다.

이 사례처럼 담당자가 건축주에게 증명서를 직접 전달한 업무처리는 향후 공사대금 지급 등의 행정소송에 있어 문제가 될 위험이 있으므로 반드시 법령에서 정한 공사업자에게 증명서를 발급하고 전달해야만 소송 등의 분쟁에서 자유로울 수 있다. 만일 분실 또는 훼손 등의 사유로 공사업자의 재발급 요청이 있을 때에는 재발급에 대한 사유서를 청구하고 공사업자임을 증명하는 소방시설업 등록수첩 및 신분증 등을 확인한 후 재발급해 주는 것에는 큰 문제가 없다.

건축소방의 이해

PART 02 ▶ 건축물의 유지·관리

제2편에서는 사용승인 후 건축물대장의 생성과 관계인이 정기적으로 이행해야 할 건축물 관리의 전반적인 내용에 대해 언급하였다. 또한 건축물에 설치된 소방시설 등의 자체점검 실시 범위에서 쟁점이 되는 내용과 소방관련 관계자들이 수행해야 할 건축 관련시설 소방안전관리업무에 대한 책임과 의무를 검토하고 기술하였다. 건축물의 관리에 있어 건축법령에서의 정기점검과 소방법령에서의 자체점검 실시에 대한 연계사항의 내용을 알아보고, 각 법령에서 규정하고 있는 점검의 이행에 논란이 되는 사항의 업무처리와 각종 현장확인 시 법령위반 건축물의 행정처리등에 대한 방안을 제시하여 건축물의 안전관리업무 이행에 도움이 되도록 하였다.

PART 02 건축물의 유지·관리

CHAPTER 

01 | 사용승인에 따른 건축물의 관리등

01 건축물대장의 등재

건축물대장은 우리가 일상에서 가장 쉽게 접하는 것으로서 주택이나 상가 등 부동산을 매매하고자 할 때 반드시 확인하여야 할 공부상의 문서이다. 소방관서에서도 소방시설의 적용과 유지관리 등에 관한 소방법령의 적용에 있어 건축물 대장상의 연면적, 사용용도, 변경행위의 시점 등에 대해서 반드시 확인하여야 할 서류이다. 건축법령에서는 시 · 도지사 또는 시장 · 군수 · 구청장은 건축물의 소유 · 이용 및 유지 · 관리 상태를 확인하거나, 건축정책의 기초 자료로 활용하기 위하여 법령에서 정하는 대상에 해당하면 건축물대장에 건축물과 그 대지의 현황 및 건축물의 구조내력(構造耐力)에 관한 정보를 적어서 보관하고 이를 지속적으로 정비하도록 규정[1]하고 있다.

건축물대장 기재 · 보관 · 정비	① 건축물의 사용승인서를 내준 경우 ② 건축허가 대상 건축물(신고대상 건축물 포함) 외의 건축물의 공사를 끝낸 후 기재를 요청한 경우 ③ 「집합건물의 소유 및 관리에 관한 법률」에 따른 건축물대장의 신규등록 및 변경등록의 신청이 있는 경우 ④ 법 시행일 전에 법령등에 적합하게 건축되고 유지 · 관리된 건축물의 소유자가 그 건축물의 건축물 관리대장이나 그 밖에 이와 비슷한 공부(公簿)를 건축물대장에 옮겨 적을 것을 신청한 경우 ⑤ 그 밖에 기재내용의 변경 등이 필요한 경우로서 1. 건축물의 증축 · 개축 · 재축 · 이전 · 대수선 및 용도변경에 의하여 건축물의 표시에 관한 사항이 변경된 경우 2. 건축물의 소유권에 관한 사항이 변경된 경우

1 건축물대장의 기재 및 관리

법령에서 규정하고 있는 건축물대장의 서식, 기재 내용, 기재 절차, 그 밖에 필요한 사항[2]에 대해 간략하게 살펴보자. 대지에 건축물의 건축공사가 완료된 후 건축물대장을 새로이 작성하는 것을 "생성"이라 하는데 사용승인 후 건축주의 신청에 의해서 이루어진다. 이렇게 건축물 및 대지에 관한 현황을 기재하여 생성된 건축물대장은 「집합건물의 소유 및 관리에

1) 건축법 제38조(건축물 대장)
2) 건축물대장의 기재 및 관리 등에 관한 규칙

관한 법률」에 규정되어 적용받는 건축물의 "집합건축물대장"과 그 외 건축물의 "일반건축물대장"으로 구분된다. 이것은 우리가 사용 목적과 필요 용도에 따라 구분해서 열람 · 복사 할 수 있다. 특히 「다중이용업소 안전관리에 관한 특별법」에 규정하고 있는 다중이용업의 영업장을 허가받기 위해서는 우선적으로 그 층의 평면도 현황 등을 파악하고 설계를 하여야 하는데 이때 필요한 것이 「건축물 현황도」이다. 건축물 현황도는 배치도(대지의 경계, 대지의 조경면적, 공개 공지 또는 공개 공간, 건축선, 건축물의 배치현황, 대지 안 옥외주차 현황, 대지에 직접 접한 도로를 포함한 도면), 각 층 평면도 또는 단위세대평면도(각 층 또는 단위세대까지 상 · 하수도 및 도시가스 배관의 인입현황을 포함한 도면) 등 건축물 및 그 대지의 현황을 표시하는 도면을 말한다. 건축물대장을 생성하는 경우에 첨부하는 건축물 현황도는 건축사 등 법령에서 규정하는 자[3]가 작성하여야 한다. 건축물의 소유자나 관리자는 건축물의 전부 또는 일부가 해체 · 멸실 등으로 없어진 경우에는 건축물대장 말소신청서를 작성하여 허가관청에 건축물대장의 말소를 신청하여야 하고, 건축물이 해체 · 멸실되었음에도 소유자나 관리자가 건축물대장의 말소 신청을 하지 않은 경우에는 직권으로 해당 건축물대장을 말소할 수 있으며, 이때는 지체 없이 그 내용을 건축물의 소유자에게 통지하도록 하고 있다.

2 위반건축물의 기재

허가권자는 법령에 따른 명령이나 처분에 위반되는 대지나 건축물에 대하여 허가 또는 승인을 취소하거나 그 건축물의 건축주 · 공사시공자 · 현장관리인 · 소유자 · 관리자 또는 점유자에게 공사의 중지를 명하거나, 상당한 기간을 정하여 그 건축물의 해체 · 개축 · 증축 · 수선 · 용도변경 · 사용금지 · 사용제한, 그 밖에 필요한 조치를 명할 수 있고, 시정명령을 할 때마다 건축물대장에 "위반건축물"이라는 표시, 위반일자, 위반내용, 시정 명령한 내용을 기재한다. 이후 위반자의 적법한 행정행위가 이루어지도록 시정명령과 행정벌을 부과하고, 위반상태가 지속적으로 계속 유지된다면 철거등 행정대집행이나 행위가 이루어질 때까지 매년 이행강제금 부과 처분을 하는데, 현실적으로 철거등 강제집행보다 이행강제금의 부과로 위반자에게 불이익을 주는 수준에 그치고 있는 실정이다.

3) 건축물대장의 기재 및 관리 등에 관한 규칙 제9조(건축물현황도의 작성자)

3 허가청의 위반건축물에 대한 행정처리

허가청의 위반건축물에 대한 행정적인 업무처리는 기 건축물이 불법 증축된 사실이 적발되었을 경우 건축주에게 철거 또는 합법적 행정절차를 이행하도록 기간을 정한 시정명령을 하고, 기한 내 적법한 행위가 이행되지 않았을 때 법령에서 정하는 행정처분 후 건축물대장에 "위반건축물" 표시를 한다. 이후 건축주가 불법건축물을 계속적으로 사용할 경우 허가청에서는 매년 이행강제금 부과[4]와 동시에 적법한 행정절차를 이행하도록 독촉 등 시정명령을 지속적으로 한다. 가령 일반음식점을 허가받고 영업을 하던 중 불법증축을 하고 그 부분을 영업장으로 사용하다 허가청에 적발된 상황이라고 할 때, 건축 허가부서에서는 불법증축 부분을 적법하게 하도록 독촉, 시정명령, 이행강제금 부과 등의 행정처분을 하지만, 한편 영업과 관련된 다른 부서에서는 비록 불법적인 부분이 있지만 철거 등 적법한 행위를 할 때까지는 계속적인 영업을 하므로 그 기간 동안 영업기준에 적법한 시설의 설치, 카드단말기 설치, 세금신고 등을 이행하라고 하고 있다. 이러한 하나의 허가청에 각각 다른 건축물 관리부서와 영업허가 부서의 행정업무 처리 방식에 모순이 있을 수 있다. 이로 인해 영업주 입장에서는 비록 불법 부분의 영업장이 있지만 영업에 적법한 시설과 기준을 갖추고 계속적으로 영업을 유지하려고 할 것이다. 그러므로 영업주가 불법 부분을 계속적으로 사용하고 철거할 의사가 없더라도 이행강제금만 납부하면 허가청에서 영업을 인정해주는 불법의 합법화적인 성격이 있다고 할 수 있다. 이행강제금 부과는 그 횟수와 기한이 없어 불법건축물로 사용하는 것이 이행강제금을 내는 것보다 이익일 경우 합당한 비용을 내고 계속 사용하려고 할 것이므로 불법이라는 위험 요소는 제거되지 않고 계속적으로 존재되고 있는 것이 현실이다. 허가청에서 이런 불법건축물 사용에 대해 강제철거 대신 매년 이행강제금을 부과하는 방식으로 행정행위의 목적을 달성하려고 하는 것은, 비록 불법이라 할지라도 개인의 사유재산보호의 침해 부분과 비교형량 할 수밖에 없는 현실적인 어려움에 따른 것으로 볼 수 있다. 그러므로 건축주 스스로의 적법한 행정절차 이행에 기대할 수밖에 없는 업무처리의 소극적 행정행위에는 그만큼 안전에 대한 위험요소의 내재도 같이 인정해 주고 있다는 의미도 될 수 있다. 이런 경우로 대형피해가 발생한 화재사례가 "밀양 세종병원 화재사고"이다.

PLUS TIPS 밀양 세종병원 화재 사고

① 화재 대상: 세종병원/세종요양병원(경상남도 밀양시 중앙로 114)
② 화재 일시 및 장소: 2018. 01. 26. 07:32/병원 1층 응급실 옆 직원 탈의실
③ 사상자: 총 187명(사망 47, 부상 140)
④ 건축법 위반개요
병원 전체 면적이 1천 489제곱미터, 불법 증축 규모는 모두 147.04제곱미터(전체 면적의 10% 차지)[5]

4) 건축법 제80조(이행강제금)

5) 노컷뉴스(2018. 01. 29.) "연기확산 통로, 대피 방해"…세종병원 불법증축, 화 키웠나?

- 통로로 연결된 요양병원과 별도 건물인 장례식장 등까지 포함 총 12곳, 265.22m^2
- 세종병원은 관할당국으로부터 폐쇄형 비가림막에 대하여 수차례 철거 명령을 받았으나 이행하지 아니하고, 약 3,000만 원의 이행강제금만 납부하며 건물 전체면적의 10분의 1을 불법 증·개축하고도 영업을 계속함

⑤ 행정기관의 행정처분[6]

밀양시는 2011년 세종병원의 불법 증축 사실 파악 시정명령을 내리지만, 병원은 과태료를 내면서도 불법 건축물을 그대로 유지, 밀양시는 위반건축물로 등재하고 시정이 될 때까지 해마다 이행강제금을 부과했다.(6년 동안 3천여 만 원 납부)

⑥ 소방시설 설치여부

- 세종병원은 건축법상 스프링클러 설치 대상이 아니었고, 세종요양병원은 2018년 6월 30일까지 스프링클러 설치를 마치기 위해 공사 계획을 수립한 상태
- 불법 증축면적을 더하면 옥내소화전을 설치해야 하지만, 서류상 신고된 연면적이 적용돼 옥내소화전은 설치되지 않음

※ 불법 증축이 사고의 피해 확산 원인과 연결된 것으로 판단(연결통로를 통해 연기 확산)

⑦ 현장 사진[7]

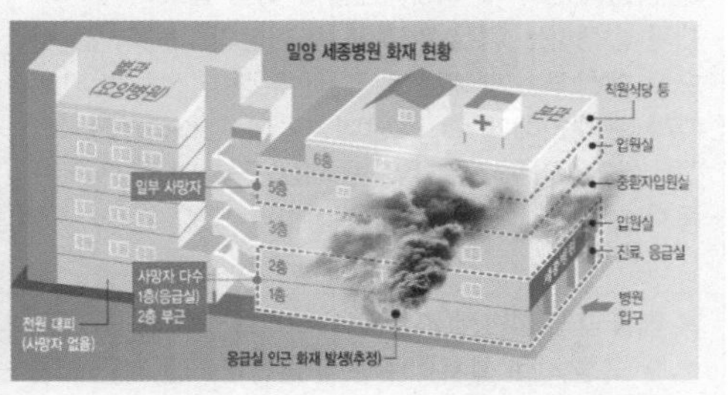

4 화재안전조사등의 위반건축물 업무처리

소방관서에서 화재안전(정보)조사 등 현장 확인을 시행함에 있어 관계법령의 위반사실을 발견하였을 경우 어떻게 업무처리를 할 것인가에 대한 검토사항이 있다. 즉, 허가청의 시정명령을 이행하지 않아 사전에 건축물대장에 "위반건축물"로 표기가 되어 있는 건축물을 현장 확인 할 경우와 건축물 대장상에는 특별한 위반사실이 없었는데 현장 확인으로 불법 증축·용도 등을 인지하였을 때 소방관서에서 조치명령 등 직접 처리할 것인지 아니면 관계기관에 통보하는 것으로 업무처리를 완료할 것인지 등에 관한 사항이다. 구. 소방법령에는[8] "소방검사결과 건축·전기·가스시설 등이 관계법령에 위반된 사실을 발견한 때에는 해당 관계기관에 그 위반내용을 통보하여야 한다."라고 규정되어 있어 담당자들이 현장 확인에서 관계법령 위반사실을 인지하였을 때 사진 등 증빙서류를 첨부하여 관계기관에서 조치해 줄 것을

6) daum.net, 위키백과, 우리 모두의 백과사전.

7) 사진 출처: 경남신문(2018. 01. 26.)/국민일보(2018. 01. 27.)

8) 예방소방업무처리규정 제6조(소방검사 결과조치 등)

통보하였다. 어떤 소방관서에서는 통보내용에 대한 조치결과를 회신하도록 공문상에 기재하는가 하면 또 다른 담당자는 조치결과 회신이 필요 없이 위반사실을 통보하는 것으로 업무를 종료하였다. 법령의 규정에는 "통보하여야 한다"로 되어 있었기 때문에 굳이 관계기관의 조치결과를 회신받을 의무와 실이익이 없었을 것이므로 대부분 관계기관 통보로 마무리하는 경우가 많았다. 현재는 훈령(예방소방업무처리규정)에 있던 "관계기관에 통보하여야 한다"는 규정이 삭제되고 법률 조문에서 하나의 규정으로 추가되었다.

<table>
<tr><th colspan="2">구. (화재예방) 소방시설 설치 · 유지 및 안전관리에 관한 법률</th></tr>
<tr><th>변경 전
[법률 제10250호, 2010. 04. 12,
시행 2010. 10. 13.]</th><th>변경 후
[법률 제11037호, 2011. 08. 04, 일부개정,
시행 2012. 02. 05.]</th></tr>
<tr><td>제5조(소방대상물에 대한 개수명령) 소방본부장 또는 소방서장은 대통령령이 정하는 소방대상물에 대한 소방검사의 결과 그 위치 · 구조 · 설비 또는 관리의 상황에 관하여 화재예방을 위하여 필요하거나 화재가 발생하는 경우 인명 또는 재산의 피해가 클 것으로 예상되는 때에는 행정안전부령이 정하는 바에 따라 관계인에게 그 소방대상물의 개수(改修) · 이전 · 제거, 사용의 금지 또는 제한, 공사의 정지 또는 중지 그 밖의 필요한 조치를 명할 수 있다</td><td>제5조(소방특별조사 결과에 따른 조치명령) ① (생략)
② 소방방재청장, 소방본부장 또는 소방서장은 소방특별조사 결과 소방대상물이 법령을 위반하여 건축 또는 설비되었거나 소방시설등, 피난시설 · 방화구획, 방화시설 등이 법령에 적합하게 설치 · 유지 · 관리되고 있지 아니한 경우에는 관계인에게 제1항에 따른 조치를 명하거나 관계 행정기관의 장에게 필요한 조치를 하여 줄 것을 요청할 수 있다.
※ 조문 전면 개정 · 신설
└→ "관계법령 위반사실" 처리조항 신설</td></tr>
<tr><td colspan="2">※ 법률의 명칭변경[법률 제13062호, 2015. 01. 20, 시행 2016. 01. 21.]
└→ 소방시설 설치 · 유지 및 안전관리에 관한 법률 → 화재예방, 소방시설 설치 · 유지 및 안전관리에 관한 법률
⇒ 화재의 예방 및 안전관리에 관한 법률 제14조(화재안전조사 결과에 따른 조치명령) 〈2022. 12. 01.〉
※ 개수명령/조치명령권자의 변경
소방방재청장[법률 제11037호, 2011. 08. 04.] → 국민안전처장관[법률 제12844호, 2014. 11. 19.] → 소방청장[법률 제14839호, 2017. 07. 26.]</td></tr>
<tr><td colspan="2">※ 소방시설법 제5조의 "개수명령"만을 규정하고 있던 조문의 전면 개정으로 과거 훈령에서 규정하고 있던 "관계기관 통보의무"가 법령의 조항으로 변경 신설되었고, 훈령에서의 "관계기관에 통보하여야 한다"는 기속행위의 규정이 법률에서의 "요청 할 수 있다"의 재량행위로 변경되었다.</td></tr>
</table>

<table>
<tr><th colspan="2">예방소방업무처리규정</th></tr>
<tr><th>변경 전
[소방방재청훈령 제260호, 2011. 12. 30,
일부개정]</th><th>변경 후
[소방방재청훈령 제264호, 2012. 02. 03, 일부개정,
시행 2012. 02. 05.]</th></tr>
<tr><td>제6조(소방검사 결과조치 등) ① (생략)
② 소방검사결과 건축 · 전기 · 가스시설 등이 관계법령에 위반된 사실을 발견한 때에는 해당 관계기관에 그 위반내용을 통보하여야 한다.</td><td>제6조(소방관계법령 위반자에 대한 처리방법)
※ 조문 전면개정 → "관계법령 위반사실 통보" 삭제</td></tr>
<tr><td colspan="2">※ 위 제6조 규정의 "관계기관 통보의무"는 「구. 소방시설법」 제5조 제②항과 「소방특별조사에 관한 세부운영규정」 제12조(소방특별조사에 따른 조치명령) 제⑥항에서의 내용으로 변경되었다.</td></tr>
</table>

"관계기관의 통보의무"에 대한 사항이 훈령의 규정에서 법률 조문의 일부 조항으로의 변경은 업무처리에 대한 구속력이 더 강화되었다고 볼 수 있지만, 다른 한편으로는 관계법령 위반사실에 대해 소방관서에서 직접적으로 개선 등의 조치를 명(개수명령)하여야 하는가 아니면 관계 행정기관의 장에게 필요한 조치를 하도록 요청할 것인가의 문제에 직면하게 되었다. 예를 들어 소방관서의 현장 확인 당시 위험성에 대한 인식보다는 관계기관의 통보만으로 업무처리를 종료한 후 심각한 인명피해의 사고가 발생했다고 했을 때, 만일 현장확인 당시 소방관서에서 위험성을 인식하고 긴급하다고 판단하여 직접 개수명령으로 신속한 조치를 명하였으면 미리 사고발생을 막을 수 있었다는 사법기관의 조사 결과가 나왔다고 하면, 소방관서의 관계기관 통보 후 업무처리 완료라는 행정처리는 과실의 책임에서 과연 자유로울 수 있을지 생각해 봐야 한다. 그러므로 향후 화재안전조사등 현장 확인 시 다른 법령의 불량사항에 대한 처리를 조치명령을 직접할 것이지 또는 관계기관에 통보할 것인지에 대한 판단에 있어 내부 심의회 개최등으로 현장상황의 중대성과 신속성 등의 요소들을 심도 있게 검토해야 한다.

PLUS TIPS+ 동해 무허가 펜션 가스폭발사고

① 화재 대상: 동해시 묵호진동 ㅌ펜션

② 화재 일시 및 장소: 2020. 01. 25. 19:46/2층 무허가 펜션/사상자: 총 9명(사망 4, 부상 5)

③ 건축법 위반 개요/소방기관의 행정처리

냉동공장을 다가구주택으로 변경한 후 이 업주가 휴게음식점으로 변경한 후 9년여간 동해시에 펜션 신고도 하지 않은 채 불법으로 운영해오던 중 가스 폭발 사고 발생. 소방당국은 2019년 11월 4일 "화재 안전 특별조사" 당시 해당 건물 2층의 다가구주택 부분을 펜션용도로 불법 사용하고 있다는 사실을 확인, 소방관계자가 조사과정에서 다가구 주택 내부를 확인하려 했으나 건축주가 거부해 강제로 점검을 하지 못하고, 2019년 12월 9일 동해시에 위반사항을 통보했다.

④ 언론보도 사항

동해 펜션 폭발사고, 소방이 직접 막을 수 없었나? [news1 뉴스, 2020. 01. 31.]

강원 동해펜션 가스폭발사고를 소방차원에서 막을 수 있었다는 지적이 제기됐다. 소방당국은 … (중간생략) …불법 사용한 정황을 확인했지만 한 달 뒤 위법사항을 동해시에 문서로 통보했을 뿐이다. 당시 특별조사를 제대로 이행했다면 '가스분야'를 점검하면서 '막음조치 실시여부', '소형저장탱크 가스누출경보기 설치여부', '가스누출경보장치 설치 여부' 등 사고와 밀접한 항목들을 점검할 수 있었다는 지적이다.

⑤ 현장 사진[9]

9) 사진출처: 연합뉴스(2020. 01. 25.), 강원도소방본부

02 건축물의 점검과 방법등

기존 건축법에서는 사용승인된 건축물의 소유자나 관리자는 건축물의 유지 · 관리를 위하여 정기점검 및 수시점검을 실시하고 그 결과를 허가권자에게 보고해야 한다고 규정하고 있었지만, 현재는 새로운 법령의 제정 및 시행[10]으로 건축법에서는 삭제되었다.

건축법	
변경 전	변경 후
[법률 제17091호, 2020. 03. 24.]	[법률 제17219호, 2020. 04. 07, 시행 2020. 07. 08.]
제35조 (건축물의 유지 · 관리)	제35조 삭제 〈2019. 04. 30.〉

→

건축물관리법 ※ 법령의 신설 [법률 제16414호, 2019. 04. 30, 시행 2020. 05. 01.]
제12조(건축물의 유지 · 관리) 제13조(정기점검의 실시) 제14조(긴급점검의 실시) 제15조(소규모 노후 건축물등 점검의 실시) 제16조(안전진단의 실시)

1 건축물관리법

건축물 안전을 확보하고 건축물을 생애주기 동안 체계적으로 관리하기 위한 「건축물관리법」은 건축물의 안전을 확보하고 편리 · 쾌적 · 미관 · 기능 등 사용가치를 유지 · 향상시키기 위하여 필요한 사항과 안전하게 해체하는 데 필요한 사항을 정하여, 건축물의 생애 동안 과학적이고 체계적으로 관리함으로써 국민의 안전과 복리증진에 이바지함을 목적으로 제정(2019. 04. 30.)되었다. 총 7개장, 54개 조문으로 이루어져 있으며 주요 내용을 요약하면 다음과 같다.

- (생애이력 정보체계) 건축물 관리이력 및 점검결과 정보를 통합 관리
- (건축물관리계획 수립) 건축주는 사용승인 신청 시 건축물 관리계획을 수립 · 제출하고, 동 계획에 따라 건축물을 유지 · 보수
- (정기점검 · 긴급점검) 관리자는 정기적(준공 5년 후부터 3년마다)으로 점검을 실시하고, 안전이 우려되는 경우 긴급점검을 실시
- (소규모 노후 건축물등 점검) 지자체장이 안전취약 건축물을 직접 점검하고, 보수 · 보강 비용 등을 지원
- (안전진단) 관리자는 정기점검, 긴급점검, 소규모 노후 건축물등 점검 결과, 정밀한 진단이 필요한 경우 안전진단을 실시
- (사용제한) 긴급한 조치가 필요한 경우 관리자가 관련시설의 사용제한 등을 시행하고, 이행하지 않는 경우 지자체장이 대신하여 필요한 조치 시행
- (해체공사 허가) 일정규모 이상의 해체공사는 공사 전에 지자체장의 허가를 받아야 함
- (공공건축물의 재난 예방) 국토교통부장관은 공공건축물의 안전이 우려되는 경우 해당 공공건축물의 관리자에게 성능개선을 요구

10) 건축물관리법 [법률 제16414호, 2019. 04. 30, 시행 2020. 05. 01.]

건축물의 “관리자”란 관계 법령에 따라 해당 건축물의 관리자로 규정된 자 또는 해당 건축물의 소유자를 말하고, 이 경우 해당 건축물의 소유자와의 관리계약 등에 따라 건축물의 관리책임을 진 자는 관리자로 본다고 규정되어 있다. 또한 이 법에는 건축물의 관리자가 건축물, 대지 및 건축설비를 각 법령의 규정[11]에 적합하게 관리하도록 하고 있다. 만일 관리의무를 위반한 자와 이로 인해 건축물에 중대한 파손을 발생시켜 공중의 위험을 발생시키게 한 자에게는 엄중한 행정상 불이익 처분이 부과되므로 주의하여야 한다.

2 정기점검의 실시

다중이용 건축물 등 법령이 정하는 건축물[12]의 관리자는 건축물의 안전과 기능을 유지하기 위하여 정기점검을 실시하여야 하며, 해당 건축물의 사용승인일부터 5년 이내에 최초로 실시하고, 점검을 시작한 날을 기준으로 3년(매 3년이 되는 해의 기준일과 같은 날 전날까지를 말한다)마다 실시하여야 한다.

정기점검 실시대상	① 다중이용 건축물 ② 집합건축물로서 연면적 3천제곱미터 이상인 건축물 ③ 다중이용업소가 있는 건축물로서 해당 지방자치단체의 건축조례로 정하는 건축물 ④ 준다중이용 건축물로서 특수구조 건축물에 해당하는 건축물 ※ 「학교안전사고 예방 및 보상에 관한 법률」에 따른 학교, 「공동주택관리법」의 의무관리대상 공동주택, 「유통산업발전법」의 대규모 점포 및 준대규모 점포, 정기점검을 실시해야 하는 날부터 3년 이내에 소규모 공동주택 안전관리를 실시한 공동주택은 제외

정기점검의 실시는 지방자치단체장이 법령에 정하는 바에[13] 따라 건축물관리점검기관으로 지정하여 해당 관리자에게 알려야 하고, 이에 따라 정기점검을 실시해야 하는 건축물의 관리자는 지정을 통지받은 건축물관리점검기관에 점검을 의뢰해야 한다. 이 경우 건축물관리점검기관은 법령에서 규정하고 있는 점검기관이 갖춰야 할 요건[14]과 점검자의 자격기준에 적합한 사람[15]을 해당 건축물관리점검의 점검책임자로 지정해야 한다.

건축물관리 점검기관의 지정	① 건축사사무소개설신고를 한 자 ② 건설엔지니어링업의 등록한 건설엔지니어링사업자 ③ 안전진단전문기관 ④ 국토안전원 ⑤ 건축분야를 전문분야로 하여 기술사사무소를 개설등록한 자 ⑥ 한국부동산원 ⑦ 한국토지주택공사

11) 건축물관리법 제12조(건축물의 유지 · 관리)
12) 건축물관리법 시행령 제8조(정기점검 대상 건축물 등)
13) 건축물관리법 제18조(건축물관리점검기관의 지정 등)
14) 건축물관리법 시행령 제12조 제2항 [별표 1]
15) 건축물관리법 시행령 제13조 제3항 [별표 2]

정기점검은 대지, 높이 및 형태, 구조안전, 화재안전, 건축설비, 에너지 및 친환경 관리, 범죄예방, 건축물관리계획의 수립 및 이행, 그 밖의 항목 등 9가지의 적합여부에 대하여 실시한다. 여러 가지 항목 중 화재안전에 관한 점검 항목은 다음과 같이 규정하고 있다.

화재안전 항목 (건축법)	① 제49조(건축물의 피난시설 및 용도제한 등) ② 제50조(건축물의 내화구조와 방화벽) ③ 제50조의2(고층건축물의 피난 및 안전관리) ④ 제51조(방화지구 안의 건축물) ⑤ 제52조(건축물의 마감재료) ⑥ 제52조의2(실내건축) ⑦ 제53조(지하층)

3 긴급점검의 실시[16]

지방자치단체장은 다음에 해당하는 경우 해당 건축물의 관리자에게 건축물의 구조안전, 화재안전 등을 점검하도록 요구하여야 하고, 긴급점검 실시 요구를 받은 관리자는 요구받은 날부터 1개월 이내에 실시하여야 한다.

긴급점검 실시대상	① 재난 등으로부터 건축물의 안전을 확보하기 위하여 점검이 필요하다고 인정되는 경우 ② 건축물의 노후화가 심각하여 안전에 취약하다고 인정되는 경우 ③ 부실 설계 또는 시공 등으로 인하여 건축물의 붕괴 · 전도 등이 발생할 위험이 있다고 판단되는 경우 ④ 그 밖에 건축물의 안전한 이용에 중대한 영향을 미칠 우려가 있다고 인정되는 경우 등 시 · 군 · 구 조례로 정하는 경우

긴급점검은 구조안전, 화재안전, 그 밖에 건축물의 안전을 확보하기 위하여 점검이 필요하다고 인정되는 항목에 대해 실시하고, 정기점검과 마찬가지로 지방자치단체장의 지정을 통지받은 건축물관리점검기관에 점검을 의뢰해야 한다.

16) 건축물관리법 제14조(긴급점검의 실시)

4 소규모 노후 건축물등 점검의 실시[17)]

특히 건축물 중 안전에 취약하거나 재난의 위험이 있다고 판단되는 건축물을 대상으로 구조안전, 화재안전 및 에너지성능 등에 대해서는 지방자치단체장이 건축물관리점검기관을 지정하여 "소규모 노후 건축물등 점검"을 요청 실시할 수 있다. 점검실시 후 그 결과를 해당 건축물 관리자에게 제공하고 점검결과에 대한 개선방안 등을 제시하여야 한다. 이때 소규모 노후 건축물 등의 점검결과에 따라 보수 · 보강 등에 필요한 비용의 전부 또는 일부를 보조하거나 융자할 수 있으며 보수 · 보강 등에 필요한 기술적 지원을 할 수 있도록 하고 있다.

소규모 노후 건축물등 점검대상	① 사용승인 후 30년 이상 지난 건축물 중 조례로 정하는 규모의 건축물 ② 노유자시설, 주거약자용 주택 ③ 리모델링 활성화 구역 내 건축물, 방재지구 내 건축물, 해제된 정비예정구역 또는 정비구역 내 건축물, 도시재생활성화지역 내 건축물, 자연재해위험개선지구 내 건축물 ④ 「건축법」 제정일(1962년 1월 20일) 이전에 건축된 건축물 ⑤ 그 밖에 안전에 취약하거나 재난 발생 우려가 큰 건축물 등 시 · 군 · 구 조례로 정하는 건축물

건축물관리법에서 규정하고 있는 건축물의 점검에 대해 요약하면 다음과 같이 나타낼 수 있다.

구분	정기점검	긴급점검	소규모 노후 건축물등 점검
점검실시일	정기검사일 도래 ① 최초 사용승인일 기준 5년 이내 ② 점검을 시작한 날부터 3년마다	지방자치단체장이 필요하다고 인정하여 요구 시	지방자치단체장의 위험성 판단 시
실시 주체	건축물 관리자	건축물 관리자 (지방자치단체장의 요구)	지방자치단체장
점검실시자	건축물관리점검기관	건축물관리점검기관	건축물관리점검기관

17) 건축물관리법 제15조(소규모 노후 건축물등 점검의 실시)

CHAPTER

02 | 소방시설등의 자체점검등

01 건축물의 소방안전관리와 업무의 대행

소방안전관리자 선임대상이 아닌 특정소방대상물의 관계인과 소방안전관리대상물의 소방안전관리자는 소방법령이 정하는 업무[1]를 반드시 수행해야 한다.

특정소방대상물의 소방안전관리 업무

특정소방대상물(소방안전관리대상물은 제외)의 관계인과 소방안전관리대상물의 소방안전관리자의 업무는 다음 각 호와 같다.(제1호 · 제2호 · 제5호 및 제7호의 업무는 소방안전관리대상물의 경우에만 해당)

1. 피난계획에 관한 사항과 대통령령으로 정하는 사항이 포함된 소방계획서의 작성 및 시행
2. 자위소방대(自衛消防隊) 및 초기대응체계의 구성 · 운영 및 교육
3. 피난시설, 방화구획 및 방화시설의 관리
4. 소방시설이나 그 밖의 소방 관련 시설의 관리
5. 소방훈련 및 교육
6. 화기(火氣) 취급의 감독
7. 소방안전관리에 관한 업무수행에 관한 기록 · 유지(제3호 · 제4호 및 제6호의 업무를 말한다)
8. 화재발생 시 초기대응
9. 그 밖에 소방안전관리에 필요한 업무

특히 전문적인 법령지식과 기준 등은 일반인에게는 접근이 어려운 업무일 수도 있으므로 이에 대한 제도적 보완으로 전문지식과 기술을 보유한 소방시설관리업의 등록을 한 자("관리업자")로 하여금 안전관리업무 수행을 대행할 수 있도록 하고 있다. 이는 거주자와 이용자들에 대한 안전을 확보한다는 측면에서 매우 중요하다고 할 수 있다.

1 소방안전관리 업무의 대행 대상

특정소방대상물에 대한 소방안전관리 업무의 대행은 모든 대상을 다 할 수 있는 것이 아니라 법령에서 업무대행 규모의 범위를 규정[2]하고 있는데, "1급 소방안전관리자 선임대상 중 연면적이 1만 5천제곱미터 미만인 특정소방대상물로서 층수가 11층 이상인 것과 2급 · 3급 소방안전관리자 선임대상 특정소방대상물"에 한정하고 있다.

---

1) 화재의 예방 및 안전관리에 관한 법률 제24조(특정소방대상물의 소방안전관리)
2) 화재의 예방 및 안전관리에 관한 법률 제25조(소방안전관리업무의 대행)

이런 특정소방대상물의 경우 소방안전관리자가 법령에서 정하는 자격요건이 되지 않더라도 반드시 소방안전관리 업무를 대행하는 자를 감독할 수 있는 자로 소방안전관리자 선임을 하도록 하고 있다. 이것은 비록 관리업자가 안전관리 대행 업무를 하더라도 전체적인 관리감독의 범위에 들게 하여 안전관리 업무수행에 하자가 없도록 하기 위한 것이다.

2 소방안전관리 업무의 대행 범위

소방법령에서는 소방안전관리대상물의 소방안전관리자 업무를 9가지로 분류하여 수행하도록 규정하고 있다. 여기에서 중요한 것이 그 대상물의 안전관리 업무대행을 맡은 관리업자가 관계인과 소방안전관리자의 업무 모두를 대행할 수 없다는 것이다.

소방안전관리 업무대행의 범위[3)]

소방시설관리업의 등록을 한 자("관리업자")로 하여금 대행할 수 있는 소방안전관리 업무는 다음과 같다.
3. 피난시설, 방화구획 및 방화시설의 관리
4. 소방시설이나 그 밖의 소방 관련 시설의 관리

소방안전관리 업무 중에서 해당 건축물의「피난시설, 방화구획 및 방화시설의 관리」와「소방시설이나 그 밖의 소방 관련 시설의 관리」에 관한 업무 2가지 사항에 한정하여 대행이 가능하다는 것이지, 그 외의 소방계획서 작성, 자위소방대 편성 등의 다른 업무부분은 관계인과 안전관리자가 직접 수행해야 한다는 것이다. 현재 실무에서 보면 어떤 사업장이 전문 관리업자에게 소방안전관리 업무대행을 맡겼을 때 사업주는 소방관련 업무 전체에 대해 책임지고 대행 업무를 맡겼다고 생각하며, 관리업자 역시 계약 유지를 위해서 소방계획서등 업무전반에 대해 처리해 주고 있는 것이 대부분이다. 소방관서에서 현장확인 시 소방계획서등을 제출하도록 하면 사업주는 대행업체에서 작성해서 가지고 있는데 무엇이 문제가 되느냐고 되레 신경질적인 태도의 사례도 있다. 즉, 법령에서 규정하고 있는 소방안전관리업무는 그 대상물의 관계인등이 소방안전관리업무를 직접 수행하되 전문적인 지식을 필요로 하는 일부분에 대해서만 전문가의 도움을 받고 건축물 전체의 소방안전관리업무에 대해서는 관계자 또는 소방안전관리자가 총괄적으로 수행하도록 하는 취지이므로, 사업주나 대행 관리업자 또는 현장 확인하는 소방관서에서도 법령규정의 이해와 업무수행 결과에 대한 정확한 책임부여등 다툼의 여지가 없도록 해야 한다.

3) 화재의 예방 및 안전관리에 관한 법률 제25조(소방안전관리업무의 대행)

PLUS TIPS 소방안전관리 업무대행 소홀 법원 판결 사례[4]

'화재에 제연시설 작동하지 않아' 입주민 사망, 소방 관리인 실형

화재 시 안전한 대피를 돕는 제연설비가 작동하지 않으면서 입주민이 숨진 오피스텔 화재 사고와 관련해 법원이 소방시설 관리대행업체 대표에게 실형을 선고했다. 울산지법 형사8단독(판사 정현수)은 업무상과실치사 혐의로 기소된 소방시설 관리대행업체 대표 A(57)씨에게 금고 1년 2개월을, 업체에 벌금 300만 원을 선고했다고 13일 밝혔다. 법원은 함께 기소된 오피스텔 관리자 B(54)씨에게 금고 10개월에 집행유예 2년과 벌금 300만 원을 명령했다. A씨 등은 지난 2020년 11월 울산 남구의 한 오피스텔 화재로 인해 30대 입주민이 연기에 질식돼 숨지자 재판에 넘겨졌다. 당시 화재는 피해자가 거주하는 집의 주방 인덕션에서 발생했고, 소방비상벨과 배연창 등의 제연시설이 작동하지 않으면서 피해자가 제때 대피하지 못해 숨진 것으로 조사됐다. 재판부는 "A피고인의 경우, 오피스텔의 소방시설 점검업무를 제대로 했다면 결국 피해자가 사망하는 사고를 막을 수 있었다는 점에서 그 죄가 무겁다"고 실형 선고의 이유를 밝혔다.

02 자체점검의 실시

소방법령에는 특정소방대상물의 관계인은 그 대상물에 설치되어 있는 소방시설등[5]에 대하여 정기적으로 자체점검을 하거나 관리업자 또는 소방안전관리자로 선임된 소방시설관리사 및 소방기술사로 하여금 정기적으로 점검을 실시하도록 규정[6]하고 있다. 여기에서 보면 자체점검을 실시해야 하는 대상이 "소방시설등"으로 규정되어 있는데, 이것은 「소방시설 · 비상구 · 방화문 · 자동방화셔터」에 대해서 정기적인 점검을 해야 한다는 것을 의미하며, 향후 소방관서에 제출하는 점검결과보고서도 이 시설들의 정상작동 상태등에 대한 것이므로 잘 이해해야 한다. 그리고 소방안전관리자를 두어야 하는 특정소방대상물("소방안전관리대상물")의 관계인 및 소방안전관리자를 선임하여야 하는 공공기관의 장은 정기적으로 자체점검을 실시한 경우에는 관계인이 그 점검 결과를 소방관서에 직접 보고하여야 한다.

1 최초점검과 작동·종합점검

특정소방대상물의 관계인이 그 대상물에 설치되어 있는 소방시설등에 대해 정기적으로 실시하는 자체점검의 종류는 다음과 같이 구분[7]한다.

---

4) 출처: 공감언론 Newsis(2021. 09. 13.)
5) "소방시설등"이란 소방시설과 비상구(非常口), 그 밖에 소방 관련 시설로서 방화문 및 자동방화셔터를 말한다.
6) 소방시설 설치 및 관리에 관한 법률 제22조(소방시설등의 자체점검)
7) 소방시설 설치 및 관리에 관한 법률 시행규칙 제20조 [별표 3]

작동점검	소방시설등을 인위적으로 조작하여 정상적으로 작동하는지를 점검하는 것
종합점검	소방시설등의 작동점검을 포함하여 소방시설등의 설비별 주요 구성 부품의 구조기준이 화재안전기준과 「건축법」 등 관련 법령에서 정하는 기준에 적합한지 여부를 점검하는 것 가. 최초점검: 소방시설이 새로 설치되는 경우 건축물을 사용할 수 있게 된 날부터 60일 이내에 점검하는 것을 말한다. 나. 그 밖의 종합점검: 최초점검을 제외한 종합점검을 말한다.

"최초점검"은 종합점검의 한 종류로서 소방시설등이 신설된 경우 건축물의 사용승인을 받은 날 또는 소방시설 완공검사증명서(일반용)을 받은 날로부터 60일 이내 최초로 실시해야 하는 점검을 말한다. "작동점검"은 ① 모든 특정소방대상물에 대해서 실시하고 ② 특정소방대상물의 관계자(소유자 · 관리자 · 점유자)와 소방안전관리자 또는 소방시설관리업자가 할 수 있으며 ③ 소방안전관리자 선임대상은 그 실시 점검결과보고서를 소방관서에 제출하여야 한다. 특히 소방안전관리자 선임대상의 관계인과 공공기관의 소방안전관리자 선임대상의 공공기관의 장은 작동기능점검을 실시한 경우 그 점검결과를 2년간 자체 보관하여야 한다. 그러나 소방안전관리자 선임대상에 해당되지 않는 특정소방대상물과 소방안전관리자 선임대상에 해당하지 않는 「공공기관의 소방안전관리에 관한 규정」의 공공기관에서 실시한 점검결과는 소방관서에 제출하지 아니하고 자체보관 하는데, 점검결과를 2년간 자체 보관해야 하는 규정은 없다. "종합점검"은 ① 일부 법령규정에 해당하는 특정소방대상물에 한해서 실시하고 ② 소방시설관리업자, 소방안전관리자로 선임된 소방시설관리사 및 소방기술사가 반드시 실시해야 하며 ③ 그 실시 점검결과보고서를 소방관서에 제출하여야 한다. 또한 작동점검의 규정과 같이 그 점검결과를 2년간 자체 보관하여야 한다. 자체점검의 구분과 그 대상등 필요한 세부사항은 아래와 같이 간단히 비교할 수 있는데 자체점검의 구분과 대상, 점검자의 자격, 점검장비, 점검방법 · 횟수 및 시기에 대한 세부적인 규정들은 소방시설법령을 참고하면 된다.

소방시설등의 자체점검 실시 시기	
소방시설등이 신설된 경우	**최초점검** 건축물의 사용승인을 받은 날 또는 소방시설 완공검사증명서(일반용)을 받은 날로부터 60일 이내 ※ 「소방시설 자체점검사항 등에 관한 고시」 별지 3호서식의 소방시설등 (종합)점검표에 따라 실시
기존 건축물 시설의 경우	**종합점검** 가. 건축물의 사용승인일이 속한 달: 연 1회 이상 나. 특급소방안전관리자 선임 대상물: 반기 1회 이상 ※ 「소방시설 자체점검사항 등에 관한 고시」 별지 3호서식의 소방시설등 (종합)점검표에 따라 실시
	작동점검 연 1회 이상 가. 종합정밀점검을 받은 달부터 6개월이 되는 달 나. "가"에 해당하지 않는 특정소방대상물은 특정소방대상물의 사용승인일 ※ 「소방시설 자체점검사항 등에 관한 고시」 별지 3호서식의 소방시설등 (작동)점검표에 따라 실시

비고: 작동점검 및 종합점검(최초점검은 제외)은 건축물 사용승인 후 그 다음 해부터 실시한다.
※ 작동점검 대상 제외 └→ 소방안전관리자를 선임하지 않는 대상, 위험물 제조소등, 특급소방안전관리대상물

2 자체점검결과보고서 제출 의무

자체점검에서 특히 종합점검 대상의 확대는 대형화재로 인한 피해가 발생할 때마다 좀 더 종합적이고 정밀한 소방시설등의 점검 및 관리가 요구되었으며, 그 필요성에 의해 실시 대상이 계속적으로 강화되어 오고 있다. 작동점검은 본래 특수장소 관계인이 자율적으로 실시하고 그 결과를 자체 보관할 수 있도록 제도가 시행되어 왔으나, 이후 소방안전관리대상물에 대해 법령으로 정한 점검결과보고서로 소방관서에 제출하도록 법령이 강화[8]되었다(2015. 01. 01. 시행). 이것은 관계자의 자율에 맡겼던 자체점검이 실질적으로 이행되지 않고 형식적인 서류작성 행위에 그치는 경우가 대부분인 문제를 해결하고자, 자율적으로 점검을 하되 결과에 대한 관리감독기관의 확인 제도를 도입하여 작동기능점검을 실시한 관계인이 결과보고서에 직접 날인하고 그 결과를 소방관서에 제출하도록 함으로써, 향후 허위 점검 및 보고에 대한 책임에서 자유롭지 못하게 하여 안전확보라는 행정목적을 달성하기 위해 시행되었다.

현재는 자체점검결과보고서의 소방관서에 보고해야 할 의무는 특정소방대상물의 관계인에게 있다. 하지만 예전에는 관리업자가 직접 점검결과보고서를 소방관서에 제출하였는데, 여기에는 많은 문제가 있었다. 관리업자는 점검을 완료한 후 그 점검결과에 대한 불량사항을 가감 없이 보고하여야 하나, 건축주는 불량사항에 대한 수리비용 지출을 하지 않고 묵시적으로 위험요소를 가지고 매해 넘어가려는 경향이 많아 관리업자에게 불량사항을 조절하여 소방관서에 보고하도록 요구하는 경우가 많았다. 이런 상황에서 관리업자는 관계자의 요구에 불응하는 경우 향후 계속적인 거래관계 유지가 불가능하고, 이는 사업영업에 어려움을 줄 수 있으므로 위험을 무릅쓰고라도 불가피하게 점검결과보고서를 허위로 제출하는 사례가 많이 있었다. 이는 점검결과보고서 허위보고의 책임에 있어 관계인은 자유로웠으며, 관리업자는 성실한 점검을 하고서도 허위로 보고하여 향후 결과에 대한 책임까지 가질 수 있는 불합리한 구조였다. 이런 특정소방대상물의 관계인과 관리업자의 불합리한 구조를 개선하기 위해 관리업자는 성실한 점검을 실시 한 후 그 결과를 관계인에게 제출하고 그 결과를 받은 관계인이 직접 점검결과보고서를 소방관서에 보고하도록 하여 허위보고에 대한 책임에서 자유롭지 못하게 하였다.

8) 소방시설 설치 · 유지 및 안전관리에 관한 법률 시행규칙 제19조(점검결과보고서의 제출)[안전행정부령 제77호, 2014. 07. 08. 개정시행]

<table>
<tr><th colspan="2">구. 화재예방, 소방시설 설치 · 유지 및 안전관리에 관한 법률</th></tr>
<tr><th>변경 전</th><th>변경 후</th></tr>
<tr><td>[법률 제13805호, 2016. 01. 19, 타법개정,
시행 2016. 08. 12.]</td><td>[법률 제13917호, 2016. 01. 27, 일부개정,
시행 2017. 01. 28.]</td></tr>
<tr><td>제25조(소방시설등의 자체점검 등) ① (생략)
② 특정소방대상물의 관계인 등이 점검을 한 경우에는 그 점검 결과를 법령이 정하는 바에 따라 소방본부장이나 소방서장에게 보고하여야 한다.</td><td>제25조(소방시설등의 자체점검 등) ① (생략)
② 특정소방대상물의 관계인 등이 점검을 한 경우에는 관계인이 그 점검 결과를 법령이 정하는 바에 따라 소방본부장이나 소방서장에게 보고하여야 한다.
※ 현재는 「소방시설 설치 및 관리에 관한 법률」 제22조로 법령명과 조문이 변경되었음(2022. 12. 01.)</td></tr>
<tr><td colspan="2">※ 2017년 1월 28일부터 자체점검 결과보고를 실제 점검을 실시한 관리업자가 아닌 그 특정소방대상물의 관계인이 하도록 변경되었다.</td></tr>
</table>

03 건축법령의 점검과 자체점검의 연계사항

1 정기점검과 자체점검의 관련성

특정소방대상물은 소방대상물 중에서 소방시설을 설치하여야 하는 대상물을 의미하므로 자체점검은 건축법에서 정의하고 있는 건축물에 대해서 실시한다고 할 수 있다. 「건축물관리법」에도 정기점검 대상건축물의 점검항목 중에 「소방시설 설치 및 관리에 관한 법률」에 따른 "소방시설등의 자체점검 사항에 대한 이행여부"도 확인하도록 규정[9]되어 있으며, 「소방시설 설치 및 관리에 관한 법률」의 자체점검의 구분에서 종합점검의 정의를 "「건축법」 등 관련 법령에서 정하는 기준에 적합한지 여부를 점검하는 것"으로 규정하고 있다. 또한 「소방시설 자체점검사항 등에 관한 고시」에서 규정한 자체점검 서식의 점검표상에도 건축법 관련 사항이 일부 포함되어 있다. 그러므로 소방시설등의 자체점검이 비록 소방법령에 규정되어 있는 소방시설등의 안전에 대한 점검이지만 건축법령에서 규정하고 있는 구조진단등과 같이 하나의 건축이 안전하게 유지되기 위한 필요적 요소 중의 하나인 것으로, 건축법령에서 규정하는 유지관리 점검에서 완전 독립되어 행해지는 별개의 행정행위가 아닌 일부 분야로서 행해지는 것으로 인식할 수 있을 것이다. 여기에서 한 가지 검토되는 사항이, 건축법 관리법에는 신축 건축물은 정기점검을 5년 이내 최초 실시하고 이후 3년마다 건축물관리점검기관에 점검을 의뢰하여 실시하도록 규정하고 있고, 여러 점검항목 중에 "소방시설등의 자체점검사항에 대한 이행여부"도 확인토록 하고 있으며, 소방법령에서는 매년 작동기능점

9) 건축물관리법 시행령 제8조(정기점검 대상 건축물 등) 제③항 제9호 가목

검과 종합정밀점검을 하도록 규정하고 있는데, 만일 건축물의 정기점검 시행일과 겹쳐지는 해에는 어떻게 해야 할 것인가의 문제이다. 건축주 입장에서 보면 매년 소방시설유지관리업자와의 직접계약에서 실시해오던 소방시설등의 자체점검을 건축물관리점검기관의 정기점검에 포함시켜 일괄적으로 실시할 가능성이 있으며, 이는 점검실행에 대한 계약을 체결함에 있어 "자체점검 계약 당사자가 건추주가 아닌 점검기관"이라는 새로운 도급관계가 형성되어 점검비용등에 있어 음성적인 불공정 하도급관계가 만들어질 가능성도 배제할 수 없으므로 제도적 보완이 검토되어야 한다.

2 건축 관련시설의 자체점검 범위

현재 소방시설 관리업자가 소방시설등의 자체점검을 실시함에 있어서 그 대상물에 설치된 시설들에 대한 점검확인 범위 중 가장 쟁점이 되는 사항이 "건축물의 피난시설, 방화구획 및 방화시설의 관리"에 관한 부분이다.

> 즉, 건축법 제49조에서 규정하고 있는 「피난시설, 방화구획 및 방화시설」이 소방시설관리업자가 실시하여야 할 자체점검의 범위에 모두 포함되는지의 문제이다.

현재 실무에서 대부분의 관리업자는 점검표상에 건축사항의 일부인 "방화문, 자동방화셔터"가 규정되어 있어 적정여부를 확인하기는 하나, 이는 "방화구획에 관한 방화문 · 자동방화셔터"의 개념으로 한정시키는 경향이 대부분이다. 그러나 만일 피난시설에 해당되는 방화문이라면 자체점검 대상여부에 대한 의문을 가질 수밖에 없을 것이다. 예를 들어 피난시설에 해당하는 피난계단의 설치구조에서 "건축물의 내부에서 계단실로 통하는 출입구는 언제나 닫힌 구조의 방화문"을 설치하도록 하고 있는데, 만일 2층부분에 설치된 방화문이 철거되어 없거나 알루미늄 문으로 교체되어 있는 경우, 관리업자가 자체점검을 실시하면서 이런 사실을 확인하였다면 어떻게 처리할 것인지 고민이 생길 것이다. 이 방화문이 방화구획을 위한 것이 아니라 피난시설인 피난계단의 설치구조에 해당되는 것이므로 점검할 필요가 없는 것인지, 또는 이 방화문은 건축법령에서 규정하고 있는 피난시설의 설치구조에 해당되고 유지 · 관리 의무에 대해서는 소방법령에서 규정하고 있으므로 당연히 자체점검의 내용에 포함된다고 판단할 것인지의 문제이다. 현실적으로 관리업자들이 자체점검을 실시하면서 가지는 인식은 건축법령에서 규정하고 있는 피난시설이라 하더라도 소방시설 등에 해당이 되지 않으므로, 이런 시설에 대한 구조 및 설치의 이상 유무 사항까지 점검내용 범위에 포함하는 것은 부적절하다고 생각하는 것이 대부분이다. 소방법령에서 건축관련시설에 대한 내용들을 어떻게 규정하고 있고, 이것이 소방안전관리에 있어 어느 부분까지 관리되어야 하는지 검토해 보자.

소방법령에서 규정하고 있는 건축관련 사항

①	"소방시설등" 이란 소방시설과 비상구(非常口), 그 밖에 소방 관련 시설로서 방화문, 자동방화셔터를 말한다.[10]
②	특정소방대상물의 관계인은 그 대상물에 설치되어 있는 "소방시설등에 대하여 정기적으로 자체점검"을 하거나 관리업자등에게 정기적으로 점검하게 하여야 한다.[11]
③	종합점검이란 "「건축법」 등 관련 법령에서 정하는 기준에 적합한지 여부를 점검하는 것"으로 규정한다.
④	특정소방대상물의 관계인은 그 특정소방대상물에 대하여 "피난시설, 방화구획 및 방화시설의 관리"에 대한 소방안전관리 업무를 수행하여야 한다.[12]

위 규정에서 "특정소방대상물의 관계인"은 그 대상물의 피난시설, 방화구획 등을 포함한 소방안전관리업무를 수행해야 하고, 소방시설등에 대해 정기적으로 자체점검을 해야 할 의무가 있다. 여기에서 보면「피난시설, 방화구획 및 방화시설」에 대한 관리에 대한 부분이 관계자의 소방안전관리업무 범위에는 포함되는 것은 명백하다. 반면에 관계자가 실시해야 할 자체점검은「소방시설등」에 대한 것이고, 소방시설등은 "소방시설, 비상구, 방화문, 자동방화셔터를"를 말하는데, 여기서의 방화문 · 자동방화셔터가 방화구획을 위한 것인지 피난시설의 설치구조에 해당하는 것인지등 범위에 대한 명확한 정의가 없다. 그러므로 관리업자의 입장에서는 이 방화문 · 자동방화셔터의 점검대상 범위를 "방화구획"에 해당하는 것으로 한정하고, 점검해야 할 건축 관련시설의 범위를 축소하여 향후 이 부분에 대한 유지 · 관리 의무의 책임소재에서 자유로워지려는 것은 당연할 것이다.

그러나 소방안전관리 업무대행 제도와 자체점검 실시의 취지등으로 볼 때 자체점검 점검표 상에 있는 방화문 · 자동방화셔터의 의미는 방화구획에만 해당된다고 한정할 것이 아니라, 위에서 규정한 피난 · 방화시설 등의 설치기준과 구조에 해당되는 것까지 고려해야 한다고 할 수 있을 것이다.

PLUS TIPS+ 필자의 의견

관계인이 수행해야 할 소방안전관리업무의 세부내용과 자체점검제도의 취지로 볼 때, 관리업자가 소방시설등의 자체점검을 할 때에는「방화구획」에 한정된 것이 아닌 "피난시설, 방화구획 및 방화시설에 해당되는 모든 방화문 · 자동방화셔터"까지 확인해야 한다는 것이다. 왜냐하면 앞에서 언급한 관리업자의 소방안전관리 업무대행의 범위를「피난시설, 방화구획 및 방화시설의 관리」와「소방시설과 그 밖의 소방관련시설」에 대해서만 할 수 있도록 한 것은 그만큼의 전문적인 지식을 필요로 하므로 전문가의 도움을 받아 안전관리업무를 수행하라는 취지이고 자체점검 또한 안전관리업무의 하나이기 때문이다.

이러한 의심들이 합리적이라고 생각할 수 있는지「고시에서 규정한 자체점검」의 종류에 따른 세부적인 점검내용을 검토해 보면 알 수 있다. 구.「소방시설 자체점검사항 등에 관한

10) 소방시설 설치 및 관리에 관한 법률 제2조(정의)
11) 소방시설 설치 및 관리에 관한 법률 제22조(소방시설등의 자체점검)
12) 화재의 예방 및 안전관리에 관한 법률 제24조(특정소방대상물의 소방안전관리)

고시」에서는 작동기능점검과 종합정밀점검의 점검표가 별도 구분되어 점검내용과 기재방식 또한 서로 다르게 사용되어 왔었다. 작동기능점검의 소방시설등 작동기능점검표(별지 제2호서식)의 "기타"란에는 [방화문]과 [방화셔터]를 점검하도록 구분되어 있었고, 세부내용(별지 제2의 21호)의 "21. 기타 사항 확인표"에는 점검항목에 단순히 「방화문 · 방화셔터」로만 구분되어 있어 확인 범위를 명확히 판단할 수 없었다.

구. 소방시설등 작동기능점검표[별지 제2호 서식]		
ㅁ 소방시설등 점검결과		
구분	해당설비	점검결과
기타	[ ] 방화문	
	[ ] 방화셔터	

구. [별지 제2의 21호 서식] 21. 기타 사항 확인표(결과: 양호○, 불량×, 해당 없음/)						
구분	점검 항목	점검내용	점검결과			종별, 제원, 규격등
			결과	불량내용	조치내용	
기타 사항	방화문	• 방화문 관리 및 작동상태				
	방화셔터	• 방화셔터 관리 및 작동상태				
비고						

즉, 작동기능점검에서의 점검표를 보면 방화문 · 방화셔터의 관리상태는 방화구획을 위한 것으로만 해석될 여지가 충분했었다. 그러나 종합정밀점검의 소방시설등 종합정밀점검표(별지 제3호서식)의 "기타"란에는 [방염물품] 및 [방화문] · [방화셔터]만 점검결과를 기재하도록 되어 있으나, 세부내용(별지 제3의 33호)의 "33. 기타 사항 확인표"에는 점검항목에 「피난 · 방화시설」로 구분하고 있고, 그 점검내용에는 "방화문 및 방화셔터 관리상태"에 대한 확인을 하도록 규정되어 있었다. 또한 점검내용에 건축물의 「비상구 및 피난통로 확보 적정 여부」까지도 포함하여 점검하도록 규정하고 있는데, 여기에서 비상구는 건축법령에서 규정하고 있는 "건축물의 바깥쪽으로 나가는 출구를 설치하는 경우 주된 출구 외에 보조출구 또는 비상구를 2개소 설치 대상"[13]에 해당하는 것이며, 피난통로 역시 건축법상의 피난시설에 해당되는 것이다.

이런 내용으로 볼 때 모든 피난 · 방화시설에 설치되는 방화문 · 방화셔터는 종합정밀점검 대상이 된다고 할 수 있으며 방화구획만을 위한 시설에 한정하여 점검을 실시해야 한다는 것은 잘못된 해석의 오류라고 할 수 있다. 또한 종합정밀점검표의 점검항목인 「방화시설」은 "방화구획을 포함"하는 의미로 생각하면 된다.

13) 건축물의 피난 · 방화구조 등의 기준에 관한 규칙 제11조(건축물의 바깥쪽으로의 출구의 설치기준)

<table>
<tr><th colspan="3">구. 소방시설등 종합정밀점검표[별지 제3호 서식]</th></tr>
<tr><td colspan="3">ㅁ 소방시설등 점검결과</td></tr>
<tr><th>구분</th><th>해당설비</th><th>점검결과</th></tr>
<tr><td>기타</td><td>[ ] 방염물품 [ ] 방화문 [ ] 방화셔터</td><td></td></tr>
<tr><td colspan="2">[ ] 소방관련사항</td><td></td></tr>
</table>

<table>
<tr><th colspan="7">구. 종합종밀점검표[별지 제3의 33호 서식] 33. 기타 사항 확인표(결과: 양호○, 불량×, 해당 없음/)</th></tr>
<tr><th>구분</th><th>점검항목</th><th>점검내용</th><th>결과</th><th>불량내용</th><th>법적근거</th><th>종별, 제원, 규격등</th></tr>
<tr><td>1</td><td>방염</td><td>• 방염대상물품명 기재
• 방염처리 여부
• 방염처리등 후처리 여부 기재</td><td></td><td></td><td></td><td></td></tr>
<tr><td>2</td><td>피난 · 방화시설</td><td>• 방화문 및 방화셔터 관리상태
• 비상구 및 피난통로 확보 여부</td><td></td><td></td><td></td><td></td></tr>
<tr><td>비고</td><td colspan="6">※ '비상구'의 확보여부는 「건축물의 피난 · 방화구조 등의 기준에 관한 규칙」 제11조 제3항에 따른 비상구의 설치여부를 말한다.
※ 특정소방대상물의 위치 · 구조 · 용도 등으로 인한 사유로 실내장식물 및 방염대상물품에 대한 점검결과를 이 표의 항목대로 기재하기 곤란하거나 이 표에서 누락된 사항을 기재한다.</td></tr>
</table>

위와 같은 모든 내용들을 종합하여 검토해 보면,

종합정밀점검표에서 「피난 · 방화시설」의 점검항목이 의미하는 것은, 건축법령의 피난 · 방화시설등의 설치구조에 해당하는 "모든 방화문 · 방화셔터"에 대한 것이므로 종합정밀점검 대상의 점검범위에 해당된다고 할 수 있다.

개정된 고시(2021. 01. 04.)에는 작동기능점검과 종합정밀점검의 서식[14]이 통일되었지만 앞에서 검토한 내용에 있어서 크게 변경되지 않았다.

<table>
<tr><td>소방시설등</td><td>작동점검[ ]
종합점검(최초점검[ ] 그 밖의 점검[ ])</td><td>점검표 [별지 제4호 서식]</td></tr>
<tr><td colspan="3">ㅁ 소방시설등 점검결과</td></tr>
<tr><th>구분</th><th>해당설비</th><th>점검결과</th></tr>
<tr><td rowspan="3">기타</td><td>[ ] 방화문, 자동방화셔터</td><td></td></tr>
<tr><td>[ ] 비상구, 피난통로</td><td></td></tr>
<tr><td>[ ] 방 염</td><td></td></tr>
</table>

14) 현재는 법령의 개정으로 인해 자체점검사항 규정 고시의 서식에서 작동기능점검이 '작동점검'으로 종합정밀점검이 '종합점검'으로 명칭이 변경되었다.

31. 기타 사항 확인표		
번호	점검항목	점검결과
31-A. 피난 · 방화시설		
31-A-001 31-A-002	○ 방화문 및 자동방화셔터의 관리 상태(폐쇄 · 훼손 · 변경) 및 정상 기능 적정 여부 ● 비상구 및 피난통로 확보 적정 여부(피난 · 방화시설 주변 장애물 적치 포함)	
	※ 점검항목 중 "●"는 종합정밀점검의 경우에만 해당한다.	

변경 내용을 보면 기존 제도에서의 불명확한 부분들에 변경이 있다고 할 수 있다.

첫째, 구. 작동점검을 할 때는 "방화문 · 자동방화셔터의 관리와 작동상태"를 확인하도록 하여 "관리"에 관한 사항이 불명확했는데, 변경되면서 관리의 상태에 관한 정의가 "폐쇄 · 훼손 · 변경"에 관한 부분으로 명확히 한정시켰다고 할 수 있다. 즉, 처음부터 설치되어 있었던 방화문등에 대한 관리상태를 점검하라는 것이지 건축물 사용승인 시부터 설치되지 않았던 것까지 점검항목에서 다룰 사항이 아니라는 의미이다. 또한 "작동상태"에 대한 점검의 의미를 단순히 작동여부만이 아닌 "정상기능의 적정여부"에 대하여 확인하라는 것으로 명확하게 되었다.

둘째, 건축 관련시설들을 자체점검의 종류에 관계없이 피난 · 방화시설의 점검항목으로 규정하고, 점검종류에 따라 실시범위를 구분하였다. 즉, 작동점검표에 있던 방화문 · 자동방화셔터의 점검항목을 종합점검표에 있던 비상구, 피난통로와 같이 피난 · 방화시설의 항목으로 단일화하고 점검의 실시종류에 따라 점검범위를 구분하였다. 또한 구. 종합정밀점검표에 규정된 비상구의 의미를 건축법령상의 "건축물의 바깥쪽으로 나가는 출구를 설치하는 경우에 설치하는 비상구"에 한정되어 있던 부분을 삭제하였는데, 이것은 점검대상의 비상구 의미를 확대시켰다고 할 수 있으나, 해당 건축물의 모든 출입구들에 대한 것인지등 해당범위의 적용에 있어 논란의 요소 역시 잠재되어 있으므로, 자체점검의 확인대상이 되는 비상구의 정의를 명확히 하여야 현장 점검자들의 점검행위에 있어 향후 법적인 책임에서 자유로울 수 있을 것이다.

PLUS TIPS+ 필자의 의견

종합점검표의 비상구의 범위는 피난 · 방화시설의 비상구에 대한 점검항목이므로 "건축법 제49조에서 규정하고 있는 피난시설, 방화구획 및 방화시설의 설치구조에 해당하는 출입구(비상구)"에 한정된다고 할 수 있다. 만일 피난 · 방화시설에 해당되지 않는 어떤 출입구를 사용상 불필요에 의해 폐쇄하여 사용하고 있었을 때, 화재 발생으로 재실자의 피난에 일부 장애가 되었고, 이 출입문의 폐쇄행위가 비상구의 확보가 되지 않은 것에 해당되어 불이익처분을 받게 된다면, 건축물내의 각 거실마다 모든 출입구 및 건축물 바깥쪽으로 설치된 모든 출구에 대해 의무적으로 개방해야 한다는 것을 의미한다. 이것은 건축물 내에 설치된 모든 출입문이 비상구에 해당된다고 의미를 확대해석하게 되므로 법령의 취지에 맞지 않을 것이다.

「비상구 및 피난통로 확보의 적정여부」에 대한 사항은 종합점검의 경우에만 실시하도록 되어 있는데, 이것은 작동점검의 실시 범위에는 해당되지 않을 뿐이지 평상시 관리에 소홀해도 된다는 의미는 아니므로 주의해야 할 것이다.

셋째, 방염대상물품의 적합여부 확인에 대한 부분이다. 자체점검을 할 때 방염사항에 대한 확인의무가 다중이용업소에 해당되는 영업장이 있을 때는 그 영업장의 방염물품은 「다중이용업소 점검표」에 의해 종합점검을 실시할 때 확인해야 한다. 그러나 다중이용업소의 영업장이 아닌 소방법령에서 정한 일정규모와 용도에 따른 건축물의 방염대상물품 설치 대상[15]에 해당하는 경우에 있어서, 구. 종합정밀점검표의 [방염물품] 항목에만 확인결과를 점검표에 기재하도록 되어 있었는데, 그러면 작동기능점검을 할 때 점검표상에 결과 기재란이 없으므로 방염물품에 대해서는 확인할 의무가 없는 것을 의미하는 것인지 아니면 확인은 하되 점검표상에 기재하지 않아도 된다는 것인지의 논란이 있었다. 그러나 변경된 자체점검 확인표의 점검항목에는 방염에 대한 사항은 종합점검 시에만 확인해야 할 내용으로 명확하게 구분되었다. 그러므로 작동점검을 할 때는 방염부분을 포함시킬 필요가 없지만 평상시 방염에 대한 유지관리를 하되 종합점검 시 확인하면 될 것이다.

31. 기타 사항 확인표		
번호	점검항목	점검결과
31-B. 방염		
31-B-001 31-B-002	● 선처리 방염대상물품의 적합 여부(방염성능시험성적서 및 합격표시 확인) ● 후처리 방염대상물품의 적합 여부(방염성능검사결과 확인)	
비고	※ 방염성능시험성적서, 합격표시 및 방염성능검사결과의 확인이 불가한 경우 비고에 기재한다.	

여기서 또 다른 검토 사항이 방염후처리 대상물품의 적합 여부에 대해서 방염성능검사결과서의 이상유무만 확인하면 되는 것인지, 후처리된 대상물품이 시간의 경과에 따른 실제적 방염성능에 적합한지에 대해 시료를 채취하여 연소기에서 성능시험결과를 실제 확인해야 하는지에 대해서는 명확하지 않다. 과거 방염성능의 거짓 시공된 대상에 대한 사법기관의 수사가 있었던 사례가 있었는데, 이 수사에 있어 소방관서에서는 현장 확인과 실제 성능의 이상여부에 대한 대응이 필요했으며, 문제의 방염성능설치대상 시료를 직접 채취하여 검사한 결과 성능기준 미달로 판정되었고, 이것은 소방시설관리업자의 자체점검이 거짓으로 실시되었다고 판단하여 불이익 행정처분을 하려고 한 사례가 있었다. 이것은 관리업자의 점검결과 "방염처리 여부"에 대한 확인 책임이 어느 범위까지에 해당하는지 불명확하여 해석의 차이에서 비롯한 것이다. 그러나 현재 확인표 서식의 비고란에는 "방염성능시험성적서, 합격표시 및 방염성능검사결과의 확인이 불가한 경우 비고에 기재한다."라고 하는 사항과 취

15) 소방시설 설치 및 관리에 관한 법률 제20조(특정소방대상물의 방염 등)

PART 2

지로 본다면, 방염성능검사 결과서에 따른 적합여부를 확인하는 수준이면 가능할 것이며, 이 부분에 대해서도 소방관서 담당자마다의 해석차이로 향후 논란의 소지가 있을 수도 있다.

04 건축 관련시설의 소방안전관리 업무범위 비교

특정소방대상물에 설치되어 있는 건축법 제49조에 따른「피난시설, 방화구획 및 방화시설(이하 "피난시설등"이라 한다)」에 대한 소방법령에서 규정하고 있는 관리 범위는 소방안전관리업무에 따라 구분해서 이해해야 한다. 특정소방대상물의 관계인이 평상시 수행하는 소방안전관리 업무의 범위는 건축법 제49조에 따른 모든 피난시설등이 설치기준에 적합하게 관리되도록 해야 한다. 그러나 소방시설등에 대하여 실시하는 정기적인 자체점검은 피난시설등에 대한 시설별 모든 설치기준을 확인하는 것이 아니라, 이 시설들에 해당하는 "비상구, 피난통로, 방화문, 자동방화셔터"의 이상유무에 대해서만 실시하고 점검결과를 소방관서에 제출하면 된다. 즉, 자체점검에서는 피난시설등의 시설 종류마다 모든 설치기준이 적합한지 확인할 필요가 없고, 이 설치기준들 중에서 "비상구, 피난통로, 방화문, 자동방화셔터"에 대해서만 자체점검 시에 확인하고 제출하면 된다는 것이다. 또한 소방시설관리업자가 특정소방대상물의 소방안전관리 업무의 대행을 할 때는 모든 피난시설등의 설치기준에 적합하게 유지 · 관리되도록 업무를 수행해야 하나, 자체점검을 실시하고 소방관서에 제출할 때는 이런 피난시설등에 설치되는 "비상구, 피난통로, 방화문, 자동방화셔터"에 대해서만 확인하여 점검표상 기재하고 소방관서에 제출하면 된다. 예를 들어 건축법 제52조(건축물의 마감재료등)에서 일정한 용도와 규모의 건축물 내부마감재료는 "방화상 지장이 없는 재료"로 설치해야 하는데, 허가 및 사용승인시에는 적합한 재료로 사용하다가 이후 리모델링등으로 법령에 적합하지 않는 마감재료로 변경 설치하여 사용하고 있었다고 하자. 건축법 제52조의 건축물 마감재료에 대한 사항은「소방시설 설치 및 관리에 관한 법률」제6조(건축허가등의 동의 등) 제⑤항 제3호에 의한 "방화시설"에 해당된다. 그러므로 이 같은 변경행위에 대한 관리업무는 평상시 관계자가 유지 · 관리해야 할 소방안전관리의 업무범위에 해당된다. 그러나 정기적인 자체점검 실시에 있어서는 확인해야 할 점검의 범위에는 해당되지 않으므로 불량사항을 소방관서에 보고할 필요는 없다는 것이다. 이와 같이 법령에서 규정하는 업무범위에 대한 차이를 잘 비교하여 이해해야 한다.

이상으로 2편에서는 "건축물의 유지 관리"에 대해서 알아보았는데, 소방법령의 규정에 의한 유지 · 관리 대상이 되는 건축법령상의「피난시설, 방화구획 및 방화시설」의 종류와 설치기준에 대해서 이해해야만 특정소방대상물의 소방안전관리 업무를 안전하게 수행할 수 있

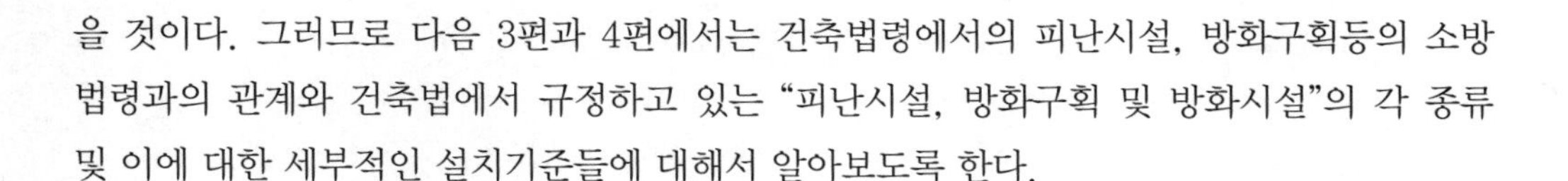
을 것이다. 그러므로 다음 3편과 4편에서는 건축법령에서의 피난시설, 방화구획등의 소방법령과의 관계와 건축법에서 규정하고 있는 “피난시설, 방화구획 및 방화시설”의 각 종류 및 이에 대한 세부적인 설치기준들에 대해서 알아보도록 한다.

PART 03 ▶ 건축물의 피난·방화시설, 방화구획과 소방법령의 관계

제3편에서는 건축법령에서 규정하고 있는 「피난 · 방화시설, 방화구획」에 대한 소방법령에서 유지 · 관리 의무규정과의 관계에 대해 알아보도록 한다.

건축법령에서 정하고 있는 피난시설등의 종류가 명확하게 구분되어야만 소방법령의 규정이 적용될 수 있으나, 건축법령에서는 하나의 조문에 채광, 환기, 안전, 위생 및 방화등을 일괄적으로 규정하고 있으므로, 이로 인해 건축법령의 각 시설별마다 소방법령 적용 대상여부의 구분에 명확하지 않은 어려움이 있다.

PART 03 건축물의 피난·방화시설, 방화구획과 소방법령의 관계

여기서는 건축법령에서 규정하고 있는 「피난 · 방화시설, 방화구획」에 대한 시설 종류별로 명확히 분류하고, 소방법령에서의 유지 · 관리에 대한 적용 규정과 법령 위반에 따른 행정처리등에서 유의해야 할 사항들에 대해 검토하고 기술하였다.

CHAPTER 

01 | 법률상 기본 용어의 이해

01 건축법령의 용어 정의

건축법령에서 규정하고 있는 용어의 정의를 몇 가지 정리하면 다음과 같다.

(1) **건축물**: 토지에 정착(定着)하는 공작물 중 지붕과 기둥 또는 벽이 있는 것과 이에 딸린 시설물, 지하나 고가(高架)의 공작물에 설치하는 사무소 · 공연장 · 점포 · 차고 · 창고, 그 밖에 대통령령으로 정하는 것을 말한다.

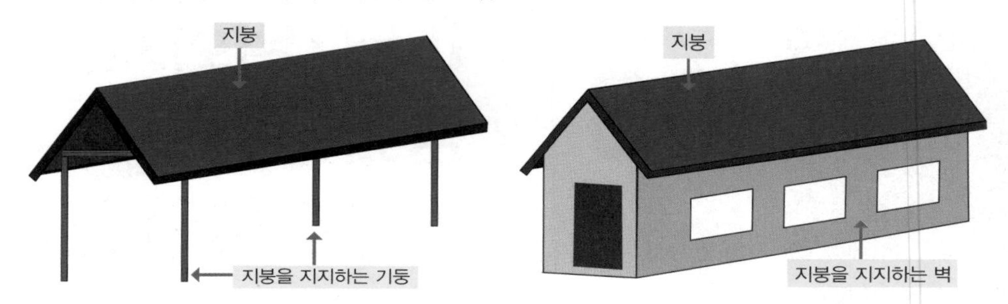

(2) **건축물의 용도**: 건축물의 종류를 유사한 구조, 이용 목적 및 형태별로 묶어 분류한 것을 말한다.
　└→ 건축물 용도의 시설군 9가지, 용도별 건축물의 종류 29가지

(3) **지하층**: 건축물의 바닥이 지표면 아래에 있는 층으로서 바닥에서 지표면까지 평균높이가 해당 층 높이의 2분의 1 이상인 것을 말한다.

(4) **거실**: 건축물 안에서 거주, 집무, 작업, 집회, 오락, 그 밖에 이와 유사한 목적을 위하여 사용되는 방을 말한다.

(5) **주요구조부**: 내력벽(耐力壁), 기둥, 바닥, 보, 지붕틀 및 주계단(主階段)을 말한다. 다만, 사이 기둥, 최하층 바닥, 작은 보, 차양, 옥외 계단, 그 밖에 이와 유사한 것으로 건축물의 구조상 중요하지 아니한 부분은 제외한다.

(6) **고층건축물**: 층수가 30층 이상이거나 높이가 120미터 이상인 건축물을 말한다.

- 초고층 건축물: 층수가 50층 이상이거나 높이가 200미터 이상인 건축물을 말한다.
- 준초고층 건축물: 고층건축물 중 초고층 건축물이 아닌 것을 말한다.

(7) **내화구조(耐火構造)**: 화재에 견딜 수 있는 성능을 가진 구조로서 국토교통부령으로 정하는 기준[1]에 적합한 구조를 말한다.

(8) **방화구조(防火構造)**: 화염의 확산을 막을 수 있는 성능을 가진 구조로서 국토교통부령으로 정하는 기준[2]에 적합한 구조를 말한다.

(9) **난연재료(難燃材料)**: 불에 잘 타지 아니하는 성능을 가진 재료로서 국토교통부령으로 정하는 기준[3]에 적합한 재료를 말한다.

(10) **불연재료(不燃材料)**: 불에 타지 아니하는 성질을 가진 재료로서 국토교통부령으로 정하는 기준[4]에 적합한 재료를 말한다.

(11) **준불연재료**: 불연재료에 준하는 성질을 가진 재료로서 국토교통부령으로 정하는 기준[5]에 적합한 재료를 말한다.

(12) **대지면적**: 대지의 수평투영면적으로 한다.

(13) **건축면적**: 건축물의 외벽(외벽이 없는 경우에는 외곽 부분의 기둥을 말한다.)의 중심선으로 둘러싸인 부분의 수평투영면적으로 한다

(14) **바닥면적**: 건축물의 각 층 또는 그 일부로서 벽, 기둥등의 중심선으로 둘러싸인 부분의 수평투영면적으로 한다.

(15) **연면적**: 하나의 건축물 각 층의 바닥면적의 합계를 말한다.

(16) **건축물의 높이**: 지표면으로부터 그 건축물의 상단까지의 높이로 하고, 건축물의 1층 전체에 필로티가 설치되어 있는 경우에는 법 제60조 및 법 제61조 제2항을 적용할 때 필로티의 층고를 제외한 높이로 한다.

(17) **층수**: 승강기탑(옥상 출입용 승강장을 포함한다), 계단탑, 망루, 장식탑, 옥탑, 그 밖에 이와 비슷한 건축물의 옥상 부분으로서 그 수평투영면적의 합계가 해당 건축물 건축면적의 8분의 1(「주택법」 제15조 제1항에 따른 사업계획승인 대상인 공동주택 중 세대별 전용면적이 85제곱미터 이하인 경우에는 6분의 1) 이하인 것과 지하층은 건축

---

1) 건축물의 피난 · 방화구조 등의 기준에 관한 규칙 제3조(내화구조)
2) 건축물의 피난 · 방화구조 등의 기준에 관한 규칙 제4조(방화구조)
3) 건축물의 피난 · 방화구조 등의 기준에 관한 규칙 제5조(난연재료)
4) 건축물의 피난 · 방화구조 등의 기준에 관한 규칙 제6조(불연재료)
5) 건축물의 피난 · 방화구조 등의 기준에 관한 규칙 제7조(준불연재료)

물의 층수에 산입하지 아니하고, 층의 구분이 명확하지 아니한 건축물은 그 건축물의 높이 4미터마다 하나의 층으로 보고 그 층수를 산정하며, 건축물이 부분에 따라 그 층수가 다른 경우에는 그중 가장 많은 층수를 그 건축물의 층수로 본다.

(18) **건축물의 건폐율**: 대지면적에 대한 건축면적(대지에 건축물이 둘 이상 있는 경우에는 이들 건축면적의 합계로 한다)의 비율을 말한다.

(19) **건축물의 용적률**: 대지면적에 대한 연면적(대지에 건축물이 둘 이상 있는 경우에는 이들 연면적의 합계로 한다)의 비율을 말한다.

법령의 적용에 있어 용어가 내포하고 있는 의미가 명확하게 정의되어야만 올바른 해석이 될 수 있으므로 반드시 그 뜻을 이해해야 한다. 여기서 언급되지 않은 용어는 건축법령에 별도 규정되어 있으니 참고하면 된다.

02 소방법령의 용어 정의

소방법령에서 규정하고 있는 용어의 정의를 알아보면 다음과 같다.

(1) **소방대상물**[6]: 건축물, 차량, 선박(「선박법」 제1조의2 제1항에 따른 선박으로서 항구에 매어둔 선박만 해당한다), 선박 건조 구조물, 산림, 그 밖의 인공 구조물 또는 물건을 말한다.

(2) **특정소방대상물**: 소방시설을 설치하여야 하는 소방대상물로서 대통령령으로 정하는 것[7]을 말한다.

(3) **소방안전관리대상물**: 소방안전관리자를 선임하여야 하는 특정소방대상물

(4) **관계인**: 소방대상물의 소유자 · 관리자 또는 점유자를 말한다.

(5) **소방시설**: 소화설비, 경보설비, 피난구조설비, 소화용수설비, 그 밖에 소화활동설비로서 대통령령으로 정하는 것[8]을 말한다.

6) 소방기본법 제2조(정의)
7) 소방시설 설치 및 관리에 관한 법률 시행령 제3조(소방시설)
8) 소방시설 설치 및 관리에 관한 법률 시행령 제3조(소방시설) [별표 1]

(6) 소방시설등: 소방시설과 비상구(非常口), 그 밖에 소방 관련 시설로서 방화문, 자동방화셔터를 말한다.

(7) 피난층: 곧바로 지상으로 갈 수 있는 출입구가 있는 층을 말한다.

(8) 소방시설업[9]: 소방시설설계업, 소방시설공사업, 소방공사감리업, 방염처리업을 말한다.

(9) 다중이용업: 불특정 다수인이 이용하는 영업 중 화재 등 재난 발생 시 생명 · 신체 · 재산상의 피해가 발생할 우려가 높은 것으로서 대통령령으로 정하는 영업[10]을 말한다.

(10) 안전시설등: 소방시설, 비상구, 영업장 내부 피난통로, 그 밖의 안전시설로서 대통령령으로 정하는 것[11]을 말한다.

(11) 피난시설: 건축법 제49조에 따른 시설을 말한다.

(12) 방화구획: 건축법 제49조에 따른 것을 말한다.

(13) 방화시설: 건축법 제50조에서 제53조까지의 규정에 따른 방화벽, 내부 마감재료 등을 말한다.

소방법령의 용어에서 다수의 사람들이 명확한 구분을 하지 못하는 것이 "소방대상물"과 "특정소방대상물" 그리고 "소방안전관리대상물"의 정확한 개념의 차이이다. 또한 "소방시설"과 "소방시설등", "안전시설등"의 용어들이 구분 없이 혼용되어 사용하는 경우가 많이 있다. 특히 건축법에는 "방화시설"의 용어에 대해 명확히 규정되어 있지 않고 소방법령의 조문 내에서 정의하고 있다.

PART 3

9) 소방시설공사업법 제2조(정의)

10) 다중이용업소의 안전관리에 관한 특별법 시행령 제2조(다중이용업)

11) 다중이용업소의 안전관리에 관한 특별법 시행령 제2조의2(안전시설등)

CHAPTER 

02 | 건축물의 피난시설, 방화구획 및 방화시설

01 건축법에서 규정하는 피난시설등의 종류

소방법령에서는 특정소방대상물의 관계자가 피난시설, 방화구획 및 방화시설을 관리하도록 하고 있는데 이것은 반드시 건축법에서 규정하고 있는 시설에 해당되는 경우이다. 그러므로 건축법에서 규정하고 있는 시설에 해당되는지에 대한 검토가 우선적으로 고려되어야 하고, 그렇기 위해선 규정하고 있는 시설의 종류 또한 정확히 구분되어야 한다.

> 건축법에서는 피난시설과 방화구획에 대한 용어는 어느 정도 언급되고 있으나, "방화시설"의 용어에 대해서 언급된 규정은 없으며 단지 방화구조에 대한 부분을 규정하고 있다. 그러나 소방법령[1]에서는 「건축법 제49조에 따른 피난시설과 방화구획」, 「건축법 제50조에서 제53조까지의 규정에 따른 방화벽, 내부마감재료등("방화시설")」으로 구분하고 있으며, 이에 대한 유지 · 관리를 관계자가 하도록 의무를 부과하고 업무 소홀 시 불이익처분을 할 수 있도록 하고 있다. 그러므로 소방법령에서 정의하고 있는 피난시설, 방화구획, 방화시설의 정의가 건축법에서 규정하고 있는 사항의 어느 범위까지 해당되는지 명확하게 구분하기 힘든 실정이므로 현장에서 업무처리를 함에 있어 많은 어려움이 있다.

「소방시설 설치 및 관리에 관한 법률(제16조)」에서 규정하고 있는 「피난시설, 방화구획 및 방화시설」에 대한 건축법령에서의 규정은 건축법 제49조(건축물의 피난시설 및 용도제한 등), 제50조(건축물의 내화구조와 방화벽), 제50조의2(고층건축물의 피난 및 안전관리), 제51조(방화지구 안의 건축물), 제52조(건축물의 마감재료 등), 제53조(지하층)의 규정이 해당된다. 이 규정들에서 각 시설 종류별 구분이 되어야 한다.

먼저 「피난시설, 방화구획」에 대해 열거하고 있는 규정들에 관한 분류이다. 피난시설, 방화구획에 해당되는 시설의 구분은 건축법 제49조의 5개 항에서 열거하는 규정에 따라 설치되는 세부 시설들의 종류 중에서 별도로 해당시설을 분류해야 한다.

> **건축법 제49조(건축물의 피난시설 및 용도제한 등)**
>
> ① 대통령령으로 정하는 용도 및 규모의 건축물과 그 대지에는 국토교통부령으로 정하는 바에 따라 복도, 계단, 출입구, 그 밖의 피난시설과 저수조(貯水槽), 대지 안의 피난과 소화에 필요한 통로를 설치하여야 한다.

---

1) 소방시설 설치 및 관리에 관한 법률 제16조(피난시설, 방화구획 및 방화시설의 관리)

② 대통령령으로 정하는 용도 및 규모의 건축물의 안전 · 위생 및 방화(防火) 등을 위하여 필요한 용도 및 구조의 제한, 방화구획(防火區劃), 화장실의 구조, 계단 · 출입구, 거실의 반자 높이, 거실의 채광 · 환기, 배연설비와 바닥의 방습 등에 관하여 필요한 사항은 국토교통부령으로 정한다. 다만, 대규모 창고시설 등 대통령령으로 정하는 용도 및 규모의 건축물에 대해서는 방화구획 등 화재 안전에 필요한 사항을 국토교통부령으로 별도로 정할 수 있다.

③ 대통령령으로 정하는 건축물은 국토교통부령으로 정하는 기준에 따라 소방관이 진입할 수 있는 창을 설치하고, 외부에서 주 · 야간에 식별할 수 있는 표시를 하여야 한다.

④ 대통령령으로 정하는 용도 및 규모의 건축물에 대하여 가구 · 세대 등 간 소음 방지를 위하여 국토교통부령으로 정하는 바에 따라 경계벽 및 바닥을 설치하여야 한다.

⑤ 자연재해위험개선지구 중 침수위험지구에 공공기관이 건축하는 건축물은 침수 방지 및 방수를 위하여 다음 각 호의 기준에 따라야 한다.

1. 건축물의 1층 전체를 필로티(건축물을 사용하기 위한 경비실, 계단실, 승강기실, 그 밖에 이와 비슷한 것을 포함한다) 구조로 할 것
2. 침수 방지시설[차수판(遮水板), 역류방지 밸브]을 설치할 것

그러므로 각 항에서 열거하는 내용에 따른 하위법령에서의 시설별 설치기준 등에 대한 개별 적용 규정들을 정리하는 것이 우선적으로 필요하다.

① 대통령령으로 정하는 용도 및 규모의 건축물과 그 대지에는 국토교통부령으로 정하는 바에 따라 복도, 계단, 출입구, 그 밖의 피난시설과 저수조(貯水槽), 대지 안의 피난과 소화에 필요한 통로를 설치하여야 한다.

법령 / 규정	대통령령으로 정하는 용도 및 규모의 건축물과 대지	국토교통부령으로 정하는 설치 기준
	[건축법 시행령]	[건축물의 피난 · 방화구조 등의 기준에 관한 규칙]
적용	제34조(직통계단의 설치) 제35조(피난계단의 설치) 제36조(옥외 피난계단의 설치) 제37조(지하층과 피난층 사이의 개방 공간 설치) 제38조(관람실 등으로부터의 출구 설치) 제39조(건축물 바깥쪽으로의 출구 설치) 제40조(옥상광장 등의 설치) 제41조(대지 안의 피난 및 소화에 필요한 통로 설치) 제44조(피난 규정의 적용례)	제8조(직통계단의 설치기준) 제8조의2(피난안전구역의 설치기준) 제9조(피난계단 및 특별피난계단의 구조) 제10조(관람실 등으로부터의 출구의 설치기준) 제11조(건축물의 바깥쪽으로의 출구의 설치기준) 제12조(회전문의 설치기준) 제13조(헬리포트 및 구조공간 설치)

② 대통령령으로 정하는 용도 및 규모의 건축물의 안전 · 위생 및 방화(防火) 등을 위하여 필요한 용도 및 구조의 제한, 방화구획(防火區劃), 화장실의 구조, 계단 · 출입구, 거실의 반자 높이, 거실의 채광 · 환기, 배연설비와 바닥의 방습 등에 관하여 필요한 사항은 국토교통부령으로 정한다. 다만, 대규모 창고시설 등 대통령령으로 정하는 용도 및 규모의 건축물에 대해서는 방화구획 등 화재 안전에 필요한 사항을 국토교통부령으로 별도로 정할 수 있다.

법령 / 규정	대통령령으로 정하는 용도 및 규모의 건축물	국토교통부령으로 정하는 필요한 사항
	[건축법 시행령]	[건축물의 피난 · 방화구조 등의 기준에 관한 규칙]
조문	제46조(방화구획 등의 설치) 제47조(방화에 장애가 되는 용도의 제한) 제48조(계단 · 복도 및 출입구의 설치) 제50조(거실반자의 설치) 제51조(거실의 채광 등) 제52조(거실 등의 방습)	제14조(방화구획의 설치기준) 제14조의2(복합건축물의 피난시설 등) 제15조(계단의 설치기준) 제15조의2(복도의 너비 및 설치기준) 제16조(거실의 반자높이) 제17조(채광 및 환기를 위한 창문등) 제18조(거실등의 방습) [건축물의 설비기준 등에 관한 규칙] 제14조(배연설비)

③ 대통령령으로 정하는 건축물은 국토교통부령으로 정하는 기준에 따라 소방관이 진입할 수 있는 창을 설치하고, 외부에서 주야간에 식별할 수 있는 표시를 하여야 한다.

법령 / 규정	대통령령으로 정하는 용도 및 규모의 건축물	국토교통부령으로 정하는 설치 기준
	[건축법 시행령]	[건축물의 피난 · 방화구조 등의 기준에 관한 규칙]
조문	제51조(거실의 채광창 등)	제18조의2(소방관 진입창의 기준)

④ 대통령령으로 정하는 용도 및 규모의 건축물에 대하여 가구 · 세대 등 간 소음 방지를 위하여 국토교통부령으로 정하는 바에 따라 경계벽 및 바닥을 설치하여야 한다.

법령 / 규정	대통령령으로 정하는 용도 및 규모의 건축물	국토교통부령으로 정하는 설치 기준
	[건축법 시행령]	[건축물의 피난 · 방화구조 등의 기준에 관한 규칙]
조문	제53조(경계벽 등의 설치)	제19조(경계벽 등의 구조)

⑤ 자연재해위험개선지구 중 침수위험지구에 공공기관이 건축하는 건축물은 침수 방지 및 방수를 위하여 다음 각 호의 기준에 따라야 한다.

1. 건축물의 1층 전체를 필로티(건축물을 사용하기 위한 경비실, 계단실, 승강기실, 그 밖에 이와 비슷한 것을 포함한다) 구조로 할 것
2. 침수 방지시설[차수판(遮水板), 역류방지 밸브]을 설치할 것

다음은 「방화시설」에 해당하는 규정들에 관한 분류이다. 건축법에서는 방화구조에 대한 용어의 정의는 있으나 "방화시설"에 대한 정의는 명확하게 규정된 부분을 찾을 수 없다. 대부분의 사람들이 피난시설 또는 방화시설이라고 말할 때는 일반적으로 피난을 위한 시설, 방화구획이나 방화문등 방화(防火)에 필요한 시설이라는 일반적인 용어의 사용일 뿐이다. 그러나 특정소방대상물의 관계자에 대한 불이익 행정처분등에 있어서는 법령에서 정의하고 있는 규정에 해당하는가에 대한 명확한 검토가 우선적으로 되어야 하고 이에 따라 행정행위 이행여부를 판단해야 한다. 건축법에서는 없지만 소방법령에서는 방화시설의 정의를 "건축법 제50조부터 제53조까지의 규정에 따른 방화벽, 내부 마감재료 등"으로 정의하고 있는데, 소방법령 규정에 해당하는 "방화시설"에 관한 건축법에서의 세부규정은 다음과 같이 정리할 수 있다.

건축법 제50조(건축물의 내화구조와 방화벽)

① 문화 및 집회시설, 의료시설, 공동주택 등 대통령령으로 정하는 건축물은 국토교통부령으로 정하는 기준에 따라 주요구조부와 지붕을 내화(耐火)구조로 하여야 한다.

법령 / 규정	대통령령으로 정하는 건축물	국토교통부령으로 정하는 설치 기준
	[건축법 시행령]	[건축물의 피난 · 방화구조 등의 기준에 관한 규칙]
조문	제56조(건축물의 내화구조)	제3조(내화구조)

② 대통령령으로 정하는 용도 및 규모의 건축물은 국토교통부령으로 정하는 기준에 따라 방화벽으로 구획하여야 한다.

법령 / 규정	대통령령으로 정하는 용도 및 규모의 건축물	국토교통부령으로 정하는 설치 기준
	[건축법 시행령]	[건축물의 피난 · 방화구조 등의 기준에 관한 규칙]
조문	제57조(대규모 건축물의 방화벽 등)	제21조(방화벽의 구조)

건축법 제50조의2(고층건축물의 피난 및 안전관리)

① 고층건축물에는 대통령령으로 정하는 바에 따라 피난안전구역을 설치하거나 대피공간을 확보한 계단을 설치하여야 한다. 이 경우 피난안전구역의 설치 기준, 계단의 설치 기준과 구조 등에 관하여 필요한 사항은 국토교통부령으로 정한다.

법령 / 규정	대통령령으로 정하는 규정	국토교통부령으로 정하는 설치 기준
	[건축법 시행령]	[건축물의 피난 · 방화구조 등의 기준에 관한 규칙]
조문	제34조(직통계단의 설치)	제8조의2(피난안전구역의 설치기준)

② 고층건축물에 설치된 피난안전구역 · 피난시설 또는 대피공간에는 국토교통부령으로 정하는 바에 따라 화재 등의 경우에 피난 용도로 사용되는 것임을 표시하여야 한다.

법령 / 규정	국토교통부령으로 정하는 설치 기준
	[건축물의 피난 · 방화구조 등의 기준에 관한 규칙]
조문	제22조의2(고층건축물 피난안전구역 등의 피난 용도 표시)

건축법 제51조(방화지구 안의 건축물)

① 「국토의 계획 및 이용에 관한 법률」에 따른 방화지구(이하 "방화지구"라 한다) 안에서는 건축물의 주요구조부와 지붕 · 외벽을 내화구조로 하여야 한다. 다만, 대통령령으로 정하는 경우에는 그러하지 아니하다.

② 방화지구 안의 공작물로서 간판, 광고탑, 그 밖에 대통령령으로 정하는 공작물 중 건축물의 지붕 위에 설치하는 공작물이나 높이 3미터 이상의 공작물은 주요부를 불연(不燃)재료로 하여야 한다.

③ 방화지구 안의 지붕 · 방화문 및 인접 대지 경계선에 접하는 외벽은 국토교통부령으로 정하는 구조 및 재료로 하여야 한다.

법령 / 규정	국토교통부령으로 정하는 구조 및 재료
	[건축물의 피난 · 방화구조 등의 기준에 관한 규칙]
조문	제23조(방화지구 안의 지붕 · 방화문 및 외벽등)

건축법 제52조(건축물의 마감재료)

① 대통령령으로 정하는 용도 및 규모의 건축물의 벽, 반자, 지붕(반자가 없는 경우에 한정한다) 등 내부의 마감재료[제52조의4 제1항의 복합자재의 경우 심재(心材)를 포함한다]는 방화에 지장이 없는 재료로 하되, 국토교통부령으로 정하는 기준에 따른 것이어야 한다.

법령 / 규정	대통령령으로 정하는 용도 및 규모의 건축물	국토교통부령으로 정하는 기준
	[건축법 시행령]	[건축물의 피난 · 방화구조 등의 기준에 관한 규칙]
조문	제61조(건축물의 마감재료 등)	제24조(건축물의 마감재료 등)

② 대통령령으로 정하는 건축물의 외벽에 사용하는 마감재료(두 가지 이상의 재료로 제작된 자재의 경우 각 재료를 포함한다)는 방화에 지장이 없는 재료로 하여야 한다. 이 경우 마감재료의 기준은 국토교통부령으로 정한다.

법령 / 규정	대통령령으로 정하는 건축물	국토교통부령으로 정하는 기준
	[건축법 시행령]	[건축물의 피난 · 방화구조 등의 기준에 관한 규칙]
조문	제61조(건축물의 마감재료 등)	제24조(건축물의 마감재료 등)

③ 욕실, 화장실, 목욕장 등의 바닥 마감재료는 미끄럼을 방지할 수 있도록 국토교통부령으로 정하는 기준에 적합하여야 한다.

④ 대통령령으로 정하는 용도 및 규모에 해당하는 건축물 외벽에 설치되는 창호(窓戶)는 방화에 지장이 없도록 인접 대지와의 이격거리를 고려하여 방화성능 등이 국토교통부령으로 정하는 기준에 적합하여야 한다.

건축법 제53조(지하층)

건축물에 설치하는 지하층의 구조 및 설비는 국토교통부령으로 정하는 기준에 맞게 하여야 한다.

법령 / 규정	국토교통부령으로 정하는 기준 [건축물의 피난 · 방화구조 등의 기준에 관한 규칙]
조문	제25조(지하층의 구조)

위와 같이 소방법령의 적용대상이 되는 「피난시설, 방화구획 및 방화시설」을 건축법에서는 어떻게 규정하고 있는지 구분해 보았는데, 건축법에서 "피난시설, 방화구획"의 구분에 관한 사항은 피난, 안전, 위생, 방화(防火)등의 많은 부분들을 하나의 조문에 광범위한 내용으로 규정하고 있고, "방화시설" 역시 각 항목에서 규정하고 있는 내용만으로 명확한 구분을 하는 것에는 어려움이 있다. 위 규정에서의 조문과 항목에 열거되어 있는 모든 내용들이 소방법령의 적용에 해당되는 시설에 포함되지는 않는다. 그러므로 각 사항마다 내용에 대해 세부적인 검토와 구분이 되어야 향후 거론될 소방관련 법령과의 적용 연관성에 있어 행정처분의 대상여부에 대한 판단을 할 수 있으므로 정확한 개념의 정리와 이해가 되어야 한다.

02 소방법령 적용 범위와 쟁점사항

건축법 제49조의 "피난시설 및 용도제한 등"에 대한 규정은 건축물의 안전에 관한 매우 중요한 요소들로서 소방법령에서 건축부분의 유지 · 관리 사항의 기본 전제가 된다. 그러나 앞에서 규정하고 있는 사항들 중에서 열거된 내용만으로 볼 때 당해 건축물에 설치되어 있는 복도, 출입문등이 소방법령의 규정을 적용할 수 있는 피난 · 방화시설에 해당이 되는지 또한 어느 시설까지가 법령에서 정하는 것으로 이해하고 유지 · 관리를 하여야 하는지 등 업무범위에 있어 한정하기란 결코 쉬운 것이 아니다. 특히 화재사건에서 창문의 쇠창살 설치, 통로상의 장애물방치, 출입문의 시건장치등 피난상의 장애로 다수의 인명피해가 발생한 사례들이 있으며, 과연 이것들이 건축물의 용도와 규모에 따른 피난 · 방화시설로서 평상시 유지 · 관리하여야 할 것인지에 대해서는 관계자뿐 아니라 감독행정기관에서도 판단에 상당한 어려움이 있다. 이는 막상 화재발생 피해의 책임에 관한 법원의 판결 결과로서 대부분 학습하는 실정으로, 행정기관에 책임소재가 없다고 하는 경우도 있고 직무상 의무가 있어 책임을 묻는 사례도 있다. 대부분의 행정기관에서는 이런 규정 위반의 행정처분 행위를 함에 있어 위반여부에 대한 해석을 넓은 범위의 시각으로 적용하려는 경향이 있다. 즉, 불확실한 경우는 대부분 위반에 해당된다는 것으로 해석한다는 것이다. 이 배경에는 법령 규정의 입법취지가 개인의 이익보다는 불특정 다수인에 대한 공공의 안전에 대한 이익을 더 우선한다는 것에 바탕이 있다고 명분상 주장하나, 그 이면에는 책임소재에서 자유롭기 위한 이유가 있다고 할 수 있다. 이런 행정기관의 처분에 대한 불복절차는 행정소송으로 구제받을 수밖에 없다.

PLUS TIPS + 군산 개복동 윤락가 화재사례

사건개요	① 내용: 2002년 1월 19일 오전 11시 50분경, 개복동 유흥주점 '대가'에서 새벽 영업을 마치고 1층에서 15명의 종업원이 잠을 자고 있던 때, 영업장 출입문 쪽의 카드 체크기에서 전기누전으로 화재가 발생하여 14명의 성매매 여성과 남자업주 1명이 사망하였다. 낡은 건물은 환기구조차 제대로 마련돼 있지 않았고, 밖에서만 열 수 있는 잠금키로 출입문이 봉쇄된 상태에서 유일한 비상구인 2층으로 대피하기 위해 연결된 계단으로 올라갔지만, 철문은 잠겨 있었다. 비좁은 통로와 사방으로 막힌 벽, 밖에서 보면 창문이지만 내부는 베니어합판에 벽지가 붙어 있는 벽으로 설치되어 있었다. ② 현장사진[2)]  
대법원 선고[3)]	유흥주점에 감금된 채 윤락을 강요받으며 생활하던 여종업원들이 유흥주점에 화재가 났을 때 미처 피신하지 못하고 유독가스에 질식해 사망한 사안에서, 소방공무원이 위 유흥주점에 대하여 화재 발생 전 실시한 소방점검 등에서 구 소방법상 방염 규정 위반에 대한 시정조치 및 화재 발생 시 대피에 장애가 되는 잠금장치의 제거 등 시정조치를 명하지 않은 직무상 의무 위반은 현저히 불합리한 경우에 해당하여 위법하고, 이러한 직무상 의무 위반과 위 사망의 결과 사이에 상당인과관계가 존재한다.

2) 사진출처: 전북일보(2018. 02. 21.), 주간동아(2001. 11. 15.)

3) (2008. 04. 10.) 2005다48994 판결 [손해배상(기)]〈군산시 윤락가 화재사건〉 [공2008상,653]

03 피난시설, 방화구획 및 방화시설의 구분

건축법 규정의 각 조문에서 열거한 내용에 따라 「피난시설, 방화구획 및 방화시설」에 해당되는 시설들을 세부적으로 분류하면 다음과 같이 구분할 수 있다

◆ 피난시설, 방화구획의 구분

종류 / 적용법령	피난시설	방화구획	건축법 제49조
건축법 시행령	제34조(직통계단의 설치) 제35조(피난계단의 설치) 제36조(옥외 피난계단의 설치) 제37조(지하층과 피난층 사이의 개방공간 설치) 제38조(관람실 등으로부터의 출구 설치) 제39조(건축물 바깥쪽으로의 출구 설치) 제40조(옥상광장 등의 설치) 제41조(대지 안의 피난 및 소화에 필요한 통로 설치)		제1항
	제48조(계단 · 복도 및 출입구의 설치)	제46조(방화구획 등의 설치) 제47조(방화에 장애가 되는 용도의 제한)	제2항
건축물의 설비기준 등에 관한 규칙	제14조(배연설비)		
	제18조의2(소방관 진입창의 기준)		제3항
	제19조(경계벽 등의 구조)	제19조(경계벽 등의 구조)	제4항
주택건설기준 등에 관한 규정	제14조(세대 간의 경계벽등)		

◆ 방화시설의 구분

종류 / 적용법령	방화시설
건축법	제50조(건축물의 내화구조와 방화벽)
	제50조의2(고층건축물의 피난 및 안전관리)
	제51조(방화지구 안의 건축물)
	제52조(건축물의 마감재료)
	제53조(지하층)

이에 따라 분류된 각 사항마다의 개별 설치구조와 기준에 대해서는 다음 편(제4편)에서 상세히 살펴보도록 할 것이다. 하나의 조문에 광범위한 내용으로 규정하고 있는 건축법의 특성상 위 표와 같이 세부적으로 분류를 함에 있어 다음과 같이 명확하지 않은 쟁점사항이 있다.

첫째, 용도 및 규모의 기준에 따라 대상물에 설치된 모든 계단과 복도가 피난시설에 해당

되는지 문제이다. 그렇다면 모든 복도 등에는 피난에 장애가 될 수 있는 어떠한 요소도 없어야 하는가의 문제인데, 이것은 현실적으로 규정이 모호하여 적용여부에 대한 해석에 있어 어느 누구도 명확하게 판단하지 못하는 한계가 있다. 그러므로 이 문제는 각 대상의 화재피해 발생 책임소재에 대한 법원의 판결 결과나 행정기관에서의 처분에 불복하는 행정소송의 결과에 따라 명확한 결론에 도달할 수 있다.

둘째, 배연설비는 위생 · 환기를 위한 목적으로 설치되는 설비로 한정해서 생각할 것인지 문제이다. 「건축법 시행령」 제51조(거실의 채광 등)에서는 채광 및 환기를 위한 창문 등이나 설비를 설치하여야 한다고 규정하고 있고, 이에 대한 설치기준 「건축물의 피난 · 방화구조 등의 기준에 관한 규칙」 제17조(채광 및 환기를 위한 창문등)에서 채광 및 환기를 위한 창문의 면적 등을 규정하고 있는데, 이것은 피난을 위한 시설로 보기에는 무리가 있을 수 있고 또한 실무에서 위생 · 환기를 위한 것으로 보는 견해가 대부분이다. 그러나 법령에서 규정한 건축물[4]의 해당 거실에 설치하는 배연설비는 화재 시 피난을 위한 것인지 환기 · 위생을 위한 목적의 설비인지 이견이 있다. 「건축물의 설비기준 등에 관한 규칙」 제14조(배연설비)에서 규정한 기준에는 배연창의 유효면적과 배연구의 작동방식등을 규정하고 있고, 또한 기계식 배연설비를 하는 경우에는 소방관계법령의 규정에 적합하도록 하고 있으므로, 이 규정에 대한 취지를 본다면 거실에 설치하는 배연설비는 피난을 위한 설비에 해당된다고 할 수 있다. 그러나 실제 소방시설 유지관리업자의 소방안전관리 업무대행등에서 거실의 배연창에 대한 부분은 건축의 위생 · 환기설비로 인식하여 소방의 확인점검내용에서 제외하는 경우가 있다. 이것은 소방에서 유지 · 관리해야 할 시설에서 제외시킴으로써 향후 책임소재를 회피하기 위한 이유이다. 필자의 의견도 배연설비가 피난을 위한 시설에 해당한다는 것에는 의심의 여지가 없으므로 확인업무에서 배제되지 않도록 하여 반드시 유지 · 관리될 수 있도록 해야 한다.

셋째, 소방관 진입창이 피난시설의 용도에 해당하는지 문제이다. 이 시설의 설치기준이 비록 건축법 제49조에 규정이 있다 하더라도, 이것은 화재 시 재실자들의 피난을 위한 목적보다 소방관의 소방활동에 필요한 진입통로의 용도로 해석하는 것이 더 합리적이다. 그러나 일부에서는 소방관 진입창의 통로를 이용하여 소방고가차로서 재실자들의 피난에 사용할 수 있으므로 피난시설로 볼 수 있다는 의견도 있다. 그러므로 유지 · 관리부실에 따른 행정상 처분의 가능여부에 대해서는 세밀한 검토가 필요할 것이고, 이 경우 행정지도로서 행정목적을 달성하는 것이 더 유효할 수 있으므로 불이익처분을 위한 행정행위는 지양되어야 한다는 것이 필자의 견해이다.

넷째, 경계벽이 피난 · 방화시설에 해당되는지 문제이다. 이 규정에서 경계벽의 설치 목적은 가구 · 세대 등 간 소음 방지를 위하여 설치하도록 규정하고 있으므로 방화(防火)를 위한

4) 건축법 시행령 제51조(거실의 채광 등) 제2항

시설에 해당되지 않을 수도 있다. 그러나 다른 한편으로 볼 때 각 세대 및 시설 간 경계벽의 설치구조는 내화구조로 해야 하고, 이것은 인접세대로의 화재 확대를 방지하는 의미도 내포되어 있다고 할 수 있으므로, 방화(防火)를 위한 시설에 해당되지 않는다고 단순하게 해석하는 것은 타당하지 못하다. 또한 다가구주택 및 공동주택의 세대 간의 경계벽인 경우에는 「주택건설기준 등에 관한 규정」 제14조(세대 간의 경계벽등)에 따른 구조로 설치하도록 하고 있는데, 이는 "공동주택의 3층 이상인 층의 발코니에 세대 간 경계벽을 설치하는 경우에는 화재 등의 경우에 피난용도로 사용할 수 있는 피난구를 경계벽에 설치하거나 경계벽의 구조를 파괴하기 쉬운 경량구조 등으로 할 수 있다"고 규정하고 있고, 피난구를 설치하거나 경계벽의 구조를 경량구조 등으로 하는 경우에는 그에 대한 정보를 포함한 표지 등을 식별하기 쉬운 위치에 부착 또는 설치하도록 하고 있으므로 이는 인접세대로의 피난을 위한 시설로서의 의심은 없다.

CHAPTER 

03 | 건축 관련시설에 대한 소방법령에서의 관리

01 건축 관련시설의 소방법령상 규정

소방법령에서 규정하고 있는 특정소방대상물에 설치된 건축 관련시설의 소방안전관리는 반드시 건축법에서 정하고 있는 「피난시설, 방화구획 및 방화시설」에 대해서만 한정된다고 언급하였다. 그러므로 건축법 규정에 의한 시설에 하자등이 있어 관계자에게 행정명령 또는 불이익처분을 하고자 할 때는 반드시 소방법령에 근거 규정이 있어야 하고, 또한 이 규정이 건축법에서도 정하고 있어야 한다. 그러므로 건축법 관련 시설의 유지 · 관리에 대해 소방법령에서는 어떻게 규정하고 있고 그 근거는 무엇인지 우선적으로 검토하고 이해하는 것이 중요하다.

<table>
<tr><th colspan="3">법령 규정</th><th>내용</th><th>비고</th></tr>
<tr><td rowspan="2">소방시설 설치 및 관리에 관한 법률</td><td colspan="2">제16조(피난시설, 방화구획 및 방화시설의 관리)</td><td>특정소방대상물의 관계인은 「건축법」에 따른 피난시설, 방화구획 및 방화시설에 대하여 훼손등의 금지 행위</td><td>※ 위반 시
└→ 과태료</td></tr>
<tr><td colspan="2">제22조(소방시설등의 자체점검)</td><td>특정소방대상물의 관계인은 소방시설등을 정기적으로 점검</td><td>※ 위반 시
└→ 벌금</td></tr>
<tr><td rowspan="4">화재의 예방 및 안전관리에 관한 법률</td><td rowspan="2">제24조
(특정소방대상물의 소방안전관리)</td><td>제①항</td><td>특정소방대상물의 관계인은 소방안전관리 업무를 수행</td><td rowspan="2">※ 위반 시
└→ 과태료</td></tr>
<tr><td>제⑤항</td><td>특정소방대상물의 관계인과 소방안전관리자의 업무
3. 피난시설, 방화구획 및 방화시설의 관리</td></tr>
<tr><td>제25조(소방안전관리 업무의 대행)</td><td>제①항</td><td>소방안전관리대상물 관계인의 소방안전관리업무 대행</td><td></td></tr>
<tr><td>제27조
(관계인 등의 의무)</td><td>제③항</td><td>소방안전관리자의 소방시설 · 피난시설 · 방화시설 및 방화구획 등의 법령 위반사항 발견 시 지체 없이 관계인에게 소방대상물의 개수 · 이전 · 제거 · 수리 등 필요한 조치 요구</td><td>※ 위반 시
└→ 벌금</td></tr>
<tr><td>소방시설 공사업법</td><td>제16조(감리)</td><td>제①항</td><td>소방공사감리업을 등록한 자의 감리업무 수행
8. 피난시설 및 방화시설의 적법성 검토</td><td></td></tr>
</table>

특정소방대상물의 관계인은 건축 관련시설에 대한 훼손, 변경 등이 없도록 유지 관리하여야 하며, 일정규모에 따라 관계인이 직접 또는 선임된 소방안전관리자에게 소방안전관리 업무를 하도록 해야 한다. 소방안전관리의 업무 중 「피난시설, 방화구획 및 방화시설의 관리」에 대해서는 소방시설관리업의 등록을 한 자(관리업자)에게 업무대행을 하게 할 수 있으며,

이 경우 소방안전관리 업무를 대행하는 자를 감독할 수 있는 자를 소방안전관리자로 선임한다. 그러나 업무대행을 하더라도 해당 대상물에 대한 소방안전관리업무에 대한 법적인 책임은 그 관계인에게 있다. 또한 소방안전관리대상물의 소방안전관리자는 소방시설 · 피난시설 · 방화시설 및 방화구획 등이 법령에 위반된 것을 발견한 때에는 지체 없이 소방안전관리대상물의 관계인에게 소방대상물의 개수 · 이전 · 제거 · 수리 등 필요한 조치를 할 것을 요구하여야 하며, 관계인이 시정하지 아니하는 경우 소방본부장 또는 소방서장에게 그 사실을 알려야 한다. 이 경우 소방안전관리자는 공정하고 객관적으로 그 업무를 수행하여야 하고, 이런 법령 위반사항에 대한 시정요구 및 통보 규정의 의무를 이행하지 않았을 때는 그에 대한 행정형벌(벌금등)의 처분[1]이 내려질 수 있다. 또한 소방안전관리자로부터 조치요구 등을 받은 소방안전관리대상물의 관계인은 지체 없이 이에 따라야 하며, 조치요구 등을 이유로 소방안전관리자를 해임하거나 보수(報酬)의 지급을 거부하는 등 불이익한 처우를 하였을 때는 관계인에게 역시 불이익처분[2]이 내려진다.

소방 관련 업무에 종사하는 일부 관계자들은 건축법 관련 사항을 왜 소방사무의 범위에 포함시켜 건축 관련시설까지 점검해야 하고 그 책임을 져야 하는지 불만이 있는 것도 사실이다. 이것은 소방시설의 기준영역만 하더라도 결코 좁지 않은 것인데 건축법의 기준영역까지 전문적으로 알아야 한다는 부담에서 비롯되는 것이라 할 수 있을 것이다. 그러나 소방시설등에 대한 사항들이 건축물에 설치되고 이 역시 건축법을 바탕으로 하고 있으므로 비록 건축법에 규정되어 있는 사항이지만 소방법령과 무관하지는 않다고 할 것이다. 또한 화재 발생 시 사용자들의 신속한 피난을 위한 안전대책과 화재의 소화 및 연소확대 등의 방지로 대형피해 발생을 예방하는 것이 소방법령의 취지이므로, 비록 소방법령에서 건축 관련시설의 유지 · 관리에 대한 의무를 규정하고 있다 하더라도 공공의 안전을 위한 당연한 제도의 시행이라고 할 수 있다.

1) 화재의 예방 및 안전관리에 관한 법률 제50조(벌칙) 제③항 제4호
2) 화재의 예방 및 안전관리에 관한 법률 제50조(벌칙) 제③항 제5호

02 소방법령에서 규정하는 피난시설등의 관리

1 소방법령상 관리 의무 규정

본래 법령에서 규정된 의무에 대한 위반 시에는 해당 소관법령의 행정기관에서 행정처분을 하는 것이 일반적이다. 그러나 건축법의 피난시설, 방화구획 및 방화시설의 관리에 관한 의무의 위반은 건축법령의 규정에 의해 적용받아야 함에도 소방법령에서도 행정처분을 할 수 있도록 규정하고 있는 경우이다. 건축물관리법에서 관리자는 건축물, 대지 및 건축설비를 적합하게 유지 · 관리하도록 규정[3]하고 있으며 위반 시 행정형벌(벌금 등) 처분을 받게 되어 있으나, 소방법령에서는 행정질서벌(과태료) 처분을 하도록 되어 있다. 그러므로 건축법의 피난시설, 방화구획 및 방화시설에 대해 향후 건축물관리법에 의한 정기점검 등에서의 하자 발견과 소방시설등의 자체점검 시에 하자가 발견 되었을때 이에 대한 행정처분이 각각 상충될 우려도 있을 수 있다. 특정소방대상물의 관계자가 유지 · 관리해야 할 피난시설, 방화시설 및 방화구획에 대해서 소방법령에서는 아래와 같이 규정하고 있다.

소방시설 설치 및 관리에 관한 법률 제16조(피난시설, 방화구획 및 방화시설의 관리)

① 특정소방대상물의 관계인은 「건축법」 제49조에 따른 피난시설, 방화구획(防火區劃) 및 방화시설에 대하여 정당한 사유가 없는 한 다음 각 호의 행위를 하여서는 아니 된다.

1. 피난시설, 방화구획 및 방화시설을 폐쇄하거나 훼손하는 등의 행위
2. 피난시설, 방화구획 및 방화시설의 주위에 물건을 쌓아두거나 장애물을 설치하는 행위
3. 피난시설, 방화구획 및 방화시설의 용도에 장애를 주거나 「소방기본법」 제16조에 따른 소방활동에 지장을 주는 행위
4. 그 밖에 피난시설, 방화구획 및 방화시설을 변경하는 행위

※ 위반 시
└→ 과태료

※ 방화시설(건축법)
└→ 제50조(건축물의 내화구조와 방화벽), 제50조의2(고층건축물의 피난 및 안전관리) 제51조(방화지구 안의 건축물), 제52조(건축물의 마감재료), 제53조(지하층)

② 소방본부장이나 소방서장은 특정소방대상물의 관계인이 제1항 각 호의 행위를 한 경우에는 피난시설, 방화구획 및 방화시설의 관리를 위하여 필요한 조치를 명할 수 있다.

이 규정에서 보면 건축법 규정에 해당되는 시설들에 대해서 폐쇄, 훼손 및 변경 등을 하지 못하도록 소방법령에서 규정하고 있으므로, 이 규정의 위반에 대한 해당여부를 위해서는 앞의 제2장에서 분류하고 있는 건축 관련시설의 종류에 해당되는지에 대한 검토가 우선적으로 이루어져야 한다. 예를 들어 1층의 실내에서 2층으로 올라갈 수 있는 내부계단이 있다고 한다면 내부계단의 입구에는 방화문이 설치되어야 하는지, 설치되어 있던 방화문을 철거 또

3) 건축물관리법 제12조(건축물의 유지 · 관리)

는 폐쇄해도 되는지 등 여러 가지 문제가 있을 수 있다. 이 방화문이 건축법에서 규정하고 있는 방화구획을 위한 시설에 해당되는지 또는 피난계단의 설치구조에 해당하는 출입문에 해당되는지 등에 대한 의문을 가져야 함에도, 방화문이라 하여 무작정 관계자에게 과태료 처분 및 행정명령을 하는 것은 향후 행정소송 등이 뒤따를 수 있으므로 신중한 법령의 검토가 필요하다.

2 법령 위반 여부에 대한 행정처리 검토사항

화재안전조사 실시등 현장에서 특정소방대상물에 설치되어 있는 피난시설등의 유지 · 관리 소홀이 발견되었을 때 이것이 법 규정의 적용대상에 해당되는지 명확하지 않은 상태에서 행정처분등의 행정행위를 어떻게 해야 하는지 고민에 놓일 때가 있다. 이런 경우는 법령 규정에 대한 이해가 명확하게 정립되지 않고 법 위반에 대한 행정처리 절차에 확신이 없기 때문이다. 이러한 경우처럼 현장확인에 따른 건축 관련시설 법령 위반사항의 행정처리 과정에 발생할 수 있는 몇가지 사항에 대해 살펴보자.

먼저 방화문등이 최초부터 설치되어 있지 않은 경우에 대한 사항이다. 현장확인 시 방화문등의 시설 자체가 최초 건축물 사용승인 때부터 설치되어 있지 않았을 경우이다. 건축법령에서 규정하고 있는 피난시설등에 대한 유지 · 관리 부분을 소방법령의 규정에 의해 행정처분 할 때에는 과연 그 시설이 건축법령에서 규정하는 시설의 해당여부에 대한 정확한 판단이 필요하다. 그러면 이 판단은 누가 하는 것이 정확한 것인가의 물음에서, 소방법령에서 정한 사무를 이행하는 담당자가 어떠한 근거에 의해 「건축법 규정의 해당여부」에 대한 결론을 직접 내린다면, 그 근거가 향후 민원발생에 대한 대응자료에 적절한 것인가에 의문이 있을 것이다.

결론을 먼저 말하면, 과태료 처분과 조치에 대한 행정명령을 담당자가 직접 하지 않고 관할 구청 건축 관련부서에 통보하여 관련법령에 따라 처리토록 하여 업무처리를 종료하는 것이 가장 타당한 행정처리 방법이다. 즉, 건축 관련시설을 규정하고 있는 건축법 소관부서인 관할 구청에서 해당 장소의 시설에 대한 하자가 건축법 규정에 해당되는지 직접 판단하고 처리해 달라는 것이다. 이것은 소방법령에서의 처리 규정은 "건축법령에 해당되는 시설"에 대해서 "명확한 위반사항이 있다고 인정될 때" 조치할 수 있다는 것으로, 타 법령(건축법령)에 의한 최초 건축물 허가 및 완공 때부터 있었던 하자부분까지 소관법령의 규정을 넘어 하자의 치유를 이행하라는 것은 아니기 때문이다. 관할구청 건축 소관부서에서 현장확인하여 건축법령의 규정에 이상이 없다고 했을 때는 소방법령에도 이상이 없다는 것이고, 하자가 있다면 최초 건물 완공 시부터 잘못된 것이므로 주무부처에서 처리하도록 하는 것이 가장 정확한 행정처리인 것이다. 또한 이런 경우 소방법령에서 과태료 처분을 할 수 있는가의 문제가 발생하는데, 소방법령의 규정은 관계자가 "설치되어 있는 시설에 대해 어떤 위반행위를 하였을 때" 불이익처분을 할 수 있으므로, 처음부터 시설 자체가 설치되어 있지 않았다면 관계자가 위반행위를 하였다고 볼 수 없을 것이며 또한 건축법에서 정한 절차에 따라 처리하도록 하면 된다.

다음은 방화문등이 설치되어 있었으나 철거, 훼손 등이 있는 경우이다. 이러한 경우에 대부분의 담당자들은 자신들이 검토하고 그 결과에 따라 과태료처분과 행정명령을 하는 경우가 대부분인데 이 검토결과에 따른 처리사항을 신뢰할 수 있는가의 문제가 생긴다. 즉, 처분에 따른 구제방안인 행정소송이 제기되었을 때 처리한 업무에 대해 전혀 문제가 없는 행정행위를 하였다고 확신하고 적극적인 대응을 할 수 있는지 의심스러울 수밖에 없다.

이 같은 업무처리는 방화문등의 시설이 건축법 규정에 해당되는 시설인지에 대한 판단을 건축부서의 담당자가 아닌 타 법령의 담당자(소방서 담당자)가 하는 경우이므로 바람직하지 않다. 그러므로 현장의 건축 관련시설의 법령위반등의 사항을 발견하였을 때 직접 행정처분을 시행하기 전에 먼저 관할구청 건축 관련부서에 이 방화문이 건축법령에서 규정하는 피난 · 방화시설 해당여부에 대한 문서상 의견을 요청하고, 회신된 주무부서의 검토결과 내용에 따라 과태료 부과 및 행정명령 처분의 이행여부를 판단하는 것이 향후 발생할 수 있는 논란에 대한 효율적인 대처 방안이 될 수 있다.

건축소방의 이해

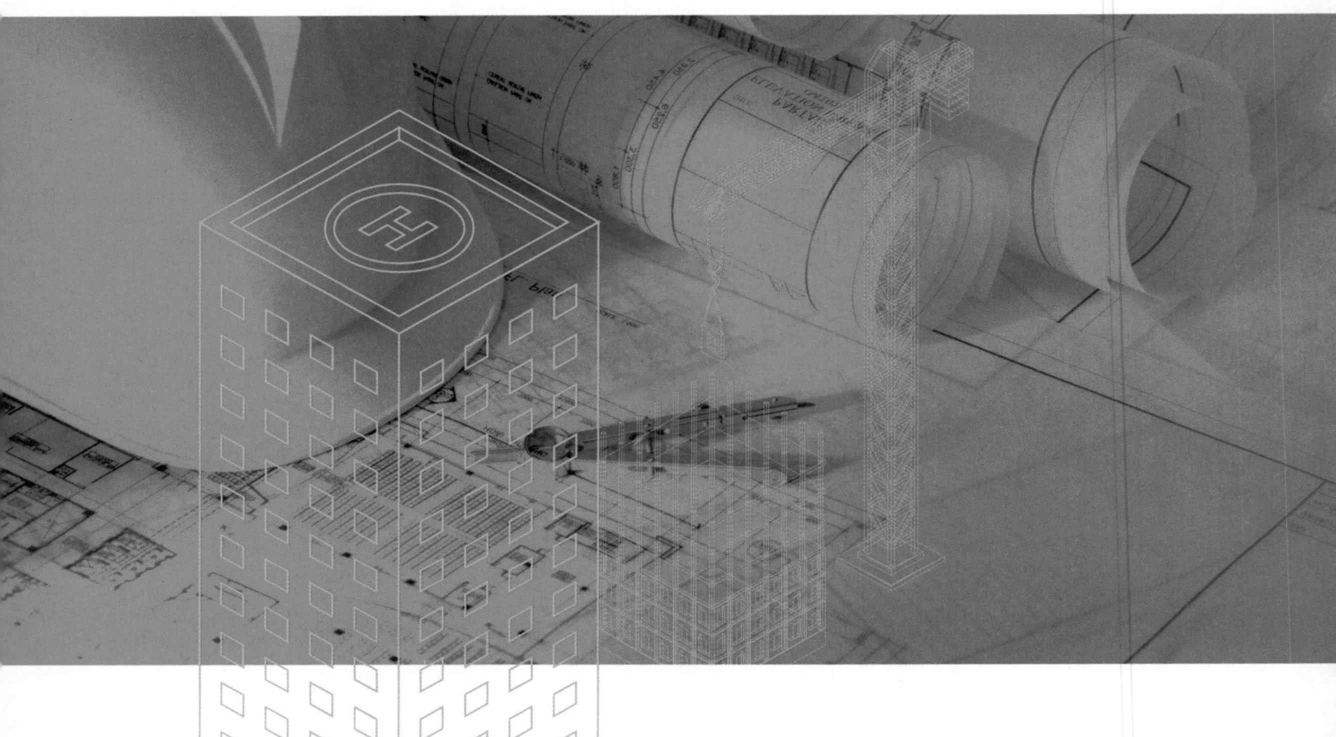

PART 04 ▶ 건축소방의 피난·방화시설, 방화구획 구조와 설치기준

하나의 건축물이 완성되면 건축물 대장을 생성하고 그 건축물에 대한 정기적인 안전과 기능을 유지 관리하여야 한다. 이 과정에서 소방법령은 건축물 사용승인 후 30일 이내에 법령이 정하는 자로 하여금 소방안전관리자를 선임하여 그 대상물에 설치되어 있는 소방시설등에 대하여 정기적으로 자체점검을 실시하도록 하고 있다. 이때 건축법에서 규정하고 있는 피난·방화시설, 방화구획 등의 사항이 자체점검 범위에 포함하는지 논쟁이 있다고 앞에서 언급하였다.

PART
04

건축소방의 피난·방화시설, 방화구획 구조와 설치기준

본래 법령에서 규정된 의무에 대한 위반 시에는 해당 소관 법령 행정청에서 행정처분 등을 하도록 하는 것이 일반적이나, 건축법령에 의해 적용받아야 할 특정소방대상물의 피난과 방화시설 등의 유지 관리 의무를 소방법령에서도 규정하고 있어, 이 시설들의 유지 관리 하자에 대해서는 대부분 소방법령에 의한 행정처분 등을 하고 있는 경우가 많다. 그러므로 관계자가 소방법령에 의해 유지 관리의 의무를 이행하기 위해선 그 건축물에 설치된 시설들 중에 어떤 시설들이 「피난시설, 방화구획, 방화시설」에 해당되는지 명확한 구분을 할 수 있어야 한다. 이런 필요성에 의해 앞장까지는 건축물 형성과정의 이해(제1편), 사용승인 후의 건축물의 유지 관리(제2편), 건축 관련시설의 구분과 소방법령에서의 유지 관리 의무등(제3편)에 관한 기본적인 내용들을 건축법과 소방법을 연계하여 검토하였다.

이 장에서는 소방법령의 규정에 적용받고 있는 건축법 규정의 「피난시설, 방화구획, 방화시설」에 대한 "각 시설마다의 설치 대상과 기준, 구조 등 개별사항"들과 "실무에서 적용하고 있는 사례"를 통해 학습자들의 이해와 습득에 도움이 되고자 한다.

CHAPTER 

01 | 대지 안의 소화활동 공간

01 대지와 도로와의 관계

건축물의 내부에서 화재 발생 시 소방대의 출동에 따른 신속한 현장 접근과 충분한 소방차 부서공간의 확보 등 소방활동이 원활하게 될 수 있는 주변 환경은 무엇보다 중요하다. 소방대가 현장에 신속히 도착하였다 하더라도 여러 외부요인으로 화재 건물까지 소방차의 통행이 불가능하여 현장에 접근하지 못하면 그 시간만큼 긴급구조활동이 지체되는 결과를 가져올 수밖에 없다. 그러므로 긴급자동차의 통행로와 외부 소방활동공간의 확보 역시 긴급한 현장활동에 필수적이므로 건축물의 신축 설계 시에서 검토되어야 할 중요한 요소의 하나로 생각할 수 있다.

여기서 잠깐!

건축법령상의 도로[1)]

보행 및 자동차 통행이 가능한 너비 4미터 이상의 도로로서 국토의 계획 및 이용에 관한 법률 · 도로법 · 사도법 기타 관계법령에 의하여 신설 또는 변경에 관한 고시가 된 도로와 건축허가 또는 신고 시 시장 · 군수 · 구청장이 그 위치를 지정한 도로 또는 예정도로를 말한다.

건축법령에는 건축물의 대지는 원칙적으로 2미터 이상이 도로(자동차만의 통행에 사용되는 도로 제외)에 접하도록 규정[2)]되어 있다. 그리고 해당 건축물의 출입에 지장이 없다고 인정되는 경우와 건축물의 주변에 광장, 공원, 유원지, 그 밖에 관계 법령에 따라 건축이 금지되고 공중의 통행에 지장이 없는 공지가 있는 경우 또는 농막을 건축하는 경우에는 예외적으로 도로가 없어도 건축을 할 수 있게 하고 있다.

건축법 제44조(대지와 도로의 관계)

건축물의 대지는 2미터 이상이 도로(자동차만의 통행에 사용되는 도로는 제외한다)에 접하여야 한다.

※ 제외

1. 해당 건축물의 출입에 지장이 없다고 인정되는 경우
2. 건축물의 주변에 공원, 광장등 건축이 금지되고 공중의 통행에 지장이 없는 허가권자가 인정한 공지
3. 「농지법」에 따른 농막을 건축하는 경우

1) 건축법 제2조(정의)

2) 건축법 제44조(대지와 도로의 관계)

또한 연면적 2천제곱미터(공장은 3천제곱미터) 이상인 건축물(축사, 작물 재배사 등 건축조례로 정하는 규모의 건축물 제외)은 너비 6미터 이상 도로에 4미터 이상 접하도록 규정[3]하고 있다. 이는 건축물의 건축 이후 해당 건축물에 주거하는 자가 해당 건축물의 이용에 불편함이 없어야 함은 물론 화재 · 재난 등의 발생 시 긴급차량의 진입 등에 지장이 없도록 하여 건축물의 안전 · 기능의 향상과 공공복리의 증진에 이바지하고자 하는 건축법의 목적에 부합하기 위한 것이며, 건축물의 대지가 2미터 이상을 도로에 접하여야 하는 건축법상 최소기준과 연면적의 합계가 2천제곱미터 이상인 대규모 건축물에 대하여 도로폭, 접해야 할 도로길이를 더 많이 접하도록 한 것도 위와 같은 건축법의 목적을 실현하기 위한 것이다[4].

02 대지 안의 피난 및 소화에 필요한 통로

1 건축물 대지 안의 통로

건축물의 대지 안에는 그 건축물 바깥쪽으로 통하는 주된 출구와 지상으로 통하는 피난계단 및 특별피난계단으로부터 도로 또는 공원, 광장, 그 밖에 이와 비슷한 것으로서 피난 및 소화를 위하여 해당 대지의 출입에 지장이 없는 공지로 통하는 통로를 설치하여 재실자들이 지상으로 신속한 피난을 할 수 있도록 하고, 또한 출동한 소방대 또는 관계자들이 효율적인 소화활동을 할 수 있도록 규정하고 있다.

대지 안의 피난 및 소화에 필요한 통로 설치[5]

건축물의 대지 안에는 그 건축물 바깥쪽으로 통하는 주된 출구와 지상으로 통하는 피난계단 및 특별피난계단으로부터 도로 또는 공지(공원, 광장, 그 밖에 이와 비슷한 것으로서 피난 및 소화를 위하여 해당 대지의 출입에 지장이 없는 것을 말한다.)로 통하는 통로를 다음 각 호의 기준에 따라 설치하여야 한다.

1. 통로의 너비는 다음 각 목의 구분에 따른 기준에 따라 확보할 것
   가. 단독주택: 유효 너비 0.9미터 이상
   나. 바닥면적의 합계가 500제곱미터 이상인 문화 및 집회시설, 종교시설, 의료시설, 위락시설 또는 장례시설: 유효 너비 3미터 이상
   다. 그 밖의 용도로 쓰는 건축물: 유효 너비 1.5미터 이상
2. 필로티 내 통로의 길이가 2미터 이상인 경우에는 피난 및 소화활동에 장애가 발생하지 아니하도록 자동차 진입억제용 말뚝 등 통로 보호시설을 설치하거나 통로에 단차(段差)를 둘 것

특히 다중이용 건축물, 준다중이용 건축물 또는 층수가 11층 이상인 건축물이 건축되는

---

3) 건축법 시행령 제28조(대지와 도로의 관계)
4) 2013. 건축행정 길라잡이
5) 건축법 시행령 제41조(대지 안의 피난 및 소화에 필요한 통로 설치)

대지에는 그 안의 모든 다중이용 건축물, 준다중이용 건축물 또는 층수가 11층 이상인 건축물에 「소방기본법」 제21조(소방자동차의 우선 통행 등)에 따른 "소방자동차의 접근이 가능한 통로"를 설치하여야 한다. 다만 소방자동차의 접근이 가능한 도로 또는 공지에 직접 접하여 건축되는 경우로서 소방자동차가 도로 또는 공지에서 직접 소방활동이 가능한 경우에는 설치하지 않을 수 있다.

여기서 잠깐!

다중이용 건축물[6]

가. 다음의 어느 하나에 해당하는 용도로 쓰는 바닥면적의 합계가 5천제곱미터 이상인 건축물
   1) 문화 및 집회시설(동물원 및 식물원 제외)
   2) 종교시설
   3) 판매시설
   4) 운수시설 중 여객용 시설
   5) 의료시설 중 종합병원
   6) 숙박시설 중 관광숙박시설

나. 16층 이상인 건축물

준다중이용 건축물

다음의 어느 하나에 해당하는 용도로 쓰는 바닥면적의 합계가 1천제곱미터 이상인 건축물

가. 문화 및 집회시설(동물원 및 식물원 제외)
나. 종교시설
다. 판매시설
라. 운수시설 중 여객용 시설
마. 의료시설 중 종합병원
바. 교육연구시설
사. 노유자시설
아. 운동시설
자. 숙박시설 중 관광숙박시설
차. 위락시설
카. 관광 휴게시설
타. 장례시설

2 공동주택 단지 내 소방자동차의 통행

최근에는 공동주택인 아파트 고층에서의 화재 발생이 점진적으로 증가하는 추세에 있다. 과거 아파트는 타용도의 건축물보다 불특정다수인의 이용이 빈번하지 않아 위험성이 상대적으로 적은 것으로 인식하였고, 법령의 규정도 16층 이상인 층에만 자동소화설비인 스프링클러설비를 설치하도록 하였다.

PLUS TIPS 공동주택 스프링클러설비 설치 대상의 변천과정

1. [제정 시행 1958. 07. 04. 대통령령 제1382호]
   소방법시행령 제10조(특수장소의 소화시설)
   - 4층이상의 건물에는 옥상에 용적(容積) 1000까롱 이상의 자체저수조, 소화전, 자동신호장치를 한 스푸링구라

6) 건축법 시행령 제2조(정의)

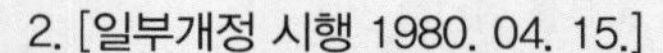

2. [일부개정 시행 1980. 04. 15.]
   소방법시행령 제17조(스프링크라설비에 관한 기준)
   - 별표 1에 게기한 소방대상물 중 건축물의 11층 이상의 부분 중 동표 (5)항(나)호(공동주택)에 해당하는 소방대상물에 있어서는 건축법 시행령 제96조 제1항 제3호의 규정에 의하여 방화구획된 이외의 부분으로서 그 바닥면적의 합계가 100평방미터 이상의 것

3. [일부개정 1990. 06. 29, 시행 1990. 07. 01.]
   소방법 시행령 제18조(제2종장소) 스프링클러설비를 설치하여야 할 소방대상물
   - 공동주택으로서 16층 이상인 것은 16층 이상의 층

4. [제정 2004. 05. 30, 시행 2004. 05. 29.]
   소방시설 설치유지 및 안전관리에 관한 법률 시행령 제15조(특정소방대상물의 규모 등에 따라 갖추어야 하는 소방시설등) [별표 4]
   - 층수가 11층 이상인 특정소방대상물의 경우에는 전층

5. [일부개정 2017. 01. 26, 시행 2018. 01. 28.]
   화재예방, 소방시설 설치 · 유지 및 안전관리에 관한 법률 시행령 제15조(특정소방대상물의 규모 등에 따라 갖추어야 하는 소방시설) [별표 5]
   - 층수가 6층 이상인 특정소방대상물의 경우에는 모든 층

그러나 15층 이하의 층에서 화재 시 재실자들의 자체 또는 소방대의 화재 소화활동에 의존할 수밖에 없었고, 소방대가 도착하여 신속한 진입과 소화활동에 지장이 없도록 하는 것 또한 매우 중요한 것으로 인식은 하였지만, 세대마다 차량 보유수가 증가하고 이로 인해 단지 내의 주차공간의 부족 현상이 발생하여 주민의 거주불편 요인이 되었다. 그러므로 단지 내 도로 또는 통로에 이중 주차 등의 행위가 발생하여 통행 장애가 발생하게 되었고, 이것은 곧 긴급 소방차의 진입 및 부서위치를 어렵게 하여 신속한 소방활동을 방해하는 문제점을 초래하였다. 이런 이유로 현재는 공동주택 단지를 배치할 때 소방차의 접근등이 가능하도록 법령으로서 제도화하고 있다.

(1) 공동주택 단지의 배치

공동주택[7] 단지의 각 동의 높이와 형태 등은 주변의 경관과 어우러지고 해당 지역의 미관을 증진시킬 수 있도록 배치되어야 하지만, 여기에서 중요한 요소 중 하나가 유사시 긴급소방차의 접근가능여부이다. 건축법령에서는 공동주택을 배치할 때 주택단지는 화재 등 재난 발생 시 소방활동에 지장이 없도록 아래와 같은 요건을 갖추어 배치하도록 규정[8]하고 있다.

---

7) 주택법 시행령 제3조 ⇒ 건축법 시행령에서 규정하는 "아파트, 연립주택, 다세대주택"

8) 주택건설기준 등에 관한 규정 제10조(공동주택의 배치)

통로 설치	공동주택의 각 세대로 소방자동차의 접근이 가능하도록 통로를 설치할 것
통행 가능	주택단지 출입구의 문주(문기둥) 또는 차단기는 소방자동차의 통행이 가능하도록 설치할 것

최근의 공동주택 단지 배치는 지상층은 조경 설치부분의 비중을 많이 두어 입주민들의 편의, 휴식 등 쉼터로서의 활용성을 중요시하고, 일반차량의 주차는 모두 지하층으로 배치 및 지상층의 차량 출입은 긴급자동차의 통행으로만 제한하는 경향이 대부분이다. 이렇다 보니 공동주택 각 동의 출입구까지 소방자동차의 접근이 가능해야 하는데, 일반적으로 단지 내의 통로주변 조경면적과 간섭되는 사례들이 많이 발생하므로, 최근에는 소방관서의 소방시설 완공검사증명서 발급 전에 소방고가차로 직접 통행 가능여부를 확인하는 경우가 많다.

단지 내 통행 가능여부 확인 사례

또한 소방고가차의 실제 현장 확인을 하다 보면 공동주택 단지 내에 설치된 쓰레기 집하장의 캐노피나 주민의 문화공간인 데크 등이 실제 설계도면과 다르게 설치되어 소방차의 통행에 장애가 되는 사례들이 빈번히 나타나며, 장애부분 제거공사 등을 다시 하는 기간만큼 준공검사의 지연이 발생하여 시공관계자가 어려움을 겪는 경우도 종종 볼 수 있다. 이 같은 경우 실제 소방관서에서 대형소방차로 현장을 확인하지 않는다면 문제점을 인식하기 어려운 부분이므로 소방시설 완공검사 신청이 접수 되면 반드시 현장 확인을 병행해야 한다.

→

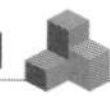

단지 내 통행장애 개선사례

실무에서의 공동주택 단지 배치에 있어 다른 하나의 문제점이 공동주택 단지 내에 "긴급 구조용 공기안전매트의 전개 장소" 확보에 대한 사항이다. 이것은 긴급구조라는 측면과 단지 내의 조경설치 등에 대한 환경개선 측면이 서로 다른 목적으로 인해 충돌하는 문제이다.

여기서 잠깐!

소방법령상의 공기안전매트 설치 기준[9]

공동주택(「공동주택관리법」 제2조제1항제2호의 규정에 따른 공동주택에 한한다)의 경우에는 하나의 관리주체가 관리하는 공동주택 구역마다 공기안전매트 1개 이상을 추가로 설치할 것. 다만, 옥상으로 피난이 가능하거나 인접 세대로 피난할 수 있는 구조인 경우에는 추가로 설치하지 아니할 수 있다.

「공동주택관리법」 제2조제1항제2호의 규정에 따른 공동주택

"의무관리대상 공동주택"이란 해당 공동주택을 전문적으로 관리하는 자를 두고 자치 의결기구를 의무적으로 구성하여야 하는 등 일정한 의무가 부과되는 공동주택으로서, 다음 각 목 중 어느 하나에 해당하는 공동주택을 말한다.

가. 300세대 이상의 공동주택
나. 150세대 이상으로서 승강기가 설치된 공동주택
다. 150세대 이상으로서 중앙집중식 난방방식(지역난방방식을 포함한다)의 공동주택
라. 「건축법」 제11조에 따른 건축허가를 받아 주택 외의 시설과 주택을 동일 건축물로 건축한 건축물로서 주택이 150세대 이상인 건축물
마. 가목부터 라목까지에 해당하지 아니하는 공동주택 중 전체 입주자등의 3분의 2 이상이 서면으로 동의하여 정하는 공동주택의무관리 공동주택

※ "공기안전매트"란 화재 발생 시 사람이 건축물 내에서 외부로 긴급히 뛰어내릴 때 충격을 흡수하여 안전하게 지상에 도달할 수 있도록 포지에 공기 등을 주입하는 구조로 되어 있는 것을 말한다.

소방관서에서는 각 단지마다 유사시 인명구조용 공기안전매트를 전개할 수 있도록 일정한 크기의 공간을 비워두게 하거나, 화단등의 조경시설에 관목의 크기를 고려한 조경수의 선정 및 조성등에 대한 제약을 요구하고 있다. 이런 이유로 준공 이후 입주한 분양자들은 해당 아파트 앞의 외부화단에 조경등이 없는 것에 대한 민원을 제기하는 등 갈등이 생기기도 한다.

9) 피난기구의 화재안전기술기준(NFTC 301) 2.1.2.3

공기안전매트 설치장소 확보 사례

소방관서에서 일방적으로 각 동 주변에 공기안전매트 전개장소를 지정하여 그 장소 주변에 대해 조경을 설치하지 못하도록 한다면, 그 부분에 분양받은 입주자들은 상대적으로 부당하다고 생각할 수밖에 없을 것이므로, 각 동의 화단 앞부분에는 낮은 관목으로 조경을 설치하고 유사시 소방대의 출동으로 동력절단기 등을 이용하여 신속히 제거할 수 있도록 하면 구조할동에 있어 큰 제약은 없을 것이다. 그러므로 성능위주설계(PBD) 심의 또는 건축허가 동의 시에 공동주택 단지 각 동 앞부분의 조경계획도를 확인하여 이런 방안이 반드시 적용될 수 있도록 검토되어야 한다.

(2) 주택 단지 안의 도로[10)]

공동주택을 건설하는 주택단지에는「폭 1.5미터 이상의 보도를 포함한 폭 7미터 이상의 도로(보행자전용도로, 자전거도로는 제외)」를 설치하여야 한다. 이때 보도는 보행자의 안전을 위하여 차도면보다 "10센티미터 이상 높게" 하거나 도로에 화단, 짧은 기둥, 그 밖에 이와 유사한 시설을 설치하여 차도와 구분되어 설치하도록 규정[11)]하고 있다.

그러나 해당 도로를 이용하는 공동주택의「세대수가 100세대 미만이고, 해당 도로가 막다른 도로로서 그 길이가 35미터 미만인 경우와 그 밖에 주택단지 내의 막다른 도로 등 사업계획승인권자가 부득이하다고 인정하는 경우」에는 "도로의 폭을 4미터 이상"으로 할 수 있도록 완화규정을 두고 있으며, 이 경우 해당 도로에는 보도를 설치하지 아니할 수 있다. 이 규정으로 인해 항상 소방관서와 사업자간에 이견이 많은 것이 사실이다. 양쪽 보도가 각 1.5미터 이상인 폭을 포함한 7미터의 도로를 계획했다고 하면 실제 차량이 통행할 수 있는 도로의 폭은 4미터밖에 되지 않는다. 이것은 소방차가 통행을 할 수 있는 최소한의 통행 폭으로 볼 수 있으며, 그 도로상에 고가사다리차등 긴급구조차량의 부서는 거의 불가능하다는 결과를 알 수 있다. 그러므로 소방관서에서는 소방차 통행도로상 일부 부분에 최소 폭 6미터 이상, 길이 12미터 이상의 고가차량 부서공간이 설치될 수 있도록 하고 있다.

---

10) 주택건설기준 등에 관한 규정 제26조(주택단지 안의 도로)
11) 주택건설기준 등에 관한 규칙 제6조(주택단지 안의 도로)

또한 긴급소방차의 단지 내 진입 후 긴급한 환자 이송 등을 위해 “단지 내에서 회차가 가능한 구조”로 배치하여 진출입이 용이한 구조의 설계반영을 요구하고 있다. 이로 인한 건축사와의 이견 충돌이 많이 발생하고 있다.

▸ **소방차량 통행로 회차구조 관련 심의 사례**

소방활동분야(소방차량 진입 동선체계)	조치내용	비고
2. 소방차 통행로는 회전반경(최소 10m 이상)을 고려하여 회차 가능한 구조로 설치 할 것	• 소방차 통행로는 회전반경(최소 10m 이상) 내측 7m, 외측 13m로 계획하여, 회차가 가능하도록 하였습니다.	반영

또한 최근의 공동주택 단지들은 문주를 설치하는 경우가 대부분으로 소방관서에서는 최소 5미터 이상의 높이를 확보하여 소방차량의 진입이 원활하게 이루어질 수 있도록 요구하고 있으며, 공동주택의 관리주체에서는 보안상의 이유로 단지 출입구 부분에 외부차량의 출입을 제어하기 위한 자동차단기 등을 설치하고 있다. 이것은 소방차의 긴급출동에 장애가 될 우려가 있으므로 이런 문제 해결을 위해 소방관서에서는 각 공동주택 단지별「소방차 NON-STOP 진입시스템」을 구축하고 있다. 즉, 각 아파트 출입구마다 소방차량이 자동으로 진입할 수 있도록 공동주택 관리사무소에 "진입차단기 소방차 번호인식 사전 등록"을 지속적으로 하고 있다.

문주 설치 통행 가능여부 확인

차단기 설치 사례

소방관서에서 공동주택에 긴급출동하여 단지 입구에 도착하였을 때, 대단지 공동주택의 경우 분산된 건물배치로 인해 출동소방차량이 화재 건물을 인지하는 데 시간이 소비되어 소방활동이 지연되는 경우가 종종 발생하였다. 이러한 문제점 해결을 위해서 공동주택 건물동의 누구나 알 수 있고 쉽게 접근이 가능한 방안을 강구하게 되었는데, 이것이 바로 "공동주택 소방차 유도표시 설치"에 대한 계획이다. 이 계획은 고속도로 노면 색깔 유도선에서 착안하여 대단지 공동주택에 소방차 유도표시를 설치하여 신속한 화재현장에 접근할 수 있도록 유도하여 골든타임을 확보하기 위해서 실시하는 제도이다. 이것은 법령에서 정한 의무사항이 아니므로 이러한 제도가 효과적으로 시행되기 위해서는 관할 소방관서에서 공동주택 입주자 대표 등 관계자와의 충분한 이해와 협조가 요구되는 사항인데 경우에 따라 공동주택의 경관 훼손 등의 개념으로 이해하여 추진에 어려움이 있는 것 또한 사실이다. 그러므로 서로 다른 견해의 충분한 이해와 설득과 실행이 입주민의 안전을 보장받을 수 있다.

아파트 색깔 유도선(예시)

아파트 안내표지판(예시)

03 소방자동차 전용구역의 설치

앞에서 언급하였듯이 건축법령에서는 일정규모 이상의 건축물[다중이용 건축물, 준다중이용 건축물 또는 층수가 11층 이상인 건축물]을 신축하는 대지 안에는 소방기본법에 따른 소방자동차의 접근 가능한 통로를 설치[12]하도록 하고 있다. 소방자동차의 화재현장 접근 후 소방활동의 원활한 수행을 위한 부서공간의 확보가 무엇보다 중요한데 이를 위해서 소방법령에서는「소방자동차 전용구역」을 설치하여 유사시 긴급자동차의 부서에 장애가 없도록 규정[13]하고 있다.

1 소방자동차 전용구역 제도의 배경

과거 공동주택의 단지 내에 소방차량만을 전용으로 주차하는 시설을 설치해야 할 법적인 규정이 없었다. 그럼에도 예전의 아파트에는 단지 내 바닥에 황색 실선으로 "소방차 주차구역" 또는 "긴급자동차 주차구역"등의 표시가 되어 있는 것을 볼 수 있는데, 이것은 건축허가동의 등의 권고사항이었을 뿐 법적인 구속력이 없었다. 그러므로 법적 구속력이 없는 전용주차구역의 설치가 일반차량의 주차구역 부족현상 등으로 관리상 유명무실해지는 상황이 나타나게 되었다. 이런 관리의 해태 속에서 공동주택의 빈번한 화재 발생과 인명피해 또한 증가함에도 협소하게 주차된 일반차량의 방해로 소방차량의 신속한 접근이 어려워지고 동시에 긴급구조활동 골든타임이 지체되는 등 심각한 부작용이 발생하였다. 이런 문제를 해결하고자 소방법령에「소방차 전용구역」설치 규정이 "2017. 12. 26." 개정 신설되어 "2018. 12. 27."부터 시행되었다.

2 소방자동차 전용구역의 설치대상[14]

건축법에 따른 공동주택 중에서「세대수가 100세대 이상인 아파트」와「기숙사 중 3층 이상의 기숙사」의 건축주는 화재, 재난 · 재해, 그 밖의 위급한 상황이 발생하였을 때 소방대가 현장에 신속하게 출동하여 화재진압과 인명구조 · 구급 등 소방에 필요한 활동의 원활한 수행을 위하여 공동주택에 "소방자동차 전용구역"을 설치하여야 한다. 다만, 하나의 대지에 하나의 동(棟)으로 구성되고「도로교통법」제32조 또는 제33조에 따라 정차 또는 주차가 금지된 편도 2차선 이상의 도로에 직접 접하여 소방자동차가 도로에서 직접 소방활동이 가능한 공동주택은 제외한다.

12) 건축법 시행령 제41조(대지 안의 피난 및 소화에 필요한 통로 설치) 제②항
13) 소방기본법 제21조의2(소방자동차 전용구역 등)
14) 소방법 기본법 시행령 제7조의12(소방자동차 전용구역 설치 대상)

여기서 잠깐!

건축법령상의 공동주택[15]

가. 아파트: 주택으로 쓰는 층수가 5개 층 이상인 주택
나. 연립주택: 주택으로 쓰는 1개 동의 바닥면적(2개 이상의 동을 지하주차장으로 연결하는 경우에는 각각의 동으로 본다) 합계가 660제곱미터를 초과하고, 층수가 4개 층 이하인 주택
다. 다세대주택: 주택으로 쓰는 1개 동의 바닥면적 합계가 660제곱미터 이하이고, 층수가 4개 층 이하인 주택(2개 이상의 동을 지하주차장으로 연결하는 경우에는 각각의 동으로 본다)
라. 기숙사: 학교 또는 공장 등의 학생 또는 종업원 등을 위하여 쓰는 것으로서 1개 동의 공동취사시설 이용 세대 수가 전체의 50퍼센트 이상인 것(「교육기본법」 제27조 제2항에 따른 학생복지주택을 포함한다)

또한 누구든지 전용구역에 차를 주차하거나 전용구역에의 진입을 가로막는 등의 방해 행위를 하여서는 아니 되는데, 여기서 "전용구역에의 진입을 가로막는 등의 방해 행위"라고 하는 것은 다음의 기준[16]에 해당하는 것을 말한다.

1. 전용구역에 물건 등을 쌓거나 주차하는 행위
2. 전용구역의 앞면, 뒷면 또는 양 측면에 물건 등을 쌓거나 주차하는 행위. 다만, 「주차장법」 제19조에 따른 부설주차장의 주차구획 내에 주차하는 경우는 제외
3. 전용구역 진입로에 물건 등을 쌓거나 주차하여 전용구역으로의 진입을 가로막는 행위
4. 전용구역 노면표지를 지우거나 훼손하는 행위
5. 그 밖의 방법으로 소방자동차가 전용구역에 주차하는 것을 방해하거나 전용구역으로 진입하는 것을 방해하는 행위

그러므로 누구든지 위에서처럼 전용구역에 주차를 하거나 방해 행위를 하였을 때에는 과태료 부과 등의 불이익처분을 받을 수 있으므로 반드시 이런 행위를 근절해야 한다.

PLUS TIPS+ 위반 시 벌칙 - 소방기본법 제56조(과태료)

위반하여 전용구역에 차를 주차하거나 전용구역에의 진입을 가로막는 등의 방해 행위를 한 자에게는 100만 원 이하의 과태료를 부과한다.

3 소방자동차 전용구역의 설치기준[17]

소방자동차의 전용구역은 "각 동별 전면 또는 후면"에 1개소 이상 설치하여야 한다. 다만, 하나의 전용구역에서 여러 동에 접근하여 소방활동이 가능한 경우에는 각 동별로 설치하지 아니할 수 있다. 전용구역의 설치 방법은 아래와 같으며 보통 아파트의 최초 준공 전에 설치하고 있다.

15) 건축법 시행령 제3조의5 [별표 1]
16) 소방기본법 시행령 제7조의14(전용구역 방해행위의 기준)
17) 소방기본법 시행령 제7조의13(소방자동차 전용구역의 설치 기준 · 방법) [별표 2의5]

PART 4

PLUS TIPS 자동차 전용구역의 설치방법

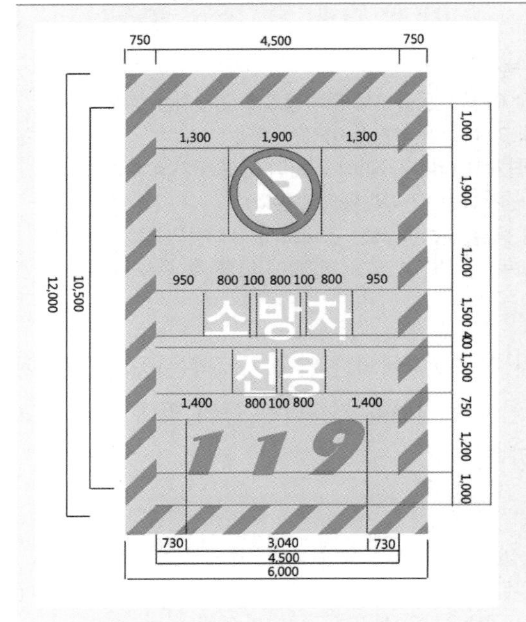

전용구역 크기	세로 6m, 가로 12m
전용구역 빗금 두께	30cm
빗금 간격	50cm
전용구역 내 글자	P, 소방차 전용
글자색	백색
전용구역 노면표지 색상	황색

04 소방법령의 우선통행과 도로법령의 주차금지

일부에서는 앞에서 언급한 「소방자동차 전용구역의 진입 방해 행위」와 「소방자동차 출동 시 방해 행위」를 같은 내용으로 잘못 이해하는 경우를 종종 볼 수 있는데 이것은 별도의 규정이므로 구분해야 한다. 여기에서는 소방자동차의 출동 시의 우선통행과 방해 행위에 대한 사항과 도로교통법상의 소방시설 앞 주 · 정차 금지에 대해서 알아보기로 한다.

1 소방자동차 우선통행 등

소방법령에는 "모든 차와 사람은 소방자동차(지휘를 위한 자동차와 구조 · 구급차를 포함)가 화재진압 및 구조 · 구급 활동을 위하여 출동을 할 때에는 이를 방해하여서는 아니 된다."라고 규정[18]하고 있다. 그리고 긴급출동 중인 소방자동차의 출동 방해 행위는 명백한 범죄의 행위로 간주하여 행정질서벌(과태료)이 아닌 행정형벌(징역 또는 벌금) 처분을 하도록 규정[19]하고 있다.

18) 소방기본법 제21조(소방자동차의 우선 통행 등)

19) 소방기본법 제50조(벌칙)

PLUS TIPS+ 위반 시 벌칙 - 소방기본법 제50조(벌칙)

소방자동차가 화재진압 및 구조 · 구급 활동을 위하여 출동을 할 때 방해한 사람에는 5년 이하의 징역 또는 5천만 원 이하의 벌금에 처한다.

이 규정은 소방자동차의 긴급출동에 대한 고의적인 방해 행위에 대한 규정이므로 고의성에 대한 판단의 여부는 사법기관의 조사결과에 따라 결정된다. 도시의 경우 도로가 협소하고 갓길 주차의 어려움 등 차량 운전자가 일시적인 정차를 위해서 긴급구조기관의 공터에 세워두고 사라지는 경우도 종종 발생한다. 이것은 '잠깐 동안은 괜찮겠지'라는 지극히 개인주의적인 생각으로 반드시 이런 행위는 근절되어야 하고, 이러한 사회의 공공안전을 위협하는 행위가 사라지기 위해서는 위반행위 발견 시 강력한 법적인 조치를 취해야만이 근절될 수 있다. 또한 모든 차와 사람은 "소방자동차가 화재진압 및 구조 · 구급 활동을 위하여 사이렌을 사용하여 출동"하는 경우에는 다음과 같은 행위를 하여서는 아니 된다.[20]

1. 소방자동차에 진로를 양보하지 아니하는 행위
2. 소방자동차 앞에 끼어들거나 소방자동차를 가로막는 행위
3. 그 밖에 소방자동차의 출동에 지장을 주는 행위

즉, 소방자동차가 사이렌을 사용하여 긴급한 출동을 하고 있을 때 출동로상의 일반차량이 위와 같은 행위를 하여 소방자동차의 출동에 지장을 준 자는 그 행위에 따른 불이익처분이 내려진다.

소방차가 출동할 때 따라가거나
방해하는 행위 금지

소방차 출동 상황 영상저장장치 사례[21]

과거에는 소방자동차의 출동 시 일반차량이 끼어들거나 진로를 양보하지 않아도 별다른 제재를 하지 않고 공익적인 양보를 위한 홍보활동의 결과에 기대할 수밖에 없었으나 현재는 양보 등의 의무를 법령으로 제도화하고 모든 출동 소방자동차에 영상저장장치가 장착되어 있어 방해 등의 행위 시에는 변명의 여지가 없는 행정처분이 내려지므로 반드시 명심해야 한다.

20) 소방기본법 제21조(소방자동차의 우선 통행 등) 제③항
21) 영상제공: 북부소방서, 영상캡처: [SBS] 심장이 뛴다(2014)

PLUS TIPS 위반 시 벌칙 - 소방기본법 제56조(과태료)

소방자동차가 화재진압 및 구조 · 구급 활동을 위하여 사이렌을 사용하여 출동하는 경우 소방자동차의 출동에 지장을 준 자에게는 200만 원 이하의 과태료를 부과한다.

이 규정이 의미하는 것은 소방자동차가 사이렌을 사용하면서 출동을 하고 있을 때는 그만큼 긴급을 요하는 상황이므로 출동로상에서 운행 중인 모든 일반차량 및 운전자는 이유 불문하고 양보의 의무를 다하라는 취지로 생각하면 된다.

2 도로교통법상 소방시설 앞 정차 · 주차 금지[22)]

도로교통법에는 모든 차의 운전자는 "소방시설 등이 설치된 곳"으로부터 "5미터 이내인 곳"에 차를 "정차하거나 주차"하여서는 아니 된다고 규정하고 있다. 과거에는 소방시설 앞에 차량의 정차 행위에 대한 규제가 없었고, 단속자와 주차자 간에 정차 소요시간에 따른 다툼이 많이 있었던 것이 사실이다. 그러나 현재는 재난 등의 발생 시 특히 중요한 소방 관련 시설 앞에는 어떠한 경우에도 주차할 수 없도록 법령이 강화되었다.

다음 각 목의 곳으로부터 5미터 이내인 곳
가. 소방용수시설 또는 비상소화장치가 설치된 곳
나. 소방시설로서 다음의 시설이 설치된 곳[23)]
- 옥내소화전설비(호스릴옥내소화전설비 포함) · 스프링클러설비등 · 물분무등소화설비의 송수구
- 소화용수설비
- 연결송수관설비 · 연결살수설비 · 연소방지설비의 송수구, 무선통신보조설비의 무선기기접속단자

여기에 해당되는 장소에 차를 정차하거나 주차하였을 경우 벌금이나 구류 또는 과료(科料)의 처분이 내려진다. 다만, 성명이나 주소가 확실하지 아니한 사람, 달아날 우려가 있는 사람, 범칙금 납부통고서 받기를 거부한 사람으로 인해 범칙금 통고처분을 할 수 없는 경우에는 고용주등에게 과태료를 부과한다.

PLUS TIPS 위반 시 벌칙

- **도로교통법 제156조(벌칙)**
  법에서 정한 정차 및 주차의 금지를 위반한 차마 또는 노면전차의 운전자에게는 20만 원 이하의 벌금이나 구류 또는 과료(科料)에 처한다.
- **도로교통법 제160조(과태료) 제③항**
  다만, 차 또는 노면전차가 위반한 사실이 사진, 비디오테이프나 그 밖의 영상기록매체에 의하여 입증되고, 위반 행위를 한 운전자를 확인할 수 없어 고지서를 발급할 수 없는 경우 또는 제163조에 따라 범칙금 통고처분 할 수 없는 경우 고용주등에게 20만 원 이하의 과태료를 부과한다.

---

22) 도로교통법 제32조(정차 및 주차의 금지)
23) 도로교통법 시행령 제10조의3(소방 관련 시설 주변에서의 정차 및 주차의 금지 등)

3 소방시설등 주변 정차 · 주차금지 표시

도로교통법에는 "시장 등은 소방시설 주변의 도로상에서 신속한 소방활동을 위해 특히 필요하다고 인정하는 곳에는 안전표지를 설치"하도록 규정[24]하고 있다. 안전표지의 설치에 대한 행정절차를 보면, 먼저 소방본부장 또는 소방서장이 소방 관련 시설로부터 반경 5미터 이내 도로구간의 현황 조사와 도로 실태를 파악하고 관할 경찰서에서 설치에 대한 심의를 완료한 후 관할 구청(예 교통행정과)에 안전표지를 설치해 줄 것을 요청하면, 해당 관할구청(시장등)에서는 특별한 사유가 아니면 예산의 집행으로 설치하는 형태로 이루어지고 있다. 소방시설 주변 정차 · 주차금지표시는 "연석이 없는 도로상에 표시"하는 방법과 "연석에 직접 표시"하는 방법으로 나누어져 있다.

소방시설등 주변 주 · 정차금지 표시 사례

먼저 연석이 설치되지 않은 도로구간의 길가장자리에 설치 방법은 아래와 같다.

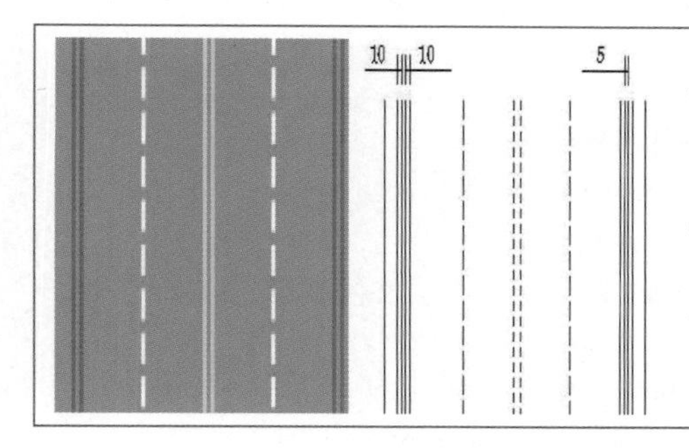

- 소방본부장 또는 소방서장이 안전표지의 설치를 요청하는 소방 관련 시설로부터 반경 5미터 이내의 도로구간 길가장자리에 설치
- 길가장자리구역에 소방시설 주변 정차 · 주차금지표시를 한 경우에는 길가장자리구역선 표시를 생략
- 연석이 없는 도로구간 등 소방시설 주변 정차 · 주차 금지표시(연석)를 설치할 수 없는 경우에 설치

24) 도로교통법 시행규칙 제8조(안전표지) [별표 6]

도로구간에 연석이 설치되어 있는 경우에는 연석에 설치한다.

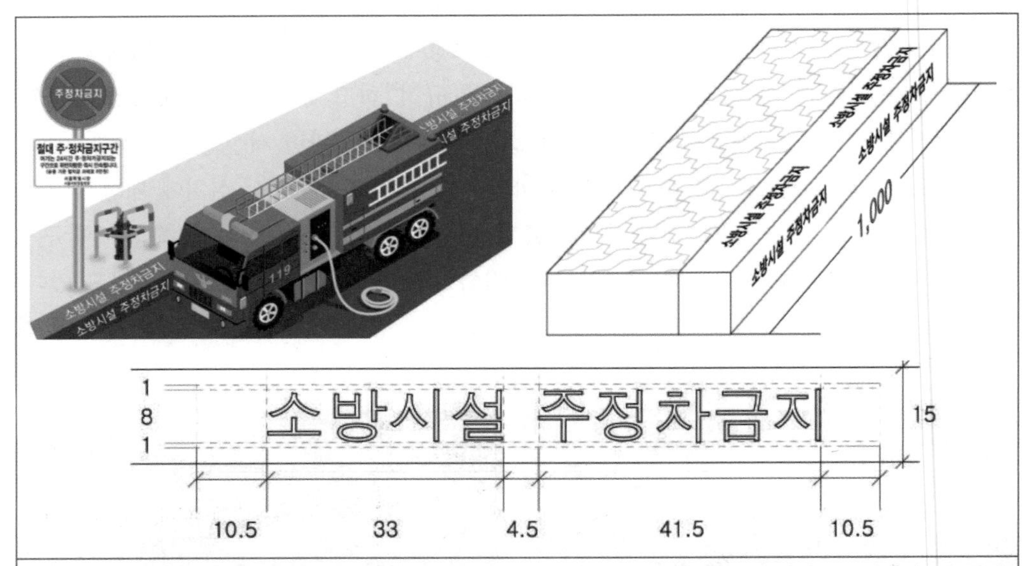

- 소방본부장 또는 소방서장이 안전표지의 설치를 요청하는 소방 관련 시설로부터 반경 5m 이내의 도로구간 연석에 설치
- 연석의 바탕은 적색, 연석의 윗면 및 측면에 백색으로 '소방시설 주정차금지' 문구 표기
- 소방시설 주변 정차 · 주차금지표시(연석)를 설치한 경우 소방시설 주변 정차 · 주차금지표시는 생략 가능

그러므로 소방시설 등이 설치되어 있고 이런 주 · 정차금지의 표시가 있다면 반드시 차량을 이동시키는 등 유사시 소방활동에 장애가 되지 않도록 해야 한다.

 여기서 잠깐!

소방기본법 제28조(소방용수시설 또는 비상소화장치의 사용금지 등)

누구든지 다음 각 호의 어느 하나에 해당하는 행위를 하여서는 아니 된다.

1. 정당한 사유 없이 소방용수시설 또는 비상소화장치를 사용하는 행위
2. 정당한 사유 없이 손상 · 파괴, 철거 또는 그 밖의 방법으로 소방용수시설 또는 비상소화장치의 효용(效用)을 해치는 행위
3. 소방용수시설 또는 비상소화장치의 정당한 사용을 방해하는 행위

※ 위반 벌칙: 제28조를 위반하여 정당한 사유 없이 소방용수시설 또는 비상소화장치를 사용하거나 소방용수 시설 또는 비상소화장치의 효용을 해치거나 그 정당한 사용을 방해한 사람은 5년 이하의 징역 또는 5천만 원 이하의 벌금에 처한다.

05 소방관 진입창의 설치

소방대의 신속한 화재진압 및 재실자의 구조활동을 지원하기 위해서 일정규모 이상의 건축물에는 소방관이 진입할 수 있는 창을 설치하도록 하고 있다. 소방활동에서 가장 효율적인 것은 계단이나 비상용승강기 등을 이용한 건축물 내부로의 직접 진입이 가장 좋은 방법이지만 화재의 성상, 가연물에 따른 연기의 발생량 등에 따라 건축물 출입구를 통한 진입이 어려운 경우도 종종 발생할 수 있다.

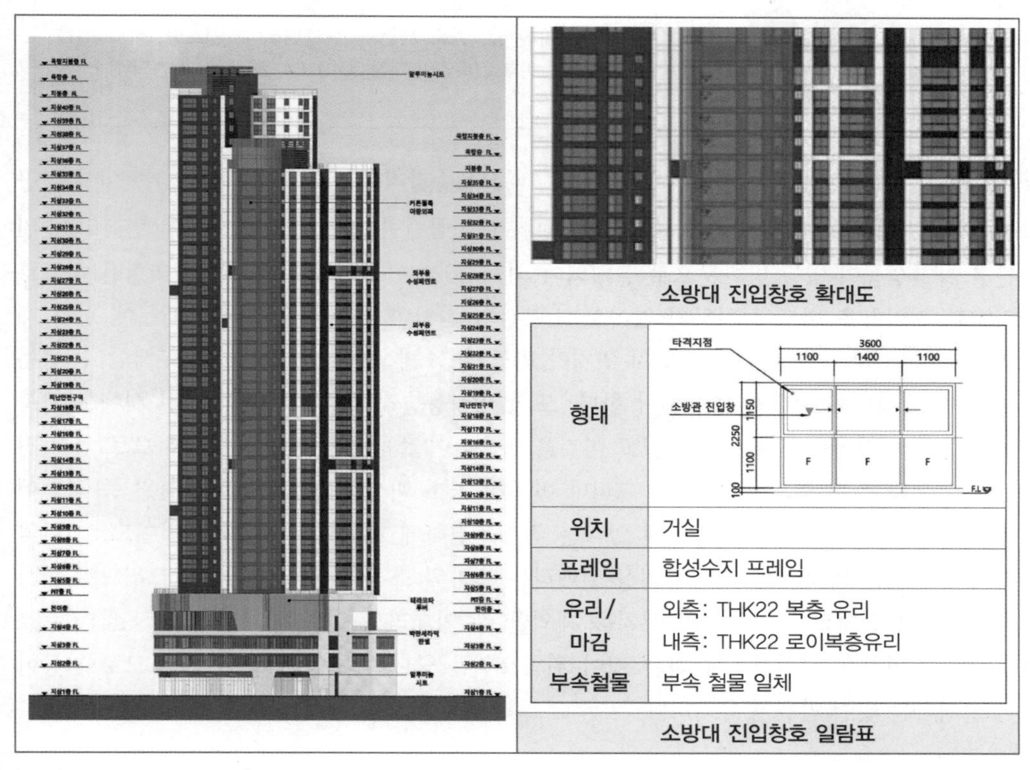

소방대 진입창호 확대도

형태	
위치	거실
프레임	합성수지 프레임
유리/ 마감	외측: THK22 복층 유리 내측: THK22 로이복층유리
부속철물	부속 철물 일체

소방대 진입창호 일람표

화재층에 있는 재실자들의 피난동선이 화재로 막히고 소방관의 내부로의 진입이 어려워 구조활동이 지연된다면 인명피해 등이 더 많이 발생할 수밖에 없다. 이런 신속한 진입의 필요성에 의해 고가소방자동차를 이용한 건축물의 외부창으로 진입할 수 있도록 하는 제도가 건축법령 규정[25]에 신설(2019. 04. 23.)되어 효율적인 소방활동을 할 수 있도록 하였다.

25) 건축법 제49조(건축물의 피난시설 및 용도제한 등)

1 소방관 진입창 설치대상

소방관 진입창의 규정[26]을 살펴보면, "건축물의 11층 이하의 층"에는 소방관이 진입할 수 있는 창을 설치하고, 외부에서 주·야간에 식별할 수 있는 표시를 해야 한다.

PLUS TIPS 일본의 소방관 진입창 표시사례[27]

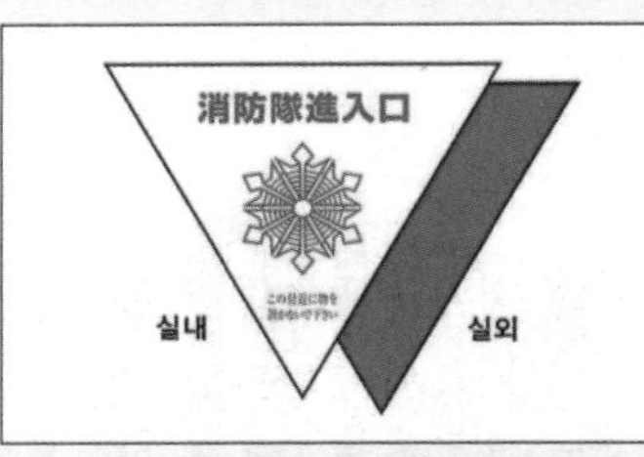

※ 일본의 소방관 진입창 설치 규정[1970년대 건축기준법 개정]
└→ 건축물 3층 이상, 33m 이하에 설치
※ 우리나라에서는 충북 제천시 「노블휘트니스앤스파」 화재(2017. 12. 21.) 이후 건축법이 개정(2019. 04. 23.)되어 시행되었다.

그러나 "대피공간 등을 설치한 아파트"와 "비상용승강기를 설치한 아파트(10층 이상의 공동주택)"는 설치를 제외하도록 규정하고 있다. 대피공간은 설치구조상 외기에 면하고 출입문을 차열성능이 있는 방화문으로 설치되어 최소 30분 이상의 안전대피장소 역할을 하므로 소방관 진입창을 별도 설치하지 않아도 소방관의 진입이 가능한 구조이기 때문에 설치 제외가 된다. 그러나 대피공간의 설치 위치가 반드시 "소방고가차가 접근하여 부서할 수 있는 위치"에 설치되어야 함을 명심해야 한다. 또한 비상용승강기는 건축물의 정전 시에도 가동이 가능한 비상전원을 확보하고 있고 이것을 이용하여 소방관의 진입이 가능하므로 역시 진입창을 제외할 수 있도록 하였다. 그러나 반드시 평소 비상용승강기의 비상전원 등 작동에 관한 유지·관리가 정상적 상태에 있다는 전제조건하에 제외할 수 있다는 것이므로, 만약 기계적 설비는 의지와는 다른 관리상 실패라는 최악의 조건이 있을 수 있다. 그러므로 비상용승강기가 설치되어 진입창의 설치를 제외할 수 있더라도 이중화 개념(Fail Safety)으로 소방관 진입창을 설치하도록 하는 것이 위험요인을 줄이는 방안이 될 수 있으므로 가능한 한 설치하는 것이 안전에 유리하다.

2 소방관 진입창 설치기준

소방관 진입창은 다음 각 호의 요건[28]을 모두 충족하도록 설치해야 한다.

1. 2층 이상 11층 이하인 층에 각각 1개소 이상 설치할 것. 이 경우 소방관이 진입할 수 있는 창의 가운데에서 벽면 끝까지의 수평거리가 40미터 이상인 경우에는 40미터 이내마다 소방관이 진입할 수 있는 창을 추가로 설치
2. 소방차 진입로 또는 소방차 진입이 가능한 공터에 면할 것

26) 건축법 시행령 제51조(거실의 채광 등) 제④항
27) 이미지 출처: https://notsunmoon.tistory.com/117
28) 건축물의 피난·방화구조 등의 기준에 관한 규칙 제18조의2(소방관 진입창의 기준)

3. 창문의 가운데에 지름 20센티미터 이상의 역삼각형을 야간에도 알아볼 수 있도록 빛 반사 등으로 붉은 색으로 표시할 것
4. 창문의 한쪽 모서리에 타격지점을 지름 3센티미터 이상의 원형으로 표시할 것
5. 창문의 크기는 폭 90센티미터 이상, 높이 1.2미터 이상으로 하고, 실내 바닥면으로부터 창의 아랫부분까지의 높이는 80센티미터 이내로 할 것
6. 다음 각 목의 어느 하나에 해당하는 유리를 사용할 것
   가. 플로트판유리로서 그 두께가 6밀리미터 이하인 것
   나. 강화유리 또는 배강도유리로서 그 두께가 5밀리미터 이하인 것
   다. 가목 또는 나목에 해당하는 유리로 구성된 이중 유리로서 그 두께가 24밀리미터 이하인 것

※ 국토교통 규제개혁위원회 심의 · 의결 사항(2023. 01. 09.~01. 13.) → 규제개선 과제
- 노대(발코니, 베란다 등) 등에 설치된 창호에 소방관 진입창을 설치하는 경우에는 높이가 120cm 이내도 가능하도록 단서규정 신설(발코니 난간 높이와 일치)
- 소방관의 진입과 무관한 공기층의 두께는 임의구성이 가능하도록 허용하고, 5mm 이하인 강화유리인 경우 삼중유리를 사용할 수 있도록 규정 마련
  └ 복층유리의 경우 전체 유리창의 두께 기준이 아닌 유리만의 두께를 기준으로 하고 일부유리의 경우 삼중유리 허용

소방관 진입창은 소방차 진입로 또는 공지에 면한 2층 이상의 각 층에 위치한 창문 중 소방관 진입이 용이한 곳으로 정하고, 소방관 진입창간 설치간격을 40미터 이내(수평거리 기준)로 정하여 건축물의 다양한 방향에서 소방관의 진입이 가능하도록 하고 있다.

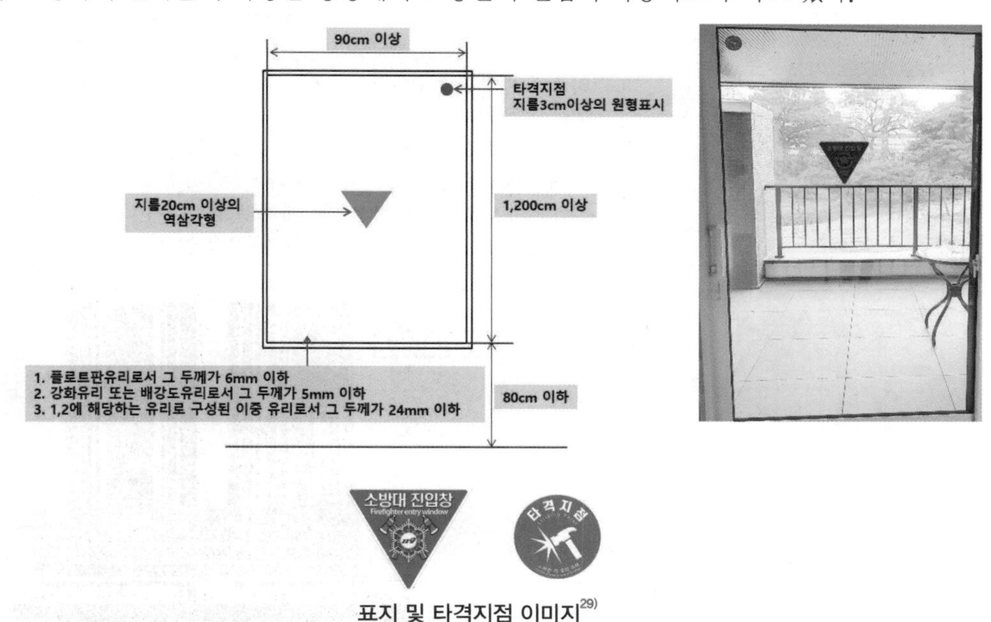

표지 및 타격지점 이미지[29]

이 규정은 일본의 「건축기준법」에서 규정하고 있는 소방관 진입창의 설치범위, 설치간격,

29) 이미지 출처: https://blog.naver.com/zibaeindotcom, https://blog.naver.com/samcheok/

설치조건 등을 참조하여 국내 현실에 맞도록 제도화되었다. 또한 바닥 하부로부터 높이는 소방관의 중량, 재실자의 낙상 방지 등을 종합적으로 고려하여 0.8미터로 하였는데, 제정 당시 소방부서에서는 화재 진압 등의 장비를 착용한 소방관의 중량(100킬로그램 내외)이라는 점을 고려할 때 소방관 부상 방지를 위해 0.6미터 이내로 정하는 것이 바람직하다는 의견이었으나, 소방관 진입창을 0.6미터 이내로 정하는 경우에 4세 아동(평균 신장 100센티미터)이 외부로 넘어갈 수 있는 등 낙상사고가 발생할 것으로 예상하여 0.8미터로 기준을 정하게 되었다. 여기서 주목해야 할 것은 「주택건설기준 등에 관한 규정」[30]에는 "3층 이상인 주택의 창에는 바닥의 마감면으로부터 120센티미터 이상 높이의 난간을 설치하여야 한다." 라고 규정하고 있는데, 이것은 소방관 진입창의 높이(0.8미터 이내)와 난간의 높이(1.2미터 이상)가 서로 상충하는 문제점이 있다. 즉, 추락방지를 위한 안전시설이냐 긴급한 구조활동을 위한 진입이냐의 문제가 얽히는 것이다.

▸ **소방관 진입창 설계 심의 사례**

소방활동분야(소방대의 인명구조 활동 외부진입창 식별 표시화)	조치내용	비고
4. 소방관 진입창(규격: 폭 75cm, 높이 120cm 이상)으로 하고, 진입창의 설치 위치는 바닥으로부터 80cm 이내로 할 것	• 저층부 소방관 진입창의 규격은 폭 90cm, 높이 120cm 이상으로 계획하였으며, 진입창의 설치 위치는 바닥으로부터 80cm 이내로 함 • 공동주택의 경우 건축법 제51조 제4항에 따라 소방관 진입창호 제외가 가능하나, 규격은 폭 90cm, 높이 115cm 이상 계획하였습니다. • 또한 공동주택 소방관 진입창 바닥으로부터 80cm 이내 계획은 건축법 난간기준[주택건설기준 등에 관한 규정 제18조(난간) ②항]과 상충되어 만족하지 못하였으며, 120cm 이내의 높이로 계획하였습니다. • 진입창 위치는 식별표시 가능하도록 계획하였습니다.	부분 반영

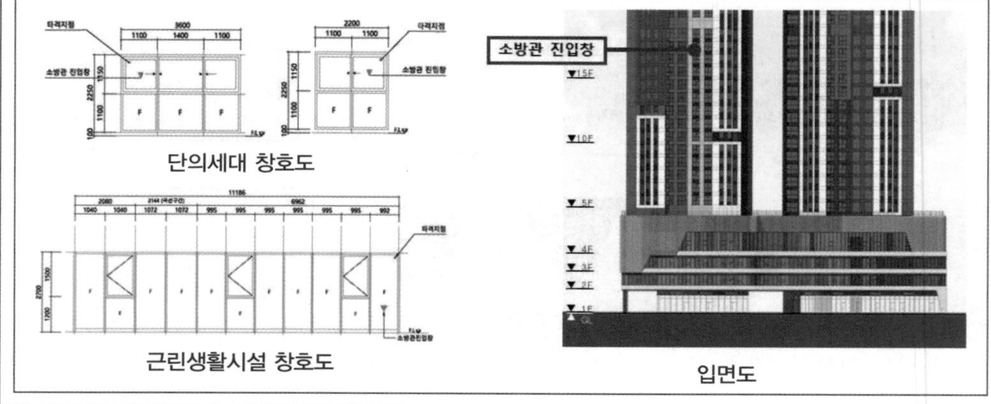

단의세대 창호도

근린생활시설 창호도

입면도

30) 주택건설기준 등에 관한 규정 제18조(난간)

실무의 성능위주설계(PBD) 심의에서는 이런 문제 때문에 소방관 진입창의 설치구조를 내부에서는 열수 없는 안전유리의 재질로 된 고정창의 구조로 설치하고 진입할 때는 외부에서 파괴하여 열 수 있는 구조로 설치토록 하고 있다. 이것은 평소 재실자들이 내부에서 고의로 파괴하지 않는다면 열 수 없는 고정된 창이므로 추락의 위험이 없고 유사시 외부에서 소방관만이 만능도끼 등으로 창문의 한쪽 모서리를 타격하여 개방시킨 후 진입할 수 있어 이런 방식의 구조로 설치하도록 하고 있다.

현재 소방청에서는 성능위주설계(PBD) 대상이 되는 건축물에 대해 소방관진입창에 대한 설치기준을 세부적으로 제시하여 성능위주설계도서 작성 시 적용하도록 하고 있다.

소방관진입창 설치[31]

화재 발생 등 각종 재난 · 재해 그 밖의 위급한 상황에서 건축물 내부로의 신속한 진입으로 '인명구조 골든타임'을 확보하기 위함

가. 소방관진입창은 2층 이상 11층 이하의 층에 설치하되, 시 · 도별 보유한 특수소방자동차의 제원(52m, 70m)에 따라 12층 이상의 층에도 설치할 것[공동주택(아파트)의 경우와 하나의 층에 공동주택(아파트) 및 주거용 오피스텔용도가 함께 계획되어 있는 경우에는 그 사용 형태가 주거용도임을 고려하여 소방관진입창 표시 제외]

나. 소방관진입창은 배연창 또는 피난기구가 설치된 창문(개구부)과 수평거리 1m 이상 떨어진 위치에 설치할 것

다. 소방관진입창은 가급적 건축물 공용복도와 직접 연결되는 위치에 설치 권고
화재 발생 시 많은 인명피해가 우려되는 문화 및 집회시설, 판매시설 등과 같은 불특정다수인이 이용하는 시설에 설치되는 소방관진입창은 1개소 이상 공용복도와 직접 연결되는 위치에 설치되도록 권고하고, 이 경우 외부에서 해정 가능한 구조로 설치하되, 문이 열리는 방향은 여닫이 구조인 경우 거실 방향으로 90° 이상 개방되도록 하고, 미닫이 구조인 경우 개방되는 개구부 폭이 0.9m 이상 되도록 할 것

라. 건축물 발코니로 진입하는 소방관진입창의 경우 외부에서 식별이 가능할 수 있도록 발코니 인근에 소방관진입창 안내 표시를 할 것

31) 소방청 [소방시설등 성능위주설계 평가운영 표준가이드라인 3-3] (2022. 08)

06 성능위주설계(PBD)의 고가사다리 소방차 부서 설계 사례[32)]

일반적으로 성능위주설계대상에 대한 심의부분에서 제일 먼저 거론되는 것이 고가사다리 소방차의 단지 내 통행과 차량의 부서위치 그리고 아웃트리거의 전개가능 공지의 확보 부분이다. 현재 실무에서 일반적으로 성능위주설계의 고가사다리 소방차 접안계획을 어떻게 하는지 실제 설계사례를 통해 알아보도록 하겠다.

먼저 소방산업기술원의 소방고가사다리차 검사기술기준 등을 참조하여 소방차의 성능을 검토하고, 차종별 이격거리 및 도달높이에 따른 소방활동이 가능하도록 주변 및 내부도로를 활용할 수 있도록 접안계획을 수립한다.

1 성능기준

① 사다리 회전각도: 360° 회전가능
② 소방차량 활동공간: 5° 이하 유지

2 소방도로 및 소방차 이격거리

① 소방도로 유효폭: 4~6미터 이상
② 소방도로 경사도: 5도 이하가 되도록 도로 조성(경사각이 5도 초과 시 전개불가)
③ 고가사다리 소방차 중심으로부터 건물과의 이격거리

구분	유효 이격거리	적정 이격거리
33m 사다리차	약 2.8m ~ 8.5m	약 3m ~ 8m
46m 사다리차	약 4.0m ~ 11.9m	약 4m ~ 12m
52m 사다리차	약 4.5m ~ 13.5m	약 5m ~ 13m

※ 이격거리: 고가사다리 소방차 중심으로부터 건물 외벽까지의 수평거리(최대 15m 이내)

3 사다리 차종별 이격거리 및 도달높이 검토(75° 전개 시)

구분	이격거리	도달높이
33m 사다리차	8.5m	31.8m
46m 사다리차	11.9m	44.4m
46m 사다리차	13.5m	50.2m

※ 70m용 굴절사다리차에 경우 83.5°까지 전개가 가능하며, 아웃트리거 전개 시 폭 8m, 길이 15m 이상의 공간을 확보하여야 함

※ 이격거리: 고가사다리 소방차 중심으로부터 건물 외벽까지의 수평거리(최대 15미터 이내)

※ 도달높이: 지표면으로부터 외벽에 접하는 사다리 최상단 횡봉까지의 수직 높이

32) 참조: ㈜한백 에프앤씨 고가사다리 소방차 접안계획

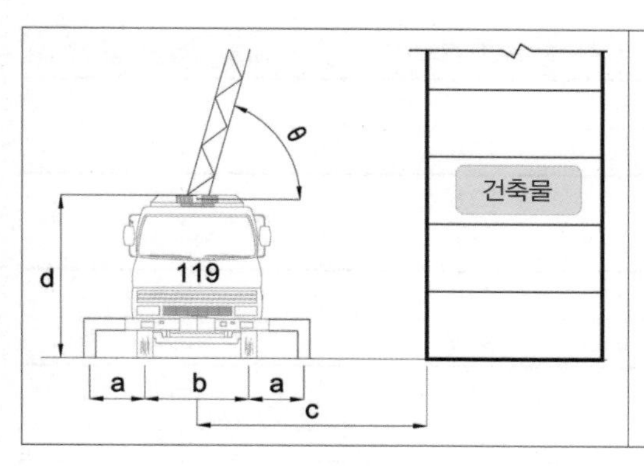

a	아웃거리 전개	1.4m
b	소방차 폭	2.5m
c	건물과의 이격거리	6~15m
d	소방차 높이	3.5m
θ	사다리 전개각도	0˚~75˚

4 소방차량 활동 공간 및 접안계획

(1) 활동 공간[52미터 고가사다리차, 70미터 고가(굴절)사다리차]

PLUS TIPS 소방차량 활동공간 및 예상 접안 위치도

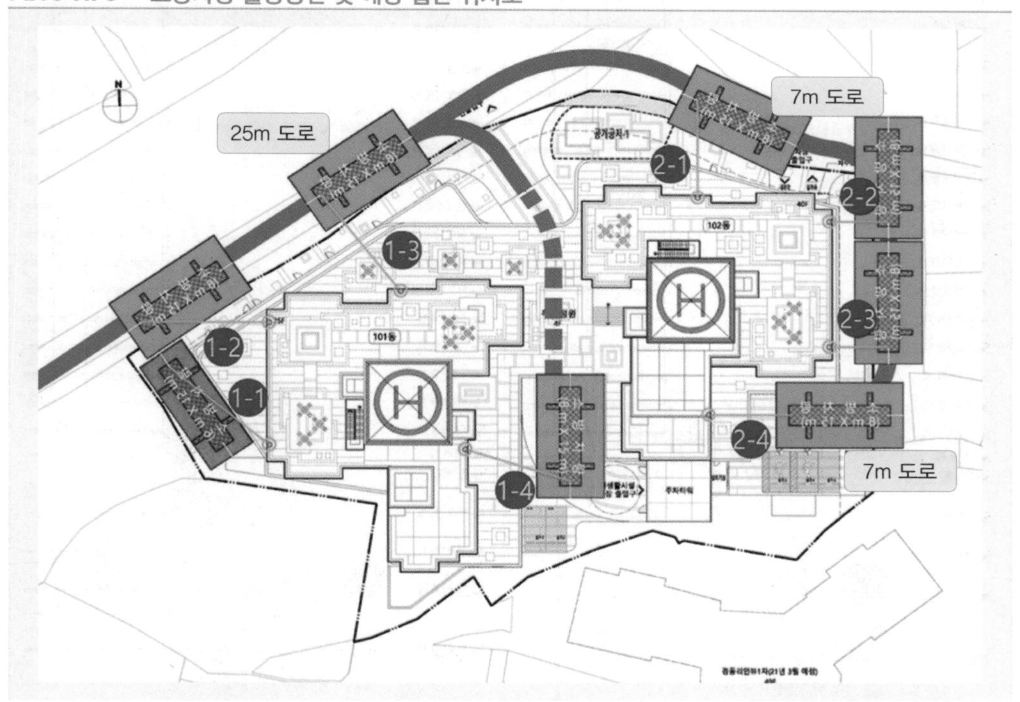

부서위치		외벽과의 거리(m)="c"	전개각도(°)="Θ"	최대도달거리(층수)
101동 공동주택	1-1	15.0m	73.0°	14층
	1-2	15.0m	79.8°	18층
	1-3	15.0m	79.8°	18층
	1-4	13.0m	79.8°	18층
102동 공동주택	2-1	11.5m	79.8°	18층
	2-2	7.0m	83.4°	18층
	2-3	7.0m	83.4°	18층
	2-4	10.0m	83.5°	18층

※ 최대도달거리는 소방차량 활동공간(부서위치) 지표면의 레벨차이로 인하여 최대도달거리의 차이가 있음

(2) 접안계획에 따른 단면 검토 사례(공동주택)

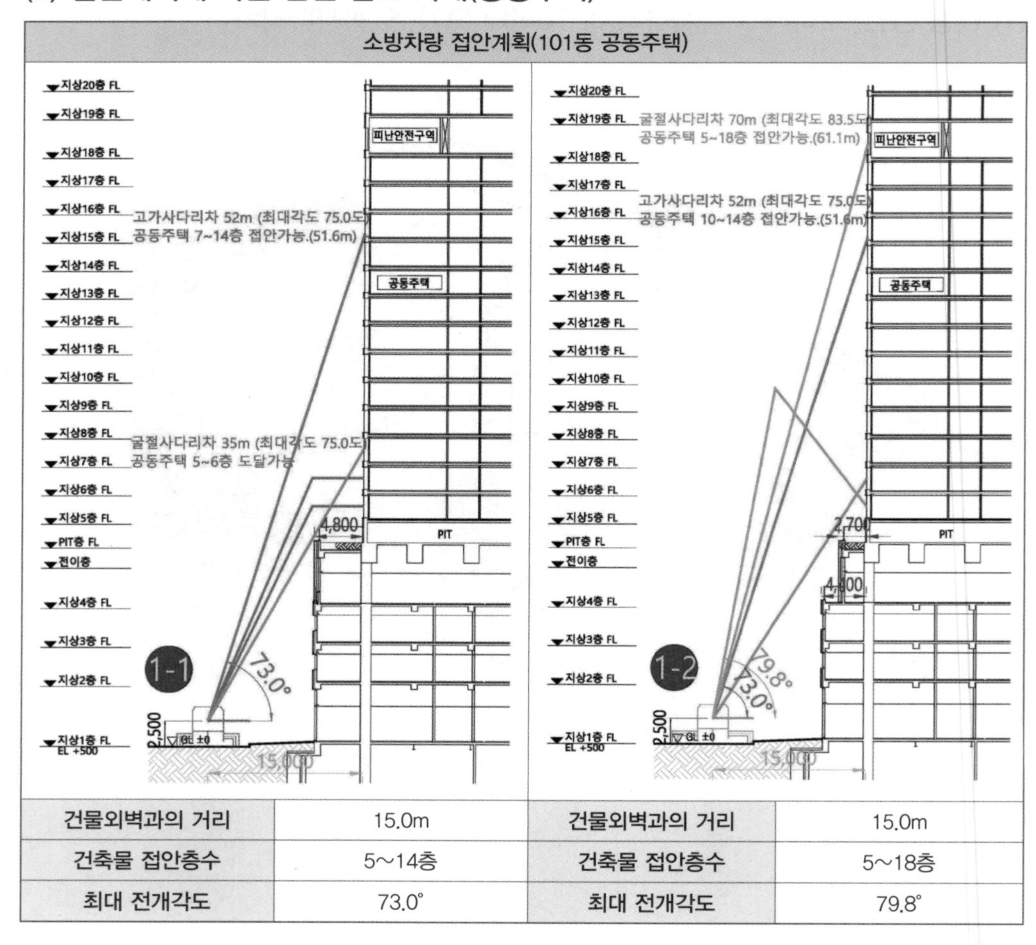

건물외벽과의 거리	15.0m	건물외벽과의 거리	15.0m
건축물 접안층수	5~14층	건축물 접안층수	5~18층
최대 전개각도	73.0°	최대 전개각도	79.8°

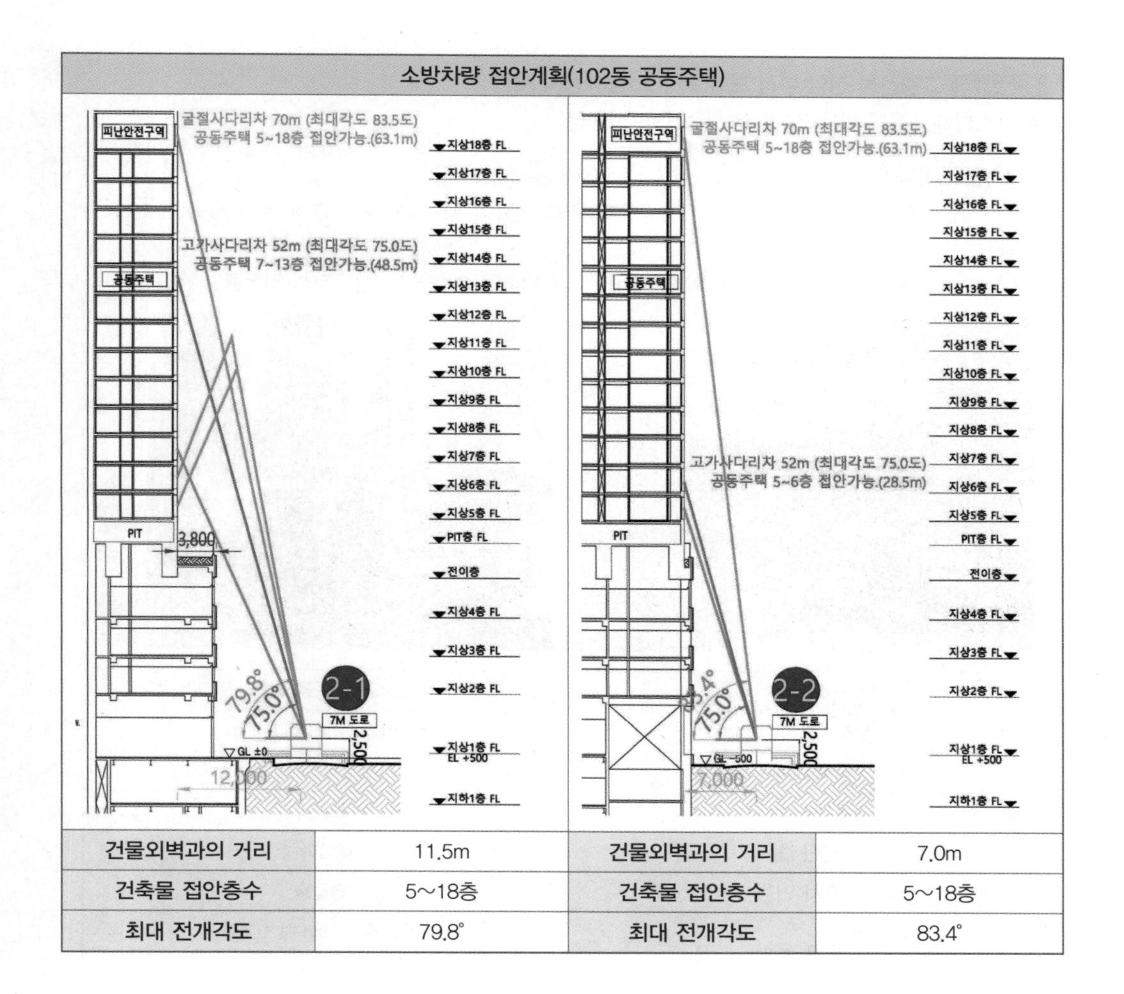

건물외벽과의 거리	11.5m	건물외벽과의 거리	7.0m
건축물 접안층수	5~18층	건축물 접안층수	5~18층
최대 전개각도	79.8°	최대 전개각도	83.4°

참고 자료 고층건물 전담 부서 보유 특수 소방자동차 제원
[부산소방재난본부 해운대소방서 센텀119안전센터]

고성능펌프차[SKY-CAFS(Compressed Air Foam System) 방식]

- CAFS를 기반으로 물, 폼, 압축공기가 적정비율로 세팅이 되어 400미터까지 폼을 송수할 수 있는 방식
- 팽창비 1:40(12bar에 필요수원량 130ℓ/min) ※400미터 송수조건: 단독건식 입상관

구분	고성능 펌프차
전장/전폭/전고	7,910/2,495/3,640mm
물탱크 용량	3,600ℓ
폼탱크 용량	600ℓ
엔진 출력	408마력
승차 인원	6인승
펌프 용량	5,500ℓ/min at 10bar
	400ℓ/min at 40bar
CAFS	3,000ℓ/min at 40bar
SKY CAFS	400m 수직 송수 가능
방수포 용량	6,000ℓ/min(방수거리 80m 이상)

여기서 잠깐!

압축공기포 시스템(CAFS: Compressed Air Foam System)

- CAFS는 물펌프와 전기식폼혼합펌프(DIGIMATIC), 에어컴프레서로 방수되는 물과 포소화약제, 압축공기를 혼합시켜 면도거품과 같은 압축공기포를 생성해 화재를 진압하는 방식
- 압축공기량 가감과 폼 농도 조정 가능. 팽창비 1:4 ~ 1:15(10bar에 수원량 3,000ℓ/min)
- 포 내부가 물이 아닌 공기이므로 중량이 가볍고 압력손실이 작아 원거리방수 가능
- 물 사용량을 1/7로 줄여 수손피해를 줄이고 방수 후 표면을 도포하는 시간이 길어 질식효과, 가열억제 효과를 향상
- ABC급 화재에 적응성이 높아 향후 물에 의한 소화방법을 대체할 것으로 예상

◆ 고성능펌프차 · 일반펌프차 제원 비교

구분		고성능펌프차	일반펌프차
펌프차 사진			
제원	전장/전폭/전고	7,800/2,500/3,600mm	7,800/2,500/3,000mm
	물탱크용량	3,600 ℓ	2,800 ℓ
	폼탱크용량	600 ℓ	200 ℓ
	엔진출력	410마력	250마력
	승차인원	6인승	5인승
	펌프용량	5,500 ℓ /min at 10bar	2,800 ℓ /min at 8.5bar
		400 ℓ /min at 40bar	해당 없음
	CAFS	3,000 ℓ /min	해당 없음
	SKY-CAFS	400m 송수가능	해당 없음
	방수거리	90m 이상	50m 이상
	방수 총용량	2,500 ~ 5,000 ℓ /min	2,800 ℓ /min

◆ 70m 굴절 사다리차/VOLVO F500 8×4

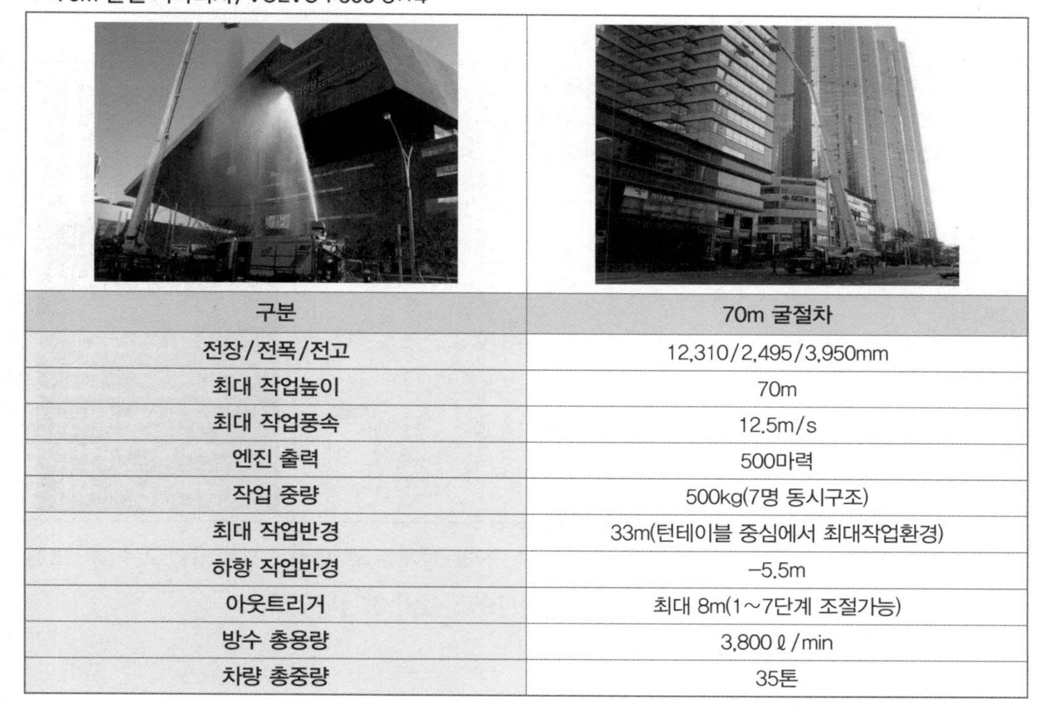

구분	70m 굴절차
전장/전폭/전고	12,310/2,495/3,950mm
최대 작업높이	70m
최대 작업풍속	12.5m/s
엔진 출력	500마력
작업 중량	500kg(7명 동시구조)
최대 작업반경	33m(턴테이블 중심에서 최대작업환경)
하향 작업반경	-5.5m
아웃트리거	최대 8m(1~7단계 조절가능)
방수 총용량	3,800 ℓ /min
차량 총중량	35톤

CHAPTER

02 | 직통계단

01 직통계단의 의의

1 직통계단의 개념과 설치연혁

직통계단이란 막힘없는 대피를 위한 통로로 건축물의 모든 층에서 피난층 또는 지상으로 직접 연결되는 계단을 말한다. 건축방재계획에서 중요한 요소가 피난동선의 설정에 관한 피난계획이다. 피난은 화재 등 비상시 안전한 장소로 대피하는 행위를 말하는 것으로 피난계획의 기본적인 방안이 화재공간에서 혼란 없이 신속하게 대피할 수 있도록 가장 단순하고 간결한 피난로를 설정하는 것이며, 피난에 소요되는 시설들, 즉 계단, 복도 등 피난의 경로가 되는 시설들의 적절한 배치를 통해 높은 안전성을 확보하는 것이 중요하다.

건축물의 피난계획은 건축물 내 어느 층에서도 양방향 피난이 가능하도록 하는 수평계획과 층 전체에서 옥외로의 탈출이라는 수직계획을 원칙으로 하고 있는데, 바로 직통계단이 수직 피난로의 기본이 되므로 매우 중요하다고 할 수 있다.

개념	건축물의 모든 층(피난층 제외)에서 피난층 또는 지상으로 직접 연결되는 계단을 말한다. 과거에는 특정 용도에 한해서만 적용이 되었지만 현재는 모든 건축물에 적용이 되고 있다.	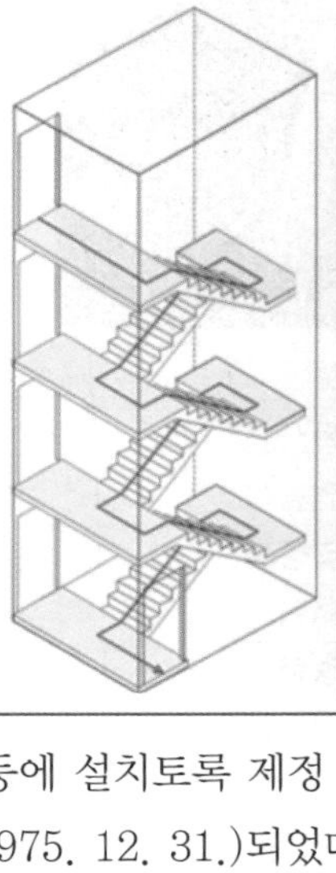 
취지	막힘없는 대피를 위한 통로를 마련해 주기 위한 것이다.	

이런 직통계단은 1962년에 일부 특수건축물 등에 설치토록 제정 · 시행되었고 이후 모든 건축물에 대해 계단을 설치하도록 규정이 개정(1975. 12. 31.)되었다.

직통계단 설치법 연혁

1. 건축법 제23조(특수건축물에 있어서의 피난 및 소화에 관한 기술적 기준)
[제정 시행 법률 제984호, 1962. 01. 20.]
   - 학교, 병원, 극장, 영화관, 연예장, 관람장, 집회장, 백화점, 여관, 공동주택 또는 기숙사의 용도로 쓰는 특수건축물이나 연면적 1,000제곱미터 이상의 건축물에 한해 규정

2. 건축법 제23조(피난시설 및 소화설비등의 기준)
[일부개정 법률 제2434호, 1972. 12. 30, 시행 1973. 07. 01.]
   - 특수건축물*(화장장 · 도살장 · 진애 및 오물처리장 제외)이나, 3층 이상의 건축물 또는 연면적 1,000제곱미터 이상의 건축물에 한해 계단 기준 적용
     * "특수건축물"이라 함은 건축물 중 학교 · 체육관 · 병원 · 극장 · 영화관 · 관람장 · 집회장 · 전시장 · 백화점 · 시장 · 무도장 · 유기장 · 공중욕장 · 여관 · 호텔 · 공동주택 · 기숙사 · 공장 · 창고 · 차고 · 위험물저장고 · 주유소 · 화장장 · 도살장 · 진애 및 오물처리장 기타 대통령령으로 정하는 용도에 공하는 건축물

3. 건축법 제23조(피난시설 및 소화설비등의 기준) [일부개정 법률 제2852호, 1975. 12. 31, 시행 1976. 02. 01.]
모든 건축물에 대해 계단 규정 적용

2 직통계단의 종류 및 구분

건축법에서는 건축물의 피난층 외의 층에서 피난층 또는 지상으로 통하는 직통계단을 설치하도록 규정하고 있는데 직통계단에는 설치구조에 따라 피난계단, 특별피난계단, 옥외계단으로 구별할 수 있고 여기에 해당이 되지 않는 계단을 일반적인 직통계단으로 보면 된다. 또한 계단참이 돌음구조로 설치된 돌음계단이 있는데 이것은 직통계단의 하나의 형태로 보면 된다. 이렇게 종류별로 구분한 것은 건축물에 거주 또는 이용하는 불특정 다수인의 수는 각 건축물의 층수와 용도 등의 특성에 따라 다를 수 있으므로 옥외 출구로의 수직피난을 위한 직통계단을 설치할 때 수용인원에 대한 요소를 반영하여 재실자들의 피난 시 병목현상(Bottle Neck)의 발생을 막고 신속한 피난이 이루어질 수 있도록 법령에서 규정하고 있는 것이다.

여기서 잠깐!

- 건축법령상의 피난층: 직접 지상으로 통하는 출입구가 있는 층 및 고층건축물의 피난안전구역을 말한다.[1]
- 소방법령상의 피난층: 곧바로 지상으로 갈 수 있는 출입구가 있는 층을 말한다.[2]
  ※ 다중이용업소의 영업장 제외 대상[3]
  영업장이 지상 1층, 지상과 직접 접하는 층에 설치되고 그 영업장의 주된 출입구가 건축물 외부의 지면과 직접 연결되는 곳에서 하는 영업을 제외한다.

1) 건축법 시행령 제34조(직통계단의 설치)
2) 소방시설 설치 및 관리에 관한 법률 시행령 제2조(정의) 제2호
3) 다중이용업소의 안전관리에 관한 특별법 시행령 제2조(다중이용업)

각 계단의 설치에 대한 고려요소들은 계단의 종류별로 약간의 차이가 있다. 5층 이상 또는 지하 2층 이하인 층에 설치하는 직통계단에 대해서는 피난계단의 구조로 설치하여야 하는데 이것은 층수만을 고려한 것이다. 그리고 건축물의 11층 이상인 층(공동주택의 경우에는 16층 이상인 층) 또는 지하 3층 이하인 층으로부터 피난층 또는 지상으로 통하는 직통계단은 특별피난계단으로 설치하도록 규정하고 있고, 판매시설의 용도로 쓰는 층으로부터의 직통계단은 그중 1개소 이상을 특별피난계단으로 설치하여야 한다. 이것은 공동주택과 일반건축물과의 용도에 따른 층수를 고려하고 특정용도에 따라 별도 설치하도록 고려한 것이다. 이는 피난동선상에 2차 안전구획의 역할을 하는 부속실을 별도로 설치하는 등 피난계단의 구조보다 피난 안전성을 더 강화시킨 것이다. 또한 건축물의 3층 이상인 특정 용도로 쓰는 층으로서 거실 사용 면적에 따라 직통계단 외에 그 층으로부터 지상으로 통하는 옥외피난계단을 따로 설치하도록 하고 있는데 이것은 역시 층수와 용도 및 면적을 고려한 것이다.

종류 \ 구분	적용 고려요소	설치 예외규정
피난계단	층수	있음
특별피난계단	층수, 용도	있음
옥외계단	층수, 용도, 면적	없음

02 직통계단의 설치대상 및 기준

건축법령에는 건축물 내 직통계단의 설치에 대해서 아래와 같이 규정[4)]하고 있다.

직통계단의 설치

건축물의 피난층(직접 지상으로 통하는 출입구가 있는 층 및 피난안전구역) 외의 층에서는 피난층 또는 지상으로 통하는 직통계단(경사로 포함)을 거실의 각 부분으로부터 계단(거실로부터 가장 가까운 거리에 있는 1개소의 계단)에 이르는 보행거리가 30미터 이하가 되도록 설치해야 한다.

또한 건축물 주요구조부를 내화구조 또는 불연재료로 설치한 용도등에 따라 각 거실에서 계단까지의 보행거리 기준을 다음과 같이 완화 적용하여 설치하도록 하고 있다.

대상	보행 거리
건축물의 주요구조부가 내화구조 또는 불연재료로 된 건축물 → 제외: 지하층에 설치하는 것으로서 바닥면적의 합계가 300m^2 이상인 공연장 · 집회장 · 관람장 및 전시장	50m 이하

4) 건축법 시행령 제34조(직통계단의 설치) 제①항

건축물의 주요구조부가 내화구조 또는 불연재료로 된 층수가 16층 이상인 공동주택 ※ 국토교통 규제개혁위원회 심의 · 의결 사항(2023. 01. 09.~01. 13.) → 규제개선 과제 • 오피스텔은 16층 이상 건물의 경우 15층까지는 거실에서 직통계단까지의 보행거리를 50m 이하로 적용, 16층 이상인 층에 대해서는 40m 이하로 적용	40m 이하
자동화 생산시설에 스프링클러 등 자동식 소화설비를 설치한 반도체 및 디스플레이 패널 제조 공장	75m 이하
자동화 생산시설에 스프링클러 등 자동식 소화설비를 설치한 반도체 및 디스플레이 패널 제조 무인화 공장	100m 이하

1 거실과 계단의 보행거리 설치기준

거실의 각 부분으로부터 직통계단에 이르기까지의 거리가 얼마나 떨어져 있느냐에 따라 피난시간을 고려한 화재안전계획 내용이 달라질 수 있다. 이것은 시뮬레이션에 의한 화재안전성평가에서도 피난허용시간(ASET)과 피난소요시간(RSET)에 영향을 미쳐 화재안전성평가 결과를 좌우할 수 있는 매우 중요한 요소가 된다. 이때 적용하는 거리의 기준이 보행거리(Travel Distance)이다.

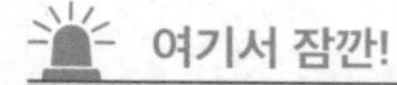

보행거리(walking distance)

건축물의 어느 부분에서 다른 부분까지 실제로 보행할 수 있는 경로로 잰 거리

수평거리(horizontal distance)

수평면 위에서의 두 점 사이의 거리

※ 소방시설의 설치에서 보행거리와 수평거리에 따른 설치 기준 예시

→ 소화기: 특정소방대상물의 각 부분으로부터 1개의 소화기까지의 보행거리가 소형소화기의 경우에는 20m 이내, 대형소화기의 경우에는 30m 이내가 되도록 배치할 것

→ 옥내소화전: 해당 특정소방대상물의 각 부분으로부터 하나의 옥내소화전 방수구까지의 수평거리가 25m 이하가 되도록 할 것

각 건축물의 대상마다 이 보행거리 기준 범위 내의 위치에 계단을 설치해야 하는데 건축 법령에서는 건축물 내의 각 거실에서 1개의 계단까지 이르는 보행거리 원칙을 두고 있다.

보행거리 원칙: 거실의 각 부분으로부터 계단(거실로부터 가장 가까운 거리에 있는 1개소의 계단)에 이르는 보행거리가 30m 이하

이 규정이 의미하는 것은 건축물의 어느 층에서도 그 층에 있는 거실의 모든 부분에서 직통계단까지의 보행거리가 30미터 이내에 있어야 한다는 것이고, "거실로부터 가장 가까운 거리에 있는 계단 1개소"에 대해서만 보행거리 기준을 만족하면 된다는 것이다. 또한 각 거실에서 직통계단까지의 보행거리 기준을 두고 있음에도 불구하고 완화된 거리를 적용할 수 있도록 예외 규정을 두고 있는데 신축되는 대부분의 건축물은 이 완화된 거리 적용 대상에

해당되므로 30미터라는 규정의 구속력은 낮다고 생각하면 될 것이다. 예를 들어 건축물의 주요구조부가 내화구조나 불연재료로 된 건축물은 보행거리를 50미터로 완화 적용하는데 현재 신축되고 있는 건축물이 내화구조나 불연재료가 아닌 것은 거의 보기 힘들기 때문이다. 각 거실에서 계단까지의 보행거리가 규정된 기준거리를 초과할 경우 계단의 배치를 변경하던지, 아니면 별도의 계단을 추가로 설치해야 하므로 보행거리의 적용 기준이 매우 중요하다.

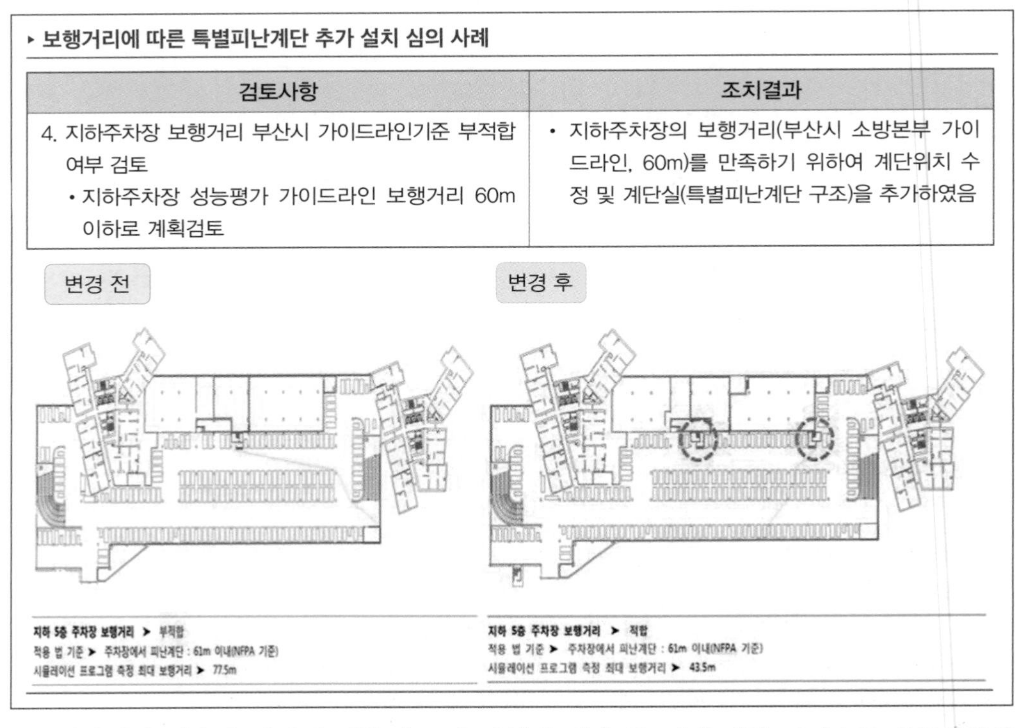
▸ **보행거리에 따른 특별피난계단 추가 설치 심의 사례**

검토사항	조치결과
4. 지하주차장 보행거리 부산시 가이드라인기준 부적합 여부 검토 • 지하주차장 성능평가 가이드라인 보행거리 60m 이하로 계획검토	• 지하주차장의 보행거리(부산시 소방본부 가이드라인, 60m)를 만족하기 위하여 계단위치 수정 및 계단실(특별피난계단 구조)을 추가하였음

보행거리의 적용에 있어서 일부 용도가 거실에 해당하는지에 대한 이견으로 실무에서의 기준 적용에 논쟁이 되는 사항이 몇 가지 있다.

첫째, 지하층의 용도가 주차장으로만 사용될 때 보행거리의 적용 기준이다. 보행거리의 기준은 "각 거실에서 계단까지"를 말하는데 지하의 주차장 부분이 거실에 해당되는지의 문제가 있다. 앞 장 법률의 용어 정의 중 거실의 개념을 "건축물 안에서 거주, 집무, 작업, 집회, 오락, 그 밖에 이와 유사한 목적을 위하여 사용되는 방"이라고 정의하였다. 현재 실무에서는 지하의 주차장 용도는 거실에 해당되지 않는 것으로 적용하지만, 반면 주차장 용도에 대한 법령상 보행거리의 적용 기준이 없다. 성능위주설계(PBD)를 하여야 하는 대상에서 직통계단을 설계할 때에는 국내기준에 명시하지 않은 용도에서의 보행거리는 IBC(International Building Code) 또는 NFPA(National Fire Protection Association, 미국 전국방화협회)의 기준을 준용하여 계획하고 있다.

<table>
<tr><th>구분</th><th>내용</th><th>보행거리</th><th>비고</th></tr>
<tr><td rowspan="4">IBC</td><td>집회, 판매용도</td><td>76m</td><td rowspan="5">자동식 S/P설비를
설치한 경우</td></tr>
<tr><td>주거시설(공동주택)</td><td>76m</td></tr>
<tr><td>업무용도</td><td>91m</td></tr>
<tr><td>주차장</td><td>120m</td></tr>
<tr><td>NFPA</td><td>주차장</td><td>61m</td></tr>
</table>

즉, 지하층의 용도가 모두 주차장으로 사용된다면 설계 시 NFPA의 기준인 61미터를 적용하고 있는 것이 일반적이라는 것이다. 그러나 평면도상에 일부 다른 용도가 있을 때는 또 다른 시각으로 검토되어야 한다. 즉, 지하주차장의 일부에 있는 창고의 경우 보행거리의 기준은 어떻게 적용할 것인가의 문제가 발생한다. 법령 규정에서는 각 거실로부터 계단까지 보행거리 기준이 30미터가 원칙으로서 주요구조부가 내화구조나 불연재료로 설치되어 있으면 50미터로 완화 적용할 수 있도록 하고 있지만, 주차장에 부속된 일부 창고는 거실로서의 보행거리 기준적용에 있어서 거실의 해당여부에 대한 해석과 적용이 아주 애매할 수밖에 없다. 창고는 거실에 해당되지 않는다는 것이 일반적이다. 그러므로 실무에서는 지하주차장에 일부 창고가 있더라도 NFPA 규정(61미터)을 적용하여 인정하는 사례가 대부분인데 이 부분에 대한 적용법령의 정비도 검토해 볼 필요가 있다.

PLUS TIPS+ 필자의 의견

지하주차장에 부속된 창고를 향후 관계자의 필요성에 의해 어떤 거실의 용도로 사용하고자 할 때, 보행거리의 규정으로 계단실을 추가 설치하지 않는다면 사실상 불가능할 수 있으므로, 향후 자유로운 공간 활용의 용이성과 효율성을 위해서 설계 시부터 주차장의 보행거리 기준을 NFPA에서 규정하는 것보다 낮은 50미터의 기준으로 사전 계획하는 것이 더 효율적 방법이라 생각한다.

둘째, 기계실의 용도에 대한 보행거리의 기준에 대한 사항이다. 기계실이 거실에 해당되는지에 대해서 건축설계사와 소방담당자와의 논쟁이 많이 발생하고 있는 것도 사실이다. 설계사는 기계실은 설비만 단순히 설치된 공간이므로 거주, 집무 등의 용도인 거실에 해당되지 않는다고 주장하고, 소방의 담당자는 그렇기는 하나 실제 공간의 활용도를 보면 기계실의 공간에 별도의 작은 작업실 등으로 구획하여 작업과 집무를 볼 가능성을 배제하지 못하고, 실제 화재안전조사 등의 현장확인 시 작업 · 집무 등의 용도로 사용하는 경우를 많이 볼 수 있으므로 거실로 보아 보행거리의 기준에 맞아야 한다는 주장을 하기도 한다. 기계실은 거실이 아니므로 보행거리의 적용기준에 해당되지 않지만 실제 평면 설계도상의 공간에 설비의 배치에 따른 여유 공간의 존재여부와 이에 따른 향후 다른 용도로의 사용 가능성 등에 따라 사전에 기준을 적용하는 것도 유용한 조치일 것이다. 현재 성능위주설계의 확인 · 평가단 심의에서는 보행거리의 적정여부에 대한 검토가 대부분 적용되고 있으나, 실제 소방관서의 일반건축물의 건축허가 동의 과정에서도 효율적인 피난계획을 위해서 직통계단까지의 보행거리 적정 여부에 적극적인 검토를 하는 것이 필요하다.

2 성능위주설계(PBD)에서의 보행거리 적용 사례

성능위주설계(PBD)의 피난로 계획을 수립하는 데 있어 각 층의 거실에서 보행거리를 검토하기 위해 영국 Edinburgh 대학에서 개발된 피난 전용 시뮬레이션 프로그램인 "Simulex"를 일반적으로 사용한다. 거실의 각 부분에 대해 직통계단까지의 최대보행거리를 측정하고 Distance Map을 사용하여 가장 가까운 출구까지의 거리를 계산한 결과를 계획에 적용하고 있다. Distance Map은 가장 가까운 각도와 거리 등을 따라서 출구 방향으로 향하도록 되어 있으며, 무지개색의 각 띠는 1미터 간격으로 표시된다.

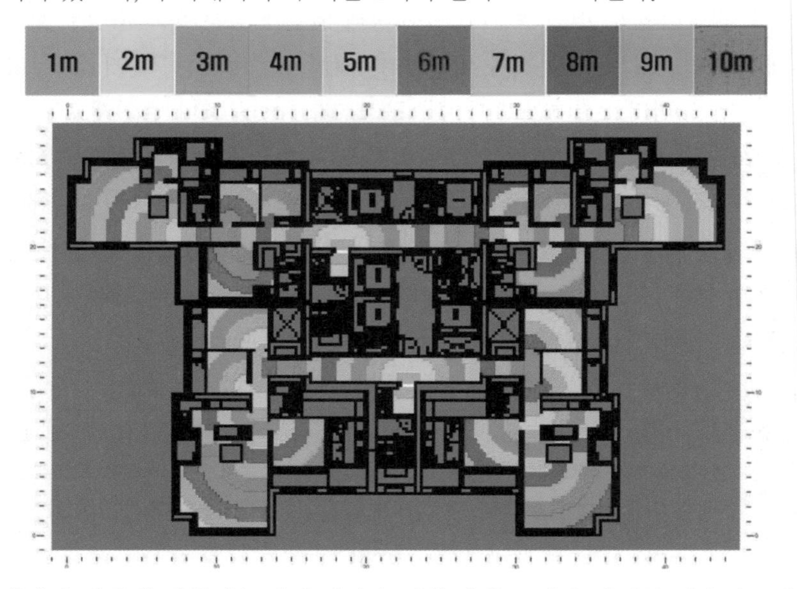

이때 보행거리 기준에 만족하는지의 판단은 건축법에 규정한 거리를 적용하는데, 특히 국내기준에 명시하지 않은 주차장 용도에 있어서는 보행거리를 IBC(120미터) 또는 NFPA(61미터)의 기준을 준용하기도 한다.

▸ **지하주차장 보행거리 설계 심의 사례**

검토사항	조치결과	비고
3. 지상 2층 및 3층 오피스텔 주차장 화재 시 피난자의 보행거리가 50m 이하로 되도록 추가 피난계단을 확보할 것	• 국내 건축법에서는 주차장의 보행거리 규정은 없지만 NFPA 코드에서는 61m, IBC 빌딩코드에서는 120m로 규정하고 있음 • 지하 4층~지하 1층 주차장은 보행거리 50m 이내가 되도록 계획하였으나 지상 2층 및 지상 3층의 주차장은 추가적으로 피난계단을 계획(Simulex를 사용한 Most Remote를 측정)	건축도면, 보고서 (사전 검토서)

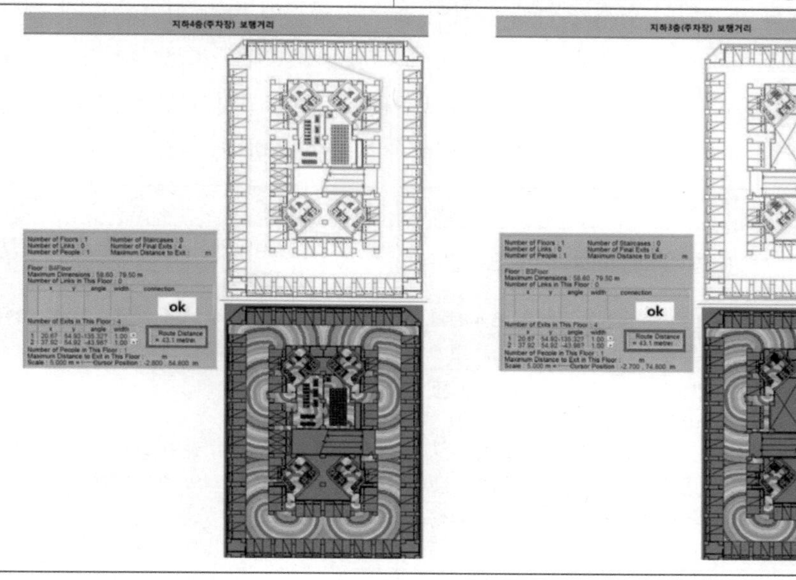

현재 소방청의 성능위주설계(PBD) 평가 가이드라인[5]에는 " 주차장은 보행거리 기준 50m 이하가 되도록 계단을 배치하고, 계단 인근에는 폭 1m 이상의 피난 경로(픽토그램) 표시"를 하도록 권고하고 있는데, 이 규정은 성능위주설계(PBD)를 해야 하는 건축물의 주차장 부분에 대한 법령이 아닌 표준 가이드라인이므로 구속력은 없다. 그러나 설계자는 이 규정을 만족시키려고 하는 경향이 많은데 실제 실무에서의 이 규정 적용에 있어 너무 강화된 측면이 있다는 일부 부정적인 의견도 있다.

3 직통계단을 2개소 이상 설치하여야 하는 경우

화재안전계획의 기본설계에서 중요한 것이 양방향의 피난로 확보이다. 화재 등 비상시 건축물 내 재실자들이 안전하게 피난하기 위해서는 명쾌한 피난경로의 확보와 적절히 분산 배치된 계단 설치가 가장 안전하다고 할 수 있다. 모든 건축물에 2개소 이상의 직통계단을 설

5) 소방청 [소방시설등 성능위주설계 평가운영 표준가이드라인 3-3] (2022. 08)

치하는 것이 가장 이상적이나 건물의 규모와 용도에 따라 상시 거주 및 이용자들의 수용밀도가 다름에도 불구하고 획일적으로 설치기준을 강화시키는 것은 대지면적의 건축규모 축소에 대한 경제성과 사용빈도에 대한 효율성 등 관점에서 보면 불합리할 수도 있을 것이므로, 피난계획의 수립에 있어 안전확보와 다른 환경여건 사이의 중요성을 적절하게 비교하여 중요도에 대한 균형된 설계를 하는 것이 가장 최적일 것이다. 직통계단 설치 수에 대한 규정은 우리나라의 건축법시행령이 제정(1962. 04. 10.)될 최초 시점부터 용도와 규모에 따라 2개소 이상의 직통계단을 설치하도록 규정되어 왔었고, 사회적 환경변화에 따라 그 설치대상이 점진적으로 변경되어 현재는 아래와 같이 용도와 규모에 따라 설치하고 각 계단 간 일정거리 이상 분산하여 복도등으로 상호 연결하여 피난에 용이한 구조로 설치하도록 규정[6] 하고 있다. 피난층 외의 층이 아래의 어느 하나에 해당하는 용도 및 규모의 건축물에는 피난층 또는 지상으로 통하는 직통계단을 2개소 이상 설치하여야 한다.

용도	규모
제2종 근린생활시설 중 공연장 · 종교집회장의 용도로 쓰는 층	그 층에서 해당 용도로 쓰는 바닥면적의 합계 300m^2 이상
문화 및 집회시설(전시장 및 동 · 식물원은 제외), 종교시설, 위락시설 중 주점영업 또는 장례시설의 용도로 쓰는 층	그 층의 해당 용도로 쓰는 바닥면적의 합계 200m^2 이상
다중 · 다가구주택, 입원실 있는 정신과의원, 제2종 근생 중 인터넷컴퓨터게임시설제공업소(해당용도 바닥면적 합계 300m^2 이상) · 학원 · 독서실, 판매시설, 운수시설의 여객용 시설, 의료시설(입원실 없는 치과병원 제외), 교육연구시설 중 학원, 아동 관련 시설 · 노인복지시설 · 장애인 거주시설 및 장애인 의료재활시설, 유스호스텔 또는 숙박시설의 용도로 쓰는 3층 이상의 층	그 층의 해당 용도로 쓰는 거실의 바닥면적의 합계 200m^2 이상
공동주택(층당 4세대 이하 제외) 또는 업무시설 중 오피스텔의 용도로 쓰는 층	그 층의 해당 용도로 쓰는 거실의 바닥면적의 합계 300m^2 이상
그 외 용도로 3층 이상의 층	그 층 거실의 바닥면적의 합계 400m^2 이상
지하층	그 층 거실의 바닥면적의 합계 200m^2 이상

계단의 설치 수를 산정하는 기준은 "그 층에서 해당 용도로 쓰는 바닥면적의 합계"와 "그 층의 해당 용도로 쓰는 거실의 바닥면적의 합계"이다. 이것은 해당층의 사용용도에서 바닥면적의 합계를 실제 사용하는 거실만의 바닥면적을 적용하는 것과 거실에 해당하지 않는 복도등까지 포함한 면적을 적용하는 것에 차이가 있다.

6) 건축법 시행령 제34조(직통계단의 설치)

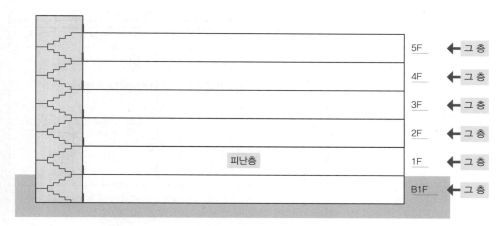

여기에서 거실의 면적산정이 중요한데 일반적으로 "공용으로 사용하는 복도, 계단, 화장실 등은 거실의 바닥면적에 포함되지 않음"을 유념해야 한다. 그리고 "그 층의 해당 용도로 쓰는 거실의 바닥의 합계"란 그 층에 설치되는 해당 용도 전체 거실의 바닥면적의 합계를 의미한다.

PLUS TIPS 직통계단 설치 시 바닥면적 산정(건축기획과 -1053, 2013. 03. 12.)

질의	직통계단 2개소 이상 설치 대상과 관련하여 건축법 시행령 제34조 제2항 제2호의 규정 중에 "3층 이상의 층으로서 그 층의 해당 용도로 쓰는 거실의 바닥면적의 합계"라 함은 각 층별로 거실의 바닥면적 합계를 말하는 것인지 아니면 3층 이상의 모든 층에 있는 거실의 바닥면적 합계를 말하는 것인지?
답변	「건축법 시행령」 제34조 제2항 제2호에 따라 숙박시설 등의 용도로 쓰는 3층 이상의 층으로서 그 층의 해당 용도로 쓰는 거실의 바닥면적의 합계가 200m² 이상인 경우에는 직통계단을 2개 이상 설치하여야 한다. 상기 규정에서 "3층 이상의 층으로서 그 층의 해당 용도로 쓰는 거실의 바닥면적의 합계"라 함은 3층 이상의 층으로서 각 층별로 해당 용도(상기 규정에서 정한 용도 전체)로 쓰는 거실의 바닥면적을 말하는 것이다.

특히 지하층 거실의 바닥면적의 합계가 200제곱미터 이상이 되어 직통계단이 2개소 이상 설치되었을 때는 다중이용업소 영업장의 비상구 설치를 제외할 수 있다. 다중이용업소법에는 비상구는 주된 출입구의 반대방향에 설치하되 주된 출입구 중심선으로부터의 수평거리가 영업장의 가장 긴 대각선 길이, 가로 또는 세로 길이 중 가장 긴 길이의 2분의 1 이상 떨어진 위치에 설치[7]해야 하는데, 영업장 주된 출입구 외에 해당 영업장 내부에서 피난층 또는 지상으로 통하는 직통계단이 주된 출입구 중심선으로부터 수평거리로 영업장의 긴 변 길이의 2분의 1 이상 떨어진 위치에 별도로 설치된 경우에는 영업장에 비상구를 별도로 설치하지 않을 수 있다[8].

7) 다중이용업소의 안전관리에 관한 특별법 시행규칙 [별표 2]
8) 다중이용업소의 안전관리에 관한 특별법 시행령 [별표 1의2]

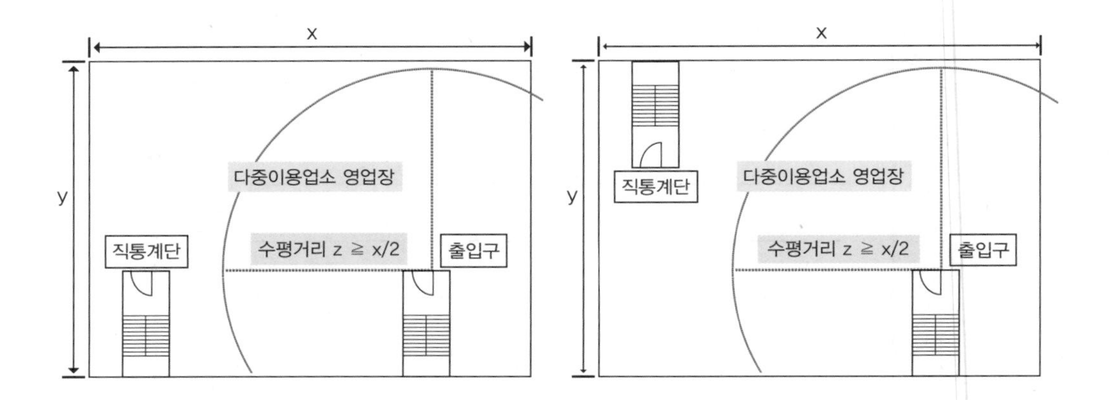

4 직통계단 서로 간의 이격거리

건축물 구조배치의 설계에서 피난계획의 기본원칙은 간결하고 단순한 피난동선과 건물 내 어느 층에서도 양방향의 직통계단으로 피난하는 것을 기본으로 한다. 그러나 직통계단을 2개소 이상 설치했다고 하더라도 건축물 배치계획이 중앙부분에 집중되어 설치되어 있다면 양방향 피난의 취지에 적합하지 않을 것이다. 그러므로 건축물의 설계 시 직통계단 서로 간의 설치 간격을 일정하게 분산 설치해야만 추가설치에 대한 의미가 있다 할 것이다.

(1) 법 연혁에 따른 이격거리 기준

직통계단의 2개소 이상 설치에 대한 규정은 최초 건축법시행령 제정 시점(1962. 04. 10.)부터 있었지만, 이 규정에 의해 설치된 각 계단들이 서로 얼마의 거리를 두고 설치되어야 하는지 기준 자체가 언급되지 않았고, 이후 법령의 개정(1982. 08. 07.)으로 각 계단 간의 이격거리를 고려한 분산 설치 개념이 적용되었다.

법 연혁에 따른 각 직통계단의 이격거리 설치기준 변화를 보면 아래와 같다.

법령명	연도	이격거리 기준	각 계단의 연결 설치 규정
건축법 시행령	1962. 04. 10. (최초 제정)	없음	없음
〃	1982. 08. 07.	각 직통계단은 서로 10m 이상 떨어져야 함	없음
〃	1985. 08. 16.	각 직통계단의 출입구는 서로 10m 이상 떨어져야 함	없음
〃	1999. 04. 30.	이격거리 기준 삭제	없음
건축물의 피난·방화구조등의 기준에 관한 규칙	1999. 05. 07. (최초 제정)	각 직통계단의 출입구는 피난에 지장이 없도록 일정한 간격을 두어 설치해야 함(신설)	각 직통계단 상호 간에는 각각 거실과 연결된 복도등 통로를 설치하여야 함

건축물의 피난 · 방화구조등의 기준에 관한 규칙	2019. 08. 06. (일부개정) ~	가장 멀리 위치한 직통계단 2개소의 출입구 간의 가장 가까운 직선거리(직통계단 간을 연결하는 복도가 건축물의 다른 부분과 방화구획으로 구획된 경우 출입구 간의 가장 가까운 보행거리)는 건축물 평면의 최대 대각선 거리의 2분의 1 이상으로 할 것. 다만, 스프링클러 또는 그 밖에 이와 비슷한 자동식 소화설비를 설치한 경우에는 3분의 1 이상으로 한다.	각 직통계단 간에는 각각 거실과 연결된 복도 등 통로를 설치할 것

법령개정 흐름을 간략하게 정리하면 아래와 같이 나타낼 수 있다.

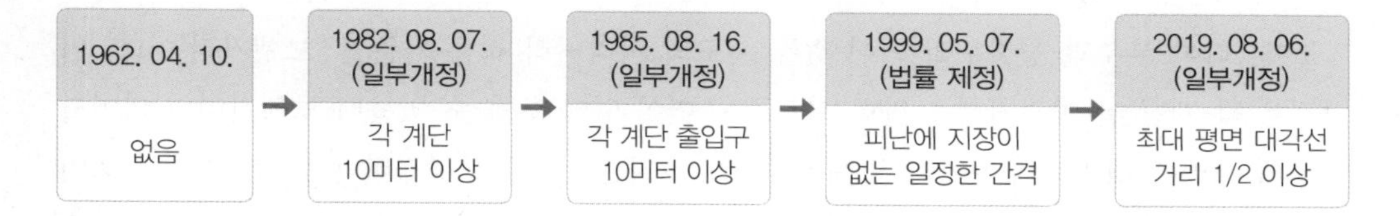

(2) 직통계단 간 이격거리 설치기준[9]

건축법령에서 규정한 각 계단 2개소 이상의 이격거리 기준은 상호 계단 출입구 간의 가장 가까운 직선거리와 보행거리를 기준으로 산정하게 한다.

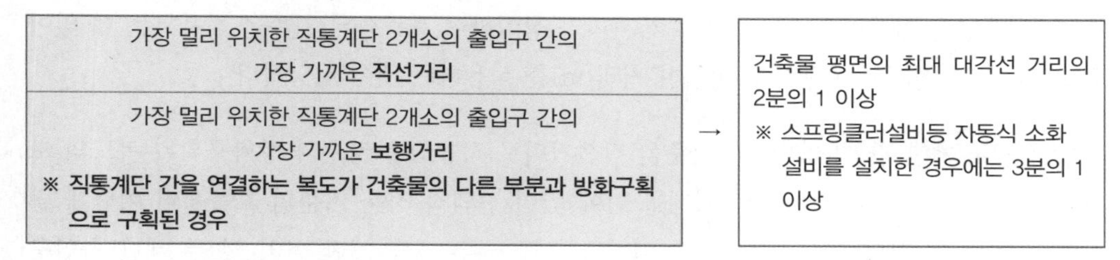

이것을 간략하게 그림으로 나타내면 아래와 같이 나타낼 수 있다.

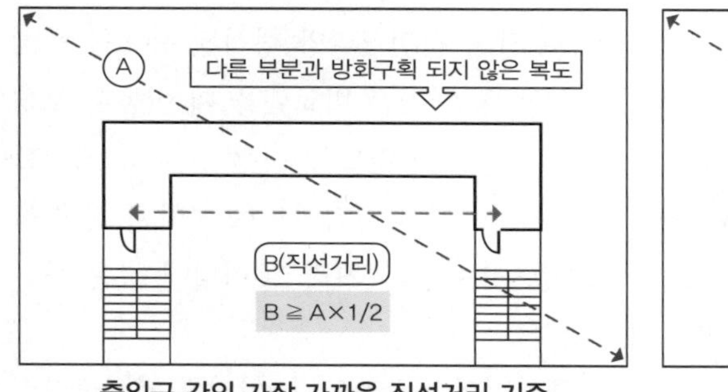

출입구 간의 가장 가까운 직선거리 기준

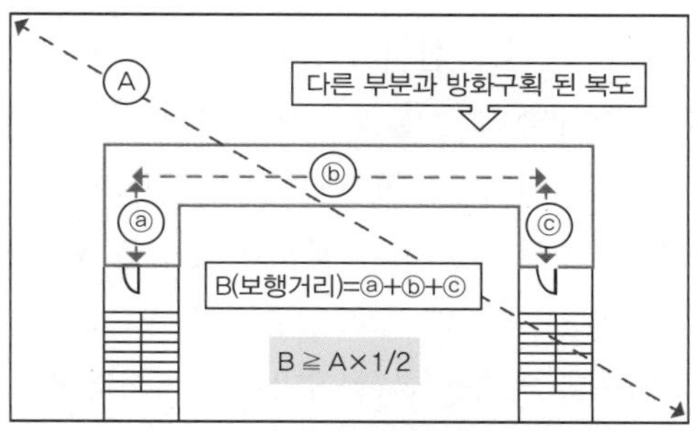

출입구 간의 가장 가까운 보행거리 기준

그러면 방화구획 되지 않은 복도에 적용 기준인 "직선거리"와 다른 부분과 방화구획된 복도에 적용하는 기준인 "보행거리"가 어떻게 해석될 수 있는지에 대해서 알아보자.

9) 건축물의 피난 · 방화구조 등의 기준에 관한 규칙 제8조(직통계단의 설치기준)

첫째, 방화구획 되지 않은 복도의 이격거리 적용 기준인「직선거리」이다. 두 계단은 복도 등으로 반드시 연결되어 있는데 2개의 출입구 간의 직선거리 정의가 건축설계도서 평면도상의 출입구와 출입구까지의 거리를 이동경로상 장애유무에 관계없이 단순히 일직선으로 연결한 거리를 의미하는 것인지, 아니면 하나의 출입구에서 연결된 다른 출입구까지의 거리를 복도를 따라 직선으로 거리를 측정하면서 굽어진 부분이 있을 때에는 그 지점에서 다시 직선으로 측정하여 모두 합계한 거리를 의미하는지 해석이 모호하다. 이 경우 직선거리는 1미터의 개념으로 적용한 거리이다. 그러나 후자의 경우는 보행거리의 정의로 해석할 수 있으므로 여기서 "직선거리"의 개념은 2개의 직통계단 출입구간의 거리를 건축설계 평면도상의 일직선으로 연결한 거리인 수평거리로 이해하면 된다.

둘째, 다른 부분과 방화구획 되어 있는 복도의 이격거리 적용 기준인「보행거리」이다. 이 규정은 각 계단 간 이격거리를 완화 시켜준 측면이 있다고 볼 수 있는데 보행거리의 의미를 어떻게 해석할 것인가의 문제가 발생하게 된다. 일반적으로 보행거리라 하면 두 가지 의미로 생각해 볼 수 있다. 보행의 장애를 피하면서 복도를 따라 실제로 보행으로 이동한 거리(walking distance)를 미터로 나타낸 것을 의미하는지 아니면 실제로 보행한 걸음의 수(한 걸음 = 1미터)를 의미 하는가에 대한 것이다. 실무에서 성능위주설계시의 보행거리 산출은 피난 전용 시뮬레이션 프로그램인 "Simulex"를 사용하여 미터(m)로 산출한다. 따라서 걸음 수의 개념은 사람마다 한걸음의 보폭거리가 상이하여 표준화된 기준을 적용하는 데 있어 불명확하므로 실제로 보행으로 이동한 거리(m)를 적용하는 것이 타당하다.

그러면 두 계단 간 이격거리의 기준을 직선거리로 적용했을 경우와 방화구획된 복도의 보행거리로 적용했을 때 건축물의 설계를 함에 있어 선택적 적용 기준의 효율성이 어떻게 발생할 수 있는지 알아보자. 예를 들어 어떤 건축물에 두 개의 계단 설치 시 두 계단 출입구 간 이격해야 할 직선거리 기준이 10미터로 산출(최대 대각선거리 1/2 이상)되어 이 거리 지점에 각 계단을 설치했다고 하자. 이때 두 계단 서로 간의 직선거리와 형성된 복도를 통해 다른 하나의 계단 출입구까지 실제 보행 이동한 거리(보행거리)를 비교했을 때 이동한 보행거리는 직선거리 10미터보다 더 긴 거리가 나온다. 이것은 평면도상 직선 10미터 거리를 복도를 통해 이동할 때 복도의 형성은 두 계단 출입구 사이에서 일직선으로 설치된 것이 아니라 굽은 통로로 서로 연결되어 있으므로 실제 보행거리는 직선거리 10미터에 굽은 통로를 이동한 거리를 합한 거리가 보행거리이기 때문이다.

다시 말해 복도를 다른 부분과 방화구획 하여 보행거리의 기준으로 10미터를 적용한다면 실제 평면도상의 보행거리 10미터 지점이 수평거리인 직선거리 10미터보다 짧은 거리가 나온다는 것이다.

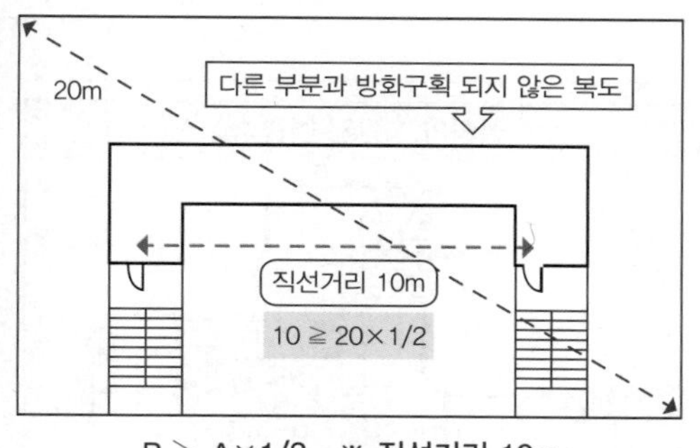

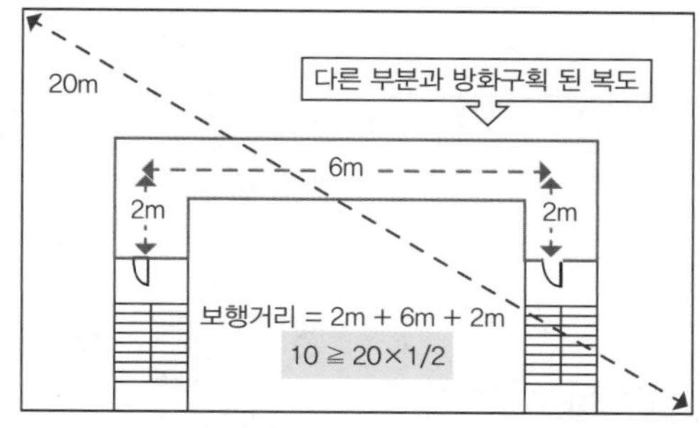

B > A×1/2 ※ **직선거리 10m**

B > A×1/2 ※ **직선거리 6m**

즉, 방화구획된 복도의 보행거리 기준으로 적용하면 직선거리의 기준을 적용했을 때보다 두 계단 간의 이격거리를 줄일 수 있다는 결과가 나온다. 그러므로 건축설계 시 평면 배치에 있어 직선거리의 기준으로 두 계단의 거리를 이격하는 것이 어려울 경우 복도를 다른 부분과 방화구획하고 보행거리의 기준을 적용시키면 이격거리를 더 완화 적용하여 내부구조의 배치문제를 해결할 수 있을 것이다.

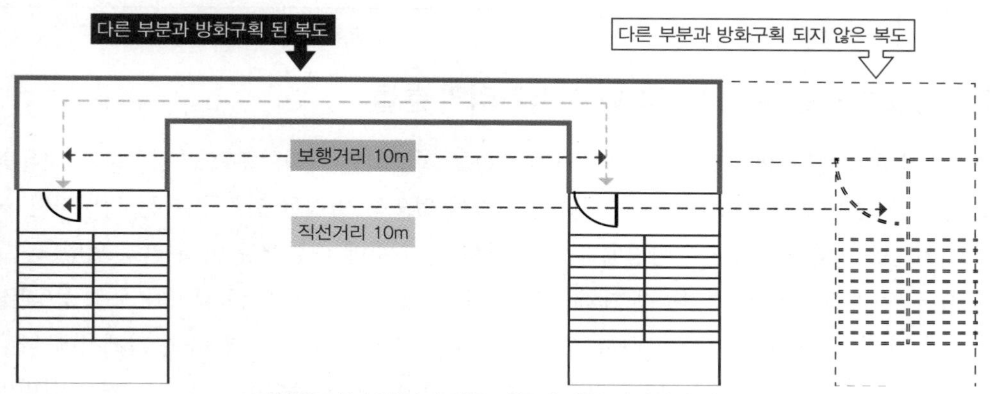

직선거리와 보행거리 적용 기준에 따른 이격거리 비교

요약하면 두 계단 사이의 출입구까지 이격 직선거리는 평면도상의 각 출입구 사이를 일직선으로 연결한 수평거리이며, 복도가 다른 부분과 방화구획 되었을 경우 적용하는 보행거리는 실제로 보행으로 이동한 거리(walking distance)를 미터로 나타낸 것으로서 방화구획에 의한 피난통로(복도)는 화재로부터 더 안전이 확보된 것이므로 그만큼 계단 간의 이격거리를 줄일 수 있도록 법령에서 규정하고 있다고 생각하면 될 것이다.

▸ **특별피난계단 2개소의 이격거리 적용 심의 사례**

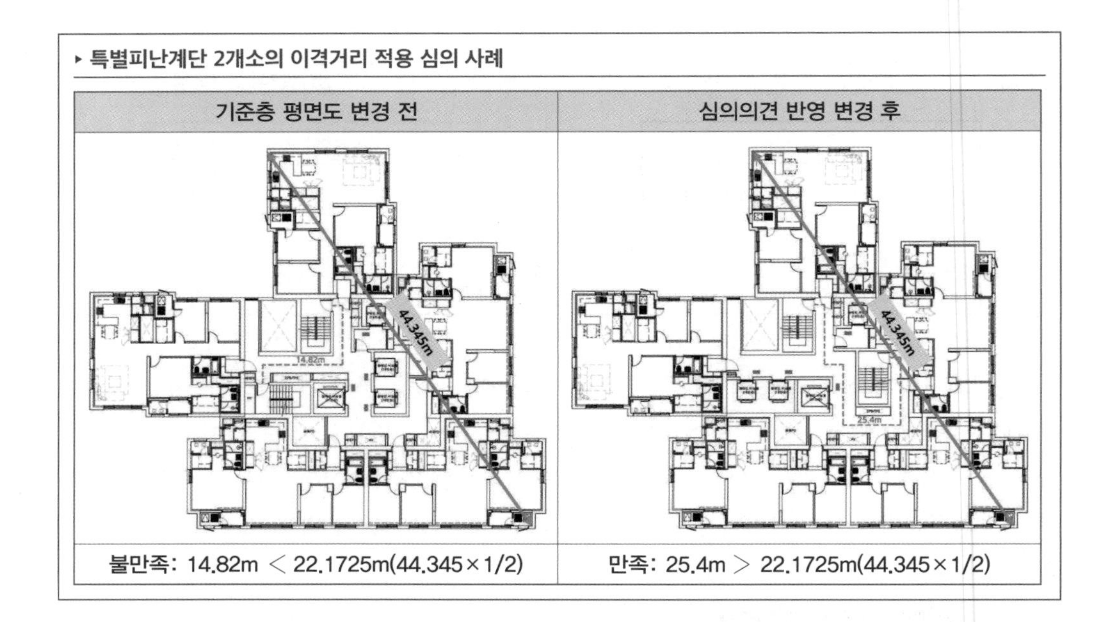

기준층 평면도 변경 전	심의의견 반영 변경 후
불만족: 14.82m < 22.1725m(44.345×1/2)	만족: 25.4m > 22.1725m(44.345×1/2)

5 직통계단 간의 보행거리와 이격거리의 충돌

현재의 법령에는 각 계단 서로 간의 설치거리를 정량적인 거리기준으로 명확하게 적용하고 있지만 과거 법률 개정 전에는 "피난에 지장이 없도록 일정한 간격"이라는 정성적인 거리로 기준을 정함으로써 건축법령에 맞는 계단의 설치 수에 대한 적용이 우선 순위였고, 그에 따른 각 계단 간의 이격거리에 대해서는 설계건축물의 대지에 따른 배치와 구조 등 환경여건에 건축사의 재량으로 적용하는 의미였다. 즉, 보행거리만 만족한다면 경제성에 따른 공간의 배치 등으로 두 개의 직통계단이 건축물의 중심부에 집중되어 설치되는 경우가 빈번하였는데 이것은 계단을 통한 재실자들의 피난동선 분산과 접근성등 피난계획의 효율성에 적합하지 않았다. 또한 계단까지의 보행거리 적용기준에 있어 거실의 각 부분으로부터 계단 2개소까지 모두 보행거리를 만족해야 하는 것인지 아니면 1개소만 만족하면 되는지에 대한 다툼이 많이 있었고, 실제 실무에서는 지역마다의 해석과 주장에 따라 두 가지 중 하나의 기준이 선택적으로 적용되는 실정이었다.

건축법령에 따른 직통계단 보행거리 기준 관련 지침 [국토교통부 2018. 04. 공문내용]

1. 평소 건축관련 행정업무에 협조하여 주심에 감사드리며, 직통계단 2개소 설치 시 보행거리 기준 적용과 관련하여 운영지침을 시달합니다.
2. 건축법 시행령 제34조제1항에서는 피난층이 아닌 층에서 거실의 각부분으로부터 직통계단까지의 보행거리를 정하고 있으며, 동조 제2항에서는 직통계단을 2개소 이상 설치하여야 하는 대상에 대하여 규정하고 있습니다.

3. 우리 부는 '12년 이전에는 직통계단 2개소 이상 설치 대상 여부와 관계없이 가장 가까운 1개소에 보행거리 기준을 적용토록 하였으나, '12년 이후부터는 직통계단 2개소 이상 설치 대상인 경우 가장 가까운 2개소까지 보행거리 기준을 모두 만족하도록 운영하고 있고, 법제처도 붙임과 같이 법령해석('16. 05. 12)을 한 바 있습니다.
4. 따라서 동 기준의 원활한 운영을 위하여 각 지자체에서는 내부 방침결정 등을 통하여 합리적인 사유 있는 특정한 기준일*을 정하고, 동 기준일 이후에 건축허가 신청(건축위원회 심의 대상인 경우 심의 신청)을 한 경우 등부터 적용하여 주시기 바랍니다.
   1) 각 지자체에서 동 기준운영 방식의 변경을 인지한 날
   2) 법제처 법령해석 결과가 나온 날('16. 05. 12.)
   3) 동 지침에 관한 문서를 접수한 날('18. 04.) 등
   ※ 각 광역자치단체는 동 지침을 소속 기초자치단체에 전달하여 주시기 바랍니다.

실제 건축물의 설계에서 두개의 직통계단이 중심(CORE) 부분에 집중되는 경향이 많았는데, 이렇게 설계하는 것에는 이유가 있었다. 앞에서의 주무부서 지침공문에서 보듯이 보행거리를 만족해야 하는 기준에 "직통계단 2개소 이상 설치 대상" 여부와 관계없이 "거실로부터 가장 가까운 거리에 있는 계단" 1개소만 보행거리 기준을 적용하다 이후 직통계단 2개소까지 모두 최소 보행거리 기준을 적용하도록 해석하였는데 그 결과 오히려 건축물 중심부분에 계단 2개소가 집중되게 되는 경우가 발생하기도 하였다. 또한 이격거리의 기준이 "피난에 지장이 없도록 일정한 간격"으로만 규정되어 있었기 때문에 설계자의 입장에서 효율적이고 경제적인 평면구조의 배치계획을 위해 두 계단 간의 위치에 있어 이격거리가 고려되지 않고 자연스레 중심부에 집중되는 경우가 발생하였다. 이에 따라 재실자의 양방향 피난에 장애가 발생할 우려 등 문제의 소지가 내재되어 있었다.

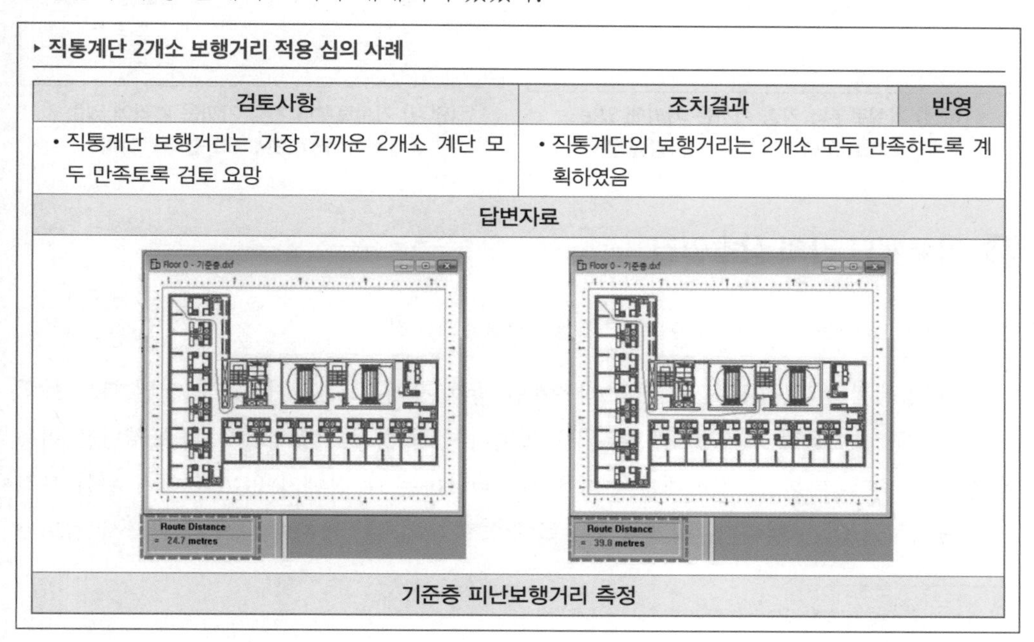

▸ **직통계단 2개소 보행거리 적용 심의 사례**

검토사항	조치결과	반영
• 직통계단 보행거리는 가장 가까운 2개소 계단 모두 만족토록 검토 요망	• 직통계단의 보행거리는 2개소 모두 만족하도록 계획하였음	
답변자료		

기준층 피난보행거리 측정

PLUS TIPS 직통계단 2개소에 대한 보행거리 기준 적용[10](건축정책과, 2019. 04. 19.)

질의	직통계단 2개소에 대한 보행거리 적용기준?
답변	「건축법 시행령」 제34조 제2항에서 직통계단을 2개소 이상 설치토록 한 목적은 한쪽의 직통계단을 사용하지 못할 경우에 대비해 양방향 피난이 가능토록 하기 위함으로 동 조항에 따라 직통계단을 2개소 이상 설치하여야 한다면 각 거실에서 영 제34조 제1항에서 규정하고 있는 보행거리 이내에 있는 직통계단이 2개소 이상이어야 하는 것입니다.

이런 이유로 직통계단의 보행거리 기준과 이격거리 기준 사이에 기준적용의 적합성에 대한 충돌이 빈번히 발생하는 문제가 있었는데, 건축사 입장에서는 보행거리를 만족하기 위해서는 분산배치에 대한 설계변경에 어려움이 있었고, 소방관서에서는 원활한 양방향 피난을 위해서 계단 서로의 거리를 최대한 이격시키려는 경향이 강한 주장을 함으로써 이견이 있었다. 심지어 두 조건 을 만족시키는 데 최대한 근접하기 위해 직통계단의 추가 설치를 검토하는 경우도 종종 발생하였다. 그러나 현재는 보행거리 기준을 만족해야 하는 계단의 수를 "거실로부터 가장 가까운 거리에 있는 1개소의 계단"으로 명확하게 규정하고 있고, 두 직통계단 서로 간의 이격거리의 기준을 명확하게 정의하고 있으므로 예전과 같은 다툼의 소지는 없다고 할 수 있다.

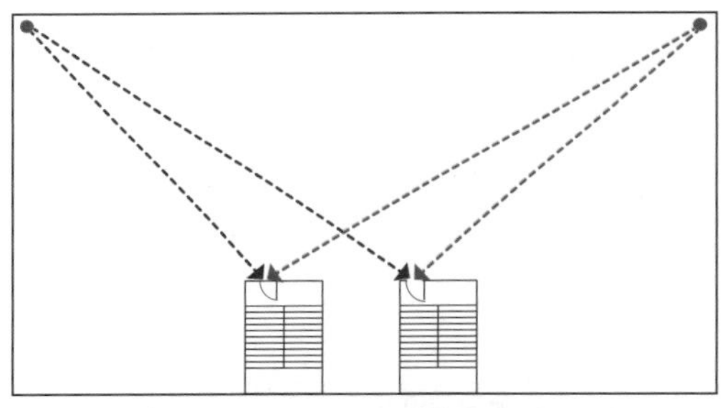

(이전) 거실로부터 가장 가까운 거리에 있는 계단 2개소 보행거리 만족 – 중앙 집중

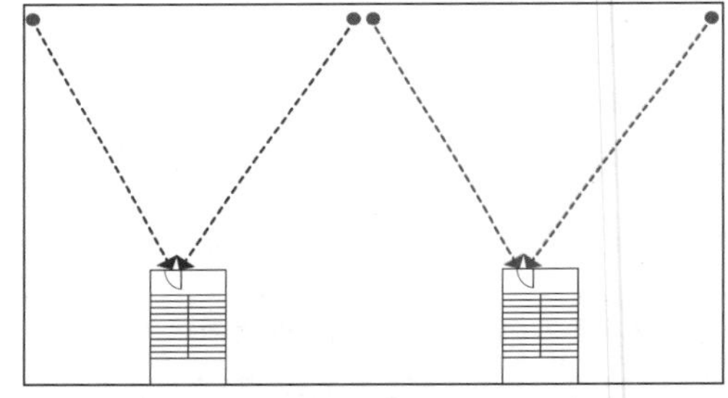

(변경) 거실로부터 가장 가까운 거리에 있는 1개소의 계단 보행거리 만족 – 이격

6 직통계단 간의 상호연결[11]

"각 직통계단 간에는 각각 거실과 연결된 복도 등 통로를 설치할 것"

건축법령에서의 이 규정은 두 개의 직통계단 상호 간에는 각각 거실과 연결된 복도 등의 통로는 누구나 이용할 수 있는 공용부위로 연결하여 화재 등 비상시 한쪽 직통계단을 이용할 수 없는 경우 다른 쪽 직통계단을 이용하여 피난하는 데 장애가 없도록 하기 위한 목적으로 규정하고 있는 것이다. 여기에서 주목해야 할 사항 두 가지에 대해서 반드시 검토가

10) 국토교통부 민원마당(https://eminwon.molit.go.kr)

11) 건축물의 피난 · 방화구조 등의 기준에 관한 규칙 제8조(직통계단의 설치기준)

필요하다.

첫째, 두 계단을 연결하는 통로가 반드시 "거실과 연결"되어야 하는 것이다. 앞에서 배웠던 거실의 개념에서 재실자가 있다는 가정을 가지면 실질적으로 양방향 피난을 하는 것은 그 거실에 있는 사람들로서 문을 열고 나왔을 때 바로 복도여야 하고 이 복도가 다른 쪽 계단과 연결되어 신속한 피난이 가능하도록 설치해야 하는 의미이다.

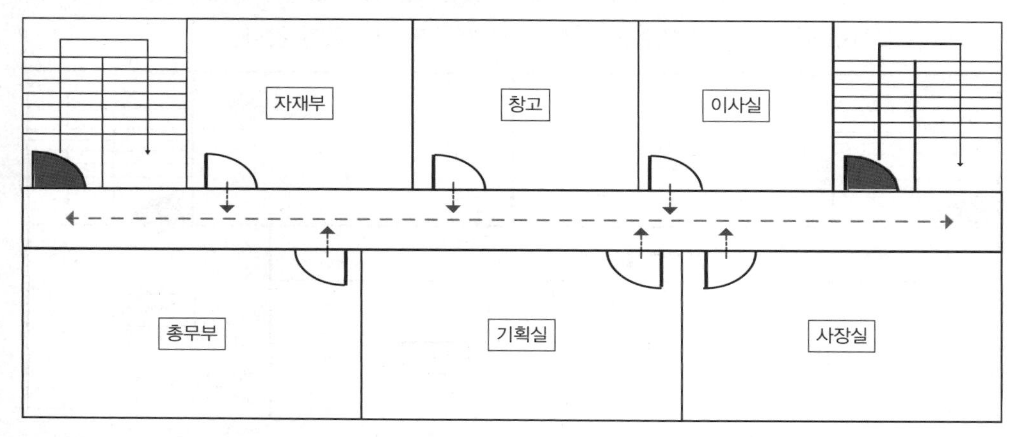

그러나 당해층의 모든 거실을 통로에 연결해야 하는지에 대한 명확한 규정은 없다. 즉, 거실 중에 경유거실이 있을 수 있는데 이 거실 역시 별도의 복도로 구획하여 계단과 연결된 구조의 통로로 설치해야 하는지 해석의 이견이 있는 것 또한 사실이다.

PLUS TIPS 필자의 의견

직통계단과 연결된 통로로 나가는 그 거실의 주된 출입구만 복도와 연결되면 가능할 것이고, 단지 경유거실에서 복도와 연결된 주출입구까지의 피난경로상에 피난구 유도등 또는 피난유도선등을 설치하여 재실자가 피난경로를 쉽게 인식할 수 있는 정도면 될 것으로 생각한다.

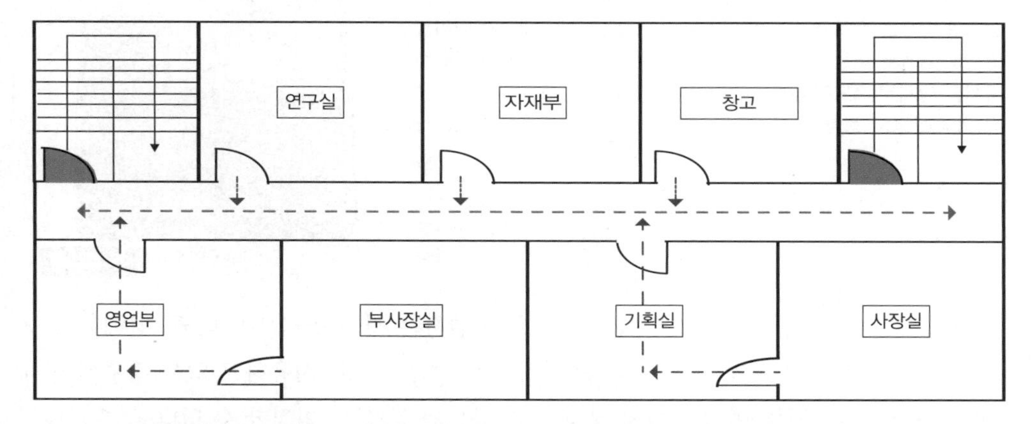

둘째, "연결된 복도등 통로"가 의미하는 것이다. 거실과 연결된 복도가 상호 계단까지 연결된 통로의 구조, 즉 순수한 복도를 통해서 두 계단이 연결되는 것이 가장 이상적이라 할 수 있지만 복도가 아니라 구획된 거실을 통해서 연결되어 있는 경우에는 적정여부에 대한

검토가 필요하다. 현장에서 당해층에 분명히 두 개의 계단 설치 대상이나 하나밖에 보이지 않는다면 다른 하나는 반드시 다른 구획된 거실 내에 설치되어 있다고 판단하면 되는데 어느 거실에 설치되어 있는지는 관계자에게 물을 수밖에 없다. 필자가 경험하기로 다른 거실 내에 설치된 직통계단은 계단 출입구 밖에서 거실 내부로 들어오지 못하도록 그 거실 안쪽에서 시건장치를 하여 폐쇄하여 사용하고 있는 것을 본 적이 있다. 이 경우 관리상의 문제인지 또는 설치구조 자체의 문제로 볼 것인지 모호한 부분이 없지 않다.

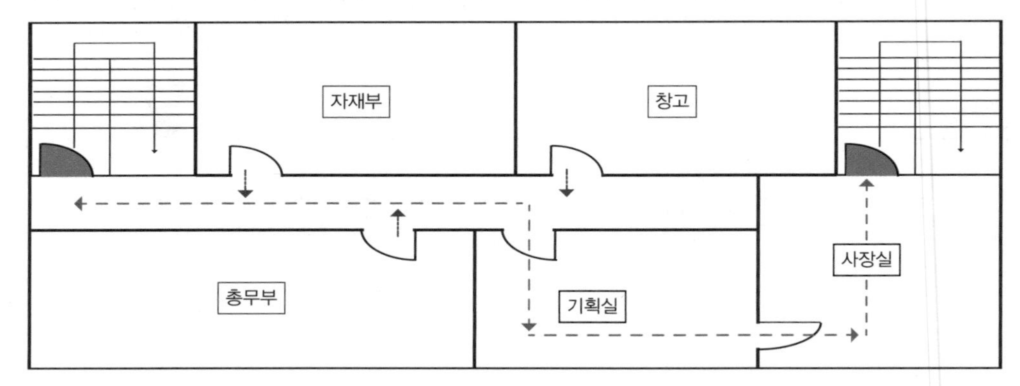

PLUS TIPS 직통계단 간의 복도등 연결관련 화재사례[12] (대구 변호사사무실 방화사건)

2022. 06. 09. 10:55 대구 범어동 변호사 사무실 참사와 관련, 경찰이 건물 내 사망자가 발생한 사무실에서 비상계단으로 통하는 문이 다른 사무실에 가로막혀 안전관리가 소홀했던 정황을 확인했다. 현행 건축물방화구조규칙에 따르면 모든 복도는 비상계단과 연결해야 한다. 203호에서 건물 뒤편에 있는 비상계단으로 가기 위해선 203호 옆에 있는 205호를 거쳐야 하고, 205호실에만 비상계단으로 통하는 문이 있었다. 사망자가 발생한 203호에서도 출입문을 나와 복도를 통해 즉시 비상계단으로 갈 수 있어야 하지만 205호로 비상계단으로 향하는 통로가 막히게 되면서 화재 발생 당시 대피가 어려웠고 203호에서 피해가 집중되었다는 것이다. 수성구청에 제출된 준공시점 당시 건축도면상에는 칸막이가 없었는데 건물 내부 구조 변경 여부와 당시 정황, 비상 출입문 확보 책임을 두고 수사를 확대하고 있다.

결론적으로 두 개의 직통계단은 복도로 상호 연결하는 것을 원칙으로 하되, 당해층을 모두 하나의 거실로 사용하거나 또는 다중이용업소의 영업장으로 사용하고 있을 경우에 한해서 별도의 복도로 구획하여 연결하지 않더라도 "복도등 통로"로 인정할 수 있다.

12) 출처: 매일신문(2022. 07. 07.)

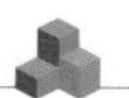

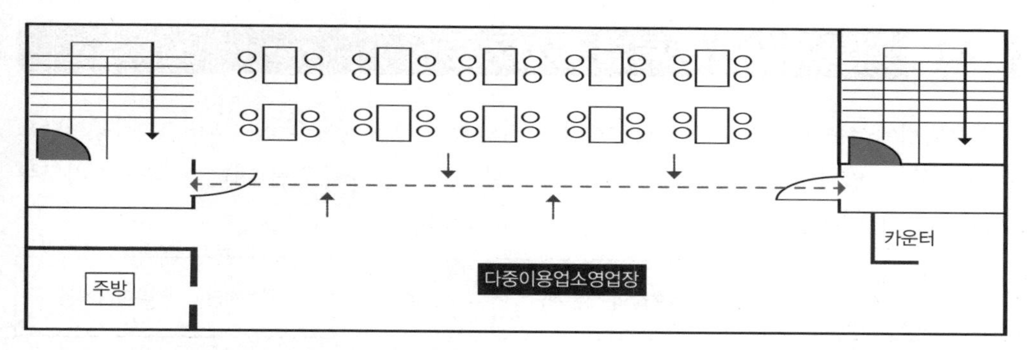

"두 직통계단 간의 복도등 연결"의 취지는 모든 재실자가 피난방향을 쉽게 인식할 수 있고 피난경로의 접근이 간단명료하여 신속하고 효율적인 양방향으로의 피난방안 확보를 위한 것이므로 취지에 맞는 배치구조 설계가 반드시 적용될 수 있도록 해야 한다.

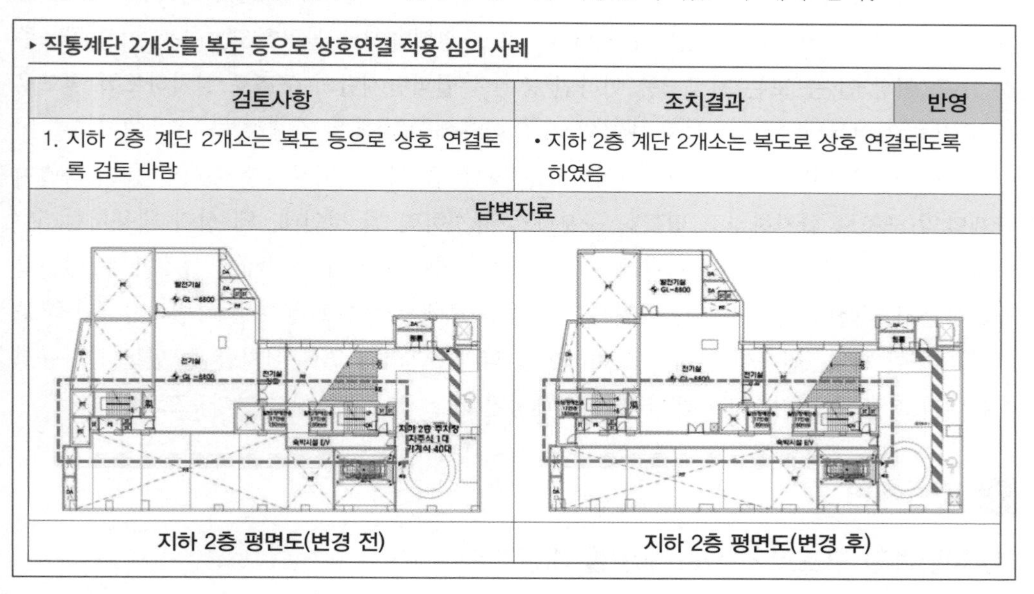

▸ 직통계단 2개소를 복도 등으로 상호연결 적용 심의 사례

검토사항	조치결과	반영
1. 지하 2층 계단 2개소는 복도 등으로 상호 연결토록 검토 바람	• 지하 2층 계단 2개소는 복도로 상호 연결되도록 하였음	
답변자료		
지하 2층 평면도(변경 전)	지하 2층 평면도(변경 후)	

03 직통계단의 종류별 설치기준

건축법령에서는 건축물 내부 모든 계단은 피난층 외부의 출구와 연결되도록 직통계단으로 설치하고, 일정 규모 이상의 건축물에는 이런 직통계단의 구조를 피난에 더 안전하도록 하기 위해 피난계단 구조로 설치하도록 규정[13]하고 있다.

5층 이상인 층	건축물의 직통계단	→	피난 계단 or 특별피난계단
지하 2층 이하인 층			

이 규정에 따라 직통계단은 지하의 층수, 지상의 층수, 그 층의 해당용도 규모에 따라 별도로 피난계단과 특별피난계단의 구조로 구분해서 설치해야 한다. 건축법령의 규정에는 상기 내용처럼 "5층 이상 또는 지하 2층 이하의 층"은 피난계단 또는 특별피난계단의 구조 중에서 선택적으로 설치할 수 있도록 일반적으로 규정했음에도 불구하고, 11층 이상(공동주택 16층 이상)인 층 또는 지하 3층 이하인 층은 특별피난계단의 구조로 설치하도록 별도로 또 규정하고 있는데 이것은 설치 대상의 기준 이해에 어려움을 갖게 한다. 즉, 지상 5층 이상 · 지하 2층은 피난계단 구조로 설치하고 지상 11층 이상 · 지하 3층 이하인 층은 특별피난계단의 구조로 설치하라고 명확히 구분해서 규정하면 될 것인데, 왜 상기 내용처럼 5층 이상 · 지하 2층 이하인 층은 피난계단과 특별피난계단 중에서 선택해서 설치할 수 있도록 규정하는지 의문이 들 수 있다. 이것은 건축물 규모에서 층수로 본다면 특별피난계단 구조로 설치해야 하나, 면적이 일정규모 이하이면 피난계단의 구조로 설치할 수 있는 완화규정 때문이라고 할 수 있다. 이에 대한 자세한 내용은 개별 설치구조에서 알아보도록 한다.

1 피난계단

(1) 피난계단 구조로 설치하여야 할 대상[14]

5층 이상 또는 지하 2층 이하의 층으로부터 피난층 또는 지상으로 통하는 직통계단은 피난계단 또는 특별피난계단으로 설치해야 한다.
↳ 지하 1층인 건축물의 경우에는 5층 이상의 층으로부터 피난층 또는 지상으로 통하는 직통계단과 직접 연결된 지하 1층의 계단을 포함

만일 지상의 층수는 피난계단 또는 특별피난계단 설치 대상이나 지하층이 한 개의 층으로서 이에 해당되지 않더라도, 5층 이상의 층으로부터 피난층 또는 지상으로 통하는 직통계단과 직접 연결된 지하 1층의 계단도 피난계단 또는 특별피난계단의 구조로 설치해야 한다.

13) 건축법 시행령 제35조(피난계단의 설치)
14) 건축법 시행령 제35조(피난계단의 설치) 제①항

즉, 지하의 출입계단이 지상층의 계단과 별도로 분리되어 설치되지 않고 지상층의 계단이 지하층의 계단까지 연속적인 단일구조로 되어 있다면 피난계단이나 특별피난계단의 구조로 해야 한다는 것이다.

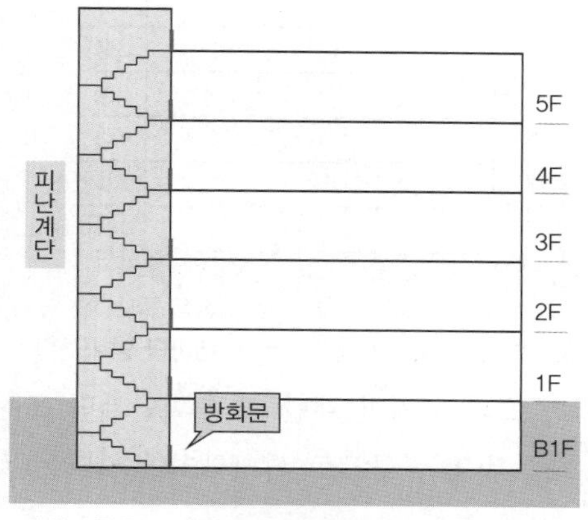

지하 1층을 피난계단 구조로 설치해야 하는 경우

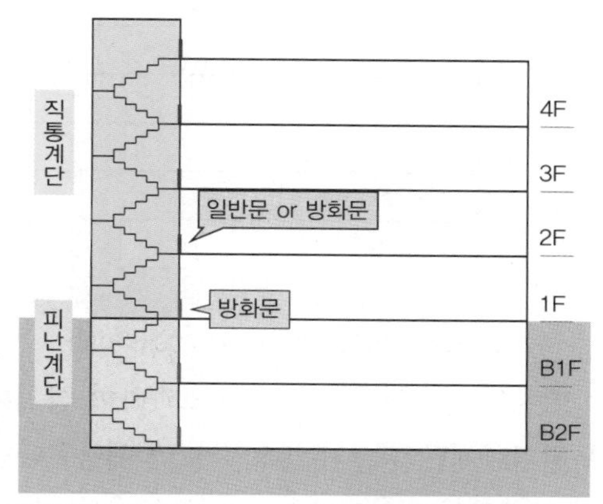

지상층을 피난계단 구조로 설치하지 않아도 되는 경우

이것은 건축물 내부에서 계단실로 통하는 출입구는 방화문으로 설치해야 하는 피난계단 또는 특별피난계단 구조의 설치 규정에 따라 지상층에 있는 계단의 구조는 계단실로 통하는 모든 출입구에 방화문으로 설치되어 안전하다고 할 수 있지만, 방화문이 설치되지 않은 지하층 계단실은 화재 시 이 출입구를 통해 연기 및 화염이 확산되어 지상으로의 피난에 장애가 될 우려가 있으며 또한 상층부의 계단실 전체를 오염시킬 위험이 있기 때문이다. 또한 피난계단 등의 구조로 설치해야 할 규모에 해당되더라도 아래와 같이 일정한 면적 이하이면 제외할 수 있는데, 이것은 주요구조부가 화재에 안전하고 소규모의 면적으로 방화구획되어 있으면 위험요인이 감소되었다고 인정하는 예외적인 완화규정이라 할 수 있다. 그러나 이런 설치대상 제외규정이 원인이 되어 화재 시 대형 피해를 유발하는 문제점이 발생하기도 하였는데 이러한 사례는 뒤에서 다시 알아보도록 하겠다.

피난계단 제외 대상 → 지하층은 예외 없이 설치하여야 한다.

- 건축물의 주요구조부가 내화구조 또는 불연재료로 되어 있는 경우로서,
  - ① 5층 이상인 층의 바닥면적의 합계가 200제곱미터 이하인 경우
  - ② 5층 이상인 층의 바닥면적 200제곱미터 이내마다 방화구획 되어 있는 경우
  - ※ 주요구조부: 내력벽(耐力壁), 기둥, 바닥, 보, 지붕틀 및 주계단(主階段)

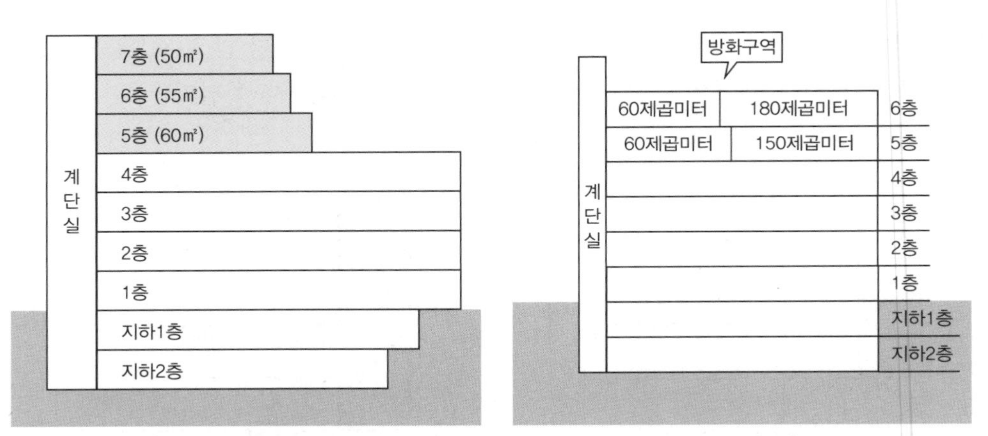

5층 이상 층 바닥면적 합계가 200m² 이하 　　　5층 이상 층 바닥면적 200m² 이내마다 방화구획

또한 법정 설치 계단 수를 초과하여 설치하였다면 초과 설치한 계단 역시 피난계단 또는 특별피난계단의 설치 대상 규모에 해당된다면 이 기준에 맞는 구조로 설치하여야 한다는 것이 일반적인 해석이다.

PLUS TIPS 계단의 수를 초과하여 설치 시 피난계단 구조 설치(건축기획과-2109, 2006. 04. 05.)

질의	지하 2층 지하주차장에 법정 직통계단 개수를 초과한 계단을 설치하고자 하는 경우 이 계단을 피난계단의 구조로 설치하지 않아도 되는지?
답변	「건축법시행령」 제5조 제1항의 규정에 의해 5층 이상 또는 지하 2층 이하의 층에 설치하는 직통계단은 건설교통부령이 정하는 기준에 따라 피난계단 또는 특별피난계단으로 설치하여야 하는 것임

(2) 피난계단의 설치구조[15)]

피난계단은 다음과 같은 구조로 설치하여야 한다.

1. 건축물의 내부에 설치하는 피난계단의 구조
   가. 계단실은 창문 · 출입구 기타 개구부(이하 "창문등")를 제외한 당해 건축물의 다른 부분과 내화구조의 벽으로 구획할 것
   나. 계단실의 실내에 접하는 부분(바닥 및 반자 등 실내에 면한 모든 부분)의 마감(마감을 위한 바탕 포함)은 불연재료로 할 것
   다. 계단실에는 예비전원에 의한 조명설비를 할 것
   라. 계단실의 바깥쪽과 접하는 창문등(망입유리의 붙박이창으로서 그 면적이 각각 1제곱미터 이하인 것 제외)은 당해 건축물의 다른 부분에 설치하는 창문등으로부터 2미터 이상의 거리를 두고 설치할 것
   마. 건축물의 내부와 접하는 계단실의 창문등(출입구 제외)은 망입유리의 붙박이창으로서 그 면적을 각각 1제곱미터 이하로 할 것

15) 건축물의 피난 · 방화구조 등의 기준에 관한 규칙 제9조(피난계단 및 특별피난계단의 구조) 제②항 제1, 2호

바. 건축물의 내부에서 계단실로 통하는 출입구의 유효너비는 0.9미터 이상으로 하고, 그 출입구에는 피난의 방향으로 열 수 있는 것으로서 언제나 닫힌 상태를 유지하거나 화재로 인한 연기 또는 불꽃을 감지하여 자동적으로 닫히는 구조로 된 60분+ 방화문 또는 60분 방화문을 설치할 것. 다만, 연기 또는 불꽃을 감지하여 자동적으로 닫히는 구조로 할 수 없는 경우에는 온도를 감지하여 자동적으로 닫히는 구조로 할 수 있다.

사. 계단은 내화구조로 하고 피난층 또는 지상까지 직접 연결되도록 할 것

2. 건축물의 바깥쪽에 설치하는 피난계단의 구조

가. 계단은 그 계단으로 통하는 출입구 외의 창문등(망입유리의 붙박이창으로서 그 면적이 각각 1제곱미터 이하인 것 제외)으로부터 2미터 이상의 거리를 두고 설치할 것

나. 건축물의 내부에서 계단으로 통하는 출입구에는 60분+ 방화문 또는 60분 방화문을 설치할 것

다. 계단의 유효너비는 0.9미터 이상으로 할 것

라. 계단은 내화구조로 하고 지상까지 직접 연결되도록 할 것

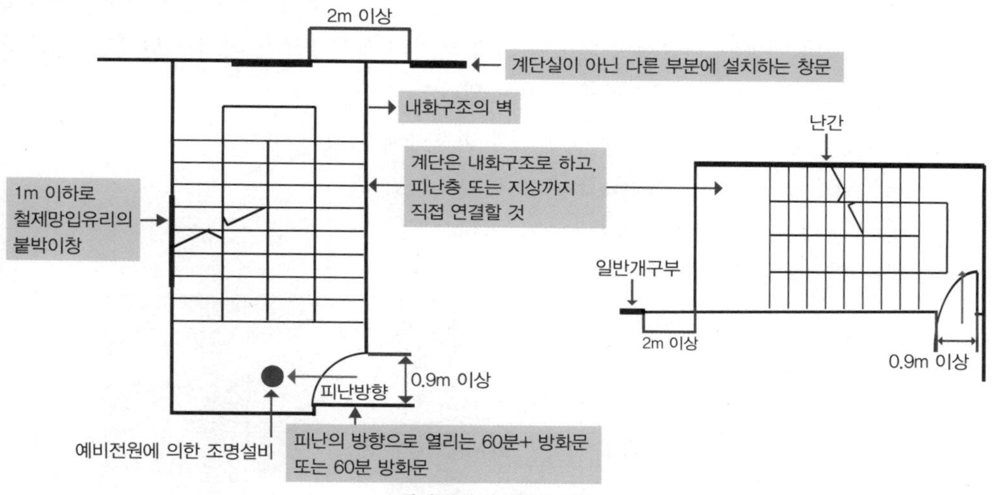

피난계단의 설치 기준

(3) 피난계단의 출입구 방화문 미설치 연소 확대 사례

건축법령에는 건축물의 "내부에서 계단실로 통하는 출입구"에는 피난의 방향으로 열 수 있는 "60분+ 방화문" 또는 "60분 방화문"을 설치하도록 규정되어 있는데, 이것은 지상 1층 또는 피난층이라 하더라도 계단실의 출입구가 외부에 바로 연결된 것이 아니라 1층의 로비 등 내부로 연결되어 있다면 반드시 계단실 출입구에 방화문을 설치하여야 한다. 그러나 과거 실무에서 계단실 출입문에 대한 설계를 할 때 "건축법상의 방화구획에 해당되는 방화문"과 "피난계단의 구조에 해당되는 방화문"의 구별을 하지 못하고 같은 개념으로 적용하는 경우가 종종 있었다. 즉, 구. 건축법령의 층별 방화구획의 기준에서 피난층과 2층 이하는 방화구획의 완화규정으로서 설치가 제외되었고, 이것 때문에 지상 1층(피난층) 피난계단실의 출입구에 방화문 자체를 설치하지 않아도 되는 것으로 잘못 적용하여 설치가 누락된 사례가 있었다.

지상 1층 내부 피난계단 출입문의 방화문 미설치 사례

만일 지상 1층 계단실의 출입구가 방화문이 없이 개방된 상태에서 1층 내부 구획된 거실에 화재가 발생하여 불꽃의 출화와 상당량의 연기가 분출된다고 하면 피난에 사용되어야 할 주계단실이 1층의 개방된 계단실로 인하여 불과 연기의 확산경로가 되어 피난계단으로서의 기능이 상실되고 상층부로의 연소확대 원인이 된다.

이런 원인에 의해서 대형 인명피해가 발생한 화재사례가 있다.

PLUS TIPS + 충북 제천 스포츠센터 화재사례

- 발생 일시: 2017. 12. 21.(목) 15:53 신고 접수
- 피해 현황: 69명(사망 29, 부상 40)

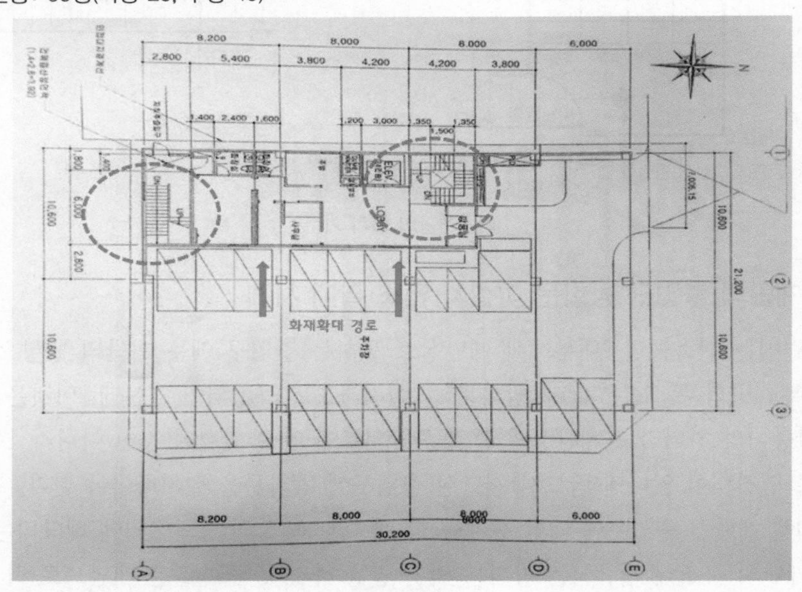

- 문제점: 지하 1층/지상 9층의 규모로서 피난계단이 2개소가 설치되어 있었으나, 지상 1층의 내부 계단실 출입구에 방화문이 설치되지 않아 상층부로 열과 연기가 확산됨

PLUS TIPS 밀양 세종병원 화재사례

- 발생 일시: 2018. 01. 26.(금) 07:32 신고접수
- 피해 현황: 187명(사망 47, 부상 140)
- 현장 그래픽[16)]

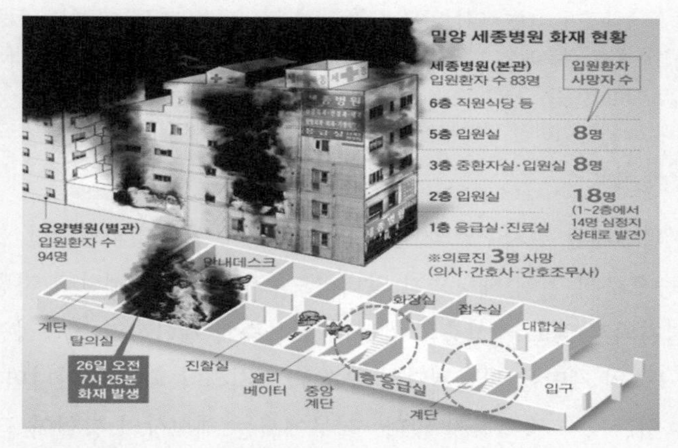

- 문제점: 5층 이상의 규모로서 피난계단 구조로 설치할 대상이지만 5층 이상 층의 규모가 피난계단 설치 제외사유에 해당되고, 또한 방화구획 완화 규정에 의해 지상 1층 내부의 계단실 출입구에 방화문이 미설치됨

밀양 세종병원 1층 내부 중앙계단등 소훼 사진

16) 현장그래픽 출처: NEWSIS(2018. 01. 26.)

2 특별피난계단

(1) 특별피난계단 구조로 설치하여야 할 대상[17]

- 지상 11층(공동주택의 경우 16층) 이상인 층 또는 지하 3층 이하인 층에 설치하는 직통계단
  ↳ 지하 1층인 건축물의 경우에는 11층(공동주택 16층) 이상의 층으로부터 피난층 또는 지상으로 통하는 직통계단과 직접 연결된 지하 1층의 계단을 포함
- 5층 이상 또는 지하 2층 이하인 판매시설의 용도로 쓰는 층으로부터의 직통계단은 그중 1개소 이상을 특별피난계단으로 설치

앞에서 언급한 피난계단 설치구조와 같이 지상의 층수는 특별피난계단 설치 대상이나 지하층은 한 개의 층으로서 이에 해당되지 않더라도, 지하의 출입계단이 지상층의 계단과 별도로 분리되어 설치되지 않고 지상층의 계단이 지하층의 계단까지 연속적인 단일구조로 되어 있다면, 지하 1층의 계단은 피난계단의 구조로 설치해야 되는지 아니면 특별피난계단의 구조로 설치해야 하는지가 명확하지 않다. 실무에서는 해석상의 통일이 되지 않고 지역과 건축사에 따라 다르게 적용하는 경우가 있는 것이 사실이다. 지하 1층이 피난계단의 설치대상에도 해당되는 규모가 아니므로 특별피난계단의 구조로 하지 않고 방화문만 설치한 피난계단의 구조로 설치하는 것도 본래 설치 대상이 아닌 것에 강화된 규정을 적용한 것으로 충분하다고 생각할 수 있을 것이다.

그러나 이 규정의 취지는 지상층의 건축물은 층수와 높이로 본다면 피난소요시간이 더 요구되어 계단실로 이동하는 경로상에 안전 경유거실(부속실)을 설치토록 하여 안전지대를 확보하는 것으로 볼 수 있는데, 만일 지하 1층의 거실에서 발생한 화재로 인해 계단실이 오염된다면 지상층에 이러한 강화된 규정을 적용할 실이익이 없는 실패한 건축방재계획이 될 것이다. 그러므로 지상층과 연속된 단일구조의 지하 1층의 계단실은 지상층의 안전확보를 위해서라도 제연설비가 설치된 부속실이 있는 특별피난계단의 구조로 설치하는 것이 올바른 적용이라고 필자는 생각한다. 또한 지하 2층이고 지상 11층 이상인 경우에도 지상층이 특별피난계단의 구조로 설치해야 할 대상이므로 지하 2층이 비록 피난계단의 구조로 설치할 대상이나 지상층 계단이 지하층의 계단까지 연속적인 단일구조로 되어 있다면 이 경우 역시 지하층의 계단은 특별피난계단의 구조로 설치하는 것이 타당할 것이다. 다만 지상층 계단과의 연속적 단일구조가 아니고 지하층 계단의 출입구가 분리되어 있다면 피난계단의 구조로 설치하여도 무방하다.

17) 건축법 시행령 제35조(피난계단의 설치) 제②항, 제③항

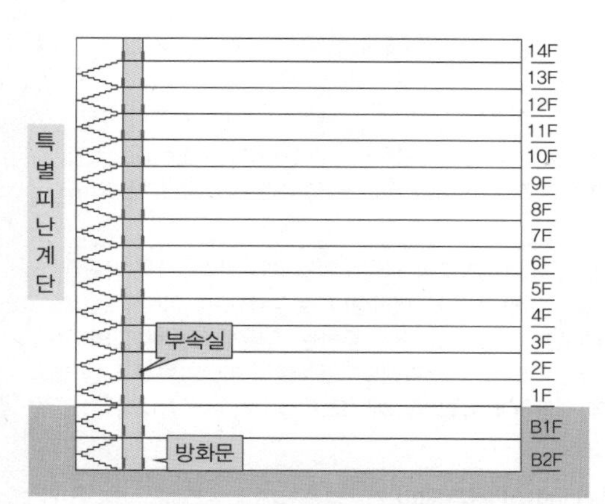

지하 2층을 특별피난계단 구조로 설치한 경우

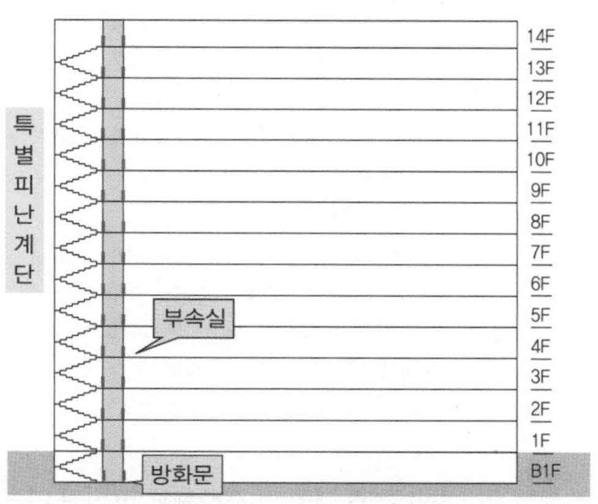

지하1층을 특별피난계단 구조로 설치한 경우

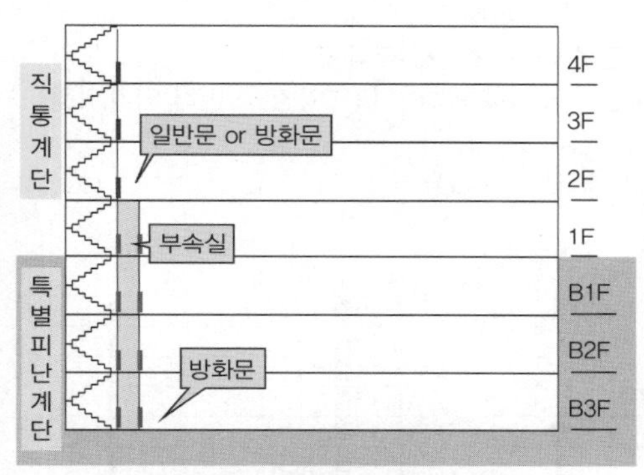

지하층을 특별피난계단 구조로 설치한 경우

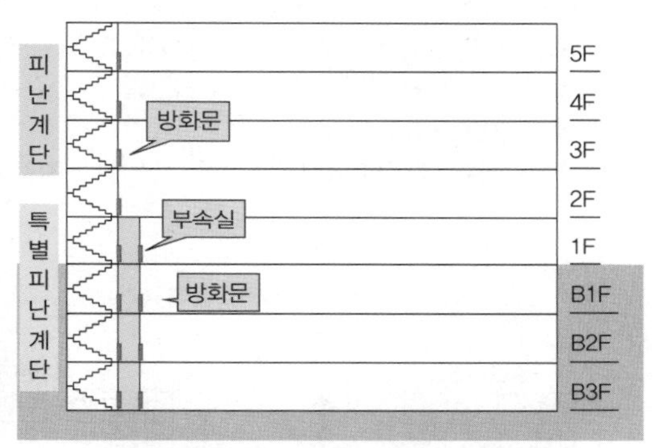

지상층과 지하층의 계단 구조가 다르게 설치된 경우

지상층과 지하층에 설치하는 계단구조의 종류가 다를 때에 "지상 1층의 계단실의 구조"는 어떻게 하여야 하는지 고민하게 되는데 이 경우에는 좀 더 강화된 기준에 따라 설치하면 된다. 즉, 지상층이 피난계단의 구조이고 지하층이 특별피난계단의 구조이면 지상1층의 계단실은 특별피난계단의 구조로 설치하여야 한다. 건축 관련 질의회신에도 강화된 기준의 구조로 설치하도록 하고 있다.

PLUS TIPS 지하층 특별피난계단/지상층 피난계단구조 설치 대상일 때 지상 1층의 계단실구조[18] (건축정책과, 2010. 11. 12.)

질의	지하 4층, 지상 6층인 건축물에 대하여 지하층은 특별피난계단으로, 지상층은 피난계단 구조로 할 경우 피난층인 1층의 계단실 구조를 피난계단의 구조로 하여야 하는지 아니면 특별피난계단의 구조로 하여야 하는지 여부?
답변	「건축법시행령」 제35조 제2항의 규정에 의하면 건축물(갓복도식 공동주택을 제외함)의 11층(공동주택의 경우에는 16층) 이상의 층(바닥면적이 400m^2 미만인 층을 제외함) 또는 지하 3층 이하의 층(바닥면적이 400m^2 미만인 층을 제외함)으로부터 피난층 또는 지상으로 통하는 직통계단은 제1항의 규정에 불구하고 특별피난계단으로 설치하여야 하는 것인바, 피난층에도 「건축물의 피난방화구조 등의 기준에 관한 규칙」 제9조 제2항 제3호의 규정에 적합하게 특별피난계단으로 설치하여야 합니다.

특별피난계단 제외 대상 → 지하층도 면적에 따른 예외사항이 적용된다.

건축물의 주요구조부가 내화구조 또는 불연재료로 되어 있는 경우로서,
① 지상층 또는 지하층 바닥면적이 400제곱미터 미만인 층은 층수 산정 시 제외
② 갓복도식 공동주택[19] → 각 층의 계단실 및 승강기에서 각 세대로 통하는 복도의 한쪽 면이 외기(外氣)에 개방된 구조
※ 주요구조부: 내력벽(耐力壁), 기둥, 바닥, 보, 지붕틀 및 주계단(主階段)

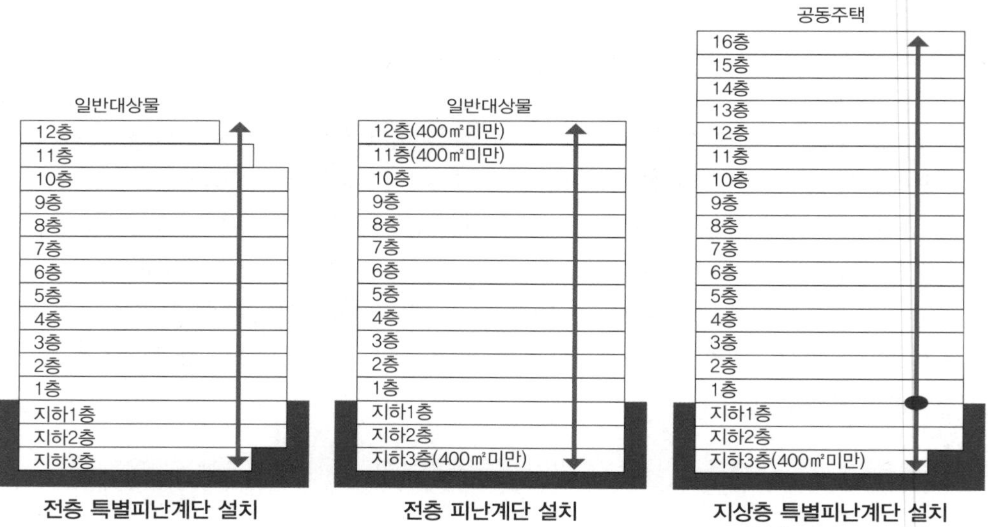

전층 특별피난계단 설치

전층 피난계단 설치
(11~12층, 지하 3층은 400m^2 미만이므로 제외)

지상층 특별피난계단 설치
지하층 피난계단 설치
(지하 3층은 400m^2 미만이므로 제외)

18) 건축물의 피난 · 방화구조 등의 기준에 관한 규칙 제9조(피난계단 및 특별피난계단의 구조)
19) 국토교통부 민원마당(https://eminwon.molit.go.kr)

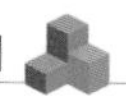

여기서 한 가지 유념해야 하는 것은 피난계단의 설치 제외 규정은 반드시 지상층이 일정면적 이하이면 제외할 수 있고 지하층에는 예외사항을 적용하지 않는 것에 비해, 특별피난계단은 지하층도 일정면적 이하이면 설치가 제외된다는 것이다. 이것은 층수라는 요소보다 면적의 크기에 따른 재실자의 수용인원을 고려하여 피난계단의 구조로도 충분하다는 의미로 해석되는 부분이다.

(2) 특별피난계단의 설치구조[20]

가. 건축물의 내부와 계단실은 노대를 통하여 연결하거나 외부를 향하여 열 수 있는 면적 1제곱미터 이상인 창문(바닥으로부터 1미터 이상의 높이에 설치한 것) 또는 「건축물의 설비기준 등에 관한 규칙」 제14조의 규정에 적합한 구조의 배연설비가 있는 면적 3제곱미터 이상인 부속실을 통하여 연결할 것
나. 계단실 · 노대 및 부속실(「건축물의 설비기준 등에 관한 규칙」 제10조 제2호 가목의 규정에 의하여 비상용 승강기의 승강장을 겸용하는 부속실을 포함)은 창문등을 제외하고는 내화구조의 벽으로 각각 구획할 것
다. 계단실 및 부속실의 실내에 접하는 부분(바닥 및 반자 등 실내에 면한 모든 부분)의 마감(마감을 위한 바탕 포함)은 불연재료로 할 것
라. 계단실에는 예비전원에 의한 조명설비를 할 것
마. 계단실 · 노대 또는 부속실에 설치하는 건축물의 바깥쪽에 접하는 창문등(망이 들어 있는 유리의 붙박이창으로서 그 면적이 각각 1제곱미터 이하인 것 제외)은 계단실 · 노대 또는 부속실 외의 당해 건축물의 다른 부분에 설치하는 창문 등으로부터 2미터 이상의 거리를 두고 설치할 것
바. 계단실에는 노대 또는 부속실에 접하는 부분외에는 건축물의 내부와 접하는 창문등을 설치하지 아니할 것
사. 계단실의 노대 또는 부속실에 접하는 창문등(출입구를 제외)은 망이 들어 있는 유리의 붙박이창으로서 그 면적을 각각 1제곱미터 이하로 할 것
아. 노대 및 부속실에는 계단실외의 건축물의 내부와 접하는 창문등(출입구를 제외)을 설치하지 아니할 것
자. 건축물의 내부에서 노대 또는 부속실로 통하는 출입구에는 60분+ 방화문 또는 60분 방화문을 설치하고, 노대 또는 부속실로부터 계단실로 통하는 출입구에는 60분+ 방화문, 60분 방화문 또는 30분 방화문을 설치할 것. 이 경우 방화문은 언제나 닫힌 상태를 유지하거나 화재로 인한 연기 또는 불꽃을 감지하여 자동적으로 닫히는 구조로 해야 하고, 연기 또는 불꽃으로 감지하여 자동적으로 닫히는 구조로 할 수 없는 경우에는 온도를 감지하여 자동적으로 닫히는 구조로 할 수 있다.
차. 계단은 내화구조로 하되, 피난층 또는 지상까지 직접 연결되도록 할 것
카. 출입구의 유효너비는 0.9미터 이상으로 하고 피난의 방향으로 열 수 있을 것

20) 건축물의 피난 · 방화구조 등의 기준에 관한 규칙 제9조(피난계단 및 특별피난계단의 구조) 제②항 제3호

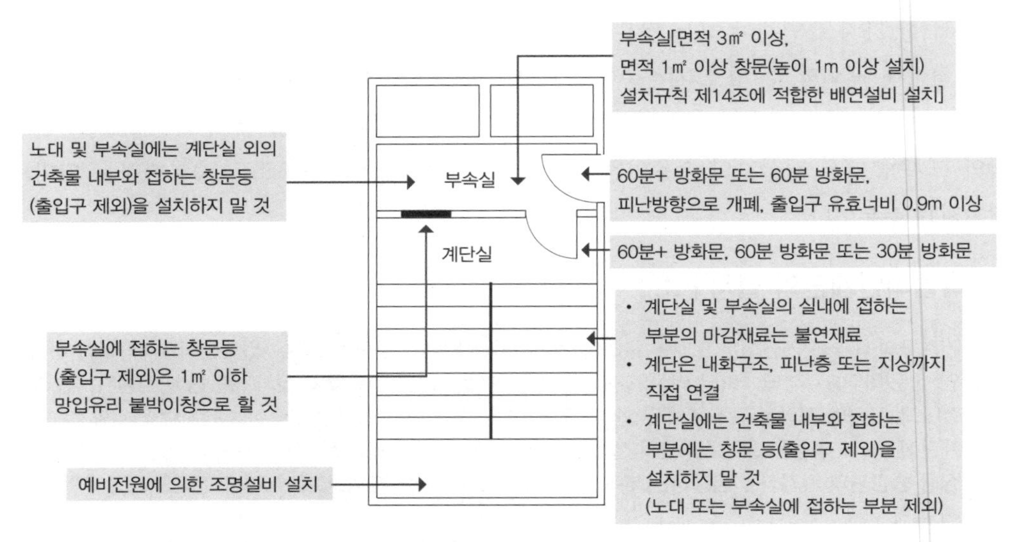
부속실[면적 3㎡ 이상,
면적 1㎡ 이상 창문(높이 1m 이상 설치)
설치규칙 제14조에 적합한 배연설비 설치]
노대 및 부속실에는 계단실 외의
건축물 내부와 접하는 창문등
(출입구 제외)을 설치하지 말 것
부속실
60분+ 방화문 또는 60분 방화문,
피난방향으로 개폐, 출입구 유효너비 0.9m 이상
계단실
60분+ 방화문, 60분 방화문 또는 30분 방화문
• 계단실 및 부속실의 실내에 접하는
부분의 마감재료는 불연재료
• 계단은 내화구조, 피난층 또는 지상까지
직접 연결
• 계단실에는 건축물 내부와 접하는
부분에는 창문 등(출입구 제외)을
설치하지 말 것
(노대 또는 부속실에 접하는 부분 제외)
부속실에 접하는 창문등
(출입구 제외)은 1㎡ 이하
망입유리 붙박이창으로 할 것
예비전원에 의한 조명설비 설치

특별피난계단의 설치구조에서 중요한 것이 「배연설비가 있는 부속실」의 설치이다. 이 부속실은 피난계획에서 외부로 나가기 위한 1차 안전구역의 역할을 한다.

여기서 잠깐!

배연설비

건축물의 안전 · 위생 및 방화(防火) 등을 위하여 건축물 내 연기를 옥외로 배출하는 설비

↳ 근거: 건축법 제49조(건축물의 피난시설 및 용도제한 등), 건축물의 설비기준 등에 관한 규칙 제14조(배연설비)

제연설비

피난경로가 되는 일정한 구역에 연기의 유입 방지 및 제어하기 위한 설비

↳ 근거: 소방시설 설치 및 관리에 관한 법률 시행령 제3조(소방시설) [별표 1]

※ 소화활동을 위한 소방시설로서 건축법령에 따른 기계식 배연설비의 하나의 방식으로 인정됨

그러므로 건축법령에서는 아래와 같이 배연설비를 설치하여 옥내 화재 시 연기유입 차단 등 위험을 방지하도록 하고 있다[21].

특별피난계단 및 비상용승강기의 승강장에 설치하는 배연설비의 구조

1. 배연구 및 배연풍도는 불연재료로 하고, 화재가 발생한 경우 원활하게 배연시킬 수 있는 규모로서 외기 또는 평상시에 사용하지 아니하는 굴뚝에 연결할 것
2. 배연구에 설치하는 수동개방장치 또는 자동개방장치(열 · 연기감지기에 의한 것)는 손으로도 열고 닫을 수 있도록 할 것
3. 배연구는 평상시에는 닫힌 상태를 유지하고, 연 경우에는 배연에 의한 기류로 인하여 닫히지 아니하도록 할 것
4. 배연구가 외기에 접하지 아니하는 경우에는 배연기를 설치할 것

21) 건축물의 설비기준 등에 관한 규칙 제14조(배연설비)

5. 배연기는 배연구의 열림에 따라 자동적으로 작동하고, 충분한 공기배출 또는 가압능력이 있을 것
6. 배연기에는 예비전원을 설치할 것
7. 공기유입방식을 급기가압방식 또는 급 · 배기방식으로 하는 경우에는 제1호 내지 제6호의 규정에 불구하고 소방관계법령의 규정에 적합하게 할 것

실무에서의 부속실 배연설비는 특별피난계단의 계단실 및 부속실 제연설비의 화재안전성능기준(NFPC 501A)에서 정한 방법으로 대부분 설치되고 있다. 또한 공동주택의 경우에는 비상용승강기 승강장과 특별피난계단의 부속실과의 겸용 부분을 특별피난계단의 계단실과 별도로 구획하는 때에는 승강장을 특별피난계단의 부속실과 겸용설치가 가능하도록 하고 있다.[22] 그리고 고층건축물에 설치하는 피난안전구역에 연결되는 특별피난계단은 피난안전구역을 거쳐서 상 · 하층으로 갈 수 있는 구조(Transfer)로 설치하여야 하는데, 이 부분에 관해서는 뒤에서 언급될 「피난안전구역의 설치구조」에서 다시 알아보기로 한다.

(3) 피난계단 또는 특별피난계단을 추가로 설치해야 되는 대상[23]

지상 5층 이상인 층에서 그 층에 사용하는 당해 용도가 다음과 같은 용도로 사용하는 일정규모 이상이면 직통계단의 설치기준에서 규정한 계단의 수 외에 별도로 피난계단 또는 특별피난계단을 추가 설치하여야 한다.

구분	내용
사용용도	문화 및 집회시설 중 전시장 또는 동 · 식물원, 판매시설, 운수시설(여객용 시설만 해당), 운동시설, 위락시설, 관광휴게시설(다중이 이용하는 시설만 해당) 또는 수련시설 중 생활권 수련시설의 용도로 쓰는 층
설치개수	그 층 당해 용도에 쓰이는 바닥면적 합계가 2,000m²를 넘는 경우 그 넘는 2,000m² 이내마다 1개소 추가설치(기존 직통계단+추가설치) ※ 추가설치 기준: (그 층 당해용도 바닥면적합계−2,000m²) ÷ 2000m²
설치기준	추가 설치계단은 4층 이하의 층에는 쓰지 아니하는 피난계단 또는 특별피난계단만 해당

추가로 설치하는 계단의 구조는 위 규정 용도의 규모에 해당되는 부분이 5층에서 10층 이내에 있다면 피난계단 또는 특별피난계단의 구조로 설치하면 되고, 11층 이상의 층에 있다면 반드시 특별피난계단의 구조로만 설치해야 한다는 의미이다. 특히 여기서 주의해야 하는 것은 "4층 이하의 층에서는 사용할 수 없는 5층 이상의 전용구조"로 설치하여야 한다는 것이다.

22) 건축물의 설비기준 등에 관한 규칙 제10조(비상용승강기의 승강장 및 승강로의 구조)
23) 건축법 시행령 제35조(피난계단의 설치) 제⑤항

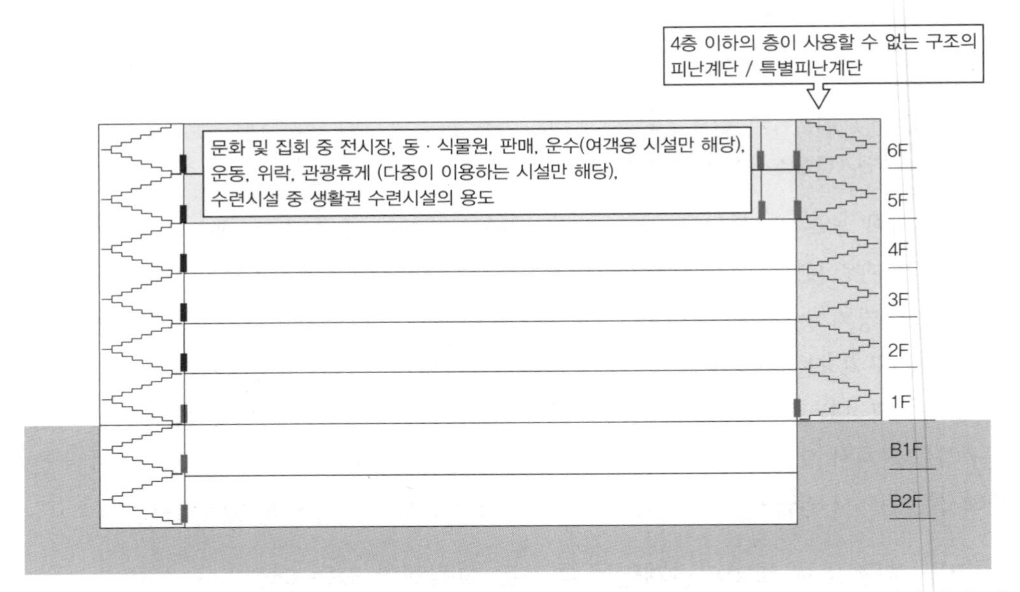

또한 이 규정과 구별해야 하는 것이 앞에서 언급한 5층 이상 또는 지하 2층 이하인 층에 설치하는 직통계단은 피난계단 또는 특별피난계단으로 설치하지만 이 중에서 "판매시설의 용도로 쓰는 층으로부터의 직통계단은 그 산출된 계단의 수 중에서 1개소 이상을 특별피난계단으로 설치"하도록 규정하고 있는데, 이 규정과는 다른 별개의 규정으로서 추가로 설치하는 것이므로 구별해야 한다.

3 옥외계단

(1) 옥외피난계단 구조로 설치하여야 할 대상

건축물에 많은 수용인원이 우려되는 용도, 특히 공연장 등은 유사시 피난이 한쪽으로 쏠림 현상이 발생하여 의한 지상으로 피난시간의 지체가 발생할 우려가 상당하다고 할 수 있다. 그러므로 수용밀도가 높은 건축물은 지상으로의 이동에 있어 신속하고 효율적인 구조의 피난동선을 갖추는 것이 대형 인명피해를 방지할 수 있는 최우선 조건이라 할 수 있을 것이다. 이를 위해서 건축법령에서는 용도에 따라 "3층 이상인 층(피난층 제외)으로부터 지상으로 통하는 옥외피난계단"을 직통계단의 설치기준에 따른 것 외에 별도로 설치하도록 규정[24]하고 있다.

용도	면적
• 제2종 근린생활시설 중 공연장(해당 용도로 쓰는 바닥면적의 합계가 300m² 이상인 경우만 해당) • 문화 및 집회시설 중 공연장 • 위락시설 중 주점영업의 용도로 쓰는 층	그 층 거실의 바닥면적의 합계가 300m² 이상

24) 건축법 시행령 제36조(옥외 피난계단의 설치)

• 문화 및 집회시설 중 집회장의 용도로 쓰는 층	그 층 거실의 바닥면적의 합계가 1,000m^2 이상

※ 건축물의 3층 이상인 층에 해당 → 피난층은 제외

(2) 옥외피난계단의 설치대상 여부

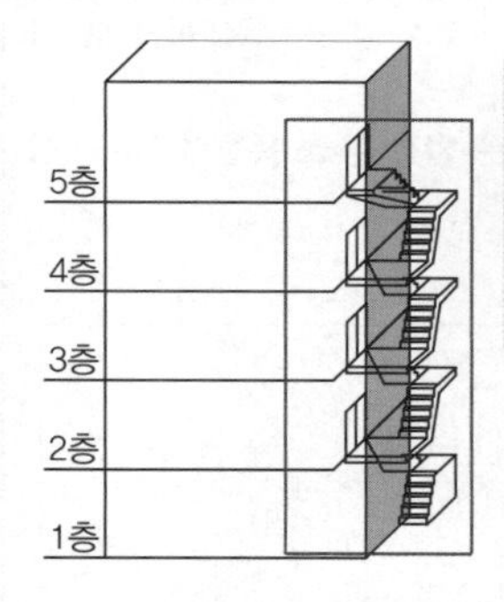

건축물의 3층 이상인 층으로서
★ 제2종근린생활시설 중 공연장, 위락시설 중 주점영업
– 그 층 거실의 바닥면적의 합계 300제곱미터 이상

★ 문화 및 집회시설 중 집회장
– 그 층 거실의 바닥면적의 합계가 1,000제곱미터 이상

직통계단 외에 그 층으로부터 지상으로 통하는 옥외피난계단을 따로 설치

"그 층 거실의 바닥면적의 합계"에서 거실의 면적에 계단실, 복도, 화장실 등의 용도로 사용하는 부분도 거실 면적으로 포함되는지의 문제가 있는데, 공용으로 사용하는 이런 용도의 면적은 옥외피난계단 설치대상의 거실면적 합계에서 제외된다.

PLUS TIPS 옥외피난계단 설치대상 거실면적 포함여부[25](건축정책과, 2019. 05. 24.)

질의	옥외피난계단 설치 시 그 층의 거실의 바닥면적 합계라 함은 계단실, 기계실, 화장실도 포함하는지 여부?
답변	건축법 시행령 제36조의 규정에 의거 건축물의 3층 이상의 층(피난층을 제외한다)으로서 공연장, 위락시설중 주점영업의 용도에 쓰이는 층으로서 그 층의 거실의 바닥 면적의 합계가 300m^2 이상인 것은 직통계단 외에 그 층으로부터 지상으로 통하는 옥외피난계단을 따로 설치하도록 규정하고 있는바, 이 경우 공용으로 사용하는 계단실 · 복도 · 화장실은 포함되지 않습니다.

과거 피난층이 있는 경우 건축물의 층수 적용에 있어 옥외피난계단 설치대상 여부에 이견이 있었다. 일부에서는 별도의 옥외피난계단을 설치하는 기준은, "건축물의 3층 이상인 층"에서 피난층은 제외하므로 피난층을 제외하고 층수를 계산해서 설치여부를 적용해야 한다고 주장하였다. 예를 들면 지상 1층과 지상 2층이 지면에 접하는 피난층인 지상 4층 규모의 건축물이 있다고 하자. 이 건축물의 4층에 공연장의 용도로 사용하는 거실의 바닥면적이 300제곱미터 이상이라고 했을 때 지상 1층과 2층이 지면에 접하는 피난층이므로 층수에서 제외되어 실제 층수의 계산상으로는 "건축물의 3층 이상인 층"에 해당되지 않고 지상 2층에 공연장의 용도가 있는 것으로 해석하여 옥외피난계단의 설치대상에 해당되지 않는다는 것이다. 그러나 이 같은 논리는 옥외피난계단을 설치하라는 규정의 취지에 맞지 않다. 지상 3층 이상의 높이에 수용밀도가 높은 용도의 경우 그만큼 재실자들의 피난소요시간이 지연되

25) 국토교통부 민원마당(https://eminwon.molit.go.kr)

므로 별도의 계단을 설치하여 신속한 피난을 할 수 있도록 하라는 취지이므로 당연히 설치하여야 한다.

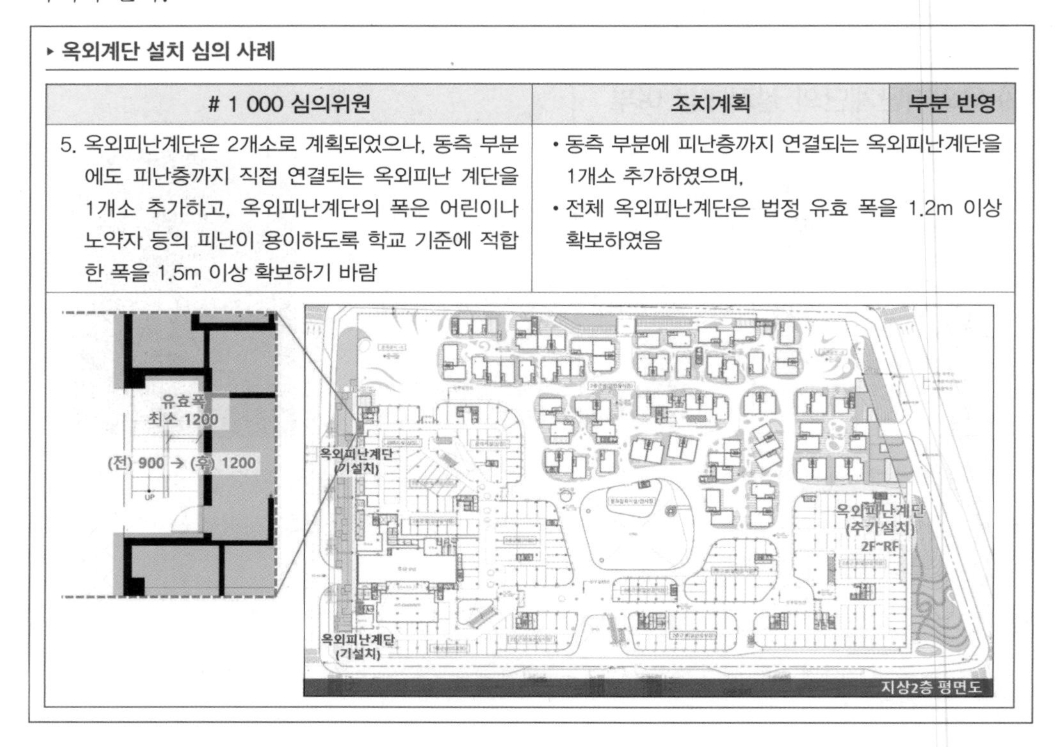

▸ 옥외계단 설치 심의 사례

# 1 000 심의위원	조치계획 부분 반영
5. 옥외피난계단은 2개소로 계획되었으나, 동측 부분에도 피난층까지 직접 연결되는 옥외피난 계단을 1개소 추가하고, 옥외피난계단의 폭은 어린이나 노약자 등의 피난이 용이하도록 학교 기준에 적합한 폭을 1.5m 이상 확보하기 바람	• 동측 부분에 피난층까지 연결되는 옥외피난계단을 1개소 추가하였으며, • 전체 옥외피난계단은 법정 유효 폭을 1.2m 이상 확보하였음

4 돌음계단

돌음계단이란 계단의 폭이 일정하지 아니하고 이동축이 직각 방향이 아니거나 계단참이 없어 계단으로만 이루어진 구조 등으로 볼 수 있다. 피난계단 및 특별피난계단의 구조에서 계단실의 계단은 돌음계단으로 설치하지 못하도록 규정[26]하고 있다.

건축물 내부에 설치된 돌음계단

26) 건축물의 피난 · 방화구조 등의 기준에 관한 규칙 제9조(피난계단 및 특별피난계단의 구조) 제③항

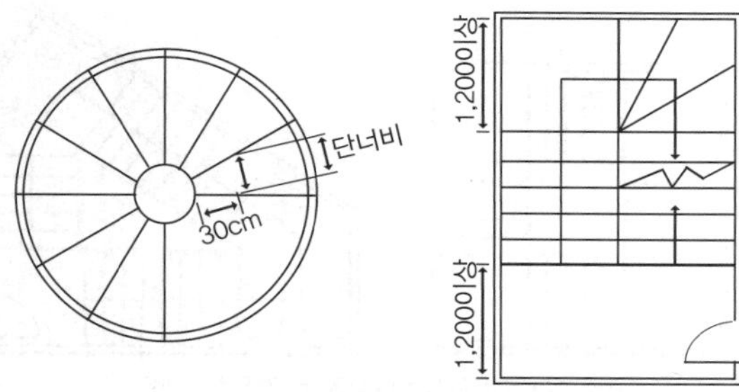

돌음계단의 유형

이런 구조는 보행의 이용에 불편할 뿐만 아니라 긴급한 사유등의 돌발적인 상황에서 효율적인 피난 기능을 위한 계단의 역할에는 적합하지 않다.

PLUS TIPS 돌음계단 해당여부(국토교통부, 접수번호: 1AA-1610-195199)

질의	돌음계단의 형태
답변	돌음계단에 대해서는 건축법령에 명시된 것은 아니나, 일반적으로 돌음계단이라 함은 계단참 없이 단일 연속적으로 설치하여 도는 계단(계단의 폭이 좁으며, 계단과 계단의 중심선이 직선형이 아닌 계단참 없이 회전형인 경우)은 돌음계단으로 볼 수 있을 것임을 알려드립니다. 첨부파일의 각 계단들이 돌음계단인지 여부에 대한 구분은 그 형태 등이 복합적이고 건축법상 명시된 것이 아니기 때문에, 굳이 구분할 필요가 없으며, 피난계단 또는 특별피난계단의 설치 시 피난에 방해가 되는 돌음계단 등의 설치를 규제한 것이기 때문에 각각의 피난계단이 피난에 지장을 주는 경우에는 피난계단 등으로 설치할 수 없음을 알려드립니다.(계단은 그 형태 및 구조에 따라 복합적으로 설치되는 경우가 많기 때문에 모든 계단에 대해서 돌음계단이냐 아니냐의 구분이 필요한 것이 아니라, 피난에 지장을 주느냐 여부로 판단하여야 할 사항임)

건축법령의 해당부서에서 판단하는 돌음계단 내용에 대한 질의회신 사례를 요약해보면 돌음계단을 다음과 같이 정의할 수 있다.

돌음계단에 해당하는 경우

1. 하나의 단에서 너비가 일정하지 않은 계단을 말하는 것으로 계단의 너비가 난간 쪽과 벽 쪽이 다른 경우
2. 계단의 폭이 일정하지 않고 이동축이 직각방향이 아니거나 계단참이 없어 계단만으로 이루어진 구조
3. 계단의 폭이 안쪽이 좁으며, 계단과 계단의 중심선이 직선형이 아닌 계단참이 없어 회전형인 경우
4. 계단참의 유효너비가 계단참의 좌측부터 우측까지 일정하게 측정하여 가로, 세로가 각각 120cm 이상이 아닌 경우

※ 국토교통부 질의회신 접수번호: 1AA-1610-195199, 1AA-0901-045746, 1AA-155-301282, 안건번호 18-0702

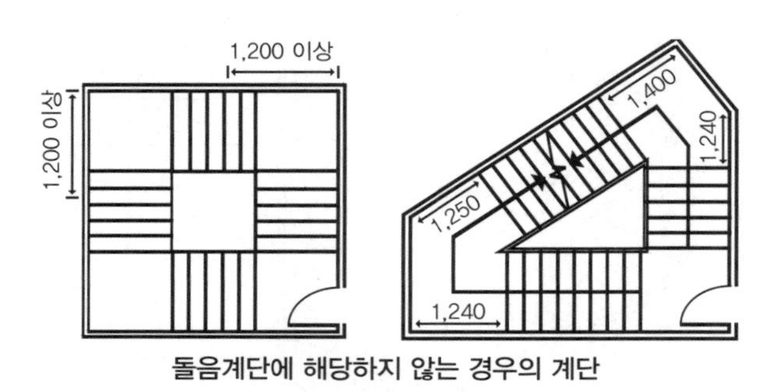

돌음계단에 해당하지 않는 경우의 계단

계단은 일반적인 상황에서 층간 이동을 위한 용도이기도 하지만 유사시에는 피난의 통로이기도 하므로 위급상황의 발생 시 피난 목적 달성을 위해 충분한 너비를 확보해야 할 목적도 있으므로 돌음계단은 이런 직통계단의 피난시설로서의 기능에는 적합하지 않다.

04 계단실 출입구에 설치하는 방화문의 구조 및 유지·관리

피난계단 또는 특별피난계단의 설치구조에서 특히 중요한 것은 계단실로 통하는 출입구이다. 이 출입구의 크기, 창호의 열리는 방향, 개폐방법 등에 따라 피난에 적지 않은 영향을 미칠 수 있으므로 유지관리에 있어 상당히 중요하게 생각해야 한다. 특히 건축법령상의 피난시설에 해당되므로 이 출입구의 방화문을 폐쇄하거나 장애물 적치 등 유지관리 의무를 위반하였을 시 소방관계법령에 따른 불이익 처분을 받을 수 있다.

또한 최근 발생한 대형인명피해 화재의 연소 확대 과정을 보면 앞에서의 화재사례처럼 1층 방화문의 미설치 또는 방화문의 자동폐쇄 불량으로 화재가 건물 전체로 확대되어 인명피해 발생의 근본적 원인이 될 수도 있으므로 그만큼 계단실 출입구의 방화문에 대한 중요성이 높다고 할 수 있다.

1 법 연혁에 따른 출입문의 설치구조

옥내로부터 계단으로 통하는 출입구에는 건축법 시행령 제정 당시(1962. 04. 10.)에는 피난계단에는 수시로 열수 있는 자동폐쇄의 갑종방화문뿐만 아니라 철제망입의 유리문도 설치가 가능했다. 그리고 특별피난계단 구조 중에 부속실에서 계단실로 통하는 출입구에는 수시로 열 수 있는 자동폐쇄의 문만 설치하면 가능했고 반드시 방화문의 성능이 있어야 한다는 규정이 없었다. 이후 법률의 일부개정(1982. 08. 07.)으로 출입문의 열리는 방향과 언제나 닫힌 상태를 유지하거나 평소에 개방되어 있다가 연기나 온도에 의해 자동으로 닫히는 구조로 설치하도록 하였다. 또한 법령이 건축법 시행령에서 건축물의피난 · 방화구조등의기준에관한규칙(1999. 05. 07. 최초 제정)으로 규정이 변경되었으며, 이 법령이 피난계단 규정의 일부개정(2010. 04. 07.)과 특별피난계단의 일부개정(2012. 01. 06.)으로 연기, 온도, 불꽃 등으로 가장 신속하게 감지하여 자동으로 닫힐 수 있도록 강화되었다. 현재는 온도의 감지에 의한 작동방식은 자동폐쇄 성능의 신속성에 있어 효율적이지 못하는 문제점으로 연기와 불꽃을 감지하여 자동폐쇄 되는 방식으로 개정되어 설치되고 있다.

법령의 연혁별 계단실 출입구의 방화문 설치와 자동폐쇄 등의 기준은 아래와 같이 변화되었다.

법령명 (연도)	규정내용	
	피난계단	특별피난계단
건축법시행령 1962. 04. 10. (최초 제정)	옥내부터 계단에 통하는 출입구에는 수시 열 수 있는 자동폐쇄의 갑종방화문 또는 철제망입 유리의 문을 설치할 것	• 옥내부터 로대 또는 부속실에 통하는 출입구에는 수시 열 수 있는 자동폐쇄의 갑종방화문을 설치할 것 • 로대 또는 부속실로부터 계단실로 통하는 출입구에는 수시 열 수 있는 자동폐쇄의 문을 설치할 것
1973. 09. 01. (전부개정)	옥내로부터 계단에 통하는 출입구에는 갑종방화문을 설치할 것	〃
1982. 08. 07. (전부개정)	옥내로부터 계단실로 통하는 출입구에는 피난의 방향으로 열 수 있는 것으로서 언제나 닫힌 상태를 유지하거나 화재 시 연기의 발생 또는 온도의 상승에 의하여 자동적으로 닫히는 구조의 갑종방화문 또는 을종방화문을 설치할 것	옥내로부터 노대 또는 부속실로 통하는 출입구에는 피난의 방향으로 열수 있는 것으로서 언제나 닫힌 상태를 유지하거나 화재 시 연기의 발생 또는 온도의 상승에 의하여 자동적으로 닫히는 구조의 갑종방화문을, 노대 또는 부속실로부터 계단실로 통하는 출입구에는 피난의 방향으로 열수 있는 것으로서 언제나 닫힌 상태를 유지하거나 화재 시 연기의 발생 또는 온도의 상승에 의하여 자동적으로 닫히는 구조의 갑종방화문 또는 을종방화문을 각각 설치할 것
1986. 12. 29. (일부개정)	옥내로부터 계단실로 통하는 출입구의 유효폭은 0.9m 이상으로 하고, 그 출입구에는 피난의 방향으로 열 수 있는 것으로서 언제나 닫힌 상태를 유지하거나 화재 시 연기의 발생 또는 온도의 상승에 의하여 자동적으로 닫히는 구조의 갑종방화문 또는 을종방화문을 설치할 것	〃
건축물의 피난· 방화구조 등의 기준에 관한 규칙 2010. 04. 07. (일부개정)	건축물의 내부에서 계단실로 통하는 출입구의 유효너비는 0.9m 이상으로 하고, 그 출입구에는 피난의 방향으로 열 수 있는 것으로서 언제나 닫힌 상태를 유지하거나 화재로 인한 연기, 온도, 불꽃 등을 가장 신속하게 감지하여 자동적으로 닫히는 구조로 된 갑종방화문을 설치할 것	〃

2012. 01. 06. (일부개정)	〃	건축물의 내부에서 노대 또는 부속실로 통하는 출입구에는 갑종방화문을 설치하고, 노대 또는 부속실로부터 계단실로 통하는 출입구에는 갑종방화문 또는 을종방화문을 설치할 것. 이 경우 갑종방화문 또는 을종방화문은 언제나 닫힌 상태를 유지하거나 화재로 인한 연기, 온도, 불꽃 등을 가장 신속하게 감지하여 자동적으로 닫히는 구조로 하여야 한다.
2019. 08. 06. (일부개정)	건축물의 내부에서 계단실로 통하는 출입구의 유효너비는 0.9m 이상으로 하고, 그 출입구에는 피난의 방향으로 열 수 있는 것으로서 언제나 닫힌 상태를 유지하거나 화재로 인한 연기 또는 불꽃을 감지하여 자동적으로 닫히는 구조로 된 갑종방화문을 설치할 것. 다만, 연기 또는 불꽃을 감지하여 자동적으로 닫히는 구조로 할 수 없는 경우에는 온도를 감지하여 자동적으로 닫히는 구조로 할 수 있다.	건축물의 내부에서 노대 또는 부속실로 통하는 출입구에는 따른 갑종방화문을 설치하고, 노대 또는 부속실로부터 계단실로 통하는 출입구에는 갑종방화문 또는 을종방화문을 설치할 것. 이 경우 갑종방화문 또는 을종방화문은 언제나 닫힌 상태를 유지하거나 화재로 인한 연기 또는 불꽃을 감지하여 자동적으로 닫히는 구조로 해야 하고, 연기 또는 불꽃으로 감지하여 자동적으로 닫히는 구조로 할 수 없는 경우에는 온도를 감지하여 자동적으로 닫히는 구조로 할 수 있다.
2021. 03. 26. (일부개정)	건축물의 내부에서 계단실로 통하는 출입구의 유효너비는 0.9m 이상으로 하고, 그 출입구에는 피난의 방향으로 열 수 있는 것으로서 언제나 닫힌 상태를 유지하거나 화재로 인한 연기 또는 불꽃을 감지하여 자동적으로 닫히는 구조로 된 60분+ 방화문 또는 60분 방화문을 설치할 것. 다만, 연기 또는 불꽃을 감지하여 자동적으로 닫히는 구조로 할 수 없는 경우에는 온도를 감지하여 자동적으로 닫히는 구조로 할 수 있다.	건축물의 내부에서 노대 또는 부속실로 통하는 출입구에는 60분+ 방화문 또는 60분 방화문을 설치하고, 노대 또는 부속실로부터 계단실로 통하는 출입구에는 60분+ 방화문, 60분 방화문 또는 30분 방화문을 설치할 것. 이 경우 방화문은 언제나 닫힌 상태를 유지하거나 화재로 인한 연기 또는 불꽃을 감지하여 자동적으로 닫히는 구조로 해야 하고, 연기 또는 불꽃으로 감지하여 자동적으로 닫히는 구조로 할 수 없는 경우에는 온도를 감지하여 자동적으로 닫히는 구조로 할 수 있다.

2 출입문 자동폐쇄방식의 검토

본래의 입법 취지로 볼 때 출입문은 언제나 닫히는 구조로 유지되어야 한다. 그러나 상시 방화문으로 닫힌 상태의 부속실에서 계단실 또는 거실로의 이동 동선은 거주자들의 일상적인 생활에 있어 비효율적인 부분으로 인식되기도 하였는데 이를 해결하기 위해 평상시에는 개방되어 있더라도 화재 시에만 신속하게 폐쇄된다면 이 규정의 취지에 적합할 것이므로 자동적으로 닫히는 구조에 대한 방식이 사용되었다. 그러나 이 방식에는 연기, 온도, 불꽃의 감지에 의한 작동방식이 있었지만 신속감지라는 문제점과 이에 따른 자동 닫힘 시간의 지연에 대한 문제점이 나타나게 되었다. 즉, 연기, 온도, 불꽃의 감지방식에 따른 방화문 자동닫힘 속도가 동일하지 않았다. 특히 법령의 연혁과정에서 반드시 알아야 할 것이 "온도상승

에 의하여 자동적으로 닫히는 구조"와 "온도를 가장 신속하게 감지하여 자동으로 닫히는 구조"에 대한 부분이다. 이것은 평상시 방화문을 벽체에 퓨즈로 고정하고 또는 계단실 방화문 도어릴리즈에 퓨즈를 설치하여 개방되어 있다가 화재 시 불꽃 등 온도상승으로 지정된 온도(약 70℃~75℃)에서 퓨즈의 녹는점을 이용하여 자동으로 닫히게 하는 방식으로서 치명적인 문제점이 있었다. 즉, 화재는 연기의 유동이 우선적으로 수반되는데 이런 유동하는 연기 내에 포함되어 있는 열기로 인해 퓨즈가 녹아 작동되기까지 상당한 시간이 소요되어 방화문이 작동됐을 때는 이미 다량의 연기가 계단실을 오염시켜 가장 안전해야 할 계단실이 피난시설로서의 기능이 상실되는 결과를 초래하였다.

퓨즈 디바이스 방식
방화문을 벽체에 퓨즈로 고정시켜 화재 시 약 70℃ 이상에서 퓨즈가 녹아 hold가 풀리는 방식

퓨즈블링크 도어클로저 방식
화재 시 열려 있는 문의 열감지기능 클로저 퓨즈가 약 70℃ 이상에서 녹아 자동으로 닫히게 하는 방식

이런 문제를 해결하기 위해 "연기와 불꽃을 감지"하여 자동으로 닫히는 구조로 설치되도록 법령이 강화(2019. 08. 06.)되었으며, 연기와 불꽃의 감지방식으로 설치할 수 없는 경우 예외적으로 온도 감지방식으로 설치할 수 있도록 하였다. 예외 규정이 있음에도 불구하고 실무에서는 온도감지방식을 적용하는 것에 있어 아주 보수적이라고 보면 될 것이다.

3 소방법령에서의 계단실 출입문 유지 · 관리 의무

앞에서 언급했듯이 피난계단 또는 특별피난계단은 건축법에 의한 피난시설에 해당되며 소방관계법령에서는 이 피난시설에 대한 유지 · 관리의 의무를 다하지 못하였을 경우 불이익처분과 필요한 조치를 명할 수 있도록 하고 있다. 그러므로 건축물 내부에서 계단실로 통하는 출입구에 설치된 방화문은 항상 정상상태로 유지될 수 있도록 해야 하며 이것은 거주 및 이용자들의 안전 확보에 있어 무엇보다 중요한 요소 중 하나이다.

소방시설 설치 및 관리에 관한 법률 제16조(피난시설, 방화구획 및 방화시설의 관리)

① 특정소방대상물의 관계인은 피난시설에 대하여 다음 각 호의 행위를 하여서는 아니 된다.
1. 피난시설, 방화구획 및 방화시설을 폐쇄하거나 훼손하는 등의 행위
2. 피난시설, 방화구획 및 방화시설의 주위에 물건을 쌓아두거나 장애물을 설치하는 행위
3. 피난시설, 방화구획 및 방화시설의 용도에 장애를 주거나 「소방기본법」 제16조에 따른 소방활동에 지장을 주는 행위
4. 그 밖에 피난시설, 방화구획 및 방화시설을 변경하는 행위

※ 위반 시 → 과태료

05 직통계단의 법령 쟁점 · 검토사항

1 갓복도식 공동주택의 외부 창호설치 쟁점사항

실무에서 가장 많은 갈등의 소지가 있는 것이 갓복도식 공동주택의 복도에 창호를 설치하였을 때 발생하는 문제점들이다. 16층 이상의 공동주택이라도 갓복도식인 경우 특별피난계단 구조로 설치하지 않고 피난계단의 구조만 설치하면 되는데 이것은 화재 시 연기 등이 외부로 직접적으로 배출되어 계단실에 미치는 영향이 거의 없다고 보기 때문이다. 즉, 특별피난계단 설치의 완화 규정이라 할 수 있다.

갓복도식 공동주택의 외기와 면하는 부분

그러나 이런 구조의 공동주택은 실제 외기와 개방된 부분이 비, 눈, 바람 등의 영향을 직접적으로 받아 거주자들의 생활에 상당한 불편을 끼치는 구조이므로 완공 후 거주자들에 의해 외기와 접하는 개방된 부분에 새시 등 창호를 설치하는 사례들이 종종 발생하였다. 이런 결과로 소방시설 관리업자 또는 화재안전조사 등의 담당자들과 공동주택측과의 갈등이 많이 발생하고 있는 실정이다.

갓복도의 외기와 접하는 개방된 부분을 창호등으로 구획함으로써 발생하는 문제점은 다음과 같다.

첫째, 구획된 복도부분이 건축물의 바닥면적과 연면적에 포함되어 일부 불법건축물로 검토될 가능성이 있으며, 또한 건축물 대장상 "건축법 위반건축물"로 기재될 우려가 상당히 있다고 할 수 있다.

둘째, 구획된 복도 부분에 소방시설이 설치되지 않은 것에 대한 위험성이다. 세대 내에 설치되어 있는 스프링클러설비등 자동소화설비와 자동화재탐지설비등의 경보설비가 미설치되어 있으므로 출입문이 열린 상태의 세대 내 화재 또는 구획된 복도의 화재 시 유독가스와 열기로 인해 다른 세대 거주자들의 피난에 상당한 장애요인이 될 수 있다.

셋째, 특별피난계단 부속실의 제연설비의 가압방식에 따른 설치구조 완화 규정을 적용할 수가 없다. 특별피난계단 구조의 설치기준 중에서 부속실의 확보와 그 부속실에 제연설비의 설치가 가장 중요한 부분이다. 일반적으로 직통계단식 공동주택 계단실의 부속실에는 특별피난계단의 계단실 및 부속실 제연설비의 화재안전성능기준(NFPC 501A)에 적합한 급기가압식 제연설비가 설치되는데, 이것은 화재 시 부속실만 별도의 가압을 하여 화재실보다 더 높은 압력(차압)을 가지게 함으로써 계단실의 연기유입을 차단하게 된다. 그러나 외기와 개방된 갓복도 부분을 창호 등에 의한 구획한 갓복도식 아파트는 직통계단식 공동주택으로 인정되지 않으므로 급기와 배기를 동시에 하는 급 · 배기방식의 제연설비를 설치하여야 한다.

여기서 잠깐!

특별피난계단의 계단실 및 부속실 제연설비의 화재안전성능기준(NFPC 501A) 제13조(유입공기의 배출)

① 유입공기는 화재층의 제연구역과 면하는 옥내로부터 옥외로 배출되도록 하여야 한다. 다만, 직통계단식 공동주택의 경우에는 그러하지 아니하다.

이 방식은 옥내에서 부속실로 피난하기 위해서 출입문을 열었을 때 출입문이 개방되는 시간 동안 옥내의 화재발생 연기가 부속실로 유입되게 되는데, 이것을 방지하고자 부속실은 출입문이 닫힌 상태에서는 옥내와의 일정한 압력의 차이(차압)를 유지하고, 출입문 개방 시 연기의 유입을 방지하기 위해서 부속실을 가압하여 옥내로 일정한 풍속으로 공기를 불어주어야 하고 이렇게 옥내로 유입된 공기는 화재층의 제연구역과 면하는 옥내로부터 옥외로 배출하도록 해야 하는 방식이다. 즉, 부속실에는 급기시설을 옥내에 면하는 부분은 배기시설을 설치해야 하는 방식을 말한다. 그러므로 외기와 면한 갓복도를 창호 등으로 구획함으로써 기존의 급기가압방식에서 급 · 배기방식으로 기준에 맞는 시설들을 새로이 설치해야 되는 원인이 될 수 있다.

PLUS TIPS 갓복도식 아파트 외기복도 창호설치 구획에 따른 제연설비 설치관련 소송제기 사례 [사건 2020구합 23514]

청구인 질의	"○○아파트"에 비상용승강기 승강장 제연설비를 설치함에 있어서 유입공기 배출장치가 설치되지 않아 2020. 00. 00. 특별피난계단의 계단실 및 부속실 제연설비의 화재안전기준(NFSC 501A) 제13조(유입공기의 배출)에 적합하게 유입공기 배출장치를 설계 및 시공할 것을 관할 소방서로부터 조치명령을 받았습니다. 이 사건 아파트에 입주민들이 겨울철 추위와 우천 시 빗물과 관련한 생활불편의 호소로 인하여 2009년 국비를 지원받아 복도창호가 설치됨에 따라 2019년 증축되는 비상용승강기 승강장에 별도의 제연설비를 설계 · 시공하였고 유입공기가 제연구역과 면하는 옥내(복도)로부터 옥외로 배출되는 기존 복도창호 중 갤러리를 배출구로 이용하여 성능이 확보되도록 설계하였으며, "화재안전기준, 소방청 발행 화재안전기준 해설서 등에 근거하여 적법하게 시공완료"되었고, "소방시설의 성능이 정상적으로 확보되어 안전이 담보"되었으므로 조치명령이 부당하여 행정소송을 제기함
피고인 진술	청구인이 소유하고 있는"○○아파트는 1993. 00. 00. 사용승인을 득하였을 당시에는 복도창호가 없는 갓복도형 아파트로 준공이 되었습니다. 그런데 ① 2009년 국비를 지원받아 복도에 창호를 설치함으로써 더 이상 제연설비가 설치 제외될 수 있는 갓복도형 아파트로 볼 수가 없고, ② 제연설비를 면제할 수 있는 노대가 설치된 비상용승강기의 승강장 또한 아니므로 이번 승강기(비상용승강기 겸용) 증축행위 시 제연설비가 설치 제외되거나 면제대상에 해당되지 않아 제연설비(급기)가 설치되었습니다. 이 사건 아파트는 직통계단식 아파트(각 세대의 출입문에서 복도 또는 이와 유사한 통로를 통하지 않고 바로 직통계단으로 들어가는 구조의 공동주택)가 아니므로 제연설비 중 일부인 유입공기배출장치가 또한 설치되어야 합니다.(화재안전기준 제13조에 의거) 그래서 제연설비를 설계 · 시공하면서 설치가 누락된 유입공기배출장치를 설치할 것을 조치명령 통보하였습니다. 청구인이 주장하는 기존 복도창호 중 갤러리를 배출구로 이용하는 "청구인 유입공기 배출방식"은 화재안전기준에서 규정하고 있는 자연배출식 또는 배출구에 따른 배출방식에 해당하지 않으므로 화재안전기준에 적합하다고 볼 수 없습니다.

이런 이유에서 외기와 접한 복도의 일부분만 개방시키고 나머지는 새시등의 창호로 구획하기도 하는데 갓복도식이라는 규정을 만족시키기 위해서 어느 정도의 외기 복도까지 구획이 가능하다는 세부적인 규정이 없으므로 이는 현재 실무에서 많은 갈등이 발생하고 있는 실정이다.

창호가 설치된 갓복도식 아파트 외부 모습

창호가 설치된 갓복도식 아파트 내부 모습

필자는 만일 현장확인 시 이러한 복도의 구조를 발견하였을 때 법령의 적합여부에 대해 관계자에게 직접 설명하는 것은 서로 다른 생각의 이해에 대한 갈등만 야기시킬 수 있으므로, 관계기관 건축 소관부서에서 법령 적합여부의 해석과 판단이 이루어질 수 있도록 하는 것이 우선적으로 취해야 할 현명한 조치라고 생각한다. 건축 관계법령 소관부서의 적합여부 해석 결과와 행정처분등의 조치에 따라 창호등의 철거나 소방시설의 설치 유무 등이 결정될 것이다.

PLUS TIPS+ 갓복도식 공동주택 복도에 샤시등 창호 설치 시 특별피난계단 제외 가능여부 (건축정책과, 2009. 08. 27.)

질의	16층 이상의 갓복도식 공동주택의 복도에 새시(미서기창)를 설치할 경우 및 새시의 일부분을 개방하거나 그릴창호를 설치할 경우 복도의 한쪽면이 외기에 개방된 구조로 보아 건축법 시행령 제35조 제2항에 의거 특별피난계단을 설치하지 않아도 되는지 여부?
답변	건축물의 피난 · 방화구조 등의 기준에 관한 규칙 제9조 제4항에서 "갓복도식 공동주택"이라 함은 각 층의 계단실 및 승강기에서 각 세대로 통하는 복도의 한쪽 면이 외기(外氣)에 개방된 구조의 공동주택을 말하는 것이며, 건축법 시행령 제35조 제2항에서 갓복도식 공동주택을 제외한 16층 이상의 층으로부터 피난층 또는 지상으로 통하는 직통계단은 특별피난계단으로 설치하도록 규정되어 있으므로 질의의 경우 화재 시 연기의 배출이나 피난 등의 활동을 현저히 저해할 수 있는 구조는 외기에 개방된 구조로 볼 수 없으므로 특별피난계단을 설치하여야 하는 것임

2 계단실 최상부의 옥상 연결구조 검토사항

옥상광장을 설치해야 하는 건축물의 피난계단 또는 특별피난계단은 해당 건축물의 옥상으로 통하도록 설치해야 한다. 이 경우 옥상으로 통하는 출입문은 피난방향으로 열리는 구조로서 피난 시 이용에 장애가 없어야 한다. 그런데 여기서 실무적으로 문제가 되는 것이 계단실을 옥상으로만 연결하지 않고 옥탑층의 기계실 또는 물탱크실까지 연결하는 경우가 종종 있다. 이런 구조는 자칫 위험할 수 있다. 화재발생으로 재실자들이 옥상으로 대피할 때는 특성상 무조건 최상층 계단실의 끝까지 이동하게 되는데 최고층의 출입문을 열었을 때 기계실이 나와 피난상 막다른 경로가 되어 버렸을 때 피난자들은 패닉에 빠지게 될 것이다. 만약 이 상태에서 계단실이 오염된다면 많은 인명피해가 발생할 우려가 농후할 것이다.

성능위주설계(PBD) 평가단의 심의에서도 이런 구조에 대한 피난 장애 발생 우려에 대해 지속적으로 문제 제기가 되고 있는 실정이다. 그러므로 사례에서처럼 화재등 재난발생 시에는 일반 재실자들의 평소와 같은 이성적이고 인지의 정상적 행동을 기대하기는 힘들므로 누구나 쉽게 인식하고 행동할 수 있는 개념의 피난동선 계획을 위해서는 계단실의 최상부가 반드시 옥상 출구로 바로 연결되는 구조로 설계해야 한다.

▸ **특별피난계단과 옥상층의 출구 검토 심의 사례**

#5번 심의위원	조치내용	반영
옥상 기계실 출입구조 변경 검토 • 별도의 외부계단으로 출입토록 검토 • 특별피난계단의 최상부는 옥상까지만 연결토록 검토	• 특별피난계단의 최상부는 옥상까지만 연결되도록 하였고, 옥탑층 EV기계실 출입계단을 별도 옥외계단으로 배치하였음	

답변자료

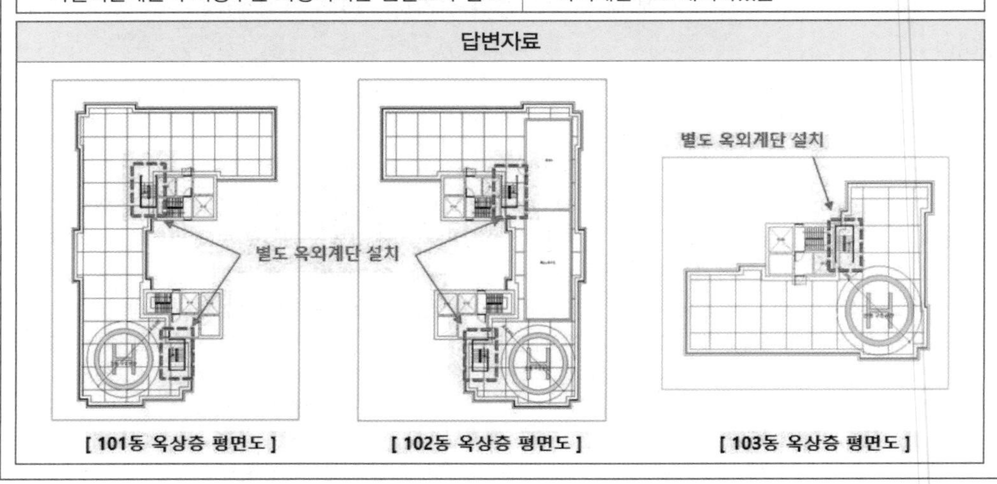

[101동 옥상층 평면도] [102동 옥상층 평면도] [103동 옥상층 평면도]

PLUS TIPS 경기도 군포 아파트 화재사례

• 발생 일시: 2020. 12. 01. (금) 16:37
• 발생 장소: 경기도 군포시 산본동 00아파트 997동 12층
• 피해 현황: 11명(사망 4, 부상 7)

12층 가정집 인테리어공사 중 화재가 발생하였으며, 당시 13층과 15층 주민 C(여 · 35)씨와 D(여 · 51)씨 등은 옥상을 향해 대피했다. 방화문이 정상 작동한 데다 옥상 문이 열려 있었지만, 당황한 주민 3명은 연기가 자욱한 상태에서 옥상으로 향하는 문을 지나쳐 권상기실(엘리베이터의 도르래 등 부속 기계가 있는 공간)까지 올라갔다. 결국 C씨와 D씨가 엘리베이터 기계실 문을 옥상 문으로 착각해 미처 옥상으로 대피하지 못해 연기에 질식해 숨지고 나머지 중상자 E씨(23)도 마찬가지로 기계실 근처에서 위중한 상태로 발견되었다. 소방당국 관계자는 "주민들이 권상기실 쪽 문이 비상구인 줄 알고 잘못 들어갔다가 좁은 틈에서 빠져나오지 못한 채 질식된 것으로 보인다"고 말했다.[27]

• 현장사진[28]

27) 출처: 시사저널(http://www.sisajournal.com)
28) 사진 출처: 한국일보(2020. 12. 02.) / SBS morning WIDE 뉴스(2020.12. 03.)

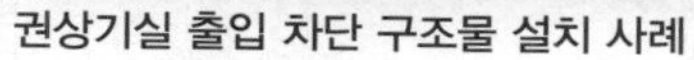
권상기실 출입 차단 구조물 설치 사례

옥상 출입문 픽토그램 및 형광 테이프 부착 사례

3 계단실 내 일반 설비의 설치사례 및 법령위반 검토사항

피난계단 또는 특별피난계단의 설치구조의 기준에서 계단실은 내화구조로 하여야 하고 실내에 접하는 부분의 마감은 불연재료로 설치하도록 하고 있다.

특별피난계단 계단실 바닥의 마감을 가연성재료로 설치한 사례

그러나 이 규정에서의 문제점은 계단실에 설치하지 말아야 할 설비에 대한 명확한 내용이 없는 것이다. 이런 이유로 계단실 내에 아무 문제가 없는 것처럼 설치된 설비가 바로 도시가스배관이다. 특히 호텔 등의 최상층에는 스카이라운지를 설치하여 식사와 주류등을 제공하고 음식의 조리를 위한 주방의 설치와 상시 도시가스의 사용이 필수적인데, 지상층에서 이곳 최상층까지의 도시가스 배관설치를 외부 벽에 노출로 설치하지 아니하고 특별피난계단의 계단실 내에 수직으로 통과하여 설치된 것을 종종 볼 수 있다. 일정 규모 이상 건축물의 직통계단은 피난을 위해 피난계단의 구조로 설치하고 고층건물에는 특별히 더 안전한 특별피난계단의 구조로 설치하도록 하고 있는데, 안전해야 할 계단실에 위험시설물이 설치되어 있는 것은 제3자가 보더라도 적합하다고 할 수 없을 것이다.

필자가 우리나라에서 개최된 각국 정상회담 국제행사의 안전검측팀에서 활동한 경험이 있다. 이때 이런 문제점을 확인할 수 있었고 건축, 에너지관련 부서등 해당부서에 이런 사항에 대한 적정여부를 질의하고 개선하려고 많이 검토했던 기억이 있다. 그 당시 많은 건축사들의 의견도 수렴하였으나 특별피난계단의 계단실에 어떤 설비를 설치할 수 없다는 규정이 없으므로 불연재료로 하여 설치하는 것에 특별한 하자를 느끼지 못한다는 의견이 대다수였다. 또한 그 당시 도시가스설치 기준에는 폐쇄된 공간에 배관을 설치하면 누출 시 가스의 체류로 폭발위험이 있기 때문에 노출로 설치해야 했으며, 호텔특성상 외벽에 노출 설치하는 것은 미관상 불가능하여 특별한 규정이 없는 특별피난계단에 설치하는 것이 일반적이었다.

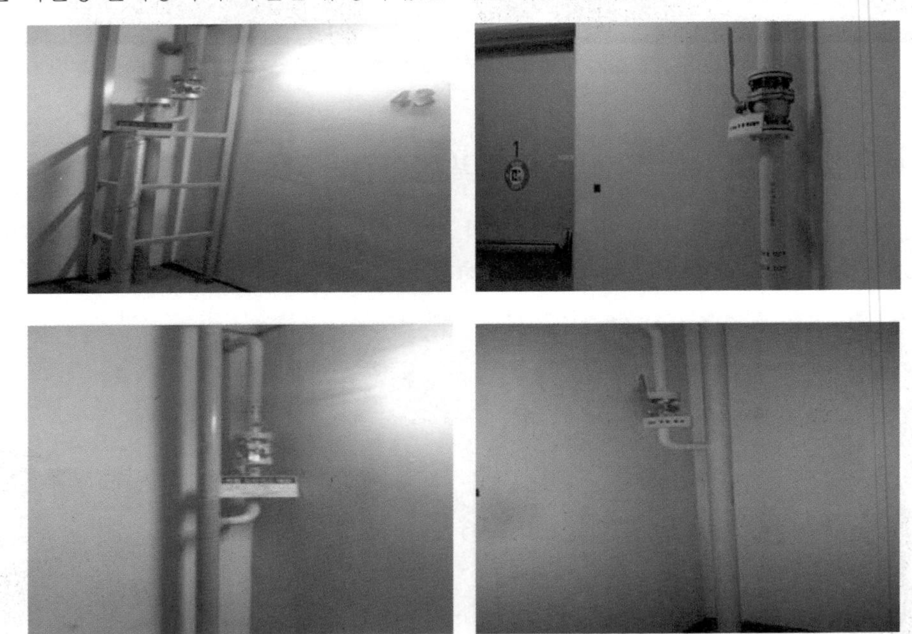

호텔의 특별피난계단 계단실에 설치된 도시가스 배관 및 밸브

이후 법령개정 의견도 개진하기도 하였으나 현재까지 (특별)피난계단의 계단실에 어떠한 설비의 설치에 대한 금지의 규정이 없다. 필자는 (특별)피난계단의 계단실은 반드시 화재등 위험에서 안전해야 하므로 설치기준의 취지 측면에서 볼 때 피난에 장애를 줄 수 있는 어떠한 시설도 설치해서는 안된다고 생각한다.

PLUS TIPS+ 도시가스 배관 설치 관련(2014. 09. 15, 1AA-1409-067965)

질의	특별피난계단의 계단실 내 도시가스시설(배관, 각종 밸브) 설치가능 여부 등
답변	특별피난계단은 화재 등 유사시 피난을 위한 공간이므로 가스배관 등을 피난 공간에 설치하는 것은 동 취지에 적합하지 않은 것으로 사료됨

도시가스 관련 법령에는 가스사용시설 중 배관 및 배관설비를 실내에 노출하여 설치할 경우 배관은 "누출된 도시가스가 체류(滯留)되지 않고 부식의 우려가 없도록 안전하게 설치"하도록 규정하고 있다.

도시가스사업법 시행규칙[별표 7]

가스사용시설의 시설 · 기술 · 검사기준

1. 배관 및 배관설비
   3) 배관설비기준
      마) 배관을 실내에 노출하여 설치하는 경우에는 다음 기준에 적합하게 할 것
         ① 배관은 누출된 도시가스가 체류(滯留)되지 않고 부식의 우려가 없도록 안전하게 설치할 것
         (이하 생략)

또한 KGS(Korea Gas Safety) Code에는 "피난에 방해가 되는 장소"에는 배관에 위해를 줄 수 있어 사용자공급관을 설치할 수 없는 장소로 규정하고 있다.

KGS FS551 2.5.8.1.7(일반도시가스사업 제조소 및 공급소 밖의 배관의 시설 · 기술 · 검사 · 정밀안전진단 기준)

2.5.8.1.7 배관에 위해를 줄 수 있어 사용자공급관을 설치할 수 없는 장소는 다음과 같다.
(1) 엘리베이터 승강로 내
(2) 굴뚝, 연통 내
(3) 수전실, 변전실 등 고압전기시설이 있는 실내
(4) 점화원이 상존하는 장소(단, 환기가 양호한 보일러실과 자체화기는 제외)
(5) 공기조화를 위한 환기 통로
(6) 위험물안전관리법에 따른 위험물 저장, 취급소
(7) 고열의 영향을 받는 장소. 다만, 연료를 가스를 사용하기 위한 배관으로서 열의 영향을 줄일 수 있도록 보호조치된 경우 제외
(8) 기계적 진동이 발생하는 장소. 다만, 기계적 진동을 흡수하는 조치를 한 경우는 제외
(9) 피난에 방해가 되는 장소
(10) 타 시설물(수도)등과 20cm 이내 인접한 장소

여기서 핵심 쟁점사항은 특별피난계단의 계단실이 도시가스가 체류될 우려가 있는 장소에 해당되는가에 대한 것이고, 또한 설치되었을 때 피난에 방해가 되는 장소에 해당이 되는가에 대한 부분이다. 당연히 특별피난계단 계단실에 가스배관을 설치하는 것은 누출가스의 체류 위험성이 있고 피난에 방해가 되는 장소에 해당된다고 할 수 있다. 그러므로 건축법령에 특별피난계단의 계단실에 어떤 설비를 설치할 수 없다는 규정이 없더라도 위의 도시가스 관련법령에서 설치하지 못하도록 규정되어 있다고 이해해도 된다.

CHAPTER

03 | 옥상광장등

01 옥상광장의 설치

1 옥상광장 설치의 필요성

일반적으로 건축물의 피난계획은 화재 등으로 인한 긴급상황이 발생하는 경우 건축물 내부에 있는 재실자가 피난경로를 거쳐 건물의 외부 또는 안전성이 확보되는 안전구역으로 대피하는 것을 목적으로 하고 있다.

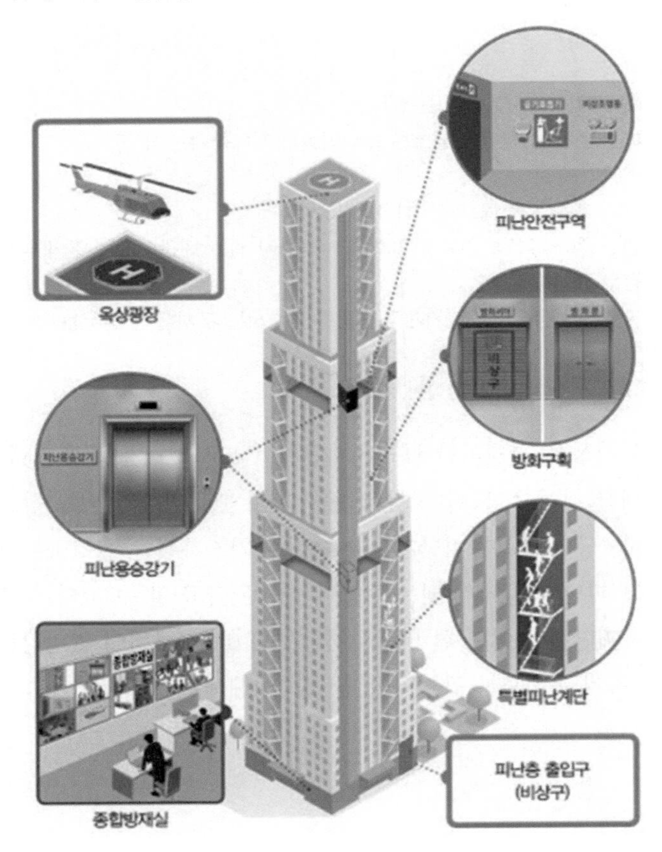

여기에서 가장 이상적인 피난계획은 내부의 이동 동선을 짧게 하여 건축물 외부로 신속히 나갈 수 있도록 하는 것이다. 그러나 재난의 형상에 따라 외부로 나가는 피난경로에 장애가 생기면 건축물의 외부로 나갈 수 있는 유일한 부분이 바로 옥상이다. 그러므로 수직피난계획에서 있어서 건축물 하부의 외부로 이동계획뿐 아니라 상부 옥상으로의 피난계획도 병용해서 수립하는 것이 중요하다.

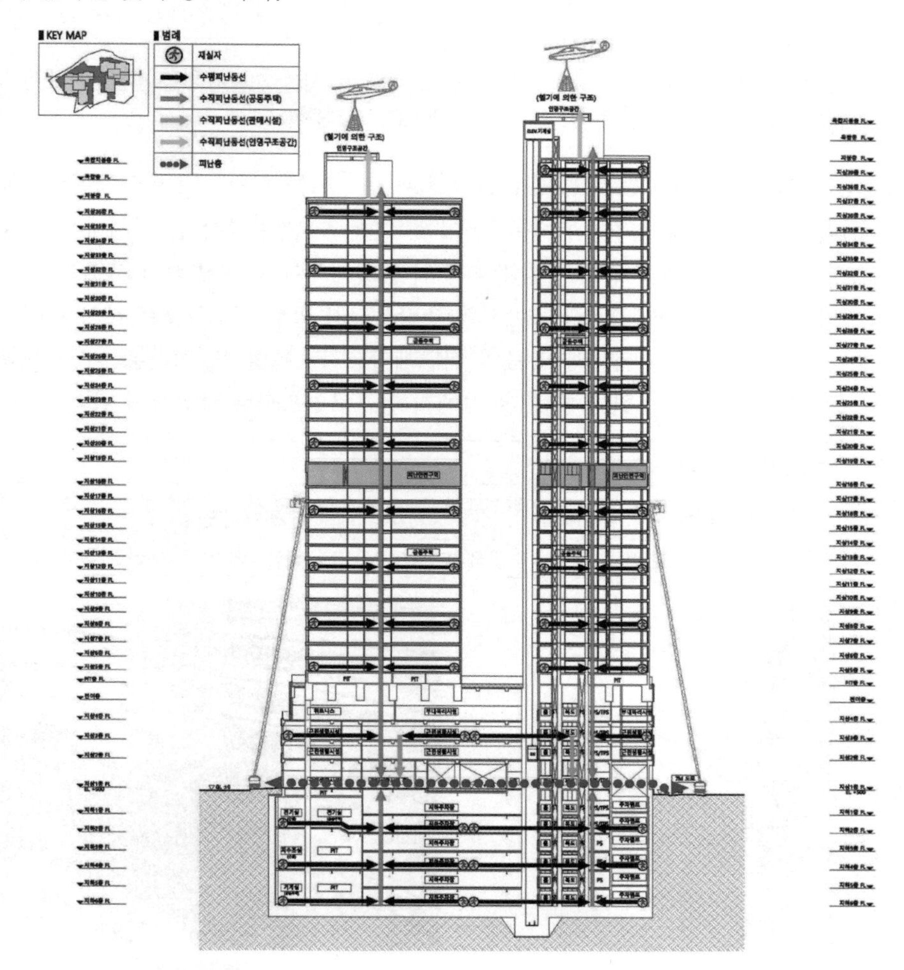

2 옥상광장 설치대상

건축물 내 재실자를 원칙적으로 피난층으로의 피난과 대피를 유도하는 것이 가장 합리적인 것으로 볼 수 있으나, 화재의 확산 등으로 하부 계단실이 오염되어 피난계단의 기능을 상실하거나 피난안전구역으로 이동이 불가능한 경우 유일한 피난 방법은 건축물의 외부인 옥상으로 대피하는 것이다. 이런 경우를 대비하여 재실자들의 안전을 확보하고자 건축법령에서는 일정한 용도와 규모에 따라 옥상에 광장을 설치하도록 규정[1]하고 있다.

1) 건축법 시행령 제40조(옥상광장 등의 설치)

옥상광장 설치 대상(5층 이상인 층)

- 제2종 근린생활시설 중 공연장 · 종교집회장 · 인터넷컴퓨터게임시설제공업소(해당 용도로 쓰는 바닥 면적의 합계가 각각 300제곱미터 이상인 경우만 해당)
- 문화 및 집회시설(전시장 및 동 · 식물원은 제외), 종교시설, 판매시설, 위락시설 중 주점영업 또는 장례시설의 용도로 쓰는 경우: 피난 용도로 쓸 수 있는 광장을 옥상에 설치

옥상광장의 설치에 대해서는 확보해야 할 면적과 설치하는 설비들의 종류에 대한 명확한 기준이 없다. 다만, 옥상광장의 주위에는 "높이 1.2미터 이상의 난간"을 설치하여야 하는데 이것은 옥상 피난자들의 추락 위험을 방지하기 위해 설치해야 하는 법적인 기준이므로 반드시 견고한 방식으로 설치하여 고층건물에서의 추락사고가 발생하지 않도록 해야 한다.

또한 직통계단의 설치기준에서 건축물의 피난계단 또는 특별피난계단은 해당 건축물의 옥상으로 통하도록 설치해야 한다. 이것은 앞에서 언급하였으므로 참고하면 된다.

▸ 추락방지 난간설치 심의 사례

검토사항	조치결과
21. 15층 테라스 추락방지 대책 검토	• 외기에 면하는 15층 테라스에 h:1200 난간 설치 예정

설치예시 1

설치예시 2

옥상광장의 설치의무는 모든 건축물에 해당하는 것이 아니므로 일반건축물의 슬래브 평지붕의 설치와 구분되어야 한다. 만일 건축법령에서 규정하는 대상에 해당되어 옥상광장이 설치되었다면 이것은 건축법 규정에 의한 피난시설에 해당되므로 소방법령에서의 피난시설 유지 · 관리 의무를 이행하여야 하고, 만일 위반 시 이에 대한 책임이 뒤따르게 된다. 그러나 건축법령에 규정된 옥상광장 설치대상 규모가 아닌 일반건축물에 슬래브 평지붕을 설치하였을 경우 이 옥상의 광장은 유지 · 관리에 있어서 법적인 시설로 인정되어 관리되어야 하는지 판단의 어려움이 있다. 이 부분에 대한 세부적인 내용은 뒤에서 다시 언급하겠다. 또한 헬리포트 또는 인명구조공간의 설치 대상과는 다른 기준이므로 구별에 혼선이 없어야 할 것이다.

▸ 옥상광장의 구조 설치 심의 사례

#8 심의위원	조치계획	부분반영
7. 지상 2층 Street거리의 개별상가는 옥상으로 피난할 수 있도록 검토	• 개별상가 중 박공지붕 타입은 옥상 피난이 불가하나 옥상이 있는 타입은 옥상 피난이 가능하도록 계획하였음	

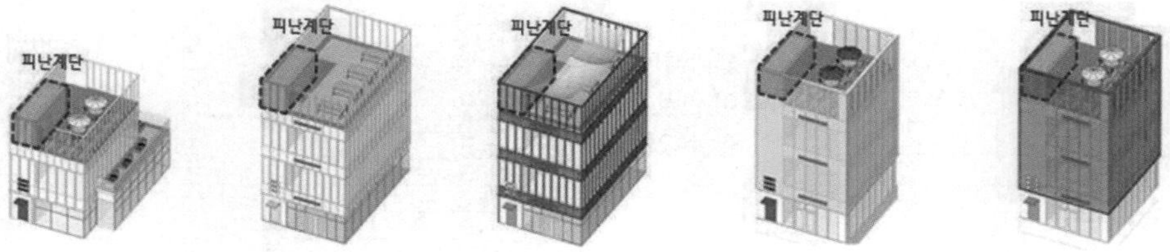

피난계단 피난계단 피난계단 피난계단 피난계단

옥상타입

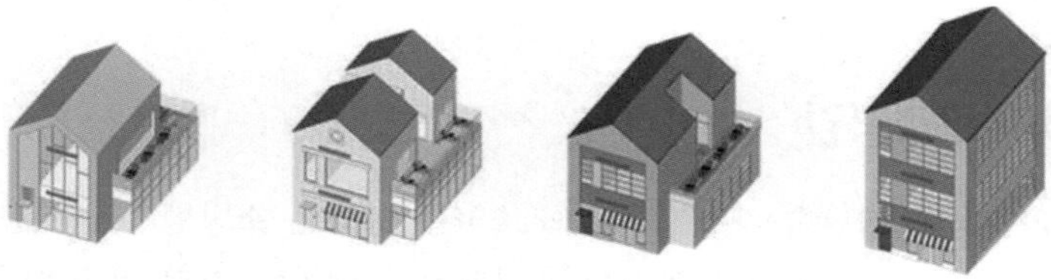

박공지붕타입

PART 4

02 옥상 피난공간의 설치

옥상광장의 설치 공간과는 별도로 "층수가 11층 이상인 건축물로서 11층 이상인 층의 바닥면적의 합계가 1만 제곱미터 이상인 건축물"의 옥상에는 「인명 등을 구조할 수 있는 공간」이나 「경사지붕 아래에 설치하는 대피공간」을 설치하여 재난 시 긴급구조 활동이 가능하도록 규정[2]하고 있다.

건축물 옥상의 구조공간 확보

대상: 층수가 11층 이상인 건축물로서 11층 이상인 층의 바닥면적의 합계가 1만 제곱미터 이상인 건축물의 옥상

1. 건축물의 지붕을 평지붕으로 하는 경우
   - 헬리포트를 설치
   - 헬리콥터를 통하여 인명 등을 구조할 수 있는 공간
2. 건축물의 지붕을 경사지붕으로 하는 경우: 경사지붕 아래에 설치하는 대피공간

2) 건축법 시행령 제40조(옥상광장 등의 설치) 제④항

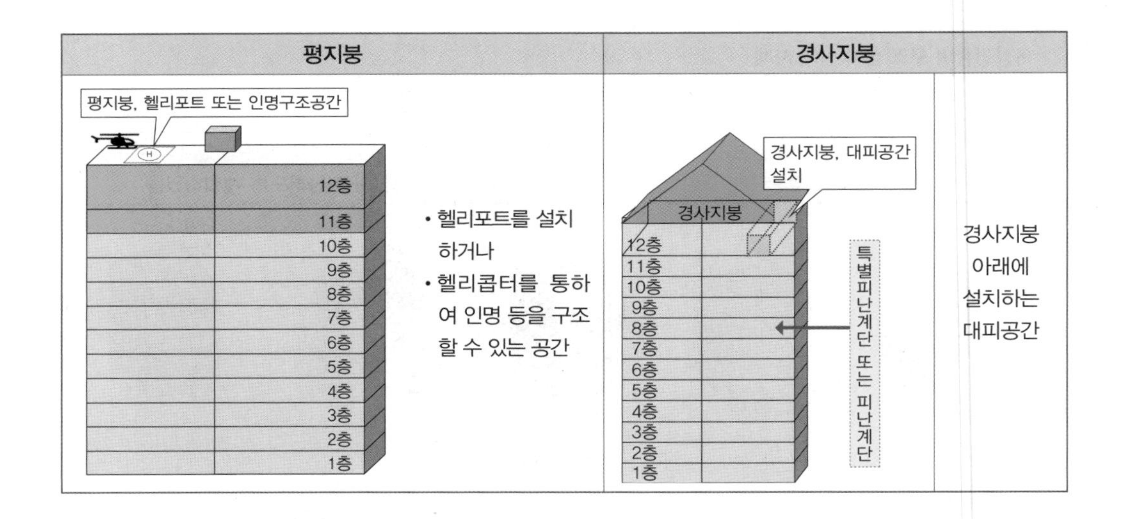

1 평지붕에서의 구조공간

평지붕의 건축물 옥상에 피난한 재실자들을 구조하는 방법은 소방헬기를 이용하는 것이다. 이 방법에는 소방헬기를 옥상에 착륙시켜 요구조자가 헬기에 직접 탑승하여 인명구조하는 방법과 소방헬기는 공중에서 제자리비행(Hovering) 하면서 구조대원이 하강하여 요구조자를 헬기로 올려보내거나 헬기에서 옥상으로 구조낭을 하강하여 구조대원에 의해 요구조자가 구조낭에 들어가 추락방지 안전조치를 하고서 헬기에 매달린 채로 안전지역으로 이동하여 지상으로 구조되는 방법이 있다. 이런 방법을 통한 구조활동에 필요한 것이 헬리포트의 설치와 인명구조 공간의 설치이며 건축법령에서 설치기준을 규정[3]하고 있다.

(1) 헬리포트의 설치

헬리포트는 헬리콥터 전용 비행장으로 소방헬기를 건축물의 옥상공간에 직접 착륙시켜 인명구조를 하기 위해 설치하는 시설이다. 옥상으로 피난하여 구조를 기다리고 있는 재실자들에게 가장 유용한 것이 헬리포트에 헬기가 착륙하여 직접 탑승에 의한 지상으로의 대피이다. 특히 여기에는 많은 제약이 따르는데 건축물의 높이에 따라 상부 기류의 영향으로 착륙 시 소방헬기의 추락위험에 대한 부분이다. 그러므로 소방헬기에 의한 피난계획 수립 시 관할 시 · 도의 소방항공대와 사전 긴밀한 협의과정을 반드시 거쳐야 한다. 헬리포트의 설치기준은 아래와 같다.

3) 건축물의 피난 · 방화구조 등의 기준에 관한 규칙 제13조(헬리포트 및 구조공간 설치 기준)

헬리포트의 설치 기준

1. 헬리포트의 길이와 너비는 각각 22미터 이상으로 할 것
   다만, 건축물의 옥상바닥의 길이와 너비가 각각 22미터 이하인 경우에는 헬리포트의 길이와 너비를 각각 15미터까지 감축할 수 있다.
2. 헬리포트의 중심으로부터 반경 12미터 이내에는 헬리콥터의 이 · 착륙에 장애가 되는 건축물, 공작물, 조경시설 또는 난간 등을 설치하지 아니할 것
3. 헬리포트의 주위한계선은 백색으로 하되, 그 선의 너비는 38센티미터로 할 것
4. 헬리포트의 중앙부분에는 지름 8미터의 "Ⓗ"표지를 백색으로 하되, "H"표지의 선의 너비는 38센티미터로, "○"표지의 선의 너비는 60센티미터로 할 것
5. 헬리포트로 통하는 출입문에 비상문자동개폐장치를 설치할 것

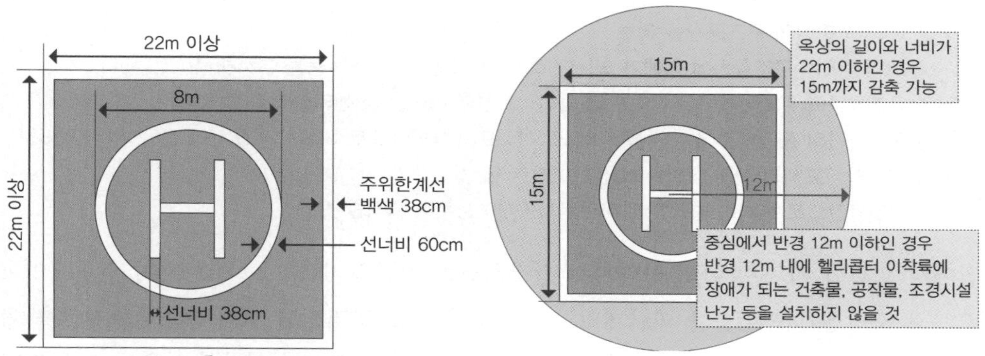

길이와 너비가 각각 22m 이상

길이와 너비가 각각 22m 이하

여기서 잠깐!

헬리포트(Heliport)

헬리콥터 전용 비행장으로 일반적으로 헬리포트는 헬리패드를 포함하는 헬리콥터 이착륙 비행시설뿐만 아니라 인적, 물적 자원의 안전한 이동경로를 고려하는 특히 인명과 관련하여 추가적인 연관 관련시설의 규격을 만족하는 헬리콥터 전용 비행장을 아울러 지칭하는 데 사용한다.

헬리패드(Helipad)

헬리콥터의 이륙과 착륙에 이용되는 소규모의 지정 지역을 가리킨다. 헬리패드는 헬리포트처럼 상설 관제소나 연료 서비스 설비를 갖추지 않고 이착륙장의 구실만 하는 것으로 일반적인 헬리콥터의 전용 이착륙장이다.

나이아가라 폭포의 헬리포트

영국의 헬리패드

(2) 인명 구조공간의 설치

소방헬기가 건축물의 옥상에 직접 착륙할 수 없는 구조인 경우에는 헬기는 공중에서 제자리비행(Hovering)하면서 구조대원이 하강하여 요구조자를 헬기로 올려보내거나 헬기와 연결된 구조낭을 이용한 인명구조를 하는 수밖에 없다. 특히 여기서 중요한 부분이 헬기에 연결된 구조낭이 이동 중에 고정되지 않고 일정부분 흔들리며 이로 인해 구조낭 속의 요구조자 추락 위험이 있으므로 반드시 안전하게 결착한 후 이동해야 하며 또한 안전지대로의 이동시 헬기 하부의 건축물 등 장애물에 부딪힐 우려를 전혀 배제할 수는 없으므로 긴급한 상황 시에만 피난계획으로 실행하는 수단으로 사용해야 한다.

인명 구조공간 설치 기준

1. 직경 10미터 이상의 구조공간을 확보
   └→ 구조공간에는 구조활동에 장애가 되는 건축물, 공작물 또는 난간 등을 설치해서는 안 된다.
2. 인명 구조공간의 주위한계선은 백색으로 하되, 그 선의 너비는 38센티미터로 할 것
3. 인명 구조공간의 중앙부분에는 지름 8미터의 "ⓗ"표지를 백색으로 하되, "H"표지의 선의 너비는 38센티미터로, "○"표지의 선의 너비는 60센티미터로 할 것
4. 인명 구조공간으로 통하는 출입문에 비상문자동개폐장치를 설치할 것

앞에서 언급한 바와 같이 소방헬기는 갑작스러운 기류의 발생 등 여러 가지 위험요인이 있으므로 소방헬기를 이용한 피난계획의 방법보다는 잘 관리되고 있는 특별피난계단을 이용하여 지상으로 피난하는 계획을 우선적으로 수립해야 할 것이며 헬기의 이용에 의한 인명구조 계획은 2차 대비책으로 활용되도록 하는 것이 적절할 것이다.

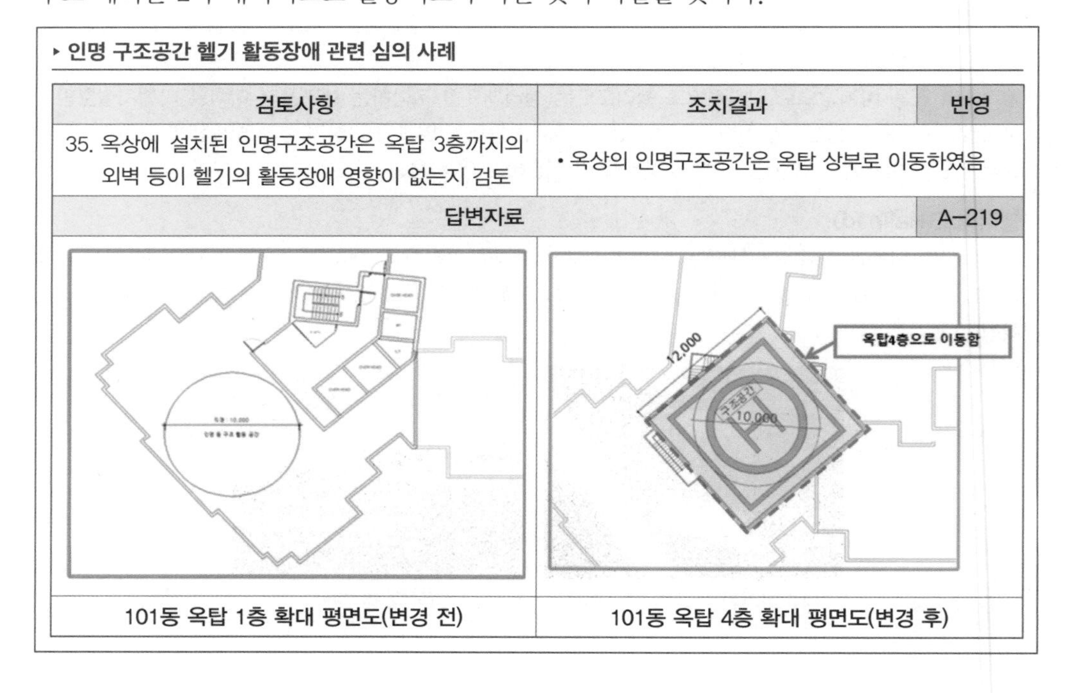

▸ **인명 구조공간 헬기 활동장애 관련 심의 사례**

검토사항	조치결과	반영
35. 옥상에 설치된 인명구조공간은 옥탑 3층까지의 외벽 등이 헬기의 활동장애 영향이 없는지 검토	• 옥상의 인명구조공간은 옥탑 상부로 이동하였음	
답변자료		A-219
101동 옥탑 1층 확대 평면도(변경 전)	101동 옥탑 4층 확대 평면도(변경 후)	

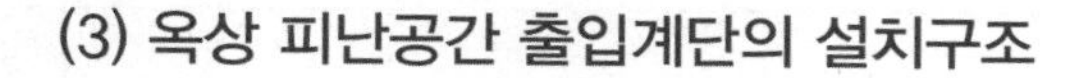

(3) 옥상 피난공간 출입계단의 설치구조

건축물의 설계 시 헬리포트나 인명구조공간의 위치는 옥상층이 아닌 그 층보다 몇 층이 더 높은 옥탑에 설치하는 것이 일반적이다. 옥탑 1층에는 엘리베이터 기계실이 설치되는 경우가 있고, 옥탑 2층에는 소화용수 전용의 물탱크실이 설치되는 경우가 많은데 이것은 자연낙차로 소방시설의 작동에 필요한 일정한 압력이 생길 수 있도록 상부의 높이에 설치하는 경향으로 보면 된다. 그 위에 인명구조를 위한 공간을 설치하는 것이 일반적이라 볼 수 있는데 여기에서 검토해야 할 사항이 바로 구조공간까지의 이동 경로이다. 즉, 재실자들이 건축물 내부에서 특별피난계단을 이용하여 최상층인 개방된 옥상광장으로 나온 후 일정한 순서대로 구조공간에 연결된 전용의 외부계단을 통하여 이동하는 것이 가장 이상적이라 할 수 있을 것이다. 그러나 대부분 건축사들은 특별피난계단을 최고위 옥탑의 기계실까지 연결하는 경우도 있고, 기계실을 통하여 인명구조공간으로 이동하도록 하는 경우도 종종 있다.

이런 피난동선의 계획은 지양되어야 하며 반드시 전용의 별도 외부계단의 설치로 순차적 구조활동이 가능하도록 해야 한다.

▸ **인명구조공간 출입계단 심의 사례**

검토사항	조치결과
25. 옥탑층에서 인명구조공간으로 이동하는 방법은?	• 옥탑층까지 피난계단을 통해 이동 후 인명구조공간용 별도의 계단으로 이동

▸ 옥상광장 피난 대기공간 설치 심의 사례

검토사항	조치결과	반영
39. 옥상층에 아래층으로부터 화염, 연기 등을 차단할 수 있도록 일정부분 구획 바람	옥상 코어 외부에 지붕 없는 3.5m 벽체를 설치하여 요구조자들이 구조헬기 도착 시까지 화염, 연기 등을 피해 대기할 수 있는 공간을 구획하였음	반영 첨부1 p. 35

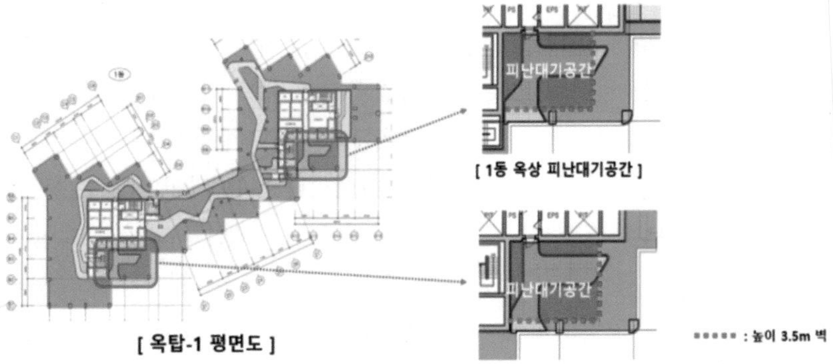

피난대기공간

[1동 옥상 피난대기공간]

피난대기공간

[옥탑-1 평면도]

▪▪▪▪▪ : 높이 3.5m 벽

[2동 옥상 피난대기공간]

2 경사지붕 아래의 대피공간

옥상의 공간은 재실자의 안전을 확보하는 데 효율적인 공간이다. 하지만 각 시 · 도에 건축물의 경관 유지를 위해서 경사지붕이 설치된 경우도 많이 볼 수 있다. 이런 구조는 11층 이상 일정규모 이상 건축물 재실자들의 피난 및 인명구조 대책과 상충되는 것으로서 이런 문제를 보완하기 위한 수단으로 경사지붕 아래의 대피공간 개념이 도입되었다.

건축물의 지붕을 경사지붕으로 하는 경우 그 옥상은 상부로의 수직피난경로로서 기능을 할 수 없으므로 반드시 하부로 피난할 수 있도록 계획되어야 한다. 그러나 일정규모 이상의 건축물은 면적과 용도상의 수용인원이 많아 하부로의 피난계획 수립만으로 부족하다. 평지붕의 옥상은 대피공간 확보가 되지만 경사지붕의 옥상은 평탄한 공간이 조금 있기는 하지만 재실자들의 옥상 대피계획에는 부적합한 면적이다. 따라서 이런 위험성에 대한 안전대책으로 경사지붕 아래에 일정한 규모의 대피공간을 설치하는 것이다.

경사지붕 옥상의 일부 공간

경사지붕 옥상의 일부공간 소방활동

경사지붕 아래의 대피공간의 설치에 대한 기준은 아래와 같다.

대피공간의 설치 기준

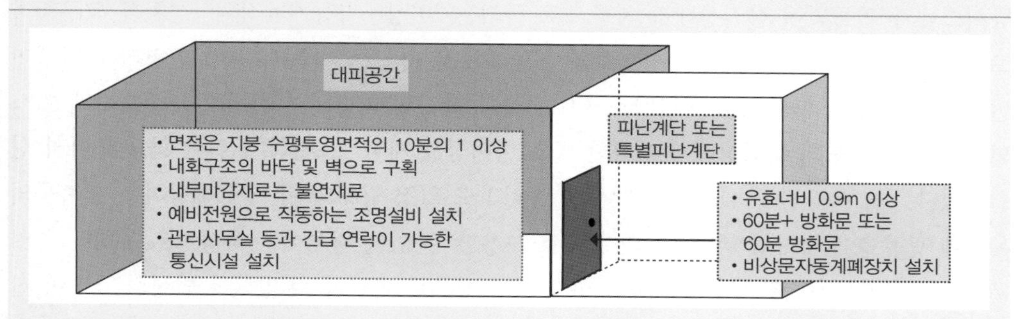

1. 대피공간의 면적은 지붕 수평투영면적의 10분의 1 이상
2. 특별피난계단 또는 피난계단과 연결되도록 할 것
3. 출입구 · 창문을 제외한 부분은 해당 건축물의 다른 부분과 내화구조의 바닥 및 벽으로 구획
4. 출입구는 유효너비 0.9미터 이상으로 하고, 그 출입구에는 60분+ 방화문 또는 60분 방화문을 설치
5. 출입구 방화문에 비상문자동개폐장치를 설치할 것
6. 내부마감재료는 불연재료로 할 것
7. 예비전원으로 작동하는 조명설비를 설치
8. 관리사무소 등과 긴급 연락이 가능한 통신시설을 설치

지붕 아래의 대피공간은 소방헬기로 구조하는 것이 아니라 구조를 위해서 소방대원들이 도착할 때까지 안전하게 기다리고 있는 대기장소 개념의 공간이다. 그러므로 경사지붕 아래 대피공간의 설치는 굉장히 조심스럽게 접근해야 한다. 만일 대피공간과 연결된 특별피난계단의 방화문 작동 실패 등의 이유로 계단실이 오염될 경우 대피공간에 대기 중인 피난 대피자들의 생명에 위협을 받을 우려가 있기 때문이다. 따라서 대피공간은 피난공간으로서의 역할에 완벽한 신뢰성을 가진다는 가정하에 안전하다고 할 수 있다. 또한 대피공간에는 소방시설을 설치해야 할 규정이 없으므로 안전한 피난공간 확보를 위해서는 피난안전구역의 설치기준처럼 가압식 제연설비등 소방시설의 설치에 대한 기준 마련이 필요하다.

03 옥상으로 통하는 출입문의 개폐장치

건축물 옥상 출입문의 개폐에 대해서는 항상 많은 문제가 되는 민감한 부분이다.

방범등 안전을 위한 개념에서는 불특정 다수인이 옥상 출입을 하지 못하도록 항상 폐쇄하는 것이 청소년등의 범죄예방을 위해서 필요하다는 측면이고, 소방의 유사시 피난을 위한 안전확보의 개념에서는 평상시 옥상 출입문의 개방이 재실자들의 화재로부터 보호하는 수단으로서 매우 중요하다는 측면이 서로 상충되고 있다.

1 건축법령의 옥상 출입문 개폐

건축법령에서는 일정한 규모의 건축물은 옥상으로 통하는 출입문에 화재등 비상시에 소방시스템과 연동되어 잠김상태가 자동으로 풀리는 "비상문자동개폐장치" 설치를 의무화하고 있다. 이 규정은 화재 시 옥상으로의 피난경로상 출입문 폐쇄로 인한 인명피해 발생이 빈번히 나타남에 따라 화재 피난장소로서 건축물 옥상의 역할이 사회적으로 중요하게 인식되었고, 법령제도의 운영상에서 나타난 일부 미비점을 개선 · 보완하기 위한 필요에 따라 신설되었다. 즉, 옥상광장 설치 의무대상이 아니라도 일정 규모와 용도에 해당하는 건축물의 옥상에 광장을 설치하여 피난공간의 용도로 사용할 수 있을 경우에는 옥상으로 통하는 출입문에 비상문자동개폐장치를 설치하여 화재 시 옥상으로 피난할 수 있도록 법령의 규정이 신설(2021. 01. 08.)되어 시행(2021. 04. 09.)하게 되었다.

여기서 잠깐!

건축법 시행령 제40조(옥상광장 등의 설치) 제③항

"비상문자동개폐장치"란 화재등 비상시에 소방시스템과 연동되어 잠김상태가 자동으로 풀리는 장치를 말한다.

비상문자동개폐장치의 성능인증 및 제품검사의 기술기준 제2조(용어의 정의)

"비상문자동개폐장치"라 함은 비상문에 설치하는 개폐장치(전기 · 전자 도어록)로서 외부신호(자동화재탐지설비의 화재신호 또는 수동조작신호)에 의하여 자동적으로 개방시키는 장치를 말한다.

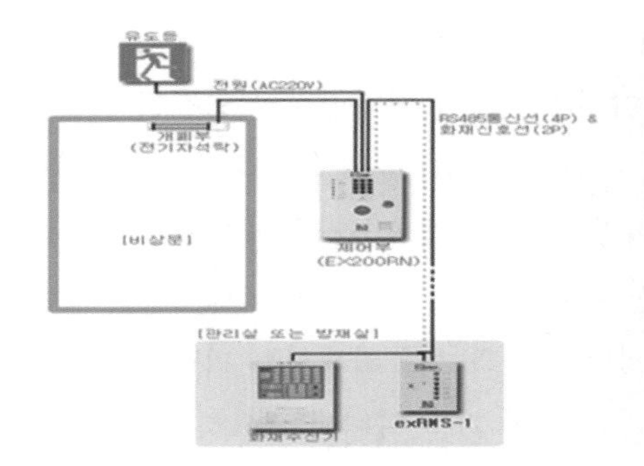

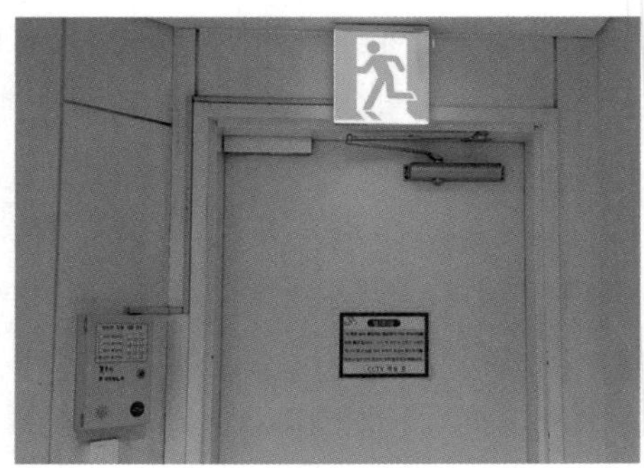

건축물의 옥상으로 통하는 출입문에 비상문자동개폐장치를 설치해야 하는 대상은 아래와 같다.

옥상으로 통하는 출입문의 비상문자동개폐장치 설치 대상

1. 옥상 광장의 설치에 따른 대상[4)]

① 피난 용도로 쓸 수 있는 광장을 옥상에 설치해야 하는 건축물(옥상광장 설치대상)
② 피난 용도로 쓸 수 있는 광장을 옥상에 설치하는 다음의 건축물
- 다중이용 건축물[5)]
- 연면적 1천제곱미터 이상인 공동주택

2. 옥상 구조공간의 출입문[6)]

- 헬리포트로 통하는 출입문
- 인명 구조공간으로 통하는 출입문
- 경사지붕 아래의 대피공간 출입구 방화문

3. 주택단지 안의 각 동 옥상 출입문(대피공간이 없는 옥상의 출입문 제외)[7)]

건축법에서 규정하고 있는 옥상 광장을 의무적으로 설치해야 하는 건축물에서 옥상으로 통하는 출입문에는 반드시 비상문자동개폐장치를 설치하여야 한다. 또한 옥상 광장 의무 설치 대상이 아니더라도 자발적으로 슬래브 평지붕으로 설치하는 경우 옥상 부분에 광장이 자연적으로 생성되므로, 이때는 옥상으로 통하는 출입문에 비상문자동개폐장치를 설치하되, 모든 용도의 건축물이 아니라 "다중이용 건축물"과 "연면적 1천제곱미터 이상인 공동주택"에 대해서만 옥상으로 통하는 출입문에 설치하라는 것이다. 이때 비상문자동개폐장치를 설치하기 위해서 평지붕 구조로 설치하라는 것이 아니라 평지붕으로 할 때만 설치하라는 것이므로 경사지붕 구조나 평지붕 구조의 설치에 대한 선택은 설계자의 재량에 있다는 것이다. 그리고 이 규정의 규모에 해당되지 않는 건축물에 대해서는 비록 옥상광장이 있더라도 비상문자동개폐장치 의무 설치대상이 되지 않는다. "주택건설기준 등에 관한 규정"에서 규정하고 있는 「주택단지 안의 각 동 옥상 출입문(대피공간이 없는 옥상의 출입문 제외)」에도 비상문자동개폐장치를 설치해야 하는데, 여기서 주목해야 하는 것이 "주택건설기준 등에 관한 규정"은 "주택법"의 위임된 사항과 그 시행에 관하여 필요한 사항을 규정하고 있는 것이다. 그런데 이 규정의 적용범위는 「주택건설사업계획의 승인을 얻어 건설하는 주택」[8)]"에 대해서 적용되는데 여기에 해당되는 주택은 "단독주택 30호 이상, 공동주택 30세대 이상"의 규모

4) 건축법 시행령 제40조(옥상광장 등의 설치) 제③항 [규정 신설 2021. 01. 08., 시행 2021. 04. 09.]
5) 건축법 시행령 제2조(정의) 제17호
6) 건축물의 피난 · 방화구조 등의 기준에 관한 규칙 제13조(헬리포트 및 구조공간 설치 기준) [신설 2021. 03. 21., 시행 2021. 04. 09.]
7) 주택건설기준 등에 관한 규정 제16조의2(출입문) 제③항 [규정 신설 시행 2016. 02. 29.]
8) 주택법 시행령 제27조(사업계획의 승인)

에만 해당한다.

여기서 잠깐!

「주택건설기준 등에 관한 규정」 제3조(적용범위)

이 영은 법 제2조 제10호에 따른 사업주체가 법 제15조 제1항에 따라 주택건설사업계획의 승인을 얻어 건설하는 주택, 부대시설 및 복리시설과 대지조성사업계획의 승인을 얻어 조성하는 대지에 관하여 이를 적용한다.

주택법 제15조(사업계획의 승인)

① 대통령령으로 정하는 호수 이상의 주택건설사업을 시행하려는 자 또는 대통령령으로 정하는 면적 이상의 대지조성사업을 시행하려는 자는 다음 각 호의 사업계획승인권자에게 사업계획승인을 받아야 한다.(이하 생략)

즉, 단독주택 30호 이상과 공동주택 30세대 이상의 "주택단지 안의 각 동 옥상 출입문"에는 비상문자동개폐장치를 설치해야 한다는 것이다. 이 기준은 앞의 "옥상광장을 설치하는 연면적 1천제곱미터 이상인 공동주택"과 구분해서 이해할 수 있어야 한다.

▸ 비상문 자동개폐장치 심의 사례

검토사항	조치결과	반영
13. 옥상문 비상문 개폐장치 설치 및 세부내역 제출 검토	• 옥상문 비상문 개폐장치 설치 및 세부 내역 제출하였음.	

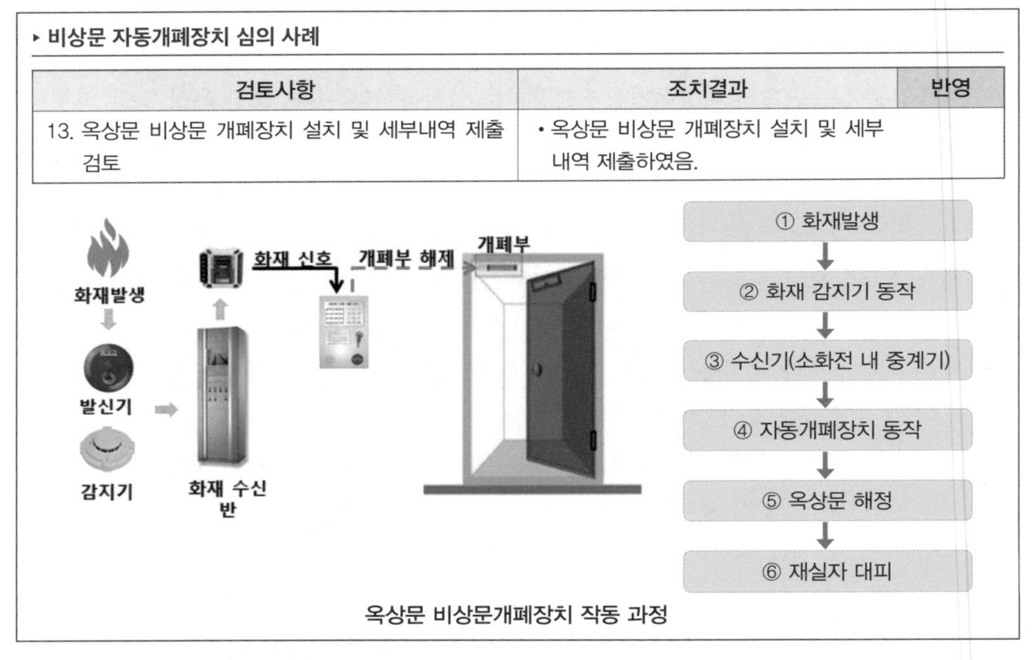

옥상문 비상문개폐장치 작동 과정

비상문자동개폐장치는 반드시 소방법령에서 규정하고 있는 성능인증과 제품검사를 받은 것을 사용하도록 하고 있다.

 여기서 잠깐!

소방시설 설치 및 관리에 관한 법률 제40조(소방용품의 성능인증 등)

① 소방청장은 제조자 또는 수입자 등의 요청이 있는 경우 소방용품에 대하여 성능인증을 할 수 있다.

② 제1항에 따라 성능인증을 받은 자는 그 소방용품에 대하여 소방청장의 제품검사를 받아야 한다.

비상문자동개폐장치의 성능인증 및 제품검사의 기술기준

[제정 시행 2016. 01. 11. 국민안전처고시 제2016-6호]

적용 법령에 따른 비상문자동개폐장치 설치 구분

법령 / 규정	건축법 시행령 [제40조(옥상광장 등의 설치)]	주택건설기준 등에 관한 규정 [제16조의2(출입문)]
적용 시기 및 설치 대상	• 신설 2021. 01. 08., 시행 2021. 04. 09. 1. 피난 용도로 쓸 수 있는 광장을 옥상에 설치해야 하는 건축물(옥상광장 설치대상) 2. 피난 용도로 쓸 수 있는 광장을 옥상에 설치하는 다중이용건축물, 연면적 1천제곱미터 이상인 공동주택 • 신설 2021. 03. 21., 시행 2021. 04. 09. 1. 헬리포트로 통하는 출입문 2. 인명구조공간으로 통하는 출입문 3. 경사지붕 아래의 대피공간 출입구 방화문	신설 시행 2016. 02. 29. 주택건설사업계획의 승인을 얻어 건설하는 주택단지 안의 각 동 옥상 출입문(대피공간이 없는 옥상의 출입문 제외) ※ 단독주택 30호 이상과 공동주택 30세대 이상
소급 적용	미적용	미적용
법 근거	건축법 제49조	주택법

2 주택건설기준 등에 관한 규정의 옥상 출입문 개폐

주택법에 따라 주택 건설을 위한 세부기준 등을 규정하고 있는 "주택건설기준 등에 관한 규정"에서는 주택단지 안의 각 동 지상 출입문, 지하주차장과 각 동의 지하 출입구를 연결하는 출입문에는 전자출입시스템(비밀번호나 출입카드 등으로 출입문을 여닫을 수 있는 시스템 등을 말한다)을 갖추어야 한다고 규정[9]하고 있다. 특히 주택단지 안의 각 동 옥상 출입문(대피공간이 없는 옥상의 출입문은 제외)에는 「소방시설 설치 및 관리에 관한 법률」에 따른 성능인증 및 제품검사를 받은 "비상문자동개폐장치"를 설치하도록 규정[10]하고 있다.

또한 이 전자출입시스템 및 비상문자동개폐장치는 화재 등 비상시에 소방시스템과 연동(連動)되어 잠김 상태가 자동으로 풀리도록 설치하여야 한다. 그러나 이 규정의 비상문자동개폐장치 설치에 있어 "주택단지 안의 각 동 옥상 출입문"의 범위가 순수한 주택의 각 동에 대한 규정인지, 아니면 주택단지 안의 상가등 부대시설의 모든 동을 포함하는 규정인지 해당 적용범위에 이견이 있다. 예를 들어 아파트 5개 동과 상가동 1개, 주민생활시설동 1개가

9) 주택건설기준 등에 관한 규정 제16조의2(출입문) 제②항

10) 주택건설기준 등에 관한 규정 제16조의2(출입문) 제③항

있다고 하면, 총 7개 동의 옥상 출입문마다 비상문자동개폐장치를 설치해야 하는가의 문제를 들 수 있다. 이 규정의 취지는 고층아파트 재실자들이 수직피난계획에서 옥상으로의 신속한 피난을 위한 경로에 장애를 없애기 위한 목적으로 볼 수 있으므로 아파트동의 옥상 출입문에만 설치하는 것이 취지에 크게 벗어나지 않는 것으로 생각할 수 있을 것이다. 그러나 현재 실무에서는 법령에서 규정하고 있듯이 건축물 용도의 구분 없이 슬래브 평지붕이 있는 모든 동에 설치하도록 적용하는 경우가 있는데 규정에서 열거하는 문구 그대로 일괄적으로 적용하는 것이 과연 올바른 해석이라 할 수 있는지 의문이 드는 것이 사실이다.

PLUS TIPS+ 필자의 의견

만일 자동화재탐지설비가 설치되지 않은 별개동의 2층 상가건물 옥상에 비상문자동개폐장치를 설치하라고 하는 것은 이 시설의 설치를 위해 자동화재탐지설비라는 또 다른 감지시설을 추가로 설치해야 하는 불합리한 경우가 발생하므로, 아파트 용도 외의 부속동 옥상 출입문에 설치여부의 판단은 건축물 층수와 용도에 따른 예상 수용인원의 정도, 설치된 시설등 피난장애 존재 여부에 따라 재량적으로 판단하는 것도 가능하다고 생각한다.

▸ 전자출입시스템등의 개폐 심의 사례

03.	7. G위원님
13. 각 동 전자출입시스템 및 옥상층에 설치되는 비상문 개폐 장치는 화재등 비상시에 소방시스템과 연동되어 잠김상태가 자동으로 풀리는 구조로 검토(도면에 명기)	
검토 의견 조치 결과	**비고**
옥상에 설치되는 비상문 자동개폐장치는 화재수신반과 연동하여 비상시에 개폐될 수 있도록 설치하였음	반영(EF-404~465)

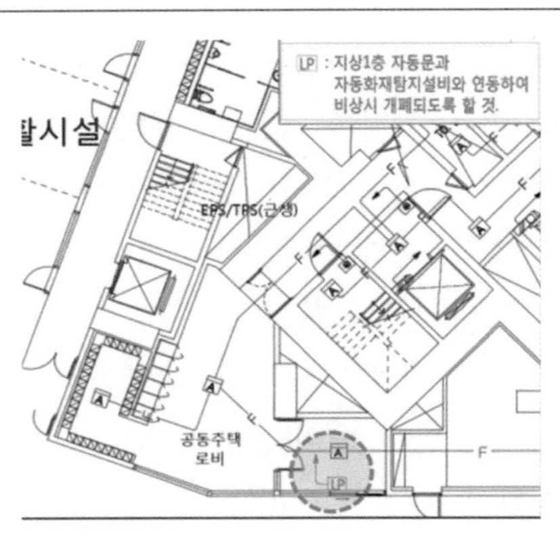

지상 1층 소방설비 평면도

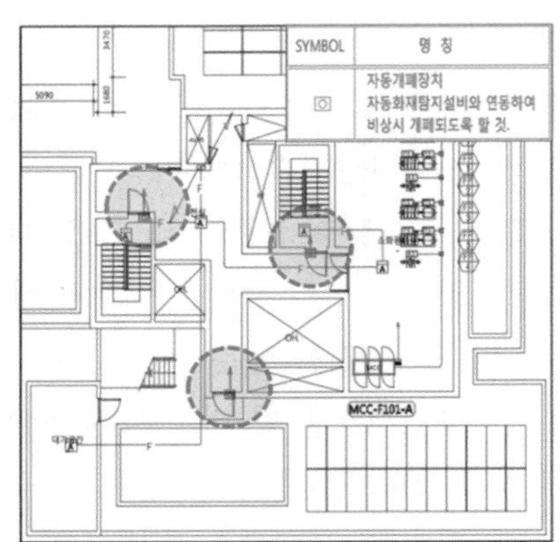

옥상 1층 소방설비 평면도

04 소방법령에서의 옥상 출입문 유지·관리

소방법령에서는 「건축법 제49조」에서 규정한 피난시설, 방화시설, 방화구획에 관하여 폐쇄·차단·장애물 방치등 관리에 하자가 있을 경우 과태료 처분을 할 수 있다. 그러므로 소방법령의 규정에 적용받는 건축물 옥상으로 통하는 최상층 출입문의 폐쇄에 있어, 모든 폐쇄행위가 소방법령 위반에 해당되는 것인지 또는 층수와 면적과 용도에 상관없이 옥상이 설치되어 있는 모든 건축물이 적용대상에 해당되는 것인지 세부적인 검토가 필요하다.

1 옥상 출입문의 재질 검토

옥상 출입문이 반드시 방화문의 재질로 설치되어야 하는지 구분해서 검토해 보도록 하자.

첫째, 방화구획을 위해서 설치하는 방화문 해당여부이다. 방화구획은 건축물 내부에서의 일정한 면적으로 구획하라는 개념이지 외부와의 구획을 의미하는 것이 아니다. 즉, 건축물 내부에서 외부로 바로 나가는 출입문은 방화구획의 설치 대상이 아니라는 것이다. 예를 들어 계단실 아파트의 1층에서 외부로 나가는 출입문이 대부분 강화유리문의 재질로 설치된 것을 볼 수 있는데 이것은 방화구획의 설치 대상에 해당되지 않는 출입문이기 때문이다. 이 같은 경우로 생각해본다면 건축물의 외부인 옥상으로 나가는 출입문 역시 방화구획 대상에 해당되지 않으므로 옥상 출입문을 반드시 방화성능이 있는 문으로 설치해야 하는 것은 아니다.

결론적으로 옥상의 출입문은 방화구획의 설치대상이 아니므로 반드시 방화문으로 설치하지 않아도 된다. 그러나 특별피난계단의 계단실 가압방식의 제연설비를 설치한다고 하면, 일반유리문을 설치할 경우에는 틈새를 통한 외부로의 공기 누설량 등이 많아지므로 그만큼 제연설비의 풍량이 커질 수도 있다.

둘째, 피난계단 또는 특별피난계단 설치기준의 방화문 해당여부이다. 피난계단의 구조에서 건축물의 내부에서 계단실로 통하는 출입구에는 피난의 방향으로 열 수 있는 것으로서 언제나 닫힌 상태를 유지하거나 화재로 인한 연기 또는 불꽃을 감지하여 자동적으로 닫히는 구조로 된 60분+ 방화문 또는 60분 방화문을 설치하도록 규정하고 있고, 특별피난계단의 구조에서는 건축물의 내부에서 노대 또는 부속실로 통하는 출입구에는 60분+ 방화문 또는 60분 방화문을 설치하고, 노대 또는 부속실로부터 계단실로 통하는 출입구에는 60분+ 방화문, 60분 방화문 또는 30분 방화문으로 설치하도록 하고 있다. 그리고 계단은 지상까지 직접 연결되도록 하고 옥상광장을 설치해야 하는 건축물의 피난계단 또는 특별피난계단은 해당 건축물의 옥상으로 통하도록 설치해야 한다. 이 경우 옥상으로 통하는 출입문은 피난 방향으로 열리는 구조로서 피난 시 이용에 장애가 없어야 한다.

여기에서 보면 "건축물 내부에서 계단실로 통하는 출입문"에 대해서만 방화문으로 설치하라는 규정이므로 계단실 최상부에서 외부 옥상으로 통하는 출입문은 이 설치기준에 해당되지 않는다고 할 수 있다. 또한 법령에서 규정한 옥상광장을 설치해야 하는 대상의 피난계단 또는 특별피난계단은 "옥상으로 통하도록" 하고 "피난방향으로 열리는 구조"로 설치하도록 규정하고 있는데 바로 이 출입문의 재질을 방화성능이 있는 방화문으로 반드시 설치하라는 규정은 아니다. 즉, 최상층 옥상 출입문을 알루미늄재질의 문으로 설치하고 피난 시 이용에 장애가 없도록 하면 된다는 의미로도 생각할 수 있다.

결론적으로 옥상광장 설치 대상에 설치하는 것을 포함한 피난계단 또는 특별피난계단 기준에서 외부 옥상으로 통하는 출입문은 반드시 방화문으로 설치하지 않더라도 현행 법령상 위반이라고 할 수 없으므로 반드시 이 개념을 이해해야 한다. 앞에서 살펴본 이 두 가지 사항에서, 건축물 내부에서 옥상으로 통하는 출입문은 반드시 방화성능이 있는 출입문(방화문)으로 설치할 의무가 없으므로 오히려 강화유리등의 재질로 된 옥상 출입문을 설치하는 것이 긴급한 상황 발생시 파괴라는 최후의 방법을 고려하더라도 옥상출입문 폐쇄의 피난장애로부터 안전을 확보할 수 있는 하나의 방법이 될 수 있다. 또한 과거에 건축된 건축물에서 옥상의 출입문이 알루미늄으로 설치되어 있는 것을 간혹 볼 수도 있지만, 현재 실무에서는 당연히 방화문으로 설치해야 되는 것으로 인식하고 대부분 방화문으로 설치하고 있다.

2 옥상 출입문의 개방 의무

앞에서는 옥상으로 통하는 출입문의 재질의 성능에 대해서 알아보았는데 이것은 방화시설에 해당되는가의 문제이다. 그러나 이 옥상 출입문의 개방 여부에 대한 부분에서는 피난시설에 해당되는가에 대한 문제이다. 그러므로 출입문의 폐쇄 여부가 피난 시 장애가 되는 행위에 해당하는지 명확하게 검토되어야 관계자의 유지 · 관리 의무 위반에 대한 벌칙과 행정명령 등의 처분을 할 수 있다.

(1) 옥상광장 설치대상의 출입문 개방

건축법령에서 규정한 옥상광장의 의무 설치대상에 설치하는 옥상의 출입문은 피난시설에 해당되므로 반드시 개방되는 구조로 피난방향으로 열리는 구조로 설치해야 한다. 만약 이 출입문을 폐쇄하였다면 옥상광장은 피난을 위한 시설로서의 기능이 상실되므로 그만큼 재실자의 인명피해가 커질 우려가 있고 이에 대한 법적인 의무의 위반으로 책임이 따르게 된다. 이것은 앞에서 언급한 것과 같이 출입문의 폐쇄여부에 대한 문제이지 출입문 재질의 성능에 관한 부분이 아니라는 것이다.

PLUS TIPS+ 소방시설 설치 및 관리에 관한 법률 제61조(과태료)

① 다음 각 호의 어느 하나에 해당하는 자에게는 300만 원 이하의 과태료를 부과한다.
 2. 제16조 제1항을 위반하여 피난시설, 방화구획 또는 방화시설의 폐쇄 · 훼손 · 변경 등의 행위를 한 자

(2) 비상문자동개폐장치 설치대상의 출입문

옥상으로 통하는 출입문에 비상문자동개폐장치를 설치하는 대상에서 이 출입문은 피난시설에 해당하는가에 대한 검토가 필요하다. 건축법령에서 규정하는 옥상광장을 의무적으로 설치해야 하는 건축물의 옥상 출입문은 피난시설에 해당 된다는 것은 문제가 없지만 옥상광장 설치대상이 아니면서 비상문자동개폐장치를 설치해야 하는 출입문 역시 피난시설로 인정되는지 모호하다.

결론은 출입문 자체만 보았을 때는 피난시설에 해당되지 않는 것으로 생각할 수 있지만 슬래브 평지붕의 옥상으로 피난할 수 있도록 그 출입문에 비상문자동개폐장치를 설치하는 순간 출입문은 피난시설에 해당되어 법령에서 정하는 관리의무 대상이 될 수 있다. 즉, 비상문자동개폐장치의 설치목적은 옥상으로 대피하는 재실자들의 피난동선에 장애를 제거하기 위해서 설치하는 것이므로 그 대피장소인 옥상이 피난자들의 입장에서 본다면 법적 설치대상인지 아닌지에 대한 구별의 실이익은 없을 것이다. 그냥 옥상이 있으니까 긴급 시 피난을 하는 것이고, 이런 출입문에 화재 시 개방되는 장치가 설치되었다면 이것은 피난을 위한 시설로서 법령의 관리범위에 해당되는 것으로 생각하면 된다.

그러나 비상문자동개폐장치가 "건축법 시행령 제40조(옥상광장 등의 설치)"에 따라 설치되는 것이 아니라 "주택건설기준 등에 관한 규정 제16조의2(출입문)"에 따라 설치되는 것이므로 이 장치의 작동 불가능상태등 관리 위반에 대한 처분에는 신중한 검토가 필요하다. 즉, 소방법령에서는 「건축법 제49조」에서 규정하고 있는 피난시설, 방화시설, 방화구획에 해당이 되는 시설들에 폐쇄 · 차단 · 장애물 방치등의 행위를 하였을 경우에 한해서 불이익처분과 행정명령을 내릴 수 있는데 주택법의 규정에서 위임한 사항들을 규정하고 있는 "주택건설기준 등에 관한 규정"에 의해 설치되는 비상문자동개폐장치와 그 옥상 출입문은 용도와 설치 취지에서 본다면 피난시설에 해당이 된다고 할 수 있으나, "건축법 제49조"에 의한 시설이 아닌 "주택법"의 규정에 의한 시설에 해당하므로 소방법령의 규정[11]에 의해서 불이익 처분을 하는 행위에는 그 시설을 규정하고 있는 법률근거가 다르므로 위법이 있을 수 있다. 그러므로 이런 경우의 행정처리는 우선적으로 소방법령에서 규정하고 있는 화재안전조사 결과에 따른 조치명령 등[12]을 내리고 기간 내 명령을 이행하지 않았을 때 조치명령 미이행에 대한 불이익처분을 해야 한다.

11) 소방시설 설치 및 관리에 관한 법률 제16조(피난시설, 방화구획 및 방화시설의 관리)
12) 화재의 예방 및 안전관리에 관한 법률 제14조(화재안전조사 결과에 따른 조치명령)

(3) 일반 옥상 출입문의 개방 의무

일반 사람들이 평상시 옥상 출입문의 개방여부에 대한 질문을 많이 하는 것을 볼 수 있는데 이 질문에 대한 명확한 해답을 하는 것은 상당한 어려움이 있다. 대부분의 건축물 관계자들의 옥상 출입문에 대한 불만 사항 중의 하나가 경찰에서는 방범을 위해서 옥상 출입문을 폐쇄하라고 하고 소방에서는 피난을 위해서 개방하라고 하는데 어떻게 해야 할지 모르겠다는 것이다. 결론은 경찰관련 법령에는 옥상 출입문의 폐쇄에 대한 규정이 없다.

그러면 어떤 법적 근거에 의해서 범죄예방을 위한 옥상 출입문을 폐쇄해야 된다고 인식하고 있는 것인지 다음과 같은 규정들을 검토해 보면 알 수 있다.

먼저 건축물을 설계할 때 건축물의 범죄예방에 관한 내용이다.

첫째, 「건축물의 범죄예방 설계 가이드라인」이다. 여기에는 건축물을 설계할 때 외벽은 침입을 용이하게 하는 요소가 제거될 수 있도록 계획해야 하고, 옥외배관은 타고 오를 수 없는 구조로 하는 등 방범에 대한 사항들이 반영되어 설계될 수 있도록 하고 있다. 이 설계 가이드라인에 "옥상 비상구에는 폐쇄회로 텔레비전을 설치하고 화재 시 자동풀림 잠금장치를 설치"하도록 하는 규정[13]이 있다. 이 규정의 의미가 평소에는 폐쇄상태로 관리를 하다가 화재 시 자동으로 풀리는 장치를 설치하라는 의미로 볼 것인지 명확하지는 않지만 이 설계 가이드라인의 규정의 취지가 범죄예방을 위한 것이므로 평상시에는 옥상 출입문을 폐쇄상태로 유지하다가 화재 시에는 자동으로 개방되도록 하라는 의미로 이해할 가능성이 높다고 할 수 있다. 그렇다 하더라도 이것은 설계를 위한 가이드라인 지침을 제시한 것이지 경찰 관련 법령에서 규정하여 의무를 부과하고 있는 것은 아니라는 것이다.

둘째, 「범죄예방 건축기준 고시」이다. 이 고시에서 범죄예방을 위한 규정을 검토해 보면 범죄예방 공통기준에는 "대지 및 건축물의 출입구는 접근통제시설을 설치하여 자연적으로 통제하고 경계 부분을 인지할 수 있도록 하여야 한다"라고 규정[14]되어 있다. 이 규정에서 보면 출입구의 접근통제시설 설치에 대한 부분만 있을 뿐 옥상 출입구의 폐쇄에 대한 내용의 언급이 없다. 또한 100세대 이상 아파트에 대해서는 옥상 출입구 내부에 영상정보처리기기를 설치하고 계단실에는 외부공간에서 자연적 감시가 가능하도록 창호를 설치하도록 하고 있다. 그리고 계단실에 영상정보처리기기를 1개소 이상 설치[15]하도록 하고 있는데, 여기에서도 옥상 출입구의 폐쇄에 대한 부분이 없다.

이 두 가지 사항을 고려했을 때 방범을 위한 옥상 출입문을 폐쇄하라는 법령에서 명확한 규정을 발견할 수 없다. 즉, 법령에서의 옥상 출입문의 폐쇄 의무가 없다. 또한 소방법령에서도 옥상 출입문의 개방 여부에 대해서 명확하지 않고 모호한 부분이 있다. 옥상광장의 설

13) 건축물의 범죄예방 설계 가이드라인 18.5.
14) 범죄예방 건축기준 고시 제4조(접근통제의 기준)
15) 범죄예방 건축기준 고시 제10조(100세대 이상 아파트에 대한 기준)

치대상이 아니고 비상문자동개폐장치의 설치대상이 아닌 건축물의 옥상 출입문의 관리를 어떻게 해야 하는지에 난감한 부분이 있는 것이 사실이다. 옥상광장 설치대상의 옥상 출입문과 비상문자동개폐장치 설치대상의 옥상 출입문 대상이 아닌 경우 옥상의 출입문을 개방해야 할 법적인 의무는 없다고 생각하면 된다. 그러나 이런 대상을 소방관서에 문의하면 옥상 출입문을 폐쇄해도 된다고 답변을 하지는 않는다.

왜냐하면 안전을 관리하는 기관에서 피난의 장애를 해도 된다는 공적인 답변을 하는 것은 재실자들의 안전확보를 법령으로만 맞추려는 소극적인 행정으로 비춰지기 때문이다. 그렇기에 소방관서에서는 법적인 개방의무는 없으나 긴급시 대피를 위해서 개방하여 관리하라는 취지로 답변을 할 수밖에 없는 것이다. 그러므로 이런 경우 소방관서에서는 아래와 같은 방식으로 유지 · 관리하도록 하고 있다.

작동하는 방재, 한발 앞선 대응

소 방 방 재 청

제목 아파트 옥상출입문 개방의무 질의 회신

1. 소방방재청 민원접수-399(2010.08.31.)호 「공동주택의 옥상출입문 안전관리에 관한 질의」와 관련입니다.

2. 복층 형 아파트 옥상출입문 개방의무 질의에 대하여 다음과 같이 회신하오니 업무에 참고하시기 바랍니다.

가. 질의

- 복층 형 아파트 옥상출입문을 방범 등의 사유로 잠근 행위가 소방법령에 위반이 되는지?

나. 답변

- 아파트 옥상이 「건축법 시행령」 제40조 규정에 의하여 옥상광장을 설치하여야 하는 대상(11층 이상인 층의 바닥면적의 합계가 1만㎡ 이상)에 해당되지 아니한 경우에는 옥상출입문 상시 개방의무는 없으며,

- 아파트 옥상 출입문을 방범 등의 이유로 잠금장치를 설치하고 관리하는 경우에는 아래와 같은 방법으로 출입문을 설치하도록 권장 · 지도하고 있음을 참고하시기 바랍니다.

옥상출입문 등의 설치 및 관리방법 권고사항

○ 화재 등 비상시 자동 개폐되는 KFI인증 비상문자동개폐장치 설치
○ 자동소화설비, 자동화재탐지설비 작동 시 자동 개방되는 구조
○ 관리사무소(방재실) 등에서 원격조작으로 자동 개방되는 구조
○ 옥상 출입문 직근에 열쇠보관함을 설치하여 보관함 개방 시 관리실에 경보되는 구조
○ 옥상출입문 열쇠를 각 세대에 미리 지급하여 유사시 직접 개방이 가능하게 관리 (공동주택의 경우)

끝.

이상으로 옥상광장의 설치대상, 옥상으로 통하는 출입문의 재질에 관한 규정의 유무, 비상문자동개폐장치의 설치, 옥상 출입문의 개방 의무등에 대하여 알아보았는데 이런 내용들을 명확히 이해한다면 법령의 적용에 있어 별다른 어려움이 없을 것이므로 항상 관심 있게 익혀두어야 한다.

CHAPTER

04 | 지하층의 구조와 선큰

01 지하층

1 지하층의 정의

우리가 일반적으로 생각하는 건축물 지하층의 개념은 지상층처럼 햇빛을 위한 채광창이 거의 설치되지 않고 그 실의 환기 역시 기계적 방법에 의존할 수밖에 없는 땅 아래에 위치한 층을 말한다. 그러나 건축법에서의 지하층이라 하면 건축물의 바닥이 지표면 아래에 있는 층으로서 바닥에서 지표면까지 평균높이가 해당 층 높이의 2분의 1 이상인 것을 말한다. 즉, 지하에 있는 층의 층높이의 2분의 1이상이 지표 아래에 있으면 지하층으로 본다는 것이다.

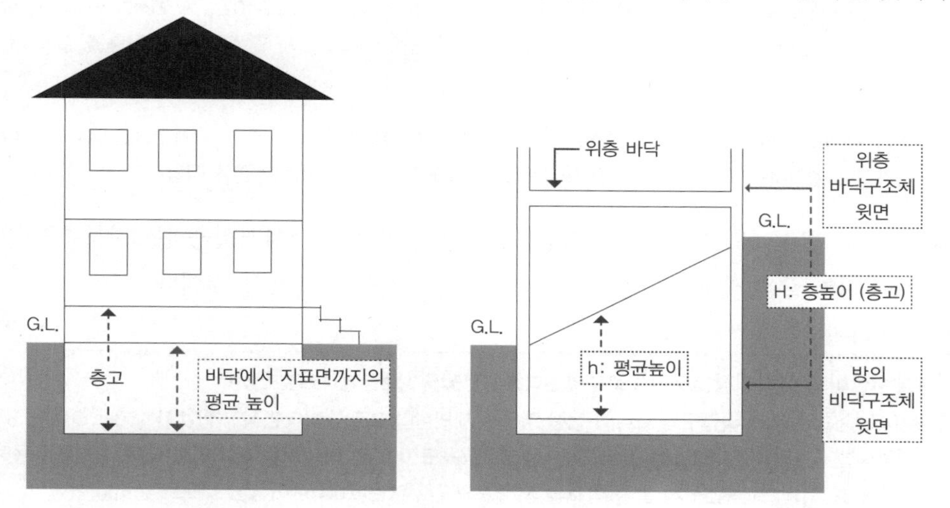

예를 들어 앞쪽 면에서 보면 지표면의 1층이지만 뒤쪽 면에서 보면 건축물 바닥의 2분의 1 이상이 지표면 아래에 있는 경우 이 층은 앞면이 지표면에 접해 있는 피난층이면서 지하층으로 본다는 것이다.

2 지하층의 변천과정

(1) 법 연혁에 따른 지하층 설치의무

과거 남북의 전쟁위기 상황은 지하층 규정에도 상당한 영향을 끼쳤는데 유사시 대피호로 사용하기 위해서 지하층을 의무적으로 설치하도록 규정이 신설되어 운영되었던 때가 있었다. 이런 이유로 개정된 건축법(1970. 03. 02.)에는 일정한 기준의 용도와 규모의 건축물을 건축하고자 할 때에는 일정면적 이상에 해당하는 지하층을 반드시 설치하도록 하였다. 이후 건축물에 설치하는 지하층의 설치의무가 없어지고 설치하고자 할 때 지켜야 하는 기준에 대해서만 규정하는 것으로 전문개정(1999. 05. 09.)되었다. 즉, 지하층 설치여부에 대해서는 의무가 아니었으며 건축주의 자율에 의해 설치하도록 제도가 변경되었다.

지하층 설치에 대한 건축법 변천과정

1. [제정 시행: 법률 제984호, 1962. 01. 20.]
   지하층 설치 의무 규정이 없음

2. 건축법 제22조의3(지하층의 설치) [일부개정 1970. 01. 01, 시행 1970. 03. 02.] ※ 지하층 설치의 의무화
   - 건축주는 대통령령으로 정하는 용도 및 규모의 건축물을 건축하고자 할 때에는 지하층을 설치하여야 한다.

3. 건축법 제44조(지하층) [전문개정 1999. 02. 08, 시행 1999. 05. 09.] ※ 지하층 설치의 자율화
   - 건축물에 설치하는 지하층은 그 구조 및 설비를 건설교통부령이 정하는 기준에 적합하게 하여야 한다.

현재의 소방법령에도 대피시설로 사용하는 지하층의 경우 소방시설을 설치하도록 규정하고 있는데 위와 같은 시대적 변천과정에서 생겨난 규정이라 보면 될 것이다.

 여기서 잠깐!

연결살수설비의 설치대상(소방시설 설치 및 관리에 관한 법률 시행령 제11조[별표 4])

지하층(피난층으로 주된 출입구가 도로와 접한 경우는 제외한다)으로서 바닥면적의 합계가 150m^2 이상인 것. 다만, 「주택법 시행령」 제46조 제1항에 따른 국민주택규모 이하인 아파트등의 지하층(대피시설로 사용하는 것만 해당한다)과 교육연구시설 중 학교의 지하층의 경우에는 700m^2 이상인 것으로 한다.

(2) 법 연혁에 따른 지하층 해당여부 기준

현재 지하층의 정의는 그 층의 평균 높이의 2분의 1 이상이 지표면 아래에 있는 것을 말한다. 그러나 건축법이 제정된 1962년부터 1972년까지는 3분의 1 이상이 지표의 아래에, 1973년부터 1999년까지는 3분의 2 이상이 지표 아래에 있어야 지하층에 해당되었다. 그럼에도 불구하고 다세대주택과 단독주택은 1984년부터 2분의 1 이상만 지표 아래에 있으면 지하층에 해당되는 것으로 법령이 변경되었는데, 이것은 당시 주거용 주택의 대다수가 위법을 했기 때문에 이를 현실화시키기 위하여 주택만을 별도로 지하층의 높이 규정을 완화하였던 것이다.

1999. 05. 09.부터는 현재의 규정처럼 건축물의 용도에 관계없이 모든 건축물 지하층 부분의 2분의 1 이상만 지표의 아래에 있으면 지하층으로 인정되었다.

지하층 해당여부의 건축법 변천과정

1. 건축법 제2조(용어의 정의) [제정 시행: 법률 제984호, 1962. 01. 20.]
   - 5. 지층이라 함은 바닥이 지표 이하에 있는 것으로서 바닥으로부터 지표까지의 높이가 그 층의 천장의 높이의 3분의 1 이상인 것

2. 건축법 제2조(용어의 정의) [일부개정 1972. 12. 30, 시행 1973. 07. 01.]
   - "지하층"이라 함은 바닥이 지표 이하에 있는 층으로서 바닥으로부터 지표까지의 높이가 그 층의 천장의 높이의 3분의 2 이상인 것

3. 건축법 제2조(용어의 정의) [일부개정 시행 1984. 12. 31.]
   - "지하층"이라 함은 건축물의 바닥이 지표면 이하에 있는 층으로서 그 바닥으로부터 지표면까지의 높이가 당해 층의 천장까지의 높이의 3분의 2 이상이 되는 것을 말하되, 다세대주택(연면적이 330제곱미터 이하로서 2세대 이상이 거주할 수 있는 주택을 말한다) 및 단독주택의 경우에는 바닥으로부터 지표면까지의 높이가 당해 층의 천장까지의 높이의 2분의 1 이상이 되면 지하층으로 본다.

4. 건축법 제2조(용어의 정의) [전부개정 1991. 05. 31, 시행 1992. 06. 01.]
   - "지하층"이라 함은 건축물의 바닥이 지표면 아래에 있는 층으로서 건축물의 용도에 따라 그 바닥으로부터 지표면까지의 높이가 대통령령이 정하는 기준에 해당하는 것을 말한다.

5. 건축법 제2조(용어의 정의) [일부개정 1999. 02. 08, 시행 1999. 05. 09.]
   - "지하층"이라 함은 건축물의 바닥이 지표면 아래에 있는 층으로서 그 바닥으로부터 지표면까지의 평균높이가 당해 층높이의 2분의 1 이상인 것을 말한다.

3 지하층의 설치기준

지하층의 면적은 연면적(하나의 건축물 각 층의 바닥면적의 합계)에는 포함되나 용적률(대지면적에 대한 연면적의 비율)을 산정할 때는 면적에서 제외된다.

(1) 지하층 구조 및 설비기준

건축물에 설치하는 지하층에는 거실의 용도와 바닥면적, 방화구획등에 따라 설치구조 및 설비를 기준에 적합하게 설치되어야 하는데 건축법령에서 규정하고 있는 기준[1]은 아래와 같다.

종류	설치기준
비상탈출구 환기통	거실의 바닥면적이 $50m^2$ 이상인 층에는 직통계단 외에 피난층 또는 지상으로 통하는 비상탈출구 및 환기통을 설치(직통계단이 2개소 이상 설치된 경우 제외)
직통계단 2개소	제2종근린생활시설 중 공연장 · 단란주점 · 당구장 · 노래연습장, 문화 및 집회시설 중 예식장 · 공연장, 수련시설 중 생활권수련시설 · 자연권수련시설, 숙박시설중 여관 · 여인숙, 위락시설 중 단란주점 · 유흥주점 또는 「다중이용업소의 안전관리에 관한 특별법 시행령」 제2조에 따른 다중이용업의 용도에 쓰이는 층으로서 그 층의 거실의 바닥면적 합계가 $50m^2$ 이상인 건축물에는 직통계단을 2개소 이상 설치
피난계단 또는 특별피난계단 구조	바닥면적이 1천m^2 이상인 층에는 피난층 또는 지상으로 통하는 직통계단을 방화구획으로 구획되는 각 부분마다 1개소 이상 설치하되, 이를 피난계단 또는 특별피난계단의 구조로 할 것
환기설비	거실의 바닥면적의 합계가 1천m^2 이상인 층에는 환기설비를 설치
급수전	지하층의 바닥면적이 $300m^2$ 이상인 층에는 식수공급을 위한 급수전을 1개소 이상 설치

그러므로 지하층에 설치하는 시설과 직통계단등의 종류별 설치방법 및 기준에 대한 법령에서의 취지와 다른 유사 시설과의 차이점등에 대해 구체적으로 알아볼 필요가 있다.

1) 비상탈출구와 환기통의 설치

직통계단을 2개소 이상 설치하지 않은 지하층으로서 「거실의 바닥면적이 50제곱미터 이상」이 되면 지하층에서 피난층 또는 지상으로 통하도록 "비상탈출구"와 "환기통"을 설치해야 한다. 이 시설은 지하에서 지상층의 외부로 피난할 수 있는 최소한의 피난설비이므로 아주 중요한 사항이다. 그러나 지하층의 일부분이 지표면에 면하는 피난층에 해당될 때에도 설치해야 하는지 명확하게 규정하고 있지 않다. 비상탈출구의 설치 취지는 지표면 아래의 지하에서 외부 지상으로 피난하기 위한 목적이므로 비록 지하층이라 하더라도 그 층이 지상에 직접 면하는 피난층이라면 설치할 실이익이 없다.

PLUS TIPS + 피난층의 비상탈출구 설치여부(건축정책과, 2019. 05. 24.)

질의	지하층이 피난층인 경우 비상탈출구를 설치해야 하는지 여부
답변	건축물의 피난 · 방화구조 등의 기준에 관한 규칙 제25조 제1항 제1호의 규정에 의거 지하층의 거실 바닥면적이 $50m^2$ 이상인 층에는 직통계단 외에 피난층 또는 지상으로 통하는 비상탈출구 및 환기통을 설치(직통계단이 2개소 이상인 경우 제외)하도록 규정하고 있으므로, 지하층이 피난층에 해당하는 경우는 비상탈출구를 설치하지 않아도 됩니다.

1) 건축물의 피난 · 방화구조 등의 기준에 관한 규칙 제25조(지하층의 구조)

그리고 지하층 전체를 주차장으로 사용할 때에도 비상탈출구를 설치해야 하는지에 대한 이견이 있는데, 이것은 지하의 주자창이 거실에 해당되는지의 여부가 중요하다. 즉, 거실은 "건축물 안에서 주거 · 집무 · 작업 · 집회 · 오락 기타 이와 유사한 목적을 위하여 사용되는 방"을 말하는 것이므로, 비상탈출구의 설치대상은 "거실로 사용하는 바닥면적이 50제곱미터 이상"이어야 한다. 그러므로 앞장 직통계단의 보행거리 기준에서 언급하였지만 일부 다른 용도로 사용하지 않은 순수한 주차장 전용의 층이라면 거실에 해당하지 아니하므로 비상탈출구를 설치하지 않아도 된다.

PLUS TIPS⁺ 지하 주차장 비상탈출구 설치여부(건축정책과, 2019. 05. 24.)

질의	지하층 전체를 주차장(바닥면적 350m^2)으로 사용할 경우 피난층 또는 지상으로 통하는 비상탈출구를 설치하여야 하는지 여부
답변	건축물의 피난 방화구조 등의 기준에 관한 규칙 제25조 제1항 제1호에 따라 지하층의 거실의 바닥면적이 50m^2 이상인 층에는 직통계단 외에 피난층 또는 지상으로 통하는 비상탈출구 및 환기통을 설치하여야 하며, 「건축법」 제2조 제1항 제5호의 규정에서 "거실"이라 함은 건축물 안에서 주거 · 집무 · 작업 · 집회 · 오락 기타 이와 유사한 목적을 위하여 사용되는 방을 말하는 것인바, 지하주차장은 거실로 볼 수 없습니다.

또한 "환기통"의 세부 설치기준에 대해서는 법령에서 규정된 사항들이 없으므로 지하층의 환기에 필요한 정도의 일반적인 시설로 설치하면 되고, 비상탈출구의 세부 설치기준에 대해서는 뒤에서 다시 언급하기로 한다.

2) 직통계단의 2개소 이상 설치

지하층에 "직통계단을 2개소 이상" 설치하는 것은 피난에 있어 가장 유용하다 할 수 있다. 앞 장의 직통계단의 설치 규정에서 살펴본 바와 같이 지하층에는 직통계단을 2개소 이상 설치해야 할 경우가 있다. 그러나 이 규정과는 별개로 지하층의 구조에 대한 설치기준에도 직통계단을 별도로 설치하도록 규정하고 있는데, 이 두 가지의 규정들에 직통계단의 2개소 이상 설치대상이 서로 겹치기도 하고 또한 별개로 설치해야 할 대상이 될 수도 있으므로 반드시 구분해서 알아두어야 한다.

지하층의 직통계단 2개소 이상 설치기준 비교

적용기준	대상	근거
거실의 면적기준	지하층 거실 바닥면적 합계가 200m^2 이상	건축법 시행령 제34조 (직통계단의 설치)
거실 용도별 면적기준	지하층이 단란주점등 용도로 쓰이는 층으로서 그 층의 거실 바닥면적 합계가 50m^2 이상일 때	건축물의 피난 · 방화구조 등의 기준에 관한 규칙 제25조 (지하층의 구조)

방화구획 기준	바닥면적이 1000m² 이상인 층에는 건축법 시행령 제46조의 규정에 의한 면적별 방화구획이 되는 각 부분마다 1개소 이상 피난계단 또는 특별피난계단 구조로 설치	건축물의 피난 · 방화구조 등의 기준에 관한 규칙 제25조 (지하층의 구조)

예를 들어 지하층의 거실이 200제곱미터가 되지 않아 건축법 시행령 제34조 직통계단 설치 규정의 2개소 이상 설치대상에 해당되지 않더라도 그 거실이 단란주점 등의 용도로 쓰이면서 바닥면적의 합계가 50제곱미터 이상이 되면 직통계단을 2개소 이상 설치해야 한다는 것이다. 또한 지하층의 「바닥면적이 1천제곱미터 이상인 층」에는 피난층 또는 지상으로 통하는 직통계단을 "방화구획으로 구획되는 각 부분마다 1개소 이상 설치"하되 이를 별도의 "피난계단 또는 특별피난계단" 구조로 설치해야 한다.

3) 환기설비와 급수전

지하층의 거실 바닥면적의 합계가 1천제곱미터 이상인 층에는 "환기설비"를 설치하도록 하고 있는데, 이것은 소방관계법령에서 규정하고 있는 제연설비와는 다른 개념의 것이다.

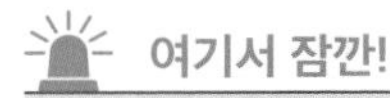

제연설비의 설치대상(소방시설 설치 및 관리에 관한 법률 시행령 제11조[별표 4])

5. 소화활동설비
   3) 지하층이나 무창층에 설치된 근린생활시설, 판매시설, 운수시설, 숙박시설, 위락시설, 의료시설, 노유자시설 또는 창고시설(물류터미널만 해당한다)로서 해당 용도로 사용되는 바닥면적의 합계가 1천 m² 이상인 부분

그리고 건축물의 용도와 관계없이 환기설비를 설치해야 하고, 지하층 규모에 따른 환기설비의 종류와 설치기준에 대하여 「건축법」에서 세부적으로 규정하고 있지 않으므로 지하층의 환기가 원활히 이루어질 수 있을 정도로 설치하면 된다.

PLUS TIPS+ 지하층의 구조물 관련(건축정책과, 2019. 05. 24.)

질의	가. 거실의 바닥면적의 합계가 1천 m² 이상인 지하층(창고시설)에 환기설비를 설치하여야 하는지? 나. 지하층 규모에 따라 환기설비의 종류를 법에 정하고 있는지 및 지하층이 실로 구획되어 있으면 구획된 실마다 환기설비를 하여야 되는지?
답변	「건축물의 피난 · 방화구조 등의 기준에 관한 규칙」 제25조 제1항 제3호에 따라 거실의 바닥면적의 합계가 1천 m² 이상인 지하층에는 건축물의 용도와 관계없이 환기설비를 설치하도록 하고 있으며, 지하층 규모에 따른 환기설비의 종류에 대하여 「건축법」에 명문화하고 있지 아니하나, 지하층의 환기가 원활히 이루어질 수 있도록 환기설비를 하여야 할 것으로 사료됩니다.

또한 지하층의 바닥면적이 300제곱미터 이상인 층에는 식수공급을 위한 "급수전"을 1개소 이상 설치해야 한다.

(2) 비상탈출구 설치 세부기준

비상탈출구는 지하에서 지상 외부로의 피난을 위해 필수적으로 확보되어야 할 최소한의 구조이다. 그러나 이 시설의 설치에 대한 법의 변천과정을 보면 지하층 설치의 의무화 규정이 시행되던 시기에는(1970. 03. 02.)에는 비상탈출구의 설치 규정이 없었다. 이후 법령의 개정(1977. 12. 11.)으로 지하층의 구조에 비상탈출구 설치규정이 신설되어 시행하기 시작하였는데, 이 규정이 처음 시행될 때에는 설치하라는 규정만 두었을 뿐 얼마의 크기와 구조로 설치하라는 세부적인 기준을 법령에서 규정하지는 않았었다. 「건축물의피난 · 방화구조등의기준에관한규칙」이 제정(1999. 05. 07.)되면서 비상탈출구의 세부 설치기준이 신설 시행(1999. 05. 09.)되었다.

지하층 비상탈출구 설치법 변천과정

1. [일부개정 1970. 01. 01, 시행 1970. 03. 02.]
   건축법 제22조의3(지하층의 설치) ※ 지하층 설치가 의무화되었으나 비상탈출구 설치 규정이 없음

2. [일부개정 1977. 11. 10, 시행 1977. 12. 11.] ※ 비상탈출구 설치 규정 최초 신설
   건축법 시행령 제114조(지하층의 구조)
   2. 지하층 바닥면적이 50평방미터를 넘는 경우에는 직통계단 이외에 지상층으로 통하는 비상탈출구 및 환기통을 설치할 것. 다만, 직통계단이 2개 이상 설치되어 있는 경우에는 그러하지 아니하다.

3. [일부개정 1999. 04. 30, 시행 1999. 05. 09.]
   건축법 시행령 제63조(지하층의 구조) 삭제 〈1999. 04. 30.〉

4. [제정 1999. 05. 07, 시행 1999. 05. 09.]
   건축물의피난 · 방화구조등의기준에관한규칙 제25조(지하층의 구조) ※ 지하층 비상탈출구 설치 세부기준 신설
   ② 제1항 제1호의 규정에 의한 지하층의 비상탈출구는 다음 각 호의 기준에 적합하여야 한다.

비상탈출구는 직통계단과는 별도로 설치하는 것으로 지하층의 양방향 피난계획으로서 Fail safe의 개념이다. 또한 앞 장에서 언급했듯이 직통계단의 설치기준에는 지하층으로서 그 층 거실의 바닥면적의 합계가 200제곱미터 이상이면 직통계단을 2개소 이상 설치하도록 규정하고 있는데, 만약 이 규정에 의해 2개 이상의 직통계단이 설치되어 있으면 양방향 피난이 가능하므로 비상탈출구의 설치가 제외된다.

현재 법령에서 규정하고 있는 비상탈출구의 설치기준[2)]은 아래와 같다. 다만, 주택의 경우에는 그러하지 아니하다.

2) 건축물의 피난 · 방화구조 등의 기준에 관한 규칙 제25조(지하층의 구조) 제②항

- 비상탈출구의 유효너비는 0.75미터 이상으로 하고, 유효높이는 1.5미터 이상으로 할 것
- 비상탈출구의 문은 피난방향으로 열리도록 하고, 실내에서 항상 열 수 있는 구조로 하여야 하며, 내부 및 외부에는 비상탈출구의 표시를 할 것
- 비상탈출구는 출입구로부터 3미터 이상 떨어진 곳에 설치할 것
- 지하층의 바닥으로부터 비상탈출구의 아랫부분까지의 높이가 1.2미터 이상이 되는 경우에는 벽체에 발판의 너비가 20센티미터 이상인 사다리를 설치할 것
- 비상탈출구는 피난층 또는 지상으로 통하는 복도나 직통계단에 직접 접하거나 통로 등으로 연결될 수 있도록 설치하여야 하며, 피난층 또는 지상으로 통하는 복도나 직통계단까지 이르는 피난통로의 유효너비는 0.75미터 이상으로 하고, 피난통로의 실내에 접하는 부분의 마감과 그 바탕은 불연재료로 할 것
- 비상탈출구의 진입부분 및 피난통로에는 통행에 지장이 있는 물건을 방치하거나 시설물을 설치하지 아니할 것
- 비상탈출구의 유도등과 피난통로의 비상조명등의 설치는 소방법령이 정하는 바에 의할 것

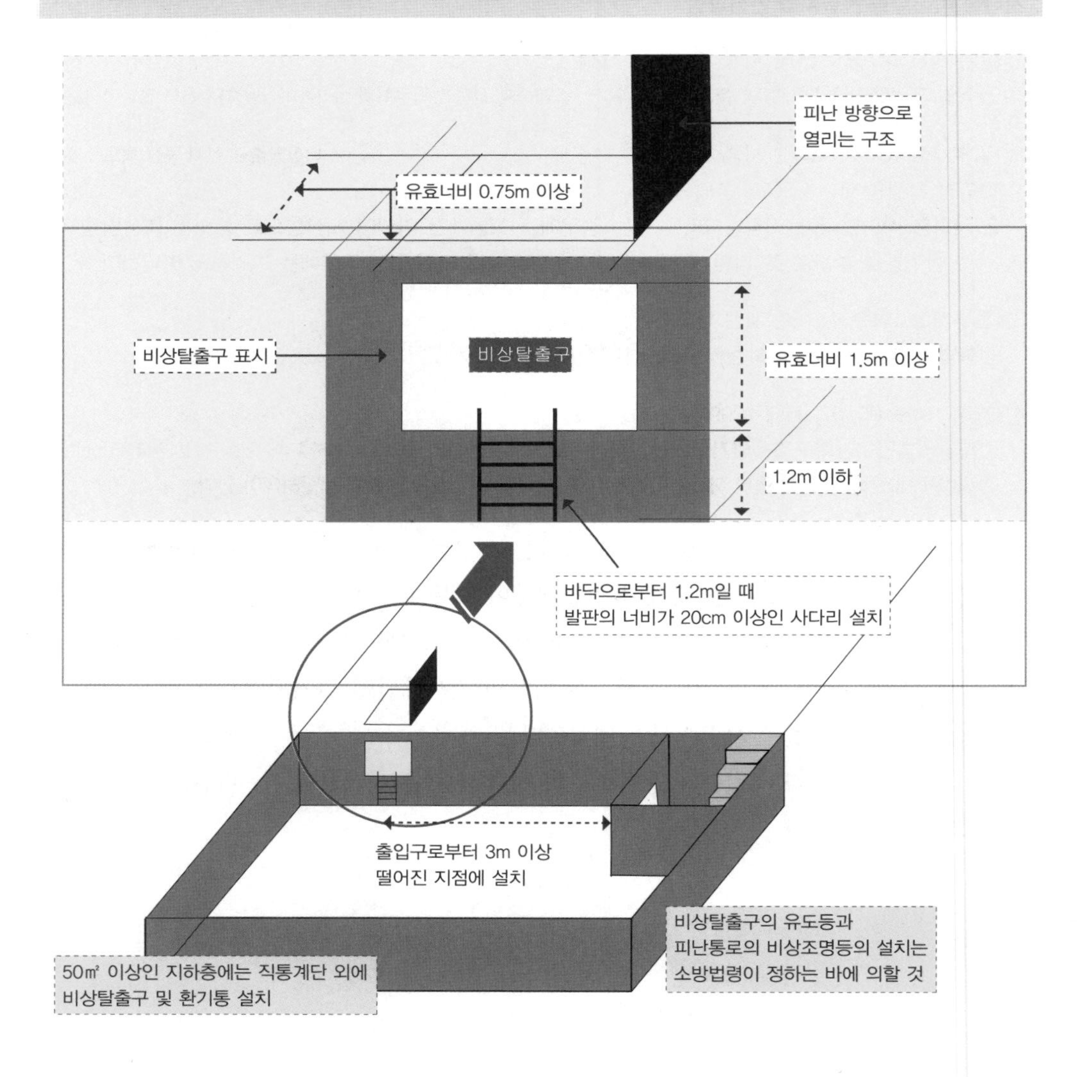

(3) 다중이용업소의 비상구와 비상탈출구

「다중이용업소의 안전관리에 관한 특별법」에서 규정하고 있는 다중이용업소에는 주출입구의 반대방향에 비상구를 설치해야 한다. 만일 지하층에 다중이용업소를 설치하고자 할 때 영업장의 비상구와 건축법에서 규정하고 있는 지하층의 구조인 비상탈출구를 각각 별도로 설치하여야 하는지 검토할 필요가 있다.

 여기서 잠깐!

다중이용업소의 안전관리에 관한 특별법 시행령 제9조(안전시설등) [별표 1의2] [비고]

2. "비상구"란 주된 출입구와 주된 출입구 외에 화재 발생 시 등 비상시 영업장의 내부로부터 지상 · 옥상 또는 그 밖의 안전한 곳으로 피난할 수 있도록 「건축법 시행령」에 따른 직통계단 · 피난계단 · 옥외피난계단 또는 발코니에 연결된 출입구를 말한다.

과거의 소방법령에는 비상탈출구가 「소방 · 방화시설등의 종류」에 포함되는 경우가 있었다.

소방 · 방화시설 완비증명 발급제도가 법제화(1997. 03. 07.)되면서 이때의 비상구는 "지상으로 통하는 계단 · 복도 또는 통로로 연결되는 비상구를 포함"하도록 하여, 비상탈출구를 "구). 소방법시행령 방화시설의 비상구"로서 사실상 인정하게 되었다. 이후 소방법시행령이 일부개정(2002. 03. 30.)되어 비상탈출구가 비상구에서 삭제되었고, "소방기술기준에 관한 규칙 제143조의3(방화시설)"에 비상구 설치의 세부기준을 신설(2002. 04. 12.)하였다. 이때부터 건축법의 지하층 구조에서 설치하여야 할 비상탈출구와 소방법령상의 다중이용업소에서 설치하여야 할 비상구가 완전히 별개의 시설로서 각각 적용되어 왔다.

 여기서 잠깐!

구) 소방법시행령 제4조의3(소방·방화시설등의 종류)

법 제8조의2 제1항의 규정에 의한 소방 · 방화시설등의 종류는 다음과 같다.

1. 소방시설
   가. 소화설비: 소화기(수동식 또는 자동식) · 소화약제에 의한 간이소화용구 · 간이스프링클러설비
   나. 피난설비: 유도등 및 유도표지 · 비상조명등 · 완강기
   다. 경보설비: 비상벨설비 · 비상방송설비 · 가스누설경보기
2. 방화시설: 방화문 · 비상구(비상탈출구) ※ 2002. 03. 30. 시행령 개정 → 비상탈출구 삭제
3. 기타시설: 영상음향차단장치 · 누전차단기 · 피난유도선
   ※ 소방법 시행령 폐지(2004. 05. 30.) → 다중이용업소의 안전관리에 관한 특별법 제정[2006. 03. 24.]

구) 소방기술기준에관한규칙 제143조의3(방화시설)

다중이용업소에는 영 제4조의3제2호의 규정에 의한 방화시설을 다음 각 호의 기준에 의하여 설치하여야 한다.

1. 영업장에는 피난층 또는 지상으로 통하는 비상구(지상으로 통하는 계단 · 복도 또는 통로에 연결되는 비상구를 포함한다)를 다음 각 목의 기준에 적합하도록 설치할 것. 다만, 주 출입구 외에 당해 영업장 내부에서 피난층 또는 지상으로 통하는 직통 계단이 설치된 경우에는 그러하지 아니하다.
   가. 가로 75센티미터 이상, 세로 150센티미터 이상의 크기로 할 것

PART 4

> 나. 문은 피난방향으로 열리는 구조로 하고, 비상구는 구획된 실 또는 천장으로 통하는 구조가 아닐 것
> 다. 주 출입구의 반대방향에 설치할 것. 다만, 건물구조상 불가피한 경우에는 영업장의 장변길이의 2분의 1 이상 떨어진 위치에 설치할 수 있다.(이하 생략)

4 소방법령에서의 비상탈출구 유지·관리

건축법 제53조(지하층)의 규정에 의한 지하층은 「소방시설 설치 및 관리에 관한 법률」 제6조(건축허가등의 동의 등) 제⑤항의 규정에서 "방화시설"로 정의하고 있다. 그러므로 비상탈출구의 "훼손, 폐쇄 등의 행위"를 하였을 때는 "소방관계법령상 방화시설의 관리의무 위반"에 해당하므로 이에 대한 과태료 부과 등의 불이익 처분을 받을 수 있다. 여기서 주의해야 할 것은 만일 어떤 건축물 지하에 비상탈출구가 설치되어 있지 않았다고 하여 무조건 불이익 행정처분을 해서는 안 된다는 것이다. 건축물 대장상의 허가일을 확인하여 비상탈출구 설치기준이 신설(1977. 12. 11.)되기 전의 건축물이라면 당연히 비상탈출구 설치가 되어 있지 않을 것이다. 그러나 만일 설치기준 신설 이후에 건축물의 허가가 이루어졌고 지하층은 설치되어 있는데 비상탈출구가 없다면, 허가 시부터 누락되었던 것인지 아니면 완공 후 사용자가 빈번히 바뀌는 과정에서 내부수리 등으로 비상탈출구 자체를 없애버린 경우도 있으므로 면밀히 확인하여야 한다.

만일 최초 완공 시부터 없었다고 판단이 되면 과태료 부과 처분 없이 미설치된 부분에 대한 사항을 관할기관의 건축 소관부서에 통보하여 설치토록 하면 될 것이고, 사용하면서 임의적 철거 등으로 없어진 경우라면 소방법령상의 과태료를 부과하고 설치에 대한 행정명령은 소방관서에서 직접 명하거나 관할구청에 통보하여 설치토록 하는 방법이 있을 것이다.

02 선큰(Sunken)

1 선큰의 정의

건축법령에서는 "선큰"이라는 용어를 규정하고 있지 않고 "지하층과 피난층 사이의 개방공간"으로 규정[3]하고 있으며, 지하층을 일정한 용도로 사용하는 경우에는 각 실에 있는 자가 지하층 각 층에서 건축물 밖으로 피난하여 옥외계단 또는 경사로 등을 이용하여 피난층으로 대피할 수 있도록 천장이 개방된 외부공간을 설치하도록 하고 있다.

3) 건축법 시행령 제37조(지하층과 피난층 사이의 개방공간 설치)

또한, 초고층관련 법령에서는 선큰의 정의를 "지표 아래에 있고 외기(外氣)에 개방된 공간으로서 건축물 사용자 등의 보행 · 휴식 및 피난 등에 제공되는 공간을 말한다."라고 규정[4] 하고 있다. '지하층과 피난층 사이의 개방공간 설치'에 대해서는 건축법령에서 세부적인 설치기준을 규정하고 있지 않으므로 일반적으로 천장이 없는 옥외 가든(garden)의 개념으로 설치하고 있다. 또한 지하 개방공간을 초고층재난관리법에서 규정하는 선큰(Sunken)의 구조로 설치하기도 하는데 어떤 방식으로 설치하여도 무방하다.

2 선큰의 설치대상

건축법 시행령에서 규정하는 지하 개방공간을 선큰(Sunken)의 구조로 설치한다면 이것은 반드시 설치해야 하는 시설에 해당한다. 초고층재난관리법에서는 지하층을 일정한 용도로 사용할 때 그 지하층에 피난안전구역을 설치하도록 규정하고 있다. 그러나 지하층의 피난안전구역을 법령의 설치기준에 적합하게 설치하는 것이 평면 구조등의 여러 환경적인 여건상 설치가 어려울 수 있으므로 이때 선큰(Sunken)의 구조로 설치하면 피난안전구역의 설치가 면제된다.

법적 근거	설치 대상	비고
건축법 시행령 제37조(지하층과 피난층 사이의 개방공간 설치)	바닥면적의 합계가 3000m^2 이상인 공연장 · 집회장 · 관람장 또는 전시장을 지하층에 설치하는 경우	선큰 설치
초고층 및 지하연계 복합건축물 재난관리에 관한 특별법 시행령 제14조(피난안전구역 설치기준 등)	초고층 건축물등의 지하층이 건축물 안에 문화 및 집회시설, 판매시설, 운수시설, 업무시설, 숙박시설, 위락(慰樂)시설 중 유원시설업(遊園施設業)의 시설 또는 종합병원, 요양병원 용도의 시설이 하나 이상 있는 건축물	피난안전구역 또는 선큰 설치

4) 초고층 및 지하연계 복합건축물 재난관리에 관한 특별법 시행령 제14조(피난안전구역 설치기준 등)

3 선큰의 설치기준

선큰의 설치면적의 기준[5]은 다음과 같다.

면적의 설치기준

다음 각 목의 구분에 따라 용도(「건축법 시행령」 별표 1에 따른 용도를 말한다)별로 산정한 면적을 합산한 면적 이상으로 설치할 것

가. 문화 및 집회시설 중 공연장, 집회장 및 관람장은 해당 면적의 7퍼센트 이상
나. 판매시설 중 소매시장은 해당 면적의 7퍼센트 이상
다. 그 밖의 용도는 해당 면적의 3퍼센트 이상

선큰의 구조는 다음의 기준에 따라 설치하여야 한다.

구조의 설치기준

가. 지상 또는 피난층(직접 지상으로 통하는 출입구가 있는 층 및 피난안전구역)으로 통하는 너비 1.8미터 이상의 직통계단을 설치하거나, 너비 1.8미터 이상 및 경사도 12.5퍼센트 이하의 경사로를 설치할 것
나. 거실 바닥면적 100제곱미터마다 0.6미터 이상을 거실에 접하도록 하고, 선큰과 거실을 연결하는 출입문의 너비는 거실 바닥면적 100제곱미터마다 0.3미터로 산정한 값 이상으로 할 것

선큰에 설치해야 할 설비는 선큰의 구조가 옥외에 개방되어 있는 특수성으로 "침수 방지시설"과 거실에서의 피난경로상의 "제연설비"의 설치로서 이 두 가지가 중요한 역할을 한다고 할 수 있다.

설비의 설치기준

가. 빗물에 의한 침수 방지를 위하여 차수판(遮水板), 집수정(물저장고), 역류방지기를 설치할 것
나. 선큰과 거실이 접하는 부분에 제연설비[드렌처(수막)설비 또는 공기조화설비와 별도로 운용하는 제연설비를 말한다]를 설치할 것. 다만, 선큰과 거실이 접하는 부분에 설치된 공기조화설비가 「소방시설 설치 및 관리에 관한 법률」에 따른 화재안전기준에 맞게 설치되어 있고, 화재발생 시 제연설비 기능으로 자동 전환되는 경우에는 제연설비를 설치하지 않을 수 있다.

특히 선큰은 지하층에 설치되는 것으로서 외기와 개방되어 있으므로 집중호우 시 다량의 빗물 등이 유입되어 지하 거실의 침수로 재난 발생 우려가 크므로, 반드시 차수판 등의 유입 방지시설과 집수정 등 옥외 배출 설비의 정상작동이 중요하다.

5) 초고층 및 지하연계 복합건축물 재난관리에 관한 특별법 시행령 제14조(피난안전구역 설치기준 등) 제③항

▸ **선큰의 설치구조 심의 사례**

검토사항	조치결과
2. 지하 1층에 설치된 선큰의 설치기준 적정여부 검토 • 빗물에 의한 침수방지를 위한 차수판, 집수정, 역류방지기의 설치여부 • 선큰 상부의 구조 검토	• 초고층 및 지하연계 복합건축물 재난관리에 관한 특별법 시행령에 따라 선큰 면적은 필요면적 이상으로 적절하게 설치 계획하였음 • 지하 2층에는 선큰 우수펌프실을 설치 계획하고, 선큰 에스컬레이터 상부에 지붕을 설치, 출입구에는 차수판을 계획하였음 • 출입구 이외의 1층 선큰 구간은 난간을 1,200mm 높이로 계획하여 빗물에 의한 침수대비를 하겠음

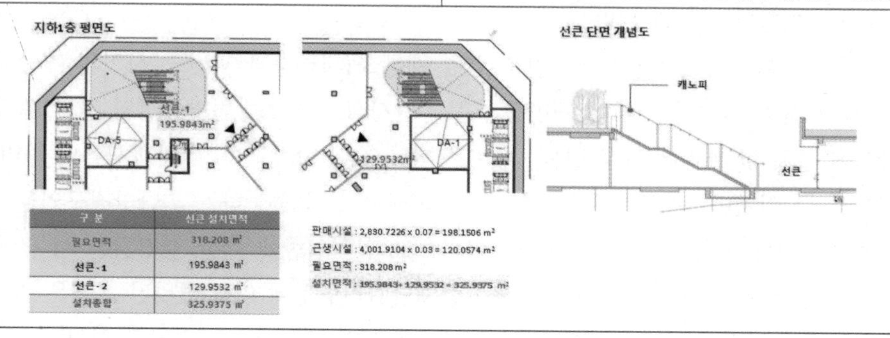

구 분	선큰 설치면적
필요면적	318.208 m²
선큰-1	195.9843 m²
선큰-2	129.9532 m²
설치총합	325.9375 m²

판매시설 : 2,830.7226 x 0.07 = 198.1506 m²
근생시설 : 4,001.9104 x 0.03 = 120.0574 m²
필요면적 : 318.208 m²
설치면적 : 195.9843+ 129.9532 = 325.9375 m²

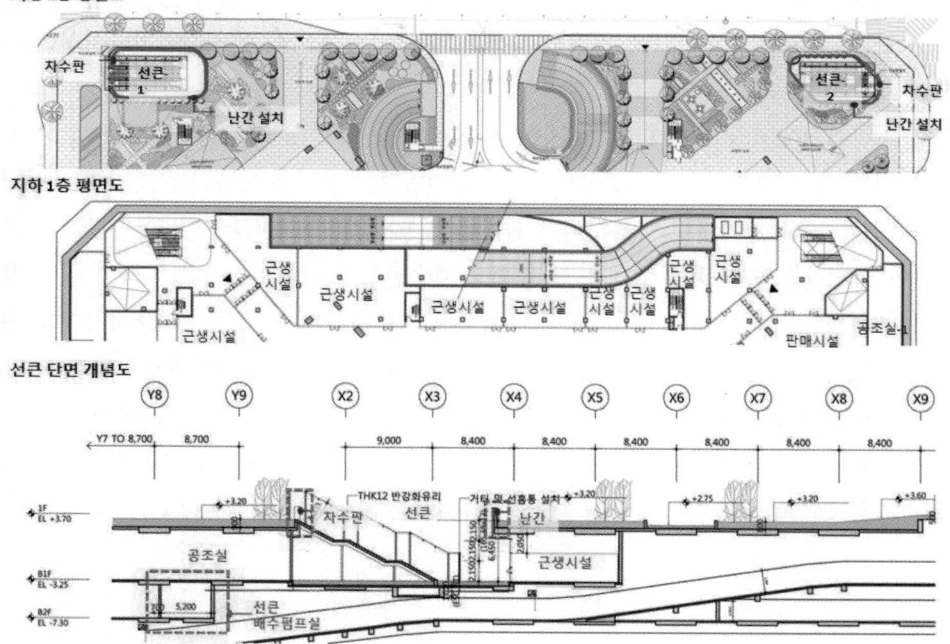

4 소방법령에서의 지하 개방공간 유지 · 관리

소방법령에서의 규정 적용에서 건축법 제53조(지하층)은 「소방시설 설치 및 관리에 관한 법률」 제6조(건축허가등의 동의 등) 제⑤항의 규정에 의한 "방화시설"로 분류되고, 건축법 시행령 제37조(지하층과 피난층 사이의 개방공간 설치)의 규정은 건축법 제49조(건축물의 피난시설 및 용도제한 등) 제①항 규정의 하위법령에 의해 설치되는 "피난시설"로 분류할 수 있다. 그러나 지하 개방공간의 설치기준에 대한 세부 규정이 건축법령에는 없으며 초고층재난관리법령에서 선큰(Sunken)의 세부 설치기준을 규정하고 있는데 대부분 이 기준을 준용해서 설계한다고 보면 된다.

여기서 검토되어야 할 것이 건축법 시행령 제37조(지하층과 피난층 사이의 개방공간 설치) 규정에 의해 설치되는 지하 개방공간은 피난시설로서 소방법령에서의 관리 위반 시에 「소방시설 설치 및 관리에 관한 법률」 제16조(피난시설, 방화구획 및 방화시설의 관리) 규정을 적용할 수 있지만, 초고층재난관리법령에 의해서 설치해야 하는 피난안전구역을 대체해서 설치하는 선큰(Sunken)은 건축법이 아니므로 관리위반에 대한 행정처분 시 근거 법령이 다름을 구분할 수 있어야 한다. 즉, 초고층재난관리법령에 의해 설치된 선큰은 위 소방법령 규정을 적용시킬 수 없고 조치명령의 불이행에 대한 행정처분이 가능할 것이다. 즉, 건축법령에 의해 설치되는 지하 개방공간의 선큰(Sunken)에 대해서 거실을 연결하는 출입문의 너비와 각종 설비 등 개방공간에 관련된 시설의 기준 역시 소방관계법령상 피난시설의 관리사항에 해당될 수 있다.

실제 소방관서에서의 현장 확인 시 지하 개방공간(선큰)에 대한 확인에 있어 세심하지 않은 측면이 있다. 이것은 선큰(Sunken)이 소방관계법령의 규정에 적용받는 것인지를 인식하지 못하거나, 또한 건축법령의 부분이라 판단하여 그냥 외면하는 경향이 없지 않기 때문이다. 만약 화재안전조사 등 현장확인 시 집수정 배수펌프의 관리부분이 불량하여 실제 작동이 되지 않음에도 불구하고 이를 확인하지 아니하고 조사사항을 정상으로 조사서에 기재하여 종료하였다고 했을 때, 이후 집중호우로 인한 지하층 거실의 침수로 인명피해가 다수 발생하였다면 피해에 대한 원인조사에서 배수펌프의 작동 불량이 주된 원인이라면 책임소재에 있어 자유로울 수 있는지 생각해 봐야 한다. 그러므로 관계인의 유지 · 관리도 중요하지만 현장확인 관서에서의 확인 과정도 반드시 이루어져야 한다.

CHAPTER

05 | 고층건축물의 피난안전구역등

01 고층건축물의 피난안전구역 · 대피공간의 설치등

건축법령에는 고층건축물에 대한 피난과 안전관리에 관한 사항을 별도로 규정[1]하고 있다. 고층건축물에는 "피난안전구역을 설치하거나 대피공간을 확보한 계단을 설치하여야 하고 설치된 피난안전구역 · 피난시설 또는 대피공간에는 법령에서 정하는 바에 따라 화재 등의 경우에 피난 용도로 사용되는 것임을 표시"하도록 규정하고 있다. 또한 고층건축물의 화재 예방 및 피해경감을 위하여 구조내력, 건축물의 피난시설 및 용도제한, 건축물의 내화구조와 방화벽 등의 기준을 강화하여 적용할 수 있도록 규정하여 일반 건축물의 기준보다 더 안전한 화재안전계획이 확보될 수 있도록 하고 있다.

1 계단과 연결된 대피공간

고층건축물에 계단과 연결된 대피공간이 설치된 대상을 흔하게 볼 수 있는 것은 아니다. 여기서 대피공간은 옥상광장을 설치해야 할 대상 중 경사지붕 아래에 설치하는 대피공간의 개념과는 다르고, 또한 4층 이상 아파트의 모든 세대가 2개 이상의 직통계단을 이용할 수 없을 때 설치하는 세대 내의 대피공간과의 개념도 아니다. 고층건축물 재실자들이 유사시 계단과 연결된 대피공간에 피난할 수 있도록 수평적 장소에 안전지대를 확보한다는 것이다. 이런 구조로 설치하는 것은 많은 공간이 필요하므로 피난안전구역으로 설치하는 것이 일반적이다.

고층건축물에 설치된 대피공간

1) 건축법 제50조의2(고층건축물의 피난 및 안전관리)

2 고층건축물 피난안전구역 등의 피난용도 표시

고층건축물에 설치된 피난안전구역, 피난시설 또는 대피공간에는 "화재 등의 경우에 피난 용도로 사용되는 것임을 표시"하도록 규정[2]되어 있는데 표시의 방법에 대한 세부 설치기준은 없으므로 일반 재실자들이 인식하기 쉽게 표시하는 정도면 된다. 피난안전구역을 알리는 표지판의 설치기준은 다음과 같다.

피난안전구역의 표지판 설치

1. 출입구 상부 벽 또는 측벽의 눈에 잘 띄는 곳에 "피난안전구역" 문자를 적은 표시판을 설치
2. 출입구 측벽의 눈에 잘 띄는 곳에 해당 공간의 목적과 용도, 다른 용도로 사용하지 아니할 것을 안내하는 내용을 적은 표시판을 설치

특별피난계단의 계단실과 부속실, 피난계단의 계단실 및 피난용 승강기 승강장에 설치해야 하는 표지판의 설치기준은 다음과 같다.

특별피난계단의 계단실 및 그 부속실, 피난계단의 계단실 및 피난용 승강기 승강장

1. 출입구 측벽의 눈에 잘 띄는 곳에 해당 공간의 목적과 용도, 다른 용도로 사용하지 아니할 것을 안내하는 내용을 적은 표시판을 설치
2. 해당 건축물에 피난안전구역이 있는 경우 표시판에 피난안전구역이 있는 층을 적을 것

고층건축물에 설치하는 대피공간에 설치하는 표지판의 설치기준은 다음과 같다.

대피공간의 표지판 설치

출입문에 해당 공간이 화재 등의 경우 대피장소이므로 물건 적치 등 다른 용도로 사용하지 아니할 것을 안내하는 내용을 적은 표시판을 설치할 것

02 피난안전구역의 설치배경

1 피난안전구역의 필요성

앞 장의 옥상광장에서 언급했듯이 고층건물에서의 수직 피난계획은 지상층과 옥상으로 피난계획이 기본적이라 할 수 있다. 옥상으로의 피난에 있어서는 옥상광장과 인명구조공간 등을 설치하여 소방헬기로 구조가 가능하도록 계획하고 지상층으로의 피난은 안전하게 관리되고 있는 특별피난계단 등 직통계단을 이용한 지상으로의 피난계획으로 볼 수 있을 것이다.

2) 건축물의 피난 · 방화구조 등의 기준에 관한 규칙 제22조의2(고층건축물 피난안전구역 등의 피난 용도 표시)

그런데 초고층건축물 등에서 특별피난계단을 이용하여 지상으로 곧바로 피난하는 방법은 가장 안전한 방법일 수 있으나 여기에는 다른 관점에서 검토해야 할 사항이 있다. 즉, 노약자등 피난약자가 과연 100층에서 지상 1층까지 연속적으로 피난하는 방법이 적합한 피난계획이라 할 수 있는지 또한 상부층에서 특별피난계단을 이용하여 지상으로 피난하고 있을 때 하부층에서 계단실로 연기가 유입되어 피난자들이 다시 옥상이나 다른 층의 내부로 재진입할 가능성의 유무에 대한 것이다. 이런 경우에 대한 보완책이 고층건축물의 중간층에 화재로부터 안전한 구역을 설치하여 피난자들이 이 장소로 이동하고 소방대원들의 진입과 구조활동 및 관계자의 피난용승강기 관제계획에 따라 지상으로 안전하게 피난할 수 있도록 하는 것이다. 이것이 바로 피난안전구역의 설치가 필요한 이유이다.

2 피난안전구역의 정의

건축법령에는 피난안전구역의 정의를 "건축물의 피난 · 안전을 위하여 건축물 중간층에 설치하는 대피공간을 말한다."라고 규정[3]하고 있다. 여기에서 "중간층에 설치하는 대피공간"을 말하는데 이것의 해석에 있어 이견이 있다. 즉, 중간층 전체를 대피공간으로 해야 하는지, 아니면 법령에서 정하는 일정한 면적만을 확보하여 대피공간으로 사용하고 다른 부분은 거실로 사용하는 경우에 관한 부분이다. 피난안전구역의 용어 자체만으로 보면 후자로 해석해도 가능할 것으로 판단되나 이것은 피난안전구역이 설치된 층의 다른 부분에 화재발생 위험이 있는 거실을 같이 사용한다는 것은 취지에 맞지 않다는 생각도 할 수 있다.

이 같은 이유로 성능위주설계(PBD) 평가단 심의 시에는 피난안전구역을 설치하는 층에 다른 용도로 사용하는 거실 설치에 대해 거의 인정하지 않는 게 대부분이다. 또한 피난안전구역의 설치기준을 규정[4]하고 있는 건축법령에서는 해당 건축물의 1개 층을 대피공간으로 설치하도록 하고 있으므로 피난안전구역의 용어를 피난안전층으로 변경해야 한다는 의견도 제기되고 있다.

3) 건축법 시행령 제34조(직통계단의 설치) 제③항

4) 건축물의 피난 · 방화구조 등의 기준에 관한 규칙 제8조의2(피난안전구역의 설치기준)

3 피난안전구역 설치의 변천과정

2010. 10. 01.(금) 11:33경 발생한 부산광역시 해운대구 1435-1 우신골든스위트 주상복합건축물 화재사례는 우리나라의 고층건축물이 화재에 얼마나 취약한지가 그대로 노출된 사례이다. 이 화재사건으로 인해 건축법의 개정과 「초고층 및 지하연계 복합건축물 재난관리에 관한 특별법」이 신설되었다. 또한 고층건축물의 화재안전대책을 강화시키기 위해 많은 제도들이 신설되었는데 그중의 하나가 "고층건축물의 정의"에 대한 규정을 건축법에 신설하고, 이전에는 초고층 건축물에만 설치하던 피난안전구역을 모든 고층건축물로 확대하여 설치토록 제도가 변경 시행되었다.

(1) 고층건축물의 개념 확립

피난안전구역 설치의 변천과정을 알려면 먼저 고층건축물의 정의에 대한 변천과정을 알아야 한다. 해운대 우신골든스위트 화재사건 발생(2010. 10. 01.) 이전에 개정된 건축법 시행령(2009. 07. 16.)에 "초고층 건축물"의 정의가 최초 신설되었는데 "층수가 50층 이상이거나 높이가 200미터 이상인 건축물"로 정의하였다. 이때까지만 해도 「초고층 건축물」의 개념만 규정하였는데 화재발생 이후 고층건축물의 화재위험성에 대한 안전대책의 필요성으로 「초고층 건축물과 준초고층 건축물」의 개념으로 나누어 관리하도록 개정되었다.

즉, 이전에 고층건축물의 정의가 없었던 건축법을 개정(2011. 09. 16.)하여 「고층건축물」의 정의를 "층수가 30층 이상이거나 높이가 120미터 이상인 건축물"로 규정하였다. 이후 초고층 건축물의 정의만 규정하던 건축법 시행령을 개정(2011. 12. 30.)하여 "고층건축물 중 초고층 건축물이 아닌 건축물"을 「준초고층 건축물」로 정의를 신설하였다.

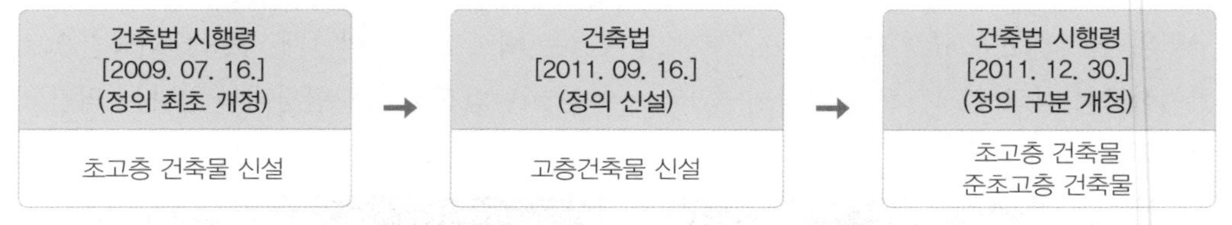

요약하면 「건축법」에는 고층건축물의 개념을 정의하고 「건축법 시행령」에서 고층건축물을 "초고층 건축물과 준초고층 건축물"로 구분하여 정의하고 있다.

고층건축물의 개념에 대한 건축법령 변천과정

1. 건축법 시행령 제2조(정의) ※ 초고층 건축물의 정의 신설
   [일부개정 대통령령 제21629호, 2009. 07. 16, 시행 2009. 07. 16.]
   15. "초고층 건축물"이란 층수가 50층 이상이거나 높이가 200미터 이상인 건축물을 말한다.

2. 건축법 제2조(정의) ※ 고층건축물의 정의 신설

[일부개정 법률 제11057호, 2011. 09. 16, 시행 2012. 03. 17.]

19. "고층건축물"이란 층수가 30층 이상이거나 높이가 120미터 이상인 건축물을 말한다.

3. 건축법 시행령 제2조(정의) ※ 초고층 건축물과 준초고층 건축물로 정의 구분

[일부개정 대통령령 제23469호, 2011. 12. 30, 시행 2012. 03. 17.]

15. "초고층 건축물"이란 층수가 50층 이상이거나 높이가 200미터 이상인 건축물을 말한다.

15의2. "준초고층 건축물"이란 고층건축물 중 초고층 건축물이 아닌 것을 말한다.

(2) 피난안전구역 설치 형성과정

건축법령에서 고층건축물 개념의 변천과정에 따라 피난안전구역의 설치대상도 같이 변경되었다. 피난안전구역의 설치제도는 건축법 시행령의 개정(2009. 07. 16.)으로 인해 초고층 건축물에만 설치하도록 신설되어 시행되던 중 고층건물에서의 화재발생으로 인해 건축법에 고층건축물의 개념이 층수와 높이를 기준으로 "초고층 건축물과 준초고층건축물"로 구분되면서 모든 고층건축물에 설치하도록 확대 시행(2012. 03. 17.)되었다.

최초 시행 시기에는 초고층 건축물에 피난안전구역을 설치하라는 규정은 생겼지만 세부적인 설치기준이 마련되지 않았고, 약 9개월 후 「건축물의 피난 · 방화구조 등의 기준에 관한 규칙」이 일부개정(2010. 04. 07.)되면서 세부 설치기준이 시행되었다. 설치기준이 부재한 기간에 설치된 피난안전구역은 외국의 기준 일부를 인용하여 설치하였으므로 현재의 설치기준과는 상이한 부분이 있다.

세부 설치기준 신설(2010. 04. 07.) 이전 설치된 피난안전구역

이후 부산 해운대 고층건축물 화재사건을 계기로 「초고층 및 지하연계 복합건축물 재난관리에 관한 특별법」이 제정(2011. 03. 08.)되어 "지하연계 복합건축물"에도 피난안전구역을 설치하도록 하였고, 건축법에서 "고층건축물의 피난 및 안전관리" 규정이 신설(2012. 03.

17.)되어 모든 고층건축물에 피난안전구역을 설치하도록 하였다.

피난안전구역 설치 건축법령 변천과정

1. 건축법 시행령 제2조(정의) ※ 초고층 건축물 정의 신설
   [일부개정 대통령령 제21629호, 2009. 07. 16, 시행 2009. 07. 16.]
   15. “초고층 건축물”이란 층수가 50층 이상이거나 높이가 200m 이상인 건축물을 말한다.

2. 건축물의 피난 · 방화구조 등의 기준에 관한 규칙 제8조의2(피난안전구역의 설치기준)
   ※ 피난안전구역 세부 설치기준 신설
   [일부개정 국토해양부령 제238호, 2010. 04. 07, 시행 2010. 04. 07.]

3. 초고층 및 지하연계 복합건축물 재난관리에 관한 특별법 제18조(피난안전구역 설치)
   [최초 제정 법률 제10444호, 2011. 03. 08, 시행 2012. 03. 09.]
   ① 초고층 건축물 등의 관리주체는 그 건축물 등에 재난발생 시 상시근무자, 거주자 및 이용자가 대피할 수 있는 피난안전구역을 설치 · 운영하여야 한다. ※ 지하연계 복합건축물에 피난안전구역 설치 확대

4. 건축법 제50조의2(고층건축물의 피난 및 안전관리) ※ 고층건축물로 피난안전구역 설치 확대
   [일부개정 법률 제11057호, 2011. 09. 16, 시행 2012. 03. 17.]
   ① 고층건축물에는 대통령령으로 정하는 바에 따라 피난안전구역을 설치하거나 대피공간을 확보한 계단을 설치하여야 한다.

5. 건축법 시행령 제34조(직통계단의 설치)
   [일부개정 대통령령 제23469호, 2011. 12. 30., 시행 2012. 03. 17.]
   ④ 준초고층 건축물에는 피난층 또는 지상으로 통하는 직통계단과 직접 연결되는 피난안전구역을 해당 건축물 전체 층수의 2분의 1에 해당하는 층으로부터 상하 5개 층 이내에 1개소 이상 설치하여야 한다. 다만, 국토해양부령으로 정하는 기준에 따라 피난층 또는 지상으로 통하는 직통계단을 설치하는 경우에는 그러하지 아니하다.

피난안전구역 설치 변천과정은 아래와 같이 나타낼 수 있다.

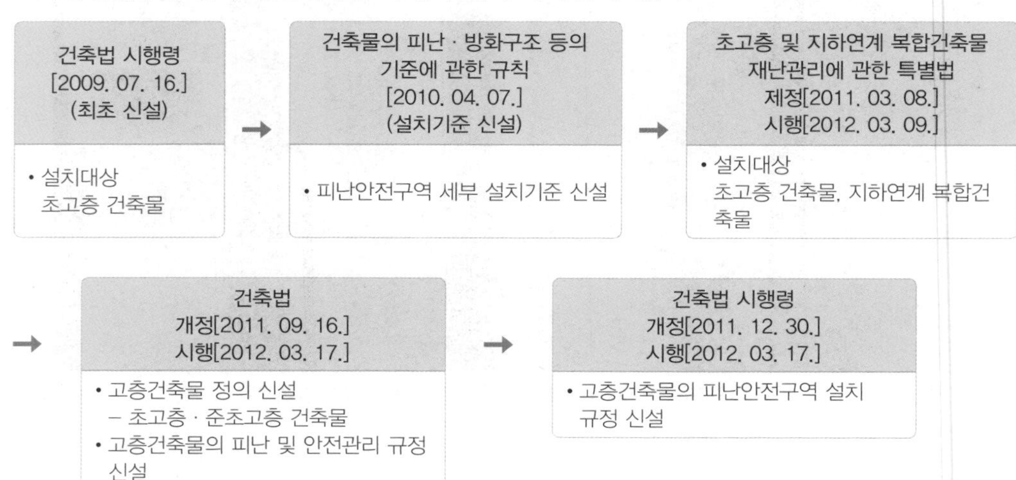

요약하면 현재 피난안전구역은 건축법상의 「고층건축물」과 초고층재난관리법상의 「지하

연계 복합건축물」에는 모두 설치되어야 한다.

법 연혁에 따른 피난안전구역 설치 대상 구분

허가일 \ 종류	초고층 아파트 (50층 이상, 200m 이상)	준초고층 아파트 (30층 이상, 120m 이상)	지하연계 복합건축물
2009. 07. 15 이전	×	×	×
2009. 07. 16. ~ 2012. 03. 16.	○	×	×
2012. 03. 09 이후	○	×	○
2012. 03. 17 이후	○	○ ※ (설치 제외) 계단 및 계단참 너비 • 공동주택: 120cm 이상 • 공동주택 외: 150cm 이상	○

03 피난안전구역 설치대상

앞에서 언급한 바와 같이 피난안전구역은 「건축법」의 "고층건축물"에 설치와 「초고층 및 지하연계 복합건축물 재난관리에 관한 특별법」에서 규정하고 있는 "지하연계 복합건축물"에도 피난안전구역을 설치하도록 규정하고 있다.

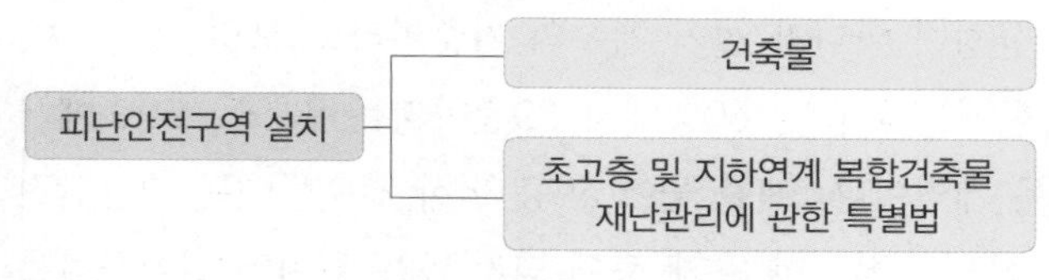

고층건축물 지상층

초고층 건축물 지상층
지하연계 복합건축물 지하층(일부 일반 건축물 지상층)

두 법령에서 규정하고 있는 기준들이 동일한 부분도 있지만 상이한 부분이 있으므로 그 개념을 명확히 정리해서 이해해야 한다.

 여기서 잠깐!

피난안전구역 설치규정의 법적 근거

구분	내용
건축법령	• 건축법 제50조의2(고층건축물의 피난 및 안전관리) • 건축법 시행령 제34조(직통계단의 설치) 제③항, 제④항 • 건축물의 피난·방화구조 등의 기준에 관한 규칙 제8조의2(피난안전구역의 설치기준)
초고층재난 관리법령	• 초고층 및 지하연계 복합건축물 재난관리에 관한 특별법 제18조(피난안전구역 설치) • 초고층 및 지하연계 복합건축물 재난관리에 관한 특별법 시행령 제14조(피난안전구역 설치 기준 등) • 초고층 및 지하연계 복합건축물 재난관리에 관한 특별법 시행규칙 제8조(피난안전구역의 설비 등)

1 건축법령에서 규정한 피난안전구역

건축법 시행령 제34조(직통계단의 설치) 규정에는 피난안전구역을 초고층건축물과 준초고층건축물로 구분하여 설치하도록 하고, 설치 위치 역시 다르게 하고 있으므로 이에 대한 구분을 명확히 해야만 초고층재난관리법상의 설치기준과의 혼란을 피할 수 있다.

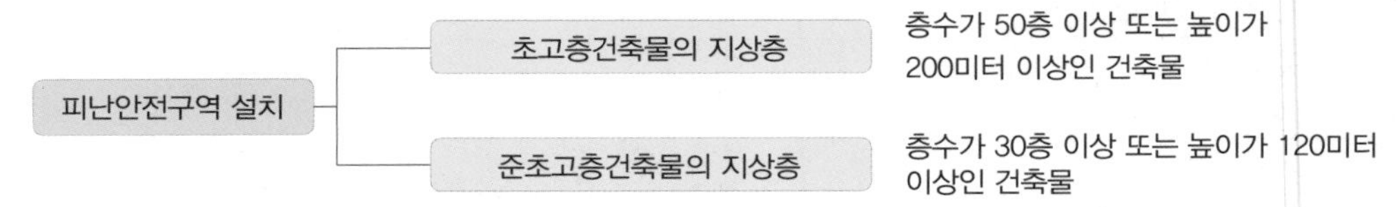

건축법령에서 규정하고 있는 피난안전구역의 세부 설치기준[5]은 다음과 같다.

건축법령에서의 피난안전구역 설치기준

구분	설치기준
초고층건축물	피난층 또는 지상으로 통하는 직통계단과 직접 연결되는 피난안전구역을 지상층으로부터 최대 30개 층마다 1개소 이상 설치하여야 한다.
준초고층건축물	피난층 또는 지상으로 통하는 직통계단과 직접 연결되는 피난안전구역을 해당 건축물 전체 층수의 2분의 1에 해당하는 층으로부터 상하 5개 층 이내에 1개소 이상 설치하여야 한다. 다만, 국토교통부령으로 정하는 기준에 따라 피난층 또는 지상으로 통하는 직통계단을 설치하는 경우에는 그러하지 아니하다. ※ (설치 제외) 직통계단 및 계단참의 너비 • 공동주택: 120cm 이상 • 공동주택 외: 150cm 이상

「초고층건축물의 피난안전구역」은 30개 층마다 1개소씩 설치해야 하는데 이것은 단순히 30층마다 설치하라는 설치 위치의 규정이 아니라 설치 개수의 기준이라고 보면 된다. 즉, 층수가 30층에서 59층까지의 건축물에는 1개소, 60층에서 89층까지는 2개소, 90층에서 119층까지는 3개소 등을 설치하라는 개념이다. 예를 들어 59층 이하 건축물에는 피난안전구역을 1개소 설치하되 설치층을 중심으로 상·하 30개 층이 넘지 않는 위치에 설치하라는 개념으로 생각하면 된다. 또한 89층 이하의 건축물에는 2개의 피난안전구역을 설치하되 30층, 60층에 무조건 설치하라는 것이 아니라 2개가 설치된 층을 중심으로 상·하 간격이 30개 층 이내에서 소방차의 접근 등 주변 환경에 따라 적절하게 설치하라는 것으로 이해하면 될 것이다.

「준초고층건축물의 피난안전구역」은 이와는 다른 개념으로 피난안전구역을 1개소 이상만 무조건 설치하면 되는데 이것은 개수에 대한 규정뿐만 아니라 설치위치까지 규정한 것이다. 즉, 전체 층수의 2분의 1에 해당하는 층으로부터 상하 5개 층 이내에 1개소 이상 설치해야 하는데, 만약 48층의 건축물이라면 19층에서 29층 사이의 위치에 무조건 설치해야 한다.

5) 건축법 시행령 제34조(직통계단의 설치) 제③항, 제④항

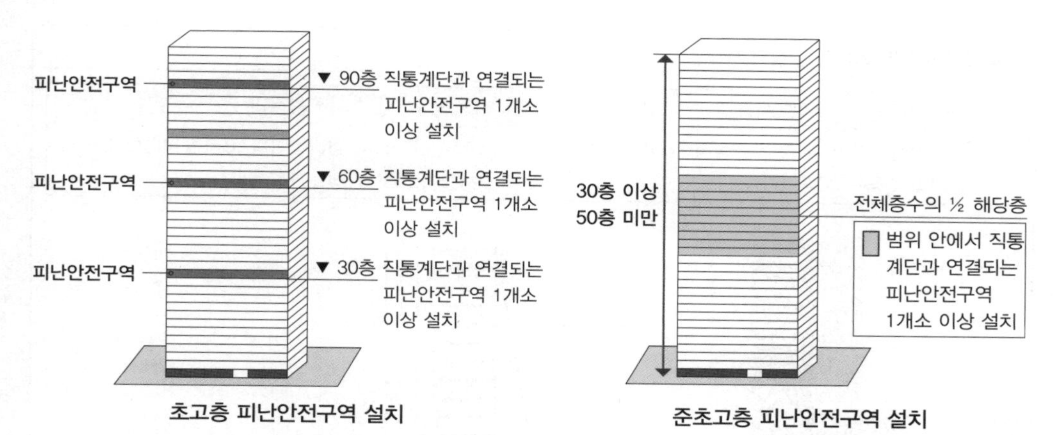

초고층 피난안전구역 설치 **준초고층 피난안전구역 설치**

준초고층건축물의 피난안전구역은 중간층에서 하부 5개 층 내에 위치하는 경우가 많이 있는데, 이것은 각 시 · 도의 성능위주설계(PBD) 평가단 심의에서 최악의 경우 피난안전구역에 소방고가사다리차를 부서하여 인명구조를 할 수 있도록 하라는 의견이 많이 제시되기 때문이다.

PLUS TIPS 필자의 의견

피난안전구역은 고층부에 있는 재실자들이 좀 더 안전한 장소로 신속하게 피난하기 위한 장소로서 상부에서 아래로 이동하는 피난 동선이 짧아지는 것이 더 효율적인 피난계획이라고 생각하므로 이러한 취지에서 본다면 중간층의 상부 5개 층 내의 부분에 위치하는 것이 더 타당하다고 생각한다. 또한 피난안전구역에는 Transfer 구조의 특별피난계단이 설치되어 상부층의 재실자들이 특별피난계단을 통해 내려오면 바로 피난안전구역에 도달하게 되고, 피난안전구역 내에 비상용승강기와 피난용승강기가 승 · 하차 하도록 하여 구조대원 또는 관계자가 피난용승강기 관제계획에 의해 피난자들을 안전하게 지상으로 대피시킬 수 있으며, 또한 가압방식의 제연설비 등이 설치되어 있어 화재로부터의 위험에서 회피할 수 있기 때문이다.

이 같은 사항은 각 시 · 도 평가 심의위원들의 재량에 의한 것이 더 많이 작용하므로 건축물이 설치되는 주변 환경에 따라 설치 위치가 정해진다.

▸ **피난안전구역 설치 위치 심의 사례**

검토사항	조치결과
27. 피난안전구역 설치 층수 조정검토(하부에 치우친 경향이 있음)-20층, 50층 검토	• 저층부 사다리차 접안높이를 고려한 피난안전구역 위치계획반영(17층)

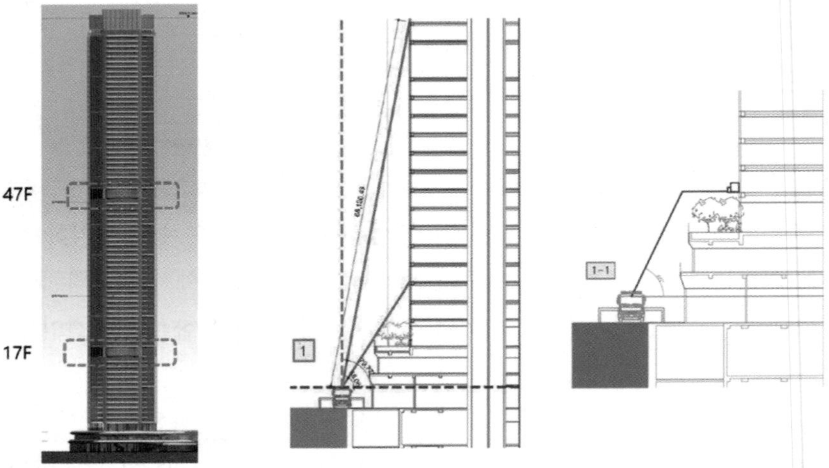

47F

17F

1

1-1

2 초고층재난관리법령에서 규정한 피난안전구역

초고층 건축물등의 관리주체는 그 건축물등에 재난발생 시 상시근무자, 거주자 및 이용자가 대피할 수 있는 피난안전구역을 설치 · 운영하여야 하며 피난안전구역의 기능과 성능에 지장을 초래하는 폐쇄 · 차단 등의 행위를 하여서는 아니 된다고 규정[6]하고 있다.

PLUS TIPS 초고층 및 지하연계 복합건축물 재난관리에 관한 특별법 제29조(벌칙)

제18조를 위반하여 피난안전구역을 설치 · 운영하지 아니한 자 또는 폐쇄 · 차단 등의 행위를 한 자는 5년 이하의 징역 또는 5천만 원 이하의 벌금에 처한다.

초고층재난관리법령에서 규정하고 있는 피난안전구역의 설치대상에 대한 구분은 규정상으로 보면 쉽게 이해하기가 어렵다. 왜냐하면 초고층건축물이 아니더라도 "지하연계 복합건축물"이 되면 이 건축물의 지상층 또는 지하층에 별도의 피난안전구역을 설치해야 하는데, 이것은 건축법령상의 고층건축물 지상층에 설치하는 피난안전구역의 설치와는 조금 다른 부분이 있기 때문이다. 그러므로 「초고층 및 지하연계 복합건축물 재난관리에 관한 특별법」에서 규정하고 있는 피난안전구역에 대해서는 좀 더 깊은 이해가 필요하다.

6) 초고층 및 지하연계 복합건축물 재난관리에 관한 특별법 제18조(피난안전구역 설치)

(1) 초고층재난관리법령에서의 규정검토

초고층재난관리법령에서 규정하고 있는 피난안전구역은 층수와 지하연계 복합건축물 해당 여부, 지하층의 특정 용도 등에 따라 설치대상 여부가 결정되는데 다음과 같이 요약할 수 있다.

① 초고층건축물의 지상층에 설치
② 30층 이상 49층 이하인 지하연계 복합건축물의 지상층에 설치
③ 16층 이상 29층 이하인 지하연계 복합건축물의 지상층에 설치
④ 초고층건축물의 지하층이 특정 용도로 사용되는 경우 그 지하층에 설치
⑤ 층수와 관계없이 「지하연계 복합건축물」의 지하층이 특정 용도로 사용되는 경우 그 지하층에 설치

초고층재난관리법령에서 규정하고 있는 피난안전구역 설치기준[7]을 정리하면 다음과 같다.

초고층재난관리법령에서의 피난안전구역 설치기준

구분	설치기준
초고층건축물	피난층 또는 지상으로 통하는 직통계단과 직접 연결되는 피난안전구역을 지상층으로부터 최대 30개 층마다 1개소 이상 설치하여야 한다. ※ 건축법령 규정의 준용
30층 이상 49층 이하인 지하연계 복합건축물	피난층 또는 지상으로 통하는 직통계단과 직접 연결되는 피난안전구역을 해당 건축물 전체 층수의 2분의 1에 해당하는 층으로부터 상하 5개 층 이내에 1개소 이상 설치하여야 한다. 다만, 국토교통부령으로 정하는 기준에 따라 피난층 또는 지상으로 통하는 직통계단을 설치하는 경우에는 그러하지 아니하다 ※ (설치 제외) 직통계단 및 계단참의 너비 • 공동주택: 120cm 이상 • 공동주택 외: 150cm 이상
16층 이상 29층 이하인 지하연계 복합건축물	지상층별 거주밀도가 m^2당 1.5명을 초과하는 층은 해당 층의 사용형태별 면적의 합의 10분의 1에 해당하는 면적을 피난안전구역으로 설치할 것
초고층 건축물 또는 지하연계복합건축물의 지하층이 법 제2조 제2호 나목의 용도로 사용되는 경우	해당 지하층에 별표 2의 피난안전구역 면적 산정기준에 따라 피난안전구역을 설치하거나, 선큰을 설치할 것 ※ 법 제2조 제2호 나목의 용도 문화 및 집회시설, 판매시설, 운수시설, 업무시설, 숙박시설, 위락(慰樂)시설 중 유원시설업(遊園施設業)의 시설, 종합병원, 요양병원

7) 초고층 및 지하연계 복합건축물 재난관리에 관한 특별법 시행령 제14조(피난안전구역 설치기준 등)

이것은 다음과 같이 나타낼 수 있다.

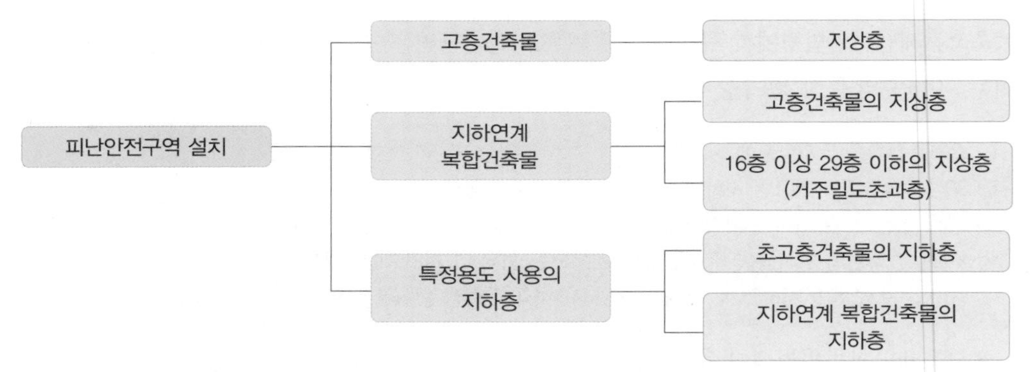

초고층재난관리법에서 규정하고 있는 피난안전구역은 지상층만 아니라 지하층에도 설치해야 하므로 세부적으로 구분하여 이해해야 한다.

(2) 피난안전구역을 지상층에 설치하는 경우

초고층재난관리법에 의해 지상층에 피난안전구역을 설치하는 경우는 세 가지로 나눌수 있다.

① 초고층건축물에 해당되는 경우 지상부분의 한 개 층 전용
② 30층 이상 49층 이하인 건축물이 「지하연계 복합건축물에 해당되는 경우」 지상부분의 한 개 층 전용
※ 지하연계 복합건축물에 해당되지 않는 경우 건축법령의 규정에 따라 설치
③ 16층 이상 29층 이하인 건축물이 「지하연계 복합건축물에 해당되는 경우」 지상부분의 한 개 층 일부분

첫째, 「초고층건축물」에 해당되는 경우이다. 이 경우에는 건축법령에서 규정하고 있는 설치기준과 동일하므로 지상층에 건축법령의 규정에서 규정하는 기준에 적합하게 설치하면 된다.

둘째, 「30층 이상 49층 이하인 지하연계 복합건축물」에 해당될 경우이다. 이 규모의 건축물은 건축법령에서의 준초고층건축물에 해당되므로 지상층에 피난안전구역을 설치해야 한다. 건축법령 기준에서 준초고층건축물은 층수가 30층 이상 49층 이하이거나 높이가 120미터 이상 200미터 미만의 건축물이 해당되는데, 초고층재난관리법에서는 층수만을 규정하고 있을 뿐 높이에 대한 기준을 규정하고 있지 않기 때문에 두 법령의 기준은 조금 상이하다고 할 수 있다. 예를 들어 지하연계 복합건축물에 해당되지만 “층수가 30층 이상 49층 이하”에 해당되지 않는 건축물이 “높이는 120미터 이상 200미터 미만”이 된다고 했을 때, 이 법의 규정에 의한 설치대상에는 해당되지 않더라도 건축법령의 준초고층에 해당이 되면 그 규정에 맞게 지상층에 설치해야 한다.

지하연계 복합건축물[초고층 및 지하연계 복합건축물 재난관리에 관한 특별법 제2조(정의)]
지하부분이 지하역사 또는 지하도상가와 연결된 건축물로서 다음 각 목의 요건을 모두 갖춘 것을 말한다. (다만, 화재 발생 시 열과 연기의 배출이 쉬운 구조를 갖춘 건축물로서 대통령령으로 정하는 건축물은 제외)
가. 층수가 11층 이상이거나 수용인원이 5천명 이상인 건축물
나. 건축물 안에 문화 및 집회시설, 판매시설, 운수시설, 업무시설, 숙박시설, 위락(慰樂)시설 중 유원시설업(遊園施設業)의 시설 또는 종합병원과 요양시설 용도의 시설이 하나 이상 있는 건축물

셋째, 「16층 이상 29층 이하인 지하연계 복합건축물」에 해당될 경우이다. 이 규정은 이해하기가 쉽지 않은 부분인데 여기에 해당되는 건축물에는 "지상층별 거주밀도가 제곱미터당 1.5명을 초과하는 층은 해당 층에 일정면적의 피난안전구역을 설치"해야 한다. 그러나 여기서 명심할 것은 본래 16층 이상 29층 이하의 건축물은 건축법령상의 고층건축물에 해당이 되지 않으므로 지상층에 피난안전구역을 설치할 필요가 없다. 그렇지만 초고층재난관리법령상의 「지하연계 복합건축물」에 해당되면 이 법에 의해 지상층에 일정한 면적의 피난안전구역을 설치하는 것이다. 즉, 지상 해당층 전체를 피난안전구역으로 설치하라는 것이 아니며 피난안전구역이 설치된 해당층에 다른 용도의 거실로 사용하는 부분이 있어도 된다는 것이다. 이와 구별되는 규정이 건축법령에서 고층건축물의 피난안전구역 설치는 하나의 층 전체에 설치하도록 하여 다른 용도의 거실과 같이 사용하지 못하도록 하고 있으므로 반드시 구별하여 이해해야 한다.

PART 4

(3) 피난안전구역을 지하층에 설치하는 경우

피난안전구역의 설치에 대해서 "초고층재난관리법령"에서의 설치기준이 "건축법령"에서의 기준과 가장 다른 차이점은 "지하층에도 설치"해야 한다는 것이다. 또한 지하층에 설치하는 경우 앞에서 언급한 바와 같이 해당층 전체를 피난안전구역으로 설치하라는 것은 아니며 법령에서 규정한 일정한 면적만 확보하면 피난안전구역이 설치된 해당층에 다른 용도의 거실로 사용하는 부분이 있어도 된다는 것이다. 또 다른 차이점은 지하층에 선큰(Sunken)을 설치하는 경우에는 피난안전구역의 설치가 제외되는데 이것은 지하층에 설치하는 피난안전구역에만 해당된다. 초고층 재난관리법에 의해 지하층에 피난안전구역을 설치하는 경우는 "지하연계 복합건축물에 해당되는 건축물의 지하층"과 "그렇지 않은 경우의 지하층"으로 나누어진다.

① 초고층 건축물이 지하연계 복합건축물에 해당되지 않으면서 지하층이 특정 용도로 사용되는 경우 그 지하층
② 초고층 건축물이 지하연계 복합건축물에 해당되면서 지하층이 특정 용도로 사용되는 경우 그 지하층
③ 30층 이상 49층 이하인 건축물이 지하연계 복합건축물에 해당되면서 지하층이 특정 용도로 사용되는 경우 그 지하층

④ 16층 이상 29층 이하인 건축물이 지하연계 복합건축물에 해당되면서 지하층이 특정 용도로 사용되는 경우 그 지하층
⑤ 그 외의 건축물이 지하연계 복합건축물에 해당되면서 지하층이 특정 용도로 사용되는 경우 그 지하층

이것은 다음과 같이 나타낼 수 있다.

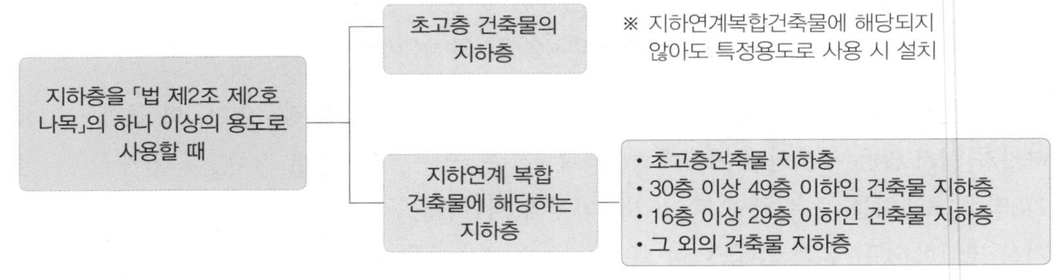

피난안전구역의 지하층에 설치

1) 지하연계 복합건축물에 해당되지 않는 지하층

초고층건축물의 지하층이 「법 제2조 제2호 나목」의 용도로 하나 이상 사용되는 경우에 그 지하층에도 피난안전구역을 설치해야 한다.

초고층 및 지하연계 복합건축물 재난관리에 관한 특별법 제2조(정의) 제2호 나목

건축물 안에 「문화 및 집회시설, 판매시설, 운수시설, 업무시설, 숙박시설, 위락(慰樂)시설 중 유원시설업(遊園施設業)의 시설 , 종합병원, 요양병원」 용도의 시설이 하나 이상 있는 건축물

이 경우는 초고층건축물이 비록 「지하연계 복합건축물」에 해당되지 않더라도 그 지하층에 위의 용도 중 하나 이상의 용도로 사용될 때 그 지하층에 일정면적의 피난안전구역을 설치하라는 의미이다. 여기에 해당이 되면 초고층건축물에는 두 개의 피난안전구역이 설치되는데 지상층에는 하나의 층에 거실의 용도가 없는 전용의 피난안전구역을 설치하고, 지하층에는 사용하는 거실의 용도에 따라 일정면적의 피난안전구역이 설치되는 것이다. 이때 해당 지하층에는 거실과 피난안전구역이 같은 층에 있게 된다.

2) 지하연계 복합건축물에 해당되는 지하층

어떠한 건축물이 이 법에서 규정한 「지하연계 복합건축물」에 해당될 때, 그 지하층에 일정한 용도로 사용되는 거실이 있다면 그 지하층 일부에 일정면적의 피난안전구역을 설치해야 한다. 이것은 건축물의 층수와 지하층의 용도에 따라 "지하연계 복합건축물 지하층"에 설치해야 하는 피난안전구역을 몇 가지 대상으로 구분할 수 있다.

첫째, 초고층건축물이 지하연계 복합건축물에 해당되고 그 지하층이 「법 제2조 제2호 나목」의 용도로 하나 이상 사용되는 경우 그 해당 지하층에 피난안전구역을 설치해야 한다. 그러나 여기에서 초고층건축물의 지하연계 복합건축물 해당여부에 대한 구분은 의미가 없다. 왜냐하면 앞에서 언급한 바와 같이 초고층건축물이 지하연계 복합건축물에 해당되지 않더라도 그 지하층의 거실이 「법 제2조 제2호 나목」의 용도로 사용될 경우 무조건 해당 지하층에 설치해야 하기 때문이다. 즉, 초고층건축물 지하층의 피난안전구역 설치 여부에 대한 중요한 요소는 "그 지하층 거실의 특정용도로의 사용 여부"이기 때문이다. 이 경우 지상층에는 하나의 층에 전용의 피난안전구역이 설치되고 지하층에는 거실과 일정면적의 피난안전구역이 같은 층에 설치된다.

둘째, 「30층 이상 49층 이하인 지하연계 복합건축물」의 지하층이 「법 제2조 제2호 나목」의 용도로 사용되는 경우이다. 이것은 어떤 건축물이 층수로서 준초고층건축물에 해당되면서 지하연계 복합건축물에 해당될 때 그 지하층 거실이 「법 제2조 제2호 나목」의 용도로 하나 이상 사용되는 경우에 그 지하층에 피난안전구역을 설치하는 경우이다. 그러나 준초고층건축물에 해당되지만 지하연계 복합건축물에 해당되지 않으면 그 건축물의 지하층이 특정용도로 사용되더라도 그 지하층에는 설치할 필요가 없다. 또한 지하연계 복합건축물에 해당되더라도 그 지하층이 특정용도로 사용되지 않으면 역시 그 지하층에 피난안전구역을 설치할 필요가 없다. 이 경우에도 지상층에는 하나의 층에 전용의 피난안전구역이 설치되고 지하층에는 거실과 일정면적의 피난안전구역이 같은 층에 설치된다.

셋째, 「16층 이상 29층 이하인 지하연계 복합건축물」의 지하층이 「법 제2조 제2호 나목」의 용도로 사용되는 경우이다. 앞에서 언급했듯이 이런 층수의 건축물은 건축법령상에서는 지상층에 설치할 필요가 없으나 초고층재난관리법령상의 지하연계 복합건축물에 해당되므로서 "지상층별 거주밀도가 제곱미터당 1.5명을 초과하는 층은 그 지상층에도 일정부분의 면적을 거실용도와 함께 설치"해야 한다. 이것은 이 규모 건축물의 지하층이 특정용도로서의 사용여부와는 상관없이 지상층에 설치해야 하는데, 동시에 그 지하층의 거실이 「법 제2조 제2호 나목」의 용도로 하나 이상 사용되는 경우 "그 지하층에도 피난안전구역을 설치"하는 경우이다. 이때는 지상층과 지하층 모두 같은 해당층에 거실과 피난안전구역이 함께 설치된다. 즉, 하나의 층 모두를 피난안전구역 전용으로 설치하지는 않는다는 것이다.

요약하면 이 같은 규모의 건축물이 지하연계복합건축물이라면 지상층 일부에는 일정면적의 피난안전구역이 반드시 설치되고, 동시에 그 지하층의 거실이 「법 제2조 제2호 나목」의 용도로 하나 이상 사용되는 경우 그 지하층의 일부에도 피난안전구역을 추가로 설치하고 그 용도로 사용하지 않으면 지하층에는 설치하지 않아도 된다는 것이다.

넷째, 그 외 규모 「지하연계 복합건축물」의 지하층이 「법 제2조 제2호 나목」의 용도로 사용되는 경우이다. 이것은 앞에서 규정한 대상에 해당되지 않는 규모의 건축물이 초고층재난관리법에서 정의하는「지하연계 복합건축물」에 해당이 되고, 그 지하층 거실이「법 제2조 제2호 나목」의 용도로 사용되는 층이 있는 경우 "그 해당 지하층에 설치"하는 경우이다.

반대로 지하연계 복합건축물에는 해당이 되지만 그 지하층에 상기 용도로 사용하는 거실이 없다면 설치하지 않아도 된다. 예를 들어 층수가 12층의 건축물로서 지하부분이 지하역사와 연결되어 있고 건축물 안 7층에「법 제2조 제2호 나목」용도의 하나인 건축법상의 판매시설로 사용된다고 하면 이 건축물 자체는 지하연계 복합건축물에 해당된다. 그러나 그 지하층에「법 제2조 제2호 나목」의 용도로 사용하는 거실이 없다면 그 지하층에 피난안전구역을 설치하지 않아도 된다는 것이다.

04 피난안전구역 설치구조

피난안전구역의 구조와 시설의 설치기준 역시 건축법령상의 고층건축물 지상층과 초고층 재난관리법령상의 지하연계 복합건축물 지상층 일부분 또는 지하층에 설치하는 피난안전구역의 설치기준을 다르게 적용하고 있으므로 이 차이점을 잘 이해해야 한다.

1 건축법령에서 규정한 설치기준[8)]

(1) 피난안전구역의 전용층 설치

건축법령에서 규정하고 있는 고층건축물의 지상층에 설치하는 피난안전구역은 해당 건축물의 1개 층을 전용의 대피공간으로 설치하여야 한다. 그러나 대피에 장애가 되지 아니하는 범위에서 기계실, 보일러실, 전기실 등 건축설비를 설치하기 위한 공간과 같은 층에 설치할 수 있고 이 경우 피난안전구역은 건축설비가 설치되는 공간과 내화구조로 구획하여야 한다. 여기에서 중요한 사항이 피난안전구역이 설치되는 층에는 다른용도의 거실은 함께 설치할 수 없다는 것이다. 즉, 거실이라 하면 거주 · 작업등을 위한 공간으로서 그 특성상 화재 발생의 우려가 있고 만약 그 층의 화재발생 시 상부층의 피난자들이 화재층으로 피난하는 경우가 발생할 수 있으므로 원천적으로 화재위험요소를 제거한 안전한 대피공간 확보가 목적이라고 생각하면 된다.

8) 건축물의 피난 · 방화구조 등의 기준에 관한 규칙 제8조의2(피난안전구역의 설치기준)

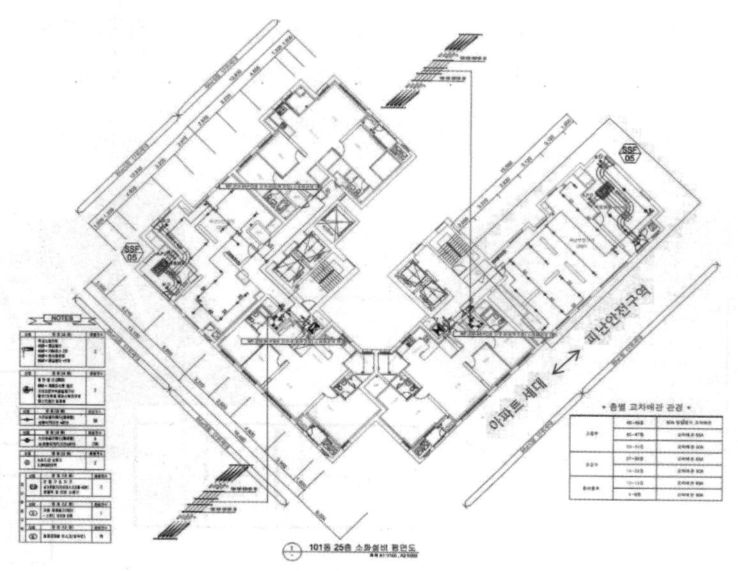

피난안전구역이 거실과 같이 잘못 설계된 사례

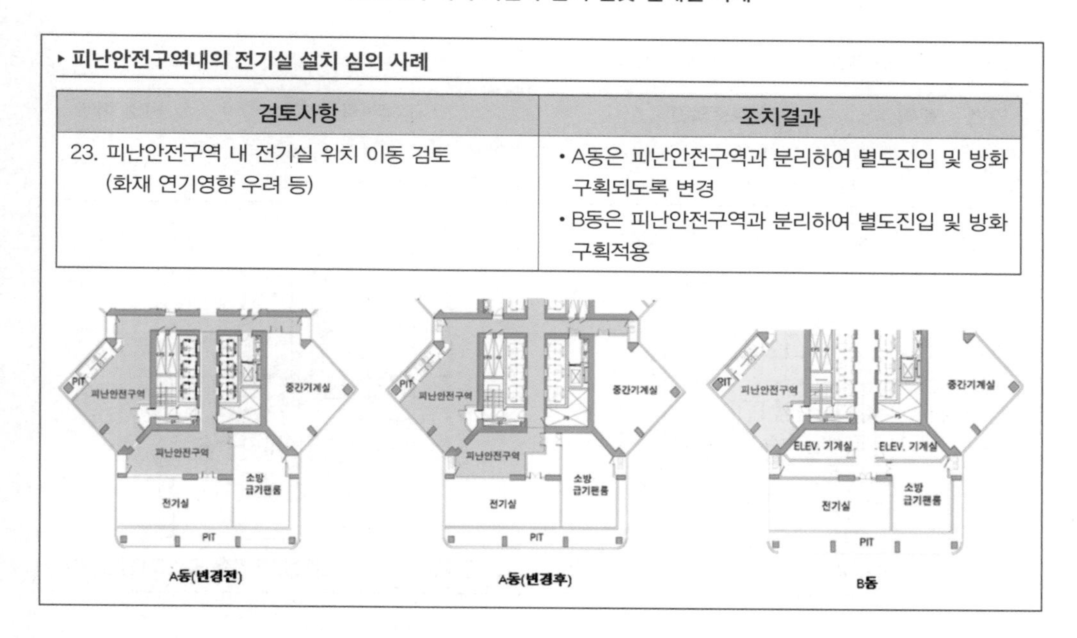

▸ **피난안전구역내의 전기실 설치 심의 사례**

검토사항	조치결과
23. 피난안전구역 내 전기실 위치 이동 검토 (화재 연기영향 우려 등)	• A동은 피난안전구역과 분리하여 별도진입 및 방화구획되도록 변경 • B동은 피난안전구역과 분리하여 별도진입 및 방화구획적용

(2) Transfer 구조의 특별피난계단

피난안전구역에 연결되는 특별피난계단은 피난안전구역을 거쳐서 상 · 하층으로 갈 수 있는 구조로 설치하여야 하는데 이런 방식을 Transfer 구조의 특별피난계단이라고 한다.

이것은 상부층 재실자들이 특별피난계단의 계단실을 통해 지상층으로 피난할 때 피난안전구역의 위치를 인지하지 못하더라도 하부로의 이동만으로도 자연스레 피난안전구역으로 출입하는 구조로 설치하는 것으로 "Fool Proof"의 개념을 적용한 안전한 공간으로의 대피

유도계획으로 생각하면 된다. 또한 계단의 동선을 변경함으로써 직통계단에 의한 연돌효과(Stack Effect)를 방지하기 위한 목적도 있다고 할 수 있다.

PLUS TIPS 피난안전구역과 연결된 특별피난계단 구조 예시

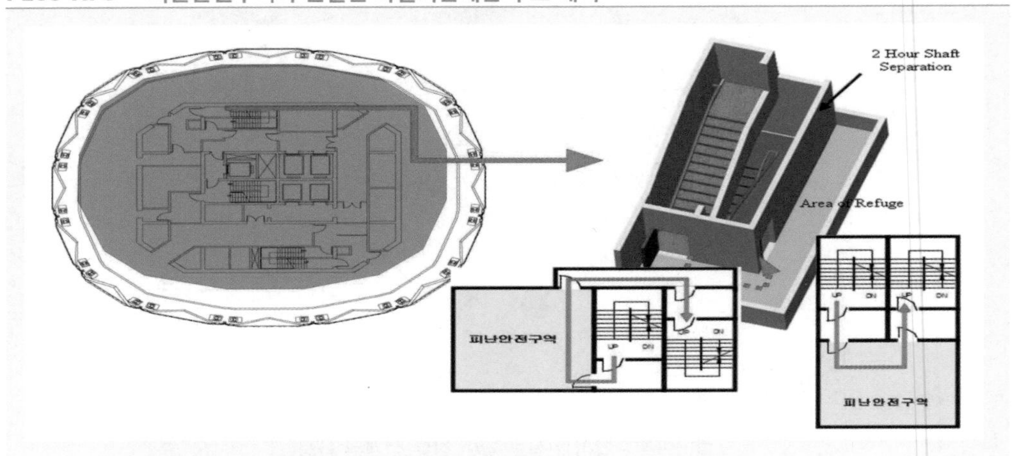

▸ **피난안전구역의 특별피난계단 구조 심의 사례**

연번	분야	사전검토의견	조치계획	반영 여부
9	건축	101동 특별피난계단 트랜스퍼 구조 재조정 바람(동선 간략화).	• 피난안전구역의 동선 및 구조를 피난에 장애가 없도록 단순화하였습니다.	반영

조치안1: 관련도서 A-203, 214, 224, 234

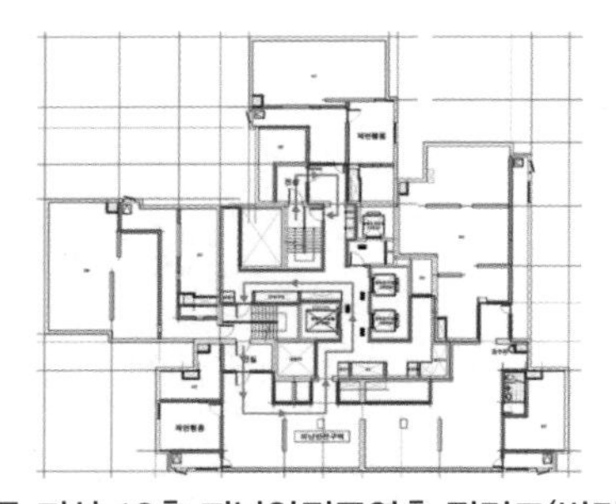

101동 지상 18층 피난안전구역층 평면도(변경 전)

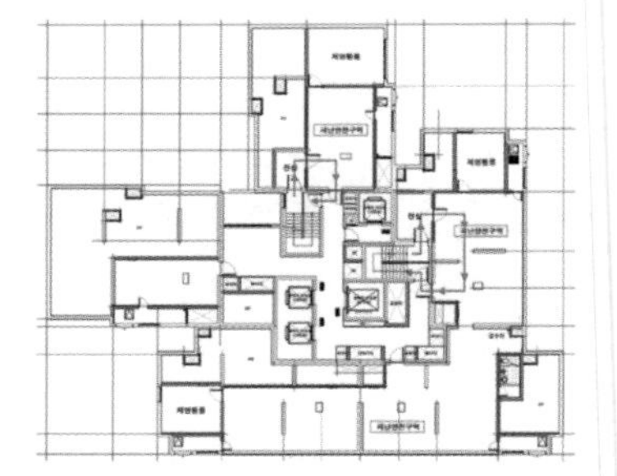

101동 지상 18층 피난안전구역층 평면도(변경 후)

(3) 피난안전구역의 구조 및 설비

피난안전구역에 설치하는 설비나 내부마감재료등은 특히 화재에 안전하도록 설치되어야 하는데 이에 대한 세부적인 기준[9]은 아래와 같이 나타낼 수 있다.

9) 건축물의 피난 · 방화구조 등의 기준에 관한 규칙 제8조의2(피난안전구역의 설치기준)

구분	내용
계단구조	건축물 내부에서 피난안전구역으로 통하는 계단은 특별피난계단의 구조로 설치하고, 피난안전구역을 거쳐서 상 · 하층으로 갈 수 있는 구조로 설치
단열재 설치	• 피난안전구역 바로 상층: 최하층에 있는 거실 바닥기준 준용 • 피난안전구역 바로 하층: 최상층의 거실 반자 또는 지붕기준 준용
내부마감재료	불연재료
비상용승강기	피난안전구역에서 승 · 하차 하는 구조
급수전	식수를 공급하기 위해 1개소 이상 설치
조명	예비전원에 의한 조명설비 설치
연락장치	관리사무소, 방재센터 등과 긴급연락이 가능한 경보 및 통신시설 설치
면적기준[10]	① 피난안전구역의 면적 = 피난안전구역 위층 재실자수× 0.5 × 0.28m² ② 피난안전구역 위층 재실자수 = 용도별로 구한 각각의 재실자수를 합한 값으로 한다. ③ 단, 문화 · 집회용도의 경우 재실자수 • 벤치형 좌석: 좌석길이/45.5cm • 고정좌석: 휠체어 공간 수 + 고정좌석 수
높이	2.1m 이상
배연설비	건축물의 설비기준 등에 관한 규칙 제14조에 따른 배연설비(배연창, 부속실제연설비)
그 밖의 설비	소방청장이 정하는 소방 등 재난관리를 위한 설비를 갖출 것 ※ 고층건축물의 화재안전성능기준(NFPC 604), 초고층재난관리법에 의한 설비 설치

피난안전구역의 구조 및 설비의 설치에 있어 검토해야 할 사항이 몇 가지 있다.

첫째, 피난안전구역과 연결된 Transfer 구조의 특별피난계단 설치에 있어 부속실 설치에 대한 부분이다. 건축물 내부에서 피난안전구역으로 통하는 계단은 특별피난계단의 구조로 설치하도록 하고 있는데, 이것은 계단실에서 바로 피난안전구역으로 출입하도록 되어 있으므로 계단실 자체를 건축물 내부의 의미로 보고 설치할 것인지에 대한 것이다. 일반적으로 특별피난계단의 부속실에는 급기가압식의 제연설비가 설치되는데 피난안전구역 내에도 역시 급기가압의 방식으로 제연설비가 설치되므로 부속제연설비의 이중 설치로 볼 수 있다. 또한 가압된 피난안전구역 자체가 부속실의 역할을 대신할 수 있다고 생각한다면 별도의 부속실 설치에 대한 필요성은 그다지 크지 않다. 필자는 이런 구조에서 별도의 부속실 설치가 안전확보에 크게 기여한다고는 생각하지 않는다. 그러나 실무에서는 부속실을 설치하도록 하는 경우가 대부분인데 이런 이유는 법령상 특별피난계단 구조로 설치하도록 하고 있고 특별피난계단의 구조의 설치기준에서 부속실을 설치하도록 하는 기속규정 때문에 쉽게 설치 면제를 하지 않는 경향이 강하기 때문이다.

10) 건축물의 피난 · 방화구조 등의 기준에 관한 규칙 [별표 1의2]

▸ 피난안전구역 내 특별피난계단 설치구조 심의 사례

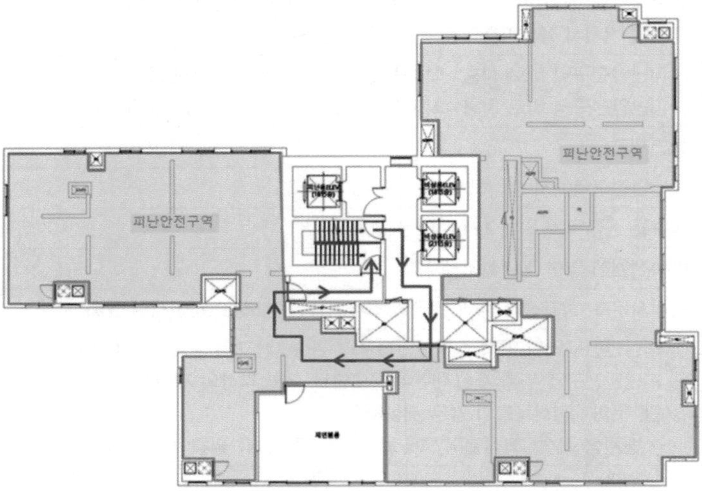

둘째, 비상용승강기가 반드시 피난안전구역으로 설정된 공간 내에 승 · 하차되도록 설치해야 되는지에 관한 부분이다. 이 설치기준 때문에 피난안전구역을 설정할 때 승강장을 포함한 복도를 피난안전구역으로 설정하고 있다. 실무에서는 성능위주설계(PBD) 심의위원들에 따라 이런 구조에 대한 의견이 일치하지 않는 경우가 있다.

PLUS TIPS+ 필자의 의견

비록 피난안전구역 내에 비상용승강기가 승 · 하차하는 구조로 설치하도록 규정하고 있지만 다른 거실의 용도로 사용하는 부분이 없는 전용의 층이므로 굳이 승강장을 포함한 복도의 면적이 아니더라도 피난안전구역 면적기준에 적합한 크기라면 이 승강장과 복도를 피난안전구역에 포함시키느냐의 문제는 실이익이 크게 없다고 생각한다.

또한 피난용승강기 역시 피난안전구역으로 승 · 하차하는 구조로 설치해야 되는지에 대한 부분이 있는데, 피난용승강기는 화재 시 재실자들이 피난을 위해 사용하는 전용 승강기로서 관계자의 승강기 관제계획에 의해 피난안전구역에 있는 대피자들을 지상으로 피난시키는 역할을 한다. 그러므로 법령의 규정에는 승 · 하차의 구조에 대한 언급이 없지만 비상용승강기의 승 · 하차 구조와 같은 개념으로 생각하면 된다.

▸ **비상용승강기 피난안전구역내 승·하차 구조 심의 사례**

#1. 건축계획_000 위원	조치계획	결과
3. 건축물의 피난 · 방화구조 등의 기준에 대한 규칙 제8조(피난안전구역의 설치기준) 3항 4호의 "비상용 승강기는 피난안전구역에서 승하차할 수 있는 구조로 설치할 것"의 적용여부를 검토 바랍니다.	• 고층의 재실자를 위한 피난안전구역은 지상 18층에 설치하였으며, 비상용승강기 및 피난용승강기가 승하차할 수 있도록 계획하였습니다. • 지하 1층과 지하 2층에 설치된 피난안전구역의 경우 해당층의 재실자를 위해 설치된 공간으로 재해약자가 임시로 피난하여 특별피난계단을 통해 자력 피난하거나 소방대의 구조를 받을 수 있도록 계획하였습니다.	부분 반영

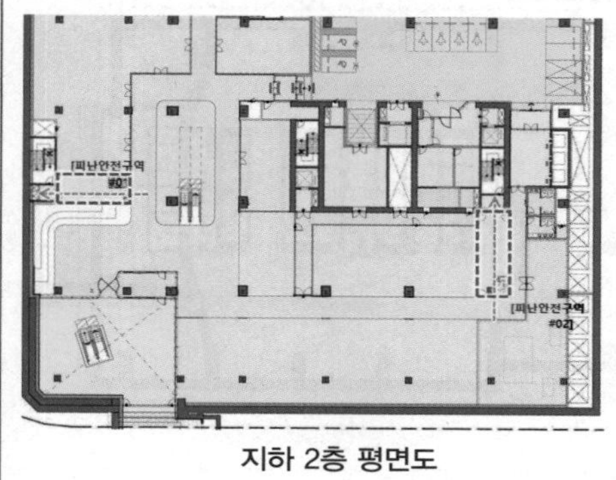

지하 2층 평면도

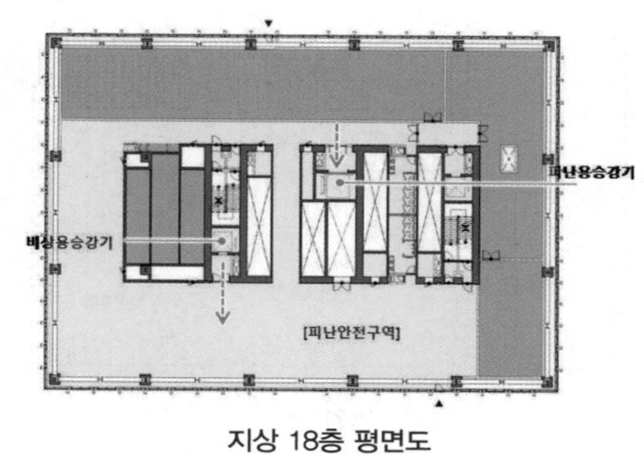

지상 18층 평면도

셋째, 피난안전구역 내의 배연설비에 관한 부분이다. 건축법령에 맞는 배연설비의 설치기준[11]에는 일반적으로 배연창으로 설치하도록 규정하고 있으나 실제 피난안전구역에는 소방법령에 맞는 급기가압방식의 제연설비를 설치하고 있다. 이것은 초고층재난관리법령에서 피난안전구역에 설치하는 소방시설을 규정하고 있고 고층건축물의 화재안전성능기준(NFPC 604)에서 제연설비를 설치하도록 규정하고 있기 때문이다.

여기서 잠깐!

고층건축물의 화재안전성능기준(NFPC 604) 제10조(피난안전구역의 소방시설) 제1호

제연설비	제연설비의 피난안전구역과 비제연구역 간의 차압은 50파스칼(옥내에 스프링클러설비가 설치된 경우에는 12.5파스칼) 이상으로 할 것

넷째, 피난안전구역 내에 화장실 설치에 대한 부분이다. 일반적으로 피난안전구역 내에는 대피자들의 식수를 공급하기 위해 급수전을 1개소 이상 설치하도록 규정하고 있는데, 이것은 음용의 용도 외 피난 시 연기 흡입 등으로 인한 피해의 세척 등을 위한 목적도 있다. 그러나 화장실의 경우 이런 취지와는 조금 다른 부분으로 법적인 설치 사항이 아니다. 그러므

11) 건축물의 설비기준 등에 관한 규칙 제14조(배연설비)

로 현재 실무에서는 성능위주설계(PBD) 평가 심의위원의 주관적 의견에 따라 설치 여부가 결정되고 있다.

▸ **피난안전구역 내 화장실 설치 심의 사례**

피난계획 수립의 적정성	조치내용	비고
2. 피난안전구역에 화장실과 급수공급설비 설치를 재검토 1) 피난안전구역(27층)에 화재, 재난 시 사용할 수 있는 화장실과 급수공급설비 설치를 재검토 바람	• 피난안전구역에 화재, 재난 시 사용할 수 있도록 화장실과 급수공급설비를 설치하였습니다.	반영

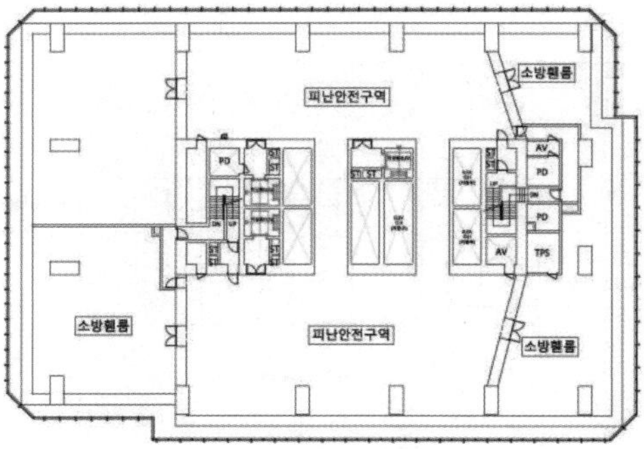

변경 전

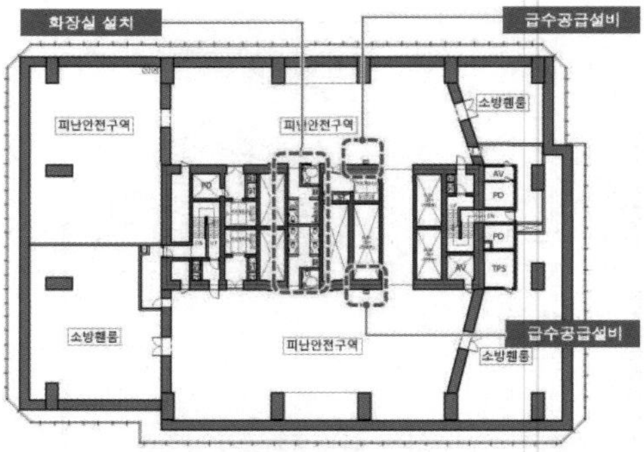

변경 후

2 초고층재난관리법령에서 규정한 설치기준[12)]

(1) 피난안전구역의 면적 산정기준

고층건축물의 지상에 설치하는 피난안전구역은 건축법령의 기준에 의해서 면적을 산정하고 설치하지만, 초고층재난관리법령에 의한 지하연계복합건축물의 지하층이나 지상층에 거실용도와 동일한 층의 일부에 피난안전구역을 설치하는 것은 초고층재난관리법령에서 규정하는 기준에 의해 설치면적을 산정하고 있다.

피난안전구역 면적산정 기준 법령

건축법령에 규정된 기준 적용 대상	초고층재난관리법령에 규정된 기준 적용 대상
• 초고층 건축물의 지상층 • 30층 이상 49층 이하인 지하연계 복합건축물의 지상층	• 16층 이상 29층 이하인 지하연계 복합건축물 지상층 ※ [별표 1] 적용 • 초고층 건축물등의 지하층이 법 제2조 제2호나목의 용도로 사용되는 경우의 지하층 ※ [별표 2] 적용 ※ 초고층 건축물등: 초고층 건축물, 지하연계 복합건축물
※「건축물의 피난 · 방화구조 등의 기준에 관한 규칙」 제8조의2(피난안전구역의 설치기준) [별표 1의2] 피난안전구역의 면적 산정기준(제8조의2 제3항 제7호 관련)	※「초고층 및 지하연계 복합건축물 재난관리에 관한 특별법 시행령」 제14조(피난안전구역 설치기준 등) [별표 1] 용도별 거주밀도(제14조 제1항 제2호 관련) [별표 2] 피난안전구역 면적 산정기준(제14조 제1항 제3호 관련)

초고층재난관리법령에서 규정하고 있는 피난안전구역의 면적산정 기준을 보면 "16층 이상 29층 이하인 지하연계 복합건축물의 지상층"에 설치하는 것은 [별표 1]에서 규정하고 있는 "지상층별 거주밀도가 제곱미터당 1.5명을 초과하는 층"은 해당 층의 "사용형태별 면적의 합의 10분의 1에 해당하는 면적"을 피난안전구역으로 설치해야 한다.

또한 초고층 건축물과 지하연계 복합건축물의 지하층이 법 제2조 제2호 나목의 용도로 사용되는 경우의 지하층은 [별표 2]에 규정하고 있는 피난안전구역의 설치기준에 따라 면적의 규모를 산정한다.

12) 초고층 및 지하연계 복합건축물 재난관리에 관한 특별법 시행령 제14조(피난안전구역 설치기준 등)

PLUS TIPS 초고층 건축물등의 지하층에 설치 면적산정

1. 지하층이 하나의 용도로 사용되는 경우
   피난안전구역 면적 = (수용인원 × 0.1) × 0.28m^2
2. 지하층이 둘 이상의 용도로 사용되는 경우
   피난안전구역 면적 = (사용형태별 수용인원의 합 × 0.1) × 0.28m^2

〈비고〉
1. 수용인원은 사용형태별 면적과 거주밀도를 곱한 값을 말한다. 다만, 업무용도와 주거용도의 수용인원은 용도의 면적과 거주밀도를 곱한 값으로 한다.
   ※ 건축물의 사용형태별 거주밀도는 [별표 2] 참조

※「초고층 및 지하연계 복합건축물 재난관리에 관한 특별법 시행령」 제14조(피난안전구역 설치기준 등) [별표 2] 피난안전구역 면적 산정기준(제14조 제1항 제3호 관련)

▸ **지하층 피난안전구역 설치 심의 사례**

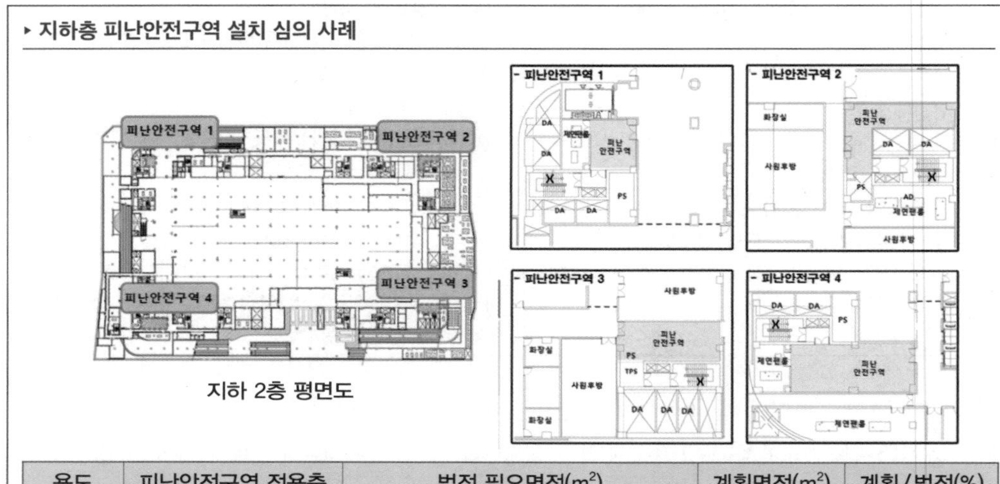

지하 2층 평면도

용도	피난안전구역 적용층	법정 필요면적(m^2)	계획면적(m^2)	계획/법정(%)
판매시설	지하 2층	(8,166명 × 0.1)×0.28m^2 = 228.6m^2	246.9m^2	108%

적용법규: 초고층 및 지하연계 복합건축물 재난관리에 관한 특별법 시행령 [별표 2] 피난안전구역 면적 산정기준
피난안전구역 면적산정: (사용형태별 수용인원의 합 × 0.1m^2) × 0.28m^2

(2) 피난안전구역의 구조 및 설비

초고층재난관리법령 규정에 따라 설치하는 피난안전구역 역시 앞에서 언급했던 건축법령에서 규정한 기준[13]에 따른 피난안전구역의 설치기준에 맞게 설치하여야 하며, 다음과 같은 소방법령의 화재안전기준에 맞는 소방시설과 재난의 예방 · 대응 및 지원을 위한 설비를 추가로 설치하여야 한다.

13) 건축물의 피난 · 방화구조 등의 기준에 관한 규칙 제8조의2(피난안전구역의 설치기준)

소방시설[14]	재난설비[15]
1. 소화기구(소화기 및 간이소화용구), 옥내소화전설비 및 스프링클러설비 2. 자동화재탐지설비 3. 방열복, 공기호흡기(보조마스크 포함), 인공소생기, 피난유도선(피난안전구역으로 통하는 직통계단 및 특별피난계단 포함), 피난안전구역으로 피난을 유도하기 위한 유도등 · 유도표지, 비상조명등 및 휴대용 비상조명등 4. 소화활동설비 중 제연설비, 무선통신보조설비	1. 자동제세동기 등 심폐소생술을 할 수 있는 응급장비 2. 다음 각 목의 구분에 따른 수량의 방독면 가. 초고층 건축물에 설치된 피난안전구역: 피난안전구역 위층의 재실자 수(「건축물의 피난 · 방화구조 등의 기준에 관한 규칙」 별표 1의2에 따라 산정된 재실자 수)의 10분의 1 이상 나. 지하연계 복합건축물에 설치된 피난안전구역: 피난안전구역이 설치된 층의 수용인원(영 별표 2에 따라 산정된 수용인원을 말한다)의 10분의 1 이상

초고층재난관리법에 의해서 설치되는 피난안전구역에는 소방시설과 별개로 재난설비를 추가로 설치해야 한다. 이런 이유는 "초고층 및 지하연계 복합건축물"의 "재난관리"에 관한 특별법이기 때문에 재난설비를 별도 설치하도록 이 법에서 규정하고 있는 것이다. 반대로 순수히 건축법령의 규정에 의해서 설치하는 준초고층 건축물의 피난안전구역에는 재난설비를 설치하지 않아도 되는데 일반적으로 성능위주설계(PBD) 평가단 심의 시 평가위원의 의견에 따라 설치하는 경우가 많다. 이것은 법령의 해석과 규정 적용에 대한 이해의 부족이거나 아니면 설치기준을 강화하기 위한 의도로 생각하면 된다.

또한 여기서 반드시 알아야 하는 것이 있는데 "16층 이상 29층 이하인 지하연계 복합건축물의 지상층"과 "초고층 건축물 등의 지하층이 특정용도"로 쓰일 때 그 지하층에 설치하는 피난안전구역은 다른 용도의 거실과 내화구조로 구획되어 같은 층에 설치되는데, 이때에도 "건축법령에서 규정하는 피난안전구역 설치기준에 맞게 설치"하여야 한다는 것이다. 그러므로 지하층 일부에 피난안전구역을 설치하였다고 했을 때 특별피난계단의 Transfer 구조로 설치하는 등 지상층에서의 설치기준과 동일하게 적용 설치하여야 하며 이 기준을 만족하여 설치하는 것이 결코 쉽지가 않다. 그러므로 지하층에 피난안전구역을 설치하는 대신 일반적으로 선큰(Sunken)을 설치는 경우가 많다.

PART 4

14) 초고층 및 지하연계 복합건축물 재난관리에 관한 특별법 시행령 제14조(피난안전구역 설치기준 등) 제②항
15) 초고층 및 지하연계 복합건축물 재난관리에 관한 특별법 시행규칙 제8조(피난안전구역의 설비 등)

▸ **초고층 건축물 지하층 선큰 설치 심의 사례**

검토사항	조치결과
1. 초고층특별법에 따라 지하1층에 계획된 피난안전구역은 아래 기준에 적합한 외기에 개방된 선큰으로 변경하기 바람 ㉠ 바닥면적의 10% 이상 확보 ㉡ 피난층으로 통하는 너비 2m 이상의 직통계단 설치 ㉢ 출입문 너비는 법적 기준 이상으로 확보(피난에 매우 중요)	• 지하 1층은 유동인구가 아닌 특정인만이 거주하는 소규모의 거실임 • 해안가 인근이라는 부지의 특성상 해일/태풍 등의 피해를 최소화하기 위해 선큰 등의 계획을 지양하여 지하 1층 피난층으로 통하는 직통계단 주변에 피난안전구역을 계획반영함 • 북측 공개공지지역에 외기에 개방된 선큰 반영예정(건축 인허가 시)

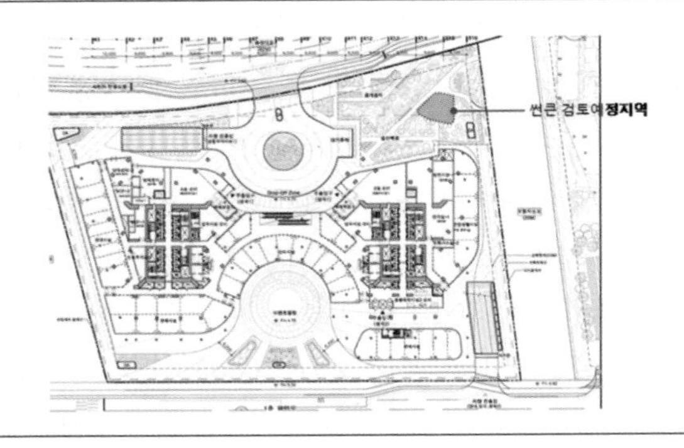

05 소방법령에서의 유지 · 관리

건축법 제50조의2(고층건축물의 피난 및 안전관리)의 규정은「소방시설 설치 및 관리에 관한 법률」제6조(건축허가등의 동의 등) 제⑤항의 규정에서 "방화시설"로 분류되고 있다. 그러므로 고층건축물에 설치된 피난안전구역 · 피난시설 또는 대피공간등의 설치구조나 시설등의 유지 · 관리에 대한 소홀은 소방법령상 방화시설의 관리의무 위반에 해당되어 불이익처분을 받을 수 있다.

이상으로 고층건축물과 지하연계 복합건축물에서 규정하고 있는 피난안전구역의 설치에 대해 알아보았는데, 앞에서 언급했듯이 건축법령에서의 피난안전구역의 설치기준과 초고층재난관리법령에서의 설치기준이 동일하거나 상이한 부분이 많이 있으므로 층수와 용도에 대한 설치기준 등을 구별하여 이해할 수 있어야 한다.

CHAPTER

06 | 건축물의 복도

건축물 각 거실의 재실자들이 외부의 지상으로 대피하는 피난동선은 「거실 → 복도 → 계단 또는 피난용승강기 → 건축물 바깥쪽으로의 출구 → 외부 대지 안의 공지」의 순으로 이루어진다. 복도는 각 거실과 거실을 연결하는 공간의 용도로서 유사시 거실 재실자들이 (특별)피난계단까지 이동할 수 있도록 연결해 주는 피난동선상의 중요한 통로의 역할을 한다. 그러므로 건축법령에서는 특정한 용도와 일정면적 이상의 건축물에 대해서 복도를 설치하도록 하고 유효너비를 확보하도록 규정하고 있다.

01 복도의 설치기준

복도는 신축 건축물의 용도에 따른 사용기능의 효율성과 밀접한 관계가 있다. 그러므로 건축주의 건축물 사용 목적에 따라 가장 적절한 복도의 배치를 건축사와 협의를 통해 자유롭게 설치하는게 일반적이나 연면적 200제곱미터를 초과하는 건축물에 설치하는 복도의 유효너비는 건축법령에서 규정하고 있는 기준에 따라 설치해야 한다.

건축법 시행령 제48조(계단 · 복도 및 출입구의 설치)

연면적 200제곱미터를 초과하는 건축물에 설치하는 계단 및 복도는 국토교통부령으로 정하는 기준[1]에 적합하여야 한다.

1 복도의 유효너비

복도의 너비는 거실의 용도에 따라 적정하게 설치되어야 한다. 평상시 많은 인원이 이용하는 공연장 등은 넓은 너비가 필요할 것이고, 또한 거실의 출입문이 동시에 열리는 방향 등에 따라 유효너비가 다르게 설치되어야만 위급 상황 발생 시 많은 인원의 동시 피난개시에 따른 장애가 발생하지 않는다. 그러므로 평상시 복도의 유효너비 기준이 잘 유지되도록 해야 한다.

1) 건축물의 피난 · 방화구조 등의 기준에 관한 규칙 제15조의2(복도의 너비 및 설치기준)

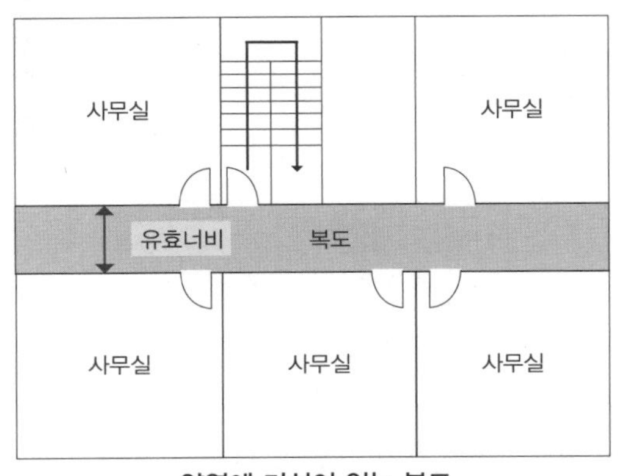

양옆에 거실이 있는 복도

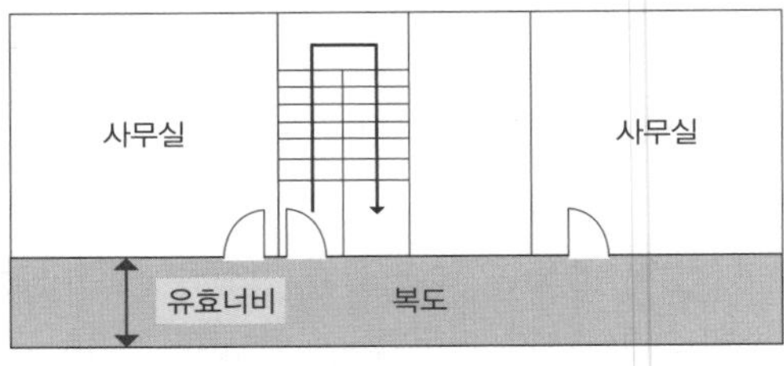

기타의 복도

"연면적 200제곱미터 이상"인 건축물에 설치하는 복도의 유효너비는 거실의 사용용도와 바닥면적, 양옆의 거실유무에 따라 확보되어야 할 너비가 다르게 적용된다.

구분	양옆에 거실이 있는 복도	기타의 복도
유치원 · 초등학교 중학교 · 고등학교	2.4m 이상	1.8m 이상
공동주택 · 오피스텔	1.8m 이상	1.2m 이상
당해 층 거실의 바닥면적 합계가 $200m^2$ 이상인 경우	1.5m 이상 (의료시설의 복도 1.8m 이상)	1.2m 이상

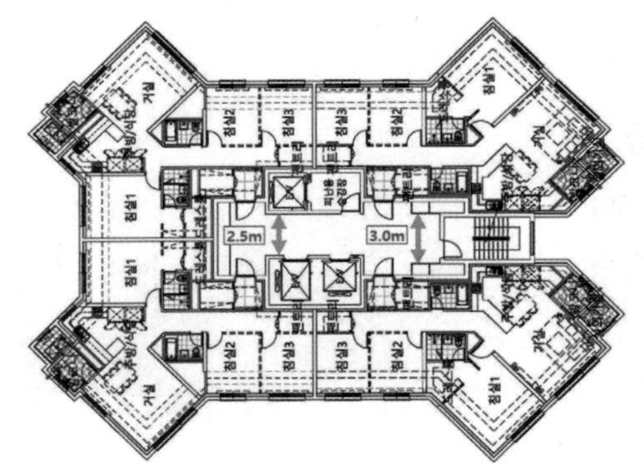

공동주택 기준층 복도의 유효너비 설계사례

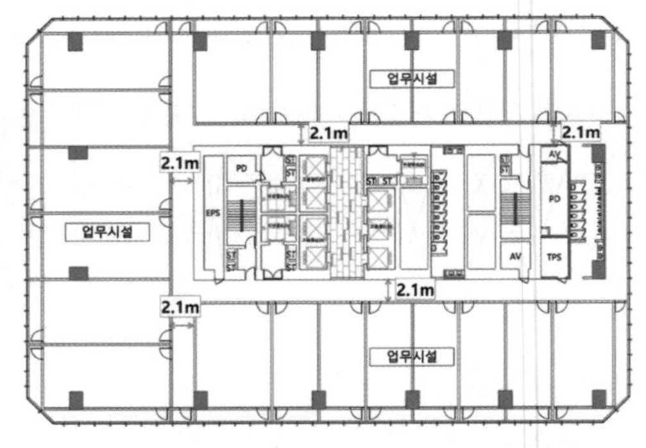

업무시설 기준층 복도의 유효너비 설계사례

2 집회실등과 접하는 복도의 유효너비

건축물 거실의 사용용도 중에서 문화 및 집회시설이나 종교집회장 등으로 사용될 때 그 거실 내의 수용인원은 상대적으로 많을 것이므로 당해 층의 바닥면적의 합계에 따라 복도 유효너비의 설치를 별도의 규정으로 적용한다.

거실의 용도	해당층에서 해당 용도로 쓰는 바닥면적의 합계	복도 유효너비
문화 및 집회시설(공연장 · 집회장 · 관람장 · 전시장에 한정), 종교시설 중 종교집회장, 노유자시설 중 아동 관련 시설 · 노인복지시설, 수련시설 중 생활권수련시설, 위락시설 중 유흥주점 및 장례식장의 관람실 또는 집회실과 접하는 복도	500m^2 미만	1.5m 이상
	500m^2 이상 1,000m^2 미만	1.8m 이상
	1,000m^2 이상	2.4m 이상

3 공연장에 설치하는 복도의 설치기준

문화 및 집회시설 중에서 공연장(바닥면적 300제곱미터 이상)에는 관람실 면적과 배치 등을 고려하여, 그 개별 관람실의 바깥쪽에 설치하는 복도는 설치 방향을 고려하는 별도의 더 강화된 기준이 적용된다.

- 공연장의 개별 관람실(바닥면적이 300m^2 이상인 경우에 한정한다)의 바깥쪽
  → 그 양쪽 및 뒤쪽에 각각 복도를 설치
- 하나의 층에 개별 관람실(바닥면적이 300m^2 미만인 경우에 한정한다)을 2개소 이상 연속하여 설치하는 경우
  → 그 관람실의 바깥쪽의 앞쪽과 뒤쪽에 각각 복도를 설치

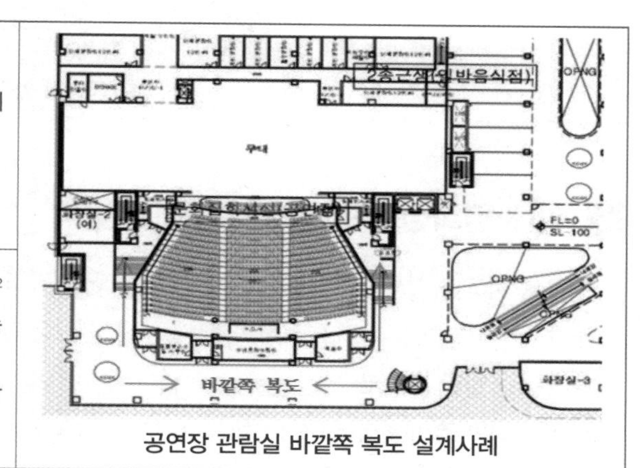

공연장 관람실 바깥쪽 복도 설계사례

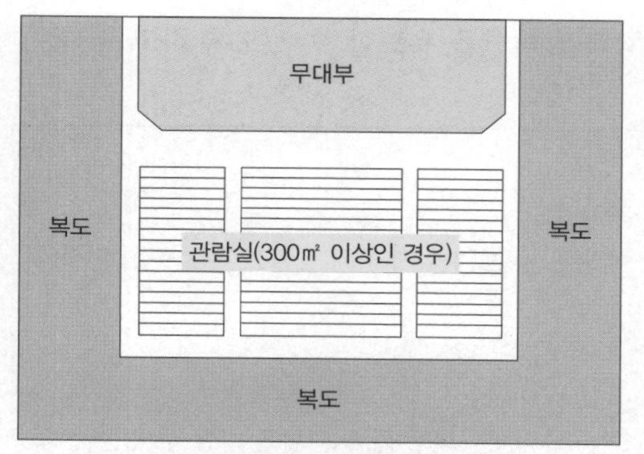

바닥면적 300제곱미터 이상의 공연장 복도

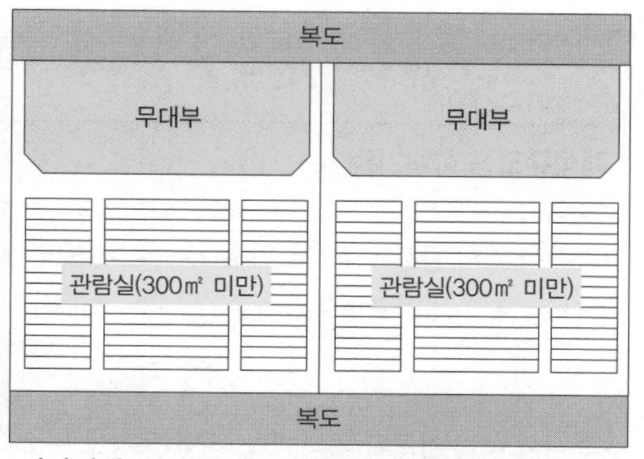

바닥면적 300제곱미터 미만인 관람실을 2개소 이상 연속 설치한 공연장의 복도

실제 성능위주설계(PBD)의 심의에서도 공연장의 경우 피난에 필요한 복도의 너비와 출구의 위치에 있어 설계도면의 검토가 아주 세심하게 검토되고 있다.

▸ **공연장 관람실 바깥쪽 복도 설치 심의 사례**

#8 심의위원	조치계획	반영
8. 지하 2층 공연장 복도 설치 구조 적정여부 재검토 – 양옆, 뒤편에 1.8m 이상의 너비확보?	• 지하 2층 공연장 복도 양옆, 뒤편에 1.8m 이상 너비를 확보하였음	

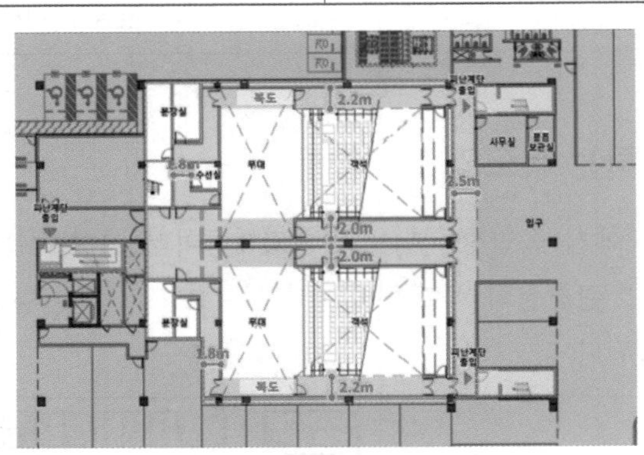

지하 2층 공연장 평면도

4 실내 영화상영관 통로와의 비교

앞에서 바닥면적 300제곱미터 이상 공연장의 관람실 바깥쪽의 양쪽 및 뒤쪽에 복도를 설치해야 한다고 하였다. 이 규정과 유사하게 거실의 실내에 별도의 통로를 설치해야 하는 용도가 있다. 일반적으로 우리가 자주 이용하는 실내 영화상영관에는 스크린을 중심으로 좌우 또는 뒤쪽 벽 주변으로 일정한 폭의 통로가 설치되어 있는 것을 볼 수 있는데, 이때의 통로는 유사시 내부 관람자들의 신속한 외부로의 피난을 위해서 설치하는 것이다. 또한 통로의 바닥에는 소방법령에 적합한 객석유도등이 설치되어 피난을 유도할 수 있도록 하고 있다.

여기서 잠깐!

객석유도등 설치기준[2)]

① 객석유도등은 객석의 통로, 바닥 또는 벽에 설치하여야 한다.

② 객석 내의 통로가 경사로 또는 수평로로 되어 있는 부분은 다음의 식에 따라 산출한 수(소수점 이하의 수는 1로 본다)의 유도등을 설치하여야 한다.

$$\text{설치개수} = \frac{\text{객석의 통로의 직선부분의 길이(m)}}{4} - 1$$

③ 객석 내의 통로가 옥외 또는 이와 유사한 부분에 있는 경우에는 해당 통로 전체에 미칠 수 있는 수의 유도등을 설치하여야 한다.

2) 유도등 및 유도표지의 화재안전기술기준(NFTC 303) 2.4. 객석유도등 설치기준

「영화 및 비디오물의 진흥에 관한 법률」에는 영화상영관을 설치 · 경영하려는 자는 영화상영관이 갖추어야 하는 시설기준에 적합한 시설을 갖추도록 규정[3]하고 있는데 이에 따라 실내 영화상영관에는 좌석 수에 따라 통로[4]를 설치하여야 한다.

실내 영화상영관 통로 설치기준

- 세로방향으로 20석마다 폭 1미터 이상의 가로통로를 설치
- 가로방향으로 15석마다 폭 1미터 이상의 세로통로를 설치
- 관람석과 내부벽(좌 · 우 · 앞 · 뒤) 사이에 폭 1미터 이상의 통로를 설치

※ 제외

- 가로줄 관람석이 6석 이하인 경우에는 관람석과 좌 또는 우 내부벽 사이에 폭 1미터 이상 통로 설치제외
- 뒤 내부벽에 출입구가 없고 뒤 내부벽으로부터 스크린 방향으로 3분의 1까지의 좌 · 우 내부벽에 출입구가 없는 경우 관람석과 뒤 내부벽 사이에 폭 1미터 이상 통로 설치제외

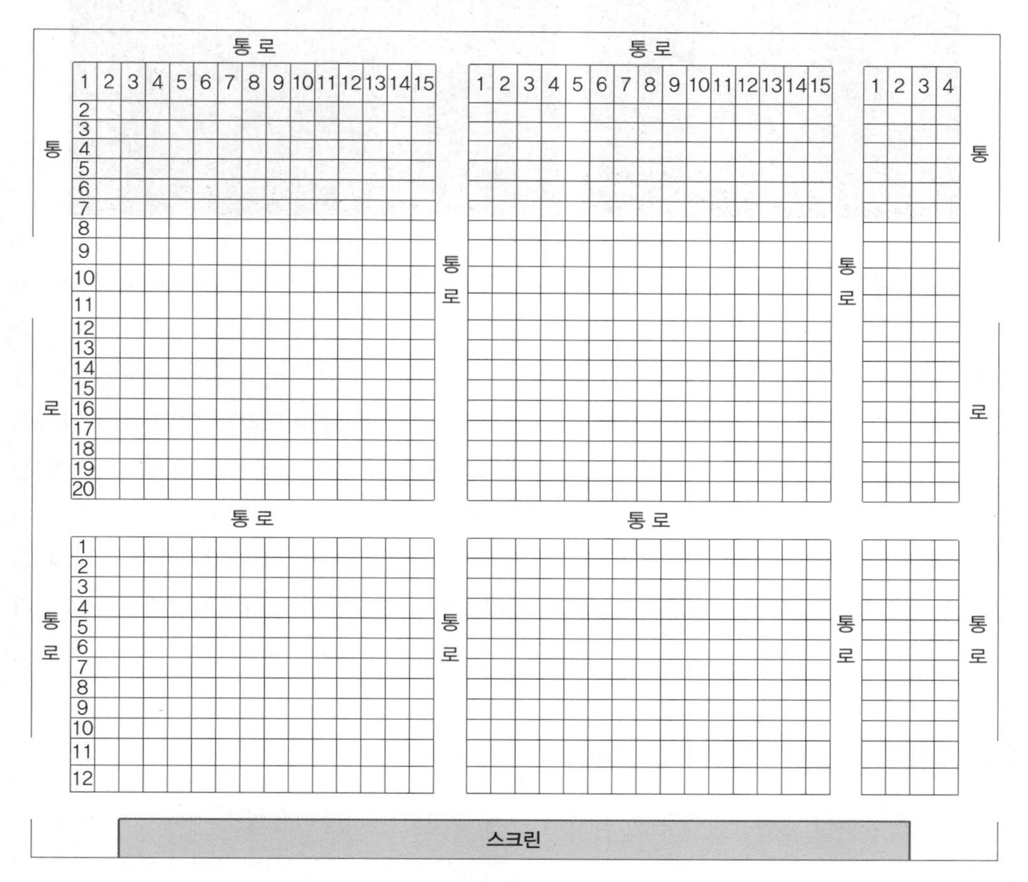

실내 영화관 통로 설치

3) 영화 및 비디오물의 진흥에 관한 법률 제36조(영화상영관의 등록) 제1항

4) 영화 및 비디오물의 진흥에 관한 법률 시행규칙 제8조(영화상영관의 시설기준) [별표 1]

특히 일부 영화상영관에서는 좌석수를 늘리기 위해 뒷면의 내부벽 사이에 설치된 폭 1미터 이상의 통로에 좌석을 설치하여 뒷면의 통로를 변경하는 행위를 하는 경우가 있는데 이런 곳의 대부분은 최초 영화상영관 등록 시에는 기준에 맞게 설치하고 나서 이후에 무단 변경해서 사용하는 경우가 일반적이다. 실내 영화상영관의 내부 통로의 설치가 평상시 이용자의 원활한 통행의 목적이 있지만 유사시 신속히 외부로 대피하기 위한 피난통로의 역할도 있다고 할 수 있다. 그러면 이런 변경행위가 피난시설의 변경행위에 해당되어 과태료부과 등 불이익 처분이 내려지는지 의문이 들 것이다.

뒤 내부벽 통로부분에 좌석이 설치된 모습

소방법령에서의 피난시설 등의 유지관리에 관한 규정은 "건축법에서 규정"하고 있는 "피난시설, 방화구획, 방화시설"에 대한 유지 · 관리 의무를 하지 않았을 때 과태료 부과 등 불이익 처분 등의 행정처분을 하도록 하고 있다. 그러므로 실내 영화상영관은 건축법이 아닌 「영화 및 비디오물의 진흥에 관한 법률」의 규정에 따라 설치 · 관리되므로 이 통로는 일반적으로 피난통로라고 얘기할 수 있겠지만 건축법령의 규정에 의한 피난시설에 해당하지 않는다. 즉, 이것은 영화상영관의 등록기준에 해당하는 시설로서 무단 변경 시에는 등록기준 위반에 해당되는 것이지 피난시설의 변경행위에 해당되지 않는다는 것이다. 만약 현장 확인 시 이런 사항을 인지하였다면 관할구청의 주무부처에 기관통보함으로써 예방행정을 마무리하면 된다.

5 다중이용업소 영업장 내부 피난통로와 비교

「다중이용업소의 안전관리에 관한 특별법」에서 규정하는 다중이용업소 중에서 "구획된 실(室)이 있는 영업장"에는 일정한 기준에 따른 "내부 피난통로"를 설치하여야 한다. 이때의 내부 통로는 소방법령상의 "안전시설등"[5]에 해당된다.

5) 다중이용업소의 안전관리에 관한 특별법 시행령 제2조의2(안전시설등) [별표 1]

여기서 잠깐!

다중이용업소 영업장 내부 피난통로 설치기준[6)]

↳ 구획된 실(室)이 있는 영업장에만 설치

가. 내부 피난통로의 폭은 120센티미터 이상으로 할 것. 다만, 양 옆에 구획된 실이 있는 영업장으로서 구획된 실의 출입문 열리는 방향이 피난통로 방향인 경우에는 150센티미터 이상으로 설치하여야 한다.

나. 구획된 실부터 주된 출입구 또는 비상구까지의 내부 피난통로의 구조는 세 번 이상 구부러지는 형태로 설치하지 말 것

다중이용업을 하기 위한 「안전시설등 완비증명서」를 발급 받은 후 영업장 내부 피난통로의 변경행위가 있다면 "안전시설등을 기준에 따라 설치 · 유지하지 아니한 사항"[7)]에 해당되어 과태료부과 등 불이익처분을 받을 수 있다.

02 막다른(Dead End) 복도의 설치

건축물 내부에서 복도의 주요기능은 거실 내의 재실자들이 외부로 나가기 위해 복도와 연결된 계단으로 신속하게 이동하는 데 중요한 역할을 한다. 대피자들이 복도를 이용하여 내부의 복도 말단까지 이동하였는데 복도가 계단으로 연결되지 않고 끝부분이 막혀 있다면 복도 끝까지 이동한 대피자가 되돌아와서 다른 출구를 찾아가는 수밖에 없다.

이런 상황에서 복도의 길이가 길다면 피난소요시간이 많이 소요되고 연기의 확산 등에 의한 피난 중에 인명피해가 발생할 우려가 있다.

막다른 복도 사진

이런 것을 방지하기 위해서는 막다른 복도(Dead End)의 설치에 대한 거리 제한이 필요한데, 현재 우리나라의 건축법령에서는 막다른 복도에 대한 거리 제한 규정이 없다.

6) 다중이용업소의 안전관리에 관한 특별법 시행규칙 제9조(안전시설등의 설치 · 유지 기준) [별표 2]

7) 다중이용업소의 안전관리에 관한 특별법 제25조(과태료) 제1항 제2호

NFPA 101 인명안전코드에서는 각 용도별 막다른 복도의 거리 제한을 정해 놓았는데 일반적으로 스프링클러설비가 설치된 곳에 대해서는 15미터 이내로 설치하도록 하고 있다.

NFPA 101 막다른 복도 거리 기준

Table A.7.6 Common Path, Dead-End, and Travel Distance Limits (by occupancy)

	Common Path Limit				Dead-End Limit				Travel Distance Limit			
	Unsprinklered		Sprinklered		Unsprinklered		Sprinklered		Unsprinklered		Sprinklered	
Type of Occupancy	ft	m	ft	m	ft	m	ft	m	ft	m	ft	m
Residential												
One- and two-family dwellings	NR	NR	NR	NR	NR	NR	NR	NR	NR	NR	NR	NR
Lodging or rooming houses	NR	NR	NR	NR	NR	NR	NR	NR	NR	NR	NR	NR
Hotels and dormitories												
New	35	10.7[h,i]	50	15[h,i]	35	10.7	50	15	175	53[d,i]	325	99[d,i]
Existing	35	10.7[h]	50	15[h]	50	15	50	15	175	53[d,i]	325	99[d,i]
Apartment buildings												
New	35	10.7[h]	50	15[h]	35	10.7	50	15	175	53[d,i]	325	99[d,i]
Existing	35	10.7[h]	50	15[h]	50	15	50	15	175	53[d,i]	325	99[d,i]
Board and care												
Small, new and existing	NR	NR	NR	NR	NR	NR	NR	NR	NR	NR	NR	NR
Large, new	NA	NA	125	38[i]	NA	NA	30	9.1	NA	NA	325	99[d,i]
Large, existing	110	33	160	49	50	15	50	15	175	53[d,i]	325	99[d,i]

▸ **막다른 복도 거리에 대한 심의 사례**

피난계획 수립의 적정성	조치내용	비고
52. 피난상 보행거리 산정 시 장애물 등을 고려하여 적용 (1) 주차장 각 부분에서 계단까지의 보행거리(주차면 부분 고려)가 50m 이하가 되도록 할 것 (2) 막다른 복도의 보행거리는 15m 이하로 할 것 (3) 외기와 접하는 막다른 복도 끝부분에는 하향식피난구가 설치된 노대, 내화구조로 구획된 실 또는 옥외계단으로 구성할 것	• 피난상 보행거리 산정 시 장애물 등을 고려하여 적용하였습니다. (1) 주차장 보행거리는 각 부분으로부터 50m 이내가 되도록 계획하였습니다. (2) 막다른 복도 보행거리는 15m 이내가 되도록 계획하였습니다. (3) 막다른 복도를 15m 이내로 계획하여 설치하지 않았습니다.	부분 반영

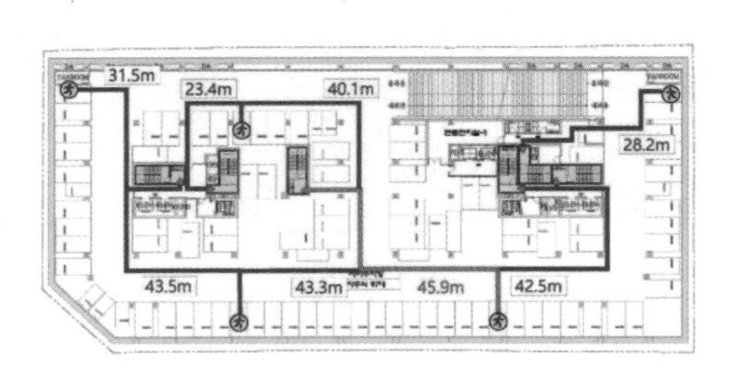

지하 6층 주차장 보행거리

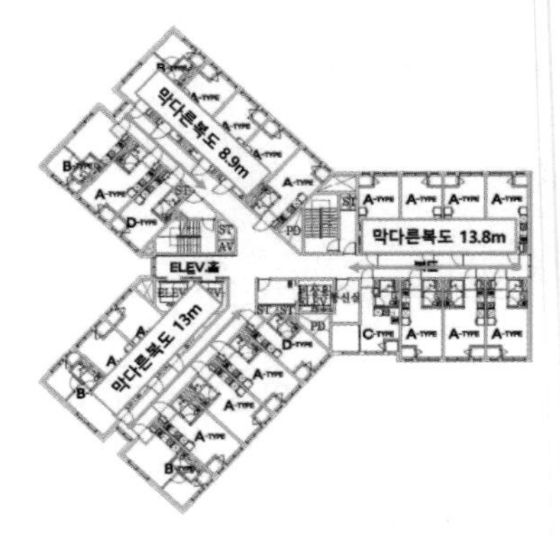

기준층 오피스텔 평면도

위의 경우처럼 성능위주설계(PBD) 심의에서도 막다른 복도에 대한 위험성 해소를 위해 많이 언급되는데 일반적으로 15미터 거리 이내를 만족하도록 요구하고 있다. 건축물 배치 구조상 거리기준을 만족하기 어려울 경우 막다른 복도로 이동한 대피자들을 위해 공용복도 끝부분에 아래층으로 피난할 수 있는 하향식 내림식사다리등 탈출을 할 수 있는 대피시설을 설치하도록 하는 경우도 있다.

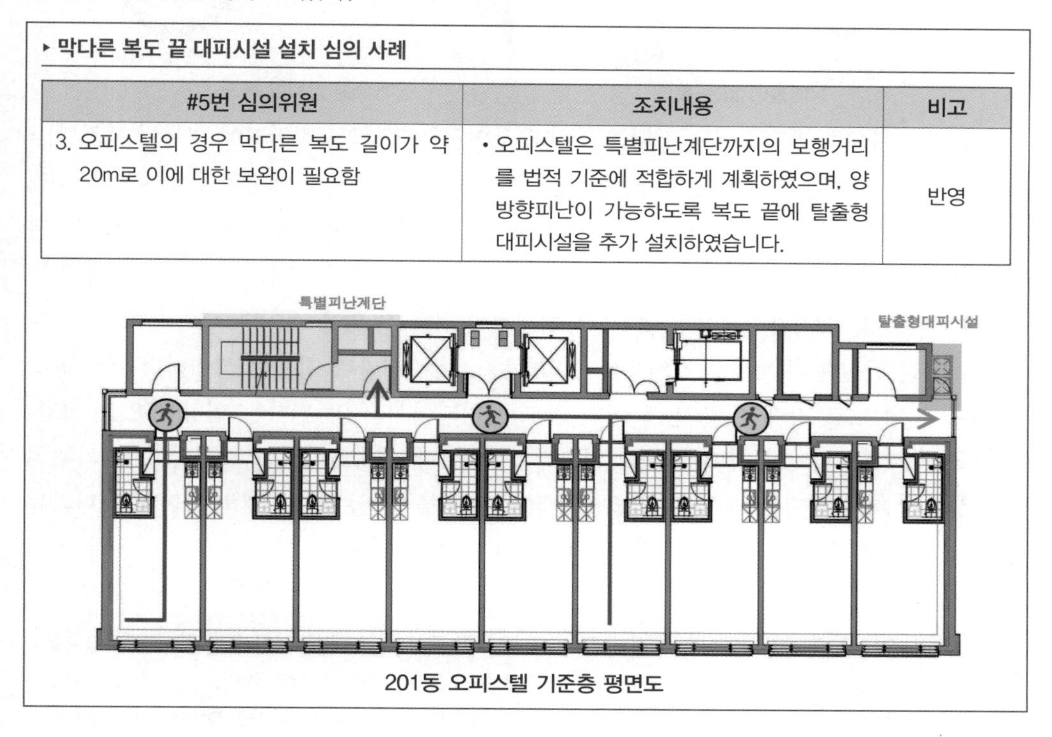

▸ 막다른 복도 끝 대피시설 설치 심의 사례

#5번 심의위원	조치내용	비고
3. 오피스텔의 경우 막다른 복도 길이가 약 20m로 이에 대한 보완이 필요함	• 오피스텔은 특별피난계단까지의 보행거리를 법적 기준에 적합하게 계획하였으며, 양방향피난이 가능하도록 복도 끝에 탈출형 대피시설을 추가 설치하였습니다.	반영

201동 오피스텔 기준층 평면도

03 소방법령에서의 유지·관리

복도는 건축법령상의 피난시설에 해당되고「소방시설 설치 및 관리에 관한 법률」제16조(피난시설, 방화구획 및 방화시설의 관리)의 규정에 의해 정상기능에 장애나 훼손 등의 행위를 하였을 경우에는 피난시설에 대한 관리 위반으로 과태료 부과 등 불이익처분을 받을 수 있다. 복도의 기능에 대한 관리 부분에서 가장 많이 발생하는 것이 공동주택의 공용복도 부분에 자전거 등을 방치하여 입주민 상호 간의 마찰에 의한 소방관서에 민원이 제기되는 것이다.

장애물이 없는 복도

장애물을 방치한 복도

이런 경우 복도나 계단실에는 어떠한 물건도 두어서는 안 되는 것인가에 의문이 생긴다.

소방법령에서의 금지 규정인 장애물을 설치하는 행위는 피난 및 소방활동에 지장을 초래할 수 있으므로 원칙적으로는 제한된다고 볼 수 있다. 그러나 복도의 기능적 측면에서의 역할은 일반적인 통행로와 유사시 피난통로인데, 실질적으로 이런 기능에 지장을 주지 않는 범위에서 물건을 방치한다면 제3자의 시각에서는 인정할 수 있을 것이다.

사실 이런 민원에 대해서 행정업무를 처리하는 소방관서마다 적용이 상이하다. 즉, 복도는 피난시설이므로 장애가 될 만한 어떤 것도 설치되어서는 안 된다는 입장이 있는 반면, 복도라 할지라도 피난에 장애가 크게 없다고 판단될 때는 가능하다는 것이다. 행정기관의 이런 상황에 대한 판단은 지극히 재량에 의한 것이라 볼 수 있는데 법령의 위반이 아니라는 것이 아니라 "과태료 부과 처분 등의 실행에 대한 재량"인 것이다.

PLUS TIPS+ 필자의 의견

복도의 장애물 설치에 대한 필자의 의견은 복도는 피난시설임과 동시에 일반적인 통행을 위한 공간으로서 피난로의 유효너비만 확보된다면 굳이 과태료 부과 등의 불이익처분을 하지 않아도 될 것이고, 향후 이것이 방치됨으로써 피난통로의 유효너비에 지장을 주어 피난장애 요인이 된다면 법령에 의거 조치될 수 있다는 사실을 행정지도하고 이런 사유의 발생 책임에 대한 부담을 갖게 한다면 쉽게 마무리될 수 있다. 필자도 이렇게 민원을 처리한 경험이 있었는데 대부분 민원인이 이해하고 행위자는 자발적으로 이동 조치하였다.

PLUS TIPS 공동주택 비상계단 및 복도 적치물 소방법 위반 및 과태료 부과 여부(소방청 소방시설민원센터 - 2021. 06. 09.)

질의	아파트에 설치되어 있는 비상계단 및 복도에 자전거, 유모차, 재활용품, 각종 쓰레기등을 쌓아둘 경우 비상시 피난 통로 방해라고 생각이 듭니다. 소방서에 문의한 결과 이동 가능한 경우 과태료 부과 및 법적 제재가 불가능하다는 답변을 받았습니다. 위와 같은 경우 소방 관련법 위반이 되는지 여부와 과태료 부과 대상이 되는지, 과태료 부과 대상이라면 행위 위반자에게 부과하는지 아니면 관리주체 또는 입주자대표회의 등 관계인에게 부과하는지도 궁금합니다. 만약 법적 제재가 불가능하다면 저런 적치물은 관리가 불가능한 것인지도 궁금합니다. 적치물로 인한 민원이 계속 발생하여 문의드립니다.
답변	1. 귀하의 민원내용은 "공동주택 비상계단 및 복도 적치물 소방법 위반 및 과태료 부과 여부"에 대한 것으로 이해됩니다. 2. 귀하의 질의 사항에 대하여 검토한 의견은 다음과 같습니다. • 「화재예방, 소방시설 설치 · 유지 및 안전관리에 관한 법률」 제10조 제1항의 규정에 따라 피난시설(복도, 계단 포함)의 주위에 물건을 쌓아두거나 장애물을 설치하는 행위는 피난 및 소방활동에 지장을 초래할 수 있으므로 원칙적으로 제한되며 예외규정이 없습니다. • 비상구 폐쇄 등 불법행위 신고포상제 관련 세부기준지침(2010. 09. 28.)에 따라 ① 복도(통로)에 자전거를 질서 있게 일렬로 세워둔 경우 ② 상시보관이 아닌 일시보관 물품으로서, 즉시 이동이 가능한 단순 일상생활용품 등이 피난에 장애가 없이 보관되는 경우 ③ 복도 끝이 막힌 구조로 그 끝 쪽에 피난 및 소방 활동에 지장이 없도록 물건을 보관하는 경우 등에는 비상구 폐쇄 행위등 불법행위 신고대상에 따른 과태료 부과는 제외되고 있으나, 과태료 부과 제외 지침이 적치물 허용범위를 규정하는 것은 아닙니다. • 현장 내부구조, 적치물품 등의 종합적 상황에 따라 위법사항에 해당될 수 있으며, 위반 시 「화재예방, 소방시설 설치 · 유지 및 안전관리에 관한 법률」 제53조 제1항 제2호에 따라 행위자에게 과태료가 부과될 것으로 해석됩니다.

이상으로 복도에 대해 알아보았는데 피난통로로서의 복도는 무엇보다 중요하므로 평상시 정상적인 유지 · 관리가 되어야 한다.

CHAPTER

07 | 건축물의 출구

건축물 재실자들이 지상으로의 피난을 하기 위한 일반적인 경로를 보면「거실 → 복도 → 계단 → 지상층 → 건축물 외부」의 과정으로 이루어지는데 우선 건축물 일부층 거실의 내부에서 직통계단과 연결된 복도로 나오기 위해서는 일정한 크기의 출입구가 있어야 한다. 이 출입구는 사용자의 이용에 편리한 위치와 크기로 설치하는 것이 일반적이지만 그 거실이 법령에서 규정하는 일정한 용도와 규모에 해당이 되면 화재등 발생 시 재실자의 수용밀도를 반영한 피난용도의 구조로 설치되어야 할 것이다. 이것이 "관람실 등으로부터 출구"의 설치 규정이다. 이 규정에 따라 관람실, 집회실, 공연장의 개별 관람실등의 거실 내에서 외부 복도로의 출구는 일정한 기준에 적합하게 설치해야 한다. 또한 복도로 나온 재실자가 직통계단이나 피난용승강기 등을 이용하여 피난층이나 지상층으로 이동하였더라도, 지상층의 건축물 내부에서 외부로 나가기 위한 피난동선이 길고 너비가 작은 외부로의 출구가 한 개만 설치되어 있다고 하면 이 건축물의 피난시설의 설치는 적합하다고 할 수 없을 것이다. 그러므로 이런 경우 필요한 일정한 너비의 설치기준이 "건축물 바깥쪽으로의 출구" 규정이다.

예를 들어 백화점에서 화재가 발생하였을 경우 쇼핑에 정신없던 많은 고객들이 화재경보를 듣고 피난을 개시하였을 때 질서는 생각할 수도 없는 패닉상태의 행동으로 정신없이 출구를 빠져나오려 할 것이다. 이때 가장 짧은 시간 안에 가장 많은 사람들을 외부로 대피시키위해서는 외부로 피난이 가능한 거실의 출구는 최대한 키워야 하고 또한 피난계단이나 각 거실에서 지상 외부로의 출구까지의 보행거리는 최대한 짧아야 한다. 즉, 지상층까지 신속히 피난한다고 해도 출구의 크기와 이동거리가 적정하지 않으면 피난경로상의 병목현상과 이로 인한 압사사고 등 2차사고 발생 위험도 배제할 수 없다. 그러므로 건축물 내의 거실에서 지상층 외부까지의 피난을 원활하게 하기 위한 출구의 설치 기준이 "관람실 등으로부터 출구"와 "건축물 바깥쪽으로의 출구"의 설치 규정이다. 이 규정은 건축물의 규모와 용도에 따라 설치기준을 정하고 있다.

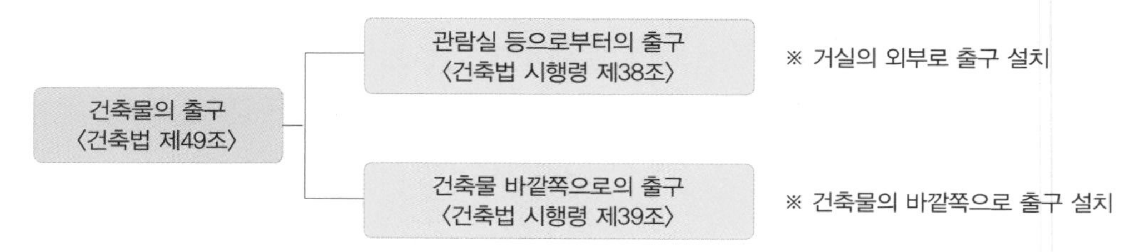

01 관람실 등으로부터의 출구 설치

1 거실의 외부로 출구 설치대상

건축물 내부에 있는 각 거실에서 복도등의 거실외 외부로 나가는 출입구의 설치는 사용자 측면에서 거실의 공간배치와 그에 따른 이동 동선의 효율성을 고려하여 설계하는 것이 일반적이다. 즉, 출입구의 설치 위치 등의 적용에 있어서는 법령에서 정하는 특별한 규정 없이 대체적으로 자유롭다는 것이다. 그러나 건축물 내 거실의 용도가 관람장 또는 종교시설의 집회실 등으로 사용될 때 그 거실 내의 수용인원이 상대적으로 많을 것이므로 유사시 모든 재실자들이 동시에 바깥으로의 신속한 대피가 가능하기 위해서는 출입구의 크기와 설치 수, 위치 등을 반영한 설계가 되어야 피난에 안전하다 할 수 있을 것이다.

건축법령에서는 종교시설 등 거실의 수용밀도가 높은 시설에 대해서는 그 거실외 외부로의 출구를 일정한 기준에 따라 설치하여 피난을 할 수 있도록 규정하고 있다. 이것은 하나의 건축물 안에 있는 관람실 등 거실 내부에서 복도 등 거실 외의 부분으로 나가는 출구를 의미하는 것이지 건축물 옥외로의 출구를 말하는 것은 아니므로 구분해야 한다.

PART 4

관람실 등으로부터의 출구 설치[1)]

다음 각 호의 어느 하나에 해당하는 건축물에는 국토교통부령으로 정하는 기준에 따라 관람실 또는 집회실로부터의 출구를 설치해야 한다.

1. 제2종 근린생활시설 중 공연장 · 종교집회장(해당 용도로 쓰는 바닥면적의 합계가 각각 300제곱미터 이상)
2. 문화 및 집회시설(전시장 및 동 · 식물원 제외)
3. 종교시설
4. 위락시설
5. 장례시설

2 거실의 외부로 출구 설치기준

관람실 또는 집회실로부터 바깥쪽으로 나가는 출구의 설치대상에 해당하는 용도의 거실에는 상대적으로 재실자들이 많이 있다고 할 수 있으므로, 피난계획에 있어 수용밀도를 반영한 출구의 크기가 고려되어야 하고, 다수 재실자들의 동시 피난개시에 있어 양방향 이상으로 피난동선이 분산될 수 있도록 설계되어야 한다. 또한 피난동선상의 신속한 이동에 장애를 줄 수 있는 문의 개폐 방향등 세부적 요소들까지 검토되어야 안전하다 할 수 있다.

이런 이유로 건축법령에서는 특정용도로 쓰이는 "거실로부터 바깥쪽으로의 출구로 쓰이

1) 건축법 시행령 제38조(관람실 등으로부터의 출구 설치)

는 문"에 대한 세부 설치기준을 규정[2]하고 있다.

건축물의 용도	출구로 쓰이는 문의 설치기준
1. 제2종 근린생활시설 중 공연장 · 종교집회장 (해당 용도로 쓰는 바닥면적 합계 각각 300m^2 이상) 2. 문화 및 집회시설(전시장 및 동 · 식물원 제외) 3. 종교시설 4. 위락시설 5. 장례시설	건축물의 관람실 또는 집회실로부터 바깥쪽으로의 출구로 쓰이는 문은 안여닫이 구조로 설치 금지
문화 및 집회시설 중 공연장의 개별 관람실 (바닥면적이 300m^2 이상인 것)	1. 관람실별로 2개소 이상 설치할 것 2. 각 출구의 유효너비는 1.5미터 이상일 것 3. 개별 관람실 출구의 유효너비의 합계는 개별 관람실의 바닥면적 100제곱미터마다 0.6미터의 비율로 산정한 너비 이상으로 할 것

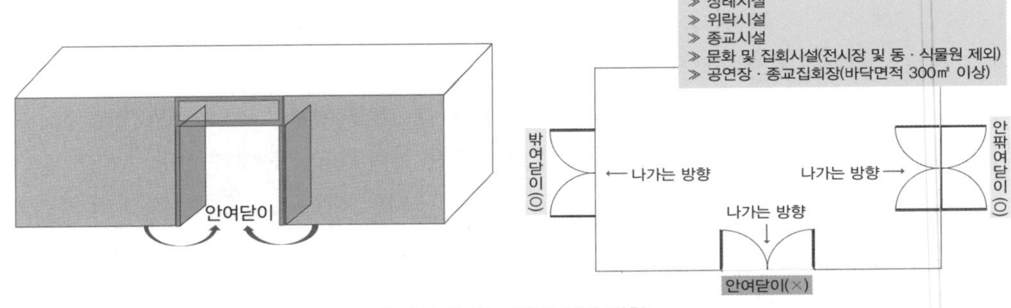

출구로 쓰이는 문의 설치 방향

여기서 잠깐!

출입문의 안여닫이와 밖여닫이

- 안여닫이: 문이 거실의 안쪽 방향으로 열리는 구조를 말하는데, 일반적으로 화장실의 출입문을 생각하면 된다. 이런 구조는 문을 열고 나올 때 밖에 있는 사람과 충돌을 방지할 수 있고, 또한 거실 안쪽으로 열리므로 무심코 문을 열었을 때 바로 거실 전체가 보이지 않으므로 일방적 문 개방에 대한 개인의 프라이버시를 일부 보호하는 기능 등이 있다.
- 밖여닫이: 건물을 나갈 때 밖으로 밀고 나가는 구조의 문을 말하는데, 주로 건축물의 주출입구, 영화관 등의 피난이 중요한 장소에 이런 구조로 설치된다. 일반 사람들은 위급 시 피난방향으로 문을 밀면서 밖으로 바로 나가려는 경향이 있는데 건축방재의 피난계획에서의 Fool Proof 개념으로 화재 시 사람들이 혼란 없이 대응할 수 있도록 단순하고도 명쾌한 배려를 한 계획으로 보면 될 것이다.

2) 건축물의 피난 · 방화구조 등의 기준에 관한 규칙 제10조(관람실 등으로부터의 출구의 설치기준)

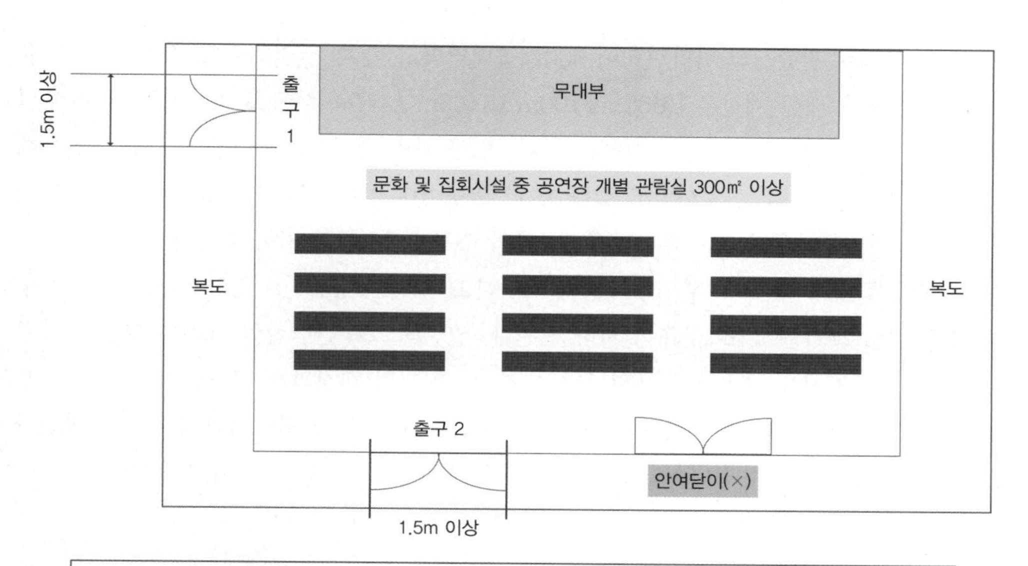

개별 관람실 출구의 유효너비의 합계 ≥ 0.6m × 개별 관람실의 바닥면적/100m²

공연장의 개별 관람실 설치기준에서 각 "출구의 유효너비가 1.5미터 이상"인 것으로 "2개소 이상" 설치하도록 하고 있고 또한 2개소 이상 출구의 유효너비의 합계는 "개별 관람실의 바닥면적 100제곱미터마다 0.6미터의 비율로 산정한 너비 이상"으로 설치하도록 하고 있다.

예를 들어 관람실의 바닥면적이 340제곱미터라고 가정하였을 때 설치해야 할 "각 출구의 유효너비 합계"에 대한 계산은 $[(340m^2/100m^2)\times0.6m = 2.04m]$이므로 설치되는 각 출구들의 유효너비 합계가 2.04미터 이상 되도록 설치하여야 한다. 여기서 관람실별로 2개 이상의 출구를 설치해야 하므로 각 출구마다 설치해야 할 너비를 계산하면 $[2.04m/2 = 1.02m]$로 나온다. 즉, 계산상으로는 각 출구의 너비가 1.02미터로 2개를 설치하면 된다. 그러나 계산된 각 출구의 너비는 1.02미터이지만 설치기준에서 관람실별 각 출구의 유효너비는 1.5미터 이상으로 설치하도록 규정하고 있으므로, 각 출구의 유효너비를 1.5미터 이상으로 설치하여야 한다. 다시 말해 관람실 바닥면적에 따른 2개소 이상의 각 출구의 유효너비의 계산이 1.5미터 미만이 되면 1.5미터 이상으로 각각의 출구의 유효너비를 적용하라는 것이다. 즉, 1.5미터의 기준은 각 출구가 확보하여야 할 최소 유효너비에 해당하므로 이 너비 이상으로 설치해야 한다.

또 다른 사례로 관람실의 바닥면적이 600제곱미터라고 할 때 설치해야 할 모든 출구의 유효너비의 합계에 대한 계산은 [(600m²/100m²)×0.6m = 10m]이므로 각 출구들의 유효너비 합계가 10미터 이상 되도록 설치해야 한다. 또한 관람실별로 2개 이상의 출구를 설치해야 하므로 출구를 2개소 설치한다고 했을 때 각 출구마다 설치해야 할 유효너비를 계산하면 [10m/2 = 5m]로 나온다. 즉, 유효너비 5미터의 출구 2개소를 설치하면 된다.

만일 출구를 앞 · 뒤 · 좌 · 우 4개소를 설치한다고 하면 [10m/4 = 2.5m]이므로 각 출구의 유효면적의 크기를 2.5미터로 설치하면 된다. 일반적으로 관람실의 크기에 따라서 양방향 이상의 피난동선을 고려한 출구의 설치 개소 및 위치의 결정과 재실자들이 출구를 이용하여 바깥으로 나가는 상태가 완료될 때까지 병목현상의 발생 등 피난시간의 지체가 발생하지 않도록 최적의 출구 유효너비를 고려한 설계가 될 수 있도록 하는 것이 중요하다.

02 건축물 바깥쪽으로의 출구 설치

1 바깥쪽으로의 출구 설치대상

피난계획은 모든 재실자들이 가장 빠른 시간 내에 건축물 내부에서 옥외로 나갈 수 있도록 계획하는 것이 중요하다. 각층 거실의 재실자들이 직통계단이나 피난용승강기 등을 이용하여 지상층 또는 피난층으로 신속하게 도달하는 것이 1차적 고려사항이라면, 지상층 건축물 내부에서 바깥쪽 옥외로 쉽게 나갈 수 있도록 하는 것이 2차적 고려사항이라 할 수 있다.

건축물 바깥으로의 출구 내부에서의 모습

건축물 바깥으로의 출구 외부에서의 모습

그러므로 건축물에서 바깥쪽으로 나가는 출구를 건축물의 규모와 용도에 따라 설치하도록 건축법령에서 규정하고 있으며, 이것은 건축물 피난계획에서의 종국적 피난완료의 최종단계이므로 피난계획 수립에서 고려해야 할 중요한 요소라고 할 수 있다.

건축물 바깥쪽으로의 출구 설치[3]

다음 각 호의 어느 하나에 해당하는 건축물에는 국토교통부령으로 정하는 기준에 따라 그 건축물로부터 바깥쪽으로 나가는 출구를 설치하여야 한다.

1. 제2종 근린생활시설 중 공연장 · 종교집회장 · 인터넷컴퓨터게임시설제공업소
   (해당 용도로 쓰는 바닥면적의 합계가 각각 300제곱미터 이상인 경우)
2. 문화 및 집회시설(전시장 및 동 · 식물원 제외)
3. 종교시설
4. 판매시설
5. 업무시설 중 국가 또는 지방자치단체의 청사
6. 위락시설
7. 연면적이 5천 제곱미터 이상인 창고시설
8. 교육연구시설 중 학교
9. 장례시설
10. 승강기를 설치하여야 하는 건축물
    ↳ 6층 이상으로서 연면적이 2천제곱미터 이상인 건축물

2 바깥쪽으로의 출구 설치기준

건축물의 바깥쪽으로 나가는 출구는 건축물 대지 안의 도로, 광장 또는 피난 및 소화를 위하여 해당 대지의 출입에 지장이 없는 공지와 연결하여 신속한 피난이 가능하도록 설치되어야 한다. 이 경우 건축물 내부의 피난층에서 건축물 바깥으로의 출구에 이르는 보행거리, 바깥쪽으로 통하는 출구 문의 개폐방향, 설치개수 등도 용도와 규모에 따라 일정한 기준을 적용하여 설치하도록 규정되어 있다.

PLUS TIPS+ 건축물 바깥쪽으로 나가는 출구가 주차장과 연결된 경우 가능 여부(건축정책과-2019. 05. 24.)

질의	건축물로부터 바깥쪽으로 나가는 출구가 주차장과 연결된 경우 「건축법 시행령」 제39조 제1항에 적합한 건축물인지 여부?
답변	「건축법 시행령」 제39조 제1항 각 호의 어느 하나에 해당하는 건축물에는 국토해양부령으로 정하는 기준(건축물의 피난 방화구조 등의 기준에 관한 규칙 제11조)에 따라 그 건축물로부터 바깥쪽으로 나가는 출구를 적합하게 설치하여야 합니다. 이는 건축물 재실자가 보다 안전지대인 옥외까지 신속하고 안전하게 피난할 수 있도록 하기 위해 옥외로의 출구까지 보행거리, 출구의 구조, 너비, 경사로 설치 등의 기준을 규정하고 있는 점을 감안하여 건축물의 출구 밖에도 비상시 원활한 피난, 대피에 지장이 없도록 하여야 합니다.

이 질의회신의 취지를 보면 건축물 출구와 연결된 외부의 대지 안 도로, 공지 등의 부분들도 피난에 원활할 수 있도록 해야 한다는 것으로 바깥쪽으로의 출구를 차량이 많이 주차된 외부 주차장으로 연결한다는 것은 피난에 장애가 있다고 해석하고 있는 것이다.

---

3) 건축법 시행령 제39조(건축물 바깥쪽으로의 출구 설치)

(1) 피난층 각 부분에서 출구까지 보행거리

앞에서의 관람실 등으로부터의 출구 설치는 보행거리에 대한 기준이 없고 출입구의 유효 너비와 문의 개폐방향 기준에만 적합하게 설치하면 된다. 그러나 건축물 바깥으로의 출구는 "직통계단에서 출구까지의 보행거리" 그리고 "그 피난층 각 거실에서 출구까지의 보행거리"도 기준에 적합해야 한다. 앞 장(제2장 직통계단)에서 보행거리에 대해 언급하였는데 건축물의 어느 층에서도 그 층에 있는 거실의 모든 부분에서 직통계단까지의 보행거리 기준(30미터 이하)를 피난층에서 건축물 바깥으로의 출구를 설치할 때에도 동일하게 적용하고 있다. 또한 비상용승강기의 설치기준[4]에는 피난층이 있는 승강장의 출입구(승강장이 없는 경우에는 승강로의 출입구)로부터 도로 또는 공지(공원 · 광장 기타 이와 유사한 것으로서 피난 및 소화를 위한 당해 대지에의 출입에 지장이 없는 것)에 이르는 거리가 30미터 이하로 설치하도록 하고 있는데, 이것은 비상용 승강기를 이용하여 피난층으로 도달하는 것이나 직통계단을 이용하여 피난층으로의 도달하는 것은 기능면에서 유사하므로 피난층의 비상용승강기 출입문에서 건축물 바깥으로의 출구까지 보행거리 기준을 계단에서와의 거리기준과 동일하게 적용하는 것으로 이해해도 된다.

건축물의 바깥쪽으로의 출구 보행거리 기준[5]

구분	기준
피난층 계단으로부터 출구까지 거리	보행거리 30m 이하 ※ 건축물의 주요구조부가 내화구조 또는 불연재료로 된 건축물: 50m 이하 └→ 지하층에 설치된 바닥면적 합계 300m^2 이상인 공연장 · 집회장 · 관람장 및 전시장 제외 ※ 층수가 16층 이상인 공동주택: 40m 이하
피난층 거실의 각 부분으로부터 출구까지 거리	위의 거리 2배 이하
피난층이 있는 비상용승강기 승강장 출입구의 출구까지 거리	보행거리 30m 이하

4) 건축물의 설비기준 등에 관한 규칙 제10조(비상용승강기의 승강장 및 승강로의 구조)
5) 건축물의 피난 · 방화구조 등의 기준에 관한 규칙 제11조(건축물의 바깥쪽으로의 출구의 설치기준)

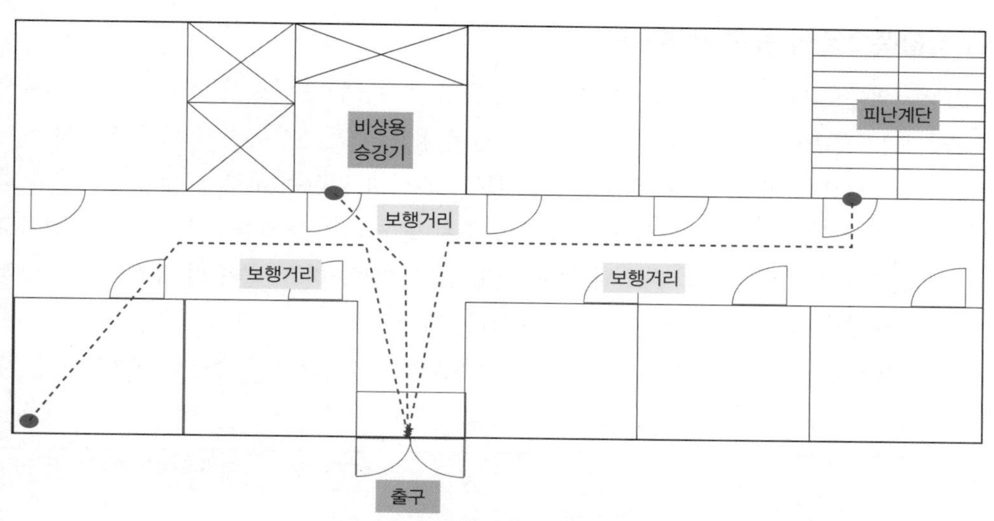

건축물의 바깥쪽으로의 출구 보행거리

여기에서 보면 계단에서의 보행거리 기준에는 건축물의 주요구조부가 내화구조나 불연재료로 설치되어 있으면 보행거리를 50미터 이하로 적용할 수 있는데, 비상용승강기 승강장 출입구에서 출구까지의 보행거리 기준은 반드시 30미터 이하의 기준을 만족해야 하므로 구분해야 한다.

▸ 비상용 승강기 출입문의 건축물 바깥쪽으로의 출구까지 거리 심의 사례

비상용 승강기 배치-지상 1층(피난층) 평면도

※ 승강장으로부터 건축물 바깥쪽 출구나 도로까지의 거리를 30m 이내로 되도록 비상용승강기를 계획

(2) 바깥쪽으로의 출구 세부기준

건축물 외부로 나가는 출구에 설치하는 출입문의 개폐방향을 반드시 외부로 열리도록 설치해야 하는 것은 아니다. 그러나 수용인원이 많은 용도의 거실은 유사시 모든 인원이 동시에 피난을 개시한다고 했을 때 피난방향의 외부로 간단히 열리는 구조가 장애요인 없이 가장 효율적일 것이다. 또한 용도와 규모에 따라 주된 출구 외의 보조출구나 비상구의 설치로 실내 재실자들이 분산되어 외부로 나올 수 있도록 계획해야 하고, 출구의 유효너비도 일정 기준 이상이 확보되도록 설계하는 것이 중요하다.

건축법령에서는 이런 용도와 규모에 따른 건축물의 바깥쪽으로의 출구의 설치기준을 세부적으로 규정[6]하고 있다.

건축물의 용도	출구로 쓰이는 문의 설치기준
1. 문화 및 집회시설(전시장 및 동 · 식물원 제외) 2. 종교시설 3. 장례식장 4. 위락시설	건축물의 바깥쪽으로의 출구로 쓰이는 문은 안여닫이 구조로 설치 금지
모든 출구 설치대상 중 관람실의 바닥면적의 합계가 300m^2 이상인 집회장 또는 공연장이 있는 경우	건축물의 바깥쪽으로 나가는 주된 출입구 외에 보조출구 또는 비상구를 2개소 이상 설치
판매시설의 용도에 쓰이는 피난층	바깥쪽으로의 출구의 유효너비 합계는 해당 용도에 쓰이는 바닥면적이 최대인 층에 있어서의 해당 용도의 바닥면적 100m^2마다 0.6m의 비율로 산정한 너비 이상

건축물 바깥으로의 출구의 유효너비 기준은 "판매시설의 용도"로 쓰이는 건축물에만 적용이 되는데, 하나의 건축물 내 여러 층에서 판매시설의 용도가 있다고 하면 각 층의 판매시설 바닥면적 중에서 판매시설 용도로 사용하는 가장 큰 층의 바닥면적을 기준으로 하여 유효너비를 계산하고 출구의 설치개소에 따라 각 출구의 너비가 정해진다. 이때 최소 유효너비의 기준은 없으므로 출구의 설치개소에 대한 제한이 없다. 그러므로 외부로의 신속한 피난에 가장 적합한 출구의 설치개소와 그에 따른 유효너비가 설계되어야 한다.

6) 건축물의 피난 · 방화구조 등의 기준에 관한 규칙 제11조(건축물의 바깥쪽으로의 출구의 설치기준)

▸ **판매시설 건축물 바깥쪽으로의 출구 설치 심의 사례**

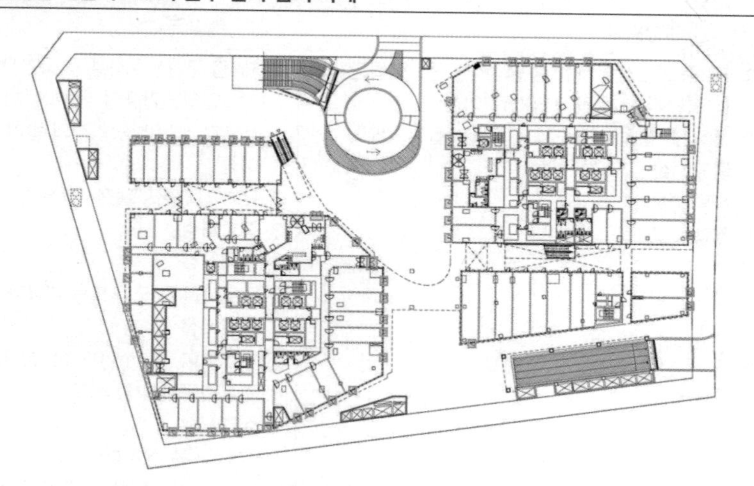

피난층 출구 계획-지상 1층

구분	판매시설 최대바닥면적(m^2)	계산과정	법정 너비	계획 너비	비고
지상 1층	3,990.06m^2	3,990.06/100×0.6 = 23.94m	23.94m	51.60m	만족

- 본 건축물의 지하 1층~지상 2층의 판매시설 중 최대바닥면적은 지상 1층에 계획됨
- 피난층에 설치해야 하는 출구 설치 기준 너비는 23.94m이며, 지상 1층의 출구 설치 너비는 51.60m로 기준을 만족함

"건축물의 바깥쪽으로 나가는 출구"의 기준은 "관람실 등으로부터 바깥쪽의 출구"의 기준과는 차이가 있으므로 비교해서 이해할 수 있어야 할 것이다. 예를 들어 제2종 근린생활시설 중 공연장 · 집회장의 출구 문의 개폐방향을 검토해보면, 관람실로부터 복도등 바깥으로 나가는 출구 문은 안여닫이 구조로 설치할 수 없지만 이 건축물의 외부 바깥쪽으로 나가는 출구의 문은 안여닫이로 설치할 수 있다.

이와 같이 건축물 내부에 있는 거실에서 그 거실외 바깥부분으로의 출구와 그 건축물 내부에서 외부의 바깥으로 나가는 출구의 설치기준에 상이한 부분들이 있으므로 아래와 같이 비교 구분해서 이해할 수 있도록 해야 한다.

<table>
<tr><th rowspan="2">구분</th><th colspan="2">관람실 · 집회실로부터 바깥으로의 출구</th><th colspan="2">건축물의 바깥으로 나가는 출구</th></tr>
<tr><th>해당용도</th><th>기준</th><th>해당용도</th><th>기준</th></tr>
<tr><td>설치대상</td><td colspan="2">1. 제2종 근린생활시설 중 공연장 · 종교집회장(바닥면적 합계 각각 300m² 이상)
2. 문화 및 집회시설(전시장, 동 · 식물원 제외)
3. 종교시설
4. 위락시설
5. 장례시설</td><td colspan="2">1. 제2종 근린생활시설 중 공연장 · 종교집회장 · 인터넷컴퓨터게임시설제공업소(해당 용도로 쓰는 바닥면적의 합계 각각 300m² 이상)
2. 문화 및 집회시설(전시장 및 동 · 식물원 제외)
3. 종교시설
4. 판매시설
5. 업무시설 중 국가 또는 지방자치단체의 청사
6. 위락시설
7. 연면적이 5천 m² 이상인 창고시설
8. 교육연구시설 중 학교
9. 장례시설
10. 승강기를 설치하여야 하는 건축물
└→ 6층 이상으로서 연면적이 2천m² 이상인 건축물</td></tr>
<tr><td>출구문의 개폐방향</td><td>모든 설치대상</td><td>건축물의 관람실 또는 집회실로 부터 바깥쪽으로의 출구로 쓰이는 문은 안여닫이 설치 금지</td><td>1. 문화 및 집회시설(전시장, 동 · 식물원 제외)
2. 종교시설
3. 장례식장
4. 위락시설</td><td>건축물의 바깥쪽으로의 출구로 쓰이는 문은 안여닫이 설치 금지</td></tr>
<tr><td>출구의 설치개소</td><td rowspan="2">문화 및 집회시설 중 공연장의 개별 관람실(바닥면적이 300m² 이상)</td><td>관람실별로 2개소 이상</td><td>모든 설치대상 중 집회장 또는 공연장이 있는 경우
(관람실 바닥면적의 합계가 300m² 이상)</td><td>주된 출구외 보조출구 또는 비상구를 2개소 이상</td></tr>
<tr><td>출구의 유효너비</td><td>• 각 출구 1.5m 이상
• 개별 관람실 출구의 유효너비의 합계는 개별 관람실의 바닥면적 100m²마다 0.6m의 비율로 산정한 너비 이상</td><td>판매시설
※ 이외의 대상들은 출구의 유효너비 기준이 없음</td><td>해당 용도에 쓰이는 바닥면적이 최대인 층에 있어서의 해당 용도의 바닥면적 100m²마다 0.6m의 비율로 산정한 너비 이상</td></tr>
<tr><td>보행거리 적용기준</td><td colspan="2">거리기준 없음</td><td>모든 설치 대상</td><td>거리기준 적용</td></tr>
</table>

(3) 바깥쪽으로의 경사로 설치

일정한 용도와 규모에 해당하는 "건축물의 피난층 또는 피난층의 승강장으로부터 건축물의 바깥쪽에 이르는 통로"에는 계단을 대체하여 「경사로」를 설치하여야 한다. 이것은 거동불편자등 피난약자가 건축물 외부로의 피난에 있어 턱 등의 장애가 없이 안전한 대피가 가능하게 하기 위한 것이다. 경사로의 설치대상과 기준에 관해서는 법령에서 규정하는 내용만 간단하게 언급하도록 하겠다.

경사로 설치 대상[7)]

1. 제1종 근린생활시설 중 지역자치센터 · 파출소 · 지구대 · 소방서 · 우체국 · 방송국 · 보건소 · 공공도서관 · 지역건강보험조합 기타 이와 유사한 것으로서 동일한 건축물 안에서 당해 용도에 쓰이는 바닥면적의 합계가 1천제곱미터 미만인 것
2. 제1종 근린생활시설 중 마을회관 · 마을공동작업소 · 마을공동구판장 · 변전소 · 양수장 · 정수장 · 대피소 · 공중화장실 기타 이와 유사한 것
3. 연면적이 5천제곱미터 이상인 판매시설, 운수시설
4. 교육연구시설 중 학교
5. 업무시설 중 국가 또는 지방자치단체의 청사와 외국공관의 건축물로서 제1종 근린생활시설에 해당하지 아니하는 것
6. 승강기를 설치하여야 하는 건축물 → 6층 이상으로서 연면적이 2천제곱미터 이상인 건축물

경사로는 다음의 기준에 적합하게 설치되어야 한다.

경사로 설치 기준[8)]

1. 경사도는 1:8을 넘지 아니할 것
2. 표면을 거친 면으로 하거나 미끄러지지 아니하는 재료로 마감할 것
3. 경사로의 직선 및 굴절부분의 유효너비는 「장애인 · 노인 · 임산부등의 편의증진 보장에 관한 법률」이 정하는 기준에 적합할 것

여기서 규정하고 있는 기준에 따라 설치하는 경사로는 「장애인 · 노인 · 임산부등의 편의증진 보장에 관한 법률」에서 규정하고 있는 "편의시설을 설치하여야 하는 대상"에 의해 설치되는 경사로와는 다른 규정이다.

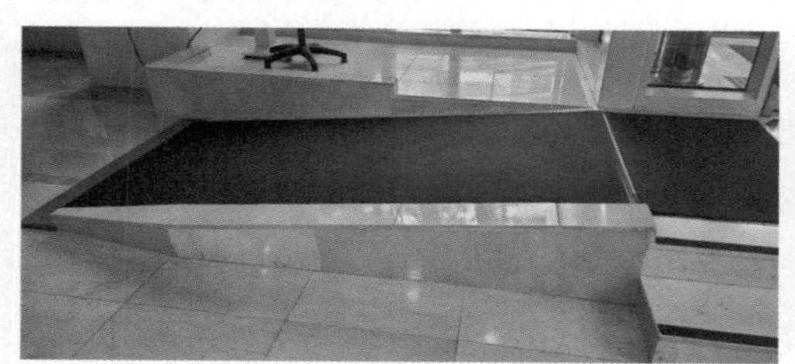

피난층에서 바깥쪽으로 이르는 통로의 경사로 모습

7) 건축물의 피난 · 방화구조 등의 기준에 관한 규칙 제11조(건축물의 바깥쪽으로의 출구의 설치기준) 제⑤항

8) 건축물의 피난 · 방화구조 등의 기준에 관한 규칙 제15조(계단의 설치기준) 제⑤항

(4) 출구의 안전유리 설치

건축법령에서 정하는 기준에 따라 그 건축물로부터 바깥쪽으로 나가는 출구를 설치하여야 하는 대상에서, 그 출구 출입문에 "유리를 사용하는 경우"에는 "안전유리"를 사용[9]하여야 한다. 일반적으로 외부로 나가는 출입문은 방화문등의 재질이 아닌 내부가 보이는 유리 재질의 출입문을 대부분 사용하고 있다. 이런 이유는 외부의 출입문이므로 방화구획 규정의 적용을 받지 않고 건축물 내부의 출구에서 외부를 볼 수 있으므로 피난경로를 인지할 수 있다는 장점 때문이다. 그러나 유리재질의 출입문 설치 시에는 많은 재실자들의 동시 피난으로 유리문이 파손될 위험이 있으며 이로 인해 피난 중인 재실자들에게 직접적인 상해가 가해질 우려가 있으므로 반드시 안전유리를 사용하도록 하는 것이다.

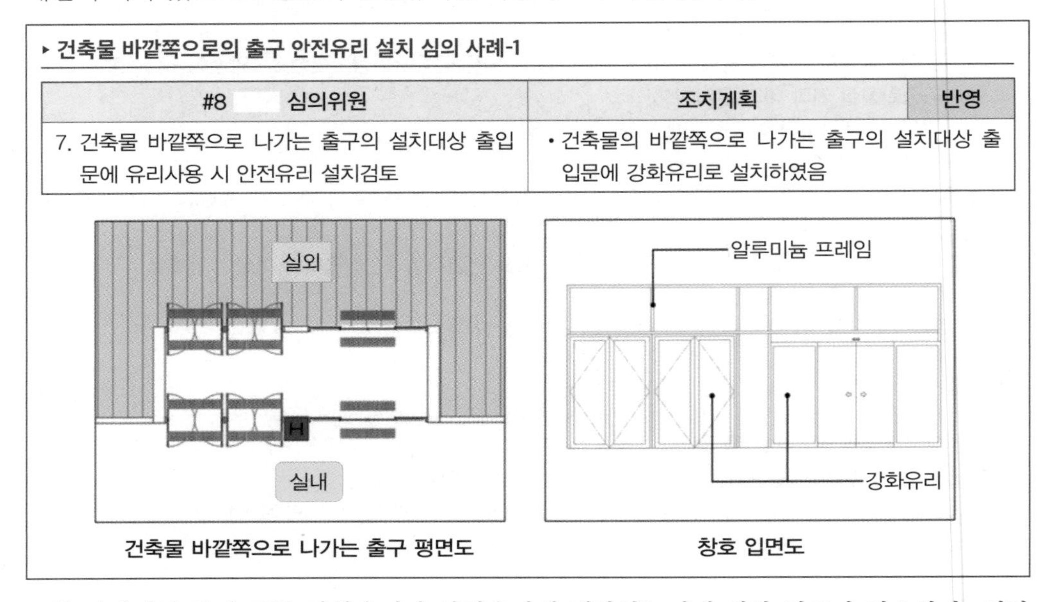

▸ 건축물 바깥쪽으로의 출구 안전유리 설치 심의 사례-1

#8 심의위원	조치계획	반영
7. 건축물 바깥쪽으로 나가는 출구의 설치대상 출입문에 유리사용 시 안전유리 설치검토	• 건축물의 바깥쪽으로 나가는 출구의 설치대상 출입문에 강화유리로 설치하였음	

건축물 바깥쪽으로 나가는 출구 평면도

창호 입면도

위 사례에서 보면 모든 강화유리가 안전유리에 해당하는지에 대한 검토가 필요하다. 일반적으로 강화유리는 일반유리에 비해 강도가 3~5배 강한 유리로, 일반유리에 비해서 안전하지만 "강화유리가 안전유리다"라고 명확하게 말하기는 어렵다. 2015년 실내건축기준에서 정의하는 안전유리는 "45킬로그램의 추가 75센티미터 높이에서 낙하하는 충격량에 관통되지 않고 파손시에도 비산하지 않는 유리를 말한다."라고 되어 있었는데, 2016년 실내건축기준법이 개정되면서 '파손 시에도 비산되지 않는 유리'가 삭제되어 현업에서는 헷갈리는 상황이 되었다. 현재 법령에서는 안전유리를 정의하는 명확한 기준은 지자체별로 조금씩 다른데, 국토부에서는 안전유리를 'KS L 2004 접합유리'를 참조하라고 회신한 사례가 있고, '강화유리라 하더라도 45킬로그램의 추를 75센티미터 높이에서 낙하했을때 관통되지 않는다면

9) 건축물의 피난 · 방화구조 등의 기준에 관한 규칙 제11조(건축물의 바깥쪽으로의 출구의 설치기준) 제⑥항

안전유리로 볼 수 있다'고 회신한 사례도 있다. 그러므로 안전유리는 위에서 언급한 "낙하시험을 통과한 강화유리" 또는 "접합유리"라고 할 수 있다. 여기에서 유리가 깨졌을 때의 유리 파편에 의한 위험을 고려하면 접합유리가 더 안전한 유리라고 할 수 있다.

▸ 건축물 바깥쪽으로의 출구 안전유리 설치 재심의 사례-2

보완의견	조치계획	반영	별첨#15
15. 바깥쪽 출구에 설치된 강화유리는 안전유리인지 재검토 바람	• 바깥쪽 출구에 설치된 강화유리는 법적 기준에 충족하는 안전유리로 계획하였음		

건축물의 피난, 방화구조 등의 기준에 관한 규칙

제11조(건축물의 바깥쪽으로의 출구의 설치기준)

⑥ 「건축법」(이하 "법"이라 한다) 제49조 제1항에 따라 영 제39조 제1항 각 호의 어느 하나에 해당하는 건축물의 바깥쪽으로 나가는 출입문에 유리를 사용하는 경우에는 안전유리를 사용하여야 한다.

실내건축의 구조, 시공방법 등에 관한 기준

제3조의(정의)

2. "안전유리"는 「주택건설기준 등에 관한 규정」 제16조의2에 따른 안전유리를 말한다.

주택건설기준 등에 관한 규정

제16조의2(출입문)

① 주택단지 안의 각 동 출입문에 설치하는 유리는 안전유리(45킬로그램의 추가 75센티미터 높이에서 낙하하는 충격량에 관통되지 아니하는 유리를 말한다. 이하 같다)를 사용하여야 한다.

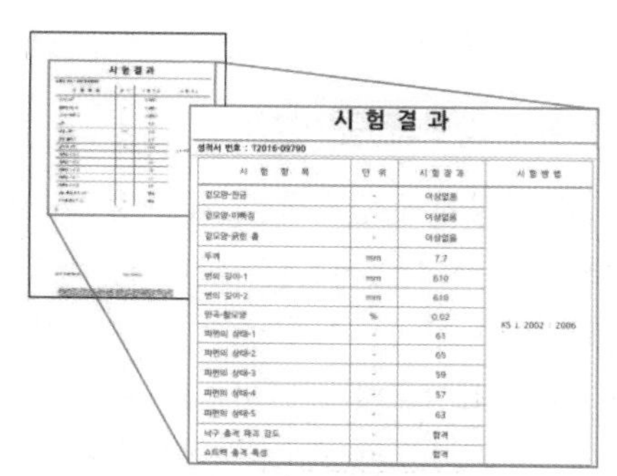

시 험 결 과

성적서 번호 : T2016-09790

시험항목	단위	시험결과	시험방법
겉모양-[illegible]	-	이상없음	KS L 2002 : 2006
겉모양-[illegible]	-	이상없음	
겉모양-[illegible]	-	이상없음	
두께	mm	7.7	
변의 길이-1	mm	610	
변의 길이-2	mm	610	
만곡-활모양	%	0.02	
파편의 상태-1	-	61	
파편의 상태-2	-	65	
파편의 상태-3	-	59	
파편의 상태-4	-	57	
파편의 상태-5	-	63	
낙구 충격 파괴 강도	-	합격	
쇼트백 충격 특성	-	합격	

강화유리 시험성적서

난간을 설치하는 장소에서 난간의 재질을 투명한 강화유리로 설치하는 경우가 있다. 이때의 난간은 사용자가 기대거나 힘을 주었을때도 쉽게 파괴되지 않아야 하므로 난간으로 사용하는 용도의 강화유리는 추락 방지를 위한 충분한 강도가 요구된다.

여기서 잠깐!

추락방지 「난간」 설치 규정

• 건축법 시행령 제40조(옥상광장 등의 설치)
  ↳ 옥상광장 또는 2층 이상인 층에 있는 노대등의 주위에는 높이 1.2미터 이상의 난간을 설치

• 건축물의 피난 · 방화구조 등의 기준에 관한 규칙 제15조(계단의 설치기준)
  ↳ 높이가 1미터를 넘는 계단 및 계단참의 양옆에는 난간을 설치

• 건축법 시행령 제51조(거실의 채광 등)
  ↳ 오피스텔에 거실 바닥으로부터 높이 1.2미터 이하 부분에 여닫을 수 있는 창문을 설치하는 경우에는 높이 1.2미터 이상의 난간등 추락방지를 위한 안전시설을 설치

- 주택건설기준 등에 관한 규정 제18조(난간)
  ↳ 난간의 높이: 바닥의 마감면으로부터 120센티미터 이상, 난간의 난간살의 간격: 안목치수 10센티미터 이하
- 발코니 등의 구조변경절차 및 설치기준 제5조(발코니 창호 및 난간등의 구조)
  ↳ 발코니를 거실등으로 사용하는 경우 난간의 높이는 1.2미터 이상이어야 하며 난간에 난간살이 있는 경우에는 난간살 사이의 간격을 10센티미터 이하의 간격으로 설치

그러나 건축물 바깥쪽으로 설치하는 출구의 출입문을 안전유리로 설치하는 것은 다수의 피난자가 출구 쪽으로 몰려 병목현상 등으로 인해 출입문이 파괴되었을 때 넘어진 피난자 등이 상해를 입히지 않도록 하는 취지가 강하다. 그러므로 이때의 안전유리는 강도의 개념보다 "파손되어도 비산되지 않고 파편으로 인한 상해를 가할 우려가 없는" 유리의 개념으로 볼 수 있다.

(5) 출구의 회전문 설치

건축법령에서 건축물의 외부 출입구에 설치하는 창호를 반드시 여닫이문으로만 설치하도록 규정하고 있는 것은 아니다. 즉, 회전문으로도 설치가 가능하도록 하고 있다. 회전문의 가장 큰 이점은 냉난방 비용을 크게 줄여주는 것이라 할 수 있다. 기존의 여닫이 출입문은 출입 시마다 빨려 들어오는 외기로 인한 에너지 손실로 많은 냉난방비용이 지출되고 있는데, 회전문은 칸막이를 통해 공기의 흐름을 차단시키고, 빌딩 안의 공기가 밖으로 나가지도 못하고 빌딩 밖의 공기가 안으로 들어오지도 못하도록 막는 역할을 하여 내부 공기온도에 대한 외부로의 손실이 적다. 회전문은 건물의 냉난방 비용을 20% 이상 절감할 수 있는 효과를 거둘 수 있으며 방풍실의 면적을 없앨 수 있어 로비에 넓은 공간을 제공할 수 있다.

회전문의 또 다른 이점은 많은 사람들의 출입 이동시간 단축이라 할 수 있다. 만약 사람들의 출입이 잦은 큰 건물에서 여닫이문을 사용한다고 하면 안과 밖 양쪽에서 동시에 문을 열 수 없기 때문에 같은 쪽 문을 열고 나가려는 상황에서는 어느 한쪽이 비켜서거나 옆문을 이용해야 하므로 순환이 지체될 수밖에 없을 것이다. 회전문은 사람들의 동선을 따라 하나의 문으로도 여러 명을 빠르게 순환시키므로 출입 이동시간을 단축시켜 주는 장점이 있다.

그러나 건축방재의 피난계획 관점에서 본다면 화재로 인해 회전문의 작동이 정지되었을 때 피난동선에 장애요인이 될 수 있으며 자동으로 정상 작동되면서 화재경보로 인해 다수의 사람들이 회전문으로 몰렸을 때 외부로의 피난소요시간의 지체와 이로 인한 2차 압사사고 발생 등의 우려를 배제할 수 없으므로 그렇게 적합한 것은 아니라고 생각한다. 또한 건축물 바깥으로의 출구의 문을 안여닫이로 설치하지 못하는 경우가 있는데 "회전문은 안여닫이 문에 해당하는가"에 의문이 생길 수 있다.

최근에는 이런 문제점을 해결하고자 평상시에는 회전문으로 사용하면서 화재 시 칸막이를 접어서 개구부를 개방하는 접이식 회전문을 설치하기도 한다. 또한 회전문을 이용한 전기에너지를 생산하도록 설치하는 경우도 있고 회전문을 이용한 옥외광고를 하는 경우도 있다.

바깥으로의 출구 회전문

접이식 회전문(접은 상태)

건축법에서 규정[10]하는 건축물의 출입구에 설치하는 회전문은 다음의 기준에 적합하게 설치하여야 한다.

회전문의 설치 기준[11]

1. 계단이나 에스컬레이터로부터 2미터 이상의 거리를 둘 것
2. 회전문과 문틀 사이 및 바닥 사이는 다음 각 목에서 정하는 간격을 확보하고 틈 사이를 고무와 고무펠트의 조합체 등을 사용하여 신체나 물건 등에 손상이 없도록 할 것
   가. 회전문과 문틀 사이는 5센티미터 이상
   나. 회전문과 바닥 사이는 3센티미터 이하
3. 출입에 지장이 없도록 일정한 방향으로 회전하는 구조로 할 것
4. 회전문의 중심축에서 회전문과 문틀 사이의 간격을 포함한 회전문날개 끝부분까지의 길이는 140센티미터 이상이 되도록 할 것
5. 회전문의 회전속도는 분당 회전수가 8회를 넘지 아니하도록 할 것
6. 자동회전문은 충격이 가하여지거나 사용자가 위험한 위치에 있는 경우에는 전자감지장치 등을 사용하여 정지하는 구조로 할 것

10) 건축법 시행령 제39조(건축물 바깥쪽으로의 출구 설치) 제2항
11) 건축물의 피난·방화구조 등의 기준에 관한 규칙 제12조(회전문의 설치기준)

03 소방법령에서의 유지·관리

건축물의 바깥쪽으로의 출구는 건축법령에서 규정하는 "피난시설"에 해당하므로 훼손, 제거 등의 행위를 하였을 때 소방법령의 규정에 의해 과태료 부과 등의 불이익처분을 받을 수 있다. 일반적으로 화재안전조사 등 현장확인 시 건축물 바깥으로의 출구의 적정여부 확인 빈도는 그렇게 높지 않고, 또한 이 출구가 피난시설에 해당되는지에 대한 인지의 부족으로 확인하지 않는 경우가 많은 것이 현실이다.

특히 관람실 등 내부에서 바깥으로의 출구는 피난방향의 분산으로 내부 재실자들의 외부로의 피난 소요시간을 결정하는 중요한 요소이므로, 현장확인 시 일부 출구의 폐쇄, 변경 등의 행위여부에 대해 반드시 확인해야 할 사항이다. 경사로의 설치에 대한 부분이 「장애인·노인·임산부 등의 편의증진 보장에 관한 법률」에 의한 "편의시설을 설치하여야 하는 대상"에 해당되어 설치되는 것은 편의시설에 해당된다고 할 수 있지만, 건축법령에서 "건축물의 바깥쪽으로의 출구의 설치기준"에 따른 규정에 의해 설치되는 것은 피난시설로서의 기능에 해당되므로 유지·관리가 되어야 한다. 또한 회전문의 경우 바깥쪽으로의 출구의 문에 해당하므로 피난시설로서 평상시 사용폐쇄 등의 조치를 해놓았다면 외부로의 피난출구에 대한 폐쇄이므로 법령의 위반이 된다. 실제 현장확인 시 회전문의 회전속도 등의 성능기준을 확인하기보다 폐쇄 등으로 인한 바깥쪽으로의 출구의 기능상실 유무에 대한 확인을 하는 정도면 충분할 것이다.

이상으로 건축물 바깥쪽으로의 출구에 대해 알아보았는데 바깥쪽으로의 출구에 대한 모든 기준들이 건축법령에서 규정하고 있는 피난시설에 해당하는지 명확한 해석을 하기는 사실상 쉽지가 않다.

PLUS TIPS+ 필자의 의견

"건축물 바깥쪽으로의 출구" 규정이 외부로의 피난을 위한 것이므로 이 규정의 각 조문에서 열거하고 있는 모든 내용은 피난시설의 범위에 해당된다는 것이다. 그러므로 평상시 정상적인 유지·관리에 최선을 다해야 한다.

CHAPTER

08 | 방화구획

01 방화구획의 배경

1 방화구획의 의의

방확구획의 사전적 의미는 한 동의 건축물을 몇 개의 부분으로 나누고 각 부분의 경계에 내력벽 등을 설치하여 화재에 대비할 수 있도록 한 것이라고 할 수 있다. 현재 건축물에서의 방화구획은 화재 시 다른 부분으로의 연소확대를 방지하기 위한 수단으로 매우 중요하게 인식되고 있다. 방화구획의 실패로 최상층에서 불꽃이 출화되는가 하면, 전혀 예상치 못한 층으로 연소확대되어 대형화재로 이어지는 경우도 화재사례에서 종종 볼 수 있다. 그렇기에 소방관서의 건축담당자들이 건축 허가동의 시 우선적으로 검토하는 것이 방화구획의 적정 여부이다. 이것은 건축 방재계획에서 화재안전성을 확보하기 위한 것으로 건축물 그 자체의 구성에 의해 방재성능을 확보하는 Passive System(수동적 시스템)의 한 방법으로 볼 수 있다.

이 장에서는 건축물의 용도와 규모 등에 따라 설치되는 방화구획의 기준과 방법 등을 세부적으로 알아보도록 하겠다.

2 방화구획의 변천과정

방화구획의 규정은 최초 제정 시부터 현재까지 많은 변경이 있었다. 이것은 화재로 인한 대형인명피해 발생이 빈번하여 유사 사례의 재발을 방지하기 위한 보완책으로 계속 변천해 왔다. 건축법 시행령이 최초 시행(1962. 04. 10.)될 당시에는 연면적이 천5백평방미터를 넘는 건축물은 천5백평방미터 이내마다 내화구조의 바닥이나 벽 또는 갑종방화문으로 구획하여야 했는데 이때는 층별 방화구획의 개념이 없었다. 1973. 09. 01. 건축법 시행령이 개정되면서 5층 이상의 모든 층과 지하2층 이하의 층에 있어서는 층마다 방화구획을 하도록 하였고, 1977. 11. 10.에 개정된 법령에는 바닥면적의 합계가 1천평방미터 이내마다 구획하고, 3층 이상의 모든 층과 지하층에 있어서는 층마다 구획하도록 강화되었다. 또한 「건축물의피난 · 방화구조등의기준에관한규칙」이 제정(1999. 05. 07.)되어 건축법 시행령에 있었던 규정들이 삭제되었다.

PART 4

이후 경기도 의정부「대봉그린아파트」화재발생(2015. 01. 10.)과 충북 제천「노블휘트니스스파」화재발생(2017. 12. 21.)으로 인해 모든 층마다 방화구획을 하고, 특히 필로티의 부분을 주차장으로 사용하는 경우 그 부분은 건축물의 다른 부분과 구획하도록 신설되었다.

이와 같이 현재 사용되고 있는 기존 건축물은 최초 허가 시마다 방화구획의 기준적용이 다를 수 있으므로, 현장확인 시에는 건축물대장상의 허가시점을 반드시 확인하여 그때 기준에 따른 방화구획 적정여부를 적용해야 한다.

방화구획에 대한 건축법령 변천과정

1. 건축법 시행령 제98조(방화구획)
   [제정 각령 제650호, 1962. 04. 10, 시행 1962. 04. 10.]
   ① 주요구조부가 내화구조 또는 불연재료로 만들어진 건축물로서 연면적이 천5백평방미터를 넘는 것은 연면적 천5백평방미터 이내마다 내화구조의 바닥이나 벽 또는 갑종방화문으로 구획하여야 한다. 단, 스프링크라를 설비한 건축물의 부분인 경우 또는 극장, 영화관, 연예장, 관람장, 공회당이나 집회장의 객석, 옥내 운동장, 공장 기타 이와 유사한 용도에 쓰이는 건축물의 부분으로서 그 용도상 부득이한 경우에는 예외로 한다.(이하 생략)

2. 건축법 시행령 제96조(방화구획)
   [전부개정 시행 대통령령 제6834호, 1973. 09. 01.]
   ① 주요구조부가 내화구조 또는 불연재료로 된 건축물로서 연면적 1.500평방미터를 넘는 것은 다음 각 호의 정하는 바에 따라 내화구조의 바닥 및 벽 또는 갑종방화문(제3호의 경우에는 을종방화문을 포함한다)으로 구획하여야 한다.
   1. 각층(지하층을 포함한다)의 바닥 면적의 합계 1,500평방미터 이내마다 구획할 것
   2. 5층 이상의 모든 층과 지하 2층 이하의 층에 있어서는 층마다 구획할 것
   3. 11층 이상의 모든 층(그 층의 바닥면적이 100평방미터 이하인 층을 제외한다)에 있어서는 거실의 바닥면적 100평방미터 이내마다 구획할 것. 다만, 그 층의 벽 및 반자의 실내에 면하는 부분의 마감을 준불연재료로 한 경우에는 그 거실의 바닥면적 200평방미터 이내마다, 불연재료로 한 경우에는 500평방미터 이내마다 구획할 것(이하 생략)

3. 건축법 시행령 제96조(방화구획)
   [일부개정 시행 대통령령 제8090호, 1976. 04. 15.]
   ① 주요구조부가 내화구조 또는 불연재료로 된 건축물로서 연면적 1.500평방미터를 넘는 것은 다음 각 호의 정하는 바에 따라 내화구조의 바닥 및 벽 또는 갑종방화문(제3호의 경우에는 을종방화문을 포함한다)으로 구획하여야 한다.
   1. 각층(지하층을 포함한다)의 바닥면적의 합계 1,500평방미터 이내마다 구획할 것. 다만, 지하층을 주차장 · 판매장 기타 이와 유사한 용도로 사용하는 경우에는 바닥면적의 합계 1,500평방미터 이내마다 자동방화 샷다 및 고정식 포말소화설비 또는 스프링쿨라를 설치하고, 바닥면적의 합계 3,000평방미터 이내마다 폭 2미터 이상이고 경사 6분의 1 이하인 경사로를 1개 이상 설치(입구와 출구가 따로 있는 주차장은 그러하지 아니하다)한 경우에는 바닥면적의 합계 3,000평방미터 이내마다 구획할 수 있다.(이하 생략)

4. 건축법 시행령 제30조(방화구획)
   [전부개정 대통령령 제8742호, 1977. 11. 10, 시행 1977. 12. 11.]
   ① 주요구조부가 내화구조 또는 불연재료로 된 건축물로서 연면적 1,000평방미터를 넘는 것은 다음 각 호의 정하는 바에 따라 내화구조의 바닥벽 및 갑종방화문(제3호의 경우에는 을종방화문을 포함한다) 또는 건설 부장관이 정하는 기준에 적합한 자동방화샷다로 구획하여야 한다.
   1. 바닥면적의 합계 1,000평방미터 이내마다 구획할 것
   2. 3층 이상의 모든 층과 지하층에 있어서는 층마다 구획할 것
   3. 11층 이상의 모든 층에 있어서는 바닥면적 100평방미터 이내마다 구획할 것. 다만, 그 층의 벽 및 반자의 실내에 면하는 부분의 마감을 준불연재료로 한 경우에는 바닥면적 200평방미터 이내마다, 불연재료로 한 경우에는 500평방미터 이내마다 구획할 것(이하 생략)

5. 건축법 시행령 제30조(방화구획)
   [전부개정 대통령령 제10882호, 1982. 08. 07, 시행 2012. 03. 17.]
   ① 주요구조부가 내화구조 또는 불연재료로 된 건축물로서 연면적(스프링클라 기타 이와 유사한 자동식소화설비를 설치한 부분의 바닥면적은 그 3분의 2를 뺀 면적으로 한다)이 1천제곱미터를 넘는 것은 다음에 정하는 바에 따라 내화구조로 된 바닥 · 벽 및 갑종방화문(건설부장관이 정하는 기준에 적합한 자동방화샷다를 포함한다. 이하 이 조에서 같다)으로 구획하여야 한다.
   1. 바닥면적(스프링클라 기타 이와 유사한 자동식소화설비를 설치한 부분의 바다면적은 그 3분의 2를 감한 면적으로 한다. 이하 이 조에서 같다)의 합계 1천제곱미터 이내마다 구획할 것
   2. (이하 생략)

6. 건축법 시행령 제46조(방화구획)
   [전부개정 대통령령 제13655호, 1992. 05. 30, 시행 1992. 06. 01.]
   ① 주요구조부가 내화구조 또는 불연재료로 된 건축물로서 연면적이 1천제곱미터를 넘는 것은 다음 각 호의 기준에 의하여 내화구조로 된 바닥 · 벽 및 제64조의 규정에 의한 갑종방화문(건설부장관이 정하는 기준에 적합한 자동방화샷다를 포함한다. 이하 이 조에서 같다)으로 구획하여야 한다.
   1. 10층 이하의 층은 바닥면적 1천제곱미터(스프링클러 기타 이와 유사한 자동식 소화설비를 설치한 경우에는 바닥면적 3천제곱미터) 이내마다 구획할 것
   2. 3층 이상의 층과 지하층은 층마다 구획할 것
   3. 11층 이상의 층은 바닥면적 200제곱미터(스프링클러 기타 이와 유사한 자동식 소화설비를 설치한 경우에는 600제곱미터) 이내마다 구획할 것. 다만, 벽 및 반자의 실내에 접하는 부분의 마감을 불연재료로 한 경우에는 바닥면적 500제곱미터(스프링클러 기타 이와 유사한 자동식 소화설비를 설치한 경우에는 1천500제곱미터) 이내마다 구획하여야 한다.

7. 건축법 시행령 제46조(방화구획)
   [일부개정 대통령령 제14891호, 1995. 12. 30, 시행 1996. 01. 06.]
   ① 주요구조부가 내화구조 또는 불연재료로 된 건축물로서 연면적이 1천제곱미터를 넘는 것은 다음 각 호의 기준에 의하여 내화구조로 된 바닥 · 벽 및 제64조의 규정에 의한 갑종방화문(건설교통부장관이 정하는 기준에 적합한 자동방화샷다를 포함한다. 이하 이 조에서 같다)으로 구획(이하 "방화구획"이라 한다)하여야 한다. 다만, 원자력법 제2조의 규정에 의한 원자로 및 관계시설은 원자력법이 정하는 바에 의한다.(이하 생략)

8. 건축법 시행령 제46조(방화구획)

[일부개정 대통령령 제16284호, 1999. 04. 30, 시행 1999. 05. 09.]

① 법 제39조 제2항의 규정에 의하여 주요구조부가 내화구조 또는 불연재료로 된 건축물로서 연면적이 1천제곱미터를 넘는 것은 건설교통부령이 정하는 기준에 따라 내화구조로 된 바닥 · 벽 및 제64조의 규정에 의한 갑종방화문(건설교통부장관이 정하는 기준에 적합한 자동방화샷다를 포함한다. 이하 이 조에서 같다)으로 구획(이하 "방화구획"이라 한다)하여야 한다. 다만, 원자력법 제2조의 규정에 의한 원자로 및 관계시설은 원자력법이 정하는 바에 의한다.

1.~ 3. 삭제 〈1999. 04. 30.〉

9. 건축물의피난 · 방화구조등의기준에관한규칙 제14조(방화구획의 설치기준)

[제정, 건설교통부령 제184호, 1999. 05. 07, 시행 1999. 05. 09.]

① 영 제46조의 규정에 의하여 건축물에 설치하는 방화구획은 다음 각 호의 기준에 적합하여야 한다.

1. 10층 이하의 층은 바닥면적 1천제곱미터(스프링클러 기타 이와 유사한 자동식 소화설비를 설치한 경우에는 바닥면적 3천제곱미터) 이내마다 구획할 것
2. 3층 이상의 층과 지하층은 층마다 구획할 것
3. 11층 이상의 층은 바닥면적 200제곱미터(스프링클러 기타 이와 유사한 자동식 소화설비를 설치한 경우에는 600제곱미터) 이내마다 구획할 것. 다만, 벽 및 반자의 실내에 접하는 부분의 마감을 불연재료로 한 경우에는 바닥면적 500제곱미터(스프링클러 기타 이와 유사한 자동식 소화설비를 설치한 경우에는 1천500제곱미터) 이내마다 구획하여야 한다.(이하 생략)

10. 건축물의피난 · 방화구조등의기준에관한규칙 제14조(방화구획의 설치기준)

[일부개정 시행 국토해양부령 제238호, 2010. 04. 07.]

① 영 제46조에 따라 건축물에 설치하는 방화구획은 다음 각 호의 기준에 적합하여야 한다.

1. (생략)
2. 3층 이상의 층과 지하층은 층마다 구획할 것. 다만, 지하 1층에서 지상으로 직접 연결하는 경사로 부위는 제외한다.(이하 생략)

11. 건축물의 피난 · 방화구조 등의 기준에 관한 규칙 제14조(방화구획의 설치기준)

[일부개정 시행 국토교통부령 제641호, 2019. 08. 06.]

① 영 제46조 제1항 각 호 외의 부분 본문에 따라 건축물에 설치하는 방화구획은 다음 각 호의 기준에 적합해야 한다.

1. (생략)
2. 매 층마다 구획할 것. 다만, 지하 1층에서 지상으로 직접 연결하는 경사로 부위는 제외한다.(이하 생략)

12. 건축물의 피난 · 방화구조 등의 기준에 관한 규칙 제14조(방화구획의 설치기준)

[일부개정 시행 국토교통부령 제665호, 2019. 10. 24.]

① 영 제46조 제1항 본문에 따라 건축물에 설치하는 방화구획은 다음 각 호의 기준에 적합해야 한다.

1.~3.(생략)

4. 필로티나 그 밖에 이와 비슷한 구조(벽면적의 2분의 1 이상이 그 층의 바닥면에서 위층 바닥 아래면까지 공간으로 된 것만 해당한다)의 부분을 주차장으로 사용하는 경우 그 부분은 건축물의 다른 부분과 구획할 것(이하 생략)

13. 건축법 시행령 제46조(방화구획 등의 설치)
    [일부개정 대통령령 제31100호, 2020. 10. 08.]
    ① 법 제49조 제2항에 따라 주요구조부가 내화구조 또는 불연재료로 된 건축물로서 연면적이 1천 제곱미터를 넘는 것은 국토교통부령으로 정하는 기준에 따라 다음 각 호의 구조물로 구획(이하 "방화구획"이라 한다)을 해야 한다. 다만, 「원자력안전법」 제2조 제8호 및 제10호에 따른 원자로 및 관계시설은 같은 법에서 정하는 바에 따른다.
    1. 내화구조로 된 바닥 및 벽
    2. 제64조 제1항 제1호 · 제2호에 따른 방화문 또는 자동방화셔터(국토교통부령으로 정하는 기준에 적합한 것을 말한다. 이하 같다)

제64조(방화문의 구분)
① 방화문은 다음 각 호와 같이 구분한다.
1. 60분+ 방화문: 연기 및 불꽃을 차단할 수 있는 시간이 60분 이상이고, 열을 차단할 수 있는 시간이 30분 이상인 방화문
2. 60분 방화문: 연기 및 불꽃을 차단할 수 있는 시간이 60분 이상인 방화문
3. 30분 방화문: 연기 및 불꽃을 차단할 수 있는 시간이 30분 이상 60분 미만인 방화문
② 제1항 각 호의 구분에 따른 방화문 인정 기준은 국토교통부령으로 정한다.

※ 건축법 시행령 제46조 제1항, 제64조의 시행일: 2021. 08. 07.

14. 건축법 시행령 제46조 (방화구획 등의 설치)
    [일부개정 시행 대통령령 제32102호, 2022. 05. 03.]
    ⑦ 법 제49조 제2항 단서에서 "대규모 창고시설 등 대통령령으로 정하는 용도 및 규모의 건축물"이란 제2항 제2호에 해당하여 제1항을 적용하지 않거나 완화하여 적용하는 부분이 포함된 창고시설을 말한다. 〈신설 2022. 4. 29.〉

15. 건축물의 피난 · 방화구조 등의 기준에 관한 규칙 제14조(방화구획의 설치기준)
    [일부개정 시행 국토교통부령 제1123호, 2022. 04. 29]
    ⑥ 법 제49조 제2항 단서에 따라 영 제46조 제7항에 따른 창고시설 중 같은 조 제2항 제2호에 해당하여 같은 조 제1항을 적용하지 않거나 완화하여 적용하는 부분에는 다음 각 호의 구분에 따른 설비를 추가로 설치해야 한다. 〈신설 2022. 4. 29.〉
    1. 개구부의 경우: 「소방시설 설치 및 관리에 관한 법률」 제12조 제1항 전단에 따라 소방청장이 정하여 고시하는 화재안전기준(이하 이 조에서 "화재안전기준"이라 한다)을 충족하는 설비로서 수막(水幕)을 형성하여 화재확산을 방지하는 설비
    2. 개구부 외의 부분의 경우: 화재안전기준을 충족하는 설비로서 화재를 조기에 진화할 수 있도록 설계된 스프링클러

02 방화구획의 설치

1 방화구획의 범위

방화구획을 설치해야 하는 건축물의 범위에 대해서 건축법 시행령에서 다음과 같이 규정하고 있다.

건축법 시행령 제46조(방화구획 등의 설치)

주요구조부가 내화구조 또는 불연재료로 된 건축물로서 연면적이 1천 제곱미터를 넘는 것은 국토교통부령으로 정하는 기준[1]에 따라 다음 각 호의 구조물로 구획(이하 "방화구획"이라 한다)을 해야 한다. 다만, 「원자력안전법」에 따른 원자로 및 관계시설은 같은 법에서 정하는 바에 따른다.

1. 내화구조로 된 바닥 및 벽
2. 60분+ 방화문, 60분 방화문 또는 자동방화셔터(국토교통부령으로 정하는 기준[2]에 적합한 것)

※ 생산공장의 품질 관리 상태 확인 결과 고시[3] 기준에 적합 / 해당 제품 품질시험 결과 비차열 1시간 이상의 내화성능 확보

여기서 보면 건축물의 「주요구조부」가 "내화구조" 또는 "불연재료"로 된 건축물이라는 것이다. 즉, 주요구조부가 내화구조가 아니거나 불연재료가 아닌 목재건축물등은 설치대상이 되지 않는다.

주요구조부, 내화구조, 불연재료

- 주요구조부: 내력벽, 기둥, 바닥, 보, 지붕틀 및 주계단(건축법 제2조)
  ※ 사잇기둥, 최하층 바닥, 작은 보, 차양, 옥외계단, 그 밖에 이와 유사한 것으로 건축물의 구조상 중요하지 아니하는 부분 제외
- 내화구조: 화재에 견딜 수 있는 성능을 가진 구조(건축법 시행령 제2조)
- 불연재료: 불에 타지 아니하는 성질을 가진 재료(건축법 시행령 제2조)

또한 건축물의 "연면적이 1천제곱미터"가 넘어야만 설치대상이 된다는 것이다. 이 규모에 해당되지 않으면 방화구획을 할 필요가 없다. 가끔 어떤 현장 확인 시 연면적이 설치대상 규모가 되지 않음에도 방화구획이 되지 않았다고 지적하는 사례를 종종 볼 수 있는데 이것은 기본적인 개념에 대한 이해의 부족에서 발생하는 경우이다. 그러므로 이 두 가지 기본 개념에 해당여부를 우선 검토한 후 설치기준에 대한 적용을 고려해야 될 것이다.

또한 방화구획의 설치와 피난계단의 설치구조는 엄연히 다른 것이므로 반드시 구별해야 한다. 예를 들어 연면적이 1천제곱미터가 되지 않으나 층수가 5층 이상이면 계단실 출입문

---

1) 건축물의 피난 · 방화구조 등의 기준에 관한 규칙 제14조(방화구획의 설치기준)
2) 건축물의 피난 · 방화구조 등의 기준에 관한 규칙 제14조(방화구획의 설치기준) 제②항 제4호
3) 건축자재등 품질인정 및 관리기준 제34조(자동방화셔터 성능기준 및 구성)

은 방화문으로 설치해야 하는 경우가 있는데 이것은 방화구획의 설치가 아니라 피난계단의 설치구조에 해당하는 것이다. 그러므로 반드시 구별할 수 있어야 할 것이다. 그리고 「원자력안전법」에 따른 원자로 및 관계시설은 건축법령의 규정을 따르지 않고 「원자력안전법」에서 정하는 바에 따라 설치해야 하는데 건축물임에도 불구하고 건축법령을 적용하지 않는 것은 원자력 시설 등의 특수성 때문인것으로 생각하면 된다.

방화구획의 방법은 내화구조의 바닥 · 벽 및 법령에서 규정하고 있는 방화문 · 자동방화셔터로 구획하도록 하고 있는데 개별기준들은 뒤에서 세부적으로 알아보도록 하겠다.

2 방화구획의 기준[4)]

(1) 수평 · 수직적 방화구획

방화구획은 수평적 방화구획과 수직적 방화구획으로 나누어진다. 과거 최초 규정 신설 시에는 수직적 방화구획의 설치개념이 없었는데 이후 법령의 개정으로 일부 층수(3층) 이상의 모든 층과 지하층에 층마다 설치하도록 시행되어 오면서 현재는 모든 층마다 구획하도록 강화되었다.

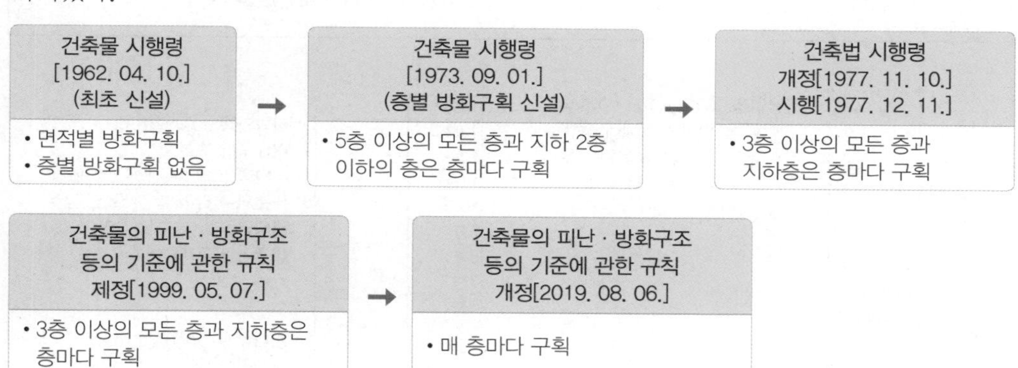

4) 건축물의 피난 · 방화구조 등의 기준에 관한 규칙 제14조(방화구획의 설치기준)

방화구획의 설치기준은 아래와 같이 나타낼 수 있다.

구분	대상 층		소화설비	기준
수평적 구획	10층 이하의 층		스프링클러 등 자동식 소화설비를 설치(×)	바닥면적 1,000m² 이내
			스프링클러 등 자동식 소화설비를 설치(○)	바닥면적 3,000m² 이내
	11층 이상의 층	벽 및 반자의 실내에 접하는 부분의 마감을 불연재료로 아니한 경우	스프링클러 등 자동식 소화설비를 설치(×)	바닥면적 200m² 이내
			스프링클러 등 자동식 소화설비를 설치(○)	바닥면적 600m² 이내
		벽 및 반자의 실내에 접하는 부분의 마감을 불연재료로 한 경우	스프링클러 등 자동식 소화설비를 설치(×)	바닥면적 500m² 이내
			스프링클러 등 자동식 소화설비를 설치(○)	바닥면적 1,500m² 이내
	필로티나 그 밖에 이와 비슷한 구조(벽면적의 2분의 1 이상이 그 층의 바닥면에서 위층 바닥 아랫면까지 공간으로 된 것만 해당)의 부분을 주차장으로 사용하는 경우 그 부분은 건축물의 다른 부분과 구획			
수직적 구획	매 층 마다 구획. 다만, 지하 1층에서 지상으로 직접 연결하는 경사로 부위는 제외			
구획 방법	내화구조로 된 바닥, 벽 및 60+ 방화문, 60분 방화문(자동방화셔터 포함)으로 구획			

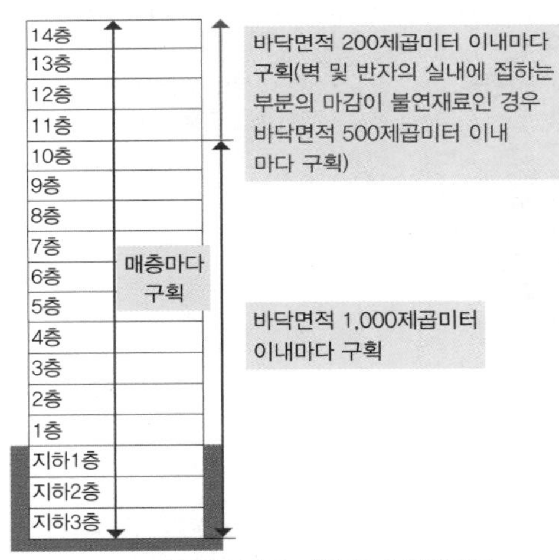

스프링클러설비등 자동식 소화설비를 설치하지 않은 경우

14층
13층
12층
11층
10층
9층
8층
7층
6층
5층
4층
3층
2층
1층
지하1층
지하2층
지하3층
매층마다 구획
바닥면적 600제곱미터 이내마다 구획 (벽 및 반자의 실내에 접하는 부분의 마감이 불연재료인 경우 바닥면적 1,500제곱미터 이내마다 구획)
바닥면적 3,000제곱미터 이내마다 구획

스프링클러설비등 자동식 소화설비를 설치한 경우

방화구획 설치기준에서 특히 강화된 규정은 "건축물의 각 층마다 설치"하고 또한 "필로티 주차장을 건축물 다른 부분과 방화구획" 하도록 한 것이다. 과거 필로티로 설치된 건축물의 주차장은 외부로 인식되어 주차장부분과 건축물의 1층 실내 로비부분에 대한 방화구획을 설치하지 않았다. 또한 소방 관련 법령에서도 주차용도로 사용되는 부분은 물분무등소화설비를 설치하도록 하고 있는데, 필로티 주차장은 수동식 소화설비의 개념인 "호스릴 CO_2 소

화설비"로 설치할 수 있도록 완화 규정이 적용되었다.

여기서 잠깐!

구. 이산화탄소소화설비의 화재안전기준(NFSC 106)의 변경

제10조(분사헤드)	→	제10조(분사헤드)
③ 화재 시 현저하게 연기가 찰 우려가 없는 장소로서 다음 각 호의 어느 하나에 해당하는 장소에는 호스릴이산화탄소소화설비를 설치할 수 있다. 1. 지상 1층 및 피난층에 있는 부분으로서 지상에서 수동 또는 원격조작에 따라 개방할 수 있는 개구부의 유효면적의 합계가 바닥면적의 15% 이상이 되는 부분		③ 화재 시 현저하게 연기가 찰 우려가 없는 장소로서 다음 각 호의 어느 하나에 해당하는 장소(**차고 또는 주차의 용도로 사용되는 부분 제외**)에는 호스릴이산화탄소소화설비를 설치할 수 있다. **〈개정 2019. 08. 13.〉** 1. 지상 1층 및 피난층에 있는 부분으로서 지상에서 수동 또는 원격조작에 따라 개방할 수 있는 개구부의 유효면적의 합계가 바닥면적의 15% 이상이 되는 부분

그러나 반복되는 필로티 주차장의 화재[5]로 건축물의 내부까지 화재가 확대되는 상황이 발생하였는데, 1층과 2층 사이는 층별 방화구획이 미비되어 화염이 1층 로비를 통하여 상부층 전체로 연소 확대되어 다수의 사상자가 발생하였다.

PLUS TIPS 의정부시 대봉그린아파트 화재사례

- 발생 일시: 2015. 01. 10.(토) 09:13(신고접수 09:27)
- 피해 현황: 130명(사망 5, 부상 125)
- 현장사진[6]

문제점	1층 필로티 주차장 이륜자동차 키박스에서 최초 화재가 발생하여 건축물 내부로 연소확대. 필로티부분에서 1층 내부로 출입하는 문은 방화문이 아닌 유리문이 설치되었고 계단을 타고 전층으로 연소 확대되었다.

5) 경기도 의정부「대봉그린아파트」화재(2015. 01. 10.), 충북 제천「노블 휘트니스스파」화재(2017. 12. 21.)
6) 사진출처: 연합뉴스(2017. 12. 22.)

PLUS TIPS+ 충북 제천「노블 휘트니스스파」화재사례

- 발생 일시: 2017. 12. 21.(목) 15:53 신고 접수
- 피해 현황: 69명(사망 29, 부상 40)
- 현장사진[7)]

문제점	1층 필로티 주차장의 천장배관 보온등(4개) 축열로 인해 보온재에 착화되었고, 지하 1층/지상 9층의 규모로서 피난계단이 2개소가 설치되어 있었으나, 필로티 주차장과 건축물 내부 1층 로비와의 방화구획 미비로 화염이 유입되고, 지상 1층의 내부 계단실 출입구에 방화문이 설치되지 않아 상층부로 열과 연기가 확산되었다.

이런 인명피해 발생원인은 필로티 부분의 주차장이 비록 건축물의 외부로 인식되어 바닥면적 산입에도 해당되지 않으나 자동차에 주입된 연료와 내부의 내장재는 연소가 빠른 가연물로서 화재에 취약했고, 또한 여러 대의 자동차가 주차되어 있는 특성상 화재 시 많은 복사열과 화염이 방화구획의 미비로 건축물 실내로 연소확대가 쉽게 이어졌기 때문이다. 이런 위험성이 내재되어 있었음에도 법령의 미비가 불러온 결과였다.

여기서 잠깐!

건축법 시행령 제119조(면적 등의 산정방법)

3. 바닥면적: 건축물의 각 층 또는 그 일부로서 벽, 기둥, 그 밖에 이와 비슷한 구획의 중심선으로 둘러싸인 부분의 수평투영면적으로 한다. 다만, 다음 각 목의 어느 하나에 해당하는 경우에는 각 목에서 정하는 바에 따른다.
   다. 필로티나 그 밖에 이와 비슷한 구조(벽면적의 2분의 1 이상이 그 층의 바닥면에서 위층 바닥 아래면까지 공간으로 된 것만 해당한다)의 부분은 그 부분이 공중의 통행이나 차량의 통행 또는 주차에 전용되는 경우와 공동주택의 경우에는 바닥면적에 산입하지 아니한다.

7) 사진출처: 한겨레 신문(2017. 12. 22.)

PLUS TIPS + 1층 필로티 부분과 실내와의 방화구획 미비 연소확대사례

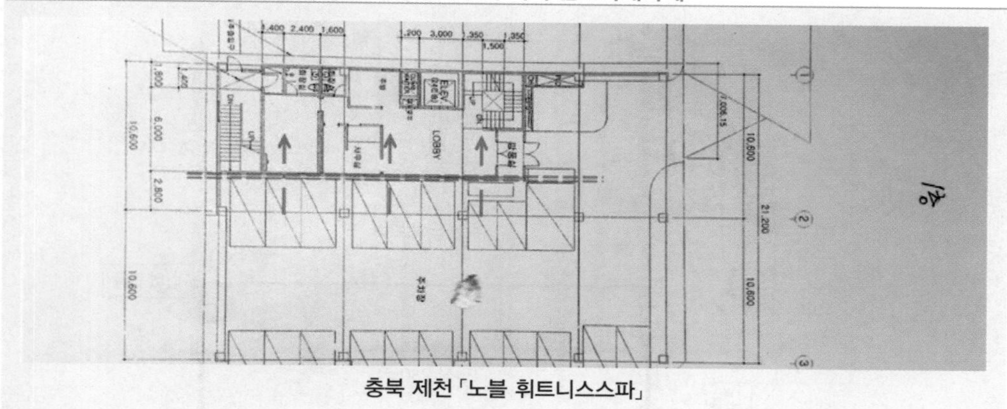

충북 제천「노블 휘트니스스파」

이런 화재사례에서의 문제점을 보완하기 위해서 방화구획의 설치기준을 매 층마다 설치하도록 강화하였고 또한 필로티 주차장 부분을 건축물 내부의 다른 부분과 별도 방화구획 하도록 규정[8]이 신설(2019. 08. 06.)된 것이다.

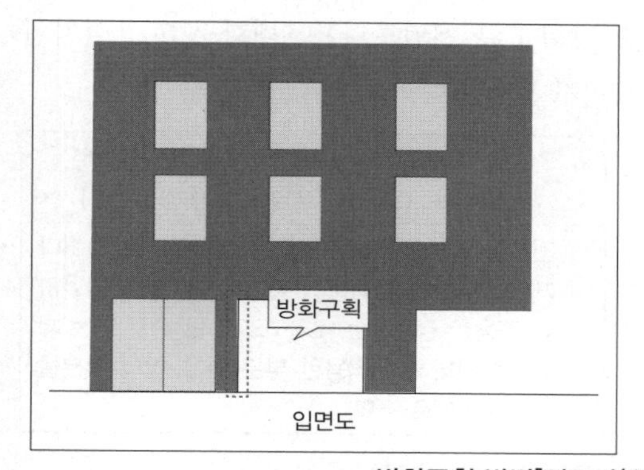

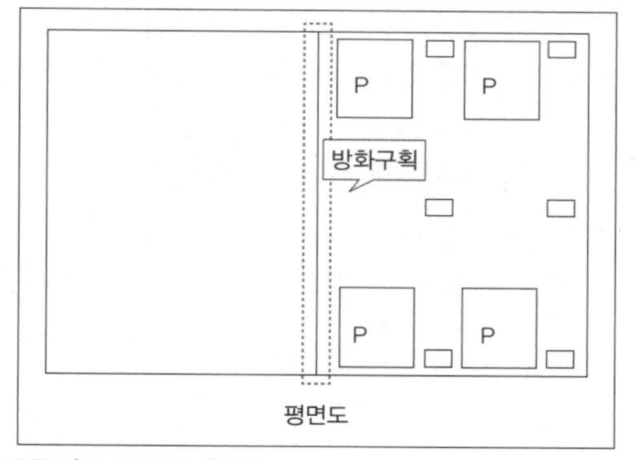

방화구획 방법[필로티(주차용도)와 타용도 부분]

(2) 주요구조부 내화구조 부분의 방화구획

건축물 내부의 각 거실마다 사용용도가 다른 부분에 대해서도 방화구획을 설치해야 한다.

과거 용도별 방화구획의 개념이 있었는데 이것은 '주요구조부를 내화구조로 설치해야 하는 대상'에 해당하는 사용용도가 건축물의 일부분에 있다면 "그 용도 부분과 다른 부분"을 방화구획 하여야 한다는 개념이다. 예를 들어 위락시설 중 주점영업의 용도로 쓰는 건축물로서 사용하는 부분의 바닥면적의 합계가 200제곱미터 이상인 건축물은 그 영업장의 주요구조부를 내화구조로 해야 하는 대상에 해당되고, 이 주점영업의 사용부분과 다른 용도의 부분을 방화구획 해야 한다는 뜻이다.

8) 건축물의 피난 · 방화구조 등의 기준에 관한 규칙 제14조(방화구획의 설치기준) 제①항 제4호

PLUS TIPS 사용용도에 따른 방화구획 사례

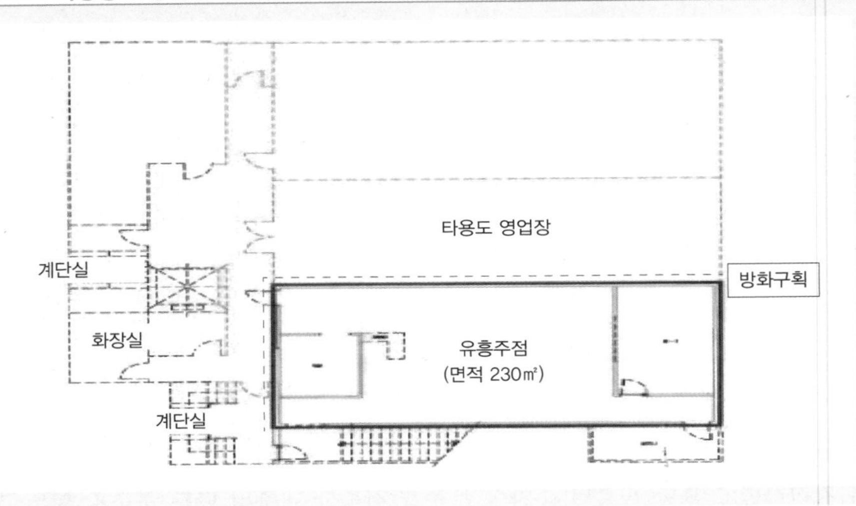

현재는 그 규정이 "주요구조부를 내화구조로 한 부분과 그 밖의 부분을 방화구획으로 구획하여야 한다"라는 규정으로 변경되어 용도별 방화구획 개념보다는 "내화구조로 설치된 부분과 방화구획" 해야 한다는 것으로 의미의 차이가 달라졌다.

건축법 시행령 제46조(방화구획 등의 설치)		건축법 시행령 제46조(방화구획 등의 설치) 개정[2018. 09. 04.] 시행[2019. 03. 05.]
③ 건축물의 일부가 법 제50조 제1항에 따른 건축물에 해당하는 경우에는 그 부분과 다른 부분을 방화구획으로 구획 ※ 법 제50조(건축물의 내화구조와 경계벽)	→	③ 건축물 일부의 주요구조부를 내화구조로 하거나 제2항에 따라 건축물의 일부에 제1항을 완화하여 적용한 경우에는 내화구조로 한 부분 또는 제1항을 완화하여 적용한 부분과 그 밖의 부분을 방화구획으로 구획

건축법령에서 규정하는 내화구조에 대해서는 뒤에서 다시 알아보도록 한다.

3 방화구획의 완화적용

건축법령에서 규정하는 방화구획은 모든 건축물에 무조건 설치하라는 것이 아니다. 각 건축물마다 사용하는 용도가 달라 불가피한 환경이 있기 마련이다. 이런 상황에 유연하게 적용하기 위해서 방화구획의 완화규정을 두고 있는데 다음 어느 하나에 해당하는 건축물의 부분에는 방화구획 규정을 적용하지 않거나 그 사용에 지장이 없는 범위에서 완화하여 적용할 수 있다.

1. 문화 및 집회시설(동 · 식물원은 제외한다), 종교시설, 운동시설 또는 장례시설의 용도로 쓰는 거실로서 시선 및 활동공간의 확보를 위하여 불가피한 부분

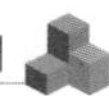

이 규정은 뒤에서 언급되는 4호와 같이 실무에서 제일 논쟁이 많은 부분으로 볼 수 있는데, 특히 "시선 및 활동공간의 확보를 위해 불가피한 부분"의 해석에 있어 설계자와 담당자 간의 견해차가 많이 발생하므로, 건축물의 환경과 사용용도의 활용면 등 다각적으로 검토되어야 한다.

또한 향후 기재변경이나 용도변경 등으로 방화구획 완화 조건이 없어질 경우도 발생할 수 있으므로 이에 대한 대책도 검토요건으로 고려하는 것이 필요하다.

2. 물품의 제조 · 가공 및 운반 등(보관은 제외한다)에 필요한 고정식 대형 기기(器機) 또는 설비의 설치를 위하여 불가피한 부분. 다만, 지하층인 경우에는 지하층의 외벽 한쪽 면(지하층의 바닥면에서 지상층 바닥 아래면까지의 외벽 면적 중 4분의 1 이상이 되는 면을 말한다) 전체가 건물 밖으로 개방되어 보행과 자동차의 진입 · 출입이 가능한 경우에 한정

이 완화 규정의 적용으로 인해 제조공장의 건축허가 동의 시 의견충돌이 빈번하게 발생한다. 설계자는 방화구획의 적용을 완화 받기 위해서 일정부분에 약 3~5미터 정도의 운반대차레일을 도면상에 설계해 놓고 대형기기를 운반하기 위해 불가피한 부분에 해당되므로 방화구획 규정의 적용을 제외하려는 경향이 강하다.

그러나 필자가 경험하기로 건축물 준공 후에 대차레일 자체를 철거하는 것이 일반적이며 향후 점검 시 발견되어 방화구획을 다시 설치 해야되는 경우를 많이 보았으므로 이런 방식의 완화는 지양해야 한다.

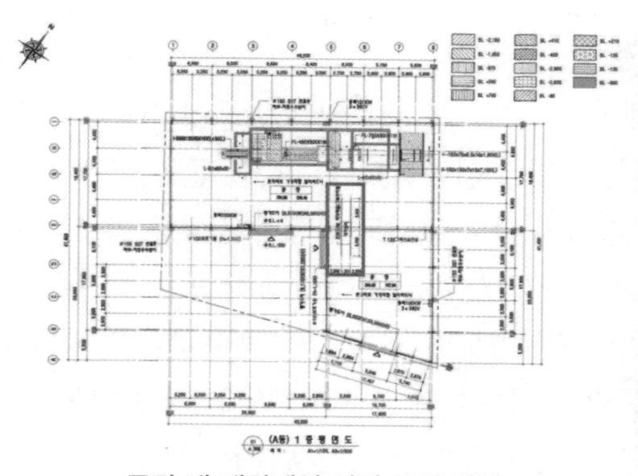
공장 내 대차레일 설치 도면 사례

방화구획 미비 사례 – 대차레일 미설치

PLUS TIPS⁺ 소방시설 완공검사(감리결과보고서 검토)시 방화구획 미비사실 통보 사례

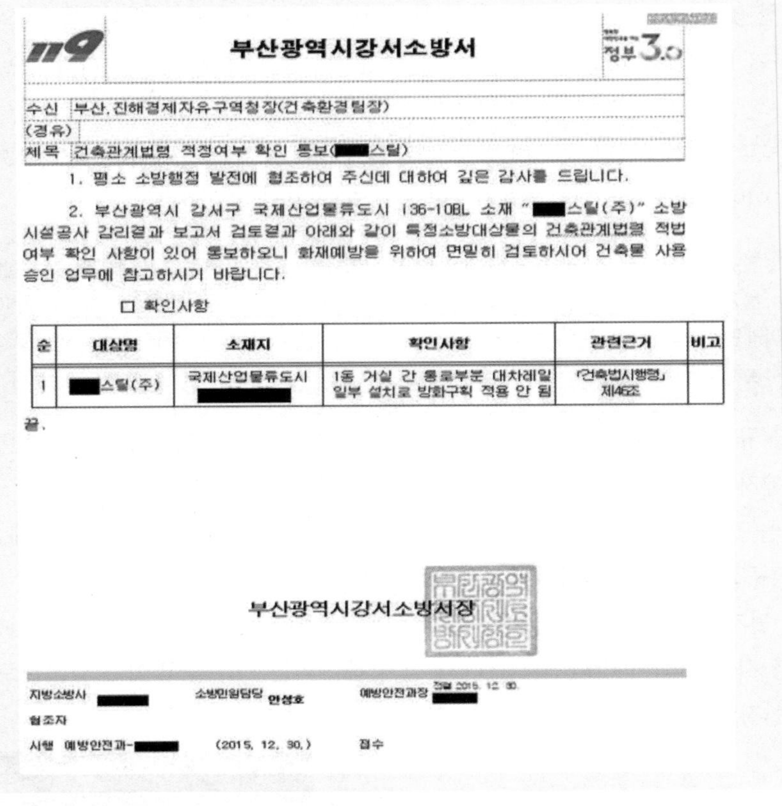

119 **부산광역시강서소방서** 정부3.0

수신 부산,진해경제자유구역청장(건축환경팀장)
(경유)
제목 건축관계법령 적정여부 확인 통보(■■스틸)

1. 평소 소방행정 발전에 협조하여 주신데 대하여 깊은 감사를 드립니다.

2. 부산광역시 강서구 국제산업물류도시 136-10BL 소재 "■■스틸(주)" 소방시설공사 감리결과 보고서 검토결과 아래와 같이 특정소방대상물의 건축관계법령 적법여부 확인 사항이 있어 통보하오니 화재예방을 위하여 면밀히 검토하시어 건축물 사용승인 업무에 참고하시기 바랍니다.

□ 확인사항

순	대상명	소재지	확인사항	관련근거	비고
1	■■스틸(주)	국제산업물류도시 ■■	1동 거실 간 통로부분 대차레일 일부 설치로 방화구획 적용 안 됨	「건축법시행령」 제46조	

끝.

부산광역시강서소방서장

지방소방사 ■■ 소방민원담당 안상호 예방안전과장 전결 2015. 12. 30. ■■
협조자
시행 예방안전과-■■ (2015. 12. 30.) 접수

또 하나의 사례가 공장 상부에 대형크레인을 설치하여 제품의 운반등에 사용한다고 설계도면상 설치하여 방화구획을 완화하였으나, 이것은 일반적으로 건축물 준공 후에 설치되는 설비로서 만약 크레인이 불필요하여 설치를 하지 않고 그대로 사용하게 되면 법령을 위반하게 된다. 과거에 준공되어 현재까지 사용하고 있는 산업단지 내의 공장 또는 창고에서 이런 부분들을 많이 볼 수 있는데 준공 후 몇 년 동안 아무런 제재 없이 사용하다가 화재안전조사 등에서 발견될 경우, 관계자는 "준공을 잘못 내어준 관공서의 책임"이라고 하는 등 오히려 점검자에게 불만을 토로하고 민원을 제기하는 경우도 많이 발생하고 있다.

그러므로 이런 상황을 방지하기 위해서 신축건축물의 소방시설 완공검사증명서 발급 시 공문서상에 "대형크레인의 설치 예정으로 방화구획 설치가 제외되었으므로, 향후 제외사유 소멸 시에는 즉시 설치하여야 함"등의 의무 이행사항을 건축주가 숙지할 수 있도록 공문서 발송 등 반드시 설치여부에 대한 후속조치를 하고 완화적용을 해야 할 것이다.

또한 건축물의 준공 후 건축물 대장 생성 시 "변동란"에 방화구획이 완화적용 되었다는 사실을 기재하도록 하여 향후 완화 사유 소멸 시 다시 설치하도록 하는 근거를 두는 방법도 고려할 필요가 있다.

PLUS TIPS 건축물 대장의 방화구획 완화적용 기재 방안 예시

구분	성명 또는 명칭	면허(등록)번호
건축주	000 에이텍	0000
설계자	0000 종합건축사사무소	0000
공사감리자	0000 종합건축사사무소	0000
공사시공자 (현장관리인)	00 건설(주)	0000

※ 주차장				
구분	옥내	옥외	인근	면제
자주식	대 ㎡	대 ㎡	대 ㎡	
기계식	대 ㎡	대 ㎡	대 ㎡	대

승강기	
승용 대	비상용 대
※ 오수정화시설	
형식	하수종말처리장연결
용량	인용

허가일	2010.07.22
착공일	2010.07.23
사용승인일	2010.11.09
관련주소	
지번	
도로명	

※제로에너지건축물 인증		※건축물 에너지효율등급 인증		※에너지성능지표(EPI) 점수	※녹색건축 인증	※지능형건축물 인증
등급		등급		점	등급	등급
에너지자립률	%	1차에너지 소요량 (또는 에너지절감률)	kWh/㎡(%)	※에너지소비총량	인증점수 점	인증점수 점
유효기간 : . . ~ . .		유효기간 : . . ~ . .		kWh/㎡	유효기간 : . . ~ . .	유효기간 : . . ~ . .

내진설계 적용여부	내진능력	특수구조 건축물	특수구조 건축물 유형
적용			

지하수위	기초형식	설계지내력	구조설계 해석법
G.L ㎡		t/㎡	

변동사항 "기재 예시"

변동일	변동내용 및 원인	변동일	변동내용 및 원인	그 밖의 기재사항
2010.06.28	신규작성-신축으로 인하여(00 009-허가-75호)	2012.01.08	건물 내부 물품운반을 위한 대형 크레인 설치로 인해 방화구획 완화 적용 (건축법 시행령 제46조 제1항 2호)	00 012-허가(증축)-제142호
2010.11.09	증축(1층 공장 철골조 647.62㎡, 4층 공장(직원후생시설) 677.58㎡)(00 010-허가-123호)			
2011.01.06	00000 공고 제2011-1호에 의거 부산진해	2013.01.29	건물 내부 고정 설비 자진 철거로 방화구획 적용	

이 규정은 고정식 대형기기 설비 등 불가피한 부분에 대하여 완화할 수 있다는 규정인데, 대형기기가 설치되었다고 무조건 모든 부분을 방화구획 대상에서 제외하는 것은 아니다.

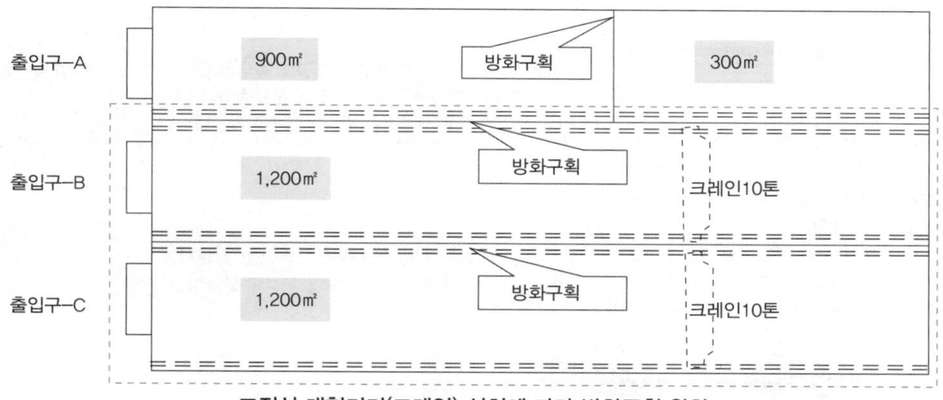

고정식 대형기기(크레인) 설치에 따라 방화구획 완화

> 3. 계단실 · 복도 또는 승강기의 승강장 및 승강로로서 그 건축물의 다른 부분과 방화구획으로 구획된 부분. 다만, 해당 부분에 위치한 설비배관 등이 바닥을 관통하는 부분은 제외

이 규정의 제일 큰 문제점은 향후 준공 후 사용하다가 복도의 방화문을 교체하였을 때 발생하는 문제이다. 즉, 관계자들은 복도 각 실의 출입문이 방화문으로 설치된 이유를 대부분 잘 이해하지 못하며 향후 사용상 필요에 의해 유리문 등으로 교체하였을 때 방화구획 완화 규정 대상에서 제외되어 법령의 위반이 발생하는 것이다. 반드시 최종 도면상에 명기하는

등 제도적 장치를 마련해야 한다.

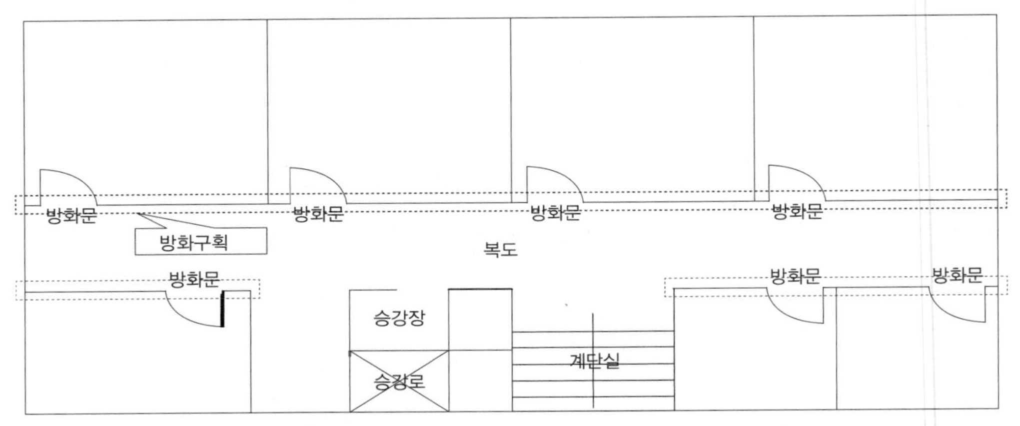

4. 건축물의 최상층 또는 피난층으로서 대규모 회의장 · 강당 · 스카이라운지 · 로비 또는 피난안전구역 등의 용도로 쓰는 부분으로서 그 용도로 사용하기 위하여 불가피한 부분

앞에서 언급했던 제1호와 같이 설계자와 담당자 간의 "불가피한 부분"에 대한 견해의 차이가 많이 발생하는 규정이다. 만일 층간 오픈 스페이스(Open Space)가 계획되어 있어 방화구획하기가 곤란한 경우에는 방화셔터 등으로 구획하고 피난층이라 하여 무조건 방화구획의 적용대상에 예외가 아님에 유의해야 한다.

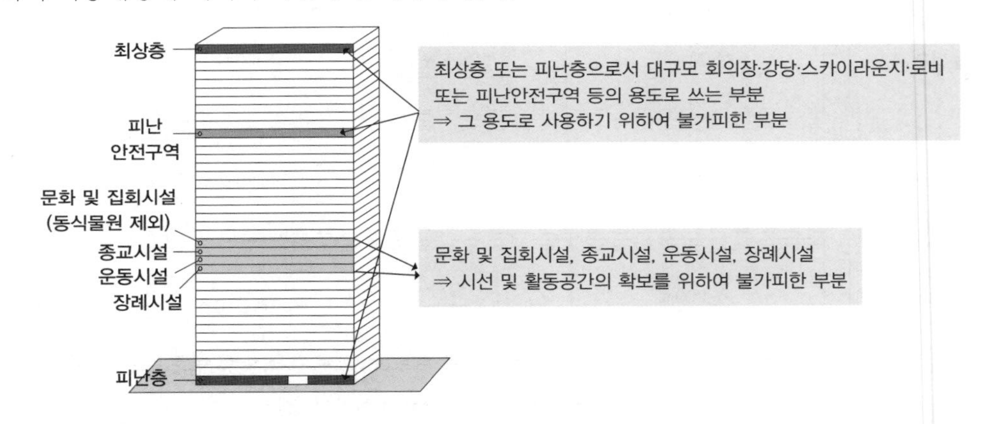

5. 복층형 공동주택의 세대별 층간 바닥 부분

복층형 아파트는 실내에서 본다면 비록 2개 층에 해당되지만 주 출입구 외부 쪽에서 하나의 세대 내로 보면 1개 층으로도 인정할 수 있는 경우이다. 이 규정에서 복층구조에 대한 방화구획의 완화규정을 적용할 수 있는 대상은 반드시 "공동주택의 세대 내 복층일 경우에만 해당"한다. 만일 공장 내 중층이 있다면 여기에는 방화구획을 설치해야 하므로 규정을 잘 이해해야 할 것이다. 소방관계법령상의 소방시설을 설치할 때에도 복층구조의 세대에 대한

완화 규정이 있다.

여기서 잠깐!

옥내소화전설비의 화재안전기술기준(NFTC 102) 2.4 함 및 방수구 등

2.4.2.1 특정소방대상물의 층마다 설치하되, 해당 특정소방대상물의 각 부분으로부터 하나의 옥내소화전 방수구까지의 수평거리가 25m(호스릴옥내소화전설비를 포함한다) 이하가 되도록 할 것. 다만, 복층형 구조의 공동주택의 경우에는 세대의 출입구가 설치된 층에만 설치할 수 있다.

6. 주요구조부가 내화구조 또는 불연재료로 된 주차장

이 규정은 지하층의 주차장 부분의 방화구획을 완화적용함에 있어 층별 방화구획까지 완화가 되는가에 대한 문제가 있다. 과거 필자의 경험으로는 건축허가 동의 시에는 지하 주차장의 각 층 램프부분에 자동방화셔터를 설치하여 층별 방화구획을 하였지만 준공시점에 주차장은 방화구획 완화규정의 적용을 받는다고 하여 각 층의 램프 및 통로에 설치된 자동방화셔터 설치를 제외시키는 경우를 본 적이 있다. 이 같은 경우 화재 시 지하주차장의 모든 층이 연기로 오염될 위험성이 있으며 현장출동한 소방대원의 진입이 곤란하게 되어 초기진압에 실패하게 되면 대형화재로 이어질 위험성이 상당하므로 반드시 지양해야 한다. 현재 성능위주설계(PBD) 심의 시에는 모두 설치 반영하고 있다.

PLUS TIPS⁺ 지하주차장 부분 층간 방화구획 제외(건축기획과-3141, 2008. 08. 07.)

질의	가. 지하주차장의 경우 건축법상 방화구획 적용완화 대상이 될 수 있는바 지하 2층과 지하 1층 사이의 층간방화구획을 하지 않을 수 있는지 여부?
답변	가. 건축물의 피난 · 방화구조 등의 기준에 관한 규칙 제14조 제1항 제2호 규정에 따라 3층 이상의 층과 지하층은 층마다 구획하여야 하는 것으로, 건축법 시행령 제46조 제2항 제6호 규정에 따라 주요구조부가 내화구조 또는 불연재료로 된 주차장의 부분은 동조 제1항의 규정을 완화받을 수 있는 것이나, 램프 및 통로 등이 건축물의 다른 부분과 방화구획된 경우에 한하여 완화받을 수 있는 것임

7. 단독주택, 동물 및 식물 관련 시설 또는 교정 및 군사시설 중 군사시설(집회, 체육, 창고 등의 용도로 사용되는 시설만 해당한다)로 쓰는 건축물

이 규정에서 「단독주택과 동물 및 식물 관련 시설」 건축물은 쉽게 완화적용이 되지만 「교정 및 군사시설」의 용도에서 "집회, 체육, 창고 등의 용도로 사용되는 군사시설"에 한정되어 적용되므로 주의해야 한다.

8. 건축물의 1층과 2층의 일부를 동일한 용도로 사용하며 그 건축물의 다른 부분과 방화구획으로 구획된 부분(바닥면적의 합계가 500m²이하인 경우로 한정한다)

건축물의 1층과 2층의 일부를 반드시 "동일한 용도로 사용"하면서 "바닥면적의 합계가 500제곱미터이하"인 경우에 한해서 완화적용을 할 수 있다.

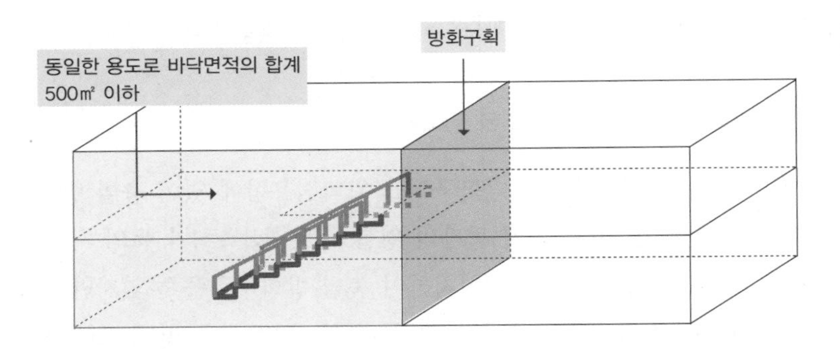

완화 적용한 부분에 대한 방화구획의 적용[9]

건축물 일부의 주요구조부를 내화구조로 하거나 건축물의 일부를 완화적용한 경우에는 내화구조로 한 부분 또는 완화하여 적용한 부분과 그 밖의 부분을 방화구획으로 구획하여야 한다.

4 대규모 창고시설등의 방화구획 적용[10]

대규모 창고시설 등 법령에서 정하는[11] 용도 및 규모의 건축물에 대해서는 방화구획 등 화재 안전에 필요한 사항을 별도로 정할 수 있도록 하고 있다. 즉 방화구획을 적용하지 않거나 그 사용에 지장이 없는 범위에서 기준을 완화하여 적용할 수 있는 부분이 포함된 "창고시설"에는 방화구획을 적용하지 않거나 완화하여 적용하는 부분에 아래와 같은 설비를 추가로 설치해야 한다.

방화구획 완화부분에 추가로 설치해야 할 설비의 설치기준[12]

1. 개구부의 경우: 「소방시설 설치 및 관리에 관한 법률」 제12조 제1항 전단에 따라 소방청장이 정하여 고시하는 화재안전기준(이하 이 조에서 "화재안전기준"이라 한다)을 충족하는 설비로서 수막(水幕)을 형성하여 화재확산을 방지하는 설비
2. 개구부 외의 부분의 경우: 화재안전기준을 충족하는 설비로서 화재를 조기에 진화할 수 있도록 설계된 스프링클러

9) 건축법 시행령 제46조(방화구획 등의 설치) 제③항
10) 건축법 제49조(건축물의 피난시설 및 용도제한 등) 제②항 단서
11) 건축법 시행령 제46조(방화구획 등의 설치) 제⑦항
12) 건축물의 피난 · 방화구조 등의 기준에 관한 규칙 제14조(방화구획의 설치기준) 제⑥항

다시 말해 방화구획의 설치기준을 면제하거나 기준을 완화적용하는 부분이 있는 대규모 창고시설의 개구부와 개구부 외의 부분에는 위의 설비들을 추가로 설치하여 연소확대를 방지하라는 뜻으로 보면 된다. 또한 화재안전기준을 충족하는 설비로서 수막(水幕)을 형성하여 화재확산을 방지하는 설비에 대해서는 어떤 시설을 의미하는지 명확하게 규정하지 않았지만, 스프링클러설비의 화재안전성능기준(NFPC 103)에서 규정하고 있는 '연소할 우려가 있는 개구부'에 설치하는 스프링클러설비헤드의 설치기준 또는 '드렌처설비의 설치기준'에 따라 설치하면 될 것이다.

03 방화구획의 구조[13)]

방화구획은 방화문 · 자동방화셔터에 의한 구획, 각 피트 내의 층간 배관의 통과지점에 대한 내화채움성능 재료의 충전 등에 의한 방법으로 설치한다. 방화구획은 내화구조의 벽으로 구획하는 것이 가장 완벽하다고 할 수 있으나 건축물 특성상 화재감지 시 작동하는 기계식 방법에 의한 구획을 할 수밖에 없으므로 정상적 작동 유지 · 관리에 가장 안전한 방법을 선택하여 설치해야 한다.

건축법령에서의 방화구획의 설치구조는 다음과 같이 규정하고 있다.

1. 방화구획으로 사용하는 60+ 방화문 또는 60분 방화문은 언제나 닫힌 상태를 유지하거나 화재로 인한 연기 또는 불꽃을 감지하여 자동적으로 닫히는 구조로 할 것. 다만, 연기 또는 불꽃을 감지하여 자동적으로 닫히는 구조로 할 수 없는 경우에는 온도를 감지하여 자동적으로 닫히는 구조로 할 수 있다.

방화구획으로 사용하는 방화문의 재질 등의 성능기준은 다시 언급하도록 하고 자동폐쇄방법에 대해서는 앞에서 언급한 「직통계단」 부분의 "계단실 출입구에 설치하는 방화문의 구조 및 유지 · 관리"에서 자세하게 기술하였다. 특히 방화문이 자동적으로 닫히는 구조에 있어 과거에는 설치가 자유로웠던 온도상승(약 70℃)에 의한 퓨즈(Fuse)가 녹아 작동되는 퓨즈 디바이스형 자동개폐방식은 현재는 "연기 또는 불꽃을 감지하여 자동적으로 닫히는 구조로 할 수 없는 부득이한 경우"에 한하여 인정되고 있음을 알아야 한다.

13) 건축물의 피난 · 방화구조 등의 기준에 관한 규칙 제14조(방화구획의 설치기준)

▸ **자동유리문 방화성능 심의 사례**

검토사항	조치결과
11. 지하층에서 동별 진입 출입구 자동유리문(슬라이딩도어)은 방화성능 인정 제품으로 설치하고 화재 발생(화재감지기와 연동) 또는 상용전원 차단 시 자동(수동)으로 개방되는 구조로 설치할 것	• 지하층의 동별 출입구 자동유리문은 방화성능 인정 제품의 사용과 설치 기준을 시방서에 반영하겠음

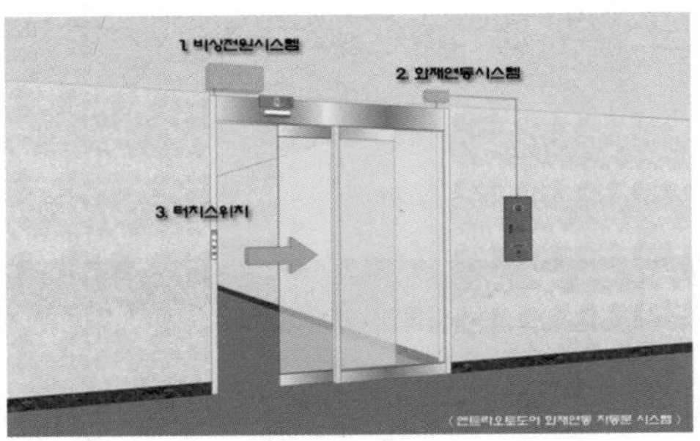

1. 정전 시 자동으로 개방되는 구조 2. 화재감지기와 연동하여 개방되는 구조 3. 수동으로 개방되는 구조

예시

2. 외벽과 바닥 사이에 틈이 생긴 때나 급수관 · 배전관 그 밖의 관이 방화구획으로 되어 있는 부분을 관통하는 경우 그로 인하여 방화구획에 틈이 생긴 때에는 그 틈을 별표 1 제1호에 따른 내화시간(내화채움성능이 인정된 구조로 메워지는 구성 부재에 적용되는 내화시간을 말한다) 이상 견딜 수 있는 내화채움성능이 인정된 구조로 메울 것

방화구획에서 제일 중요한 부분이 배관이나 전선트레이등이 통과하는 부분의 내화충전의 여부이다.

 여기서 잠깐!

건축자재등 품질인정 및 관리기준[국토교통부고시 제2022-84호, 2022. 02. 11. 제정 시행]

제2조(정의)

7. “내화채움구조”란 방화구획의 설비관통부 등 틈새를 통한 화재 확산을 방지하기 위해 설치하는 구조로서 건축자재등 품질인정기관이 이 기준에 적합하다고 인정한 제품을 말한다.

▸ **내화충진제 사용 심의 사례**

검토사항	조치결과
4. 승용승강기 출입문은 방화성능을 인정받은 제품을 사용하고, 건축물 방화구획 관통부분 또는 발코니 확장 시 외벽과 바닥사이에 발생한 틈에는 내화충전성능이 있는 재료로 충진 바람	• 엘리베이터의 출입문은 KS F2268-1(방화문의 내화시험 방법)의 성능기준을 만족할 수 있도록 건축도면의 시방서에 반영하겠음 • 방화구획 관통부분 및 건축외벽창호의 마감부분에는 내화충진제를 시공토록 시방서에 반영하여 신고서(2차) 제출 시 첨부도서에 명기하여 제출하겠음

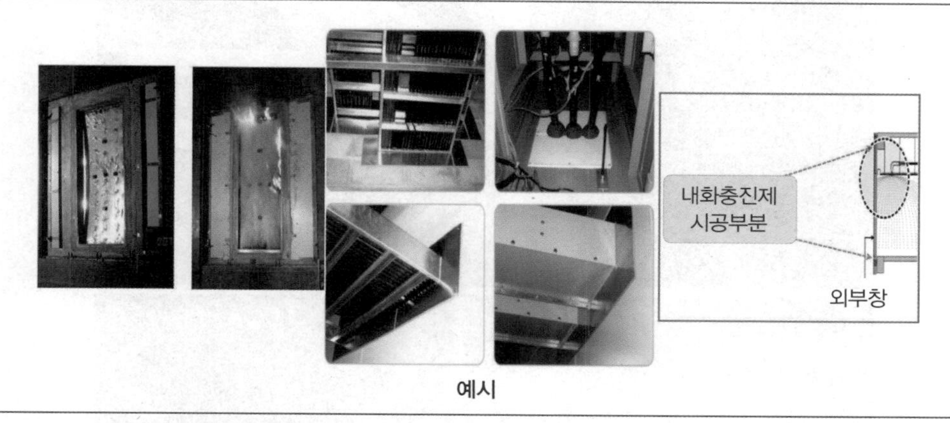

예시

이런 내화채움성능이 인정된 구조의 경우 연기, 불꽃 및 열을 차단할 수 있는 성능이 표시된 내화채움구조 시험성적서 사본을 첨부하여 반드시 확인해야 한다.

특히 피트층의 경우 충전이 되지 않은 상태에서 건축물의 준공이 이루어져 이로 인한 인명피해가 발생하는 화재사례가 발생하기도 한다.

관통부 방화구획 미비사진-1 ※ 경기도 의정부 「대봉그린아파트 화재」

※ 지하층부터 10층까지 방화구획이 되지 않아 피트를 통해 상층부로 급격하게 화재가 확산

관통부 방화구획 미비사진-2 ※ 경기도 의정부「대봉그린 아파트 화재」

※ 피트(전력, 통신, 수도, 가스, 소방배선등)의 방화구획 미비로 10층에서 불꽃 출화

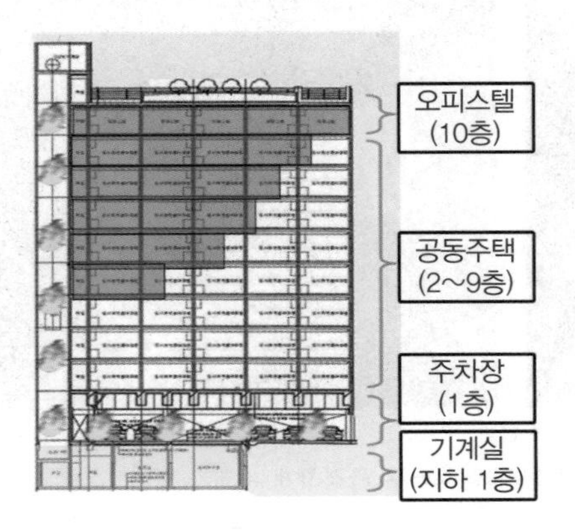

관통부 방화구획 미비사진-3 ※ 경기도 의정부「대봉그린아파트 화재」

3. 환기 · 난방 또는 냉방시설의 풍도가 방화구획을 관통하는 경우에는 그 관통부분 또는 이에 근접한 부분에 다음 각 목의 기준에 적합한 댐퍼를 설치할 것. 다만, 반도체공장건축물로서 방화구획을 관통하는 풍도의 주위에 스프링클러헤드를 설치하는 경우에는 그렇지 않다.
   가. 화재로 인한 연기 또는 불꽃을 감지하여 자동적으로 닫히는 구조로 할 것. 다만, 주방 등 연기가 항상 발생하는 부분에는 온도를 감지하여 자동적으로 닫히는 구조로 할 수 있다.
   나. 국토교통부장관이 정하여 고시[14]하는 비차열(非遮熱) 성능 및 방연성능 등의 기준에 적합할 것
   ※ 방화댐퍼의 내화시험 방법에 따른 내화성능시험 결과 비차열 1시간 이상의 성능 / KS F 2822(방화댐퍼의 방연 시험 방법)에서 규정한 방연성능

이 규정은 풍도가 방화구획을 관통하는 경우 그 관통부분의 풍도 내에 방화댐퍼를 설치하여 방화구획을 하라는 것이다. 또한 풍도 내의 자동폐쇄방식은 “온도의 상승”에 의하여 작동하는 방식으로 설치할 수 없고 반드시 연기 또는 불꽃을 감지하여 작동하도록 설치하여야 한다. 다만, 연기가 항상 발생하는 부분에만 온도 감지 작동방식의 설치가 가능하도록 한정하고 있다.

아래는 반도체공장 건축물로서 방화구획을 관통하는 풍도 내부에 스프링클러헤드를 설치하여 방화댐퍼를 설치하지 않은 사례이다.

PLUS TIPS S전자 반도체 공장의 FM PVC Duct 방화댐퍼 설치제외 사례

구분	As-is(FVD 설치)	To-be(스프링클러 헤드 설치)	비고
개념도	FRP 코팅 Access Door	PRESSURE GAUGE(10K) BUTTERFLY VALVE(10K) 65A (W/TAMPER SWITCH) PADDLE SWITCH 65A SWING-CHECK VALVE 65A ANGLE	
특징	• FM PVC Duct 방화벽 통과구간 FVD 설치 – 아연도 강판 + FRP 코팅 • 오작동 시 생산설비에 영향 • 오작동으로 인한 Close 시 Duct 파손우려 • 부식으로 인한 FVD 파손으로 기능상실 • Access Door 설치로 Leak 우려	• 방화 Damper 대신에 Sprinkler 헤드 설치 – 방화벽체를 사이에 두고 헤드 각각 1개씩 설치 • 적용사례 – 반도체 공장	

14) 건축자재등 품질인정 및 관리기준 제35조(방화댐퍼 성능기준 및 구성)

04 방화구획의 설치방법

방화구획을 위해 설치하는 설비는 방화문, 자동방화셔터, 방화댐퍼 등이 있다. 이 설비들을 건축법령에서는 어떻게 규정하고 있는지 알아보도록 하자.

1 방화문

방화구획을 위한 방화문의 구분은 과거에는 「건축법 시행령」에서 갑종방화문과 을종방화문으로 구분하고 「건축물의 피난 · 방화구조 등의 기준에 관한 규칙」에서 그 세부기준 규정하고 있었는데, 현재는 「건축법 시행령」에서 방화문의 종류를 구분하고 그에 따른 해당 기준을 규정하고 있다.

(1) 과거의 방화문 구분

방화문의 법령 규정 구분

건축법 시행령 제64조(방화문의 구조)	방화문은 갑종방화문 및 을종방화문으로 구분하되, 그 기준은 국토교통부령[15]으로 정한다.
건축물의 피난 · 방화구조 등의 기준에 관한 규칙 제26조(방화문의 구조) ※ [2003. 01. 06. 개정 시행]	갑종방화문 및 을종방화문은 산업표준화법에 의한 한국산업규격이 정하는 바에 의하여 시험한 결과 각각 비차열 1시간 이상 및 비차열 30분 이상의 성능이 확보되어야 한다.
건축물의 피난 · 방화구조 등의 기준에 관한 규칙 제26조(방화문의 구조) ※ [2015. 04. 06. 개정 시행]	갑종방화문 및 을종방화문은 국토교통부장관이 정하여 고시[16]하는 시험기준에 따라 시험한 결과 다음 각 호의 구분에 따른 기준에 적합하여야 한다. 1. 갑종방화문: 다음 각 목의 성능을 모두 확보할 것 가. 비차열(非遮熱) 1시간 이상 나. 차열(遮熱) 30분 이상(영 제46조 제4항에 따라 아파트 발코니에 설치하는 대피공간의 갑종방화문만 해당한다) 2. 을종방화문: 비차열 30분 이상의 성능을 확보할 것

과거의 방화문은 "비차열 1시간 이상의 성능과 차열 30분 이상의 성능이 있는 것"과 "차열성능이 없고 비차열 1시간 이상의 성능만"을 가진 「갑종방화문」, "비차열 30분 이상의 성능만"을 가진 「을종방화문」으로 구분하였다. 갑종방화문에서 비차열 1시간 이상 성능의 의미는 방화문의 표면에 전달되는 열의 전도는 차단하지 못하고 화염의 침투에만 1시간 이상 견딜 수 있다는 것이며, 차열 30분 이상 성능의 의미는 이 같은 비차열 1시간 이상의 성능을 가지면서 방화문 표면에 전달되는 열의 전도에서도 30분 이상 견딜 수 있는 열을 차단하는 성능을 의미한다.

15) 건축물의 피난 · 방화구조 등의 기준에 관한 규칙 제26조(방화문의 구조)
16) 자동방화셔터 및 방화문의 기준[국토교통부고시 제2019-592호, 2019. 10. 28, 일부개정]

을종방화문에서 비차열 30분 이상 성능의 의미는 앞에서 말한 차열의 성능이 없이 비차열 성능만 30분 이상 가지는 것으로서 건축법령에서는 「특별피난계단의 설치구조」에서 "부속실로부터 계단실로 통하는 출입구"에만 유일하게 설치할 수 있도록 규정하고 있었다.

(2) 현재의 방화문 구분

현재의 방화문 구분은 과거 「건축물의 피난 · 방화구조 등의 기준에 관한 규칙」에서 갑종방화문과 을종방화문의 2가지로 세부 구분하고 있던 것과는 달리 「건축법 시행령」에서 60분+ 방화문 · 60분 방화문 · 30분 방화문의 3가지로 구분하고 있다.

과거 갑종방화문의 개념은 차열 성능이 있는 것과 없는 것을 모두 포함하였으나 현재는 이것을 별도로 구분하여 명확히 정의하였다. 또한 과거 방화문을 차열 · 비차열의 성능으로만 구분하던 것에 "연기 및 불꽃을 차단할 수 있는 성능"이 추가되었다.

방화문의 법령 규정 구분

구분	내용
건축법 시행령 제64조(방화문의 구분) ※ [전문개정 2020. 10. 8.] [시행일 2021. 08. 07.]	① 방화문은 다음 각 호와 같이 구분한다. 1. 60분+ 방화문: 연기 및 불꽃을 차단할 수 있는 시간이 60분 이상이고, 열을 차단할 수 있는 시간이 30분 이상인 방화문 2. 60분 방화문: 연기 및 불꽃을 차단할 수 있는 시간이 60분 이상인 방화문 3. 30분 방화문: 연기 및 불꽃을 차단할 수 있는 시간이 30분 이상 60분 미만인 방화문 ② 제1항 각 호의 구분에 따른 방화문 인정 기준은 국토교통부령[17]으로 정한다.
건축물의 피난 · 방화구조 등의 기준에 관한 규칙 제26조(방화문의 구조) ※ [전문개정 2021. 03. 26.] [시행일 2021. 08. 26.]	방화문은 한국건설기술연구원장이 국토교통부장관이 정하여 고시하는 바에 따라 품질시험을 실시한 결과 영 제64조 제1항 각 호의 기준에 따른 성능을 확보한 것이어야 한다. 〈개정 2021. 12. 23.〉 1. 삭제 〈2021. 12. 23.〉 2. 삭제 〈2021. 12. 23.〉 [전문개정 2021. 03. 26.]
건축물의 피난 · 방화구조 등의 기준에 관한 규칙 제26조(방화문의 구조) ※ [타법 개정시행 2021. 08. 27.]	영 제64조제1항에 따른 방화문은 한국건설기술연구원장이 국토교통부장관이 정하여 고시하는 바에 따라 품질을 시험한 결과 영 제64조 제1항 각 호의 기준에 따른 성능을 확보한 것이어야 한다. 1. 생산공장의 품질 관리 상태를 확인한 결과 국토교통부장관이 정하여 고시하는 기준에 적합할 것 2. 품질시험을 실시한 결과 영 제64조 제1항 각 호의 기준에 따른 성능을 확보할 것
건축물의 피난 · 방화구조 등의 기준에 관한 규칙 제26조(방화문의 구조) ※ [타법 개정시행 2021. 12. 23.]	영 제64조제1항에 따른 방화문은 한국건설기술연구원장이 국토교통부장관이 정하여 고시하는 바에 따라 품질을 시험한 결과 영 제64조 제1항 각 호의 기준에 따른 성능을 확보한 것이어야 한다. 〈개정 2021. 12. 23.〉 1. 삭제 〈2021. 12. 23.〉 2. 삭제 〈2021. 12. 23.〉 [전문개정 2021. 03. 26.]

17) 건축물의 피난 · 방화구조 등의 기준에 관한 규칙 제26조(방화문의 구조)

건축자재등 품질인정 및 관리기준 제33조(방화문 성능기준 및 구성) ※ [제정 시행 2022. 02. 11.] 기존 고시 「방화문 및 자동방화셔터의 인정 및 관리기준」의 변경	① 건축물 방화구획을 위해 설치하는 방화문은 건축물의 용도 등 구분에 따라 화재 시의 가열에 규칙 제14조 제3항 또는 제26조에서 정하는 시간 이상을 견딜 수 있어야 한다. 화재감지기가 설치되는 경우에는 「자동화재탐지설비 및 시각경보장치의 화재안전기준(NFSC 203)」 제7조의 기준에 적합하여야 한다. ② 차연성능, 개폐성능 등 방화문이 갖추어야 하는 세부 성능에 대해서는 제39조에 따라 국토교통부장관이 승인한 세부운영지침에서 정한다. ③ 방화문은 항상 닫혀 있는 구조 또는 화재발생 시 불꽃, 연기 및 열에 의하여 자동으로 닫힐 수 있는 구조이어야 한다.

개정된 규정을 보면, 방화문은 「한국건설기술연구원장」이 '건축자재등 품질인정 및 관리기준'에 적합한지 확인하기 위해 품질시험을 실시해야 하고 시험실시 결과 성능을 확보한 것만 설치할 수 있도록 하였다. 이것은 기존의 법령에서 규정하고 있던 방화문등의 설치기준과 고시에서 규정하고 있던 성능기준에 관한 사항들에 대해서 법령에서 규정한 기관(한국건설기술연구원)의 "인정" 절차를 거치도록 하여 성능에 대한 공적인 신뢰성을 확보하기 위한 것이다.

방화문 및 자동방화셔터의 인정 및 관리기준 [국토교통부고시 제2021-1009호, 2021. 08. 06. 일부개정]		건축자재등 품질인정 및 관리기준 [국토교통부고시 제2022-84호, 2022. 02. 11. 제정 시행]
• 목적 방화문과 자동방화셔터의 인정 및 관리에 관한 사항을 정함	→	• 목적 화재 발생 시 건축물의 구조적 안전을 도모하고 화재 확산 및 유독가스 발생 등을 방지하는 등 인명과 재산을 보호하기 위하여 건축자재등의 인정 절차, 품질관리 등에 필요한 사항을 정하고, 법령에서 정한 기준에 따라 건축자재등의 시험방법 및 성능기준 등의 세부사항을 정함

즉, 건축자재등[18](방화문, 방화셔터, 복합자재등)의 제조업자, 유통업자는 건축자재 성능시험기관[19](한국건설기술연구원등)에 건축자재의 성능시험을 의뢰하여야 하고, 품질인정 업무를 수행하는 기관으로 지정된 기관("한국건설기술연구원")이 작성한 세부운영지침에 따라 그 성능을 갖추어서 한국건설기술연구원장에게 인정을 받도록 하는 "건축자재등의 품질인정제도"이다. 또한 건축자재의 제조업자, 유통업자, 공사시공자 및 공사감리자는 국토교통부령으로 정하는 사항[20]을 기재한 품질관리서를 허가권자에게 제출하여야 한다.

품질인정 업무기관인 한국건설기술연구원장은 인정 업무를 수행하기 위해 전년도 제조현

18) 건축법 시행령 제63조의2(품질인정 대상 건축자재 등)
19) 건축법 시행령 제63조(건축자재 성능 시험기관)
20) 건축물의 피난 · 방화구조 등의 기준에 관한 규칙 제24조의3(건축자재 품질관리서)

장 및 건축공사장 품질관리 상태 확인점검 결과와 해당연도 제조현장 및 건축공사장 품질관리 상태 확인점검 계획 등을 포함한 연간 운영계획을 매년 초 운영위원회 검토 후 국토교통부에 보고하여야 한다.

(3) 아파트 발코니 대피공간의 방화문

"아파트 발코니 대피공간으로 통하는 출입문에 설치하는 방화문"의 규정은 과거에는 (2015. 04. 06. 이후) 「건축물의 피난 · 방화구조 등의 기준에 관한 규칙」 제26조(방화문의 구조)의 방화문의 구조기준에 "차열 성능 30분 이상(아파트 발코니에 설치하는 대피공간의 갑종방화문만 해당한다)"라고 규정하고 있었지만, 법령이 개정(2021. 03. 26.)되면서 차열 성능을 30분 이상 확보해야 된다는 의무사항이 현재의 법령에는 규정되어 있지 않다.

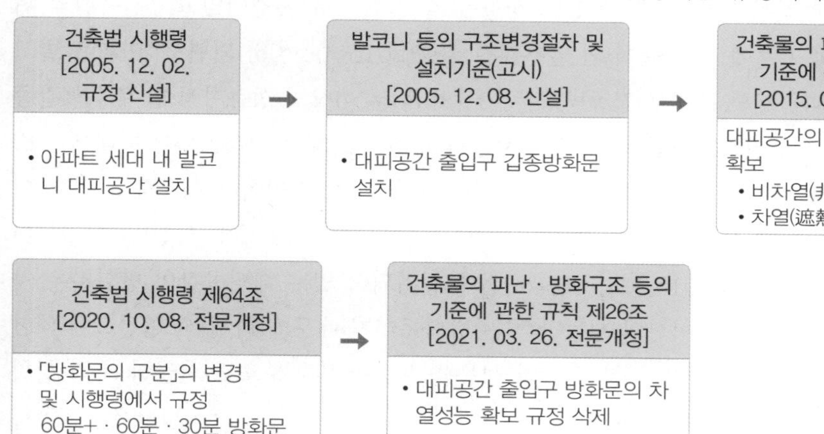

과거 아파트 발코니에 설치하는 대피공간 출입구에 설치하는 방화문은 반드시 차열 30분 이상의 성능이 있는 갑종방화문(60분+ 방화문)을 거실 쪽에서만 열 수 있는 구조로 설치하도록 규정하였는데, 이 규정의 시행과정을 살펴보면 대피공간 설치 규정의 신설 초기에는 대피공간 출입구의 갑종방화문 성능이 비차열 1시간 이상의 성능만 있으면 설치 가능했고 차열의 개념이 없었다. 아파트 발코니에 대피공간 설치 의무규정이 신설(2005. 12. 02. 개정시행)될 당시의 건축법 시행령에는 대피공간은 실내의 다른 부분과 방화구획 하도록 하였다. 이후 「발코니 등의 구조변경절차 및 설치기준(2005. 12. 08.)」의 제정 시행으로 대피공간의 출입구에는 갑종방화문을 설치하도록 규정되었다. 또한 그 당시의 「건축물의 피난 · 방화구조 등의 기준에 관한 규칙」에서 규정하고 있는 방화문의 구조는 갑종방화문은 "비차열 1시간 이상, 을종방화문은 비차열 30분 이상의 성능"이 있는 것으로만 규정하고 있었다.

이런 이유로 대피공간의 설치 규정 신설 당시부터는 출입문을 "차열 성능이 없는" 비차열 1시간 이상의 성능이 있는 갑종방화문을 설치하는 실정이었다.

이후 출입구 방화문 차열성능 미비에 의한 심각한 문제를 인식하게 되었는데 방화문 표면을 가열하는 화염에 의해 전도된 높은 온도의 열이 대피공간 내로 전달되어 대피자의 안전에 상당한 위협을 가할 수 있는 요인이 될 수 있다는 것이었다.

PLUS TIPS+ 아파트 대피공간 화재안전성평가 실물모형(Mock-up) 시험 [화재보험협회(KFPA) 방재시험연구원, 2014. 03. 25.]

- 시험결과[21)]

 대피공간에서 대피자 위치에서의 온도가 인명안전 기준인 허용 공간온도 60℃, 허용 복사열 2.5kW/m^2보다 훨씬 상승, 10분 경과 시 허용 공간온도인 60℃를 초과하고 25분 경과 시에는 100℃를 초과, 60분 경과 시에는 170℃에 이르는 것으로 나타남

 ↳ "현행 기준상으로는 아파트 대피공간에 설치되는 방화문이 열을 차단하기 어려워 대피자가 심각한 화상피해를 입는 등 안전이 확보되지 못한다".

이에 대한 예방대책이 차열 30분 이상의 성능을 같이 확보하는 것이었고, 「건축물의 피난 · 방화구조 등의 기준에 관한 규칙」이 일부개정 시행(2015. 04. 06.)되면서 "아파트 발코니에 설치되는 대피공간의 출입구 갑종방화문은 차열 30분 이상의 성능까지 만족하는 갑종방화문을 설치"하도록 강화되었다. 성능 유지시간의 기준은 화재 후 최대 30분 이내에는 소방대원의 도착으로 구조가 가능할 것이라는 판단에 따른 시간 반영이라 생각해도 될 것이다. 요약하면 아파트 발코니의 대피공간 설치규정이 신설(2005. 12. 02. 시행)된 시기부터 「방화문 구조」의 법령 개정(2015. 04. 06.) 이전에 설치되어 있는 대피공간의 방화문은 차열성능이 없는 비차열 1시간 이상의 성능만 있는 방화문이기 때문에 화재 시 열전도에 의한 위험을 포함하고 있으므로 차열 30분 이상의 성능을 포함한 방화문으로 시급히 교체 설치되어야 하는 문제점을 함께 내포하고 있다.

또한 현재는 '성능에 따른 방화문 종류'의 구분에 관한 규정 변경(2020. 10. 08.)과 이에 따른 관련법령의 개정으로 '대피공간 출입구 방화문의 차열성능 확보 규정'이 삭제(2021. 03. 26.)되었고, 이에 따른 새로운 규정이 신설되지 않아 결과적으로 차열성능 확보 규정이 없던 과거의(2015. 04. 05. 이전) 제도로 회귀된 것으로 인식될 수 있다. 즉, 현재는 대피공간 출입구의 방화문을 '60분+ 방화문과 60분 방화문을 선택해서 사용할 수 있는 것으로 해석될 여지가 있으므로 「발코니 등의 구조변경절차 및 설치기준」의 "대피공간 출입문 설치기준"을 변경하는 등 명확한 규정 적용의 정리가 필요하다. 대피공간의 설치 목적으로 본다면 반드시 60분+ 방화문으로 설치하는 것이 타당하다.

---

21) 출처: 에너지데일리(http://www.energydaily.co.kr)

대피공간 출입구 갑종방화문의「차열 성능」적용 연혁

1. 건축법 시행령 제46조(방화구획 등의 설치) ※ [2005. 12. 02. 개정 시행]
   ↳ 대피공간을 실내의 다른부분과 방화구획 할 것
2. 「발코니 등의 구조변경절차 및 설치기준 제3조(대피공간 구조) ※ [2005. 12. 08. 제정 시행]
   ↳ 출입구에는 갑종방화문을 설치 할 것
3. 건축물의 피난 · 방화구조 등의 기준에 관한 규칙 제26조(방화문의 구조) ※ [2015. 04. 06. 개정 시행]
   ↳ '차열 성능 30분 이상(아파트 발코니에 설치하는 대피공간의 갑종방화문만 해당)' 규정 신설
4. 건축법 시행령 제64조(방화문의 구분) ※ [2020. 10. 08. 전문 개정] 방화문 규정 없음
   ↳ 성능에 따른 방화문의 구분 규정(신설) : 60분+ · 60분 · 30분 방화문 ※ 대피공간 방화문 규정 없음
5. 「건축물의 피난 · 방화구조 등의 기준에 관한 규칙 제26조(방화문의 구조) ※ [2021. 03. 26. 전문개정]
   ↳ 성능에 따른 방화문의 구분 삭제 ※ 대피공간 방화문 차열성능 규정 삭제됨

(4) 방화문에 설치하는 방화핀

방화구획을 위해 설치하는 방화문에는 반드시 내화성능이 있는 "방화핀"을 설치해야 한다. 방화문에 설치되어 있는 방화핀의 역할은 화재가 발생하였을 시에 방화문이 받을 풍압에 대한 저항력을 높여주고 문이 틀어지거나 뒤틀리는 것을 방지하는 역할을 한다.

이 방화핀은 문틀과 문 사이에 설치되는데 방화문을 시공할 때 문틀의 방화핀이 삽입되는 부분과 방화문의 방화핀이 정확하게 일치할 수 있도록 해야 방화문이 안정성을 가질 수 있다.

방화핀[22]

방화핀 설치 모습

방화핀은 우리가 간과하고 넘어가기 쉬운 방화문 설치의 작은 부품의 하나이지만 이것이 잘못 설치된다면 방화핀의 부실시공으로 인한 방화문으로서 역할을 하지 못함과 동시에 건축물의 방재계획인 방화구획의 기능상실에 치명적일 수 있다. 방화문의 시험성적서는 인정기관에서 내화구조시험(KS F 2268-1), 차연시험(KS F 2846), 문세트시험(KS F 3109)을

22) 사진 출처: https://blog.naver.com/panel9350, https://blog.naver.com/todakhouse

실시한 후 기준에 적합할 때 발급받을 수 있는데, 이때 시험체 방화문의 구성 및 재질에서 방화핀이 포함되어 있고 방화핀을 설치하여 실시한 시험실시결과에 대한 적합한 것이므로 현장에서 방화문을 설치할 때 방화핀을 반드시 설치하여야 한다.

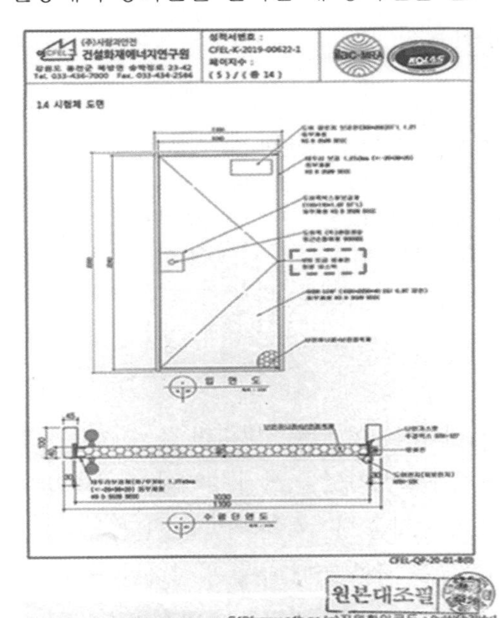

시험체 구조도(단개형 방화문)

(주)사람과안전 건설화재에너지연구원
Tel. 033-436-7000 Fax. 033-434-2586
성적서번호 : CFEL-K-2019-00622-1
페이지수 : (3) / (총 14)

■ 시험체의 구성 및 재질

구성		재질 및 규격	모 델 명	제조업체
문틀	윗틀, 선틀	E.G.I ST'L 1.6 ㎜	KS D 3528 SECC CRZn	동부제철
	밑틀	STS 1.0 ㎜	KS D 3698 STS 304	포스코
	가스켓	난연가스켓	STK-127	주경텍스
문짝	Door leaf	E.G.I ST'L 0.8 ㎜	KS D 3528 SECC CRZn	동부제철
	도어클로저보강	E.G.I ST'L 1.6 ㎜ (300 x 200) ㎜	KS D 3528 SECC CRZn	동부제철
	도어록박스형보강	E.G.I ST'L 1.6 ㎜ (110 x 110) ㎜	KS D 3528 SECC CRZn	동부제철
	테두리보강(4면)	E.G.I ST'L 1.2 ㎜ (3EA)	KS D 3528 SECC CRZn	동부제철
	내부충진재	난연허니콤	-	봉성산업사
	접착제	난연접착제	하나로 NFLV-D	한성우레탄
	방화핀(1EA)	STS 도금	CR-1.6 ㎜(도금)	동방파스텍
힌지		PIVOT HINGE	HPH-12K	㈜현대정밀
도어락		현관형 HDP LINE	9000SS	(주)현대정밀
도어클로저		국토교통부 고시 「자동방화셔터 및 방화문의 기준」에 적합한 제품을 사용 하여야 함		

※ 상기 시험체의 구성 및 재질은 의뢰자가 제공한 것임.

CFEL-QP-20-01-8(0)
원본대조필
G4B(www.g4b.go.kr)진위확인코드 : 9uW6b3IHv1

시험체 구성 및 재질(단개형 방화문)

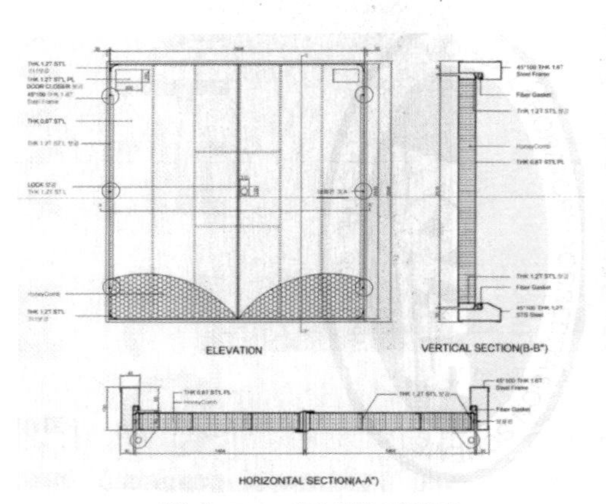

시험체 구조도(양개형 방화문)

성적서번호 : KPL21-0477
페이지 (5) / 총 (18)
KPL [주] 한국방재기술시험원
충북 음성군 맹동면 용두5길 14 (충북혁신도시)
Tel : 043-883-8419, Fax : 043-883-8418

나. 구성 및 재질

구성		재질 및 모델	제조회사
문틀	윗틀, 선틀	E.G.I ST'L 1.6 ㎜ / SECC	㈜포스코
	밑틀(SILL)	STS 1.2 ㎜ / STS 430	BNG STEEL
	가스켓	FIBER GASKET / STK-127-C	주경텍스㈜
	방화핀(6EA)	ST'L / T TYPE	㈜동방파스텍
문짝	DOOR LEAF	E.G.I ST'L 0.8 ㎜ / SECC	㈜포스코
	도어록 보강	E.G.I ST'L 1.2 ㎜ / SECC	㈜포스코
	도어 클로저 보강	E.G.I ST'L 1.2 ㎜ / SECC	㈜포스코
	INNER FRAME(수직 보강)	E.G.I ST'L 1.2 ㎜ / SECC	㈜포스코
	INNER FRAME(수평 보강)	E.G.I ST'L 1.2 ㎜ / SECC	㈜포스코
	코너 보강	E.G.I ST'L 1.2 ㎜ / SECC	㈜포스코
	내부 충진재	난연 허니콤	예성산업
	접착제	우레탄 본드 / HS-708FR	㈜화성
	방화캡(6EA)	ST'L / U TYPE	㈜동방파스텍
	[illegible]	ST'L / D8-F811	㈜동방파스텍
경첩 OR 힌지		피봇힌지 / KST-4000	㈜명성정공
도어록(DOOR LOCK)		원통형 / 9000 SS	㈜아신금속

시험체 구성 및 재질(양개형 방화문)

현장에서 건축물 준공을 위한 감리결과보고서 제출 시 건축자재 품질관리서와 방화문 시험성적서를 같이 제출하고 있는데 이 시험성적서는 방화핀을 설치하여 시험한 결과서이다. 그러나 실제 현장에서 방화문을 설치할 때 방화핀을 설치하지 않는 경우도 있고 또한 방화

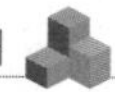

핀 대신 경첩을 설치하는 경우도 있는데 이것은 방화문 설치가 잘못된 경우이므로 반드시 확인이 필요하다.

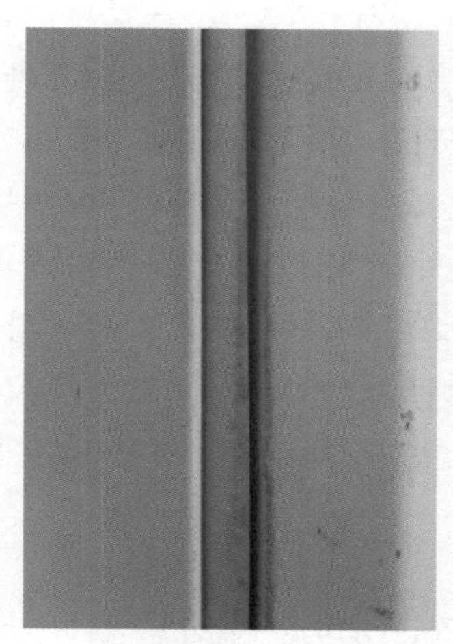
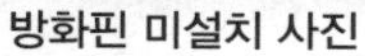

방화핀 미설치 사진

방화핀 대신 경첩 설치 사진

또한 방화핀 자체가 내화성능을 가진 제품을 사용하여야 하는데 방화문을 시공할 때 보이지 않는 곳에 설치된다고 하여 내화성능이 없는 재료로 만들어진 제품을 사용하는 경우도 가끔식 있는데 이것 역시 상당히 위험하므로 반드시 지양되어야 한다.

PLUS TIPS+ 불량 방화핀 시공 적발 사례[23]

싸구려 철문을 방화문인 것처럼 속여 인천 내 오피스텔과 상가건물 등 1만5000개를 시공한 15억원을 남긴 제조 · 시공업체가 경찰에 붙잡혔다. A씨 등은 2015년 1월부터 올해 7월까지 인천 내 오피스텔과 상가 건물 670곳을 신축하면서 방화문 대신 철문 1만5000여 개를 속여 시공한 혐의다. 현행법은 연면적 1000m^2 이상 건물을 지을 경우 1시간 이상 연기와 화염을 차단할 수 있는 갑종방화문을 시공토록 강제하고 있다. A씨 등 시공을 맡은 방화문 제조업자들은 단가를 낮추기 위해 방화문에 꼭 들어가야 하는 방화핀을 빼고 난연 성분이 없는 저가 개스킷(부품)으로 가짜 방화문을 만들었다. 가짜 방화문은 약 8~10만 원에 불과, 진짜 방화문보다 2~5배가량이 저렴하다. 이들은 국토교통부 한국건설기술연구원에서 인증된 방화문에만 발급해주는 시험성적서를 위조하기도 했다. 방화문을 납품하려면 시험성적서를 함께 첨부해야 한다. 브로커 B씨가 대신 시험성적서를 받아 준 것으로 확인됐다.

23) 출처: 인천일보(http://www.incheonilbo.com)/2018. 09. 05.

2 자동방화셔터

건축물의 사용용도 특성상 내화구조의 벽으로 방화구획을 할 수 없는 구조의 문제에 효과적으로 대체할 수 있는 방법이 자동방화셔터를 이용하는 것이다. 자동방화셔터는 건축물의 다양한 환경에서 법령의 기준에 맞는 방화구획을 설치하기 위한 가장 쉬운 방법으로 볼 수 있으며 복도 등 설치된 부분이 방화구획에는 효율적일 수 있으나 피난에는 오히려 장애를 유발하는 문제점을 내포하기도 하였다. 자동방화셔터는 과거의 설치기준과 현재의 설치기준이 많이 상이하다. 즉, 그동안 비상구가 내포된 일체형 방화셔터의 설치를 허용하였지만 현재는 설치할 수 없다는 것이 한 가지 예이다. 자동방화셔터의 설치기준이 어떻게 변화되어 왔는지 그 변천과정을 잘 이해해야 설치된 방화구획에 대한 적정여부를 알 수 있다.

(1) 자동방화셔터 설치기준의 변천

최초 자동방화셔터 설치기준 규정의 신설 취지는 공항 · 체육관 등 넓은 공간에 부득이하게 내화구조로 된 벽을 설치하지 못하는 경우에 사용하는 개념이었는데 "부득이한 경우"의 해석이 너무 광범위하게 되어 방화구획설치의 효율상 많은 부분에 자동방화셔터를 이용한 방화구획을 설치하는 것이 일반화되었다.

자동방화셔터 설치기준 변천과정

가. 자동방화셔터 및 방화문의 기준 [제정 시행 건설교통부고시 제2005-232호, 2005. 07. 27.]
↳ "셔터"라 함은 방화구획의 용도로 화재 시 연기 및 열을 감지하여 자동 폐쇄되는 것으로서, 공항 · 체육관 등 넓은 공간에 부득이하게 내화구조로 된 벽을 설치하지 못하는 경우에 사용하는 방화셔터를 말한다.
↳ "일체형 자동방화셔터"(이하 "일체형 셔터"라 한다)라 함은 방화셔터의 일부에 피난을 위한 출입구가 설치된 셔터를 말한다.

나. 자동방화셔터 및 방화문의 기준 [제정 시행 국토해양부고시 제2009-274호, 2009. 06. 01.]

다. 자동방화셔터 및 방화문의 기준
[일부개정 국토교통부고시 제2015-212호, 2015. 04. 06, 시행 2016. 04. 07.]

라. 자동방화셔터, 방화문 및 방화댐퍼의 기준 [일부개정 국토교통부고시 제2020-44호, 2020. 01. 30.]
↳ ※ "일체형 자동방화셔터" 삭제, "방화댐퍼" 규정의 신설

마. 방화문 및 자동방화셔터의 인정 및 관리기준
[일부개정 국토교통부고시 제2021-1009호, 2021. 08. 06.]
↳ ※ 방화문, 방화셔터의 "인정제도" 실시, 방화댐퍼 · 하향식피난구의 성능시험

바. 방화문 및 자동방화셔터의 인정 및 관리기준 [폐지 국토교통부고시 제2022-84호, 2022. 02. 11.]
※ 고시 전부 폐지

사. 건축자재등 품질인정 및 관리기준 [제정 시행 국토교통부고시 제2022-84호, 2022. 02. 11.]
└→ "건축자재등 품질인정제도"의 세부 기준을 마련
※ 화재 확산 방지구조, 방화댐퍼, 하향식 피난구 등 기타 건축자재 및 구조의 시험방법 및 성능기준을 규정하고 있는 기존의 「건축물 마감재료의 난연성능 및 화재 확산 방지구조 기준」, 「내화구조의 인정 및 관리기준」 및 「방화문 및 자동방화셔터의 인정 및 관리기준」 등을 통합 정비

그러므로 학교의 복도등 면적별 방화구획을 하여야 하는 장소에도 방화문이 아닌 비상구를 포함한 일체형 방화셔터를 설치하는 사례들이 일반화 되었고, 이것은 화재 감지에 의한 자동방화셔터의 작동시 피난경로인 복도를 막아 신속한 피난을 저해하는 위험요인에 해당되기도 하였다.

복도에 설치된 일체형 방화셔터[24)]

이런 이유로 자동방화셔터의 설치기준에 관한 고시가 개정(2020. 01. 30.)되어 일체형 방화셔터를 전면 사용금지 하도록 하였다.

자동방화셔터 및 방화문의 기준 [국토교통부고시 제2019-592호, 2019. 10. 28.]	자동방화셔터, 방화문 및 방화댐퍼의 기준 [국토교통부고시 제2020-44호, 2020. 01. 30.]	비고
제2조(용어의 정의) ③ "일체형 자동방화셔터"(이하 "일체형 셔터"라 한다)라 함은 방화셔터의 일부에 피난을 위한 출입구가 설치된 셔터를 말한다. **제3조(설치위치)** ① 셔터는 건축법시행령 제46조 제1항에서 규정하는 피난상 유효한 갑종방화문으로부터 3m 이내에 별도로 설치되어야 한다. 다만, 일체형 셔터의 경우에는 갑종방화문을 설치하지 아니할 수 있다.	제2조(용어의 정의) ③ 〈삭제〉 제3조(설치위치) ① 〈삭제〉 ② 〈삭제〉 ※ 현재 「건축자재등 품질인정 및 관리기준」으로 변경되었음 └→ [국토교통부고시 제2022-84호, 2022. 02. 11. 제정 시행]	일체형 방화 셔터 전면 삭제

24) 사진출처: https://blog.naver.com/enrhkd83/221851880789

② 일체형 셔터는 시장 · 군수 · 구청장이 정하는 기준에 따라 별도의 방화문을 설치할 수 없는 부득이한 경우에 한하여 설치할 수 있으며, 일체형 셔터의 출입구는 다음의 기준을 따라야 한다.(이하 생략)		

현재 법령에서 규정하는 자동방화셔터를 설치할 수 있는 규정은 「건축법 시행령」 제46조(방화구획 등의 설치)와 제81조(맞벽건축 및 연결복도)의 "건축물과 복도 또는 통로의 연결 부분"에 설치할 수 있다. 이때는 반드시 피난이 가능한 60분+ 방화문 또는 60분 방화문으로부터 3미터 이내에 별도로 설치하여야 한다. 즉, 일체형 방화셔터의 설치가 불가능하고 반드시 3미터 이내에 방화문을 추가로 설치해야 한다는 것이다.

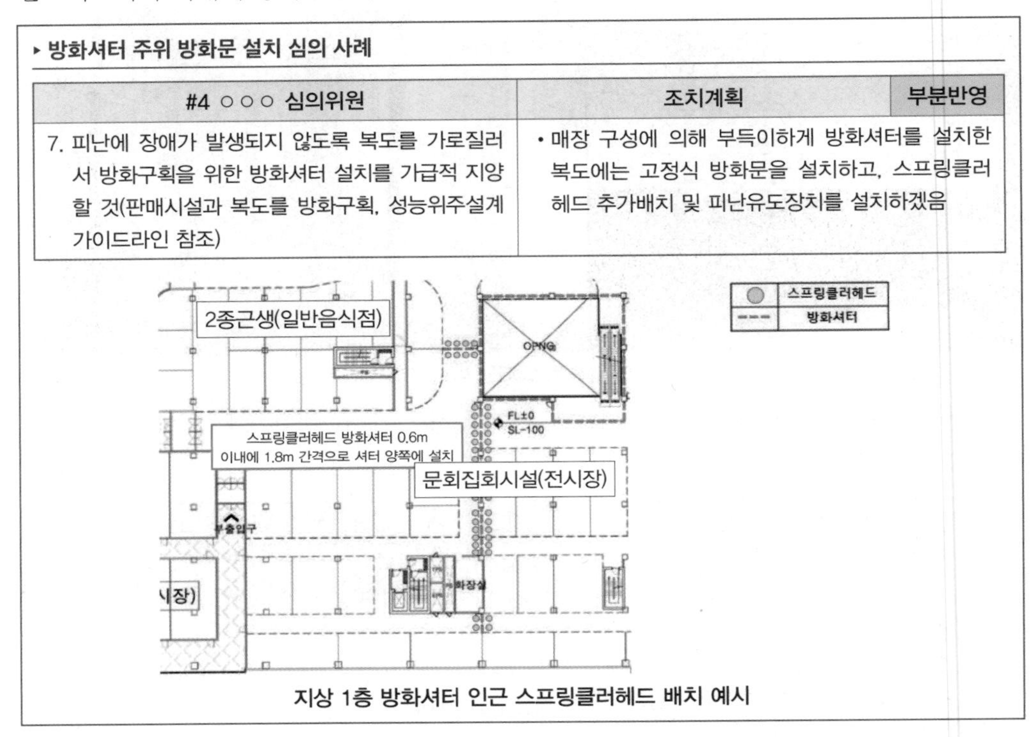

▸ **방화셔터 주위 방화문 설치 심의 사례**

#4 ○○○ 심의위원	조치계획	부분반영
7. 피난에 장애가 발생되지 않도록 복도를 가로질러서 방화구획을 위한 방화셔터 설치를 가급적 지양할 것(판매시설과 복도를 방화구획, 성능위주설계 가이드라인 참조)	• 매장 구성에 의해 부득이하게 방화셔터를 설치한 복도에는 고정식 방화문을 설치하고, 스프링클러 헤드 추가배치 및 피난유도장치를 설치하겠음	

지상 1층 방화셔터 인근 스프링클러헤드 배치 예시

(2) 구. 일체형 방화셔터의 설치 검토

자동방화셔터로 인한 방화구획은 설치하기 가장 쉬운 방법이나 여러 화재사례에서 자동방화셔터 기능의 실패로 연소확대되는 등 화재 시 신속한 동작과 정상작동 유지 · 관리에 대한 신뢰성에 의문을 가지는 경우가 많다. 여기서는 현재의 기존 건축물에 설치되어 있는 비상구가 내장된 일체형 방화셔터에 대해서 좀 더 세부적으로 알아본다.

구. 자동방화셔터의 설치기준[25]에서 「일체형 자동방화셔터」는 "방화셔터의 일부에 피난을 위한 출입구가 설치된 셔터"로 정의하고 있다. 방화구획을 위해서 자동방화셔터를 설치하는 경우에는 피난상 유효한 갑종방화문을 3미터 이내에 별도로 설치되어야 한다. 그런데 일체형 셔터를 설치하면 3미터 이내에 갑종방화문의 설치를 제외할 수 있다는 예외적 규정이 만들어져 일반적으로 많이 설치되었다.

본래 자동방화셔터의 설치기준의 취지는 내화구조의 벽을 설치할 수 없으면 자동방화셔터를 설치하고 그로부터 3미터 이내에 갑종방화문을 설치하여 방화셔터의 작동으로 발생할 수 있는 피난경로상의 위험요소를 제거하자는 것이 이 규정의 본래 취지였다. 그렇지만 건축물의 다양한 환경으로 인해 설치의 어려움이 있는 경우도 발생하였으며, 이에 대한 방안으로 일체형 셔터를 설치할 수 있도록 특별히 예외적으로 허용하는 규정을 두었다. 그러나 이것은 "시장 · 군수 · 구청장이 정하는 기준에 따라 별도의 방화문을 설치할 수 없는 부득이한 경우"에 한정된 예외 규정임에도 "부득이한 경우"에 대해서 시장 · 군수 · 구청장이 정하는 기준이 구체적으로 정해지지 않아 법규상 모호성이 발생하게 되었다. 현재 복도 등에 일체형 자동방화셔터가 설치된 건축물을 다수 볼 수 있는 것도 이런 이유 때문이다.

구. 자동방화셔터 및 방화문의 기준

제3조(설치위치)

① 셔터는 건축법 시행령 제46조 제1항에서 규정하는 피난상 유효한 갑종방화문으로부터 3미터 이내에 별도로 설치되어야 한다. 다만, 일체형 셔터의 경우에는 갑종방화문을 설치하지 아니할 수 있다.

② 일체형 셔터는 시장 · 군수 · 구청장이 정하는 기준에 따라 별도의 방화문을 설치할 수 없는 부득이한 경우에 한하여 설치할 수 있으며, 일체형 셔터의 출입구는 다음의 기준을 따라야 한다.(이하 생략)

이런 규정의 모호성으로 인해 전국 각 시 · 도마다 서로 상이하게 적용되는 경우가 많았으며 소방관서의 담당자와 건축설계사와의 잦은 논쟁을 유발하기도 하였다. 필자가 실무담당을 할 때에는 이 구체적인 기준은 각 시 · 도나 또는 시 · 군 · 구에 일체형 방화셔터를 설치할 수 있는 기준에 대한 사용 가능 범위가 명확히 규정된 조례가 제정되어 있을 경우에 적용할 수 있는 규정으로 아주 보수적으로 해석하여 업무에 적용하도록 노력하였다. 왜냐하면 일체형 셔터 내의 비상 출입문의 밀폐성과 개방의 용이성, 피난자의 비상구 위치의 신속한 인식 가능여부 등에 대한 모든 것에 신뢰성이 부족하다고 생각했기 때문이다.

결국 현재에는 일체형 자동방화셔터의 규정이 "전면 삭제(2020. 01. 30.)"되어 설치할 수 없도록 제도화되었다. 기존 건축물에 많이 설치되어 있는 일체형 셔터 출입구의 설치 당시의 기준[26]은 아래와 같다.

25) 자동방화셔터 및 방화문의 기준[최초 제정 건설교통부고시 제2005-232호, 2005. 07. 27.]

26) 자동방화셔터 및 방화문의 기준 제3조(설치위치) 제②항[국토교통부고시 제2019-592호, 2019. 10. 28.]

1. 비상구유도등 또는 비상구유도표지 설치
2. 출입구 부분은 셔터의 다른 부분과 색상을 달리하여 쉽게 구분되도록 설치
3. 출입구의 유효너비는 0.9미터 이상, 유효높이는 2미터 이상으로 설치

비상구 미표시 일체형 방화셔터

비상구 표시 일체형 방화셔터[27]

일체형 방화셔터의 제일 큰 문제 중의 하나가 셔터 내의 피난을 위한 비상 출입구를 현장에서 임의적으로 제작하여 설치하는 경우이다. 본래 일체형 셔터는 현장에 설치되는 규격에 따른 검증기관에서 인정된 제품을 사용하여야 하는데 실제 현장에서는 장소별 표준화된 규격을 사용하기 위한 환경에 많은 어려움이 있을 수 있으므로, 작업 현장에서 직접 방화셔터의 일부를 절단하여 임의적으로 비상 출입구를 설치하는 경우가 많이 있었다.

비상 출입구 설치 방화셔터 임의절단

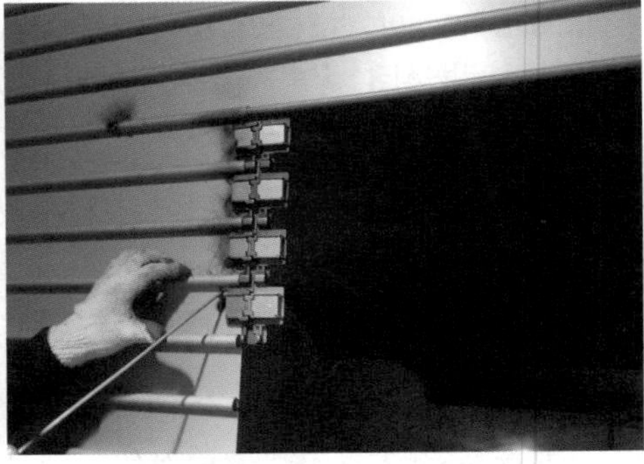

비상 출입구의 현장 직접 설치

방화셔터에 비상 출입문을 만들 경우 사람이 대피 후에 비상문이 자동으로 닫히는 것에 이상이 없어야 하며 사람들이 탈출 후 비상문이 닫힌 상태에서 화염이 비상문으로 새어 나오지 않도록 설치하는 것이 중요한 부분이다. 그러나 이렇게 설치된 일체형 셔터는 검증기관에서의 기능 적합여부에 대한 인증이 없으므로 방화구획을 위한 기밀성과 피난을 위한 출입구의 기능에 적합한지 판단할 수 없고 정상 기능의 실패가 발생할 위험성도 전혀 배제할 수 없다.

27) 사진 출처: https://blog.naver.com/enrhkd83/221851880789

일체형 방화셔터의 비상 출입구 기밀성 모습

또한 출입구 부분을 "다른 부분과 색상을 달리하여 쉽게 구분" 하는 정도만 규정하여 비상구의 표시가 현장마다 다르게 설치되는 문제점이 있었다. 어떤 것은 전혀 표시하지 않고 사용되는 경우도 있고 또 어떤 대상에는 적색 또는 노란색 실선으로 설치하기도 하였는데, 이 구분표시에 대한 세부설치 기준이 없어 실제적으로 어두운 상태에서는 인지하지 못하는 등 비상구 위치 식별에 장애가 발생될 우려가 있었다. 필자가 실무에 있을 때는 반드시 어두운 곳에서 볼 수 있도록 형광물질로 표시하고 그 상부에 반드시 유도표지가 아닌 "피난구 유도등"으로 설치하도록 하였다.

또 다른 문제는 출입구의 크기를 "유효너비는 0.9미터 이상, 유효높이는 2미터 이상"으로 설치하도록 규정하고 있는 것이었다. 공간이 넓은 곳에 설치하는 셔터는 일반적으로 클 수밖에 없고 이때 설치하는 출입구의 크기도 상대적으로 크게 설치하므로 그만큼 밀폐기능의 적합성이 낮아질 우려가 있으며, 무엇보다도 출입구를 개방하기 위해 미는 힘(N)이 크게 필요하게 되어 노약자들이 사용하기에는 상당한 문제가 발생할 우려가 있었다. 그럼에도 이런 세부적인 장애요인을 반영하지 않고 시공하는 것이 대부분이었고 현재 이런 상태로 일체형 자동방화셔터가 설치된 기존 건축물들이 사용되고 있으므로 효율적인 피난을 위해서는 반드시 재정비가 필요하다.

(3) 자동방화셔터의 성능기준

건축물 방화구획을 위해 설치하는 자동방화셔터는 건축물의 용도 등 구분에 따라 화재 시의 가열에 일정한 시간 이상을 견딜 수 있어야 하며 차연성능, 개폐성능 등 방화문 또는 셔터가 갖추어야 하는 성능에 적합한 구조로 설치되어야 한다. 또한 자동방화셔터의 상부는 상층 바닥에 직접 닿도록 하여야 하며 부득이하게 발생한 바닥과의 틈새는 화재 시 연기와 열의 이동통로가 되지 않도록 방화구획 처리를 하여 연기와 화염의 이동통로가 되지 않도록 설치해야 한다.

자동방화셔터 성능기준[28)]

① 건축물 방화구획을 위해 설치하는 자동방화셔터는 건축물의 용도 등 구분에 따라 화재 시의 가열에 규칙 제14조 제3항에서 정하는 성능 이상을 견딜 수 있어야 한다.
② 차연성능, 개폐성능 등 자동방화셔터가 갖추어야 하는 세부 성능에 대해서는 제39조에 따라 국토교통부장관이 승인한 세부운영지침에서 정한다.
③ 자동방화셔터는 규칙 제14조 제2항 제4호에 따른 구조를 가진 것이어야 하나, 수직방향으로 폐쇄되는 구조가 아닌 경우는 불꽃, 연기 및 열감지에 의해 완전폐쇄가 될 수 있는 구조여야 한다. 이 경우 화재감지기는 「자동화재탐지설비 및 시각경보장치의 화재안전성능기준(NFPC 203)」 제7조의 기준에 적합하여야 한다.
④ 자동방화셔터의 상부는 상층 바닥에 직접 닿도록 하여야 하며, 그렇지 않은 경우 방화구획 처리를 하여 연기와 화염의 이동통로가 되지 않도록 하여야 한다.

셔터는 전동 및 수동에 의해서 개폐할 수 있는 장치와 화재발생 시 연기감지기에 의한 일부폐쇄와 열감지기에 의한 완전폐쇄가 이루어질 수 있는 구조를 가진 것이어야 한다.

자동방화셔터의 구성요건[29)]

자동방화셔터는 다음 각 목의 요건을 모두 갖출 것. 이 경우 자동방화셔터의 구조 및 성능기준 등에 관한 세부사항은 국토교통부장관이 정하여 고시[30)]한다.
가. 피난이 가능한 60분+ 방화문 또는 60분 방화문으로부터 3미터 이내에 별도로 설치할 것
나. 전동방식이나 수동방식으로 개폐할 수 있을 것
다. 불꽃감지기 또는 연기감지기 중 하나와 열감지기를 설치할 것
라. 불꽃이나 연기를 감지한 경우 일부 폐쇄되는 구조일 것
마. 열을 감지한 경우 완전 폐쇄되는 구조일 것

이것을 일반적으로 2단 강하방식 셔터라고 하는데 여기에는 검토되어야 할 사항이 있다. 즉, 2단 강하방식은 화재 시에는 온도에 의해 기체의 밀도가 작아지고 부력 발생의 기류 생성으로 연기의 이동이 발생하는 화재역학의 성질을 반영한 것이다. 즉, 화염확대보다 연기의 이동이 빠른 특성을 이용한 연기감지기의 감지로 1차 작동하여 재실자들이 피난하는 시간 동안 피난에 지장이 없을 정도로 1단 강하한 후, 화염의 이동에 의해 2차 열감지기가 작동하였을 때 완전 폐쇄되도록 하는 것이다. 이것은 일부 연기가 다른 방화구획으로 유입되는 문제점이 있지만 대피자들의 피난장애를 제거하는 것이 주된 목적으로 볼 수 있으며 화염에 의한 2차 감지작동으로 완전 폐쇄된다면 다른 구역으로의 연소확대는 방지할 수 있다는 것이다.

그러나 대형쇼핑몰 중간부분의 보이드(void) 부분이나 에스컬레이터 부분의 층별 방화구

28) 건축자재등 품질인정 및 관리기준 제34조(자동방화셔터 성능기준 및 구성)
29) 건축물의 피난 · 방화구조 등의 기준에 관한 규칙 제14조(방화구획의 설치기준) 제②항 제4호
30) 건축자재등 품질인정 및 관리기준 제34조(자동방화셔터 성능기준 및 구성) 제③항

획을 위해서 설치하는 자동방화셔터에 2단 강하 작동방식으로 설치하는 것은 절대 바람직하지 않다.

에스컬레이터 층별 방화구획

대형 판매시설 void 부분의 방화셔터

만일 하부층에서 화재 발생 시 연기의 이동이 방화셔터의 1단 강하를 작동시켰어도 화염으로 인한 2단 강하의 완전 밀폐까지는 다수의 시간이 소요되므로 이 소요시간 동안 연기는 상층부로 확산될 위험성이 아주 높기 때문이다.

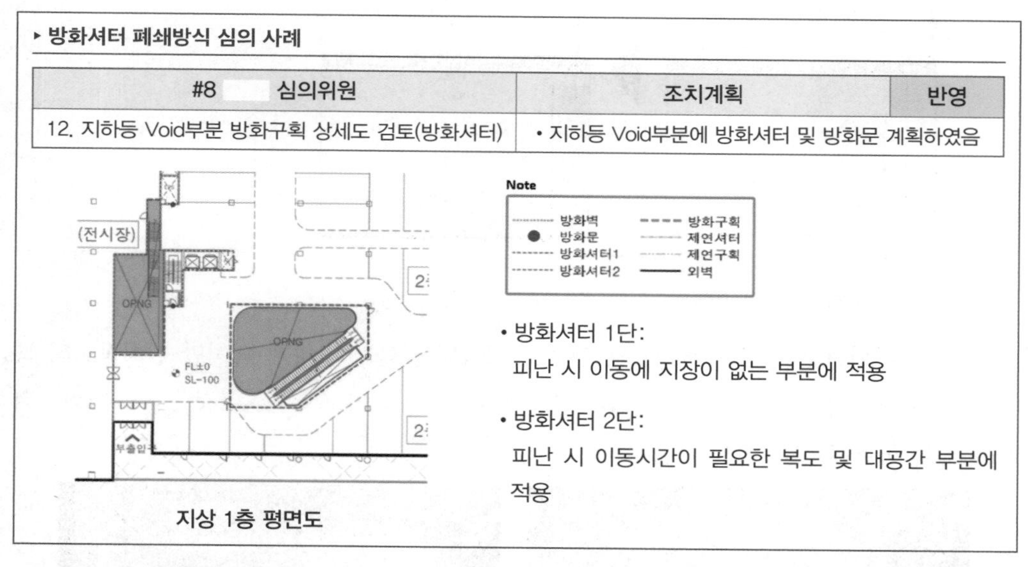

▸ **방화셔터 폐쇄방식 심의 사례**

#8 심의위원	조치계획	반영
12. 지하등 Void부분 방화구획 상세도 검토(방화셔터)	• 지하등 Void부분에 방화셔터 및 방화문 계획하였음	

- 방화셔터 1단:
  피난 시 이동에 지장이 없는 부분에 적용
- 방화셔터 2단:
  피난 시 이동시간이 필요한 복도 및 대공간 부분에 적용

지상 1층 평면도

또한 자동방화셔터의 작동으로 거실의 일정 부분 내로 하강했을때 셔터하강지점은 평소에는 거실로 사용하므로 셔터하강 시 인근의 가연물 접촉우려 등을 반드시 검토해야 한다. 왜냐하면 자동방화셔터는 차열의 성능이 없으므로 복사열등의 열전달로 인해 주변에 가연물이 화재로 이어질 위험성이 있기 때문이다. 그러므로 반드시 방화구획 설정에 있어 고려되어야 할 요소이다.

현재 셔터 인근 진열 상태

18분 만에 셔터 인근 가연물 연소[31)]

▸ **거실 내 돌음계단 부위 방화구획 심의 사례**

#8 심의위원	조치계획	반영
16. 전시장 내부 돌음계단 방화구획 적정검토(셔터 하강 지점 불합리)	• 돌음계단 방화구획 내 계단참 공간 최소화하였음	

탁아소
굿즈샵
지상2층 방화구획도 (변경 전)
OPNG

탁아소
굿즈샵
지상2층 방화구획도 (변경 후)
OPNG

돌음계단 방화구획 내 계단참을 최소화하였음

(4) 스크린 방화셔터의 설치

자동방화셔터라고 하면 일반적으로 철재로 제작된 것을 생각하게 되지만 설치장소의 특성상 유연성이 필요한 장소에는 스크린 방화셔터를 설치하기도 한다. 이것은 자동방화셔터 종류 중의 하나에 해당한다.

복도에 설치된 스크린 방화셔터

계단실에 설치된 스크린 방화셔터[32)]

31) 동영상 캡처: YTN(2017. 04. 16.)

32) 사진출처: https://blog.naver.com/kyp0220/220970958671

스크린 방화셔터는 설치 시 반드시 기밀성이 유지될 수 있도록 해야 하고 제연설비의 설치장소에 설치 시에는 제연풍량과 풍압 등에 의한 영향을 받을 우려가 없는지 검토되어야 한다.

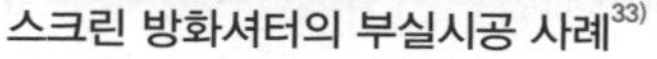

스크린 방화셔터의 부실시공 사례[33]

겹쳐서 설치된 스크린 방화셔터 실험 사례[34]

(5) 피난계단 출입문에 설치여부 검토

실무에서 건축허가동의 업무를 하다 보면 피난계단이나 특별피난계단의 계단실에 설치하는 출입구를 자동방화셔터 설치로 설계하는 사례가 종종 있는데 이것은 설치기준의 정확한 이해의 부족에서 오는 것이다. 앞에서 언급했듯이 건축물 내부에서 피난계단이나 특별피난계단으로 통하는 출입구에는 반드시 방화문을 설치해야 한다고 했다. 또한 주요구조부가 내화구조로 설치된 연면적 1천제곱미터 이상의 건축물은 매 층마다 방화구획을 설치해야 한다고 앞에서 언급하였다. 피난계단의 설치구조와 방화구획설치는 동일한 것이 아니라 완전히 다른 것이므로 반드시 구별할 수 있어야 한다.

예를 들어 층수가 5층 이상이고 연면적이 1천 제곱미터 이상의 건축물이라고 했을 때 각 계단실에는 방화문을 설치하여야 하고 매 층마다 방화구획은 피난계단 설치구조에 의한 방화문 설치로 대신 인정될 것이다. 그러나 계단실의 출입문을 일체형 방화셔터로 설치를 한다면 매 층마다의 방화구획 설치기준은 충족하나 피난계단 구조의 설치기준에는 위반하게 된다.

피난계단의 출입문과 방화구획의 설치 구분

설치 장소	종류	기타의 복도
	방화문	자동방화셔터
층별 방화구획	가능	가능
피난계단 출입문	가능	불가능
피난계단 출입문 + 층별 방화구획	가능	불가능

33) 사진출처: 연합뉴스(2016. 09. 09.)

34) 동영상 캡처: MBC뉴스(2019. 03. 25.)

필자의 경험 사례를 하나 들면, 환경개선사업으로 과거에 지어진 4층 건축물의 학교를 5층으로 증축하게 되어 필자에게 건축허가 동의요구가 왔었다. 계단실의 출입구에는 모두 일체형 자동방화셔터가 설치되어 있었는데 기존 4층까지의 계단실 출입구에는 과거부터 모두 일체형 방화셔터가 설치된 것이었고 증축부분의 5층 계단실 출입구 부분에도 방화셔터로 설치하는 계획이었다. 그 당시 이런 구조로 설치하는 것이 가능한지에 대한 판단을 내리기는 그 건축물의 계단실 출입구의 크기와 기존 설치된 시설의 구조등 여러 가지 주변여건의 고려사항으로 인한 어려움이 있어 "건축법령의 규정에 적합하게 설치"하도록 공문서에 기재하여 통보 처리한 경우가 있었다. 이런 사례처럼 층수가 4층일 경우에는 계단실 출입문의 구조를 방화구획을 위한 자동방화셔터 설치로 가능하다고 할 수 있으나 증축으로 층수가 5층 이상이 되는 순간 이 건축물에 설치하는 계단은 피난계단의 구조로 설치해야 하므로 방화셔터의 설치는 건축법령을 위반하게 되는 것이다. 그러므로 피난계단의 출입문과 방화구획을 위한 자동방화셔터의 차이점을 명확히 이해해야 한다.

계단실 출입문의 방화셔터 및 방화문 설치[35]

계단실 출입문의 일체형 방화셔터 설치[36]

3 다중이용업소의 비상구와 구분

소방관련법령의 다중이용업소에 해당하는 영업장이 하나의 층 모두를 영업장으로 사용하고 있을 때, 그 영업장의 비상구 문의 재질과 열리는 방향등이 건축법령에서 규정하고 있는 (특별)피난계단의 구조와 방화구획에 해당여부에 따라 어떻게 구분되는지 간단하게 살펴보자.

(1) 비상구 문의 재질

다중이용업소의 비상구 문의 재질은 유사시 영업장의 불특정 다수인의 피난에 있어 화재로부터 위협에서 안전해야 하므로 주요 구조부(영업장의 벽, 천장 및 바닥)가 내화구조(耐火構造)인 경우 비상구와 주된 출입구의 문은 방화문(防火門)으로 설치하도록 규정[37]하고 있다.

35) 사진출처: https://blog.naver.com/enrhkd83/222039386116

36) 사진출처: https://blog.naver.com/sunjang76/221150739169

37) 다중이용업소의 안전관리에 관한 특별법 시행규칙 제9조(안전시설등의 설치 · 유지 기준) [별표 2]

여기서 잠깐!

- 건축법에서의 주요구조부: 내력벽, 기둥, 바닥, 보, 지붕틀, 주계단
- 다중이용업소법에서의 주요구조부: 영업장의 벽, 천장, 바닥

그러나 아래와 같은 구조인 경우 방화문으로 설치하지 않고 불연재료로 할 수 있도록 완화하고 있다.

비상구 문의 재질

불연재료로 설치할 수 있는 경우

1. 주요 구조부가 내화구조가 아닌 경우
2. 건물의 구조상 비상구 또는 주된 출입구의 문이 지표면과 접하는 경우로서 화재의 연소 확대 우려가 없는 경우
3. 비상구 또는 주 출입구의 문이 건축법령에 따른 피난계단 또는 특별피난계단의 설치기준에 따라 설치하여야 하는 문이 아니거나 방화구획이 아닌 곳에 위치한 경우

여기에서 보듯이 건축법령에 따른 피난계단의 구조나 방화구획을 위한 출입문에 해당될 때에는 영업장의 비상구 문의 재질 역시 반드시 방화문으로 설치해야 한다. 또한 방화문의 자동으로 닫히는 구조는 화재로 인한 연기의 발생 또는 온도의 상승에 따라 자동적으로 닫히는 구조로 설치해야 하며 열에 의하여 녹는 퓨즈[도화선(導火線)을 말한다]타입 구조의 방화문은 설치할 수 없다.

(2) 비상구 문의 개폐방향

모든 건축물에 설치하는 방화문은 피난하는 방향으로 열리는 구조로 설치하는 게 일반적이다. 당연히 다중이용업소 영업장의 주된 출입구등 비상구 문 역시 피난방향으로 열리는 구조로 설치해야 영업장 이용자들의 신속한 피난에 장애가 되지 않을 것이다. 그러나 건축법령에서 설치해야 할 방화문 대상이 되지 않고 화재 시 등에 쉽게 개방할 수 있으면 굳이 피난방향으로만 열리도록 한 규정은 의미가 없을 수 있다.

이런 이유에서 다중이용업소법에서는 비상구 문의 개폐방향을 좌우로 열리는 슬라이딩문으로 설치할 수 있도록 완화규정을 두고 있다. 즉, 주된 출입구의 문이 건축법령에 따른 피난계단 또는 특별피난계단의 설치기준에 따라 설치하여야 하는 문이 아니거나, 방화구획이 아닌 곳에 위치한 주된 출입구가 다음의 기준을 충족하는 경우에는 자동문[미서기(슬라이딩)문을 말한다]으로 설치할 수 있다.

비상구 문의 자동문 설치

미서기(슬라이딩)문으로 설치할 수 있는 경우

1. 화재감지기와 연동하여 개방되는 구조
2. 정전 시 자동으로 개방되는 구조
3. 정전 시 수동으로 개방되는 구조

4 방화댐퍼(Fire Damper)

(1) 방화댐퍼의 설치기준

방화댐퍼(Fire Damper)는 방화 구역을 통과하는 덕트의 내부에 화재가 일어났을 때 불꽃이나 연기를 봉쇄하는 장치로서, 과거 건축법령에는 방화댐퍼의 작동방식을 화재가 발생한 경우에는 "연기의 발생 또는 온도의 상승"에 의하여 자동적으로 닫힐 수 있도록 규정하였다. 이 규정으로 대부분 현장에서는 열의 온도에 의해 퓨즈(Fuse)가 녹으면 댐퍼가 작동하여 방화구획을 관통하는 부분의 덕트(Duct) 내부가 저절로 폐쇄되는 방식으로 설치하는 게 일반적이었다. 그러나 현재는 피난계단 계단실의 방화문 설치구조의 규정처럼 화재로 인한 "연기 또는 불꽃"을 감지하여 자동적으로 닫히는 구조로 설치하여야 한다. 다만, 주방 등 연기가 항상 발생하는 부분에 한정하여 온도 감지에 의한 자동적으로 닫히는 구조로 설치할 수 있도록 예외적으로 허용하고 있다.

건축물의 피난 · 방화구조 등의 기준에 관한 규칙 [제정 건설교통부령 제184호, 1999. 05. 07, 시행 1999. 05. 09.]		건축물의 피난 · 방화구조 등의 기준에 관한 규칙 [일부개정 국토교통부령 제832호, 2021. 03. 26, 시행 2021. 08. 07.]
• 제14조(방화구획의 설치기준) 화재가 발생한 경우에는 연기의 발생 또는 온도의 상승에 의하여 자동적으로 닫힐 것	→	• 제14조(방화구획의 설치기준) 화재로 인한 연기 또는 불꽃을 감지하여 자동적으로 닫히는 구조로 할 것. 다만, 주방 등 연기가 항상 발생하는 부분에는 온도를 감지하여 자동적으로 닫히는 구조로 할 수 있다.

방화댐퍼의 설치기준

건축물의 피난 · 방화구조 등의 기준에 관한 규칙 제14조(방화구획의 설치기준) 제2항 제3호

환기 · 난방 또는 냉방시설의 풍도가 방화구획을 관통하는 경우에는 그 관통부분 또는 이에 근접한 부분에 다음 각 목의 기준에 적합한 댐퍼를 설치할 것. 다만, 반도체공장건축물로서 방화구획을 관통하는 풍도의 주위에 스프링클러헤드를 설치하는 경우에는 그렇지 않다.

가. 화재로 인한 연기 또는 불꽃을 감지하여 자동적으로 닫히는 구조로 할 것. 다만, 주방 등 연기가 항상 발생하는 부분에는 온도를 감지하여 자동적으로 닫히는 구조로 할 수 있다.

나. 국토교통부장관이 정하여 고시하는 비차열(非遮熱) 성능 및 방연성능 등의 기준에 적합할 것

방화댐퍼에 관한 설치기준은 과거의 「자동방화셔터 및 방화문의 기준」에서 규정되지 않았으나, 이후 고시가 「자동방화셔터, 방화문 및 방화댐퍼의 기준」으로 일부개정(2020. 01. 30.) 변경되면서 규정이 신설 · 시행되었다. 현재는 「방화문 및 자동방화셔터의 인정 및 관리기준」(2021. 08. 06.)으로 변경 시행되고 있다.

자동방화셔터 및 방화문의 기준 [2020. 01. 30. 이전] (규정 없음)	→	자동방화셔터, 방화문 및 방화댐퍼의 기준 [2020. 01. 30.] (규정 신설)	→	건축자재등 품질인정 및 관리기준 [2022. 02. 11.] (고시의 변경)
• 방화댐퍼 설치기준 없음		• 제3조(설치기준) • 제5조(성능기준)		• 제35조 (방화댐퍼 성능기준 및 구성)

고시에서 방화댐퍼는 내화성능시험 결과 비차열 1시간 이상의 성능과 KS F 2822(방화댐퍼의 방연 시험 방법)에서의 방연성능 확보등 아래와 같이 설치구조등을 규정[38]하고 있다.

방화댐퍼 성능기준 및 구성

① 방화댐퍼의 성능 확보 ※ 성능 확인을 위한 시험: 건축자재 성능 시험기관

1. 별표 10에 따른 내화성능시험 결과 비차열 1시간 이상의 성능
2. KS F 2822(방화 댐퍼의 방연 시험 방법)에서 규정한 방연성능

② 방화댐퍼의 성능 시험 기준

1. 시험체는 날개, 프레임, 각종 부속품 등을 포함하여 실제의 것과 동일한 구성 · 재료 및 크기의 것으로 하되, 실제의 크기가 3미터 곱하기 3미터의 가열로 크기보다 큰 경우에는 시험체 크기를 가열로에 설치할 수 있는 최대크기로 한다.
2. 내화시험 및 방연시험은 시험체 양면에 대하여 각 1회씩 실시한다. 다만, 수평부재에 설치되는 방화댐퍼의 경우 내화시험은 화재노출면에 대해 2회 실시한다.
3. 내화성능 시험체와 방연성능 시험체는 동일한 구성 · 재료로 제작되어야 하며, 내화성능 시험체는 가장 큰 크기로, 방연성능 시험체는 가장 작은 크기로 제작되어야 한다.

③ 시험성적서는 2년간 유효하다. 다만, 시험성적서와 동일한 구성 및 재질로서 내화성능 시험체 크기와 방연성능 시험체 크기 사이의 것인 경우에는 이미 발급된 성적서로 그 성능을 갈음할 수 있다.

④ 방화댐퍼 설치구조

1. 미끄럼부는 열팽창, 녹, 먼지 등에 의해 작동이 저해받지 않는 구조일 것
2. 방화댐퍼의 주기적인 작동상태, 점검, 청소 및 수리 등 유지 · 관리를 위하여 검사구 · 점검구는 방화댐퍼에 인접하여 설치할 것
3. 부착 방법은 구조체에 견고하게 부착시키는 공법으로 화재 시 덕트가 탈락, 낙하해도 손상되지 않을 것
4. 배연기의 압력에 의해 방재상 해로운 진동 및 간격이 생기지 않는 구조일 것

---

38) 건축자재등 품질인정 및 관리기준 제35조(방화댐퍼 성능기준 및 구성)

(2) 퓨즈(Fuse) 작동방식 방화댐퍼의 검토

현재 대부분의 현장에 설치되어 있는 퓨즈(Fuse)가 녹아서 작동되는 방식의 방화댐퍼에 대해 조금 알아보도록 한다. 방화댐퍼(F.D)는 주로 전기실, 발전기실 등의 방화구획 관통부를 통과할 때 설치하게 되는데 주변에 점검구를 설치하여 유지·관리할 수 있도록 하고 있으나 실제 작동시험은 거의 할 수 없는 것이 현실이다. 대부분의 방화댐퍼(F.D)가 퓨즈(Fuse) 용융형으로 설치되고 보통 온도가 72℃, 103℃, 280℃에서 녹는 것으로 설치하므로 직접 열로 용융을 시키지 않는 한 평상시 작동시험을 하지 못하기 때문이다. 그러므로 설치된 모습의 외형상으로는 기능에 이상 없는 것으로 보이나 실제 화재 시의 정상작동 여부는 가늠하기가 쉽지는 않을 것이다. 또한 댐퍼를 폐쇄시키기 위해 고정 설치된 용수철이 오랜 시간 동안 늘어난 상태로 연결되어 있어 시간이 지날수록 원래의 모습으로 회복할 수 있는 탄성력이 약화 될 우려가 있으므로 퓨즈(Fuse)가 녹더라도 완벽한 폐쇄가 되지 않을 가능성이 있다.

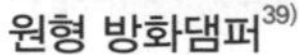
원형 방화댐퍼[39]

퓨즈등의 설치 사례

그러므로 현재 대부분 현장에서 설치되어 있는 온도의 상승에 의한 감지방식은 정기적 작동시험이 가능한 방식으로 설치될 수 있게 교체 보완할 필요가 있는 부분이다.

(3) 제연설비의 방화댐퍼 설치여부 검토

대형 판매시설 등의 실내에서 공조설비가 제연설비와 겸용으로 설치될 때에도 각각의 동작에 필요한 모터댐퍼(MD)와는 별개로 방화구획 zone을 통과하는 부분에도 방화댐퍼(FD)가 설치되어야 하므로, 이 부분에 대한 주기적인 점검의 실시가 대형화재 예방을 위해 매우 중요하다. 여기에서 한 가지 검토해야 할 것이 제연설비의 덕트가 방화구획 관통부를 통과할 때이다. 방화댐퍼의 설치는 방화구획 관통부를 통과하는 덕트등의 내부에 설치하게 되는데, 제연설비의 제연덕트 안에 설치된 방화댐퍼가 연기·불꽃의 감지로 자동으로 닫힌다면 소방시설의 기능을 할 수 없을 것이다. 그러므로 공조설비와 겸용으로 제연설비를 설

39) 사진출처: https://blog.daum.net/yj6106110/126

치할 때는 공조설비 덕트의 방화구획 관통부에 설치하는 방화댐퍼가 작동하더라도 제연설비의 기능에 지장을 주지 않도록 각 댐퍼의 개방과 폐쇄의 작동 시퀀스를 고려한 방화댐퍼의 설치위치를 설계하는 것이 중요하다. 제연설비의 화재안전성능기준(NFPC 501)에 제연덕트 내부에 방화댐퍼의 설치에 대한 기준 규정에 없다. 또한 건축법령의 방화구획 규정이 "환기 · 난방 또는 냉방시설의 풍도가 방화구획을 관통하는 경우"에 설치하도록 하고 있는데, 이 규정은 소방시설이 아닌 환기 · 난방 · 냉방시설의 풍도에 대해서만 해당한다. 그러므로, 방화구획을 관통하는 제연설비의 덕트에는 방화댐퍼를 설치할 의무가 없다.

PLUS TIPS+ 방화구획을 관통하는 풍도의 댐퍼 설치여부(건축안전과, 2020. 11. 11.)

질의	1. 국토교통부령 「건축물의 피난 · 방화구조 등의 기준에 관한 규칙」 제14조(방화구획의 설치기준) 제2항 3호 "환기, 난방 또는 풍도가 방화구획을 관통하는 경우에는 그 관통부위 또는 이에 근접한 부분에 다음 각 목의 기준에 적합한 댐퍼를 설치할 것"이라고 되어 있습니다. 2. 「화재예방, 소방시설 설치 · 유지 및 안전관리에 관한 법률」 제9조 제1항에 따른 "소방청고시" 「제연설비의 화재안전기준(NFSC 501)」에 의거 소화활동설비인 제연설비의 풍도가 "방화구획"을 관통하는 경우 "댐퍼"를 설치해야 하는지 질의드립니다.
답변	• 건축물의 피난 · 방화구조 등의 기준에 관한 규칙 제14조 제2항 제3호에 따르면 환기 · 난방 또는 냉방시설의 풍도가 방화구획을 관통하는 경우에는 그 관통부분 또는 이에 근접한 부분에 각 목의 기준에 적합한 댐퍼를 설치하도록 하고 있으나, 제연을 위한 설비는 동 기준에 따른 환기 · 난방 또는 냉방시설의 풍도로 보지 않으므로 적용하지 않습니다. • 다만, 기타 소방관계법령에서 별도로 정한 사항이 있다면 그에 따라야 할 것입니다.

05 소방법령에서의 유지 · 관리

건축법령 규정에서의 방화구획을 설치하는 설비 등은 「소방시설 설치 및 관리에 관한 법률」 제16조(피난시설, 방화구획 및 방화시설의 관리)의 규정에서는 "방화구획"을 위한 시설들로 분류되고 있다. 그러므로 건축물의 각 층마다 또는 각 거실의 면적에 따라 설치된 방화구획을 위한 시설들에 대해 제거 · 변경 · 훼손 등의 상태로 방치하는등 관리에 대한 소홀은 소방법령에서 규정하는 방화구획의 관리 의무위반에 해당되어 과태료등 불이익처분을 받게 된다.

이상으로 건축법령에서 규정하고 있는 방화구획의 연혁과 설치기준 등 전반적인 사항들을 살펴보았는데 특히 기존의 건축물에는 방화구획을 위한 자동방화셔터가 많이 설치되어 있으므로, 자체점검 시 반드시 정상작동 여부를 꼭 확인할 수 있어야 한다. 또한 방화댐퍼의 성능확보등의 기준이 고시에 신설되었으므로 설치 및 유지관리에 소홀함이 없도록 해야 할 것이다.

CHAPTER 

09 | 건축물의 경계벽과 대피공간등

01 경계벽

1 경계벽의 기능

건축법령에서 정하는 용도 및 규모의 건축물은 가구 · 세대 등 간 소음 방지를 위해서 일정한 기준에 따라 경계벽 및 바닥을 설치해야 한다. 이러한 경계벽은 소음방지 기능을 위한 시설이지만 그 설치의 기준이 내화구조로 하고 지붕 밑 또는 바로 위층의 바닥판까지 닿게 해야 하는 것으로 볼 때, 이것은 단순한 소음방지의 역할을 넘어 내화구조의 벽으로서 다른 세대의 연소확대 방지를 위한 방화시설의 기능도 일부 포함하고 있다 할 것이다. 앞 편(제3편 제2장)의 소방법령 적용 범위와 쟁점사항인 "경계벽의 피난 · 방화시설 해당여부"에 대한 부분에서 피난(避難)과 방화(防火)를 위한 시설에 해당되지 않고 단순히 차음(遮音)을 위한 시설로 해석하는 것에는 의심할 필요가 있다고 하였다. 이러한 기능을 위한 하나의 규정이 「주택건설기준 등에 관한 규정」에서 "공동주택의 발코니에 세대 간 경계벽을 설치하는 경우에는 파괴하기 쉬운 경량구조 등으로 설치" 할 수 있도록 하고 있는데, 이것은 화재 시 등 긴급한 상황 발생 시 인접세대로 신속한 피난을 할 수 있도록 하기 위한 것이므로 이런 취지에서 이 경계벽은 피난시설의 역할을 하는 것이라 할 수 있을 것이다.

이 장에서는 경계벽 설치 규정을 살펴보면서 소음방지 기능에 관한 내용은 언급하지 않고 피난 · 방화시설의 관점에서 필요한 사항만을 이해할 수 있도록 한다.

2 경계벽 설치의 변천과정

건축법 시행령이 최초 시행(1962. 04. 10.)될 당시에는 건축물의 계벽, 간벽 및 격벽은 건축물 사용용도에 따라 내화구조 또는 방화구조로 하고 이를 지붕 밑 또는 반자 안에까지 달하게 설치하였다. 건축법 시행령이 전부개정(1987. 08. 07.)되면서 공동주택의 각 세대 간 경계벽을 내화구조로만 설치하도록 하고 이를 반자 안까지가 아닌 바로 위층 바닥판까지 닿게 설치되도록 변경되었다. 또한 「주택건설기준등에관한규정」이 개정(1992. 07. 25.) 되면서 "공동주택의 3층 이상인 층의 발코니에 세대 간 경계벽을 설치하는 경우에는 화재 등의 경우에 피난용도로 사용할 수 있는 피난구를 경계벽에 설치하거나, 경계벽의 구조를 파괴하기 쉬운 경량구조 등으로 설치" 할 수 있게 하여 3층 이상 층의 공동주택 발코니 부분에 한정해서 세대 간 경계벽을 비내화구조로 설치 가능하게 하였다. 이후 건축법 시행령(1995. 12. 30.)에 공동주택의 모든 층 "발코니 부분에 설치하는 각 세대 간 경계벽"은 반드시 내화구조로 설치해야 되는 세대 간 경계벽의 설치기준에서 제외되는 것으로 변경되었다.

여기서 잠깐!

「발코니」의 정의

건축법 시행령 제2조(정의)

14. "발코니"란 건축물의 내부와 외부를 연결하는 완충공간으로서 전망이나 휴식 등의 목적으로 건축물 외벽에 접하여 부가적(附加的)으로 설치되는 공간을 말한다. 이 경우 주택에 설치되는 발코니로서 국토교통부장관이 정하는 기준[1]에 적합한 발코니는 필요에 따라 거실 · 침실 · 창고 등의 용도로 사용할 수 있다.

또한 2006년에는 단독주택 중 "다가구주택의 각 가구 간 경계벽"이 기준에 맞게 설치되도록 포함되었고, 2010년 개정 이후에는 "고시원의 호실 간 칸막이벽, 노인복지주택의 각 세대 경계벽, 다중생활시설 호실 간 칸막이벽, 노인요양시설의 호실 간 경계벽"을 내화구조로 설치하도록 하였다. 현재는 건축법령이 다시 일부개정(2020. 10. 08.)되어 "산후조리원의 임산부실 간 경계벽, 신생아실 간 경계벽, 임산부실과 신생아실 간 경계벽"까지 반드시 내화구조로 설치하여 화재 등 발생에 따른 인접실이 위협받지 않도록 제도적으로 강화되었다.

경계벽에 대한 건축법령 변천과정

1. 건축법 시행령 제100조(건축물의 계벽, 간벽 및 격벽)
   [제정 시행 각령 제650호, 1962. 04. 10.]
   ① 수련동건물 또는 공동주택의 각 호의 계벽은 내화구조 또는 방화구조로 하고 이를 지붕밑 또는 반자 안에까지 달하게 하여야 한다.
   ② 학교, 병원, 진료소(환자의 수용시설이 없는 것은 제외한다), 호텔, 여관, 하숙, 기숙사 또는 시장의 용도에 쓰이는 건축물의 당해용도에 쓰이는 부분에 대하여는 그 방화상 주요한 간벽을 내화구조 또는 방화구조로 하고 지붕 밑 또는 반자에까지 달하게 하여야 한다.
   ③ 건축면적이 3백평방미터를 넘는 건축물의 지붕틀이 목조인 경우에는 도리방향의 간격 12미터 이내마다 지붕 밑에 내화구조로 한 간격 또는 양면을 방화구조로한 격벽을 설치하여야 한다.
   ④ 연면적이 각각 2백평방미터를 넘는 건축물 상호를 연락하는 복도로서 그 지붕틀이 목조이고 또한 도리간격이 4미터를 넘는 것은 지붕틀에 내화구조로 한 간벽 또는 양면을 방화구조로 한 격벽을 설치하여야 한다.

1) 발코니 등의 구조변경절차 및 설치기준

2. 건축법 시행령 제32조(건축물의 경계벽 및 칸막이벽)
[전부개정 시행 대통령령 제10882호, 1982. 08. 07.]
① 공동주택의 각 세대 간의 경계벽은 내화구조로 하고, 이를 지붕 밑 또는 바로 위층 바닥판까지 닿게 하여야 한다.
② 학교의 교실, 의료시설의 병실, 숙박시설의 객실 및 기숙사의 침실 간의 칸막이벽 또는 시장 기타 이와 유사한 용도에 쓰이는 건축물의 방화에 주요한 칸막이벽은 내화구조로 하고 이를 지붕 밑 또는 바로 위층 바닥판까지 닿게 하여야 한다.

3. 건축법 시행령 제53조(경계벽 및 칸막이벽의 구조)
[전부개정 대통령령 제13655호, 1992. 05. 30.]
① 다음 각 호의 규정에 의한 건축물의 경계벽 및 칸막이벽은 내화구조로 하고, 지붕 밑 또는 바로 위층의 바닥판까지 닿게 하여야 한다.
1. 공동주택의 각 세대 간 경계벽
2. 학교의 교실 · 의료시설의 병실 · 숙박시설의 객실 및 기숙사의 침실 간의 칸막이벽
② 제1항의 규정에 의한 경계벽 및 칸막이벽은 건설부령이 정하는 기준에 의하여 소리를 차단하는 데 장애가 되는 부분이 없도록 설치하여야 한다.

4. 건축법 시행령 제53조(경계벽 및 칸막이벽의 구조)
[일부개정 대통령령 제14891호, 1995. 12. 30, 시행 1996. 01. 06.]
① 다음 각 호의 규정에 의한 건축물의 경계벽 및 칸막이벽은 내화구조로 하고, 지붕 밑 또는 바로 위층의 바닥판까지 닿게 하여야 한다.
1. 공동주택의 각 세대 간 경계벽(발코니부분을 제외한다)(이하 생략)

5. 건축법 시행령 제53조(경계벽 및 칸막이벽의 설치)
[일부개정 대통령령 제16284호, 1999. 04. 30, 시행 1999. 05. 09.]
법 제39조 제2항의 규정에 의하여 다음 각 호의 1에 해당하는 건축물에는 건설교통부령이 정하는 기준에 따라 경계벽 및 간막이 벽을 설치하여야 한다.
1. 공동주택(기숙사를 제외한다)의 각 세대 간 경계벽(발코니부분을 제외한다)
2. 공동주택 중 기숙사의 침실, 의료시설의 병실, 교육연구 및 복지시설 중 학교의 교실 또는 숙박시설의 객실간의 칸막이벽 [전문개정]

6. 건축법 시행령 제53조(경계벽 및 칸막이벽의 설치)
[일부개정 대통령령 제19466호, 2006. 05. 08, 시행 2006. 05. 09.]
법 제39조 제2항에 따라 다음 각 호의 어느 하나에 해당하는 건축물에는 건설교통부령이 정하는 기준에 따라 경계벽 및 칸막이벽을 설치하여야 한다.
1. 단독주택 중 다가구주택의 각 가구 간 또는 공동주택(기숙사를 제외한다)의 각 세대 간 경계벽(제2조 제15호 후단에 따라 거실 · 침실 등 용도로 사용되지 아니하는 발코니부분을 제외한다)(이하 생략)

7. 건축법 시행령 제53조(경계벽 및 칸막이벽의 설치)
[일부개정 시행 대통령령 제22351호, 2010. 08. 17, 시행 2010. 08. 17.]
법 제49조 제2항에 따라 다음 각 호의 어느 하나에 해당하는 건축물에는 국토해양부령으로 정하는 기준에 따라 경계벽 및 칸막이벽을 설치하여야 한다. 〈개정 2010. 08. 17.〉

1. 단독주택 중 다가구주택의 각 가구 간 또는 공동주택(기숙사는 제외한다)의 각 세대 간 경계벽(제2조 제14호 후단에 따라 거실 · 침실 등의 용도로 쓰지 아니하는 발코니 부분은 제외한다)
2. 공동주택 중 기숙사의 침실, 의료시설의 병실, 교육연구시설 중 학교의 교실 또는 숙박시설의 객실 간 칸막이벽
3. 제2종 근린생활시설 중 고시원의 호실 간 칸막이벽
4. 노유자시설 중 「노인복지법」 제32조 제1항 제3호에 따른 노인복지주택(이하 "노인복지주택"이라 한다)의 각 세대 간 경계벽

8. 건축법 시행령 제53조(경계벽 및 칸막이벽의 설치)
[일부개정 시행 대통령령 제25273호, 2014. 03. 24.]
법 제49조 제2항에 따라 다음 각 호의 어느 하나에 해당하는 건축물에는 국토교통부령으로 정하는 기준에 따라 경계벽 및 칸막이벽을 설치하여야 한다.
1. 단독주택 중 다가구주택의 각 가구 간 또는 공동주택(기숙사는 제외한다)의 각 세대 간 경계벽(제2조 제14호 후단에 따라 거실 · 침실 등의 용도로 쓰지 아니하는 발코니 부분은 제외한다)
2. 공동주택 중 기숙사의 침실, 의료시설의 병실, 교육연구시설 중 학교의 교실 또는 숙박시설의 객실 간 칸막이벽
3. 제2종 근린생활시설 중 다중생활시설의 호실 간 칸막이벽
4. 노유자시설 중 「노인복지법」 제32조 제1항 제3호에 따른 노인복지주택(이하 "노인복지주택"이라 한다)의 각 세대 간 경계벽

9. 건축법 시행령 제53조(경계벽 등의 설치)
[일부개정 시행 대통령령 제26542호, 2015. 09. 22.]
① 법 제49조 제3항에 따라 다음 각 호의 어느 하나에 해당하는 건축물의 경계벽은 국토교통부령으로 정하는 기준에 따라 설치하여야 한다.
1. 단독주택 중 다가구주택의 각 가구 간 또는 공동주택(기숙사는 제외한다)의 각 세대 간 경계벽(제2조 제14호 후단에 따라 거실 · 침실 등의 용도로 쓰지 아니하는 발코니 부분은 제외한다)
2. 공동주택 중 기숙사의 침실, 의료시설의 병실, 교육연구시설 중 학교의 교실 또는 숙박시설의 객실 간 경계벽
3. 제2종 근린생활시설 중 다중생활시설의 호실 간 경계벽
4. 노유자시설 중 「노인복지법」 제32조 제1항 제3호에 따른 노인복지주택(이하 "노인복지주택"이라 한다)의 각 세대 간 경계벽
5. 노유자시설 중 노인요양시설의 호실 간 경계벽

10. 건축법 시행령 제53조(경계벽 등의 설치)
[일부개정 시행 대통령령 제31100호, 2020. 10. 08.]
① 법 제49조 제4항에 따라 다음 각 호의 어느 하나에 해당하는 건축물의 경계벽은 국토교통부령으로 정하는 기준에 따라 설치해야 한다.
1. 단독주택 중 다가구주택의 각 가구 간 또는 공동주택(기숙사는 제외한다)의 각 세대 간 경계벽(제2조 제14호 후단에 따라 거실 · 침실 등의 용도로 쓰지 아니하는 발코니 부분은 제외한다)
2. 공동주택 중 기숙사의 침실, 의료시설의 병실, 교육연구시설 중 학교의 교실 또는 숙박시설의 객실 간 경계벽
3. 제1종 근린생활시설 중 산후조리원의 다음 각 호의 어느 하나에 해당하는 경계벽
가. 임산부실 간 경계벽
나. 신생아실 간 경계벽
다. 임산부실과 신생아실 간 경계벽

4. 제2종 근린생활시설 중 다중생활시설의 호실 간 경계벽
5. 노유자시설 중 「노인복지법」 제32조 제1항 제3호에 따른 노인복지주택(이하 "노인복지주택"이라 한다)의 각 세대 간 경계벽
6. 노유자시설 중 노인요양시설의 호실 간 경계벽

② (이하 생략)

3 경계벽 설치대상

법령에서 규정하는 건축물의 가구 또는 세대등의 소음방지를 위한 경계벽은 아래와 같다.

건축법 제49조(건축물의 피난시설 및 용도제한 등)

④ 대통령령으로 정하는 용도 및 규모의 건축물에 대하여 가구 · 세대 등 간 소음 방지를 위하여 국토교통부령으로 정하는 바에 따라 경계벽 및 바닥을 설치하여야 한다.

하나의 건축물 안에서 경계벽의 설치에 있어서 각 세대 간 또는 각 실 간의 경계를 하는 방식은 여러 가지가 있을 수 있다. 이 경계벽이 건축물 주요구조부의 내력벽에 해당되어 내화구조로 설치해야 하는 경우도 있고 주요구조부에 해당되지 않아 경량의 칸막이 등으로 구획하여 쉽게 설치하기도 한다. 그러나 건축물의 주요구조부에 해당되지 않더라도 각 세대별 또는 하나의 건축물 내에서 어떤 용도로 사용하고 있는 실은 인접하고 있는 다른 실에서 발생한 화재 등의 위험에서 반드시 안전해야 하는 경우가 있을 수 있을 것이다.

예를 들어 산후조리원의 어떤 실에서 발생한 화재로 인해 임산부와 신생아가 있는 인접실까지 영향을 받으면 심각한 인명피해가 발생할 수 있으므로 화재에 견디는 일정한 구조로 설치하여 안전을 확보하는 것이 중요할 것이다. 이것이 건축방재계획에서 Passive System인 것이다. 건축법령에서는 주요구조부의 내화구조와는 별개로 "주택의 각 세대 간, 숙박시설의 객실 간" 등의 경계를 내화구조의 벽으로 설치하도록 규정하고 있다.

건축법 시행령 제53조(경계벽 등의 설치)

다음의 어느 하나에 해당하는 건축물의 경계벽은 국토교통부령으로 정하는 기준[2]에 따라 설치해야 한다.

1. 단독주택 중 다가구주택의 각 가구 간 또는 공동주택(기숙사 제외)의 각 세대 간 경계벽(주택에 설치되는 발코니로서 거실 · 침실 등의 용도로 쓰지 아니하는 발코니 부분은 제외)
2. 공동주택 중 기숙사의 침실, 의료시설의 병실, 교육연구시설 중 학교의 교실 또는 숙박시설의 객실 간 경계벽
3. 제1종 근린생활시설 중 산후조리원의 다음 각 호의 어느 하나에 해당하는 경계벽
   가. 임산부실 간 경계벽
   나. 신생아실 간 경계벽

2) 건축물의 피난 · 방화구조 등의 기준에 관한 규칙 제19조(경계벽 등의 구조)

다. 임산부실과 신생아실 간 경계벽
4. 제2종 근린생활시설 중 다중생활시설의 호실 간 경계벽
5. 노유자시설 중 「노인복지법」에 따른 노인복지주택의 각 세대 간 경계벽
6. 노유자시설 중 노인요양시설의 호실 간 경계벽

 여기서 잠깐!

건축법령의 「주택」의 정의

건축법 시행령 [별표 1] 용도별 건축물의 종류(제3조의5 관련)

1. 단독주택
   가. 단독주택
   나. 다중주택: 여러 사람이 장기간 거주할 수 있는 구조로서 취사시설을 설치하지 않는 등 독립된 주거의 형태를 갖추지 않고, 1개 동의 주택으로 쓰이는 바닥면적의 합계가 660제곱미터 이하이고 주택으로 쓰는 층수(지하층 제외)가 3개 층 이하일 것
   다. 다가구주택: 주택으로 쓰는 층수(지하층 제외)가 3개 층 이하이고, 1개 동의 주택으로 쓰이는 바닥면적의 합계가 660제곱미터 이하이며, 19세대(대지 내 동별 세대수를 합한 세대) 이하가 거주하는 것
   라. 공관(公館)
2. 공동주택
   가. 아파트: 주택으로 쓰는 층수가 5개 층 이상인 주택
   나. 연립주택: 주택으로 쓰는 1개 동의 바닥면적(2개 이상의 동을 지하주차장으로 연결하는 경우에는 각각의 동으로 본다) 합계가 660제곱미터를 초과하고, 층수가 4개 층 이하인 주택
   다. 다세대주택: 주택으로 쓰는 1개 동의 바닥면적 합계가 660제곱미터 이하이고, 층수가 4개 층 이하인 주택(2개 이상의 동을 지하주차장으로 연결하는 경우에는 각각의 동으로 본다)
   라. 기숙사: 학교 또는 공장 등의 학생 또는 종업원 등을 위하여 쓰는 것으로서 1개 동의 공동취사시설 이용 세대 수가 전체의 50퍼센트 이상인 것(「교육기본법」 제27조 제2항에 따른 학생복지주택과 「공공주택특별법」 제2조 제1호가목에 따른 공공임대주택 중 기숙사형 임대주택을 포함)

4 경계벽 설치구조

경계벽은 반드시 내화구조로 설치하고 지붕 밑 또는 바로 위층의 바닥판까지 닿게 해야 하며 또한 소리를 차단하는 데 장애가 되는 부분이 없도록 다음 어느 하나에 해당하는 구조[3]로 하여야 한다.

3) 건축물의 피난 · 방화구조 등의 기준에 관한 규칙 제19조(경계벽 등의 구조)

1. 철근콘크리트조 · 철골철근콘크리트조로서 두께가 10센티미터 이상인 것
2. 무근콘크리트조 또는 석조로서 두께가 10센티미터(시멘트모르타르 · 회반죽 또는 석고플라스터의 바름두께를 포함한다) 이상인 것
3. 콘크리트블록조 또는 벽돌조로서 두께가 19센티미터 이상인 것
4. 「벽체의 차음구조 인정 및 관리기준」에서 실시하는 품질시험에서 그 성능이 확인된 것
5. 「신제품에 대한 인정기준에 따른 인정」에 따라 정한 인정기준에 따라 인정하는 것

다만, 다가구주택 및 공동주택의 세대 간의 경계벽인 경우에는 「주택건설기준 등에 관한 규정」에서 정하는 바[4]에 따라 설치하는데, 이 규정에는 공동주택의 3층 이상인 층의 발코니에 세대 간 경계벽을 설치하는 경우 내화구조가 아닌 파괴하기 쉬운 경량구조등으로 설치할 수 있도록 규정하고 있다. 경량구조 등의 경계벽 설치부분에 있어서는 뒤에서 다시 언급하도록 한다.

 여기서 잠깐!

「내화구조」의 정의

건축물의 피난 · 방화구조 등의 기준에 관한 규칙 제3조(내화구조)

1. 벽의 경우에는 다음 각 목의 어느 하나에 해당하는 것
   가. 철근콘크리트조 또는 철골철근콘크리트조로서 두께가 10센티미터 이상인 것
   나. 골구를 철골조로 하고 그 양면을 두께 4센티미터 이상의 철망모르타르(그 바름바탕을 불연재료로 한 것으로 한정) 또는 두께 5센티미터 이상의 콘크리트블록 · 벽돌 또는 석재로 덮은 것
   다. 철재로 보강된 콘크리트블록조 · 벽돌조 또는 석조로서 철재에 덮은 콘크리트블록등의 두께가 5센티미터 이상인 것
   라. 벽돌조로서 두께가 19센티미터 이상인 것
   마. 고온 · 고압의 증기로 양생된 경량기포 콘크리트패널 또는 경량기포 콘크리트블록조로서 두께가 10센티미터 이상인 것

2. 외벽 중 비내력벽인 경우에는 제1호에도 불구하고 다음 각 목의 어느 하나에 해당하는 것
   가. 철근콘크리트조 또는 철골철근콘크리트조로서 두께가 7센티미터 이상인 것
   나. 골구를 철골조로 하고 그 양면을 두께 3센티미터 이상의 철망모르타르 또는 두께 4센티미터 이상의 콘크리트블록 · 벽돌 또는 석재로 덮은 것
   다. 철재로 보강된 콘크리트블록조 · 벽돌조 또는 석조로서 철재에 덮은 콘크리트블록등의 두께가 4센티미터 이상인 것
   라. 무근콘크리트조 · 콘크리트블록조 · 벽돌조 또는 석조로서 그 두께가 7센티미터 이상인 것

경계벽은 반드시 내화구조로 하면서 소리를 차단하는 구조로 설치해야 하므로 내화구조를 만족시키는 소리차단구조 설치방법으로 설치해야 한다. 또한 경계벽의 설치구조는 내력벽의 내화구조 기준과 유사하지만 차이가 있으므로 앞의 두 규정의 차이점을 비교해서 이해할 수 있어야 한다.

---

4) 주택건설기준 등에 관한 규정 제14조(세대 간의 경계벽 등)

02 경량칸막이

1 경량칸막이 설치배경

앞에서 각 세대나 각 실의 경계벽을 내화구조로 설치해야 하는 대상과 공동주택의 발코니 부분에 설치하는 경계벽에 있어서는 예외적으로 인접 세대와의 경계벽이 파괴하기 쉬운 경량구조 등으로 설치할 수 있다는 것을 알 수 있었다. 건축법 시행령에서는 반드시 내화구조로 설치하도록 규정하고 있었지만 「주택건설기준등에관한규정」이 개정(1992. 07. 25.)되면서 공동주택의 3층 이상 발코니 부분에는 경량구조로 설치할 수 있도록 하였는데, 이것은 재량행위의 규정이었다.

경량구조의 경계벽 설치

주택건설기준등에관한규정 제14조(세대 간의 경계벽등) **※ 일부개정 1992. 07. 25, 시행 1992. 10. 26.**

①~③(생략)

④ 공동주택의 3층 이상인 층의 발코니에 세대 간 경계벽을 설치하는 경우에는 제1항 및 제2항의 규정에 불구하고 화재 등의 경우에 피난용도로 사용할 수 있는 피난구를 경계벽에 설치하거나 경계벽의 구조를 파괴하기 쉬운 경량구조 등으로 할 수 있다. 다만, 경계벽에 창고 기타 이와 유사한 시설을 설치하는 경우에는 그러하지 아니하다.

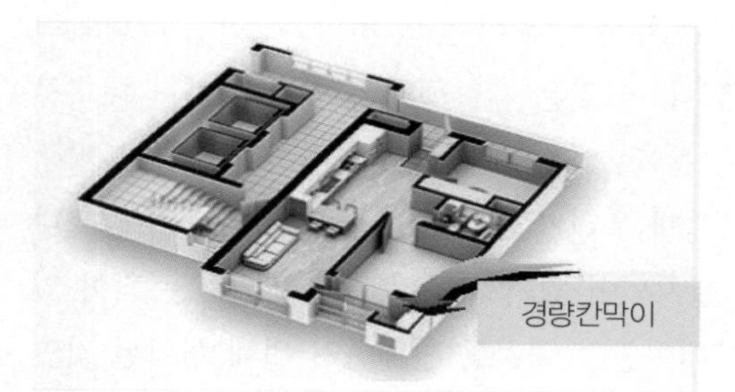

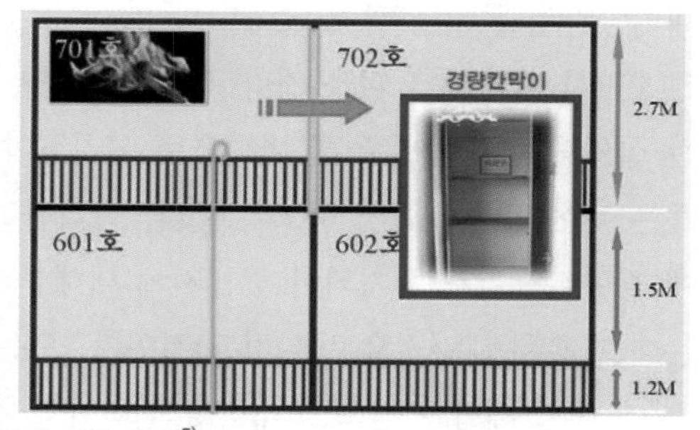

발코니 경량칸막이의 설치 위치[5)]

과거 필자는 실무에서 아파트 건축허가 동의 시 경량칸막이 구조로 설계한 발코니의 경계벽에 대한 향후 관리상의 미흡에 대한 피난 장애 우려를 제기한 적이 있었다. 즉, 하나의 세대에서 그 부분을 창고 등으로 사용하여 피난기능이 상실되었을 때 유사시 그것을 알지 못하는 인접세대 거주자의 사용에 있어 피난 장애가 발생할 우려에 대한 문제였다. 그러나 설계자의 입장에서는 향후 사용자들의 관리상 문제일 뿐이며 법령상의 하자는 전혀 없으므로 이런 위험요소가 잠재되어 있음에도 불구하고 제도적 장치 없이 설계를 하는 것이 대부분이었다. 그 당시의 규정에는 경계벽의 구조를 경량구조 등으로 하는 경우 그에 대한 정보를

5) 이미지 출처: https://cafe.daum.net/L.Y.R/

포함한 표지 등을 식별하기 쉬운 위치에 부착 또는 설치하도록 하는 법령상의 규정등 제도적 장치가 없었으므로, 세대 내 피난시설에 생소한 입주자들은 발코니를 통한 인접세대에서의 소음 발생에 대하여 심지어 부실공사라고 인식하기도 하였으며 그 부분을 창고 용도로 만들어 활용하는 것이 빈번했다.

세대 내 발코니에 설치된 경량칸막이[6)]

이후 「건축법 시행령」에 "공동주택 중 아파트로서 4층 이상인 층의 각 세대가 2개 이상의 직통계단을 사용할 수 없는 경우에는 발코니에 인접 세대와 공동으로 또는 각 세대별로 대피공간을 하나 이상 설치해야 한다."라는 규정이 신설(2005. 12. 02.)되어 발코니 부분에 대피공간의 설치를 허용하고 불법적으로 시행되던 아파트 발코니의 확장이 「발코니 등의 구조변경절차 및 설치기준」의 제정 시행(2005. 12. 08.)으로 합법화되었다. 문제는 여기에도 대피공간의 설치를 하지 않아도 되는 예외 조항을 두었는데 이 중의 하나가 "인접 세대와의 경계벽이 파괴하기 쉬운 경량구조 등인 경우"이다. 이것은 재량행위의 설치가 아닌 대피공간 설치를 면제받기 위해 법적으로 설치해야 하는 것이다. 대피공간 설치에 관한 세부기준들은 뒤에서 다시 언급하도록 한다. 정리하면 현재 우리가 거주하고 있는 아파트의 발코니에 경량칸막이가 설치되어 있는지에 대해 "왜 설치되어 있지 않은가" 또는 "설치는 되어 있는데 이것은 재량적으로 설치된 것인가" 또는 "대피공간 설치를 면제하기 위해 설치된 것인가"에 대한 해답은 건축물 대장상의 허가일 기준으로 아래와 같이 판단할 수 있다.

공동주택의 경량칸막이 설치 연혁

<table>
<tr><th colspan="2">기준일(건축허가)</th><th>설치 여부</th><th>비고</th></tr>
<tr><td colspan="2">1992. 10. 25. 이전</td><td>×</td><td>설치 규정 없음</td></tr>
<tr><td colspan="2">1992. 10. 26.~2005. 12. 01.</td><td>○ 또는 ×</td><td>설치 여부는 재량행위</td></tr>
<tr><td rowspan="2">2005. 12. 02.~현재</td><td rowspan="2">4층 이상인 층
각 세대 2개 이상
직통계단
사용 가능 여부</td><td>• 사용할 수 없는 경우
대피공간 또는 경량칸막이 설치</td><td>대피공간을 면제받기 위한 기속행위</td></tr>
<tr><td>• 사용할 수 있는 경우
공동주택 3층 이상 층: ○ 또는 ×</td><td>※「주택건설기준 등에 관한 규정」에 의한 재량행위</td></tr>
</table>

6) 이미지 출처: 2014년 부산시 아파트 소방안전 종합대책

2 경량칸막이 설치기준

아파트 발코니에 세대 간의 경계벽을 경량칸막이로 설치할 수 있는 경우는 두 가지가 있다.

첫째, 「건축법 시행령」에 의해서 아파트의 4층 이상인 층에서 2개 이상의 직통계단을 이용할 수 없는 경우에는 반드시 대피공간을 설치하도록 규정하고 있는데, 이 대피공간의 설치의무를 면제받기 위해서 발코니에 인접 세대와의 경계벽을 파괴하기 쉬운 경량구조 등으로 설치하게 된다. 이 경우는 경량칸막이가 반드시 설치되어야 하는 법적인 시설이다.

만일 다른 세대의 아파트 입주자가 다른 방법으로 쉽게 파괴 또는 통하지 못하도록 장애물 등을 설치하여 기능을 상실하게 한다면 법령을 위반하게 되어 대피공간을 다시 설치해야 하는 상황이 생길 수 있다. 이런 경우를 방지하기 위해서는 관리사무소 등 관리주체의 각 세대에 대한 적극적인 교육 및 홍보활동으로 장애행위가 없도록 하는 것이 무엇보다 중요하다.

둘째, 「주택건설기준 등에 관한 규정」에 의해서 화재 등의 경우 피난용도로 사용하기 위해 쉽게 파괴하기 쉬운 경량구조 등으로 설치하는 것이다. 이 경우는 하나의 층에 있는 각 세대가 2개의 직통계단을 사용할 수 있더라도 각 세대 내에서 양방향 피난로를 확보하기 위해서 설치하는 경우이다. 이 또한 유사시 피난을 위한 것으로 장애가 되는 시설의 설치등의 행위를 해서는 안 된다.

PART 4

경량칸막이 설치 규정

건축법 시행령	주택건설기준 등에 관한 규정
제46조(방화구획 등의 설치) ①~③(생략) ④ 공동주택 중 아파트로서 4층 이상인 층의 각 세대가 2개 이상의 직통계단을 사용할 수 없는 경우에는 발코니에 인접 세대와 공동으로 또는 각 세대별로 다음 각 호의 요건을 모두 갖춘 대피공간을 하나 이상 설치해야 한다.(중간 생략) ⑤ 제4항에도 불구하고 아파트의 4층 이상인 층에서 발코니에 다음 각 호의 어느 하나에 해당하는 구조 또는 시설을 설치한 경우에는 대피공간을 설치하지 아니할 수 있다. 1. 인접 세대와의 경계벽이 파괴하기 쉬운 경량구조 등인 경우(이하 생략)	제14조(세대 간의 경계벽 등) ①~④(생략) ⑤ 공동주택의 3층 이상인 층의 발코니에 세대 간 경계벽을 설치하는 경우에는 제1항 및 제2항의 규정에 불구하고 화재등의 경우에 피난용도로 사용할 수 있는 피난구를 경계벽에 설치하거나 경계벽의 구조를 파괴하기 쉬운 경량구조등으로 할 수 있다. 다만, 경계벽에 창고 기타 이와 유사한 시설을 설치하는 경우에는 그러하지 아니하다. ⑥ 제5항에 따라 피난구를 설치하거나 경계벽의 구조를 경량구조 등으로 하는 경우에는 그에 대한 정보를 포함한 표지 등을 식별하기 쉬운 위치에 부착 또는 설치하여야 한다.

일반적으로 파괴하기 쉬운 경량구조의 설치기준이 없으므로 설치작업이 쉬운 석고보드 등으로 설치되는 것이 대부분이다. 또한 과거에는 설치된 부분에 대한 정보를 포함한 표지를 설치하는 규정이 없었으므로 대부분의 입주자들이 세대 내 피난시설 존재여부 자체를 인지하지 못하여 안타까운 생명을 잃기도 하였다. 필자의 경험을 하나 소개하면, 2013년 12

월 부산 ㅇㅇ소방서 당직관으로 근무 중일 때 21시 30분경 119로 다급한 신고음성이 출동 지령 스피커로 흘러나왔다. "여보세요, 119죠? 지금 아파트 현관에서 화재가 발생했는데 빨리 좀 와주세요~ 빨리요!!" 아직도 그날 여성분의 다급한 목소리가 귀가에 맴돌아 잊히지 않는다. 일어나지 말아야 할 정말 안타까운 사고가 발생한 것이다.

PLUS TIPS+ 부산 화명동 도시그린아파트 화재사례

- 발생 일시: '13. 12. 11.(수) 21:35 ~ 22:26(완진)/51분간
- 발생 장소: 부산광역시 북구 화명동 ㅇㅇ아파트 7층, 철근콘크리트 슬래브 15/1층, 전용면적 59.82m^2(25평)
- 화재 원인: 형광등 전선 전기단락
- 피해 현황: 인명피해–사망 4명, 경상 6명(연기흡입)/재산피해–49,740천원
- 화재 개요
  705호의 현관 입구에서 화염이 발생하여 일가족 4명이 사망하고 이웃 주민 6명이 연기를 흡입한 화재로서 내부의 거주자가 베란다로 대피하였으나, 급격한 연소 확대로 진압대가 현장에 도착하기 전에 일가족 모두 사망함. 베란다에서 발견된 홍ㅇㅇ(여, 33세)는 자녀인 조ㅇㅇ(남, 9세), 조ㅇㅇ(여, 1세)를 품에 안고 엎드린 채로 사망하였으며, 조ㅇㅇ(여, 8세)는 작은방에서 발견됨. 베란다에는 옆집으로 피난할 수 있는 경량칸막이가 설치되어 있었으나 인지하지 못해 피난통로로 사용하지 못하였음
- 주요 사진[7]

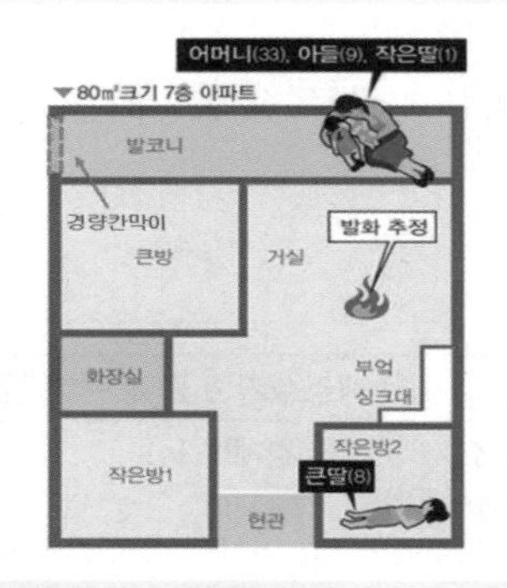

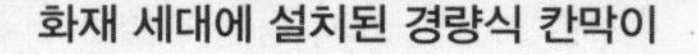

화재 세대에 설치된 경량식 칸막이 　　인접 세대에 설치된 경량식 칸막이

과거 필자가 건축허가 동의 업무 담당을 하던 시기에 우려했던 일이 현실로 나타난 것이었다. 이 화재 사고로 인해 그동안 설치되었던 아파트 발코니의 세대 내 경량칸막이 관리 실태의 허점이 고스란히 나타나게 되었다. 이후 「주택건설기준 등에 관한 규정」에 경계벽의 구조를 경량구조 등으로 하는 경우에는 그에 대한 정보를 포함한 표지 등을 식별하기 쉬운

7) 출처: 부산 북부소방서

위치에 부착 또는 설치하도록 하는 제도가 신설(2014. 12. 23.)되었다.

주택건설기준 등에 관한 규정 제14조(세대 간의 경계벽 등)

⑥ 제5항에 따라 피난구를 설치하거나 경계벽의 구조를 경량구조 등으로 하는 경우에는 그에 대한 정보를 포함한 표지 등을 식별하기 쉬운 위치에 부착 또는 설치하여야 한다. 〈신설 2014. 12. 23.〉

그러나 정보를 포함한 표지에 대한 표준화된 설치기준은 법령에서 규정하고 있지 않다.

PLUS TIPS⁺ 경량칸막이 정보표지 사례

또한 건축법 시행령에 대피공간을 면제하기 위해 설치하는 경량칸막이의 내용에는 정보표지를 설치하라는 별도의 규정은 없지만, 「건축물의 피난·방화구조 등의 기준에 관한 규칙」에 "다가구주택 및 공동주택의 세대 간의 경계벽인 경우에는 「주택건설기준 등에 관한 규정」 제14조에 따른다."라고 하고 있으므로 이것을 준용해서 반드시 설치해야 한다.

PLUS TIPS⁺ 경량칸막이를 통한 화재 대피 사례[8)]

전남 광양시 48층 고층 아파트에서 화재가 발생했지만 30대 여성이 경량 칸막이를 통해 대피해 인명 피해를 막았다. 전남 광양소방서에 따르면 23일 오후 2시 20분께 광양시 중동 48층 아파트의 44층 통로에서 불이 났다. 화재 당시 44층 집 안에 있던 A씨(33·여)는 불이 나자 6개월 된 아기를 안고 경량 칸막이를 뚫고 옆 세대로 대피했다. 베란다에 설치된 경량 칸막이는 아파트 화재 발생 시 출입구나 계단으로 대피가 어려울 경우 옆집이나 화재를 피할 수 있는 공간이다. 9mm의 얇은 석고보드로 만들어진 일종의 실내 비상구다.

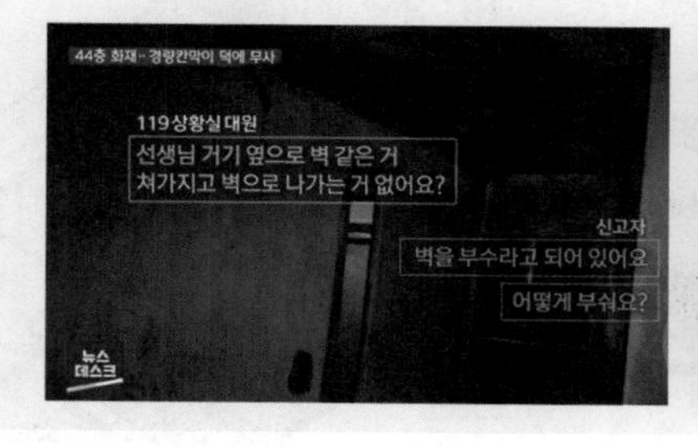

아파트의 세대 내 경계벽을 경량구조로 설치할 수 있는 것은 "반드시 발코니 부분에 설치하는 세대 간의 경계벽"을 의미한다. 그러나 판상형인 아파트와는 달리 초고층건축물 등 일부 건축물들은 코어(core)를 중심으로 한 층에 여러 세대가 배치되어 있는 탑상형(타워형)

8) 출처: 중앙일보 2020. 09. 23. / MBC 뉴스데스크

인 경우가 많은데 이런 구조는 일반적으로 발코니가 아닌 내부에 있는 방의 벽에서 인접세대와 통하도록 설치하는 경우가 종종 있다.

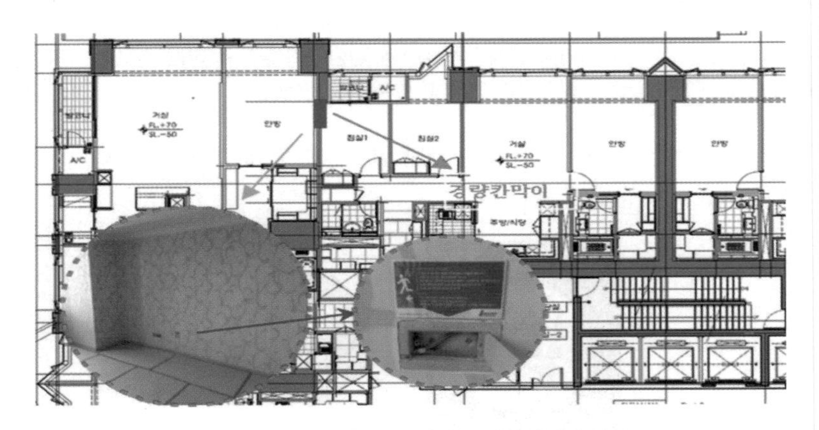

안방과 인접세대 침실로 통하는 경량칸막이 설치

이런 경우는 성능위주설계(PBD) 평가 또는 건축심의에서 고층건축물의 세대 내 양방향 피난을 위한 수단으로 가끔 설계가 되기도 하는데 내부 방으로 서로 통하도록 하는 것은 가구의 배치 등에 따라 효율성이 떨어질 수 있으므로 설치 위치 선정을 신중하게 검토해야 한다.

또한 현관 출입구가 화재로 인해 막혔을 경우 간단하고 명료한 피난동선으로 신속하게 대피하는 것이 설계에 있어 중요한 부분인데 가끔씩 안방 쪽의 드레스실 등에 설치하여 복잡한 피난동선으로 설계되는 사례도 있으므로 이는 반드시 지양해야 될 것이다.

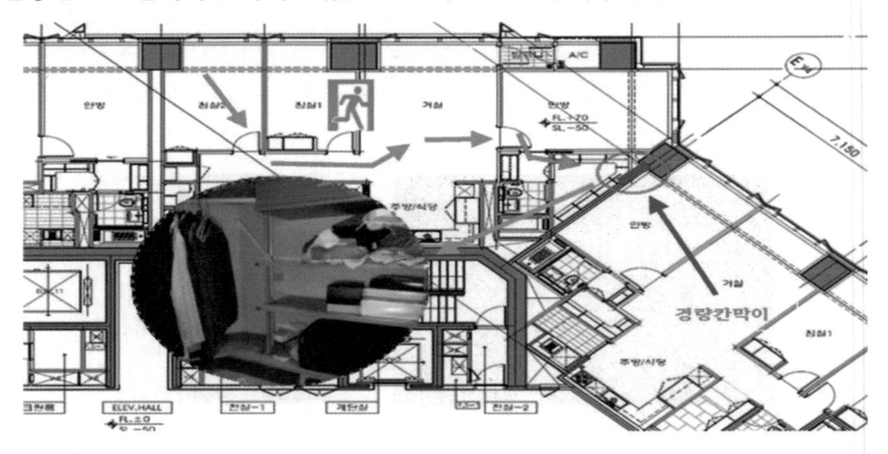

복잡한 피난동선의 경량칸막이 설치

침실 → 거실 → 안방 → 다용도실 → 드레스룸 → 경량칸막이 → 인접세대 안방

03 대피공간

1 대피공간 설치배경

대피공간은 세대 내 출입문 부근의 화재 발생으로 외부로의 피난이 불가능할 때 내부에서 대피할 수 있는 최소한의 공간으로서, 외부의 활동에 의해서 구조될 수 있는 안전공간이라 할 수 있다.

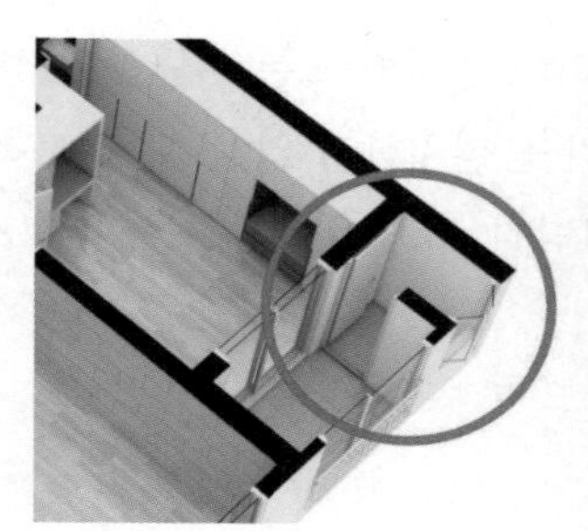

세대 내 대피공간의 설치위치

개정된 건축법 시행령(2005. 12. 02.)에 따르면, 입주자의 편의와 주거의 질적 향상을 위하여 건축물의 내부와 외부를 연결하는 완충공간인 발코니 중 "주택에 설치되는 발코니"는 필요에 따라 거실 · 침실 · 창고 등 다양한 용도로 사용할 수 있도록 하되, 아파트의 4층 이상의 각 세대가 2개 이상의 직통계단을 사용할 수 없는 경우에는 입주자의 안전을 위하여 대피공간을 발코니에 인접세대와 공동으로 설치하거나 각 세대별로 설치하게 하여 화재로 현관 방향 피난로가 막혔을 경우 구조대원들의 도착 시까지 안전하게 대피하여 구조될 수 있게 하였다.

그러나 아파트의 3층 이하는 화재 등 긴급상황 시 계단 등을 통해 대피가 용이하고 긴급히 대피를 못 하더라도 주변의 도움을 쉽게 받을 수 있다고 판단하여 별도의 공간을 설치하지 않아도 되도록 하였다. 기존의 아파트 등 주택의 발코니는 불법적으로 확장하여 사용하는 것이 일반화되어 안전에 대한 사각지대로서 곳곳에 위험성이 내재하고 있었다. 이런 불법적인 세대 내의 발코니 확장에 대한 위험요인을 제거하고 주거의 질적 향상을 위해 건축법 시행령에 발코니의 정의 내용을 "주택에 설치하는 발코니에는 일부 거실 · 침실 · 창고 등 다양한 용도로 사용"할 수 있도록 규정이 신설되었고 또한 화재위험성에 대한 안전을 확보한 설치기준인 「발코니 등의 구조변경절차 및 설치기준」[9]을 마련하고 발코니 확장 허용을 합법화시켰다.

9) 발코니 등의 구조변경절차 및 설치기준[건설교통부고시 제2005-400호, 2005. 12. 08. 제정시행]

발코니 정의 신설

건축법 시행령 제2조(정의) ※ 일부개정 시행 대통령령 제19163호, 2005. 12. 02.

15. "발코니"라 함은 건축물의 내부와 외부를 연결하는 완충공간으로서 전망 · 휴식 등의 목적으로 건축물 외벽에 접하여 부가적으로 설치되는 공간을 말한다. 이 경우 주택에 설치되는 발코니로서 건설교통부장관이 정하는 기준에 적합한 발코니는 필요에 따라 거실 · 침실 · 창고 등 다양한 용도로 사용할 수 있다.

이 기준에는 주택의 발코니를 확장하고자 할 때 구조변경의 절차와 설치기준뿐만 아니라 발코니에 설치하는 대피공간의 세부기준까지 규정하고 있다. 이후 건축법 시행령이 개정(2010. 02. 18.)되어 인접세대 발코니에 경량구조의 경계벽 또는 피난구의 설치, 발코니 바닥에 하향식 피난구를 설치하였을 경우 대피공간을 설치하지 않을 수 있도록 기준이 개정 추가되었고, 2015. 09. 22.에는 요양병원, 정신병원, 노인요양병원등의 각 층마다 별도로 방화구획된 대피공간을 설치하도록 강화되었다.

대피공간에 대한 건축법령 변천과정

1. 건축법 시행령 제2조(정의)
   [일부개정 시행 대통령령 제19163호, 2005. 12. 02.]
   15. "발코니"라 함은 건축물의 내부와 외부를 연결하는 완충공간으로서 전망 · 휴식 등의 목적으로 건축물 외벽에 접하여 부가적으로 설치되는 공간을 말한다. 이 경우 주택에 설치되는 발코니로서 건설교통부장관이 정하는 기준에 적합한 발코니는 필요에 따라 거실 · 침실 · 창고 등 다양한 용도로 사용할 수 있다. 〈신설〉

   제46조(방화구획의 설치)

   ④ 공동주택 중 아파트로서 4층 이상의 층의 각 세대가 2개 이상의 직통계단을 사용할 수 없는 경우에는 발코니에 인접세대와 공동으로 또는 각 세대별로 다음 각 호의 요건을 모두 갖춘 대피공간을 하나 이상 설치하여야 한다. 이 경우 인접세대와 공동으로 설치하는 대피공간은 인접세대를 통하여 2개 이상의 직통계단을 사용할 수 있는 위치에 우선 설치되어야 한다.
   1. 대피공간은 바깥의 공기와 접할 것
   2. 대피공간은 실내의 다른 부분과 방화구획으로 구획될 것
   3. 대피공간의 바닥면적은 인접세대와 공동으로 설치하는 경우에는 3제곱미터 이상, 각 세대별로 설치하는 경우에는 2제곱미터 이상일 것
   4. 건설교통부장관이 정하는 기준에 적합할 것

   ⑤ 제4항의 규정에 불구하고 아파트의 4층 이상의 층에서 발코니에 설치하는 인접세대와의 경계벽이 파괴하기 쉬운 경량구조 등이거나 경계벽에 피난구를 설치한 경우에는 대피공간을 설치하지 아니할 수 있다.

2. 발코니 등의 구조변경절차 및 설치기준 제3조(대피공간의 구조)
   [제정 시행 건설교통부고시 제2005-400호, 2005. 12. 08.]

   ① 건축법 시행령 제46조 제4항의 규정에 따라 설치되는 대피공간은 채광방향과 관계없이 거실 각 부분에서 접근이 용이한 장소에 설치하여야 하며, 출입구에 설치하는 갑종방화문은 거실 쪽에서만 열 수 있는 구조로서 대피공간을 향해 열리는 밖여닫이로 하여야 한다.

② 대피공간은 1시간 이상의 내화성능을 갖는 내화구조의 벽으로 구획되어야 하며, 벽 · 천장 및 바닥의 내부마감재료는 준불연재료 또는 불연재료를 사용하여야 한다.
③ 대피공간에 창호를 설치하는 경우에는 폭 0.9미터, 높이 1.2미터 이상은 반드시 개폐가능하여야 하며, 비상시 외부의 도움을 받는 경우 피난에 장애가 없는 구조로 설치하여야 한다.
④ 대피공간에는 정전에 대비해 휴대용 손전등을 비치하거나 비상전원이 연결된 조명설비가 설치되어야 한다.

3. 건축법 시행령 제46조(방화구획의 설치)
[일부개정 시행 대통령령 제22052호, 2010. 02. 18.]
④ 공동주택 중 아파트로서 4층 이상인 층의 각 세대가 2개 이상의 직통계단을 사용할 수 없는 경우에는 발코니에 인접 세대와 공동으로 또는 각 세대별로 다음 각 호의 요건을 모두 갖춘 대피공간을 하나 이상 설치하여야 한다. 이 경우 인접 세대와 공동으로 설치하는 대피공간은 인접 세대를 통하여 2개 이상의 직통계단을 쓸 수 있는 위치에 우선 설치되어야 한다.
1. 대피공간은 바깥의 공기와 접할 것
2. 대피공간은 실내의 다른 부분과 방화구획으로 구획될 것
3. 대피공간의 바닥면적은 인접 세대와 공동으로 설치하는 경우에는 3제곱미터 이상, 각 세대별로 설치하는 경우에는 2제곱미터 이상일 것
4. 국토해양부장관이 정하는 기준에 적합할 것
⑤ 제4항에도 불구하고 아파트의 4층 이상인 층에서 발코니에 다음 각 호와 같은 구조를 설치한 경우에는 대피공간을 설치하지 아니할 수 있다.
1. 인접 세대와의 경계벽이 파괴하기 쉬운 경량구조 등인 경우
2. 경계벽에 피난구를 설치한 경우
3. 발코니의 바닥에 국토해양부령으로 정하는 하향식 피난구를 설치한 경우 〈개정 2010. 02. 18.〉

4. 발코니 등의 구조변경절차 및 설치기준 제3조(대피공간의 구조)
[개정 시행 국토해양부고시 제2010-622호, 2010. 09. 10.]
① 건축법 시행령 제46조 제4항의 규정에 따라 설치되는 대피공간은 채광방향과 관계없이 거실 각 부분에서 접근이 용이하고 외부에서 신속하고 원활한 구조활동을 할 수 있는 장소에 설치하여야 하며, 출입구에 설치하는 갑종방화문은 거실 쪽에서만 열 수 있는 구조(잠금장치가 거실 쪽에 설치되는 것을 말하며, 대피공간임을 알 수 있는 표지판을 설치할 것)로서 대피공간을 향해 열리는 밖여닫이로 하여야 한다.
② 대피공간은 1시간 이상의 내화성능을 갖는 내화구조의 벽으로 구획되어야 하며, 벽 · 천장 및 바닥의 내부마감재료는 준불연재료 또는 불연재료를 사용하여야 한다.
③ 대피공간은 외기에 개방되어야 한다. 다만, 창호를 설치하는 경우에는 폭 0.7미터 이상, 높이 1.0미터 이상(구조체에 고정되는 창틀 부분은 제외한다)은 반드시 외기에 개방될 수 있어야 하며, 비상시 외부의 도움을 받는 경우 피난에 장애가 없는 구조로 설치하여야 한다.
④ 대피공간에는 정전에 대비해 휴대용 손전등을 비치하거나 비상전원이 연결된 조명설비가 설치되어야 한다.
⑤ 대피공간은 대피에 지장이 없도록 시공 · 유지관리되어야 하며, 대피공간을 보일러실 또는 창고 등 대피에 장애가 되는 공간으로 사용하여서는 아니 된다. 다만, 에어컨 실외기 등 냉방설비의 배기장치를 대피공간에 설치하는 경우에는 다음 각 호의 기준에 적합하여야 한다.
1. 냉방설비의 배기장치를 불연재료로 구획할 것
2. 제1호에 따라 구획된 면적은 건축법 시행령 제46조 제4항 제3호에 따른 대피공간 바닥면적 산정 시 제외할 것

5. 건축법 시행령 제46조(방화구획의 설치)
   [일부개정 대통령령 제25578호, 2014. 08. 27, 시행 2015. 05. 28.]
   ⑤ 제4항에도 불구하고 아파트의 4층 이상인 층에서 발코니에 다음 각 호의 어느 하나에 해당하는 구조 또는 시설을 설치한 경우에는 대피공간을 설치하지 아니할 수 있다.
   1. 인접 세대와의 경계벽이 파괴하기 쉬운 경량구조 등인 경우
   2. 경계벽에 피난구를 설치한 경우
   3. 발코니의 바닥에 국토교통부령으로 정하는 하향식 피난구를 설치한 경우
   4. 국토교통부장관이 중앙건축위원회의 심의를 거쳐 제4항에 따른 대피공간과 동일하거나 그 이상의 성능이 있다고 인정하여 고시하는 구조 또는 시설을 설치한 경우

6. 건축법 시행령 제46조(방화구획의 설치)
   [일부개정 시행 대통령령 제26542호, 2015. 09. 22.]
   ⑥ 요양병원, 정신병원, 「노인복지법」 제34조 제1항 제1호에 따른 노인요양시설(이하 "노인요양시설"이라 한다), 장애인 거주시설 및 장애인 의료재활시설의 피난층 외의 층에는 다음 각 호의 어느 하나에 해당하는 시설을 설치하여야 한다. 〈신설 2015. 09. 22.〉
   1. 각 층마다 별도로 방화구획된 대피공간
   2. 거실에 직접 접속하여 바깥 공기에 개방된 피난용 발코니
   3. 계단을 이용하지 아니하고 건물 외부 지표면 또는 인접 건물로 수평으로 피난할 수 있도록 설치하는 구름다리 형태의 구조물

7. 건축법 시행령 제46조(방화구획의 설치)
   [일부개정 대통령령 제29136호, 2018. 09. 04, 시행 2019. 03. 05.]
   ⑤ 제4항에도 불구하고 아파트의 4층 이상인 층에서 발코니에 다음 각 호의 어느 하나에 해당하는 구조 또는 시설을 설치한 경우에는 대피공간을 설치하지 아니할 수 있다.
   1. 인접 세대와의 경계벽이 파괴하기 쉬운 경량구조 등인 경우
   2. 경계벽에 피난구를 설치한 경우
   3. 발코니의 바닥에 국토교통부령으로 정하는 하향식 피난구를 설치한 경우
   4. 국토교통부장관이 중앙건축위원회의 심의를 거쳐 제4항에 따른 대피공간과 동일하거나 그 이상의 성능이 있다고 인정하여 고시하는 구조 또는 시설(이하 이 호에서 "대체시설"이라 한다)을 설치한 경우. 이 경우 대체시설 성능의 판단기준 및 중앙건축위원회의 심의 절차 등에 관한 사항은 국토교통부장관이 정하여 고시할 수 있다.
   ⑥ 요양병원, 정신병원, 「노인복지법」 제34조 제1항 제1호에 따른 노인요양시설(이하 "노인요양시설"이라 한다), 장애인 거주시설 및 장애인 의료재활시설의 피난층 외의 층에는 다음 각 호의 어느 하나에 해당하는 시설을 설치하여야 한다.
   1. 각 층마다 별도로 방화구획된 대피공간
   2. 거실에 접하여 설치된 노대등
   3. 계단을 이용하지 아니하고 건물 외부의 지상으로 통하는 경사로 또는 인접 건축물로 피난할 수 있도록 설치하는 연결복도 또는 연결통로

8. 건축법 시행령 제46조(방화구획의 설치)
   [일부개정 대통령령 제31941호, 2021. 08. 10. 시행 2022. 2. 11.]
   ⑤ 제4항에도 불구하고 아파트의 4층 이상인 층에서 발코니에 다음 각 호의 어느 하나에 해당하는 구조 또는 시설을 갖춘 경우에는 대피공간을 설치하지 않을 수 있다.
   1. 발코니와 인접 세대와의 경계벽이 파괴하기 쉬운 경량구조 등인 경우
   2. 발코니의 경계벽에 피난구를 설치한 경우
   3. 발코니의 바닥에 국토교통부령으로 정하는 하향식 피난구를 설치한 경우
   4. 국토교통부장관이 제4항에 따른 대피공간과 동일하거나 그 이상의 성능이 있다고 인정하여 고시하는 구조 또는 시설(이하 이 호에서 "대체시설"이라 한다)을 갖춘 경우. 이 경우 국토교통부장관은 대체시설의 성능에 대해 미리 「과학기술분야 정부출연연구기관 등의 설립 · 운영 및 육성에 관한 법률」 제8조 제1항에 따라 설립된 한국건설기술연구원(이하 "한국건설기술연구원"이라 한다)의 기술검토를 받은 후 고시해야 한다.
   ⑥ (이하 생략)

2 대피공간 설치기준

먼저 직통계단의 설치 산정방법을 보면 건축물에서 거실의 각 부분으로부터 계단(거실로부터 가장 가까운 거리에 있는 1개소의 계단)에 이르는 보행거리의 기준을 만족하도록 설치해야 한다. 일반적으로 보행거리를 30m 이하로 규정하고 있으나 건축물의 주요구조부가 내화구조나 불연재료로 된 건축물은 보행거리를 50m(층수가 16층 이상인 공동주택은 40m)로 완화 적용할 수 있다고 앞 장에서 배웠다. 이 보행거리를 만족하지 못하면 직통계단을 추가 설치해야 한다.

또 다른 경우는 아파트의 4층 이상의 각 세대가 보행거리와는 관계없이 반드시 2개 이상의 직통계단을 이용할 수 있어야 하는데 이 규정에 의해 직통계단을 추가로 설치하는 경우이다. 일반적으로 계단실형 아파트는 각 동마다 호수별 출입 라인이 각각 다르며 각 호수별 라인의 전용 승강기에서 하차하면 계단실을 중심으로 양쪽 2개 세대의 출입문만 보인다. 이것은 2세대 전용 계단실형 아파트로서 각 세대는 1개의 직통계단밖에 이용할 수 없다. 그러므로 법령의 규정에 의해 직통계단을 추가로 설치해야 한다. 그러나 우리가 일반적으로 이용하는 계단실형 아파트에는 하나의 계단밖에 볼 수 없다. 이것은 세대 내 대피공간의 설치로서 계단의 역할을 대신할 수 있다고 인정하기 때문이다. 건축방재에서 피난계획의 기본이 양방향으로 피난이며 직통계단 2개 이상을 이용하도록 규정하는 것도 이것 때문이다. 세대 내의 일정장소에 외기와 개방된 안전한 공간을 설치한다면 세대 내 출입구와 반대편 안전공간으로의 양방향 피난이 가능하다고 인정할 수 있는 개념에서 생겨난 제도가 대피공간 설치 규정의 신설이다.

대피공간은 세대 내의 양방향 피난이 가능하다고 인정할 수 있지만 대피공간에서는 자력

으로 지상까지의 피난은 불가능하며 외부의 도움에 의해 비로소 위험에서 벗어나는 대기하는 공간으로의 개념이다. 또한 지상으로 직접연결 되어 있는 직통계단과는 차이가 있는 시설이지만 공동주택 보급 활성화, 시행에 있어 사업성 등 여러 사회적인 여건을 반영한 제도로 생겨났다고 이해하면 될 것이다. 대피공간의 설치대상은 건축법령상의 용도별 건축물의 종류 중 공동주택에 해당되는 “아파트(정의: 주택으로 쓰는 층수가 5개 층 이상인 주택)”에만 적용이 된다. 또한 4층 이상인 층의 각 세대가 2개 이상의 직통계단을 사용할 수 없는 경우에 외기와 개방된 발코니에만 설치할 수 있도록 규정하고 있다.

건축법 시행령 제46조(방화구획 등의 설치)

④ 공동주택 중 아파트로서 4층 이상인 층의 각 세대가 2개 이상의 직통계단을 사용할 수 없는 경우에는 발코니에 인접 세대와 공동으로 또는 각 세대별로 다음 각 호의 요건을 모두 갖춘 대피공간을 하나 이상 설치해야 한다. 이 경우 인접 세대와 공동으로 설치하는 대피공간은 인접 세대를 통하여 2개 이상의 직통계단을 쓸 수 있는 위치에 우선 설치되어야 한다.

1. 대피공간은 바깥의 공기와 접할 것
2. 대피공간은 실내의 다른 부분과 방화구획으로 구획될 것
3. 대피공간의 바닥면적은 인접 세대와 공동으로 설치하는 경우에는 3제곱미터 이상, 각 세대별로 설치하는 경우에는 2제곱미터 이상일 것
4. 국토교통부장관이 정하는 기준에 적합할 것

대피공간은 바깥의 공기와는 접하고 실내와는 반드시 방화구획 되어야 하는데, 이것은 대피자의 환기와 외부의 도움으로 지상으로의 피난 완료 시까지 화재의 위험으로부터 보호받기 위함이다. 또한 대피공간의 면적은 인접세대와 공동으로 사용하는 구조로 설치하는 경우에는 바닥면적이 3제곱미터 이상이 되어야 하고, 각 세대별 전용공간으로 설치할 경우에는 바닥면적이 2제곱미터 이상이 되도록 설치해야 한다.

세대 단독 설치 시

발코니
대피공간 (3㎡)
발코니
거실
안방
안방
거실
화장실
알파룸
알파룸
화장실

인접세대 공동 설치 시

대피공간의 바닥면적의 산정에서 치수의 중심을 어떻게 적용하느냐에 따라 실제 설치면적 확보에 많은 차이가 있으므로 바닥면적 계산 치수는 반드시 안목치수(건축물의 실내에서 눈으로 보이는 벽 안쪽과 벽 안쪽의 거리)를 적용해야 한다.

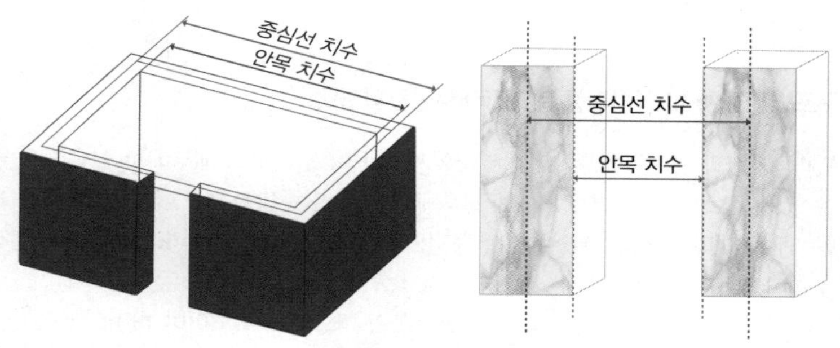

안목치수와 중심선치수

대피공간의 출입문은 방화의 성능이 있는 것으로 설치하고 거실 쪽에서만 열 수 있는 구조로서 대피공간을 향해 열리는 밖여닫이로 하고 대피공간임을 알 수 있는 표지판을 설치해야 한다. 아파트 발코니의 대피공간 설치 의무규정이 신설(2005. 12. 02.)될 당시의 건축법 시행령에는 출입문을 차열 성능이 없는 비차열 1시간 이상 성능의 갑종방화문을 설치했는데 「건축물의 피난 · 방화구조 등의 기준에 관한 규칙」이 일부개정 시행(2015. 04. 06.)되면서 "아파트 발코니에 설치되는 대피공간의 출입구 갑종방화문은 차열 30분 이상의 성능까지 만족하는 갑종방화문을 설치"하도록 강화되었다. 즉, 현재의 60분+ 방화문의 성능이다. 그러나 또다시 '성능에 따른 방화문 종류'의 구분에 관한 법령과 관련 규정들이 변경 삭제됨으로써 현재 대피공간 출입구의 방화문 성능 적용에 있어서 '60분+ 방화문과 60분 방화문을 선택적으로 설치할 수 있는 것으로 해석되고 있다.

차열성능이 설치되지 않은 출입구 방화문의 설치 위험성 등에 대해서는 앞에서 언급한 「4편 8장 방화구획 편(아파트 발코니 대피공간의 방화문)」의 내용을 참고하면 될 것이다.

3 대피공간의 구조

대피공간 설치구조에 대한 세부기준은 고시[10]에서 정하고 있는데 이것은 아파트 세대 내의 발코니에 대피공간 설치규정이 신설(2005. 12. 02.)된 후에 제정 시행(2005. 12. 08.)되어 왔다. 시행 초기에는 대피공간을 보일러실 또는 창고 등 대피에 장애가 되는 공간으로 사용할 수 없도록 하였지만 세대 내의 냉방 등을 위한 설비의 설치가 다양화되어 실외기 등의 공간이 필요하게 되었다. 아파트 세대 내의 특성상 별도의 설치공간 확보가 어려운 경우가 많았으므로 에어컨 실외기 등 냉방설비의 배기장치를 불연재료로 구획하고 별도의 바닥면적을 확보할 수 있을 경우에 대피공간 내에 설치가능 하도록 개정되었다.

10) 발코니 등의 구조변경절차 및 설치기준[건설교통부고시 제2005-400호, 2005. 12. 08. 제정시행]

대피공간의 설치구조는 아래와 같이 규정하고 있다.

발코니 등의 구조변경절차 및 설치기준 제3조(대피공간의 구조)

① 대피공간은 채광방향과 관계없이 거실 각 부분에서 접근이 용이하고 외부에서 신속하고 원활한 구조활동을 할 수 있는 장소에 설치하여야 하며, 출입구에 설치하는 방화문(구. 갑종방화문)은 거실 쪽에서만 열 수 있는 구조(대피공간임을 알 수 있는 표지판을 설치할 것)로서 대피공간을 향해 열리는 밖여닫이로 하여야 한다.

② 대피공간은 1시간 이상의 내화성능을 갖는 내화구조의 벽으로 구획되어야 하며, 벽 · 천장 및 바닥의 내부마감재료는 준불연재료 또는 불연재료를 사용하여야 한다.

③ 대피공간은 외기에 개방되어야 한다. 다만, 창호를 설치하는 경우에는 폭 0.7미터 이상, 높이 1.0미터 이상(구조체에 고정되는 창틀 부분은 제외한다)은 반드시 외기에 개방될 수 있어야 하며, 비상시 외부의 도움을 받는 경우 피난에 장애가 없는 구조로 설치하여야 한다.

④ 대피공간에는 정전에 대비해 휴대용 손전등을 비치하거나 비상전원이 연결된 조명설비가 설치되어야 한다.

⑤ 대피공간은 대피에 지장이 없도록 시공 · 유지관리되어야 하며, 대피공간을 보일러실 또는 창고 등 대피에 장애가 되는 공간으로 사용하여서는 아니 된다. 다만, 에어컨 실외기 등 냉방설비의 배기장치를 대피공간에 설치하는 경우에는 다음 각 호의 기준에 적합하여야 한다.

1. 냉방설비의 배기장치를 불연재료로 구획할 것
2. 제1호에 따라 구획된 면적은 대피공간 바닥면적 산정 시 제외할 것

대피공간의 설치에서 가장 중요한 것이 외부에서 신속하고 원활한 구조활동을 할 수 있는 장소에 설치하는 것이다. 대피공간은 자력으로 지상까지 피난할 수 없는 대기공간의 개념이므로 반드시 아파트 단지 내 고가사다리차등의 부서가 가능하고 세대 내로 소방대원이 접근할 수 있는 위치에 설치하는 것이 매우 중요하다. 또한 대피공간은 반드시 외기에 개방되어야 하고 만약 창호설치 시 구조체에 고정되는 창틀 부분을 제외한 "폭 0.7미터 이상, 높이 1.0미터 이상"은 반드시 "외기에 개방"될 수 있어야 한다.

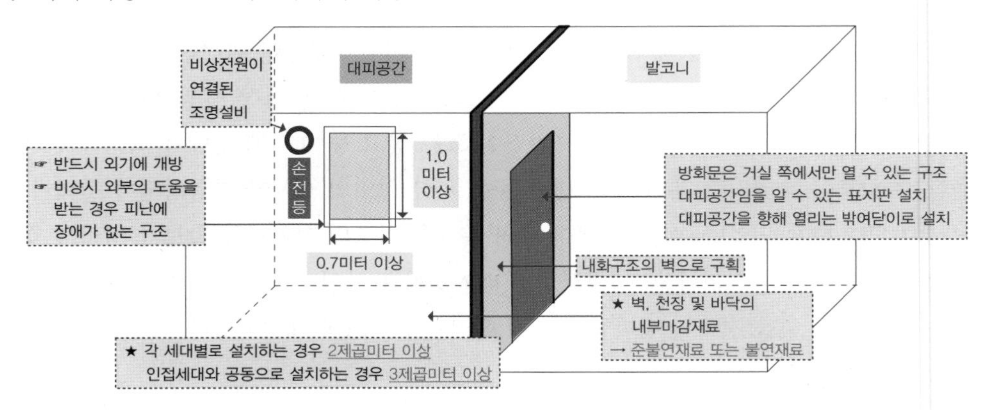

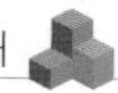

PLUS TIPS 각 시설별 창호등의 크기 비교

종류	기준	근거
대피공간 창호 설치 시 외기 개방면적	폭 0.7미터 이상, 높이 1미터 이상(창틀부분 제외)	발코니 등의 구조변경절차 및 설치기준 제3조
소방관 진입창	폭 0.9미터 이상, 높이 1.2미터 이상, 실내바닥으로부터 창아랫부분 까지 높이 0.8미터 이내	건축물의 피난 · 방화구조 등의 기준에 관한 규칙 제18조의2
지하층 비상탈출구	유효너비 0.75미터 이상, 유효높이 1.5미터 이상, 바닥부터 탈출구 아래까지 1.2미터 이상이면 너비 20센티미터 이상의 사다리 설치	건축물의 피난 · 방화구조 등의 기준에 관한 규칙 제25조
다중이용업소 비상구	① 비상구 : 가로 0.75미터 이상, 세로 1.5미터 이상(비상구 문틀제외) ② 영업장의 위치가 4층 이하(지하층 제외)인 경우 1) 피난 시에 유효한 발코니: 가로 75센티미터 이상, 세로 150센티미터 이상, 면적 1.12제곱미터 이상, 난간의 높이 100센티미터 이상 2) 부속실: 불연재료로 바닥에서 천장까지 구획된 실로서 가로 75센티미터 이상, 세로 150센티미터 이상, 면적 1.12제곱미터 이상	다중이용업소의 안전관리에 관한 특별법 시행규칙 [별표 2]

대피공간은 전용의 공간으로 설치해야 하는데 여기에도 완화규정이 있다. 즉, 에어컨 실외기 등 냉방설비의 배기장치를 대피공간에 설치할 수 있도록 하고 있는데 이때는 반드시 배기장치를 불연재료로 구획하여야 하고, 이 배기장치가 차지하는 면적은 대피공간의 확보면적에서 제외되어야 한다. 그러나 실무 적용에서 에어컨 실외기 설치부분을 불연재료로 구획하는 방법에 대한 기준과 범위등이 명확하게 정해져 있지 않다. 즉, 실외기 자체를 불연재료의 별도공간으로 만들어야 하는지 또는 철재판으로 실외기와 구획만 해도 되는지 등의 기준이 명확하지가 않다.

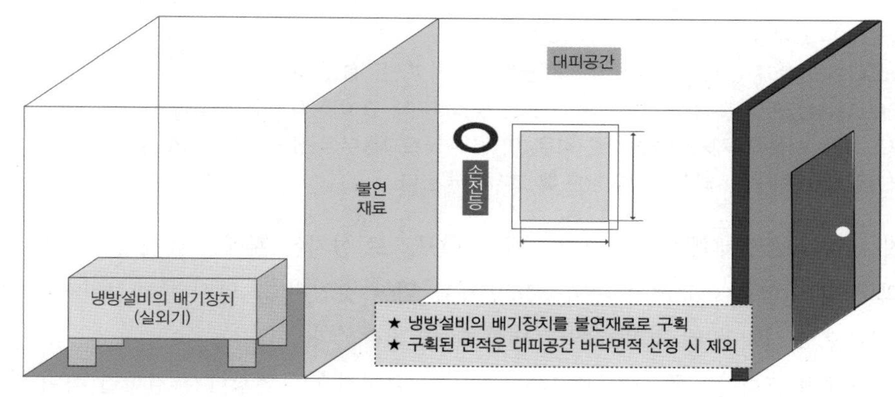

최근 에어컨 실외기의 화재가 빈번히 발생하는 추세이며 대피공간 내에 에어컨 실외기를 설치한다는 것은 가장 안전해야 할 공간에 화재 발생 위험요소를 같이 존재하게 하는 행위이므로 지양되어야 한다.

PLUS TIPS 대피공간 내 에어컨 실외기등 설계 사례

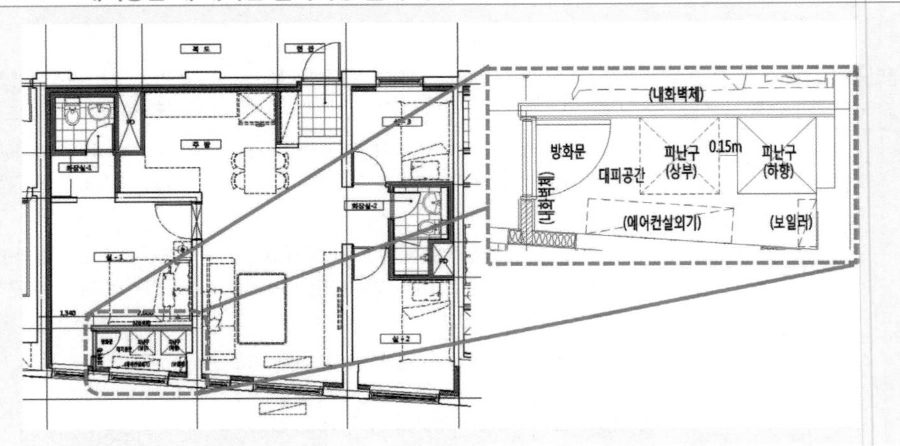

4 대피공간의 설치제외

대피공간은 아파트의 4층 이상인 층 각 세대가 2개 이상의 직통계단을 이용하지 못하는 경우 직통계단을 추가로 설치하는 대신 설치하는 것이다. 그러나 한정된 부지에 공동주택 사업시행을 위한 설계를 하다 보면 여건상 대피공간 면적 자체를 확보하지 못하는 경우가 있을 수 있다. 건축법령에서는 이러한 상황에 대한 유연한 법적용을 위해서 대피공간 설치 면제에 대한 또 다른 예외 규정을 두고 있다.

대피공간 설치 제외[11)]

아파트의 4층 이상인 층에서 발코니에 다음 각 호의 어느 하나에 해당하는 구조 또는 시설을 설치한 경우에는 대피공간을 설치하지 아니할 수 있다.

1. 발코니와 인접 세대와의 경계벽이 파괴하기 쉬운 경량구조 등인 경우
2. 발코니의 경계벽에 피난구를 설치한 경우
3. 발코니의 바닥에 국토교통부령으로 정하는[12)] 하향식 피난구를 설치한 경우
4. 국토교통부장관이 제4항에 따른 대피공간과 동일하거나 그 이상의 성능이 있다고 인정하여 고시하는 구조 또는 시설("대체시설")을 갖춘 경우. 이 경우 국토교통부장관은 대체시설의 성능에 대해 미리 한국건설기술연구원의 기술검토를 받은 후 고시해야 한다.

인접 세대와의 경계벽이 파괴하기 쉬운 경량구조로 설치된 때에는 앞에서 언급한 경량칸막이의 설치 연혁과 비교하여 대피공간 면제를 위한 것인지 그 당시 주택건설기준 규정에 의한 재량으로 설치가 된 것인지 잘 구별할 수 있어야 한다.

또한 경계벽에 피난구를 설치한 경우는 필자가 실제적으로 현장에서 경험한 적이 없는 구

11) 건축법 시행령 제46조(방화구획 등의 설치) 제⑤항

12) 건축물의 피난 · 방화구조 등의 기준에 관한 규칙 제14조(방화구획의 설치기준) 제④항

조인데, 실제 다른 인접세대로 출입하는 개구부로 설치하는 것은 사생활 보호차원에서 바람직한 방법은 아닐 것이다. 그리고 세대 내 발코니 바닥에 아래층으로 향하는 하향식 피난구을 설치하였을 경우에도 대피공간의 설치가 제외되는데 이것은 소방관련법령의 피난기구 설치제외 규정의 "인접세대로 피난이 가능한 구조"의 해당 여부와 같이 검토가 필요하므로 하향식 피난구에 대해서는 뒤에서 다시 알아보도록 하겠다. 마지막으로 현대에는 기술의 발전속도에 비해 법령의 정비가 따라가지 못하므로 대피공간의 성능과 동일하거나 그 이상의 성능이 있다고 인정하는 대체시설의 성능 판단기준 등의 사항을 고시에서 정할 수 있게 하여 법령의 위반 없이 기술변화에 쉽게 적용할 수 있도록 하고 있다.

04 하향식 피난구

1 하향식 피난구 설치배경

하향식 피난구는 아파트의 4층 이상인 층 각 세대가 2개 이상의 직통계단을 이용하지 못하는 경우 대피공간을 대신하여 설치하는 것으로서 세대 내의 거주자가 인접 아래 세대로 대피하는 피난시설이다.

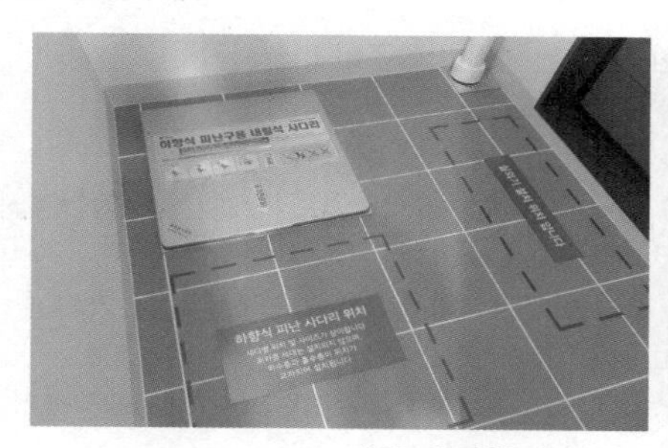

세대 내 하향식 피난구의 설치[13)]

기존에 대피공간의 설치를 면제받기 위해서는 아파트의 4층 이상의 층에서 발코니에 설치하는 인접세대와의 경계벽이 파괴하기 쉬운 경량구조 등이거나 경계벽에 피난구를 설치한 경우에만 해당되었는데 이것은 인접한 옆 세대로의 수평적 피난의 개념이었다.

개정(2010. 02. 18.)된 「건축법 시행령」에는 수직적 피난의 개념을 도입하여 인접세대로의 피난의 방향을 아래층로 하여 각층을 통해 지상으로 피난할 수 있도록 하였는데 이것이 하향식 피난구의 설치이다. 이후 「건축물의 피난 · 방화구조 등의 기준에 관한 규칙」이 개정되어 세부 설치기준이 신설(2010. 04. 07.)되었다.

13) 이미지 출처: https://blog.naver.com/b2tech/60207958442

하향식 피난구에 대한 건축법령 변천과정

1. 건축법 시행령 제46조(방화구획의 설치)
   [일부개정 시행 대통령령 제22052호, 2010. 02. 18.]
   ④ (중간 생략)
   ⑤ 제4항에도 불구하고 아파트의 4층 이상인 층에서 발코니에 다음 각 호와 같은 구조를 설치한 경우에는 대피공간을 설치하지 아니할 수 있다.
   1. 인접 세대와의 경계벽이 파괴하기 쉬운 경량구조 등인 경우
   2. 경계벽에 피난구를 설치한 경우
   3. 발코니의 바닥에 국토해양부령으로 정하는 하향식 피난구를 설치한 경우 〈신설 2010. 02. 18.〉

2. 건축물의 피난 · 방화구조 등의 기준에 관한 규칙 제14조(방화구획의 설치기준)
   [일부개정 국토해양부령 제238호, 2010. 04. 07.]
   ② (중간 생략)
   ③ 영 제46조 제5항 제3호에 따른 하향식 피난구(덮개, 사다리, 경보시스템을 포함한다)의 구조는 다음 각 호의 기준에 적합하게 설치하여야 한다.
   1. 피난구의 덮개는 제26조에 따른 비차열 1시간 이상의 내화성능을 가져야 하며, 피난구의 유효 개구부 규격은 직경 60센티미터 이상일 것
   2. 상층 · 하층 간 피난구의 설치위치는 수직방향 간격을 15센티미터 이상 띄어서 설치할 것
   3. 아래층에서는 바로 위층의 피난구를 열 수 없는 구조일 것
   4. 사다리는 바로 아래층의 바닥면으로부터 50센터미터 이하까지 내려오는 길이로 할 것
   5. 덮개가 개방될 경우에는 건축물관리시스템 등을 통하여 경보음이 울리는 구조일 것
   6. 피난구가 있는 곳에는 예비전원에 의한 조명설비를 설치할 것

3. 건축물의 피난 · 방화구조 등의 기준에 관한 규칙 제14조(방화구획의 설치기준)
   [일부개정 시행 국토교통부령 제641호, 2019. 08. 06.]
   ③ (중간생략)
   ④ 영 제46조 제5항 제3호에 따른 하향식 피난구(덮개, 사다리, 경보시스템을 포함한다)의 구조는 다음 각 호의 기준에 적합하게 설치해야 한다.
   1. 피난구의 덮개는 품질시험을 실시한 결과 비차열 1시간 이상의 내화성능을 가져야 하며, 피난구의 유효 개구부 규격은 직경 60센티미터 이상일 것
   2. 상층 · 하층 간 피난구의 설치위치는 수직방향 간격을 15센티미터 이상 띄어서 설치할 것
   3. 아래층에서는 바로 위층의 피난구를 열 수 없는 구조일 것
   4. 사다리는 바로 아래층의 바닥면으로부터 50센터미터 이하까지 내려오는 길이로 할 것
   5. 덮개가 개방될 경우에는 건축물관리시스템 등을 통하여 경보음이 울리는 구조일 것
   6. 피난구가 있는 곳에는 예비전원에 의한 조명설비를 설치할 것

2 하향식 피난구 설치기준

「건축법 시행령 제46조(방화구획 등의 설치)」의 규정에 "아파트의 4층 이상인 층에서 발코니의 바닥에 하향식 피난구를 설치한 경우 대피공간을 설치하지 아니할 수 있다."라고 규정하고 있는데, 이 규정처럼 대피공간의 설치면제를 위한 경우와 성능위주설계(PBD) 심의에서 세대 내 양방향 피난로 확보를 위해서 설치하는 경우가 있다.

하향식 피난구는 덮개, 사다리, 경보시스템 등으로 구성되어 아파트의 발코니에 설치하도록 하고 있는데 건축법령에서 규정하는 설치기준을 아래와 같다.

하향식 피난구(덮개, 사다리, 경보시스템 포함) 설치구조[14)]

1. 피난구의 덮개는 품질시험을 실시한 결과 비차열 1시간 이상의 내화성능을 가져야 하며, 피난구의 유효 개구부 규격은 직경 60센티미터 이상일 것
2. 상층 · 하층 간 피난구의 설치위치는 수직방향 간격을 15센티미터 이상 띄어서 설치할 것
3. 아래층에서는 바로 위층의 피난구를 열 수 없는 구조일 것
4. 사다리는 바로 아래층의 바닥면으로부터 50센티미터 이하까지 내려오는 길이로 할 것
5. 덮개가 개방될 경우에는 건축물관리시스템 등을 통하여 경보음이 울리는 구조일 것
6. 피난구가 있는 곳에는 예비전원에 의한 조명설비를 설치할 것

하향식 피난구를 설치할 때에 검토되어야 할 사항이 몇 가지 있다.

첫째, 하향식 피난구의 위치가 방화구획된 실 내부에 설치되어야 하는지에 관한 사항이다. 하향식 피난구 설치기준에는 설치장소를 방화구획 하라는 규정이 없다. 그러므로 일반적으로 발코니 끝부분의 외부와 개방된 공간이나 또는 보일러실에도 설치되어 있는 경우가 있다. 어떤 담당자들은 재실자가 아래 세대로 피난 시 화재층의 발코니에 있는 하향식 피난구 덮개를 개방하여 사용한 후 폐쇄되지 않고 개방된 상태로 있을 수 있고 이때 화재가 발코니 쪽으로 확대되어 천장에서 화염이 아래 세대로 떨어져 아래층으로의 연소확대 위험을 배제할 수 없으므로 방화구획된 실의 내부에 설치하라고 하는 경우도 있다.

소방법령에서 규정하는 피난기구 중 "하향식 피난구용 내림식사다리"는 대피실에 설치되어야 하고, 출입문도 방화문으로 설치하도록 하고 있다. 그러나 건축법령에서 "하향식 피난구" 설치장소의 구획에 대한 규정은 없으므로 발코니 부분의 공간 활용 면에서는 효율적일 수 있으나 화재로부터의 위험에서는 자유롭지 못하다고 할 수 있다.

일반적으로 발코니 부분은 보일러실, 세탁실 등의 여러 시설들의 배치에 이용되는 장소로서 하향식 피난구 덮개 위에 선반 등의 장애물을 방치할 우려가 있고 또한 공간배치 특성상 빨래건조를 위한 설비를 설치하는 경우가 많다. 이런 빨래건조대는 사용 효율성을 위해 이중의 막대가 삽입된 형태의 필요시 연장해서 사용하는 구조의 제품들이 대부분 설치된다.

14) 건축물의 피난 · 방화구조 등의 기준에 관한 규칙 제14조(방화구획의 설치기준) 제④항

그러므로 이런 기능의 빨래건조대 설치는 상부층에서 작동 시 장애가 될 우려도 배제할 수 없으므로 설치위치에 대한 세심한 검토가 필요하다.

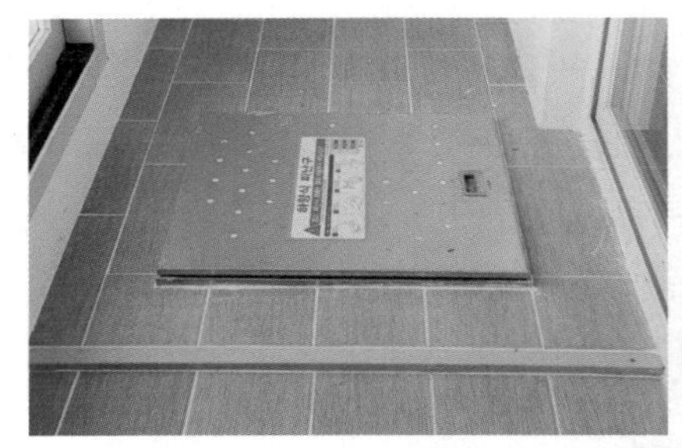

하향식 피난구와 빨래건조대의 설치[15]

▸ **빨래건조대 설치관련 설계 심의 사례**

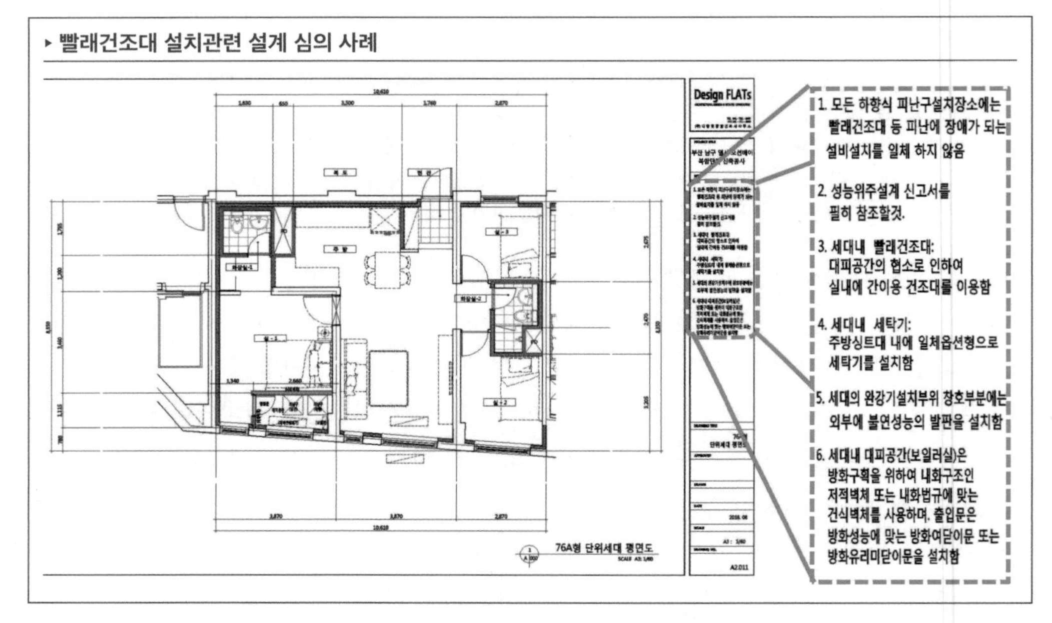

둘째, 덮개의 작동 시 경보음이 울려야 하는 장소에 관한 사항이다. 하향식 피난구의 덮개가 개방될 경우에는 건축물관리시스템 등을 통하여 경보음이 울리는 구조로 설치하도록 하였으나 경보음이 울리는 장소에 대한 세부적인 기준이 없다. 단순히 덮개 개방에 대한 경보음이 그 장소에만 울리면 되는 것인지 해당층과 아래층의 거실과 방재실에까지 경보가 울리도록 해야 하는지 규정되어 있지 않다.

소방법령의 피난기구인 "하향식 피난구용 내림식사다리"의 설치기준에는 "작동 시 해당층 및 직하층 거실에 설치된 표시등 및 경보장치가 작동되고, 감시제어반에서는 피난기구의 작동을 확인할 수 있게 설치"하도록 규정되어 있는데, 하향식 피난구의 작동경보음을 이 기준에 따라 준용하여 설치하는 것이 타당하다.

15) 이미지 출처: https://blog.naver.com/jsoyoung81

PLUS TIPS 종합방재실 하향식 피난구 작동 경보 통보사례

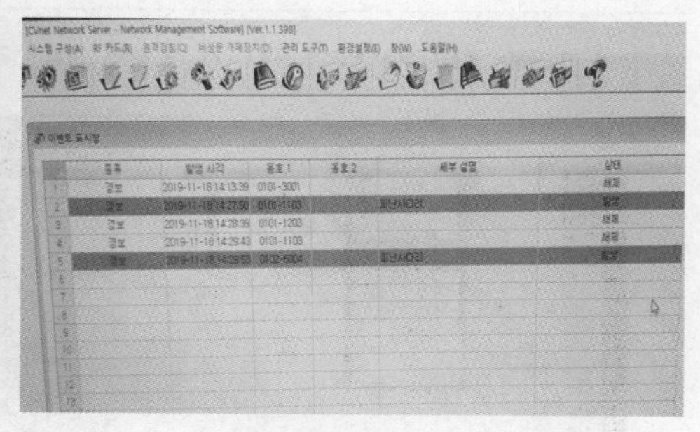

셋째, 지상층에서 소방차의 부서가 가능하여 하향식 피난구 설치위치에 고가소방차의 사다리가 접안가능한 위치에 반드시 설치되어야 하는지에 대한 문제이다. 하향식 피난구가 설치된 부분에 대해 외부에서 반드시 진입이 가능한 위치에 설치해야 하는가의 문제가 있다. 즉, 공동주택 단지의 배치 설계를 함에 있어 고가소방차의 접근이 어려운 경우가 많이 있을 수 있다. 어떤 담당자들은 하향식 피난구가 발코니에 설치되므로 반드시 소방차가 접근할 수 있는 곳에 설치하라고 하는 경우가 있다.

그러나 앞에서 언급한 대피공간과 하향식 피난구의 기능에 대한 차이를 이해한다면 굳이 그렇게 적용하지 않아도 된다. 대피공간은 외부의 도움으로 피난할 수 있는 안전한 대기공간의 개념이므로 반드시 고가소방차의 접근과 소방대원의 진입이 가능하여야 하지만, 하향식 피난구는 재실자가 직접 아래층으로 피난하여 지상으로 도달할 수 있으므로 반드시 소방차의 접근이 가능한 위치에 설치해야 되는 것은 아니다.

넷째, 화기를 취급하는 주방에 가까운 발코니에 설치하는 경우이다. 어떤 대상은 하향식 피난구 설치장소를 주방 바로 옆에 있는 발코니에 설치하는 경우가 있다. 최근의 아파트 공간설계를 보면 주방 옆의 발코니를 보조주방으로 설계하는 곳이 많으며 또한 그 발코니 바닥에 음식물 처리기 등 주방설비를 두는 경우가 많으므로 이 장소에 하향식 피난구를 설치하는 것은 바람직하지 않다. 즉, 화재로부터 가장 안전해야 할 장소에 설치되어야 할 피난설비가 화기를 취급하는 장소 바로 옆에 설치하고, 또한 장애물 설치의 우려가 심한 장소에 설치한다는 것은 건축방재계획의 실패로 이어질 수 있으므로 반드시 지양해야 한다.

▸ **주방부분에 설치 설계 심의 사례**

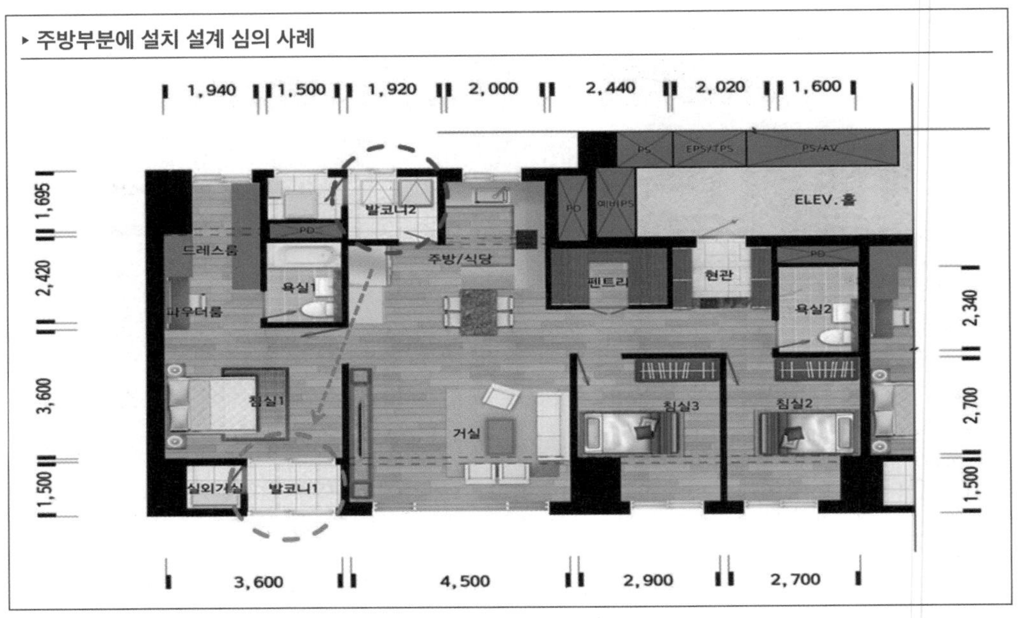

▸ **설치위치 변경 설계 심의 사례**

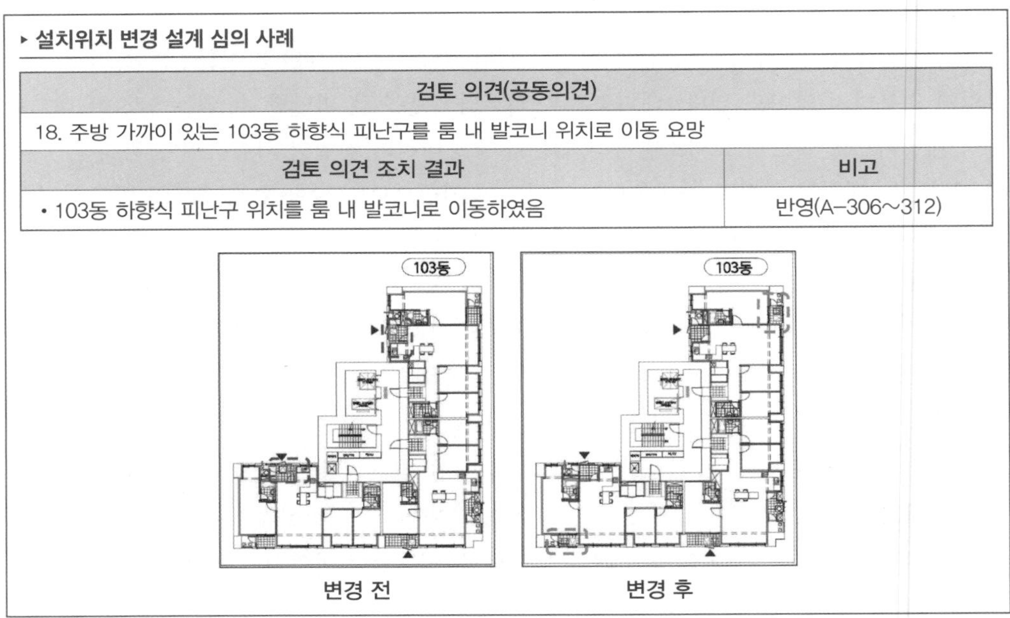

검토 의견(공동의견)	
18. 주방 가까이 있는 103동 하향식 피난구를 룸 내 발코니 위치로 이동 요망	
검토 의견 조치 결과	**비고**
• 103동 하향식 피난구 위치를 룸 내 발코니로 이동하였음	반영(A-306~312)

변경 전　　　변경 후

3 소방법령의 피난구조설비와 비교

(1) 피난기구 설치기준의 비교

소방법령에서 정하는 소방시설의 종류 중 피난구조설비의 "피난기구"와 건축법령에서 규정하는 피난시설의 구분을 잘하지 못하는 경우가 있는데, 이것은 각 개별법령에서 규정하고 있는 시설들의 개념 구분에 있어 명확하게 이해하지 못하기 때문이다.

건축법령의 피난시설인 "하향식 피난구"와 소방법령의 피난구조설비의 피난기구인 "하향식 피난구용 내림식사다리"의 설치기준을 아래와 같이 비교 구분할 수 있다.

「하향식 피난구」 설치기준	「하향식 피난구용 내림식사다리」 설치기준[16]
1. 피난구의 덮개는 품질시험을 실시한 결과 비차열 1시간 이상의 내화성능을 가져야 하며, 피난구의 유효 개구부 규격은 직경 60cm 이상일 것 2. 상층 · 하층 간 피난구의 설치위치는 수직방향 간격을 15cm 이상 띄어서 설치할 것 3. 아래층에서는 바로 위층의 피난구를 열 수 없는 구조일 것 4. 사다리는 바로 아래층의 바닥면으로부터 50cm 이하까지 내려오는 길이로 할 것 5. 덮개가 개방될 경우에는 건축물관리시스템 등을 통하여 경보음이 울리는 구조일 것 6. 피난구가 있는 곳에는 예비전원에 의한 조명설비를 설치할 것	가. 설치경로가 설치층에서 피난층까지 연계될 수 있는 구조로 설치할 것. 다만, 건축물의 구조 및 설치 여건상 불가피한 경우에는 그러하지 아니한다. 나. 대피실의 면적은 $2m^2$(2세대 이상일 경우에는 $3m^2$) 이상으로 하고, 「건축법 시행령」의 대피공간 설치규정에 적합하여야 하며 하강구(개구부) 규격은 직경 60cm 이상일 것. 단, 외기와 개방된 장소에는 그러하지 아니한다. 다. 하강구 내측에는 기구의 연결 금속구 등이 없어야 하며 전개된 피난 기구는 하강구 수평투영면적 공간 내의 범위를 침범하지 않는 구조이어야 할 것. 단, 직경 60cm 크기의 범위를 벗어난 경우이거나, 직하층의 바닥 면으로부터 높이 50cm 이하의 범위는 제외한다. 라. 대피실의 출입문은 60분+ 방화문 · 60분 방화문(구. 갑종방화문)으로 설치하고, 피난방향에서 식별할 수 있는 위치에 "대피실" 표지판을 부착할 것. 단, 외기와 개방된 장소에는 그러하지 아니하다. 마. 착지점과 하강구는 상호 수평거리 15cm 이상의 간격을 둘 것 바. 대피실 내에는 비상조명등을 설치할 것 사. 대피실에는 층의 위치표시와 피난기구 사용설명서 및 주의사항 표지판을 부착할 것 아. 대피실 출입문이 개방되거나, 피난기구 작동 시 해당층 및 직하층 거실에 설치된 표시등 및 경보장치가 작동되고, 감시 제어반에서는 피난기구의 작동을 확인할 수 있어야 할 것 자. 사용 시 기울거나 흔들리지 않도록 설치할 것

16) 피난기구의 화재안전기술기준(NFTC 301) 2.1.3.9

이 규정에서 보면 피난구 개구부의 규격은 60센티미터로 동일하지만 「피난기구」에는 대피실의 면적을 확보하여 착지점과 하강구가 방화구획된 실내에서 작동할 수 있도록 하고 있다.

또한 대피실 출입문은 갑종방화문으로 설치하도록 규정하고 있는데, 현재 개정된 건축법령의 방화문 성능기준에서 60분+ 방화문 · 60분 방화문(구. 갑종방화문)으로 설치할 수 있으나 30분 이상의 차열 성능이 있는 60분+ 방화문으로 설치하는 것이 타당할 것이다. 또한 작동시의 경보음에 대한 설치기준의 규정도 차이가 있으므로 구분해서 이해할 수 있어야 한다. 이런 유사한 두 시설의 설치기준에 대해 제도적으로 동일하게 하여 상이한 두 법령의 중복기준 적용이 통일되어야만 효율성 있는 시설의 설치가 가능할 것이다.

(2) 피난기구 설치제외 비교

어떤 층의 발코니에 하향식 피난구가 설치되었을 때 소방법령에서 규정하는 피난기구(예 완강기)의 설치를 제외할 수 있는지 검토해보자.

소방법령에서 규정하는 피난기구 설치대상은 일반적으로 피난층, 지상 1층, 지상 2층, 11층 이상인 층을 제외한 모든 층에 설치해야 한다. 즉, 피난층에 해당되는 층을 제외한 지하층, 지상 3층에서 지상 10층까지의 모든층에 설치해야 한다는 것이다. 그러나 하향식 피난구는 건축법령상의 피난시설이므로 소방법령상의 피난기구에 해당되지 않는다. 또한 하향식 피난구의 설치기준과 소방시설인 하향식 피난구용 내림식사다리의 설치기준이 다르므로 소방법령을 만족시키지는 못한다. 이런 이유에서 담당자들은 소방법령의 규정에 맞아야 하므로 완강기를 별도로 설치하라고 하는 경우가 많다.

소방법령에는 "피난구조설비를 설치하여야 하는 특정소방대상물에 그 설비의 위치 · 구조 또는 설비의 상황에 따라 피난상 지장이 없다고 인정되는 경우에 화재안전기준에서 정하는 바에 따라 설치가 면제된다"고 규정[17]하고 있다. 그리고 피난기구의 화재안전성능기준(NFTC 301)에는 "발코니 등을 통하여 인접세대로 피난할 수 있는 구조로 되어 있는 계단실형 아파트에는 피난기구를 설치하지 아니할 수 있다."라고 규정하고 있다. 이 같은 상황에 있어서는 하향식 피난구의 설치가 "인접세대로 피난할 수 있는 구조"에 해당하는지 인정여부에 따라 피난기구 설치제외 적용여부가 판단될 것이므로 소방관서 담당자의 재량적 요소가 많이 작용된다. 인접세대의 해석을 옆집, 즉 수평적 개념의 피난만을 생각할 수도 있겠지만 이 규정의 취지는 다른 장소로 대피가 가능할 경우를 의미하므로 아래층의 수직적 피난도 인접세대로 피난할 수 있는 구조에 해당되어 설치 제외할 수 있다고 이해하면 된다.

17) 소방시설 설치 및 관리에 관한 법률 시행령 제14조 [별표 5]

▸ **피난기구 설치제외 설계 심의 사례**

<table>
<tr><th colspan="2">검토 의견</th></tr>
<tr><td colspan="2">11. 오피스텔이지만 하향식 피난구를 설치하였으므로 완강기는 설치 제외 바람(단, 하향식 피난구로 아래층으로 내려갈 수 없는 최하층 세대는 피난기구 설치</td></tr>
<tr><th>검토 의견 조치 결과</th><th>비고</th></tr>
<tr><td>• 하향식 피난구로 아래층으로 내려갈 수 있는 세대는 완강기 설치를 제외하였음
• 하부 근생, 복도부로 인해 하향식 피난구를 설치할 수 없는 최하부 세대는 완강기를 설치하여 하부로 피난이 가능하도록 구성</td><td>반영(MF-301～403)</td></tr>
</table>

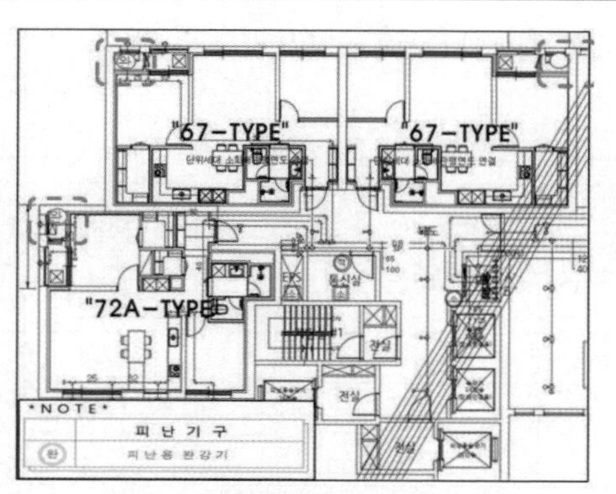

101동 3층 소화배관 평면도

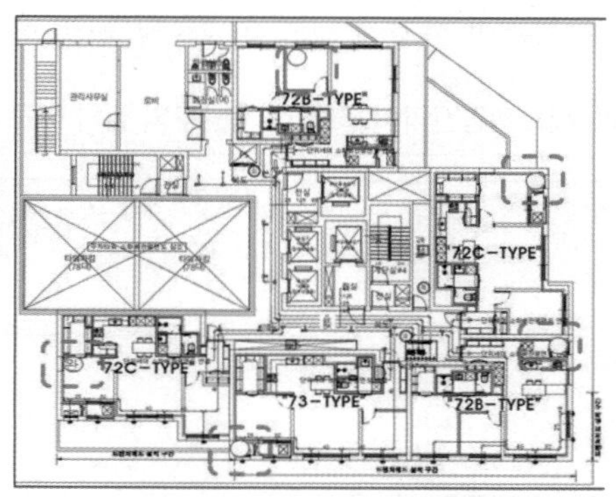

102동 3층 소화배관 평면도

PART 4

05 대피공간등과 직통계단의 설치비교

앞에서 언급한 대피공간 · 경량칸막이 · 하향식 피난구등의 피난시설들은 건축법령상의 직통계단의 설치수와 직접적인 관계가 있다. 그러므로, 계단의 추가설치를 제외시키기 위해서 대피공간을 설치하고, 또 대피공간을 설치 제외하기 위해서 경량칸막이나 하향식 피난구를 설치하는 경우가 발생한다. 그러므로 건축물에 설치되어 있는 이 시설들의 설치가 어떤 기준에 의해 설치되었고 또한 철거 등으로 기능의 상실이 생기면 어떤 시설들이 원상태로 설치해야 되는지에 대해 명확한 구분과 이해가 필요하다.

각 시설들의 설치에 대해 비교 구분하면 아래와 같이 나타낼 수 있다.

대피공간, 경량칸막이, 하향식 피난구의 설치 비교

아파트 4층 이상인 층 각 세대의 2개 이상 직통계단 이용 가능여부	대피공간	경량칸막이	하향식 피난구
○	×	×	×
×	○	×	×
	×	○	×
		×	○

※ 대피공간등의 시설이 설치되지 않았을 경우 4층 이상의 아파트에는 반드시 2개 이상의 직통계단을 설치

06 피난약자시설 대피공간등의 설치

1 피난약자시설 설치배경

과거에는 건축법령상에 "거실의 사용용도에 따른 피난시설 설치"에 관한 별도의 규정이 없었다. 요양병원이나 정신병원등의 재실자들은 화재 시 신속한 피난에 어려운 문제가 있음에도 불구하고 법령에 안전규정이 미흡한 사각지대가 있었고 이런 상태가 원인이 되어 대형 인명 피해로 이어지기도 했다.

PLUS TIPS + 장성 요양병원 화재사례

- 발생 일시: '14. 05. 28. 00:27~00:55
- 발생 장소: 전라남도 장성군 삼계면 효실천 사랑나눔요양병원 별관 건물 2층(4천656m^2. 1개 층은 반지하)
- 화재 원인: 방화

- 인명 피해: 29명(사망 21명, 부상 8명)
- 화재 개요

  0시 16분부터 0시 21분까지 입원 환자 중 1명이 다용도실에 들어갔고, 이후 0시 24분부터 다용도실에서 연기가 발생하였다. 0시 31분에 담양소방서 선착대가 도착하여 화재를 진화해 0시 55분에 진압을 완료하였으나, 치매나 중풍 등으로 거동이 어려웠던 환자 20명이 사망하고, 자체 진화를 시도하던 간호조무사 1명도 사망하였다. 환자 대부분이 노인성 질환을 앓아 자력 탈출이 어려웠고, 매트리스 등에서 나오는 유독가스가 급격히 퍼졌다.
- 주요사진[18)]

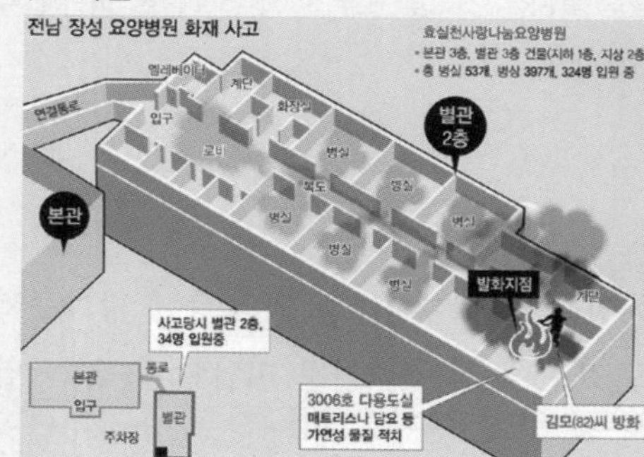

이런 문제로 인해 「건축법 시행령」이 일부개정(2015. 09. 22.)되어 "요양병원, 정신병원, 노인요양시설, 장애인 거주시설 및 장애인 의료재활시설의 피난층 외의 층"에는 「대피를 위한 대피공간 등의 설치」가 의무화되어 수직 피난이 어려운 재실자의 피난안전성을 강화시키는 계기가 되었다. 그러나 대피공간 등의 설치에 대한 면적, 구조 등의 세부 설치기준이 별도로 마련되지 않아 수용인원에 비해 협소하게 설치되는 등 효율성 없이 형식적으로 설치되는 문제점도 여전히 존재하고 있다.

요양병원등 피난약자시설의 대피공간등 설치 건축법령 변천과정

6. 건축법 시행령 제46조(방화구획의 설치)

   [일부개정 시행 대통령령 제26542호, 2015. 09. 22.]

   ⑤ (중간 생략)

   ⑥ 요양병원, 정신병원, 「노인복지법」 제34조 제1항 제1호에 따른 노인요양시설(이하 "노인요양시설"이라 한다), 장애인 거주시설 및 장애인 의료재활시설의 피난층 외의 층에는 다음 각 호의 어느 하나에 해당하는 시설을 설치하여야 한다.

   1. 각 층마다 별도로 방화구획된 대피공간
   2. 거실에 직접 접속하여 바깥 공기에 개방된 피난용 발코니
   3. 계단을 이용하지 아니하고 건물 외부 지표면 또는 인접 건물로 수평으로 피난할 수 있도록 설치하는 구름다리 형태의 구조물

---

18) 출처: 연합뉴스(2014. 05. 28.)/NEWSIS(2014. 05. 28.)

7. 건축법 시행령 제46조(방화구획의 설치)
   [일부개정 대통령령 제29136호, 2018. 09. 04, 시행 2019. 03. 05.]
   ⑤ (중간 생략)
   ⑥ 요양병원, 정신병원, 「노인복지법」 제34조 제1항 제1호에 따른 노인요양시설(이하 "노인요양시설"이라 한다), 장애인 거주시설 및 장애인 의료재활시설의 피난층 외의 층에는 다음 각 호의 어느 하나에 해당하는 시설을 설치하여야 한다.
   1. 각 층마다 별도로 방화구획된 대피공간
   2. 거실에 접하여 설치된 노대등
   3. 계단을 이용하지 아니하고 건물 외부의 지상으로 통하는 경사로 또는 인접 건축물로 피난할 수 있도록 설치하는 연결복도 또는 연결통로

2 피난약자시설 설치기준

그 거실의 사용 용도상 피난약자시설로 볼 수 있는 층에는 피난층 외의 층에 방화구획된 대피공간, 거실에 접하여 설치된 노대등, 경사로 또는 인접 건축물로 피난할 수 있는 연결통로등을 설치해야 한다.

건축법 시행령 제46조(방화구획 등의 설치)

⑥ 요양병원, 정신병원, 「노인복지법」 제34조 제1항 제1호에 따른 노인요양시설(이하 "노인요양시설"이라 한다), 장애인 거주시설 및 장애인 의료재활시설의 피난층 외의 층에는 다음 각 호의 어느 하나에 해당하는 시설을 설치하여야 한다.
1. 각 층마다 별도로 방화구획된 대피공간
2. 거실에 접하여 설치된 노대 등
3. 계단을 이용하지 아니하고 건물 외부의 지상으로 통하는 경사로 또는 인접 건축물로 피난할 수 있도록 설치하는 연결복도 또는 연결통로

그러나 이 시설들에 대한 세부 설치기준들이 없어 현실성이 약하다는 지적도 없지는 않다. 현재 부산광역시에서는 필자가 참여(2020. 11. 03.)한「피난약자시설 대피공간 등 설치 및 안전관리 가이드」가 마련되어 건축허가 및 신고행위 없이 요양병원 등 신규개설, 변경 등의 경우에도 적용할 수 있도록 하고 있는데, 이것은 법령의 기준이 아니므로 법적 구속력은 없지만 안전대책을 위한 업무처리 적용에 있어 기준이 되는 내부 규정이므로 참고하면 될 것이다. 피난약자 시설들에 대한 세부 설치기준이 없으므로 여기에서는 적용대상에 대해서만 구분해 보도록 한다.

피난약자시설 적용 대상 구분

- 요양병원: 의료법 제3조 제2항 제3호 라목의 병원급 의료기관
- 정신병원: 정신건강증진 및 정신질환자 복지서비스 지원에 관한 법률 제3조 제5호 가목의 정신의료기관
- 장애인 의료재활시설: 장애인복지법 제58조 제1항 제4호의 장애인 복지시설
  ※ (법령상의 정의) 장애인을 입원 또는 통원하게 하여 상담, 진단 · 판정, 치료 등 의료재활 서비스를 제공하는 시설
- 노인요양시설: 노인복지법 제34조 제1항 제1호의 노인의료복지시설
  ※ (법령상의 정의) 치매 · 중풍 등 노인성질환 등으로 심신에 상당한 장애가 발생하여 도움을 필요로 하는 노인을 입소시켜 급식 · 요양과 그 밖에 일상생활에 필요한 편의를 제공함을 목적으로 하는 시설
- 장애인 거주시설: 장애인 복지법 제58조 제1항 제1호의 장애인 복지시설
  ※ (법령상의 정의) 거주공간을 활용하여 일반가정에서 생활하기 어려운 장애인에게 일정 기간 동안 거주 · 요양 · 지원 등의 서비스를 제공하는 동시에 지역사회생활을 지원하는 시설

07 소방법령에서의 유지 · 관리

경계벽의 설치는 「건축법」 제49조(건축물의 피난시설 및 용도제한 등)에서 규정하고 있지만 "가구 · 세대등 간의 소음 방지를 위해서 설치하는 시설"이므로 피난 또는 방화를 위한 목적의 시설를 의미하는 것은 아니라고 할 수 있을 것이다. 그러므로 「소방시설 설치 및 관리에 관한 법률」 제16조(피난시설, 방화구획 및 방화시설의 관리)에 의한 규정을 적용하는 것에는 적합하지 않다. 그러나 이 경계벽이 「건축법」 제50조(건축물의 내화구조와 방화벽)에서 규정하는 내화구조로 설치해야 하는 건축물의 주요구조부인 내력벽에 해당될 때에는 소방법령에서 규정하는 "방화시설"에 해당되므로 관리 소홀에 대해서 소방법령에서의 불이익처분을 받을 수 있다.

또한 「주택건설 기준등에 관한 규정」 제14조(세대 간의 경계벽등)의 규정에 의해 설치되는 "파괴하기 쉬운 경량칸막이"는 인접세대로 피난하기 위한 피난시설로 볼 수는 있을 것이나, 소방법령에서는 「건축법 제49조」에서 규정하는 피난 · 방화시설등에 대한 폐쇄 · 변경등 관리를 소홀히 하였을 때 불이익 처분을 할 수 있으므로 주택관련법령에서 규정하고 있는 경량칸막이는 1차적으로 행정 조치명령을 한 후 불이행 시 명령위반에 따른 불이익 처분을 하는 행정절차를 이행해야 한다. 이것은 공동주택의 발코니에 경량칸막이를 설치할 수 있는 규정이 시행(1992. 10. 26.)된 이후부터 "공동주택 4층 이상의 각 세대에서 2개 이상의 직통계단을 사용할 수 없을 때 대피공간을 설치"해야 하는 규정이 신설 시행(2005. 12. 02.) 되기 이전까지의 기간에 경량칸막이가 재량적으로 설치된 경우로서 이 경량칸막이의 설치 적용 법령을 「주택건설기준 등에 관한 규정」에서 규정하고 있기 때문이다.

그러나 「건축법 시행령」 제46조(방화구획 등의 설치)에서 "대피공간의 설치면제"를 위해서 설치하는 경량칸막이는 2005. 12. 02. 이후의 건축법령에서 규정하고 있어 「건축법 제49조」에서 규정하는 피난 · 방화시설 등에 해당될 수 있으므로 유지관리 소홀 시 소방법령에 의한 불이익 처분을 해도 가능할 것이다. 또한 대피공간, 하향식피난구, 피난약자시설은 「건축법 제49조」의 규정에 해당하는 "방화구획의 설치기준"에 규정되어 있어 피난 · 방화시설 등에 해당되므로 이 역시 유지관리 소홀 시 소방법령에 의한 불이익 처분이 가능하다. 그러므로 각 시설들의 유지관리 소홀에 대한 불이익 처분등의 행정행위를 하고자 할 때에는 각 시설의 설치 시점과 적용 법령 등을 잘 구분해야 한다.

이상으로 건축물의 경계벽과 아파트 세대 내 발코니에 설치하는 피난시설 등의 설치기준과 피난약자시설에 대해 알아보았는데, 특히 앞에서 언급한 이런 시설들이 설치 제외에 대한 규정으로 상호 연관되어 있으므로 반드시 이해의 구분이 필요하다.

CHAPTER

10 | 내화구조와 방화벽

건축법에서는 건축물의 방화에 대한 개념을 건축물이 일정 시간 화재에 견디도록 하는 「내화구조」와 인접부분으로의 화염 확대를 방지할 수 있는 「방화구조」에 관한 것으로 규정하고 있다. 그리고 건축물의 규모가 연면적 1천제곱미터 이상을 방화상 위험한 건축물의 기준으로 적용하고 있다. 즉, 1천제곱미터 이상인 건축물의 주요구조부가 내화구조 또는 불연재료로 된 건축물은 방화구획을 하도록 규정하고 있으며, 주요구조부가 내화구조 또는 불연재료가 아닌 1천제곱미터 이상 건축물(대규모 건축물)의 경우는 1천제곱미터 미만으로 "방화벽"을 설치하도록 하여 화재확산을 방지하는 규정을 두고 있다. 그리고 1천제곱미터 이상의 대규모 목조건축물은 연소(延燒)할 우려가 있는 부분을 방화구조 또는 불연재료로 설치하여 화재안전을 확보할 수 있도록 규정하고 있다.

이 장에서는 건축물이 화재에 견디는 구조와 화재 확산 방지를 위한 성능의 구조 등 연소 확대방지를 위한 법령에서 규정하고 있는 제도에 대해서 알아보도록 한다.

01 내화구조(耐火構造)

일반적으로 화재에 견딜 수 있도록 지은 건물의 구조를 내화구조의 건축물이라 하는데, 건축방재에서 그 건축물의 주요구조부가 내화구조로 설치되어 있느냐에 따라 화재로 인한 연소의 확대여부, 건축물 전소 등 위험으로부터 안전한 건축물인지 판단할 수 있는 중요한 요소가 된다. 또한 방화지구 안에서는 건축물의 주요구조부와 외벽을 내화구조로 설치하도록 강화하고 있으며, 소방법령에서도 소방시설의 설치 등에 있어 내화구조의 건축물 여부에 따라 강화된 소방시설의 설치 등이 많이 달라진다.

1 내화구조의 정의

내화구조(耐火構造)란 화재에 견딜 수 있는 성능을 가진 구조를 말한다. 기둥이나 들보, 벽 등 주요구조 부분이 화재 때에도 불에 타거나 파손되지 않도록 일정 두께를 갖춘 철근콘크리트, 벽돌, 석조, 콘크리트 블록 등을 사용하며 건축물의 각 구조 요소별로 두께 기준을 정하고 있다.

내화구조 정의

건축법 시행령 제2조(정의)
"내화구조(耐火構造)": 화재에 견딜 수 있는 성능을 가진 구조로서 국토교통부령으로 정하는 기준에 적합한 구조를 말한다.
※ 건축물의 피난 · 방화구조 등의 기준에 관한 규칙 제3조(내화구조)

2 내화구조의 설치대상

건축물을 구성하는 구조 요소 중에서 내화구조로 설치해야 하는 것은 "주요구조부"와 "지붕"이다. 건축물의 주요구조부는 "내력벽(耐力壁), 기둥, 바닥, 보, 지붕틀 및 주계단(主階段)"이 있는데, 여기에서 지붕은 주요구조부는 아니지만 일정한 용도와 규모에 해당되면 지붕도 내화성능을 가져야 한다. 건축법에는 내화구조의 설치에 대해서 아래와 같이 규정하고 있다.

내화구조의 설치

건축법 제50조(건축물의 내화구조와 방화벽)
① 문화 및 집회시설, 의료시설, 공동주택 등 대통령령으로 정하는[1] 건축물은 국토교통부령으로 정하는 기준[2]에 따라 주요구조부와 지붕을 내화(耐火)구조로 하여야 한다. 다만, 막구조 등 대통령령으로 정하는 구조는 주요구조부에만 내화구조로 할 수 있다.

과거 부산광역시 사상구의 한 안전화 제조공장에서 발생한 화재는 건축물이 양쪽으로 갈라지는 양상의 붕괴로 이어졌는데, 이것은 건축물 내화성능의 중요성을 보여주는 화재사례이다. 이 건축물은 주계단을 중심으로 좌측 부분에는 철근콘크리트로 건축하고 우측부분의 공장 및 창고 부분에는 샌드위치 패널로 시공하여 사용하던 중, 공장에 보관 중이던 신발 완제품이 불에 타면서 유독물질 발생 및 높은 화재하중의 열로 인해 좌측 철근콘크리트구조 부분은 양호했으나 우측 샌드위치 패널로 건축된 공장부분은 완전 붕괴되었다. 그리고 5층에서 화재진화 활동 중이던 소방대원이 붕괴된 2층 높이로 추락하여 순직하는 사고로 이어졌다.

---

1) 건축법 시행령 제56조(건축물의 내화구조)
2) 건축물의 피난 · 방화구조 등의 기준에 관한 규칙 제3조(내화구조)

PLUS TIPS⁺ 부산광역시 사상구 빅토스 화재

- 발생 일시: 2012. 08. 01.(수) 16:19 / 인명피해: 11명(사망 2, 부상 9)

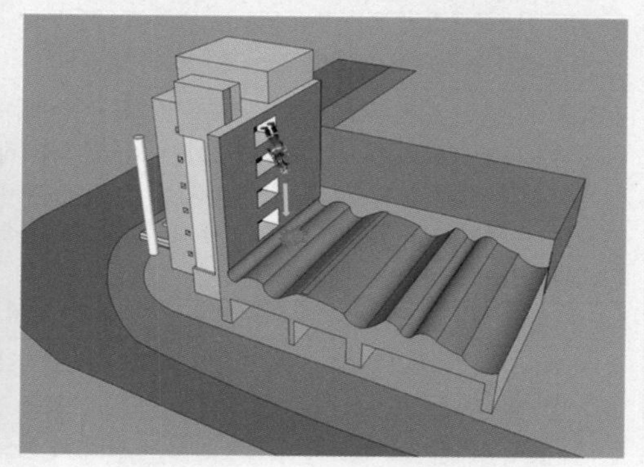

건축법령에서는 건축물의 용도와 규모에 따라 내화구조의 설치대상 여부를 구분하고 있는데, 이것은 사용하는 용도 해당층의 면적이 아니라 건축물 전체 다른 층에서도 해당용도로 쓰이는 부분이 있다면 "모든 층에서 사용하는 해당용도 각각의 바닥면적 합계"로서 내화구조 설치대상 여부를 적용한다.

건축물 내부에 「제2종 근린생활시설 중 공연장」의 용도로 사용하는 부분이 있다고 하자. 직통계단을 2개소 이상 설치해야 하는 대상은 "그 층에서 공연장 용도로 쓰는 부분의 바닥면적 합계가 300제곱미터 이상"인 것만 해당되는 것이지 다른 층에서 공연장으로 사용하는 부분의 바닥면적까지 합한 규모가 아니다. 즉, 공연장으로 사용하는 부분이 하나의 층에서 300제곱미터 이상이 되어야 한다는 것이다. 그러나 내화구조로 설치해야 하는 대상에서는 "해당 용도로 쓰는 바닥면적의 합계가 300제곱미터 이상"인 것이므로 하나의 층에서 사용하는 공연장 부분의 바닥면적 합계가 아니라 건축물 내의 다른 층에서 공연장으로 사용하는 부분이 있다면 그 사용 바닥면적들을 합하여 300제곱미터 이상이 되면 내화구조로 설치해야 한다는 것이다.

용도	규모
제2종 근린생활시설 중 공연장 · 종교집회장	해당 용도로 쓰는 바닥면적의 합계 각각 300m² 이상인 건축물
문화 및 집회시설(전시장 및 동 · 식물원은 제외), 종교시설, 위락시설 중 주점영업 또는 장례시설의 용도로 쓰는 건축물	관람실 또는 집회실의 바닥면적의 합계가 200m²(옥외관람석의 경우에는 1000m²) 이상인 건축물
문화 및 집회시설 중 전시장 또는 동 · 식물원, 판매시설, 운수시설, 교육연구시설에 설치하는 체육관 · 강당, 수련시설, 운동시설 중 체육관 · 운동장, 위락시설(주점영업의 용도로 쓰는 것은 제외한다), 창고시설, 위험물저장 및 처리시설, 자동차 관련 시설, 방송통신시설 중 방송국 · 전신전화국 · 촬영소, 묘지 관련 시설 중 화장시설 · 동물화장시설 또는 관광휴게시설의 용도로 쓰는 건축물	그 용도로 쓰는 바닥면적의 합계가 500m² 이상인 건축물
공장의 용도로 쓰는 건축물 ※ 제외: 내화구조의 적용이 제외되는 업종에 해당되는 공장으로서 주요구조부가 불연재료로 되어 있는 2층 이하의 공장[3]	그 용도로 쓰는 바닥면적의 합계가 2000m² 이상인 건축물
건축물의 2층이 단독주택 중 다중주택 및 다가구주택, 공동주택, 제1종 근린생활시설(의료의 용도로 쓰는 시설만 해당한다), 제2종 근린생활시설 중 다중생활시설, 의료시설, 노유자시설 중 아동 관련 시설 및 노인복지시설, 수련시설 중 유스호스텔, 업무시설 중 오피스텔, 숙박시설 또는 장례시설의 용도로 쓰는 건축물	그 용도로 쓰는 바닥면적의 합계가 400m² 이상인 건축물
3층 이상인 건축물 및 지하층이 있는 건축물 ※ 제외: 단독주택(다중주택 및 다가구주택은 제외), 동물 및 식물 관련 시설, 발전시설(발전소 부속용도 시설 제외), 교도소 · 소년원 또는 묘지 관련 시설(화장시설 및 동물화장시설 제외)의 용도로 쓰는 건축물과 철강 관련 업종의 공장 중 제어실로 사용하기 위하여 연면적 50m² 이하로 증축하는 부분	※ 2층 이하인 건축물은 지하층 부분만 해당
【내화구조 제외 대상】 연면적이 50m² 이하인 단층의 부속건축물로서 외벽 및 처마 밑면을 방화구조로 한 것과 무대의 바닥	

위 대상에서 막구조[4]의 건축물은 지붕을 제외한 "주요구조부"에만 내화구조로 할 수 있다. 건축법령에서는 주요구조부 모두를 내화구조로 설치해야 하지만 위험물 안전관리법령에서의 제조소나 옥내저장소등 위험물을 제조 또는 저장을 위한 건축물은 주요구조부의 내화성능에 대한 설치 부분을 위험물 제조소등의 종류마다 개별적으로 규정하고 있다.

3) 건축물의 피난 · 방화구조 등의 기준에 관한 규칙 제20조의2(내화구조의 적용이 제외되는 공장건축물)

4) '막구조(membrane structure)'란 건축분야에서 "fabric structure" 또는 "tension structure"와 같이 사용되는 용어로 공히 코팅된 직물(coated fabrics)을 주재료로 사용되는 구조를 말한다.

여기서 잠깐!

· 위험물 안전관리법의 제조소 건축물의 내화구조 등

1. 벽 · 기둥 · 바닥 · 보 · 서까래 및 계단을 불연재료로 하고, 연소(延燒)의 우려가 있는 외벽은 출입구 외의 개구부가 없는 내화구조의 벽으로 하여야 한다.
2. 지붕은 폭발력이 위로 방출될 정도의 가벼운 불연재료로 덮어야 한다.(이하 생략)

· 위험물 안전관리법의 옥내저장소 건축물의 내화구조 등

1. 저장창고의 벽 · 기둥 및 바닥은 내화구조로 하고, 보와 서까래는 불연재료로 하여야 한다.
2. 저장창고는 지붕을 폭발력이 위로 방출될 정도의 가벼운 불연재료로 하고, 천장을 만들지 아니하여야 한다.

3 내화구조의 설치기준[5)]

건축물 주요구조부의 내화구조 기준은 각 구조 요소마다의 기준으로 규정하고 있다.

(1) 벽

건축물에서 벽은 그 건축물의 하중 일부를 지지하는 용도의 내력벽(耐力壁)과 공간의 구획을 위한 비내력벽으로 나누어지는데, 법령에서 내화구조를 설치해야 하는 것은 "주요구조부"이므로 주요구조부에 해당되는 벽은 "내력벽(耐力壁)"만 해당된다. 그러므로 비내력벽은 내화구조의 재료로 설치할 의무가 없다.

벽의 내화구조 기준

다음 각 목의 어느 하나에 해당하는 것

가. 철근콘크리트조 또는 철골철근콘크리트조로서 두께가 10센티미터 이상인 것

나. 골구를 철골조로 하고 그 양면을 두께 4센티미터 이상의 철망모르타르(그 바름바탕을 불연재료로 한 것으로 한정한다. 이하 이 조에서 같다) 또는 두께 5센티미터 이상의 콘크리트블록 · 벽돌 또는 석재로 덮은 것

다. 철재로 보강된 콘크리트블록조 · 벽돌조 또는 석조로서 철재에 덮은 콘크리트블록 등의 두께가 5센티미터 이상인 것

라. 벽돌조로서 두께가 19센티미터 이상인 것

마. 고온 · 고압의 증기로 양생된 경량기포 콘크리트패널 또는 경량기포 콘크리트블록조로서 두께가 10센티미터 이상인 것

또한 주요구조부에 해당되지 않는 비내력의 외벽에 대한 내화구조 설치기준은 내력벽의 설치기준이 아닌 별도로 규정하고 있는데, 일반적으로 "방화지구 안 건축물"의 비내력인 외벽을 내화구조로 설치할 때 기준으로 적용된다.

5) 건축물의 피난 · 방화구조 등의 기준에 관한 규칙 제3조(내화구조)

외벽 중 비내력벽의 내화구조 기준

다음 각 목의 어느 하나에 해당하는 것
가. 철근콘크리트조 또는 철골철근콘크리트조로서 두께가 7센티미터 이상인 것
나. 골구를 철골조로 하고 그 양면을 두께 3센티미터 이상의 철망모르타르 또는 두께 4센티미터 이상의 콘크리트블록 · 벽돌 또는 석재로 덮은 것
다. 철재로 보강된 콘크리트블록조 · 벽돌조 또는 석조로서 철재에 덮은 콘크리트블록 등의 두께가 4센티미터 이상인 것
라. 무근콘크리트조 · 콘크리트블록조 · 벽돌조 또는 석조로서 그 두께가 7센티미터 이상인 것

일반적으로 산업단지 내의 공장이나 창고는 골구를 철골조(H빔)로 하고 벽을 샌드위치 패널로 시공하는 것이 대부분인데 이때의 벽은 비내력벽에 해당된다. 그러므로 내화구조로 설치해야 할 대상에는 해당되지 않지만 벽의 재료로 사용하는 샌드위치 패널은 복합자재로서 "내부마감재료인 동시에 외벽마감재료"이므로 이 건축물 마감재료의 설치에 있어 "방화에 지장이 없는 재료"로 사용해야 하는 대상에 해당되면 건축법령의 마감재료 설치 규정을 만족해야 한다. 이 부분은 뒤에서 다시 알아보도록 한다.

PLUS TIPS 비내력인 외벽에 대한 내화구조 적용 여부(건축정책과-2019. 05. 24.)

질의	공장건축물에서 비내력인 외벽에 대해 내화구조 적용 여부?
답변	「건축법」 제40조 제1항 및 「건축법 시행령」 제56조 제1항 제4호 규정에 따라 공장의 용도에 쓰이는 건축물로서 그 용도에 사용하는 바닥면적의 합계가 2천m^2 이상인 경우 주요구조부를 내화구조로 하도록 규정하고 있으며, 여기서 "주요구조부"라 함은 「건축법」 제2조 제1항 제6호에 따르면 내력벽 · 기둥 · 바닥보 · 지붕틀 및 주계단을 말하는 것으로 질의의 비내력인 외벽은 이에 해당하지 않습니다. 다만, 「건축법」 제41조 규정에 따라 「국토의 계획 및 이용에 관한 법률」에 의한 방화지구 안에서는 대통령령이 정하는 경우를 제외하고는 건축물의 주요구조부 및 외벽을 내화구조로 하여야 합니다.(법 제40조, 제41조 → 제50조, 제51조, 2008. 03. 21.)

(2) 기둥

기둥의 내화구조 기준에서는 반드시 설치되는 기둥의 크기가 "작은 지름이 25센티미터 이상"인 것이 되면서 철근콘크리트조등 아래의 기준 중의 하나를 만족해야 한다.

기둥의 내화구조 기준

작은 지름이 25센티미터 이상인 것으로서 다음 각 목의 어느 하나에 해당하는 것. 다만, 고강도 콘크리트(설계기준강도가 50MPa 이상인 콘크리트)를 사용하는 경우에는 국토교통부장관이 정하여 고시[6]하는 고강도 콘크리트 내화성능 관리기준에 적합해야 한다.
가. 철근콘크리트조 또는 철골철근콘크리트조
나. 철골을 두께 6센티미터(경량골재를 사용하는 경우에는 5센티미터) 이상의 철망모르타르 또는 두께 7센티미터 이상의 콘크리트블록 · 벽돌 또는 석재로 덮은 것
다. 철골을 두께 5센티미터 이상의 콘크리트로 덮은 것

6) 고강도 콘크리트 기둥 · 보의 내화성능 관리기준

여기서 잠깐!

철골(H-Beam) 및 내부단열재 내화작업[7]

※ 내화구조의 철골구조는 H빔에 내화 도료 또는 피복(뿜칠)이 되어 있어야 하며, 벽체는 내화성능을 인증받은 경우에만 내화구조로 인정된다.

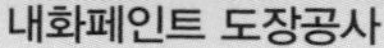

내화페인트 도장공사

내화피복 도포(뿜칠)공사

(3) 바닥

건축물 바닥의 내화구조는 일반적으로 방화구획에 대한 규정에서 많이 언급되는데 "연면적 1천제곱미터 이상의 건축물은 내화구조로 된 바닥 · 벽 등으로 구획"하여야 한다고 규정하고 있다. 또한 소방법령에서는 내화구조로 된 하나의 특정소방대상물이 "개구부가 없는 내화구조의 바닥과 벽으로 구획"되어 있는 경우 그 구획된 부분을 각각 별개의 특정소방대상물로 본다는 규정[8]이 있다.

특히 소방법령에서의 완전구획은 하나의 건축물을 별개의 대상물로 인정하는 것으로, 각 면적별로 설치해야 할 소방시설을 적용하므로 바닥 설치구조가 내화구조의 기준에 적합하지 않게 설치되었을 경우에는 건축물 전체를 하나의 대상으로 소방시설을 다시 산정하여 더 강화된 시설을 설치해야 하는 경우가 발생할 수 있으므로 반드시 유념해야 한다.

바닥의 내화구조 기준

다음 각 목의 어느 하나에 해당하는 것

가. 철근콘크리트조 또는 철골철근콘크리트조로서 두께가 10센티미터 이상인 것

나. 철재로 보강된 콘크리트블록조 · 벽돌조 또는 석조로서 철재에 덮은 콘크리트블록 등의 두께가 5센티미터 이상인 것

다. 철재의 양면을 두께 5센티미터 이상의 철망모르타르 또는 콘크리트로 덮은 것

7) 건축물의 피난 · 방화구조 등의 기준에 관한 규칙 [별표 1] 내화구조의 성능기준

8) 소방시설 설치 및 관리에 관한 법률 시행령 [별표 2] 비고

(4) 보(지붕틀)

건축물의 주요구조부에 해당하는 보가 아닌 작은보 등은 건축물의 구조상 중요하지 않은 부분이므로 대상에서 제외되고 철골조의 지붕틀은 바닥으로부터 그 아랫부분까지의 높이가 4미터 이상인 것만이 해당된다.

보(지붕틀 포함)의 내화구조 기준

다음 각 목의 어느 하나에 해당하는 것. 다만, 고강도 콘크리트를 사용하는 경우에는 국토교통부장관이 정하여 고시하는 고강도 콘크리트내화성능 관리기준에 적합해야 한다.

가. 철근콘크리트조 또는 철골철근콘크리트조

나. 철골을 두께 6센티미터(경량골재를 사용하는 경우에는 5센티미터) 이상의 철망모르타르 또는 두께 5센티미터 이상의 콘크리트로 덮은 것

다. 철골조의 지붕틀(바닥으로부터 그 아랫부분까지의 높이가 4미터 이상인 것에 한한다)로서 바로 아래에 반자가 없거나 불연재료로 된 반자가 있는 것

PLUS TIPS+ 공장건축물의 작은보를 내화구조로 하여야 하는지 여부(건축정책과-2019. 05. 24.)

질의	공장건축물의 작은보를 내화구조로 하여야 하는지 여부?
답변	「건축법 시행령」 제56조 제1항 제3호에 따라 공장의 용도로 쓰는 건축물로서 그 용도로 쓰는 바닥면적의 합계가 2천 m^2 이상인 건축물의 주요구조부는 내화구조로 하여야 하는바, 이와 관련 "주요구조부"란 「건축법」 제2조 제1항 제7호에 따라 내력벽, 기둥, 바닥, 보, 지붕틀 및 주계단을 말하며, 사잇기둥, 최하층 바닥, 작은보, 차양, 옥외 계단, 그 밖에 이와 유사한 것으로 건축물의 구조상 중요하지 아니하는 부분은 제외합니다.

PLUS TIPS+ 철골보의 내화구조 관련(건축정책과-2019. 05. 24.)

질의	철골보의 내화구조 관련?
답변	건축물의 피난 · 방화구조 등의 기준에 관한 규칙 제3조 제5호에 따르면 철골조의 지붕틀(바닥으로부터 그 아랫부분까지의 높이가 4m 이상인 것에 한한다)로서 바로 아래에 반자가 없거나 불연재료로 된 반자가 있는 것은 내화구조라 하고 있습니다. 일반적인 철골보는 상기 규정에 해당되지 않는 것이나, 질의의 철골보가 지붕틀을 구성하는 수평부재에 해당하는 경우라면 상기 규정을 적용할 수 있을 것입니다.

(5) 지붕

지붕은 건축물의 주요구조부에 해당되지 않지만 일정한 용도와 규모의 건축물과 방화지구 안의 건축물에 해당이 되면 내화구조로 설치해야 한다.

지붕의 내화구조 기준

다음 각 목의 어느 하나에 해당하는 것
가. 철근콘크리트조 또는 철골철근콘크리트조
나. 철재로 보강된 콘크리트블록조 · 벽돌조 또는 석조
다. 철재로 보강된 유리블록 또는 망입유리(두꺼운 판유리에 철망을 넣은 것을 말한다)로 된 것

건축법령에서 내화구조의 지붕과 같이 고려되어야 할 것이 「위험물 안전관리법령의 제조소등의 지붕 재질」에 대한 부분이다. 위험물 안전관리법령에서 규정하는 제조소등 건축물의 구조에서 지붕은 "폭발력이 위로 방출될 정도의 가벼운 불연재료"로 덮어야 하고, 또한 지붕 상부에 자연채광을 위한 시설을 설치하는 경우가 있다. 지붕의 상부를 가벼운 불연재료를 설치하였다고 하더라도 이 가벼운 불연재료 역시 내화구조 기준에 적합한지 반드시 검토되어야 하고 지붕의 일부분마다 자연채광을 위한 가벼운 플라스틱류 등의 재료를 이용한 투명판이 설치된 곳은 지붕의 내화구조 설치기준에 맞지 않으므로 위험물시설의 건축물 구조에 대해서는 건축법령에서 규정하고 있는 기준과 적합하도록 설치해야 한다.

(6) 계단

내화구조로 설치해야 하는 계단은 주계단에만 해당된다. 건축법령에 주계단의 정의는 규정하고 있지 않다. 그러므로 건축물의 규모와 용도에 따라서 법령에서 설치해야 하는 직통계단을 주계단으로 이해하면 될 것이다. 즉, 직통계단, 피난계단, 특별피난계단, 옥외계단 등은 건축물의 주계단으로 볼 수 있고 그 외의 계단은 보조계단(비상 철제계단 등)으로 이해하면 될 것이다.

계단의 내화구조 기준

다음 각 목의 어느 하나에 해당하는 것
가. 철근콘크리트조 또는 철골철근콘크리트조
나. 무근콘크리트조 · 콘크리트블록조 · 벽돌조 또는 석조
다. 철재로 보강된 콘크리트블록조 · 벽돌조 또는 석조
라. 철골조

(7) 기타 인정기준 등

법령에서 정하는 건축물 주요구조부의 각 구성요소에 대한 기준이 아니더라도 한국건설기술연구원장이 내화구조에 대해서 생산공장의 품질관리 상태를 확인결과 내화구조의 인정 및 관리기준에 적합하고, 품질시험을 실시한 결과 성능기준에 적합한 것 등은 내화구조로서 인정된다.

인정기준에서 인정하는 내화구조 기준

- 「과학기술분야 정부출연연구기관 등의 설립 · 운영 및 육성에 관한 법률」 제8조에 따라 설립된 한국건설기술연구원의 장(이하 "한국건설기술연구원장"이라 한다)이 국토교통부장관이 정하여 고시[9]하는 방법에 따라 품질을 시험한 결과 별표 1에 따른 성능기준에 적합할 것
- 다음 각 목의 어느 하나에 해당하는 것으로서 한국건설기술연구원장이 국토교통부장관으로부터 승인받은 기준에 적합한 것으로 인정하는 것
  가. 한국건설기술연구원장이 인정한 내화구조 표준으로 된 것
  나. 한국건설기술연구원장이 인정한 성능설계에 따라 내화구조의 성능을 검증할 수 있는 구조로 된 것
- 한국건설기술연구원장이 제27조(신제품에 대한 인정기준에 따른 인정) 제1항에 따라 인정하는 것

4 내화구조의 성능기준

건축법령에서 규정하고 있는 각 용도와 구성 부재별 내화구조의 성능인정 기준은 아래와 같다.

내화구조의 성능기준[10]

1. 일반기준

(단위 : 시간)

허가일 ＼ 종류				벽						보·기둥	바닥	지붕·지붕틀
				외벽			내벽					
용도구분		용도규모 층수/최고 높이(m)		내력벽	비내력벽		내력벽	비내력벽				
					연소 우려가 있는 부분	연소 우려가 없는 부분		간막이벽	승강기·계단실의 수직벽			
일반시설	제1종 근린생활시설, 제2종 근린생활시설, 문화 및 집회시설, 종교시설	12/50	초과	3	1	0.5	3	2	2	3	2	1
			이하	2	1	0.5	2	1.5	1.5	2	2	0.5

9) 건축자재등 품질인정 및 관리기준

10) 건축물의 피난 · 방화구조 등의 기준에 관한 규칙 [별표 1](제3조 제8호 관련)

일반시설	판매시설, 운수시설, 교육연구시설, 노유자시설, 수련시설, 운동시설, 업무시설, 위락시설, 자동차 관련 시설(정비공장 제외), 동물 및 식물 관련 시설, 교정 및 군사 시설, 방송통신시설, 발전시설, 묘지 관련 시설, 관광 휴게시설, 장례시설	4/20 이하		1	1	0.5	1	1	1	1	1	0.5
주거시설	단독주택, 공동주택, 숙박시설, 의료시설	12/50	초과	2	1	0.5	2	2	2	3	2	1
			이하	2	1	0.5	2	1	1	2	2	0.5
		4/20 이하		1	1	0.5	1	1	1	1	1	0.5
산업시설	공장, 창고시설, 위험물 저장 및 처리시설, 자동차 관련 시설 중 정비공장, 자연순환 관련 시설	12/50	초과	2	1.5	0.5	2	1.5	1.5	3	2	1
			이하	2	1	0.5	2	1	1	2	2	0.5
		4/20 이하		1	1	0.5	1	1	1	1	1	0.5

2. 적용기준

가. 용도

1) 건축물이 하나 이상의 용도로 사용될 경우 위 표의 용도구분에 따른 기준 중 가장 높은 내화시간의 용도를 적용한다.

2) 건축물의 부분별 높이 또는 층수가 다를 경우 최고 높이 또는 최고 층수를 기준으로 제1호에 따른 구성 부재별 내화시간을 건축물 전체에 동일하게 적용한다.

3) 용도규모에서 건축물의 층수와 높이의 산정은 「건축법 시행령」 제119조에 따른다. 다만, 승강기탑, 계단탑, 망루, 장식탑, 옥탑 그 밖에 이와 유사한 부분은 건축물의 높이와 층수의 산정에서 제외한다.

나. 구성 부재

1) 외벽 중 비내력벽으로서 연소우려가 있는 부분은 제22조 제2항에 따른 부분을 말한다.

2) 외벽 중 비내력벽으로서 연소우려가 없는 부분은 제22조 제2항에 따른 부분을 제외한 부분을 말한다.

3) 내벽 중 비내력벽인 칸막이벽은 건축법령에 따라 내화구조로 해야 하는 벽을 말한다.

PART 4

다. 그 밖의 기준
1) 화재의 위험이 적은 제철 · 제강공장 등으로서 품질확보를 위해 불가피한 경우에는 지방건축위원회의 심의를 받아 주요구조부의 내화시간을 완화하여 적용할 수 있다.
2) 외벽의 내화성능 시험은 건축물 내부면을 가열하는 것으로 한다.

02 방화벽(防火壁)

방화벽은 건물 안에 불이 났을 때 그 불길이 다른 곳으로 번지는 것을 막기 위하여 불에 잘 견디는 재료로 만든 벽이다. 이것은 주로 건물의 경계나 내부에 설치하는데 반드시 어느 한 부분의 화재가 인접부분으로의 연소확대로 이어지지 않는 구조로 설치되어야 한다.

건축법령에서 각 시설들의 설치에 대한 부분이 규정되어 있으나 소방법령에서도 유사한 규정이 있으므로 비교하여 이해해야 한다.

1 방화벽 설치대상[11)]

건축법령에서 규정하는 "연면적 1천 제곱미터 이상인 건축물"은 「방화벽」으로 구획해야 하고, 각 구획된 바닥면적의 합계는 1천 제곱미터 미만으로 설치하도록 해야 한다.

방화벽으로 구획해야 하는 건축물

건축법 제50조(건축물의 내화구조와 방화벽)

② 대통령령으로 정하는 용도 및 규모의 건축물은 국토교통부령으로 정하는 기준에 따라 방화벽으로 구획하여야 한다.

건축법 시행령 제57조(대규모 건축물의 방화벽 등)

연면적 1천 제곱미터 이상인 건축물은 방화벽으로 구획하되, 각 구획된 바닥면적의 합계는 1천 제곱미터 미만이어야 한다.

그러나 주요구조부가 내화구조로 설치되거나 불연재료로 설치한 건축물 등 아래의 어느 하나에 해당되면 방화벽으로 구획하지 않을 수 있다.

11) 건축법 시행령 제57조(대규모 건축물의 방화벽 등)

방화벽 설치 제외 대상

- 주요구조부가 내화구조이거나 불연재료인 건축물
- 단독주택(다중주택 및 다가구주택 제외), 동물 및 식물 관련 시설, 발전시설(발전소 부속용도 시설 제외), 교도소 · 소년원 또는 묘지 관련 시설(화장시설 및 동물화장시설 제외)의 용도로 쓰는 건축물과 철강 관련 업종의 공장 중 제어실로 사용하기 위하여 연면적 50제곱미터 이하로 증축하는 부분
- 내부설비의 구조상 방화벽으로 구획할 수 없는 창고시설

2 방화벽의 구조[12)]

방화벽은 반드시 내화구조로 설치되어야 한다. 그리고 홀로 설 수 있어야 하며 다음의 기준에 따라 좌 · 우면 등 일정부분의 높이만큼 "돌출"되도록 설치하여야 한다.

방화벽 설치기준

1. 내화구조로서 홀로 설 수 있는 구조일 것
2. 방화벽의 양쪽 끝과 위쪽 끝을 건축물의 외벽면 및 지붕면으로부터 0.5미터 이상 튀어나오게 할 것
3. 방화벽에 설치하는 출입문의 너비 및 높이는 각각 2.5미터 이하로 하고, 해당 출입문에는 60분+ 방화문 또는 60분 방화문을 설치할 것

※ 건축법령의 방화구획 설치기준에 관한 규정[13)]이 방화벽의 구조에 관하여 이를 준용한다.

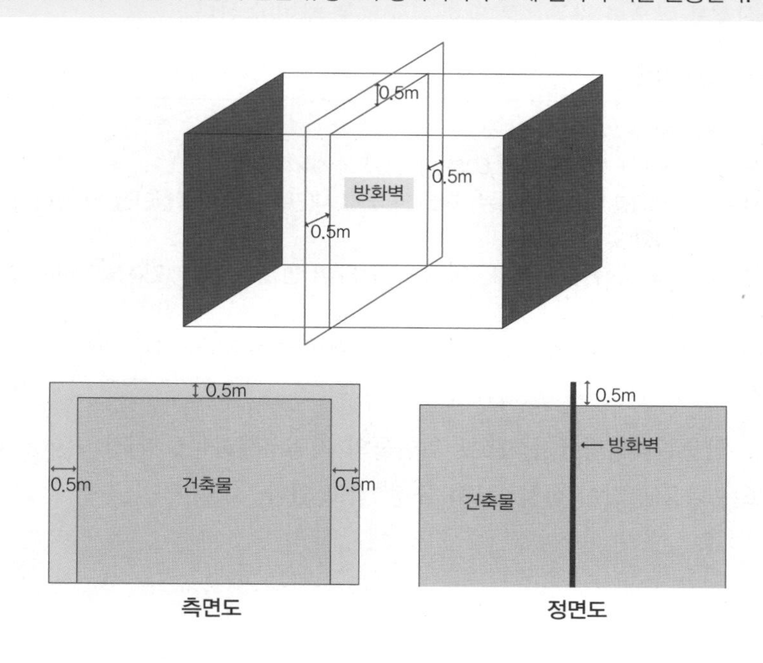

12) 건축물의 피난 · 방화구조 등의 기준에 관한 규칙 제21조(방화벽의 구조)

13) 건축물의 피난 · 방화구조 등의 기준에 관한 규칙 제14조(방화구획의 설치기준) 제2항

3 소방법령에서의 방화벽

방화벽은 소방관계법령에서도 언급되는데 지하구에 설치하여야 하는 소방시설 설치 및 관리에 관하여 필요한 사항을 규정하고 있는 「지하구의 화재안전성능기준(NFPC 605)」과 위험물 안전관리 법령에서 규정하고 있는 "제5류 위험물의 유기과산화물"을 저장 또는 취급하는 「옥내저장소의 저장창고」 구조에서 비슷하게 규정하고 있다.

여기서 잠깐!

지하구[14)]

가. 전력 · 통신용의 전선이나 가스 · 냉난방용의 배관 또는 이와 비슷한 것을 집합수용하기 위하여 설치한 지하 인공구조물로서 사람이 점검 또는 보수를 하기 위하여 출입이 가능한 것 중 다음의 어느 하나에 해당하는 것
  1) 전력 또는 통신사업용 지하 인공구조물로서 전력구(케이블 접속부가 없는 경우에는 제외한다) 또는 통신구 방식으로 설치된 것
  2) 1) 외의 지하 인공구조물로서 폭이 1.8미터 이상이고 높이가 2미터 이상이며 길이가 50미터 이상인 것

나. 「국토의 계획 및 이용에 관한 법률」 제2조 제9호에 따른 공동구

지하구의 화재안전성능기준(NFPC 605)에는 지하구에 방화벽을 설치하도록 규정하고 있는데, 방화벽은 다음 각 호에 따라 설치하고 항상 닫힌 상태를 유지하거나 자동폐쇄장치에 의하여 화재 신호를 받으면 자동으로 닫히는 구조로 하여야 한다.

지하구의 방화벽 설치기준

1. 내화구조로서 홀로 설 수 있는 구조일 것
2. 방화벽의 출입문은 60분+ 방화문 또는 60분 방화문으로 설치할 것
3. 방화벽을 관통하는 케이블 · 전선 등에는 국토교통부 고시(건축자재등 품질인정 및 관리기준)에 따라 내화충전 구조로 마감할 것
4. 방화벽은 분기구 및 국사 · 변전소 등의 건축물과 지하구가 연결되는 부위(건축물로부터 20m 이내)에 설치할 것
5. 자동폐쇄장치를 사용하는 경우에는 「자동폐쇄장치의 성능인증 및 제품검사의 기술기준」에 적합한 것으로 설치할 것

또한 위험물 안전관리법령에서 제5류 위험물의 지정과산화물을 저장하는 옥내저장소의 저장창고 구조는 다음과 같이 설치하도록 규정[15)]하고 있다.

14) 소방시설 설치 및 관리에 관한 법률 시행령 [별표 2]
15) 위험물안전관리법 시행규칙 [별표 5] 옥내저장소의 위치 · 구조 및 설비의 기준

지정과산화물 옥내저장소 설치기준

저장창고는 150m² 이내마다 격벽으로 완전하게 구획할 것. 이 경우 당해 격벽은 두께 30cm 이상의 철근콘크리트조 또는 철골철근콘크리트조로 하거나 두께 40cm 이상의 보강콘크리트블록조로 하고, 당해 저장창고의 양측의 외벽으로부터 1m 이상, 상부의 지붕으로부터 50cm 이상 돌출하게 하여야 한다.

4 대규모 목조 건축물의 외벽등[16)]

목조 건축물은 특성상 내화구조로 설치될 수 없으므로, 연면적 1천 제곱미터 이상의 규모에 대해서는 화염의 확산을 막기 위한 성능의 구조인 「방화구조」로 설치하거나 사용하는 재료를 반드시 "불연재료"로 하여야 하며 준불연재료나 난연재료는 사용할 수 없다. 또한 그 외벽 및 처마 밑의 연소할 우려가 있는 부분을 방화구조로 하되 그 지붕은 불연재료로 하여야 한다.

여기서 잠깐!

방화구조

"방화구조(防火構造)"란 화염의 확산을 막을 수 있는 성능을 가진 구조로서 다음 어느 하나에 해당하는 것을 말한다.

1. 철망모르타르로서 그 바름두께가 2센티미터 이상인 것
2. 석고판 위에 시멘트모르타르 또는 회반죽을 바른 것으로서 그 두께의 합계가 2.5센티미터 이상인 것
3. 시멘트모르타르 위에 타일을 붙인 것으로서 그 두께의 합계가 2.5센티미터 이상인 것
4. 심벽에 흙으로 맞벽치기한 것
5. 「산업표준화법」에 따른 한국산업표준이 정하는 바에 따라 시험한 결과 방화 2급 이상에 해당하는 것

(1) 건축법령의 「연소할 우려가 있는 부분」

대규모 목조 건축물에서 「연소할 우려가 있는 부분」이라 함은 "인접대지경계선 · 도로중심선 또는 동일한 대지 안에 있는 2동 이상의 건축물(연면적의 합계가 500제곱미터 이하인 건축물은 이를 하나의 건축물로 본다) 상호의 외벽 간의 중심선"으로부터 "1층에 있어서는 3미터 이내, 2층 이상에 있어서는 5미터 이내의 거리에 있는 건축물의 각 부분"을 말하는데, 공원 · 광장 · 하천의 공지나 수면 또는 내화구조의 벽 기타 이와 유사한 것에 접하는 부분은 제외한다. 여기에서 주의할 점은 중심선의 기준 이상의 거리만 이격되면 되고 상호 건축물을 향해 보는 개구부의 유무에 대해서는 고려하지 않는다. 왜냐하면 내화구조의 건축물 화재는 개구부를 통한 외부로의 화염분출로 인접 건축물을 연소시킬 우려가 있는 것에 반해, 목조 건축물의 화재는 건물의 외부벽, 기둥 등 건축물 자체가 연소되므로 복사열등의 영향

---

16) 건축물의 피난 · 방화구조 등의 기준에 관한 규칙 제22조(대규모 목조건축물의 외벽등)

을 직접 받지 않는 최소한의 거리 이상으로 이격해야 하기 때문이다.

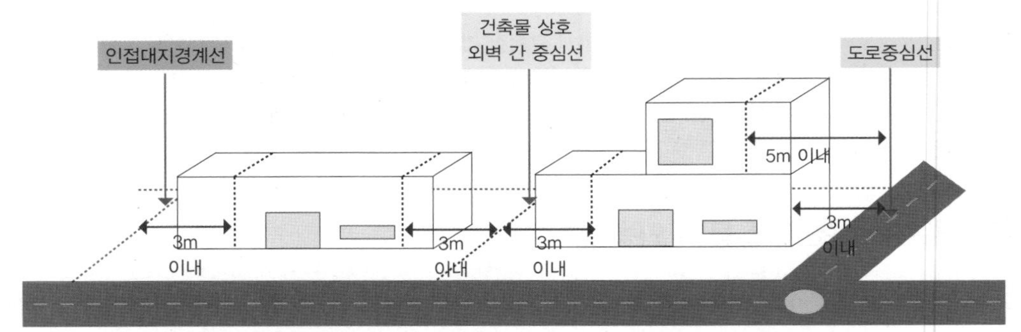

대규모 목조 건축물 연소할 우려가 있는 부분 기준선(인접대지경계선, 도로중심선, 상호의 외벽 간 중심선)

(2) 소방법령의 「연소 우려가 있는 구조」

소방법령에서는 같은 구(區) 내의 둘 이상의 특정소방대상물이 "연소(延燒) 우려가 있는 구조"인 경우에는 이를 하나의 특정소방대상물로 보고 소방시설을 설치하게 되는데, 이것은 건축법령에서 규정하는 "연소할 우려가 있는 부분"과 비슷하지만 마주 보고 있는 "개구부의 유무"를 적용하느냐에 차이가 있다.

연소 우려가 있는 건축물의 구조

다음 각 호의 기준에 모두 해당하는 구조[17)]

1. 건축물대장의 건축물 현황도에 표시된 대지경계선 안에 둘 이상의 건축물이 있는 경우
2. 각각의 건축물이 다른 건축물의 외벽으로부터 수평거리가 1층의 경우에는 6미터 이하, 2층 이상의 층의 경우에는 10미터 이하인 경우
3. 개구부(영 제2조 제1호에 따른 개구부를 말한다)가 다른 건축물을 향하여 설치되어 있는 경우

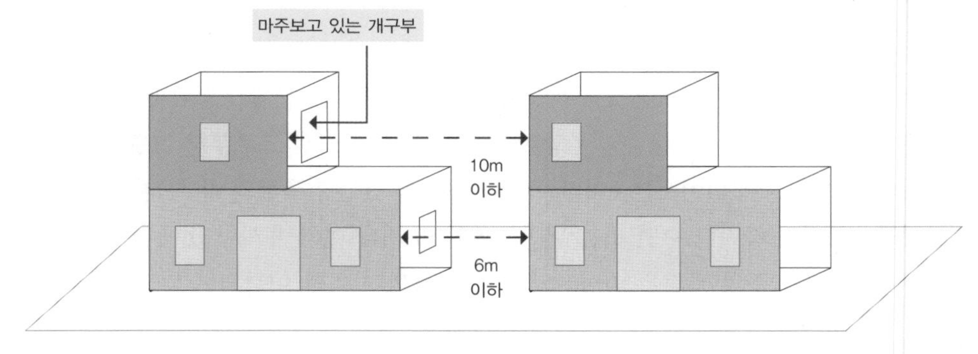

여기에서 해당하는 「영 제2조 제1호에 따른 개구부」는 소방시설법 시행령에서 규정하고 있는 무창층 해당여부의 산정기준이 되는 조건을 모두 갖춘 개구부를 말하는 것인지, 일반적으로 규정하고 있는 개구부의 정의 "건축물에서 채광 · 환기 · 통풍 또는 출입 등을 위하여

17) 소방시설 설치 및 관리에 관한 법률 시행규칙 제17조(연소 우려가 있는 건축물의 구조)

만든 창 · 출입구, 그 밖에 이와 비슷한 것"을 말하는 것인지에 대해서는 명확하지 않다.

무창층에 해당하는 개구부[18)]

"무창층"(無窓層)이란 지상층 중 다음 각 목의 요건을 모두 갖춘 개구부(건축물에서 채광 · 환기 · 통풍 또는 출입 등을 위하여 만든 창 · 출입구, 그 밖에 이와 비슷한 것을 말한다)의 면적의 합계가 해당 층의 바닥면적의 30분의 1 이하가 되는 층

가. 크기는 지름 50센티미터 이상의 원이 내접(內接)할 수 있는 크기일 것
나. 해당 층의 바닥면으로부터 개구부 밑부분까지의 높이가 1.2미터 이내일 것
다. 도로 또는 차량이 진입할 수 있는 빈터를 향할 것
라. 화재 시 건축물로부터 쉽게 피난할 수 있도록 창살이나 그 밖의 장애물이 설치되지 아니할 것
마. 내부 또는 외부에서 쉽게 부수거나 열 수 있을 것

그러나 소방법령에서의 연소 우려 건축물 구조에 대한 규정의 취지는 작은 크기의 개구부라도 내부화재 시 출화에 의한 인접건축물의 연소 확대 위험에 대한 소방시설의 설치 강화 필요성 때문에 규정하고 있다고 보면 된다. 그러므로 이 규정에서의 개구부는 무창층 산정기준의 조건에 해당하는 개구부가 아니라, 채광 · 환기 등을 위해 설치된 개구부는 모두 해당된다. 즉, 크기에 관계없이 개구부의 정의에 해당하는 모든 개구부를 의미하는 것이다. 소방청의 질의회신 내용도 같은 의미로 해석하고 있다.

PLUS TIPS+ 연소 우려가 있는 건축물의 구조에서의 개구부 관련(소방청 소방정책국)

질의	소방시설법 시행규칙 제7조 제3호에 규정된 개구부(영 제2조 제1호에 따른 개구부를 말한다)가 다른 건축물을 향하여 설치되어 있는 경우가 제2조 제1호 각 목을 모든 갖춘 개구부를 말하는 것이지, 아니면 단순 괄호 안에 정의를 말하는 것인지?
답변	소방시설법 시행규칙 제7조 제3호에 개구부로 한정하여 규정하고 있어, 시행령 제2조 제1호에 규정된 개구부의 정의(건축물에서 채광 · 환기 · 통풍 또는 출입 등을 위하여 만든 창 · 출입구, 그 밖에 이와 비슷한 것을 말한다)로 한정하여 해석해야 한다고 판단됩니다.

소방법령에서의 "연소 우려가 있는 건축물 구조"에 해당되는 특정소방대상물은 소방시설의 적용에 있어 하나의 대상물로 포함시켜 소방시설의 설치가 더 강화된다.

PLUS TIPS+ 소방시설의 강화 설치 사례

옥외소화전 설치대상[19)]

1) 지상 1층 및 2층의 바닥면적의 합계가 9천m^2 이상인 것. 이 경우 같은 구(區) 내의 둘 이상의 특정소방대상물이 행정안전부령으로 정하는 연소(延燒) 우려가 있는 구조인 경우에는 이를 하나의 특정소방대상물로 본다.

18) 소방시설 설치 및 관리에 관한 법률 시행령 제2조(정의)
19) 소방시설 설치 및 관리에 관한 법률 시행령 [별표 4]

(3) 연소 우려가 있는 건축물의 비교

건축법령의 "연소할 우려가 있는 부분"과 소방법령의 "연소 우려가 있는 구조"는 비슷하지만 차이가 있으므로 반드시 구분해야 한다.

구분	연소할 우려가 있는 부분	연소 우려가 있는 건축물의 구조
법적 근거	건축물의 피난 · 방화구조 등의 기준에 관한 규칙 제22조(대규모 목조건축물의 외벽등)	소방시설 설치 및 관리에 관한 법률 시행규칙 제17조(연소 우려가 있는 건축물의 구조)
해당 기준	인접대지경계선 · 도로중심선 또는 동일한 대지안에 있는 2동 이상의 건축물(연면적 합계 500m^2 이하 건축물은 하나의 건축물로 본다) 상호의 외벽간의 중심선으로부터, • 1층에 있어서는 3m 이내 • 2층 이상에 있어서는 5m 이내 거리에 있는 건축물의 각 부분 ※ 공원 · 광장 · 하천의 공지나 수면 또는 내화구조의 벽 기타 이와 유사한 것에 접하는 부분을 제외	다음 각 호의 기준에 모두 해당하는 구조 1. 건축물대장의 건축물 현황도에 표시된 대지경계선 안에 둘 이상의 건축물이 있는 경우 2. 각각의 건축물이 다른 건축물의 외벽으로부터 수평거리가 1층의 경우에는 6m 이하, 2층 이상의 층의 경우에는 10m 이하인 경우 3. 개구부(영 제2조 제1호에 따른 개구부를 말한다)가 다른 건축물을 향하여 설치되어 있는 경우
시설 적용 기준	• 방화구조로 설치 : 외벽과 처마 밑 • 불연재료로 설치 : 지붕	옥외소화전 설치 : 지상 1층 및 2층의 바닥면적의 합계가 9천m^2 이상

또한 스프링클러설비의 화재안전성능기준(NFPC 103)에는 「연소할 우려가 있는 개구부」라는 규정[20]이 있는데, 이것은 "각 방화구획을 관통하는 컨베이어 · 에스컬레이터 또는 이와 유사한 시설의 주위로서 방화구획을 할 수 없는 부분"을 말한다. 이 규정은 방화구획을 할 수 없는 부분에 개방형스프링클러헤드를 설치하여 다른 부분으로의 연소 확대 방지를 위한 목적이다. 이것에 대해서는 「방화지구 안의 건축물」에서 드렌처설비 부분과 비교하여 자세하게 알아보도록 하겠다.

5 방화벽과 방화구획등의 비교

건축법령에서 규정하고 있는 「방화벽」은 연면적 1천제곱미터마다 내화구조의 홀로 서는 구조로 설치해야 하는데 「방화구획」의 설치기준에도 주요구조부가 내화구조로 설치된 건축물로서 연면적 1천제곱미터 이상은 내화구조의 바닥, 벽 등으로 구획하도록 하고 있다. 이 두 규정은 건축법에서 별개의 조문으로 규정되어 있으므로 구분해서 이해할 필요가 있다. 또한 연면적 1천제곱미터를 넘는 대규모 목재 건축물에 대해서도 "방화구조"로 설치하도록 하고 있다. 이 규정들에서 보면 주요구조부가 내화구조로 설치된 대상은 방화벽을 설치하지 않고 방화구획을 설치하면 되고, 주요구조부가 불연재료로 설치된 목조건축물은 방화벽을

20) 스프링클러설비의 화재안전성능기준(NFPC 103) 제3조(정의) 제30호

설치할 필요는 없으나 방화구획은 설치하여야 한다. 그러므로 이 규정들의 설치구조나 설치 제외 대상 등이 서로 중복되어 적용되므로 잘 구분해야 한다.

구분	방화벽	방화구획	대규모 목조건축물 외벽등
법근거	건축법 제50조(건축물의 내화구조와 방화벽) 제2항	건축법 제49조(건축물의 피난시설 및 용도제한 등) 제2항	건축법 시행령 제57조(대규모 건축물의 방화벽 등) 제3항
설치 규정	연면적 1천 m^2 이상인 건축물은 방화벽으로 구획하되, 각 구획된 바닥면적의 합계는 1천 m^2 미만이어야 한다.	주요구조부가 내화구조 또는 불연재료로 된 건축물로서 연면적이 1천 m^2를 넘는 것은 다음 각 호의 구조물로 구획(방화구획)을 해야 한다. 1. 내화구조로 된 바닥 · 벽 2. 방화문 또는 자동방화셔터	연면적 1천 제곱미터 이상인 목조의 건축물은 그 외벽 및 처마 밑의 연소할 우려가 있는 부분을 방화구조로 하되, 그 지붕은 불연재료로 하여야 한다.
구조 및 재료기준 (연면적 1천 m^2 이상)	주요구조부가 내화구조이거나 불연재료일 때 설치 제외 → 방화구획 설치	주요구조부가 내화구조가 아니거나 불연재료로 설치되지 않았을 때 설치 제외 → 방화벽 설치	방화구조(외벽, 처마 밑)로 하거나 불연재료(지붕)로 설치 하더라도 → 방화벽 설치

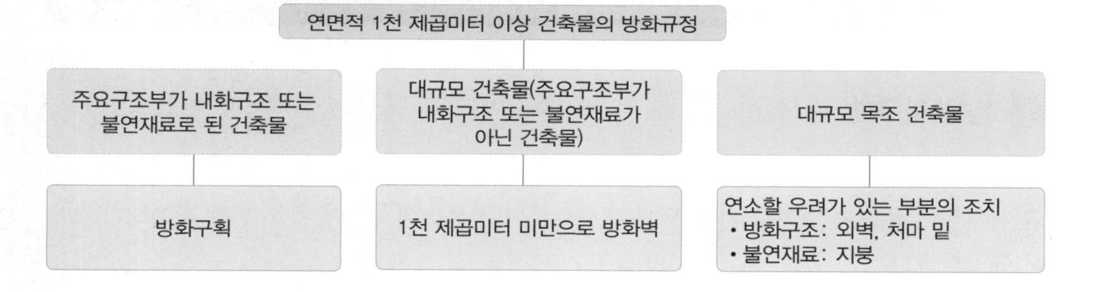

03 소방법령에서의 유지 · 관리

건축법 제50조(건축물의 내화구조와 방화벽)의 규정은 「소방시설 설치 및 관리에 관한 법률」 제6조(건축허가등의 동의 등) 제⑤항의 규정에서 "방화시설"로 분류되고 있다. 그러므로 이 시설들에 대한 훼손 등의 위반행위를 하였을 때 소방법령에 위한 과태료 부과 등 불이익 처분을 받게 된다.

앞에서 언급했듯이 건축법령에서는 "방화시설"이라는 용어가 없으나 소방법령에서는 이 내화구조와 방화벽을 "방화시설"의 일부로서 규정하고 있고, 건축법령에서 정하고 있는 시설이라 할지라도 관리 의무에 관한 부분을 소방법령에서도 규정하고 있다.

CHAPTER 

11 | 방화지구 안의 건축물

국토의 이용계획에는 도시 내의 토지를 효율적으로 이용하기 위해서 여러 지구로 지정 · 관리하고 있다. 특히 도시의 건축물이 밀집해 있는 지역에는 화재 발생 시 인접 건축물로 연소확대되어 대형피해가 발생될 우려가 높다. 이런 이유로「국토의 계획 및 이용에 관한 법률」에서 건축물이 많이 밀집해 있는 도시 내 지역의 화재 위험 예방을 위해서 "방화지구(放火地區)"로 지정하고 있고, 건축법령에서는 이 지구에 설치하는 건축물에 대한 기준을 규정하고 있다.

01 방화지구와 화재예방강화지구

1 방화지구(放火地區)

방화지구는 도시의 정비가 이루어지지 않고 건축물이 많이 밀집된 지역 또는 피해가 예상되는 시설이 주변에 위치한 지역 등을 대상으로 지정하는데 위험방지를 위한 건축허가 조건이 규제된다.

방화지구의 정의

「국토의 계획 및 이용에 관한 법률」 제37조(용도지구의 지정)

① 국토교통부장관, 시 · 도지사 또는 대도시 시장은 다음 각 호의 어느 하나에 해당하는 용도지구의 지정 또는 변경을 도시 · 군관리계획으로 결정한다.

3. 방화지구: 화재의 위험을 예방하기 위하여 필요한 지구

또한 방화지구 안에서 건축제한은 그 용도지구 지정의 목적 달성에 필요한 범위 안에서 시 · 도 또는 시 · 군 · 구의 도시 계획 조례로 정하는 바에 따르므로 각 지역마다의 상이한 차이가 있을 수 있다.

PLUS TIPS+ 부산광역시 강서구 방화지구 지정 사례(붉은색 부분)

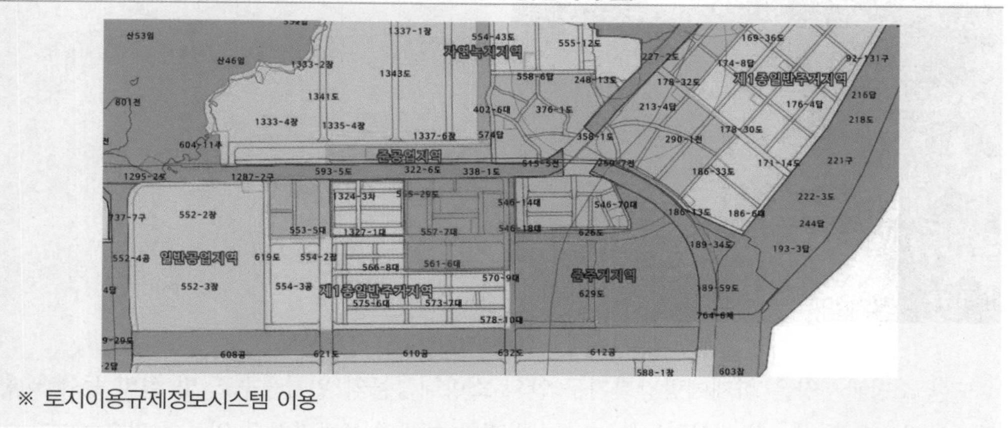

※ 토지이용규제정보시스템 이용

2 화재예방강화지구(火災豫防强化地區)

소방법령에서는 방화지구와 의미가 유사한 「화재예방강화지구[1]」의 지정과 관리에 대해서 규정하고 있다.

화재예방강화지구의 지정

「화재의 예방 및 안전관리에 관한 법률」 제18조(화재예방강화지구의 지정 등)

① 시 · 도지사는 다음 각 호의 어느 하나에 해당하는 지역을 화재예방강화지구로 지정하여 관리할 수 있다.

1. 시장지역
2. 공장 · 창고가 밀집한 지역
3. 목조건물이 밀집한 지역
4. 노후 · 불량건축물이 밀집한 지역
5. 위험물의 저장 및 처리 시설이 밀집한 지역
6. 석유화학제품을 생산하는 공장이 있는 지역
7. 「산업입지 및 개발에 관한 법률」 제2조 제8호에 따른 산업단지
8. 소방시설 · 소방용수시설 또는 소방출동로가 없는 지역
9. 그 밖에 제1호부터 제8호까지에 준하는 지역으로서 소방관서장이 화재예방강화지구로 지정할 필요가 있다고 인정하는 지역

시 · 도지사는 시장, 공장밀집지역 등 화재가 발생할 우려가 높거나 화재가 발생하는 경우 그로 인하여 피해가 클 것으로 예상되는 지역을 「화재예방강화지구(火災豫防强化地區)」로 지정하여 화재의 사전 예방과 화재발생 시 신속한 대응이 가능한 조치를 할 수 있도록 해야 한다. 만약 시 · 도지사가 화재예방강화지구로 지정할 필요가 있는 지역을 화재예방강화지구로 지정하지 아니하는 경우 소방청장은 해당 시 · 도지사에게 해당 지역의 화재예방강화지구 지정을 요청할 수 있다.

---

1) 「화재의 예방 및 안전관리에 관한 법률」 제18조(화재예방강화지구의 지정 등)

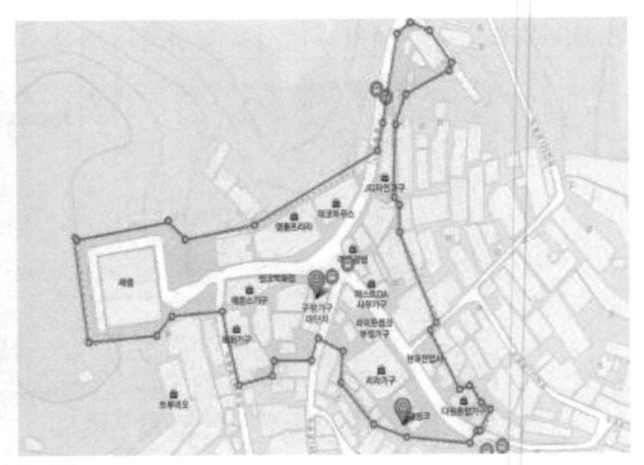

부산광역시 사하구 화재예방강화지구 지정 사례

또한 소방관서장은 화재예방강화지구 안의 소방대상물의 위치 · 구조 및 설비 등에 대한 화재안전조사를 연 1회 이상 실시하고, 실시 결과 화재의 예방강화를 위하여 필요하다고 인정할 때에는 관계인에게 소화기구, 소방용수시설 또는 그 밖에 소방에 필요한 설비("소방설비등")의 설치(보수, 보강을 포함)를 명할 수 있다. 그리고 화재예방강화지구 안의 관계인에 대하여 소방상 필요한 훈련 및 교육을 연 1회 이상 실시할 수 있다. 시 · 도지사는 화재예방강화지구의 지정 현황, 화재안전조사의 결과, 소방설비의 설치 명령 현황, 소방훈련 및 교육 현황 등이 포함된 화재예방강화지구에서의 화재예방에 필요한 자료를 매년 작성 · 관리하여야 한다.

3 방화지구와 화재예방강화지구의 비교

건축법령의 방화지구와 소방법령의 화재예방강화지구는 다음과 같이 비교 구분할 수 있다.

구분	방화지구	화재예방강화지구
법적 근거	•「국토의 계획 및 이용에 관한 법률」 제37조(용도지구의 지정) •「건축법」 제51조(방화지구 안의 건축물)	「화재의 예방 및 안전관리에 관한 법률」 제18조(화재예방강화지구의 지정 등)
대상	화재의 위험을 예방하기 위하여 필요한 지구	시장지역등 화재가 발생할 우려가 높거나 화재가 발생하는 경우 그로 인하여 피해가 클 것으로 예상되는 지역
지정 권자	국토교통부장관, 시 · 도지사 또는 대도시 시장	시 · 도지사
주요 내용	• 건축물의 주요구조부와 지붕 · 외벽을 내화구조로 설치 • 공작물의 주요부를 불연재료로 설치 • 인접 대지경계선에 접하는 외벽 창문등의 연소할 우려가 있는 부분에 방화설비 설치	• 화재안전조사를 연 1회 이상 실시 • 소방설비등의 설치 명령 • 관계인 훈련 및 교육 연 1회 이상 실시 • 화재예방에 필요한 자료를 매년 작성 · 관리

방화지구에서는 연소확대 방지를 위한 건축물 자체에 구조 및 설비의 설치에 대한 규정이지만, 화재예방강화지구는 시장지역 등 화재로 인한 피해가 클 것으로 예상되는 지역에서의 화재예방에 대해 주로 규정하고 있다. 그리고 방화지구 내에 있는 화재발생 우려가 높다고 예상되는 지역이 화재예방강화지구로 지정되는 경우도 있다.

02 방화지구 안의 건축물 설치기준[2)]

방화지구 안의 건축물에 대해서 "주요구조부의 내화구조", "공작물의 주요부 불연재료", "인접 건축물과 연소할우려가 있는 부분의 방화설비의 설치"에 대해 크게 세 부분으로 건축의 제한을 규정하고 있다.

1 건축물의 내화구조 설치

방화지구 안에서는 건축물의 "주요구조부"와 "지붕 · 외벽"을 「내화구조」로 설치해야 한다.

건축법 제51조(방화지구 안의 건축물)

① 「국토의 계획 및 이용에 관한 법률」에 따른 방화지구 안에서는 건축물의 주요구조부와 지붕 · 외벽을 내화구조로 하여야 한다. 다만, 대통령령으로 정하는[3)] 경우에는 그러하지 아니하다.

여기서 보면 "내력벽이 아닌 외벽"도 내화구조로 설치하도록 규정하고 있는데, 이것은 방화지구 내에는 건축물이 밀집되어 있는 특성상 인접 건축물로의 연소 확대 위험을 사전에 제거하기 위한 것이다. 또한 이전에는 주요구조부와 외벽만 내화구조로 설치하도록 규정하고 있었으나 지붕도 내화구조로 설치하도록 변경되었다(일부개정 2018. 08. 14, 시행 2020. 08. 15.)

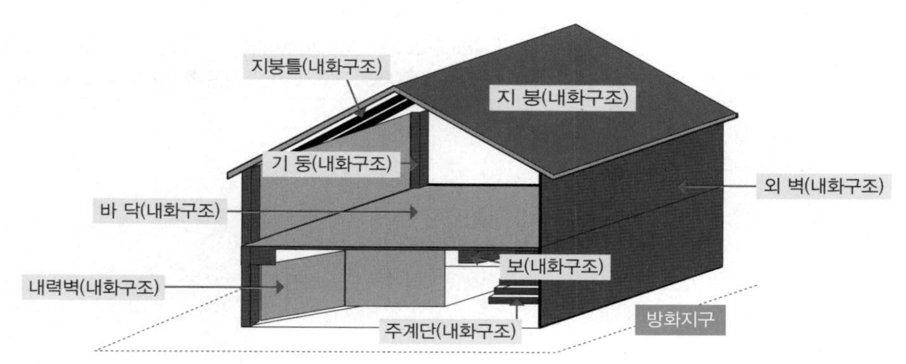

2) 건축법 제51조(방화지구 안의 건축물)

3) 건축법 시행령 제58조(방화지구의 건축물)

그러나 방화지구 안의 건축물에서 "연면적 30제곱미터 미만인 단층 부속건축물로서 외벽 및 처마면이 내화구조 또는 불연재료로 된 것"과 "도매시장의 용도로 쓰는 건축물로서 그 주요구조부가 불연재료로 된 건축물"은 그 주요구조부 및 외벽을 내화구조로 하지 아니할 수 있다.

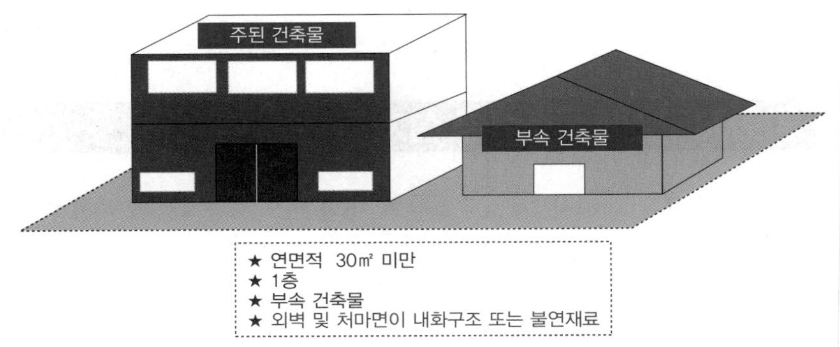

방화지구 안의 건축물 중 주요구조부와 외벽 및 지붕을 내화구조로 하지 않아도 되는 경우

여기에서 주의해야 할 점은 주건축물이 아닌 부속건축물로서 단층일 때만 해당된다는 것이다.

 여기서 잠깐!

건축법 시행령 제2조(정의) 12호

"부속건축물"이란 같은 대지에서 주된 건축물과 분리된 부속용도의 건축물로서 주된 건축물을 이용 또는 관리하는 데에 필요한 건축물을 말한다.

PLUS TIPS 건축물의 내화구조등 설치 비교

대상 건축물	설치 방법
내화구조 설치대상 건축물	주요구조부, 지붕: 내화구조로 설치
대규모 목조건축물(연면적 $1000m^2$ 이상)의 연소할 우려가 있는 부분	외벽, 처마 밑: 방화구조로 설치 지붕: 불연재료로 설치
방화지구 안의 건축물	주요구조부, 지붕, 외벽(비내력벽 포함): 내화구조로 설치 ※ 지붕을 내화구조가 아닌 것은 불연재료로 설치 가능

2 공작물의 불연재료 설치

방화지구 안의 공작물은 "주요부"를 「불연(不燃)재료」로 설치해야 하는데 건축물의 "지붕 위에 설치하는 공작물"이나 "독립된 높이 3미터 이상의 공작물"이 이에 해당된다.

공작물 주요부의 불연재료

건축법 제51조(방화지구 안의 건축물)

② 방화지구 안의 공작물로서 간판, 광고탑, 그 밖에 대통령령으로 정하는 공작물 중 건축물의 지붕 위에 설치하는 공작물이나 높이 3미터 이상의 공작물은 주요부를 불연(不燃)재료로 하여야 한다.

여기서 보면 부지 내 별도의 독립된 공작물은 "3미터 이상의 것"을 불연재료로 해야 하지만 지붕에 설치하는 공작물은 높이에 상관없이 주요부를 불연재료로 하여 지붕에 설치된 공작물 자체가 가연물이 되어 화재로 인한 전도 등의 연소할 위험을 없도록 해야 한다는 것이다. 건축법령에는 공작물의 "주요부"에 대한 정의가 없다. 즉, 공작물을 지지하는 기둥, 벽 등을 말하는 것인지, 이 공작물의 주된 목적을 위한 시설(광고판 등)을 말하는 것인지 법령상 명확하지 않다. 그러나 이것은 방화지구 안의 화재에 대한 방화개념이므로 설치되는 공작물의 구조와 형태 등에 따라 이 규정의 취지를 만족할 정도의 것을 주요부로 볼 수밖에 없다.

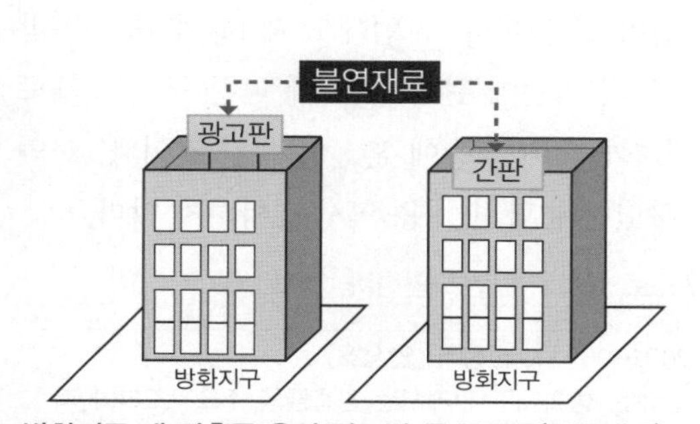

방화지구 내 건축물 옥상 광고판 등 공작물(불연재료)

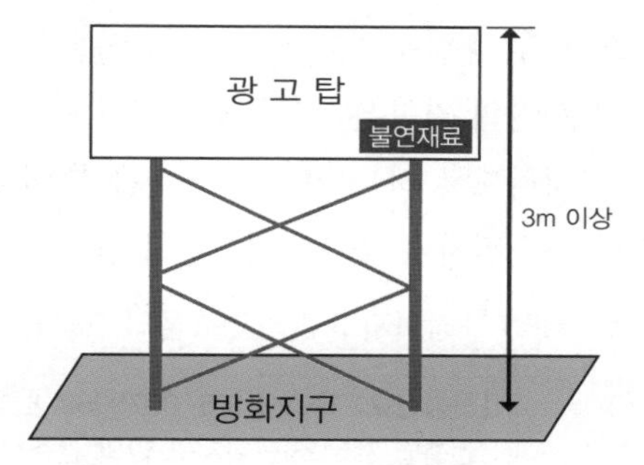

방화지구 내 3m 이상 공작물(불연재료)

3 방화지구 안의 지붕 · 방화문 및 외벽[4)]

(1) 지붕

앞에서 언급했듯이 과거에는 방화지구 내 건축물의 주요구조부와 외벽만을 내화구조로 설치하도록 하였으나 현재는 지붕도 내화구조로 설치하도록 법령에서 규정하고 있다. 그러나 이 규정이 신설되면서 기존에 있던 "방화지구 내 건축물의 지붕으로서 내화구조가 아닌 것은 불연재료로 설치"하도록 하는 규정이 그대로 유지되어 내화구조로 설치하지 않아도 되는 예외적인 조항의 적용에 대한 문제가 있다.

4) 건축물의 피난 · 방화구조 등의 기준에 관한 규칙 제23조(방화지구 안의 지붕 · 방화문 및 외벽등)

지붕의 불연재료 설치

건축법 제51조(방화지구 안의 건축물)

③ 방화지구 안의 지붕 · 방화문 및 인접 대지 경계선에 접하는 외벽은 국토교통부령으로 정하는 구조 및 재료로 하여야 한다.

건축물의 피난 · 방화구조 등의 기준에 관한 규칙 제23조(방화지구 안의 지붕·방화문 및 외벽등)

① 법 제51조 제3항에 따라 방화지구 내 건축물의 지붕으로서 내화구조가 아닌 것은 불연재료로 하여야 한다.

지붕의 설치기준이 과거에는 내화구조로의 설치 의무가 없었고 내화구조가 아닌 것은 불연재료로 설치하도록 규정되어 있었다. 이후 지붕을 내화구조로 설치하도록 법령이 개정(2018. 08. 14.)되어 시행(2020. 08. 15.)되었고, 그 이후에 건축되는 방화지구 안의 건축물의 지붕에 대해서는 주요구조부 여부와 관계없이 내화구조로 설치하게 하였다. 그런데 이 규정이 개정되면서 과거에 규정하고 있던 "방화지구 안의 지붕이 내화구조가 아닌 것은 불연재료로 하여야 한다"는 규정(제3항)을 그대로 유지함으로써 혼선이 있다. 즉, 건축법 제51조(방화지구 안의 건축물) 제1항은 방화지구 안의 건축물 지붕을 「내화구조」로 설치하도록 규정하고 있고, 단서 조항의 예외규정 대상도 "그 주요구조부 및 외벽"에만 해당되어 "지붕은 모두 내화구조로 설치"해야 하는 의무 규정이 된 것이다. 그럼에도 제3항의 규정인 방화지구 안의 지붕은 "건축물의 피난 · 방화구조 등의 기준에 관한 규칙"에 따른 구조와 재료로 설치하도록 하는 기존의 규정을 그대로 유지하게 되어 적용에 혼선이 생긴 것이다. 이와 관련하여 필자가 중앙행정기관에 직접 질의를 하였는데 답변 내용 역시 명확하지 않다.

PLUS TIPS⁺ 방화지구 안의 건축물의 지붕을 내화구조로 설치여부(건축안전과, 2021. 07. 06.)

<table>
<tr><td>질의</td><td>[신청번호: 1AA-2106-0679062, 신청일: 2021-06-17, 신청자: 안성호]
"건축법 제51조(방화지구 안의 건축물) 제①항에는 방화지구 안에서는 건축물의 주요구조부와 지붕 · 외벽을 내화구조로 하여야 한다. 다만, 대통령령으로 정하는 경우에는 그러하지 아니하다."라고 규정하고 있습니다. 그리고, 제③항에는 "방화지구 안의 지붕 · 방화문 및 인접 대지 경계선에 접하는 외벽은 국토교통부령으로 정하는 구조 및 재료로 하여야 한다"고 규정하고 있으며, 이에 따라 건축물의 피난 · 방화구조 등의 기준에 관한 규칙 제23조(방화지구 안의 지붕 · 방화문 및 외벽등) 제①항에는 "방화지구 내 건축물의 지붕으로서 내화구조가 아닌 것은 불연재료로 하여야 한다."라고 규정하고 있습니다.
1. 방화지구 안의 모든 건축물의 지붕을 내화구조로 설치해야 하는지?
2. 제1항의 단서조항에 해당하는 건축물은 「주요구조부 및 외벽」을 내화구조로 설치하지 않을 수 있고 지붕은 해당되지 않는데, 제3항의 규정에 의하면 "건축물방화구조규칙"에 따라 지붕으로 내화구조가 아닌 것은 불연재료로 하여야 한다고 되어 있습니다. 이 규정은 제1항에 대한 예외 규정에 해당하는지?
3. 제3항에 의거, 지붕을 내화구조로 설치하지 않고 불연재료로 설치해도 되는지?</td></tr>
</table>

답변	건축법 제51조 제1항에 따르면 방화지구 내 건축물의 주요구조부와 지붕 및 외벽은 내화구조로 하도록 하고 있으며, 건축법 시행령 제58조의 각 호에 해당하는 건축물은 주요구조부와 외벽을 내화구조로 하지 않을 수 있으며, 건축법 제51조 제3항에 따라 건축물의 피난, 방화구조 등의 기준에 관한 규칙 제23조 제1항에서 방화지구 내 건축물의 지붕으로서 내화구조가 아닌 것은 불연재료로 하여야 함을 알려드리며, 상세한 사항은 관련 서류 등을 구비하여 **당해 허가권자에게** 문의하여 주시기 바랍니다.

실무에서 건축사들은 법령의 규정을 적용할 때 완화된 규정을 적용시키는 경향이 대부분이므로 현재 방화지구 안의 건축물 지붕에 대해서는 내화구조로 설치하지 않고 불연재료로 설치하고 있는 것이 대부분이다. 즉, 제3항은 제1항에 대한 예외 규정으로 생각한다는 것이다. 이것은 방화지구 안의 건축물 지붕을 내화구조로 하도록 강화한 법령의 개정 취지에 맞지 않으므로, 향후 이런 모순된 규정이 어떤 방향으로든 명확한 법령 재정비가 필요한 부분이다.

(2) 연소할 우려가 있는 부분의 방화설비

1) 방화설비 설치기준

방화지구 내 건축물의 "인접대지경계선"에 접하는 "외벽에 설치하는 창문 등"으로서 "연소할 우려가 있는 부분"에는 인접 건축물에서의 화재 화염이 건축물 내부로의 연소확대를 방지하기 위한 필요한 「방화설비」를 설치해야 한다.

여기서 잠깐!

연소할 우려가 있는 부분[5)]

인접대지경계선 · 도로중심선 또는 동일한 대지안에 있는 2동 이상의 건축물(연면적 합계 500제곱미터 이하 건축물은 하나의 건축물로 본다) 상호의 외벽 간의 중심선으로부터 1층에 있어서는 3미터 이내, 2층 이상에 있어서는 5미터 이내 거리에 있는 건축물의 각 부분

※ 공원 · 광장 · 하천의 공지나 수면 또는 내화구조의 벽 기타 이와 유사한 것에 접하는 부분을 제외

"인접대지경계선에 접하는 외벽"에 설치하는 "창문등"에 있어서, 외부의 화염으로 인해 연소할 우려가 있는 개구부라면 모든 것이 해당된다는 것을 의미하는데, 이때의 개구부는 소방법령에서 규정하고 있는 무창층 산정의 조건에 따른 개구부의 해당 여부와는 관계가 없다.

5) 건축물의 피난 · 방화구조 등의 기준에 관한 규칙 제22조(대규모 목조건축물의 외벽등)

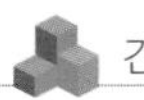

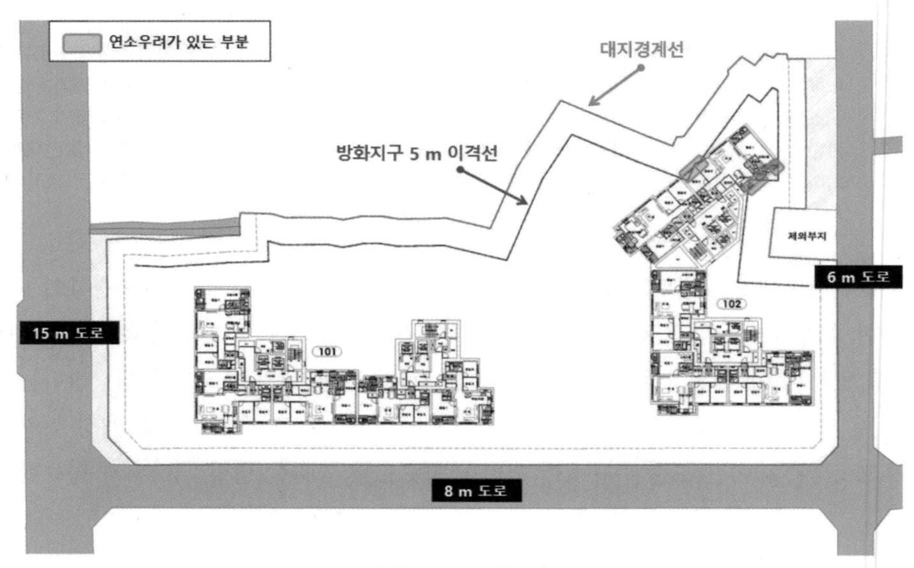

연소할 우려가 있는 부분

또한 같은 부지 내에 있는 건축물의 상호 간 외벽 창문이 인접하게 있더라도 방화설비를 설치할 필요는 없다. 왜냐하면 연소할 우려가 있는 부분의 기준이 되는 중심선은 "인접대지경계선에 접하는 외벽"으로 한정되어 있기 때문이고, 같은 구(區) 내의 둘 이상의 건축물이 연소할 우려가 있을 때에는 소방법령에 의해 옥외소화전설비 등 소방시설의 설치를 더 강화하고 있다. 그리고 인접대지경계선에 접하는 외벽이 연소우려가 있는 부분의 거리기준에는 해당되지만 외벽에 창문등 개구부가 없으면 설치대상이 되지 않는다.

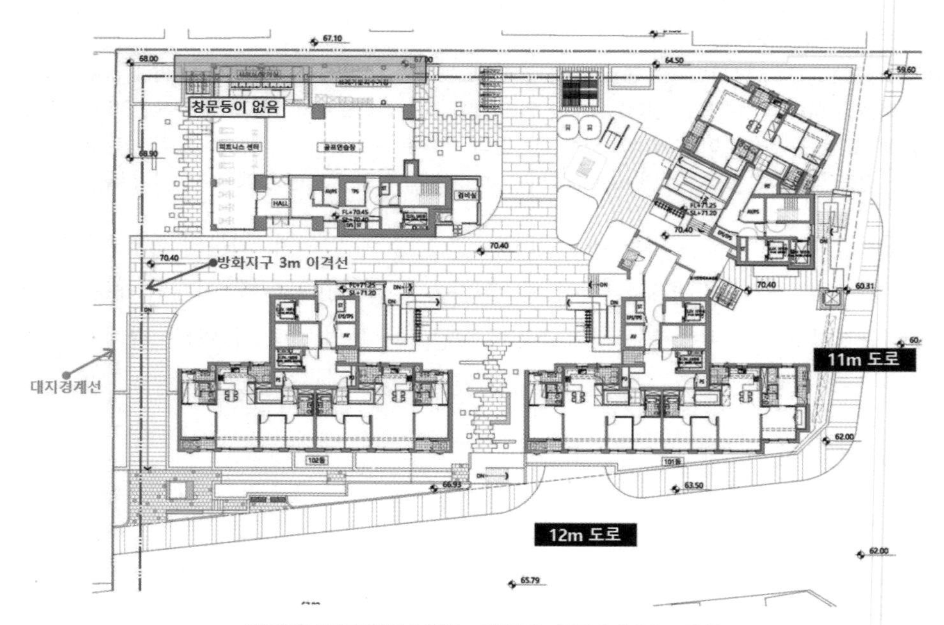

인접대지경계선에 접하는 외벽에 개구부가 없는 경우

방화지구에서 연소할 우려가 있는 부분의 인접 건축물과 접하는 외벽은 내화구조로 설치해야 하고, 여기에 사람등이 출입하는 개구부에는 60+ 방화문 또는 60분 방화문을 설치하여야 한다. 그리고 외벽에 접하는 창문 등의 개구부에는 일반적으로 소방법령에서 정하는 기준에 따른 드렌처설비를 설치하는 것이 일반적이다.

연소할 우려가 있는 부분의 방화설비[6)]

방화지구 내 건축물의 인접대지경계선에 접하는 외벽에 설치하는 창문등으로서 연소할 우려가 있는 부분에는 다음 각 호의 방화설비를 설치해야 한다.

1. 60+ 방화문 또는 60분 방화문
2. 소방법령이 정하는 기준에 적합하게 창문등에 설치하는 드렌처
3. 당해 창문등과 연소할 우려가 있는 다른 건축물의 부분을 차단하는 내화구조나 불연재료로 된 벽 · 담장 기타 이와 유사한 방화설비
4. 환기구멍에 설치하는 불연재료로 된 방화커버 또는 그물눈이 2밀리미터 이하인 금속망

과거 일부 지역에서 "방화유리"를 설치하는 경우 드렌처 등 방화설비를 설치하지 않을 수 있도록 운영하였는데, 현재 중앙 주무부처의 지침[7)]에는 "방화유리는 방화지구 내 건축물 중 인접대지경계선에 접하는 연소할 우려가 있는 부분의 창문 등에 설치하는 방화설비에 해당되지 않으므로 방화유리 설치 여부와는 관계없이 드렌처 등 기타 방화설비를 설치"하도록 하고 있다. 다만, 비내력벽으로 내화구조로 인정받은 유리를 창문 등에 설치하는 경우는 가능하도록 하고 있는데, 이때 창호바(창틀 등)에 대한 언급은 없으나 일반적으로 설치되는 내화유리 창호의 단열바(창틀 등)는 PVC 및 알루미늄 재질로 내화성능이 없으며 화재 시 창호가 연소하여 유리가 탈락될 수 있는 위험이 있음에 따라 내화유리와 동등 이상의 성능을 가진 제품이 설치되어야 한다.

또한 이 지침에는 외벽 또는 창호 모두로 해석할 수 있는 커튼월을 내화구조로 하여야 하는 외벽의 적용 대상으로 보지 않는 것으로 지침을 적용하였으나 방화지구는 화재의 위험을 예방하기 위하여 지정한 지구이므로 방화지구 내 건축물에 커튼월을 설치할 경우에는 이를 내화구조의 외벽 적용 대상으로 인정하여 내화구조에 해당되지 아니하면 방화지구 내 건축물 외벽으로 설치하지 못하도록 지침이 변경되어 적용되고 있다.

---

6) 건축물의 피난 · 방화구조 등의 기준에 관한 규칙 제23조(방화지구 안의 지붕 · 방화문 및 외벽등)

7) 국토교통부 건축정책과-14129(2017. 10. 24.) "건축법령 운영지침 시달(외벽마감재료 기준 및 방화지구 내 건축물 기준)"

 여기서 잠깐!

커튼월(curtain wall)[8]

커튼월(curtain wall)은 건물의 하중을 모두 기둥, 들보, 바닥, 지붕으로 지탱하고, 외벽은 하중을 부담하지 않은 채 마치 커튼을 치듯 건축자재를 둘러쳐 외벽으로 삼는 건축 양식이다.

커튼월 시스템은 외벽이 없는 건물들에 사용되는 외벽 처리 기법으로, 건물에 있는 사람들을 날씨로부터 막아주기 위해 활용되었다. 커튼월은 대체로 비구조적인 형태이기 때문에 가벼운 재료들로 만들 수 있고 그로 인해 건설 비용을 절감할 수 있다. 유리가 커튼월로 사용되었을 때의 장점은 자연광이 건물 내부로 더 깊숙이 침투할 수 있다는 것이다. 커튼 벽 외관은 자체 하중 중량 이외에는 건물로부터 구조적 하중을 받지 않는다. 또한 건물의 바닥이나 기둥들 간의 연결을 통해 건물에 입사하는 횡방향 풍하중을 주요 구조물에 전달한다. 즉, 커튼월은 외부 환경(바람, 비, 눈 등)의 침투를 막고, 지진과 바람에 의해 건물에 가해지는 흔들림을 흡수하고, 풍하중을 견디고, 자체 하중을 지지하기 위해 고안된 외벽 처리 기법인 것이다.

유리로 설치된 커튼월의 외부모습

커튼월로 설치된 세대 내부모습

PLUS TIPS 커튼월구조 내화구조 적용 여부(건축정책과-2019. 05. 24.)

질의	방화지구 안에서 건축물 외벽 커튼월을 창문으로 보아 「건축물의 피난 · 방화구조 등의 기준에 관한 규칙」 제23조 제2항의 규정을 적용하여야 하는지 여부?
답변	건축물의 외벽에 설치하는 커튼월은 유리 등을 건축물 구조체에 고정적으로 부착하여 하중을 지지하지 않고 비바람 등을 차단하는 칸막이 역할을 하는 비내력 구조체로서 외벽 또는 창호로 모두 해석이 가능할 것임. 따라서, 커튼월 구조도 「건축법」 제51조, 「건축법 시행령」 제58조 및 「건축물의 피난 · 방화구조 등의 기준에 관한 규칙」 제23조 제2항의 규정을 적용해야 할 것으로 사료됨

커튼월 구조는 화재 시 상층부로의 연소확대 우려를 배제할 수 없으므로 성능위주설계(PBD) 심의 시 하층부 화재에 대한 상층부 연소확대 방지조치를 하도록 하고 있다.

8) 출처: https://ko.wikipedia.org/wiki/%EC%BB%A4%ED%8A%BC%EC%9B%94

▸ **커튼월 구조의 건축물 상층부 연소확대방지조치 심의 사례**

건축계획 분야 및 기타 사항 등 (상층부 연소확대 방지 조치)	조치내용	비고
1. 커튼월구조의 건축물은 하층부 화재 시 상층부로의 급격한 연소확대가 우려 되는바, 이를 방지하기 위하여 스프링클러헤드를 외창으로부터 0.5m 이내에 설치하고, 헤드의 간격을 1.8m마다 설치할 것(단, 기타시설물 등에 의해 설치가 어려운 경우 성능에 지장이 없는 범위에서 0.5m를 초과할 수 있음)	• 건축물은 하층부 화재 시 상층부로의 급격한 연소확대가 우려 되는바, 이를 방지하기 위하여 스프링클러헤드를 외창으로부터 0.5m 이내에 설치하고, 헤드의 간격을 1.8m마다 설치하였습니다(단, 기타시설물 등에 의해 설치가 어려운 경우 성능에 지장이 없는 범위에서 0.5m를 초과 할 수 있음)	반영

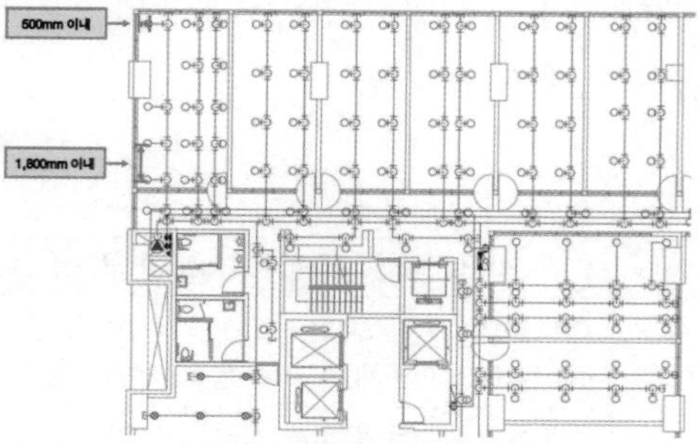

500mm 이내
1,800mm 이내

스프링클러 설치 평면도 예시

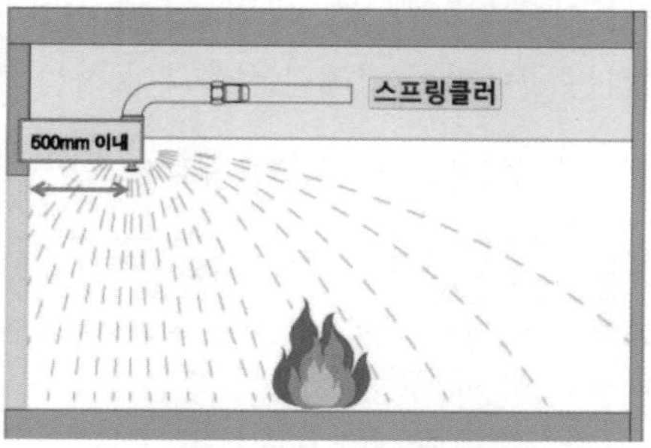

스프링클러
500mm 이내

스프링클러 개념도

2) 창문등의 망입유리 설치 검토

필자가 과거 건축업무를 할 때 방화지구의 외벽 창문의 재질을 철망이 들어 있는 유리, 즉 망입유리에 대해 인정해주던 때가 있었다. 지금 생각하면 그것이 법의 기준에 적합했는지 의문이 든다. 앞의 중앙 부처의 지침에서 창문 등에는 방화유리 설치 여부와는 관계없이 드렌처등 기타 방화설비를 설치하도록 하고 있고, 내화구조인 비내력벽으로 인정받은 유리를 창문등에 설치하는 경우 가능하다고 하였다. 그러면 망입유리가 내화구조의 성능으로 인정되는지 검토되어야 하는데, 대부분 망입유리가 곧 방화유리라고 생각하는 경우가 있으나 이것은 엄연히 다르다.

방화유리에 대한 기준이 없던 과거의 경우 망입유리는 그 자체만으로 방화유리로 인정받았으나 2003년 KS F 2845(유리구획부분의 내화시험방법)가 확정되면서 이 시험에 통과(비차열 20분 이상의 성능)해야만 방화유리로 인정받게 되었다. 방화구획을 위한 부분의 창이나 도어에 유리제품으로 설치하고자 할 때 내화구조의 시험성적서를 가지고 있는 방화유리는 방화구획에 사용가능하다.

그러나 망입유리는 판유리에 철망을 넣은 것으로 일반 유리보다 방화성능이 우수하지만, 과연 내화구조의 성능으로 인정받을 수 있는 것인지는 시험성적서를 반드시 확인해야 한다.

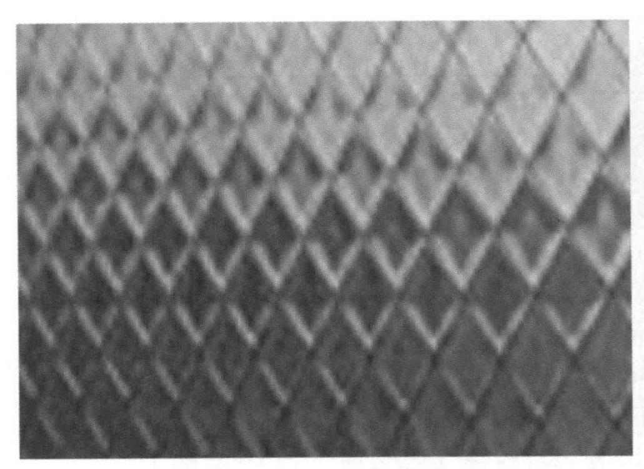

또한 건축법령에서는 "망입유리의 사용"에 대해 규정하고 있는 부분이 있는데 여기에서 규정하는 곳에만 한정해서 사용해야 하는 것인지도 명확하지 않다.

망입유리 설치에 관한 건축법령 규정

구분	내화구조의 기준	피난계단 및 특별피난계단의 구조
법적 근거	건축물의 피난 · 방화구조 등의 기준에 관한 규칙 제3조(내화구조)	건축물의 피난 · 방화구조 등의 기준에 관한 규칙 제9조(피난계단 및 특별피난계단의 구조)
규정 내용	지붕의 경우에는 다음 하나에 해당하는 것 • 철재로 보강된 유리블록 또는 망입유리로 된 것	건축물의 내부와 접하는 계단실의 창문등(출입구를 제외)은 망이 들어 있는 유리의 붙박이창으로서 그 면적을 각각 $1m^2$ 이하로 할 것

건축물방화구조규칙에서 규정하고 있는 각 구조부의 내화구조의 설치기준 중에 "철재로 보강된 망입유리"가 내화기준으로 인정을 받는 것은 "지붕"에만 한정되어 있다. 그러나 이 규정이 외벽 등 다른 구조부에 사용하는 망입유리는 내화구조로 인정을 받을 수 없다는 것을 의미하는지는 명확하지 않다.

소방법령에서도 망입유리의 규정을 찾아볼 수 있다. 일반적으로 비상전원이 필요한 소화설비의 감시제어반실은 다른 부분과 방화구획된 전용실에 설치해야 하는데 이 경우 전용실의 벽에는 기계실 또는 전기실 등의 감시를 위하여 두께 7mm 이상의 망입유리로 된 4제곱미터 미만의 붙박이창을 설치할 수 있도록 하고 있다.

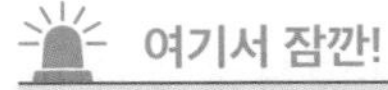
여기서 잠깐!

스프링클러설비의 화재안전기술기준(NFTC 103) 2.10 제어반

2.10.3.3.1 다른 부분과 방화구획을 할 것. 이 경우 전용실의 벽에는 기계실 또는 전기실 등의 감시를 위하여 두께 7mm 이상의 망입유리(두께 16.3mm 이상의 접합유리 또는 두께 28mm 이상의 복층유리를 포함한다)로 된 $4m^2$ 미만의 붙박이창을 설치할 수 있다.

이 규정에서 방화구획된 실의 벽에 일정 두께와 면적의 망입유리를 사용할 수 있도록 한 것은 망입유리가 내화구조의 성능이 있어서가 아니라 일반유리보다 화재 등의 위험에서 견디는 성능이 더 강화된 것으로 설치하는 개념으로 볼 수 있는데, 감시제어반 전용실 붙박이창은 방화유리 규정이 아닌 감시를 위한 관리적 어려움에 대한 "방화구획의 완화규정"으로 생각해야 한다. 일반적으로 소방시설완공검사증명서 교부 시 감시제어반 망입유리의 내화구조 성능 시험성적서를 요구하지 않는 것도 이 같은 이유라고 생각하면 될 것이다.

PLUS TIPS+ 필자의 의견

연소할 우려가 있는 부분의 창문 등에 방화설비를 설치하는 취지는 그 개구부가 어떠한 상태에 있더라도 유사시 그 기능이 유지되어야 하는 것이므로 비록 망입유리가 내화구조의 성능을 가졌다 하더라도 그 창문이 개방된 상태이면서 자동으로 폐쇄되는 구조가 아니라면 방화설비의 기능은 상실되게 된다. 또한 건축물 구조부의 내화구조 기준에 망입유리 사용이 지붕에만 한정되어 있으므로 방화지구의 외벽 창문 등에 망입유리의 창문 등의 설치로 방화설비를 대체하는 것은 적합하지 않고 드렌처설비의 설치가 유용하므로 이 부분에 대한 법령의 명확한 기준의 정립이 필요하다.

3) 창문등에 설치 하는 드렌처

드렌처(drencher)는 호우, 억수란 의미를 가지고 있으며 소방법령과 건축법령 상 용어에 대한 정의는 규정되어 있지 않다.

여기서 잠깐!

「산업안전대사전」의 드렌처관련 내용[9]

"소방대상물을 인접 장소 등의 화재 등으로부터 방화구획이나 연소 우려가 있는 부분의 개구부 상단에 설치하여 물을 수막(水幕)형태로 살수하는 소방시설의 일종이며 화재의 연소(延燒)로부터 방호하지 않으면 안 되는 건물의 외벽, 지붕, 창문 기타 개구부, 처마, 차양 등의 돌출부분에 드렌처 헤드를 부착해서 자동 또는 수동의 제어밸브를 경유해 유효한 급수원에 연결한 것이다. 구성원리는 스프링클러설비나 물분무소화설비와 거의 같으며 말단에 설치되는 헤드만 드렌처헤드를 설치한다."라고 설명하고 있다.

건축법령에는 소방법령이 정하는 기준에 적합하게 드렌처설비를 설치하라고 규정하고 있으나, 건축법령과 소방법령에서 정하고 있는 드렌처설비의 설치장소가 다르므로 적용에 차이가 있다.

건축법령과 소방법령에서의 드렌처설비 비교

구분	건축법령	소방법령
법적 근거	건축물의 피난 · 방화구조 등의 기준에 관한 규칙 제23조(방화지구 안의 지붕 · 방화문 및 외벽등)	스프링클러설비의 화재안전기술기준(NFTC 103) 2.12.2
설치 목적	건축물 외부의 다른 인접건축물 화재로부터 내부로의 화재확산 방지	건축물 내부화재 시 방화구획이 어려운 개구부를 통해 다른 부분으로의 화재확산 방지

9) 출처: 부산광역시 소방재난본부 "방화지구 내 건축물 드렌처설비 설치 적용지침"

설치 대상	• 연소할 우려가 있는 부분 인접대지경계선에 접하는 외벽에 설치하는 창문 등으로서 "인접대지경계선 · 도로중심선 또는 동일한 대지 안에 있는 2동 이상의 상호 외벽 간의 중심선"으로부터 "1층에 있어서는 3m 이내, 2층 이상에 있어서는 5m 이내"의 거리에 있는 것	• 연소할 우려가 있는 개구부[10] 각 방화구획을 관통하는 컨베이어 · 에스컬레이터 또는 이와 유사한 시설의 주위로서 방화구획을 할 수 없는 부분
설치 위치	건축물 외부	건축물 내부

드렌처설비의 주요 용도와 설치 위치를 이해하는 것이 쉽지 않다. 즉, 건축물 개구부의 안쪽에 설치하여 내부의 화재가 외부로 나가지 못하게 하는 설비인지 또는 당 건축물의 외부에 설치하여 인접건축물에서 발생한 화재의 외부 화염이 내부로 들어오지 못하게 하는 것인지 등 기능의 용도와 설치 위치를 명확하게 정의하고 있지 않기 때문이다.

"드렌처설비"란 방화지구 내 건축물의 인접대지경계선에 접하는 외벽에 설치하는 창문등으로서 연소할 우려가 있는 부분에 설치하는「유소(類燒)[11]」를 방지하기 위한 방화설비를 말한다. 그러므로 건축물 외벽에 설치하여 다른 인접건축물에서의 화재 화염이 건축물 내로 연소확대 되는 것을 방지하기 위한 목적으로 설치하는 설비로 이해하면 된다.

▸ **드렌처설비 건축물 외부로의 설치 심의 사례**

#5000 심의위원	조치내용	비고
3. 어린이집은 방화지구 이격여부 확인 도서에 표기 바랍니다.	• 건축법 제51조(방화지구 안의 건축물) 제1항에는 방화지구 안에서는 건축물의 주요구조부와 외벽을 내화구조로 하여야 한다고 되어 있으며 어린이집의 경우 인접대지경계선에서 3m 이내에 근접하여 드렌처 설비를 적용하였습니다.	반영

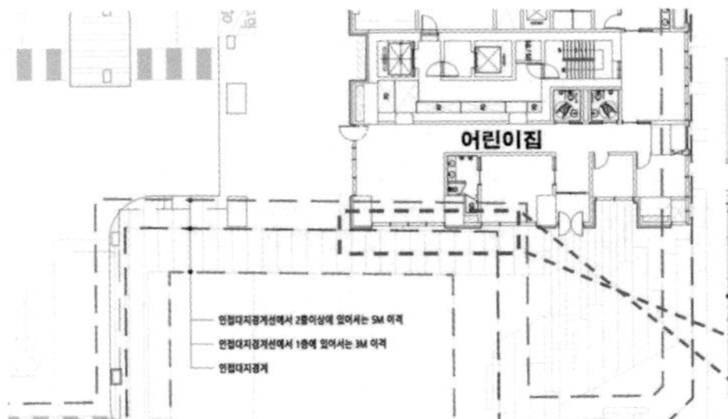

지상 1층 평면도

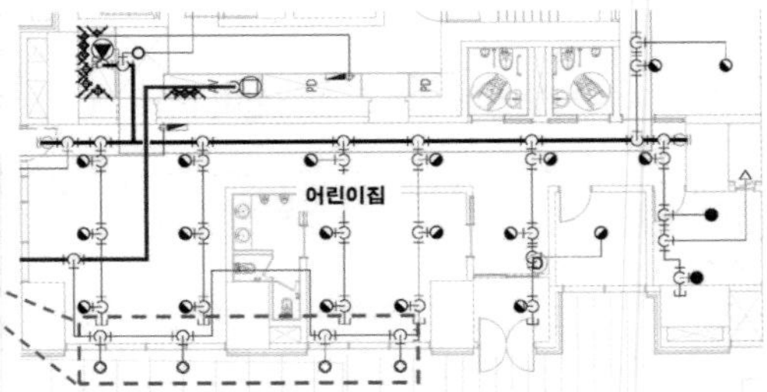

지상 1층 소방시설(기계) 평면도

10) 스프링클러설비의 화재안전성능기준(NFPC 103) 제3조(정의) 제30호

11) 유소(類燒): 다른 건축물에서 난 불이 자기 건축물로 번져 탐

그리고 소방법령(화재안전기준)에는 수원, 방수압력(량) 등 몇 가지를 제외하고는 드렌처설비의 설치기준을 별도로 규정하지 않아, 화재안전기준에서 정하지 않는 사항에 대해서는 각 지역마다 적용에 차이가 있다. 또한 드렌처설비는 작동방식도 스프링클러설비와 동일하여 일반적으로 설계나 시공은 스프링클러설비의 화재안전기준에서 정하는 몇 가지 기준에 따라 소방시설업체에서 수행하여 왔으나 시공에 대한 감리는 소방공사감리 대상에 해당되는 설비가 아닌 관계로 소방공사감리업체에서 수행하지 않고 건축감리의 업무로 이행되고 있다. 그러나 사실 드렌처설비에 전문적인 지식이 없는 건축감리가 적합설치 여부에 대한 확인하기도 어려운 부분도 있는 이유로 일부 현장에서는 건축물 준공 시 소방감리원에게 소방법령이 정하는 기준에 적합하게 설치가 되었는지를 확인하는 서류를 요청하는 사례도 있는 실정이다. 그러므로 수계 소화설비와 동일한 작동 메커니즘을 가진 드렌처설비는 소방시설업체가 소방시설에 대하여 설계 · 시공 · 감리를 하면서 이와 더불어 드렌처설비까지 포함해서 수행하는 것이 합리적일 것이다.

결국 건축법령에 따른 드렌처설비와 소방법령에 따른 소방시설은 설치목적은 다르지만 최종 목적은 화재로 인한 인명 · 재산피해를 최소화하려는 것으로 향후 드렌처설비를 소방시설에 포함함과 동시에 화재안전성능기준(NFPC)을 정립하여 관리를 일원화하는 것이 필요하다.

▸ 드렌처설비 업무관련 심의 사례

구분	검토사항	조치결과	반영여부
내용	2. 설치계획서상 드렌처헤드 수량을 표시하고, 착공 및 감리자 지정 신고 시 타 소방시설과 같이 신고할 것	설치계획표에 드렌처헤드 수량을 표기하였고, 착공 및 감리자 지정 신고 시 타 소방시설과 같이 신고하도록 주기 사항에 명기하였음	반영

내용
28. 옥내소화전 안내문을 문 내외의 양면에 부착할 것
29. 옥외매립배관은 동파우려가 없도록 배관을 지면으로부터 1m 이상 동결심도를 고려하여 매립할 것
30. 주펌프와 예비펌프의 기동점을 0.05MPa의 차이를 두고, 기동확인을 위하여 수신기 프로그램과 연동하도록 할 것
31. 연결송수구에는 표시등, 사용압력 및 층수를 표기하도록 할 것
32. 배관 압력은 체절압을 기준으로 수압시험 시 압력을 재검토하도록 할 것
33. 펌프 정격토출량의 175% 이상을 측정할 수 있는 유량측정장치를 사용할 것
34. 옥내소화전함 STS304는 허용공차를 고려하여 외함의 두께 1.6mm 이상으로 할 것
35. 드렌처설비는 착공 및 감리자 지정 신고 시 타 소방시설과 같이 신고하도록 할 것
36. 가스계소화설비의 경우 설계변경 등이 있는 경우 제품검사를 추가로 실시하고 완공검사를 신청할 것

소방 기계 주기사항

소방법령에서 드렌처설비에 대한 설치기준을 살펴보면 별도의 독립된 규정은 없지만 스프링클러설비의 화재안전기술기준(NFTC 103)의 "연소할 우려가 있는 개구부에 설치하는 개방형스프링클러헤드의 설치를 제외"할 수 있는 규정[12]에서 일부 언급하고 있다.

개방형스프링클러헤드와 드렌처설비 헤드의 설치기준에는 차이가 조금 있지만 작동방식과 제어밸브 등의 사용은 동일하다. 소방법령상의 연소할 우려가 있는 개구부에 해당하는 컨베이어벨트 관통부분 등 방화구획을 할 수 없는 개구부에는 개방형스프링클러헤드를 상하좌우 방향에 일정한 간격으로 설치하는데, 이것의 설치목적은 화재의 소화보다 하나의 구획된 부분에서 다른 부분으로의 화염확대 방지를 위한 방화구획의 개념이며 건축물의 외부가 아닌 내부 구획된 부분의 내화벽 보완책으로 볼 수 있다. 그러나 자동소화설비인 스프링클러설비의 설치에 대한 기준이므로 소화설비로서 소화의 목적도 전혀 없는 것은 아니다.

「연소할 우려가 있는 개구부」의 스프링클러설비헤드 설치기준

스프링클러설비의 화재안전성능기준(NFPC 103) 제10조(헤드)

④ 연소할 우려가 있는 개구부에 있어서는 개방형스프링클러헤드를 설치해야 한다.

스프링클러설비의 화재안전기술기준(NFTC 103) 2.7 헤드

2.7.7.6 연소할 우려가 있는 개구부에는 그 상하좌우에 2.5m 간격으로(개구부의 폭이 2.5m 이하인 경우에는 그 중앙에) 스프링클러헤드를 설치하되, 스프링클러헤드와 개구부의 내측 면으로부터 직선거리는 15cm 이하가 되도록 할 것. 이 경우 사람이 상시 출입하는 개구부로서 통행에 지장이 있는 때에는 개구부의 상부 또는 측면(개구부의 폭이 9m 이하인 경우에 한한다)에 설치하되, 헤드 상호간의 간격은 1.2m 이하로 설치

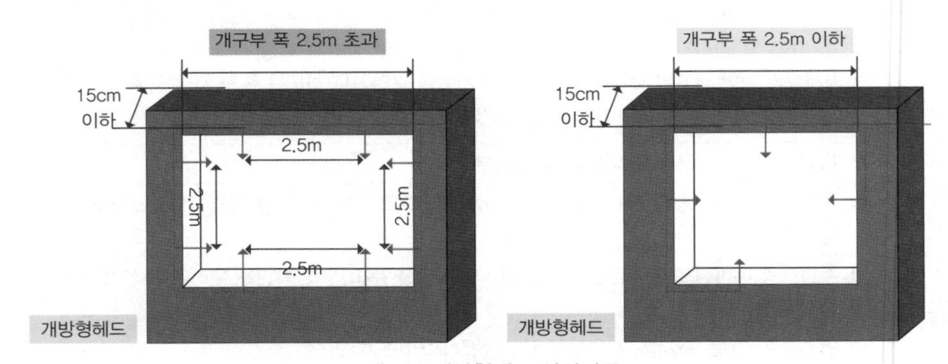

개구부 개방형헤드 설치기준

12) 스프링클러설비의 화재안전기술기준(NFTC 103) 2.12 헤드의 설치제외(2.12.2)

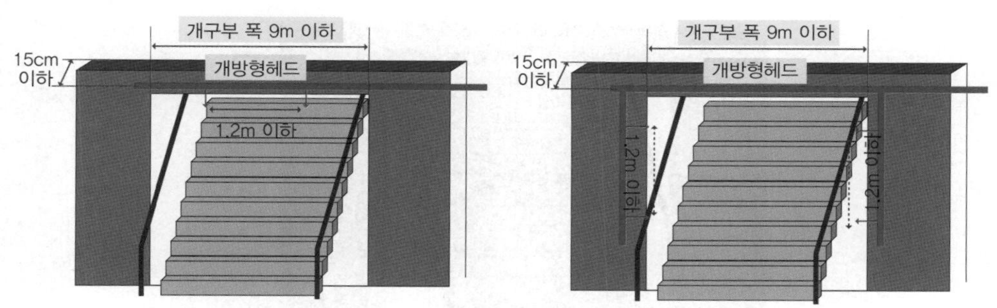

사람이 상시 출입하는 개구부로서 통행에 지장이 있는 때 설치기준

이것과 비교되는 드렌처설비는 소화의 목적이 아닌 일종의 수막설비로서 연소방지설비의 개념으로 생각하면 된다. 소방법령상의 연소할 우려가 있는 개구부에 화재안전기술기준(NFTC 103)에 따른 드렌처설비를 설치한 경우에는 해당 개구부에 한하여 스프링클러헤드를 설치하지 않고 드렌처 헤드의 설치로 대체할 수 있다. 이것은 드렌처설비를 이용해서 형성된 수막이 화염의 확산을 막을 수 있어 방화구획의 기능으로서 인정될 수 있다는 것으로 생각하면 된다. 이런 이유로 건축법령에서 방화지구 안의 건축물 외벽에 접하는 창문 등 연소할 우려가 있는 부분에 설치하는 드렌처설비는 이 기준에 의해서 설치하도록 규정하고 있다.

스프링클러설비의 화재안전기술기준(NFTC 103)에서의 드렌처설비 설치기준[13)]

스프링클러설비의 개방형 헤드를 설치해야 할 연소할 우려가 있는 개구부에 다음의 기준에 따른 드렌처설비를 설치한 경우에는 해당 개구부에 한하여 스프링클러헤드를 설치하지 않을 수 있다.

1. 드렌처헤드는 개구부 위 측에 2.5m 이내마다 1개를 설치할 것
2. 제어밸브(일제개방밸브 · 개폐표시형밸브 및 수동조작부를 합한 것)는 특정소방대상물 층마다에 바닥면으로부터 0.m 이상 1.5m 이하의 위치에 설치할 것
3. 수원의 수량은 드렌처헤드가 가장 많이 설치된 제어밸브의 드렌처헤드의 설치개수에 1.6m^3를 곱하여 얻은 수치 이상이 되도록 할 것
4. 드렌처설비는 드렌처헤드가 가장 많이 설치된 제어밸브에 설치된 드렌처헤드를 동시에 사용하는 경우에 각각의 헤드선단에 방수압력이 0.1MPa 이상, 방수량이 80L/min 이상이 되도록 할 것
5. 수원에 연결하는 가압송수장치는 점검이 쉽고 화재 등의 재해로 인한 피해우려가 없는 장소에 설치할 것

13) 스프링클러설비의 화재안전기술기준(NFTC 103) 2.12 헤드의 설치제외(2.12.2)

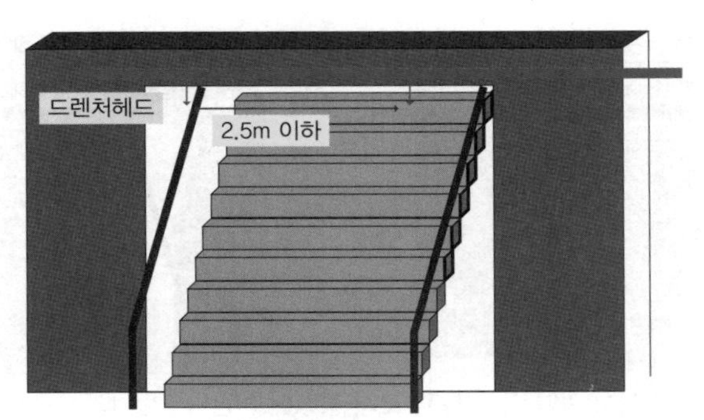

드렌처설비 헤드 설치

소방법령상의 스프링클러설비 설치 대상물에서 연소할 우려가 있는 해당 개구부에 드렌처설비를 설치하는 규정이 별도의 화재안전기준으로 정비되지 않고 "스프링클러헤드 제외"를 위한 것으로 일부 규정하고 있는 것은, 이것이 건축법령의 방화지구 안의 건축물에 설치하는 방화설비의 개념이 아닌 소방법령에서의 스프링클러설비라는 하나의 소화설비 시스템에서 연소할 우려가 있는 개구부에만 드렌처헤드를 일부 같이 설치하는 소방설비의 기준으로 본다는 것이다. 그러므로 별도의 독립된 시스템적인 소방설비가 아니기 때문에 개별 화재안전기준이 없는 것이다. 이런 이유에서 각 지역마다 드렌처설비의 설치에 대한 세부기준들이 상이하게 적용되고 있는 실정이다. 특히 드렌처설비의 작동방식에 대한 기준이 명확하지 않아 화재감지기에 의한 방법이나 별도의 감지용 폐쇄형헤드를 사용한 자동기동방식으로 설치하는 경우도 있고 수동으로만 기동하도록 설치하는 등 지역마다 적용에 차이가 있다.

▸ 드렌처설비 작동방식 심의 사례

구분	검토사항	조치결과	반영여부
내용	6. 드렌처설비와 스프링클러설비 겸용과 관련하여, 실내에서 화재로 인한 드렌처설비 감지기와 자동화재탐지설비 감지기가 작동하는 경우 드렌처설비 동작으로 인한 스프링클러설비의 영향이 없도록 대책 요함	• 드렌처 헤드 사이에 폐쇄형헤드를 설치하여 일제개방밸브의 긴급개방밸브로 연결하여 밸브가 개방될 수 있도록 계획하였고, 전기식이 아닌 기계식으로 기동하도록 계획되어 감지기는 설치하지 않음	반영

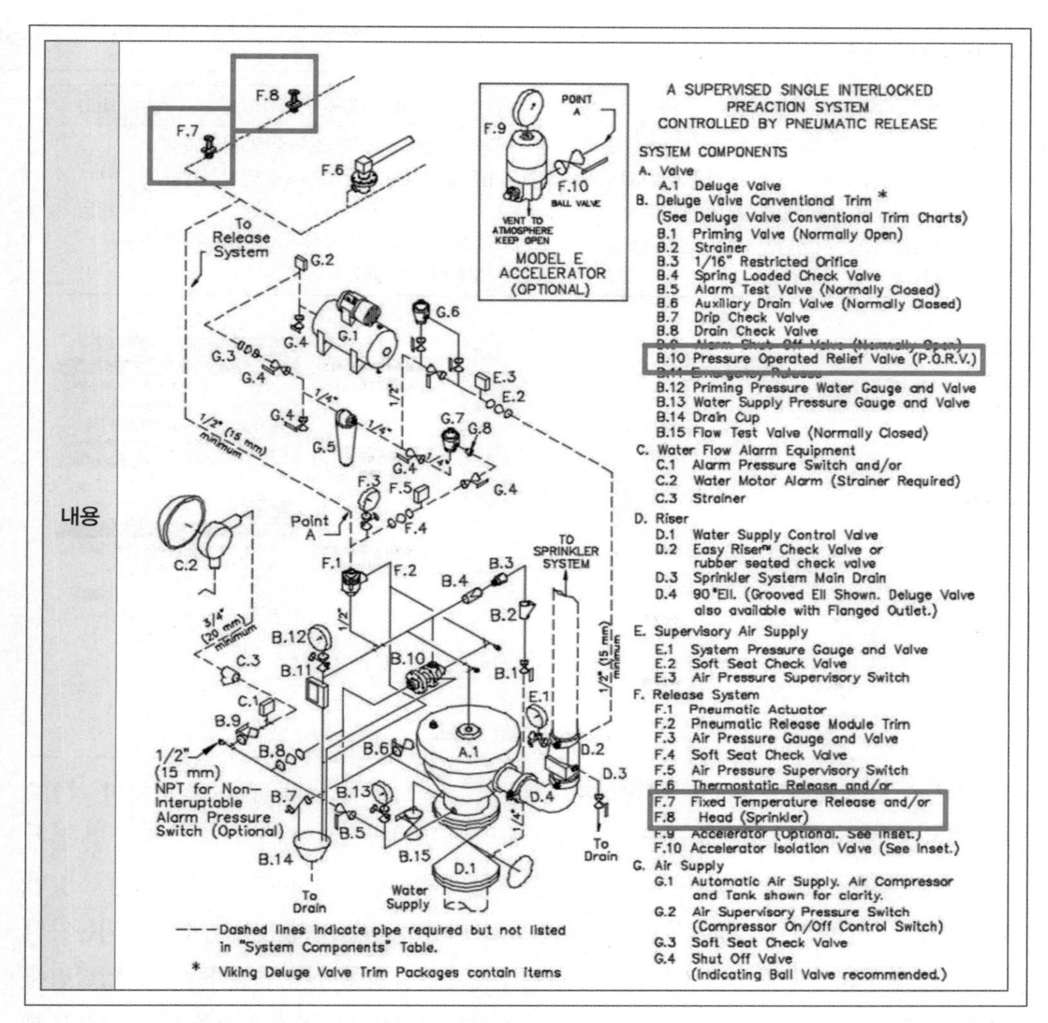

또한 스프링클러설비와 드렌처설비의 수원을 하나의 수조에 겸용으로 설치하면 외부의 유소(類燒)화재에 의한 드렌처설비가 먼저 작동하였을 경우 대부분의 소화수원이 사용되어 내부 스프링클러설비의 작동에 영향을 줄 수 있으므로, 반드시 별도의 수조로 설치하거나 충분한 유효수량을 확보한 겸용수조를 설치해야 한다.

▸ **드렌처설비 수원확보 관련 심의 사례**

#4 심의위원	조치내용	비고
3. 각 소화설비의 펌프용량 가압송수능력, 소화수원공급방식에 대한 추가 보충자료 제시 – 드렌처설비 수원을 소방시설 설비 수원과 겸용으로 사용하는 것은 원칙적으로 불가	• 펌프용량, 가압송수능력, 소화수원 공급방식(최대기준개수: 30개)은 도서에 명기하겠습니다. • 드렌처설비 수원과 소방시설 설비 수원은 분리하여 설치하겠습니다.	반영

소방시설(기계) 계통도

현재 부산 소방재난본부에서는 "방화지구 내 건축물 드렌처 설비"에 대해 별도의 지침[14]을 제정하여 건축허가 동의 시 담당자의 업무처리, 소방시설업체의 책임, 건축계획 및 설치기준 등에 대하여 적용하도록 하고 있다. 스프링클러헤드와 드렌처헤드의 차이점은 소방법령상에 「형식승인대상 소방용품[15]」과 「성능인증의 대상이 되는 소방용품[16]」에 해당되는지의 여부이다. 형식승인대상 소방용품에 해당하는 헤드는 "소화설비를 구성하는 스프링클러헤드"이고, 성능인증의 대상이 되는 소방용품에 해당하는 헤드는 "소화설비용 헤드(물분무헤드, 분말헤드, 포헤드, 살수헤드)"인데, 드렌처헤드는 소방용품이 아니므로 두 가지 모두에 해당되지 않는다.

형식승인 대상 소방용품	스프링클러헤드	드렌처헤드
	○	×
성능인증 대상 소방용품	소화설비용 헤드 (물분무헤드, 분말헤드, 포헤드, 살수헤드)	드렌처헤드
	○	×

14) 부산광역시 재난예방담당관–403(2020. 03. 16.) "방화지구 내 건축물 드렌처설비 설치 적용지침" 알림, 시행(2020. 03. 23.)

15) 소방시설 설치 및 관리에 관한 법률 시행령 제46조(형식승인대상 소방용품) [별표 3]

16) 소방용품의 품질관리 등에 관한 규칙 제15조(성능인증의 대상 및 신청 등) [별표 7]

그러므로 건축허가 동의 시 등에 있어 드렌처헤드의 설치에 대해서 어떤 특정한 헤드를 설치하라고 규정하기는 어려우나 현장에서 주로 설치되고 있는 드렌처헤드는 물이 하방으로 방사될 수 있도록 가공한 헤드가 주로 설치되고 있다.

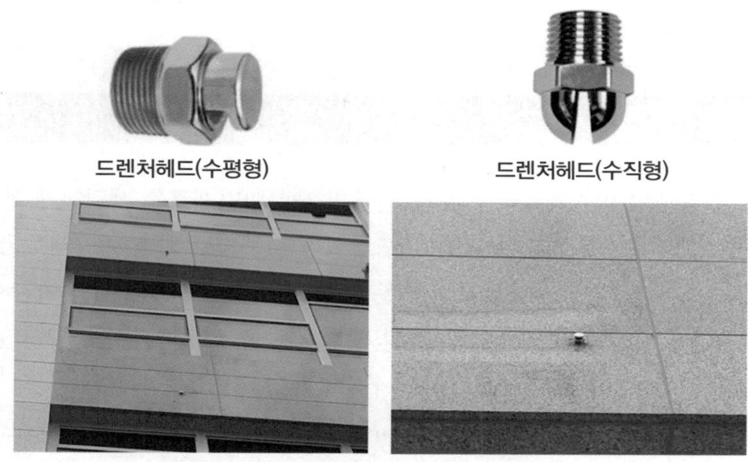

드렌처헤드(수평형) 드렌처헤드(수직형)

방화지구 안의 건축물 수평형 드렌처헤드 시공 모습

03 소방법령에서의 유지 · 관리

건축법 제51조(방화지구 안의 건축물)의 규정에 해당되는 시설들 역시 건축법령상의 기준에 의해 설치되는 것이나 소방법령에서의 유지 · 관리 규정에 있어서는 방화시설로 규정[17] 하고 있으므로, 이 기준에 의해 설치된 시설들에 대한 훼손, 변경, 제거 등의 위반행위를 하였을 때 소방법령에 의한 과태료 부과 등 불이익 처분을 받게 된다. 그러므로 이 장에서 살펴본 방화지구 안의 건축물의 설치규정과 설비의 기준에 대해서 명확한 구분과 이해를 할 수 있도록 해야 할 것이다. 필자는 많은 소방시설업체의 엔지니어들이 특히 건축물에 설치된 드렌처설비에 대해서 소방법령에서의 시설 규정과 건축법령에 의한 설비의 구분에 많은 어려움을 가진다고 생각한다. 그러므로 드렌처설비 역시 건축설비 설치기준의 배연창 등 건축법령상의 설비로서 설치기준을 마련하거나 소방법령상의 연소방지를 위한 소방시설의 한 종류에 포함시켜 그에 따른 별도의 화재안전기준을 제정하고 기능의 적합한 설치와 효율적인 관리가 될 수 있도록 하는 것이 시급하다.

이상으로 방화지구 안의 건축물에 대해서 알아보았는데 앞에서 언급한 사항들만이라도 확실히 이해한다면 방화지구 안의 건축물에 대한 화재예방을 대부분 학습했다고 할 수 있을 것이다.

---

17) 소방시설 설치 및 관리에 관한 법률 제6조(건축허가등의 동의 등) 제⑤항 제3호

CHAPTER 

12 | 건축물의 마감재료

01 설치배경

일반적으로 건축물의 마감재료라고 하면 실내의 내부마감재료를 생각하게 된다. 그러나 기존에 건축물 외부의 단열을 위한 공법(예 드라이비트)등으로 외벽 마감재를 설치하는 것은 시공과 건축물의 기능면에서 효율적인 부분도 있었지만, 건축물의 외벽 마감재가 가연성으로 설치되어 화재 발생으로 인한 상층부 및 인접 건축물로의 빠른 연소확대 원인이 되는 등 외장재 불연화에 대한 규제의 필요성이 요구되었다. 그러므로 현재 건축물의 마감재료는 "내부마감재료"와 "외벽마감재료"로 용도와 규모에 따라 그 설치기준을 정하고 있으며, 외벽의 불연화와 건축물 내부 거실의 벽 및 반자의 실내에 접하는 부분 등을 불연재료, 준불연재료, 난연재료로 설치할 수 있도록 세부적으로 구분 규정하고 있다.

또한 소방법령에서는 건축물의 마감재료를 「방화시설」로 규정하고 있고 이것에 대한 훼손, 변경 등의 행위를 하였을 때 과태료 부과 등 불이익 처분을 하도록 규정하고 있다.

02 방화에 지장이 없는 재료

건축법령에는 일정 용도 및 규모에 해당되는 건축물 내부의 마감재료는 "방화에 지장이 없는 재료"로 하여야 한다고 규정[1]하고 있다. 그러나 내부 마감재료의 설치대상은 구분하고 있지만 "방화에 지장이 없는 재료"에 대한 정의는 건축법령에서 명확히 규정하고 있지 않다. 「건축물의 피난 · 방화구조 등의 기준에 관한 규칙」에서는 "거실이나 그 거실에서 지상으로 통하는 주된 복도 등의 벽 및 반자의 실내에 접하는 부분"의 마감을 "불연재료, 준불연재료, 난연재료"로 설치하도록 하고 있는데, 이것이 방화에 지장이 없는 재료의 정의를 규정하는 것으로 이해하면 된다.

<table>
<tr><td rowspan="3">방화에 지장이 없는 재료</td><td>불연재료</td></tr>
<tr><td>준불연재료</td></tr>
<tr><td>난연재료</td></tr>
</table>

1) 건축법 제52조(건축물의 마감재료 등)

과거 2006년도까지는 건축물 마감재료의 난연성능 등급을 "한국산업규격 KS F 2271(기재시험, 표면시험, 부가시험 및 가스유해성 시험)"에 따라 실시한 시험결과로서 난연성능을 "난연 1급, 난연 2급, 난연 3급"으로 분류하였고, 「건축물의 피난 · 방화구조 등의 기준에 관한 규칙」에서 이 시험결과에 따른 난연 1 · 2 · 3급의 성적이 나온 재료를 불연재료, 준불연재료, 난연재료라 하며 이 모두를 통칭하여 "불연성재료"라 하였다.

건축물 마감재료 난연성능 등급 ※ 2006. 12. 29. 이전	난연 1급 → 불연재료	불연성재료 (일반적 통칭)
	난연 2급 → 준불연재료	
	난연 3급 → 난연재료	

이후 「건축물의 피난 · 방화구조 등의 기준에 관한 규칙」이 개정(2006. 06. 29.)되어 기존의 난연성능 분류체계 및 성능평가방법이 변경되었고, 난연성능 등급을 "불연재료(기존 난연 1급) · 준불연재료(기존 난연 2급) · 난연재료(기존 난연 3급)"로 분류 시행(2006. 12. 30.)하였다.

건축물 마감재료 난연성능 등급 ※ 2006. 12. 30. 이후	불연재료
	준불연재료
	난연재료

간혹 이 재료는 난연 1급이냐고 아직까지 질문하는 경우도 있는데, 건축물의 내부마감재료의 난연성능에 대해 현재의 건축법에서는 난연 1 · 2 · 3급이란 용어를 사용하지 않고 "불연재료, 준불연재료, 난연재료"란 용어로 사용하고 있다. 또한 각각의 시험방법도 「불연재료」는 건축재료의 "불연성 시험방법(KS F ISO 1182)"을 실시하고, 「준불연재료와 난연재료」는 "연소성능시험－열 방출, 연기 발생, 질량 감소율－제1부: 열 방출률(콘칼로리미터법)(KS F ISO 5660－1)"을 한다. 그리고 각 재료등급은 공통적으로 KS F 2271에 따른 "가스유해성 시험방법"이 적용되도록 하였다.

재료의 종류	시험방법	시험내용
불연 재료	한국산업규격 KS F ISO 1182(건축 재료의 불연성 시험방법)	불연성(가열) 시험
	한국산업규격 KS F 2271(건축물의 내장 재료 및 구조의 난연성 시험방법)	가스유해성 시험
준불연재료	한국산업규격 KS F ISO 5660-1[연소성능시험-열 방출, 연기 발생, 질량 감소율-제1부:열 방출률(콘칼로리미터법)]	가열 시험
	한국산업규격 KS F 2271(건축물의 내장 재료 및 구조의 난연성 시험방법)	가스유해성 시험
난연 재료	한국산업규격 KS F ISO 5660-1[연소성능시험-열 방출, 연기 발생, 질량 감소율-제1부:열 방출률(콘칼로리미터법)]	가열 시험
	한국산업규격 KS F 2271(건축물의 내장 재료 및 구조의 난연성 시험방법)	가스유해성 시험

「건축법 시행령」, 「건축물의 피난 · 방화구조 등의 기준에 관한 규칙」, 「건축자재등 품질인정 및 관리 기준」에서 정하고 있는 재료에 대해서 세부적으로 알아보자.

1 불연재료(不燃材料)

건축법 시행령에서는「불연재료」를 "불에 타지 않는 성질을 가진 재료"라고 정의하고 있다. 이것은 화염에 녹아 적열되는 경우는 있지만 불이 붙지 않으므로 불연성의 재료를 말한다. 즉, 가연성물질은 아니지만 녹은 상태에서 열기는 포함할 수 있으므로 화상 위험은 배제할 수 없다.

불연재료의 정의

건축법 시행령 제2조(정의)

불연재료(不燃材料): 불에 타지 아니하는 성질을 가진 재료로서 국토교통부령으로 정하는 기준[2]에 적합한 재료

일반적으로 불연재료는 콘크리트 · 석재 · 벽돌 · 기와 · 철강 · 알루미늄 · 유리 등을 들 수 있다. 또한 고시에서 정하는 불연재료의 성능기준을 충족하는 것은 모두 해당된다.

불연재료의 종류

건축물의 피난 · 방화구조 등의 기준에 관한 규칙 제6조(불연재료)

1. 콘크리트 · 석재 · 벽돌 · 기와 · 철강 · 알루미늄 · 유리 · 시멘트모르타르 및 회. 이 경우 시멘트모르타르 또는 회 등 미장재료를 사용하는 경우에는「건설기술 진흥법」제44조 제1항 제2호에 따라 제정된 건축공사표준 시방서에서 정한 두께 이상인 것에 한한다.
2. 「산업표준화법」에 따른 한국산업표준에서 정하는 바에 따라 시험한 결과 질량감소율 등이 국토교통부장관이 정하여 고시[3]하는 불연재료의 성능기준을 충족하는 것
3. 그 밖에 제1호와 유사한 불연성의 재료로서 국토교통부장관이 인정하는 재료. 다만, 제1호의 재료와 불연성 재료가 아닌 재료가 복합으로 구성된 경우를 제외

건축물 화재 시 재료에서 발생하는 가스의 유해성과 재료의 가열 후 질량 감소율에 대한 불연성 그리고 다른 층으로의 화재확산을 차단하기 위해 세부적으로 규정한 고시가「건축자재등 품질인정 및 관리기준」인데, 여기에서「불연재료」는 "건축재료의 불연성 시험 방법(KS F ISO 1182)"에 따른 가열시험과 "건축물의 내장재료 및 구조의 난연성 시험방법(KS F 2271)" 중 가스유해성 시험 결과 등에 따라 성능의 적합 여부가 결정된다.

2) 건축물의 피난 · 방화구조 등의 기준에 관한 규칙 제6조(불연재료)
3) 건축자재등 품질인정 및 관리기준 제23조(불연재료의 성능기준)

불연재료의 세부기준

건축자재등 품질인정 및 관리기준 제23조(불연재료의 성능기준)

불연재료는 다음 각 호의 성능시험 결과를 만족하여야 한다.

1. 한국산업표준 KS F ISO 1182(건축 재료의 불연성 시험 방법)에 따른 시험 결과, 제28조 제1항 제1호에 따른 모든 시험[시험체는 총 3개이며, 각각의 시험체에 대하여 1회씩 총 3회의 시험 실시]에 있어 다음 각 목을 모두 만족하여야 한다.
   가. 가열시험 개시 후 20분간 가열로 내의 최고온도가 최종평형온도를 20K 초과 상승하지 않을 것(단, 20분 동안 평형에 도달하지 않으면 최종 1분간 평균온도를 최종평형온도로 한다)
   나. 가열종료 후 시험체의 질량 감소율이 30% 이하일 것
2. 한국산업표준 KS F 2271(건축물의 내장 재료 및 구조의 난연성 시험방법) 중 가스유해성 시험 결과, 제28조 제3항 제2호에 따른 모든 시험[시험은 시험체가 실내에 접하는 면에 대하여 2회 실시]에 있어 실험용 쥐의 평균행동정지 시간이 9분 이상이어야 한다.
3. 강판과 심재로 이루어진 복합자재의 경우, 강판과 강판을 제거한 심재는 규칙 제24조 제11항 제2호 및 제3호*에 따른 기준에 적합하여야 하며, 규칙 제24조 제11항 제1호에 따른 실물모형시험을 실시[강판과 심재를 전체를 하나로 보아 실시]한 결과 제26조*에서 정하는 기준에 적합하여야 한다.

※ 규칙 제24조 제11항 제2호 및 제3호

2. 강판: 다음 각 목의 구분에 따른 기준을 모두 충족할 것
   가. 두께[도금 이후 도장(塗裝) 전 두께를 말한다]: 0.5밀리미터 이상
   나. 앞면 도장 횟수: 2회 이상
   다. 도금의 부착량: 도금의 종류에 따라 다음의 어느 하나에 해당할 것. 이 경우 도금의 종류는 한국산업표준에 따른다.
      1) 용융 아연 도금 강판: 180g/m^2 이상
      2) 용융 아연 알루미늄 마그네슘 합금 도금 강판: 90g/m^2 이상
      3) 용융 55% 알루미늄 아연 마그네슘 합금 도금 강판: 90g/m^2 이상
      4) 용융 55% 알루미늄 아연 합금 도금 강판: 90g/m^2 이상
      5) 그 밖의 도금: 국토교통부장관이 정하여 고시하는 기준 이상
3. 심재: 강판을 제거한 심재가 다음 각 목의 어느 하나에 해당할 것
   가. 한국산업표준에 따른 글라스울 보온판 또는 미네랄울 보온판으로서 국토교통부장관이 정하여 고시하는 기준에 적합한 것
   나. 불연재료 또는 준불연재료인 것

※ 제26조(복합자재의 실물모형실험)

강판과 심재로 이루어진 복합자재는 한국산업표준 KS F ISO 13784-1(건축용 샌드위치 패널 구조에 대한 화재 연소 시험방법)에 따른 실물모형시험 결과, 다음 각 호의 요건을 모두 만족하여야 한다. 다만, 복합자재를 구성하는 강판과 심재가 모두 규칙 제6조에 해당하는 불연재료인 경우에는 실물모형시험을 제외한다.

1. 시험체 개구부 외 결합부 등에서 외부로 불꽃이 발생하지 않을 것
2. 시험체 상부 천정의 평균 온도가 650℃를 초과하지 않을 것
3. 시험체 바닥에 복사 열량계의 열량이 25kW/m^2를 초과하지 않을 것
4. 시험체 바닥의 신문지 뭉치가 발화하지 않을 것
5. 화재 성장 단계에서 개구부로 화염이 분출되지 않을 것

4. 규칙 제24조 제6항 및 제7항에 따른 외벽 마감재료 또는 단열재가 둘 이상의 재료로 제작된 경우, 규칙 제24조 제8항 제2호에 따라[마감재료를 구성하는 각각의 재료에 대하여 난연성능을 시험한 결과] 각각의 재료는 제1호 및 제2호에 따른 시험 결과를 만족하여야 하며, 규칙 제24조 제8항 제1호에 따른 실물모형시험을 실시[마감재료를 구성하는 재료 전체를 하나로 보아 실시-실제 시공될 건축물의 구조와 유사한 모형으로 시험]한 결과 제27조*에서 정하는 기준에 적합하여야 한다.

※ 제27조(외벽 복합 마감재료의 실물모형실험)

외벽 마감재료 또는 단열재가 둘 이상의 재료로 제작된 경우 마감재료와 단열재 등을 포함한 전체 구성을 하나로 보아 한국산업표준 KS F 8414(건축물 외부 마감 시스템의 화재 안전 성능 시험방법)에 따라 시험한 결과, 다음의 각 호에 적합하여야 한다. 다만, 외벽 마감재료 또는 단열재를 구성하는 재료가 모두 규칙 제6조에 해당하는 불연재료인 경우에는 실물모형시험을 제외한다.

1. 외부 화재 확산 성능 평가: 시험체 온도는 시작 시간을 기준으로 15분 이내에 레벨 2(시험체 개구부 상부로부터 위로 5m 떨어진 위치)의 외부 열전대 어느 한 지점에서 30초 동안 600℃를 초과하지 않을 것
2. 내부 화재 확산 성능 평가: 시험체 온도는 시작 시간을 기준으로 15분 이내에 레벨 2(시험체 개구부 상부로부터 위로 5m 떨어진 위치)의 내부 열전대 어느 한 지점에서 30초 동안 600℃를 초과하지 않을 것

2 준불연재료(準不燃材料)

건축법 시행령에서는 「준불연재료」를 “불연재료에 준하는 성질을 가진 재료”라고 정의하고 있다. 여기서 “준하는 성질”의 범위를 주관적으로 해석할 우려가 있지만, 법령에서 준불연재료의 성능기준에 대해 규정하고 있고 이 기준의 적정여부에 따라 준불연재료로서 인정을 받을 수 있다.

준불연재료의 정의

건축법 시행령 제2조(정의)

준불연재료: 불연재료에 준하는 성질을 가진 재료로서 국토교통부령으로 정하는 기준[4]에 적합한 재료

준불연재료는 건축물 마감재료의 난연성능 시험에서 가스 유해성, 열방출량 등이 준불연재료의 성능기준을 충족해야만 인정되는데, 일반적으로 석고보드, 목모시멘트판, 펄프시멘트판, 미네랄텍스 등이 있다.

준불연재료의 종류

건축물의 피난 · 방화구조 등의 기준에 관한 규칙 제7조(준불연재료)

「산업표준화법」에 따른 한국산업표준에 따라 시험한 결과 가스 유해성, 열방출량 등이 국토교통부장관이 정하여 고시[5]하는 준불연재료의 성능기준을 충족하는 것을 말한다.

---

4) 건축물의 피난 · 방화구조 등의 기준에 관한 규칙 제7조(준불연재료)

5) 건축자재등 품질인정 및 관리기준 제24조(준불연재료의 성능기준)

「준불연재료」는 "연소성능시험-열 방출, 연기 발생, 질량 감소율-제1부:열 방출률(콘칼로리미터법)(KS F ISO 5660-1)"에 따른 가열시험과 "건축물의 내장재료 및 구조의 난연성 시험방법(KS F 2271)" 중 "가스유해성 시험" 결과 등에 따라 성능의 적합 여부가 결정된다.

준불연재료의 세부기준

건축자재등 품질인정 및 관리기준 제24조(준불연재료의 성능기준)

준불연재료는 다음 각 호의 성능시험 결과를 만족하여야 한다.

1. 한국산업표준 KS F ISO 5660-1[연소성능시험-열 방출, 연기 발생, 질량 감소율-제1부: 열 방출률(콘칼로리미터법)]에 따른 가열시험 결과, 제28조 제2항 제1호*에 따른 모든 시험에 있어 다음 각 목을 모두 만족하여야 한다.
   가. 가열 개시 후 10분간 총방출열량이 8MJ/m^2 이하일 것
   나. 10분간 최대 열방출률이 10초 이상 연속으로 200kW/m^2를 초과하지 않을 것
   다. 10분간 가열 후 시험체를 관통하는 방화상 유해한 균열(시험체가 갈라져 바닥면이 보이는 변형을 말한다), 구멍(시험체 표면으로부터 바닥면이 보이는 변형을 말한다) 및 용융(시험체가 녹아서 바닥면이 보이는 경우를 말한다) 등이 없어야 하며, 시험체 두께의 20%를 초과하는 일부 용융 및 수축이 없어야 한다.

※ 제28조 제2항 제1호에 따른 시험

시험은 시험체가 내부마감재료의 경우에는 실내에 접하는 면에 대하여 3회 실시하며, 외벽 마감재료의 경우에는 앞면, 뒷면, 측면 1면에 대하여 각 3회 실시한다. 다만, 다음 각 목에 해당하는 외벽 마감재료는 각 목에 따라야 한다.
가. 단일재료로 이루어진 경우: 한 면에 대해서만 실시
나. 각 측면의 재질 등이 달라 성능이 다른 경우: 앞면, 뒷면, 각 측면에 대하여 각 3회씩 실시

2. 한국산업표준 KS F 2271(건축물의 내장 재료 및 구조의 난연성 시험방법) 중 가스유해성 시험 결과, 제28조 제3항 제2호에 따른 모든 시험[시험은 시험체가 실내에 접하는 면에 대하여 2회 실시]에 있어 실험용 쥐의 평균행동정지 시간이 9분 이상이어야 한다.
3. 강판과 심재로 이루어진 복합자재의 경우, 강판과 강판을 제거한 심재는 규칙 제24조 제11항 제2호 및 제3호*에 따른 기준에 적합하여야 하며, 규칙 제24조 제11항 제1호*에 따른 실물모형시험을 실시한 결과 제26조*에서 정하는 기준에 적합하여야 한다. 다만, 한국산업표준 KS L 9102(인조광물섬유 단열재)에서 정하는 바에 따른 글라스울 보온판, 미네랄울 보온판으로서 제2호에 따른 시험 결과를 만족하는 경우 제1호에 따른 시험을 실시하지 아니할 수 있다.
   ※ 규칙 제24조 제11항 제2호 및 제3호, 규칙 제24조 제11항 제1호, 제26조: "불연재료 성능기준" 참고
4. 규칙 제24조 제6항 및 제7항에 따른 외벽 마감재료 또는 단열재가 둘 이상의 재료로 제작된 경우, 규칙 제24조 제8항 제2호에 따라[마감재료를 구성하는 각각의 재료에 대하여 난연성능을 시험한 결과] 각각의 재료는 제1호 및 제2호에 따른 시험 결과를 만족하여야 하며, 규칙 제24조 제8항 제1호에 따른 실물모형시험을 실시[마감재료를 구성하는 재료 전체를 하나로 보아 실시-실제 시공될 건축물의 구조와 유사한 모형으로 시험]한 결과 제27조*에서 정하는 기준에 적합하여야 한다.
   ※ 제27조: "불연재료 성능기준" 참고

PART 4

특히 준불연재료에 해당하는 석고보드는 방화성, 차음성, 시공성, 경제성 등이 매우 우수하여 현장에서 다양하게 사용되는데, 여기서 주의해야 할 것이 준불연재료에 해당하는 것은 두께가 9.5mm 이상인 것이다. 일반적으로 석고보드는 준불연재료가 대다수임에도 불연재료라고 잘못 인식하는 경우가 있는데, 석고보드가 방화의 성능을 가지는 불연재료에 해당되기 위해서는 두께가 12.5mm 이상의 것으로서 성능의 인증을 받은 것이어야 한다. 석고보드 9.5T를 두 겹으로 시공해도 불연재로 인정되지 않는다. 이것은 불연시험이 각 재료에 대해서 실험하는 것으로서 구조체로 하는 실험이 아니기 때문이다.

그러므로 내부마감재료 등을 불연재료로 설치해야 되는 경우 석고보드로 설치하기 위해서는 방화석고보드 12.5T 이상의 것을 반드시 사용해야 한다. 가령 소방시설의 설치에 있어 불연재료 성능에 따라 시설의 일부가 설치 제외되는 경우도 있으므로 석고보드의 두께에 따른 불연성능의 차이에 대한 이해가 필요하다.

스프링클러설비의 화재안전기술기준(NFTC 103) 2.12 헤드의 설치제외

2.12.1.5 천장과 반자 양쪽이 불연재료로 되어 있는 경우로서 그 사이의 거리 및 구조가 다음의 어느 하나에 해당하는 부분

2.12.1.5.1 천장과 반자 사이의 거리가 2m 미만인 부분

2.12.1.5.2 천장과 반자 사이의 벽이 불연재료이고 천장과 반자 사이의 거리가 2m 이상으로서 그 사이에 가연물이 존재하지 않는 부분

2.12.1.6 천장 · 반자 중 한쪽이 불연재료로 되어 있고 천장과 반자 사이의 거리가 1m 미만인 부분

2.12.1.7 천장 및 반자가 불연재료 외의 것으로 되어 있고 천장과 반자 사이의 거리가 0.5m 미만인 부분

3 난연재료(難燃材料)

건축법 시행령에서는 「난연재료」를 “불에 잘 타지 아니하는 성능을 가진 재료”라고 정의하고 있다. 잘 타지 않는 성질을 말하는 것이지 전혀 타지 않는다는 것은 아니다. 예를 들어 소방법령에서 방염성능대상물품의 방염성능기준을 보면 “잔염시간”이라는 용어가 있는데, 이것은 일정한 시간 동안 불꽃을 내면서 연소하다가 없어지기까지의 시간을 말한다. 이것은 전혀 타지 않는 것이 아니라 초기에는 불꽃을 내며 타다가 일정시간 이후부터는 타지 않는 것이므로, 불에 잘 타지 아니하는 성능으로 방염성능대상물품은 난연재료에 해당된다고 할 수 있다.

난연재료의 정의

건축법 시행령 제2조(정의)

난연재료(難燃材料): 불에 잘 타지 아니하는 성능을 가진 재료로서 국토교통부령으로 정하는 기준[6]에 적합한 재료

일반적으로 난연재료에는 난연합판, 난연플라스틱판, 난연 EPS 우레탄(준불연재인 경우도 있음) 등이 있다.

난연재료의 종류

건축물의 피난 · 방화구조 등의 기준에 관한 규칙 제5조(난연재료)

「산업표준화법」에 따른 한국산업표준에 따라 시험한 결과 가스 유해성, 열방출량 등이 국토교통부장관이 정하여 고시[7]하는 난연재료의 성능기준을 충족하는 것을 말한다.

「난연재료」 시험방법은 준불연재료의 방법과 동일한 "연소성능시험-열 방출, 연기 발생, 질량 감소율-제1부: 열 방출률(콘칼로리미터법)(KS F ISO 5660-1)"에 따른 가열시험과 "건축물의 내장재료 및 구조의 난연성 시험방법(KS F 2271)" 중 "가스유해성시험"을 실시한다.

PART 4

난연재료의 세부기준

건축자재등 품질인정 및 관리기준 제25조(난연재료의 성능기준)

난연재료는 다음 각 호의 성능시험 결과를 만족하여야 한다.

1. 한국산업표준 KS F ISO 5660-1[연소성능시험-열 방출, 연기 발생, 질량 감소율-제1부: 열 방출률(콘칼로리미터법)]에 따른 가열시험 결과, 제28조 제2항 제1호*에 따른 모든 시험에 있어 다음 각 목을 모두 만족하여야 한다.
   가. 가열 개시 후 5분간 총방출열량이 8MJ/m^2 이하일 것
   나. 5분간 최대 열방출률이 10초 이상 연속으로 200kW/m^2를 초과하지 않을 것
   다. 5분간 가열 후 시험체를 관통하는 방화상 유해한 균열(시험체가 갈라져 바닥면이 보이는 변형을 말한다), 구멍(시험체 표면으로부터 바닥면이 보이는 변형을 말한다) 및 용융(시험체가 녹아서 바닥면이 보이는 경우를 말한다) 등이 없어야 하며, 시험체 두께의 20%를 초과하는 일부 용융 및 수축이 없어야 한다.

> **※ 제28조 제2항 제1호에 따른 시험**
> 시험은 시험체가 내부마감재료의 경우에는 실내에 접하는 면에 대하여 3회 실시하며, 외벽 마감재료의 경우에는 앞면, 뒷면, 측면 1면에 대하여 각 3회 실시한다. 다만, 다음 각 목에 해당하는 외벽 마감재료는 각 목에 따라야 한다.
> 가. 단일재료로 이루어진 경우: 한 면에 대해서만 실시
> 나. 각 측면의 재질 등이 달라 성능이 다른 경우: 앞면, 뒷면, 각 측면에 대하여 각 3회씩 실시

6) 건축물의 피난 · 방화구조 등의 기준에 관한 규칙 제5조(난연재료)
7) 건축자재등 품질인정 및 관리기준 제25조(난연연재료의 성능기준)

2. 한국산업표준 KS F 2271(건축물의 내장 재료 및 구조의 난연성 시험방법) 중 가스유해성 시험 결과, 제28조 제3항 제2호에 따른 모든 시험[시험은 시험체가 실내에 접하는 면에 대하여 2회 실시]에 있어 실험용 쥐의 평균행동정지 시간이 9분 이상이어야 한다.
3. 규칙 제24조 제6항 및 제7항에 따른 외벽 마감재료 또는 단열재가 둘 이상의 재료로 제작된 경우, 규칙 제24조 제8항 제2호에 따라[마감재료를 구성하는 각각의 재료에 대하여 난연성능을 시험한 결과] 각각의 재료는 제1호 및 제2호에 따른 시험 결과를 만족하여야 하며, 규칙 제24조 제8항 제1호에 따른 실물모형시험을 실시[마감재료를 구성하는 재료 전체를 하나로 보아 실시-실제 시공될 건축물의 구조와 유사한 모형으로 시험]한 결과 제27조*에서 정하는 기준에 적합하여야 한다.

※ 제27조: "불연재료 성능기준" 참고

4 복합자재(複合資材)

(1) 복합자재의 개념

건축재료 중에서 샌드위치 패널(Sandwich Panel)은 시공의 용이성으로 가장 일반적으로 쓰이고 있는 자재이다. 이것은 건축법령에서 규정하고 있는 일정한 기준에 따라 몇 개의 재료들이 복합되어 만들어진 것인데 사용되는 재료에 따른 제품마다의 다양한 성능을 가진다. 이것처럼 불연성인 재료와 불연성이 아닌 재료가 복합된 자재로서 외부의 양면에 불연성재료를 붙이고 내부의 심재(心材)로 구성된 것을 「복합자재(複合資材)」라고 한다.

복합자재(複合資材)의 정의[8]
복합자재: 불연재료인 양면 철판, 석재, 콘크리트 또는 이와 유사한 재료와 불연재료가 아닌 심재로 구성된 것

복합자재는 내부 단열재료의 종류에 따라 화재에 견디는 내화성능의 유무가 달라진다.

(2) 복합자재의 규정

건축법 규정[9]에 건축물의 벽, 반자, 지붕(반자가 없는 경우에 한정) 등 내부의 마감재료[제52조의4 제1항의 복합자재의 경우 심재(心材)를 포함]와 건축물의 외벽에 사용하는 마감재료(두 가지 이상의 재료로 제작된 자재의 경우 각 재료를 포함)하여 「방화에 지장이 없는 재료」를 사용하도록 법령이 개정(2021. 03. 16.)되었다.

8) 건축법 제52조의4(건축자재의 품질관리 등) 제1항
9) 건축법 제52조(건축물의 마감재료 등)

복합자재 관련 규정

건축법 제52조(건축물의 마감재료 등)

내부의 마감재료	① 대통령령으로 정하는 용도 및 규모의 건축물의 벽, 반자, 지붕(반자가 없는 경우에 한정한다) 등 내부의 마감재료[제52조의4 제1항의 복합자재의 경우 심재(心材)를 포함한다]는 방화에 지장이 없는 재료~(이하 생략)
외벽에 사용하는 마감재료	② 대통령령으로 정하는 건축물의 외벽에 사용하는 마감재료(두 가지 이상의 재료로 제작된 자재의 경우 각 재료를 포함)는 방화에 지장이 없는 재료~(이하 생략)

예를 들면 철골조 건축물을 신축할 때 사용하는 샌드위치 패널은 복합자재로서 내부마감재이면서 외벽마감재에 해당하고, 또한 심재를 포함한 모든 재료가 난연성능시험 기준을 동시에 만족하여야 한다.

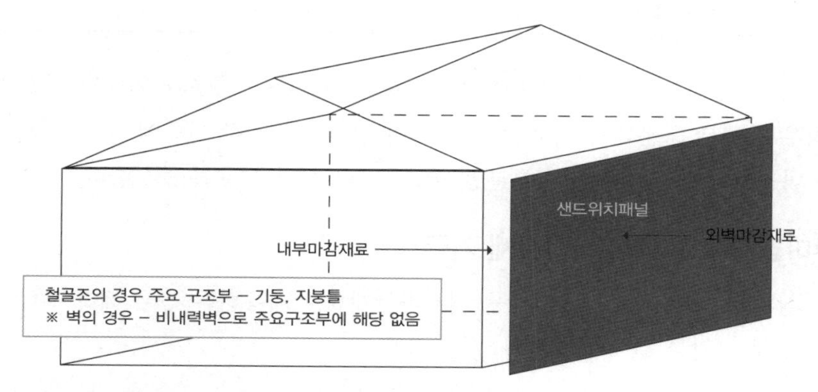

과거에는 건축물 외벽 마감재료를 불연재료 또는 준불연재료로 설치해야 하는 대상에 복합자재를 사용할 때는 "마감재료를 구성하는 재료 전체를 하나"로 인정하여 고시에서 정하는 기준에 따라 구성재료 전체에 대한 난연성능을 시험한 결과 불연재료 또는 준불연재료의 기준에 적합하면 사용할 수 있었다. 이것은 복합재료의 심재(心材)가 난연재료의 성능을 가지더라도 마감재료를 구성하는 재료 전체의 성능이 불연재료, 준불연재료의 기준에 맞으면 인정해 주는 제도였다. 그러나 현재는 「강판과 심재로 이루어진 복합자재」의 경우 "강판과 강판을 제거한 심재"가 각 기준에 적합해야 한다. 또한 「외벽 마감재료 또는 단열재」가 둘 이상의 재료로 제작된 경우 "각각의 재료"에 대하여 난연성능시험등 실시한 결과가 기준에 적합한 불연재료 또는 준불연재료 성능이 있는 것을 사용해야 한다. 복합자재의 "방화상 지장이 없는 재료"의 성능에 대한 기준은 앞에서 언급하였던 재료의 각 성질, 즉 불연재료, 준불연재료, 난연재료의 각 개별 난연성능 세부기준 내에서 규정하고 있다.

복합자재의 각 재료마다의 성능기준에서 "단열재"에 대한 부분은 "난연재료가 아닌 것으로 사용"할 수 있는 예외적인 기준이 있다.

복합자재 사용의 성능기준 비교

구분	원칙: 「방화상 지장이 없는 재료」	예외
내부 마감 재료	내부의 마감재료가 복합자재의 경우 심재(心材)를 포함 ※ 공장, 창고, 위험물 저장 및 처리시설(자가난방과 자가발전 등의 용도로 쓰는 시설 포함), 자동차 관련 시설의 내부마감재료는 **"단열재"**를 포함	※ 공장, 창고, 위험물 저장 및 처리시설(자가난방과 자가발전 등의 용도로 쓰는 시설 포함), 자동차 관련 시설 → 해당 건축물의 구조, 설계 또는 시공방법 등을 고려할 때 **단열재**로 불연재료 · 준불연재료 또는 난연재료를 사용하는 것이 곤란하여 건축위원회의 심의를 거친 경우에는 **단열재**를 불연재료 · 준불연재료 또는 난연재료가 아닌 것으로 사용할 수 있다.
외벽 마감 재료	마감재료가 두 가지 이상의 재료로 제작된 경우 각 재료를 포함(단열재, 도장 등 코팅재료 및 그 밖에 마감재료를 구성하는 모든 재료 포함)	

복합자재를 사용하는 것에 있어 내부마감재료로 사용하는 경우와 외벽의 마감재료로 사용하는 경우로 세부 구분해서 이해할 수 있어야 한다. 앞의 각 방화에 지장이 없는 재료의 세부기준 내용에서 언급했지만 이 부분만 별도로 구분해서 이해하도록 한다.

(3) 내부마감재료로 사용 복합자재 기준

'강판과 심재'로 이루어진 복합자재를 내부마감재료로 사용하는 경우 해당 복합자재는 아래의 요건을 모두 갖춘 것이어야 한다.

강판과 심재로 이루어진 복합자재의 불연 · 준불연재료 요건[10)]

「강판과 강판을 제거한 심재」는 다음 각 호의 요건을 모두 갖춘 것이어야 한다.

1. 강판: 다음 각 목의 구분에 따른 기준을 모두 충족할 것
   가. 두께[도금 이후 도장(塗裝) 전 두께를 말한다]: 0.5밀리미터 이상
   나. 앞면 도장 횟수: 2회 이상
   다. 도금의 부착량: 도금의 종류에 따라 다음의 어느 하나에 해당할 것. 이 경우 도금의 종류는 한국산업표준에 따른다.
      1) 용융 아연 도금 강판: 180g/m^2 이상
      2) 용융 아연 알루미늄 마그네슘 합금 도금 강판: 90g/m^2 이상
      3) 용융 55% 알루미늄 아연 마그네슘 합금 도금 강판: 90g/m^2 이상
      4) 용융 55% 알루미늄 아연 합금 도금 강판: 90g/m^2 이상
      5) 그 밖의 도금: 국토교통부장관이 정하여 고시하는 기준 이상
2. 심재: 강판을 제거한 심재가 다음 각 목의 어느 하나에 해당할 것
   가. 한국산업표준에 따른 글라스울 보온판 또는 미네랄울 보온판으로서 국토교통부장관이 정하여 고시하는 기준에 적합한 것
   나. 불연재료 또는 준불연재료인 것

10) 건축자재등 품질인정 및 관리기준 제23조(불연재료의 성능기준), 제24조(준불연재료의 성능기준)

「강판과 심재 전체를 하나」로 보아 실시한 실물모형시험 결과[11] 다음 각 호의 요건[12]을 모두 만족하여야 한다.

1. 시험체 개구부 외 결합부 등에서 외부로 불꽃이 발생하지 않을 것
2. 시험체 상부 천정의 평균 온도가 650℃를 초과하지 않을 것
3. 시험체 바닥에 복사 열량계의 열량이 25kW/m²를 초과하지 않을 것
4. 시험체 바닥의 신문지 뭉치가 발화하지 않을 것
5. 화재 성장 단계에서 개구부로 화염이 분출되지 않을 것

※ 복합자재의 실물모형 시험: 한국산업표준 KS F ISO 13784-1(건축용 샌드위치 패널 구조에 대한 화재 연소 시험방법)

(4) 외벽 복합마감재료 기준

외벽 마감재료 또는 단열재가 둘 이상의 재료로 제작된 경우 실물모형시험에 대해서는 "마감재료와 단열재 등을 포함한 전체 구성을 하나"로 보아 실물모형시험을 실시하고, "마감재료를 구성하는 각각의 재료"에 대하여 난연성능을 시험한 결과에 따라 불연 · 준불연 · 난연재료로 인정되어 진다.

외벽의 복합마감재료 요건[13]

외벽의 마감재료가 둘 이상의 재료로 제작된 것인 경우 해당 마감재료는 다음 각 호의 요건을 모두 갖춘 것이어야 한다.

1. 마감재료를 구성하는 재료 전체를 하나로 보아 외벽 복합 마감재료의 실물모형시험(실제 시공될 건축물의 구조와 유사한 모형으로 시험하는 것을 말한다. 이하 같다)을 한 결과가 아래의 기준을 충족할 것

건축자재등 품질인정 및 관리기준 제27조(외벽 복합 마감재료의 실물모형시험)

외벽 마감재료 또는 단열재가 둘 이상의 재료로 제작된 경우 마감재료와 단열재 등을 포함한 전체 구성을 하나로 보아 실물모형시험 한 결과, 다음의 각 호에 적합하여야 한다. 다만, 외벽 마감재료 또는 단열재를 구성하는 재료가 모두 규칙 제6조에 해당하는 불연재료인 경우에는 실물모형시험을 제외한다.

1. 외부 화재 확산 성능 평가: 시험체 온도는 시작 시간을 기준으로 15분 이내에 레벨 2(시험체 개구부 상부로부터 위로 5m 떨어진 위치)의 외부 열전대 어느 한 지점에서 30초 동안 600℃를 초과하지 않을 것
2. 내부 화재 확산 성능 평가: 시험체 온도는 시작 시간을 기준으로 15분 이내에 레벨 2(시험체 개구부 상부로부터 위로 5m 떨어진 위치)의 내부 열전대 어느 한 지점에서 30초 동안 600℃를 초과하지 않을 것

※ 외벽 복합 마감재료의 실물모형 시험: 한국산업표준 KS F 8414(건축물 외부 마감 시스템의 화재 안전 성능 시험방법)

2. 마감재료를 구성하는 각각의 재료에 대하여 난연성능을 시험한 결과가 국토교통부장관이 정하여 고시하는 기준을 충족할 것

11) 건축물의 피난 · 방화구조 등의 기준에 관한 규칙 제24조(건축물의 마감재료 등) 제11항 제1호
12) 건축자재등 품질인정 및 관리기준 제26조(복합자재의 실물모형시험)
13) 건축물의 피난 · 방화구조 등의 기준에 관한 규칙 제24조(건축물의 마감재료 등) 제⑧항

그러므로 복합자재는 시험방법에 따라 각각의 재료마다 시험하는 것과 구성재료 전체를 하나로 보아 시험하는 경우가 다르므로 구분해서 이해해야 한다.

(5) 복합자재등의 경우 난연성능시험 방법

복합자재의 난연성능 시험을 하는 경우에는 강판을 제거한 심재를 대상으로 시험하여야 하며, 심재가 둘 이상의 재료로 구성된 경우에는 각 재료에 대해서 시험하여 각 기준에 적합해야 한다.[14]

재료의 종류	시험방법	시험내용
불연 재료	한국산업규격 KS F ISO 1182(건축 재료의 불연성 시험방법)	불연성(가열) 시험
	한국산업규격 KS F 2271(건축물의 내장 재료 및 구조의 난연성 시험방법)	가스유해성 시험
준불연 재료	한국산업규격 KS F ISO 5660-1[연소성능시험-열 방출, 연기 발생, 질량 감소율-제1부:열 방출률(콘칼로리미터법)]	가열 시험
	한국산업규격 KS F 2271(건축물의 내장 재료 및 구조의 난연성 시험방법)	가스유해성 시험
난연 재료	한국산업규격 KS F ISO 5660-1[연소성능시험-열 방출, 연기 발생, 질량 감소율-제1부:열 방출률(콘칼로리미터법)]	가열 시험
	한국산업규격 KS F 2271(건축물의 내장 재료 및 구조의 난연성 시험방법)	가스유해성 시험
• 복합자재: 강판을 제거한 심재를 대상으로 시험 실시 • 심재가 둘 이상의 재료로 구성: 각 재료에 대해서 시험 실시		

(6) 샌드위치 패널(Sandwich Panel) 복합자재

공장 용도의 건축물 시공에 사용하는 대표적인 복합자재로 샌드위치 패널을 들 수 있다.

샌드위치 패널(Sandwich Panel)이란 "내부에 단열재나 경량 복합재를 채우고 외부에는 표면재(아연도금강판 0.4~0.5mm)를 붙여 전체가 적절한 힘을 받도록 구성된 복합 건축자재"를 말한다. 심재로 들어가는 단열재는 EPS(스티로폼), 폴리우레탄, 글라스울 등이 있다. 시공 부위에 따라 벽체용과 지붕용으로 구분되고 두께는 50T, 75T, 100T며 패널의 폭은 1,000밀리미터가 가장 일반적이다. 가벼우면서 견고성이 뛰어나고 단열 · 방수 · 방음효과가 탁월하며 저렴한 가격과 쉬운 시공으로 공사기간을 단축할 수 있으므로 많이 사용하고 있으나, 반대로 가연성의 심재로 된 것에 있어서는 화재 시 진압에 어려움이 있다.

복합자재의 심재로 들어가는 단열재는 일반적으로 열 이동을 억제할 목적으로 사용되는 재료를 말한다. 단열재는 무기질단열재와 유기질단열재로 구분되는데 여기서 무기물 · 유기물의 의미는 탄소(C)를 함유하고 있느냐에 따라 분류되는데 함유하고 있으면 유기물, 없으면 무기물(이산화탄소, 일산화탄소 제외)이라 한다. 무기질단열재는 열에 강하고 접합부 시

14) 건축자재등 품질인정 및 관리기준 제28조(시험체 및 시험횟수 등)

공성이 우수하나 흡습성이 크고 암면, 유리면 등은 성형된 상태에서의 기계적인 성질이 우수하지 못해 벽체에는 시공하기 어려움이 있다. 유기질단열재는 화학적으로 합성한 물질을 이용하여 단열재로 사용하는 것으로 흔히 '스티로폼'으로 불리며 흡습성이 작고 시공성이 우수하지만 열에 약한 단점이 있다.

분류	종류	특징
무기질 단열재	글라스울	유리를 원료로 한 섬유
	미네랄울	규산칼슘계의 광석을 고온(1600도)에서 용융시켜 만든 인조 광물 섬유
유기질 단열재	비드법 단열재	작은 알갱이(비드)로 이루어진 단열재
	압출법 단열재	고온(압)에서 여러 가지 재료를 압출시켜 만든 단열재
	수성 연질폼	폴리우레탄의 일종
	경질 우레탄	경질의 외장과 함께 공장에서 제작

샌드위치 패널에 대한 사용 규정은「경기도 이천 물류센터 창고 공사장 화재(2020. 04. 29.)」이후 "복합자재의 심재(心材)에 관한 부분의 성능이 강화"되면서 일부 재료는 심재로 사용할 수 없게 되었다. 즉, 건축물 내부 마감재료를 방화에 지장이 없는 재료로 설치해야 하는 대상은 건축물의 화재안전 강화를 위해 강판과 심재로 구성된 복합자재의 심재가 무기질 재료 사용 또는 준불연재료 이상을 확보해야 하고 난연성 재료를 사용할 수 없도록 성능기준이 강화되었다.

앞에서 언급하였듯이 과거에는 복합자재 전체를 하나로 보아 불연 · 준불연재료의 난연성능시험의 기준에 적합하기만 하면 심재의 내부 단열재를 난연재료 성능의 재료로 사용할 수 있었지만, 지금은 강판을 제거한 심재(心材) 자체를 글라스울 보온판, 미네랄 보온판으로서 불연재료, 준불연 재료의 성능의 것을 설치해야 하므로, EPS패널이나 우레탄패널은 일정규모의 건축물에는 사용할 수 없게 되었다. 샌드위치 패널은 복합자재의 심재로 들어가는 단열재의 종류에 따라 방화에 지장이 없는 재료에 적합한 것과 그렇지 않은 것으로 나누어진다.

1) 불연성능이 없는 재료의 패널

샌드위치 패널의 중간단열재가 불연성의 성능을 가지지 못하는 것으로 일반적으로 많이 사용하고 있는 것이 ESP 패널과 폴리우레탄 패널이므로 이것에 대해 간략히 알아보자.

첫째, 발포 폴리스티렌폼 패널(Expanded polystyrene foam panel)이다. 이것은 스티로폼을 중간단열재로 사용하며 외피재와 내피재로 샌드위치 시켜 가공한 패널을 말한다. 단열성능이 뛰어나고 경량이며 자체강도와 내구성이 강하여 각종 공장 건축물, 냉동창고, 사무실, 주택 등 다양한 용도의 건축물에 사용되고 있다. 발포 폴리스티렌(EPS)은 열가소성 수지에 속해 화재 시 심재가 쉽게 용융 · 증발에 의한 연소가 용이하며 독성가스가 발생되고, 화염전파가 빨라 화재에 상당히 취약하다. 특히 EPS 패널의 경우 스티로폼에 흑연가루를 첨가하고 밀도를 엄청나게 높여 인증기관의 시험을 통과한 후, 실제로는 밀도가 낮은 패널을 정품으로 속여 판매하는 경우가 있으므로 주의해야 한다.

EPS 패널	난연 EPS 패널
• 심재 → 스티로폼 • 단열성능이 뛰어나고 경량이며 자체강도와 내구성이 강하다. ↳ 소규모 창고 및 주택용 시공	• 심재 → 난연 스티로폼 ↳ EPS 입자 알갱이에 난연코팅을 하거나 성형된 EPS 단열재에 난연재 주입 • 성능 → EPS 패널과 비슷

둘째, 우레탄폼 패널(Poly-isocyanurate foam panel)이다. 이것은 이소시안산염화합물과 글리콜의 반응으로 얻어지는 폴리우레탄을 구성 재료로 하고, 이산화탄소와 프레온 같은 용제를 발포제로 섞어서 만드는 발포제품이다. 우레탄 역시 일반 성능의 PUR과 난연성능을 갖고 있는 PIR로 구분된다. 단열성능, 구조성능, 절연성 등의 성능이 우수하여 냉동창고, 전자반도체공장, 항온 항습실 등에 사용되지만 유기질 단열재이므로 화재에 의해 내부 심재가 용융하면서 연소하여 유독가스가 발생된다.

우레탄 패널	난연 우레탄 패널
• 심재 → 폴리우레탄(PUR) • 단열성능, 구조성능, 절연성 등 성능 우수 ↳ 냉동창고, 전자반도체공장, 항온 · 항습실 등 사용	• 심재 → 난연 우레탄(PIR) • 기존 우레탄 장점 유지, 화재에 강하며, 난연성 향상 ↳ 사무실 외벽이나 고급 공장 등 사용

2) 방화에 지장이 없는 재료의 패널

건축물의 내부 마감재료와 외벽마감재료로서 “방화에 지장이 없는 재료”에 적합한 것이 무기질단열재료를 사용한 것이다. 여기에는 글라스울 패널과 미네랄울 패널 등이 있는데 일반적으로 공장, 창고 등의 건축물 시공에 많이 사용하고 있는 것이 글라스울 패널(Glass wool panel)이다. 이것은 무기질 단열재로서 단열성이 뛰어나고 화재 시 유독가스를 발생

시키지 않아 건축은 물론 산업플랜트와 선박, 방화 내화구조에까지 활용하고 있다. 화재 시 화염전파가 거의 없고 유독가스 발생이 없어 화재의 초기진화에 유리하기 때문에 방화구획과 내화구조 시공이 가능한 내화구조로 사용가능하며 두께가 50밀리미리 이상이면 30분 내화성능을, 100밀리미리 이상인 일부 패널의 경우 1시간 내화성능을 지닌다. 반면 난연성능은 확보하고 있지만 소재 자체가 풍화에 의한 비산으로부터 자유롭지 못한 단점을 가지고 있고, 건물자체의 미세한 진동에 인체에 해로운 유리가루가 공기 중으로 날리는 환경적인 문제를 가지고 있다.

<table>
<tr><th colspan="2">글라스울 판넬</th></tr>
<tr><td>• 심재 → 글라스울
• 단열성이 뛰어나고 화재 시 유독가스를 발생시키지 않음
└→ 산업플랜트, 선박 등 활용</td><td></td></tr>
</table>

3) 샌드위치 패널 심재별 위험성 비교

샌드위치 패널 심재별 화재실험 결과[15]를 보면, 샌드위치 패널에 사용되는 심재의 종류에 따른 화재 취약성은 스티로폼이 가장 취약하며 우레탄폼, 글라스울 순으로 안전한 재료라고 할 수 있다.

상태변화	경과시간		
	스티로폼 패널	우레탄 패널	글라스울 패널
지붕단열재 인화	1분	2분	변화 없음
벽단열재 인화	1.5분	4분	변화 없음
지붕강판 벌어짐	2분	8분	변화 없음
벽 강판 벌어짐	2.5분	8.5분	변화 없음
화염 외부노출	2.5분	9분	부분연소 후 자기소화
지붕내면 강판 탈락	3분	10분(일부 함몰)	변화 없음
지붕함몰	4분 완전함몰	–	변화 없음
소화(강제)	5분	12분	17분
연소 후 기능 상태	형상 및 기능 상실 (형태 와해)	형상 및 기능 상실 (지붕와해, 벽 일부유지)	형상 및 기능 보존

※ 실험에 의한 결과치로서 참고사항임

15) 권오상 외 3, ISO 9705 시험방법을 이용한 샌드위치 패널의 화재특성 연구, 한국화재소방학회 논문지, 2009

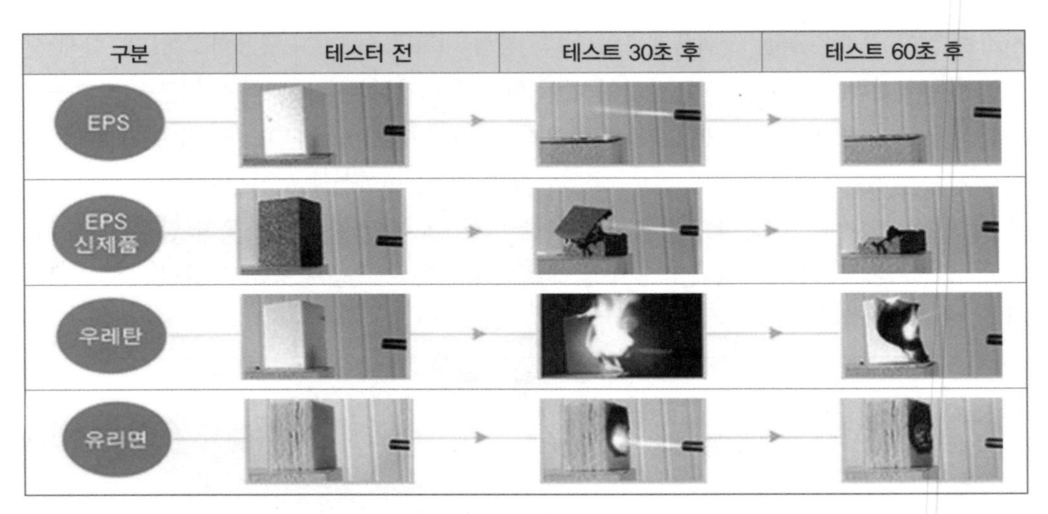

구분
테스터 전
테스트 30초 후
테스트 60초 후
EPS
EPS 신제품
우레탄
유리면

또한, 각 패널별 연소가스 함량에 대한 실험[16]에서, 연소생성가스 중 인체에 치명적인 맹독성 가스(HCN)의 발생은 우레탄폼, 글라스울, EPS 순으로 관찰되었다.

패널구분	이산화탄소	일산화탄소	시안화수소	브롬화수소	염화수소	이산화질소	이산화황
EPS	1371	86	3.6	16.9	10.6	53	3.5
우레탄폼	1050	171	57.4	11.4	4490	85	5.3
글라스울	901	56	11.5	18.5	12	47	3.3

※ 실험에 의한 결과치로서 참고사항임

4) 소방시설 설치와의 관계

건축물 마감재료인 샌드위치 패널은 내부 마감재료인 동시에 외벽 마감재료에 해당하므로 각각의 규정을 만족하는 성능의 것을 사용해야 한다. 또한 소방법령에서는 일정규모의 "공장 또는 창고시설로 지붕 또는 외벽이 불연재료가 아니거나 내화구조가 아닌 경우 스프링클러설비를 설치"하도록 강화하고 있다.

16) 권오상 외 3, ISO 9705 시험방법을 이용한 샌드위치 패널의 화재특성 연구, 한국화재소방학회 논문지, 2009

여기서 잠깐!

스프링클러설비를 설치하여야 하는 공장 또는 창고[17)]

지붕 또는 외벽이 불연재료가 아니거나 내화구조가 아닌 공장 또는 창고시설	
용도	조건
창고시설(물류터미널)	바닥면적의 합계가 2,500m^2 이상이거나 수용인원이 250명 이상인 것
창고시설(물류터미널 제외)	바닥면적의 합계가 2,500m^2 이상인 것
랙식(rack) 창고시설	천장 또는 반자의 높이가 10m를 넘는 것으로 바닥면적 750m^2 이상
공장 또는 창고시설	• 지하층 · 무창층 · 층수가 4층인 것 중 바닥면적이 500m^2 이상인 것 • 특수가연물 500배 이상 저장 · 취급하는 시설

그러므로 샌드위치 패널로 건축물을 시공하고자 할 때는 건축법령상의 규정뿐만 아니라 소방법령상의 소방시설의 설치대상을 함께 고려해야 한다. 실제 실무에서 건축허가 시에는 건축물의 외벽 복합자재를 불연재료로 사용하는 것으로 설계하였다가 향후 준불연재료 등으로 자체 변경하여 시공하는 경우가 있는데, 이것은 건축법령에는 적합할 수 있으나 소방법령에서는 외벽의 재료변경으로 인해 스프링클러설비 설치 대상이 될 수 있으므로 반드시 관할 소방관서와 사전 협의를 거쳐야 한다.

PLUS TIPS + 실제 적용사례

외벽의 설치 재료 변경으로 인한 스프링클러설비 설치

최초 건축허가 동의 협의 시에는 창고 용도로서 외벽을 불연재료로 설치하는 것으로 설계되어 스프링클러설비 미설치 대상으로 소방동의가 이루어졌으나, 건축허가 이후 건축주의 요청(외벽을 불연재료에서 준불연재료로 교체)으로 건축사사무소와 협의를 본 후 준불연재료로 교체 설치하였고, 이후 준공시점에 마감재 변경 등 허가변경 신청에 따른 설계변경 협의 과정에서 스프링클러설비를 설치해야 함을 인지하여, 건축 공정이 마무리된 상황에서 부득이하게 스프링클러설비를 추가로 설치하게 되어 막대한 금전적, 시간적 손실이 발생하였다.(2020. 부산광역시 강서소방서)

03 화재 확산 방지구조

1 설치배경

기존 「건축물의 피난 · 방화구조 등의 기준에 관한 규칙」에는 일정한 규모에 해당하는 건축물의 외벽에는 "불연재료 또는 준불연재료"만을 마감재료(도장 등 코팅재료를 포함)로 사용할 수 있도록 규정되어 있었는데, 이후 고층건축물의 외벽을 "화재 확산 방지구조" 기

17) 소방시설 설치 및 관리에 관한 법률 시행령 [별표 4]

준에 적합하게 설치하는 경우에는 “난연재료”를 마감재료로 사용할 수 있도록 신설(2012. 01. 06.)되었다. 이에 따라 기존의 고시인 「건축물 마감재료의 난연성능기준」에서 「건축물 마감재료의 난연성능 및 화재 확산 방지구조 기준」으로 명칭이 변경되었다. 또한 수직 화재 확산 방지를 위하여 외벽마감재와 외벽마감재 지지구조 사이의 공간을 일정 재료로 매 층마다 최소 높이 400밀리미터 이상 밀실하게 채운 구조인 “화재 확산 방지구조”의 내용이 신설되어 시행(2012. 09. 20.)되었다. 현재는 「건축물 마감재료의 난연성능 및 화재 확산 방지구조 기준」이 폐지(2022. 02. 11.)되고 「건축자재등 품질인정 및 관리기준」의 고시 제정(2022. 02. 11.)으로 변경 시행되고 있다.

2 화재 확산 방지구조 외벽의 마감재료

건축법령에는 건축물의 외벽에 사용하는 마감재료(두 가지 이상의 재료로 제작된 자재의 경우 각 재료를 포함한다)는 “방화에 지장이 없는 재료”로 설치해야 한다고 규정[18]하고 있는데, 이에 따라 일정한 규모와 용도의 건축물[19]의 외벽에는 “불연재료 또는 준불연재료를 마감재료(단열재, 도장 등 코팅재료 및 그 밖에 마감재료를 구성하는 모든 재료를 포함)”로 사용[20]해야 한다.

그러나 「화재 확산 방지구조」 기준에 적합하게 설치하는 경우에는 일정한 규모의 건축물 외벽의 마감재료를 준불연재료 이상의 성능이 아닌 “난연재료(강판과 심재로 이루어진 복합자재가 아닌 것으로 한정한다)의 성능”으로 설치하고자 하거나 또한 “난연성능이 없는 재료를 외벽 마감재료로 사용” 할 수 있도록 규정[21]하고 있다.

(1) 외벽을 난연재료로 설치

건축물의 외벽을 「화재 확산 방지구조」로 설치하여 외벽의 마감재료(단열재, 도장 등 코팅재료 및 그 밖에 마감재료를 구성하는 모든 재료를 포함)를 “불연재료 또는 준불연재료”로 설치하지 않고 “난연재료(강판과 심재로 이루어진 복합자재가 아닌 것으로 한정한다)”로 설치할 수 있는 경우는 아래와 같다.

18) 건축법 제52조(건축물의 마감재료 등) 제②항
19) 건축법 시행령 제61조(건축물의 마감재료 등) 제②항
20) 건축물의 피난 · 방화구조 등의 기준에 관한 규칙 제24조(건축물의 마감재료 등) 제⑥항
21) 건축물의 피난 · 방화구조 등의 기준에 관한 규칙 제24조(건축물의 마감재료 등) 제⑥항, 제⑦항

◆ 외벽의 마감재료를 「난연재료」로 설치할 수 있는 경우

① 상업지역(근린상업지역 제외)의 건축물로서 다음 어느 하나에 해당하는 것 가. 제1종 근린생활시설, 제2종 근린생활시설, 문화 및 집회시설, 종교시설, 판매시설, 운동시설 및 위락시설의 용도로 쓰는 건축물로서 그 용도로 쓰는 바닥면적의 합계가 2천 m^2 이상인 건축물 나. 공장(화재 위험이 적은 공장[22]은 제외)의 용도로 쓰는 건축물로부터 6m 이내에 위치한 건축물 ※ 화재위험이 적은 공장이라도 "공장의 일부 또는 전체를 기숙사 및 구내식당의 용도"로 사용하는 건축물은 해당이 된다. ② 의료시설, 교육연구시설, 노유자시설 및 수련시설의 용도로 쓰는 건축물 ③ 3층 이상 또는 높이 9m 이상인 건축물 ④ 공장, 창고시설, 위험물 저장 및 처리 시설(자가난방과 자가발전 등의 용도로 쓰는 시설을 포함), 자동차 관련 시설의 용도로 쓰는 건축물	⇨	「화재 확산 방지구조」로 설치 ⇩ 외벽의 마감재료: 난연재료(강판과 심재로 이루어진 복합자재가 아닌 것으로 한정한다)로 설치 가능
외벽의 마감재료: 불연재료 또는 준불연재료로 설치		

(2) 외벽을 난연성능이 없는 재료로 설치

건축물의 외벽을 「화재 확산 방지구조」로 설치하여 외벽의 마감재료(단열재, 도장 등 코팅재료 및 그 밖에 마감재료를 구성하는 모든 재료를 포함)를 "난연재료(강판과 심재로 이루어진 복합자재가 아닌 것으로 한정한다)"로 설치하지 않고 "난연성능이 없는 재료"로 사용할 수 있는 경우는 아래와 같다.

◆ 외벽의 마감재료를 「난연성능 없는 재료」로 설치할 수 있는 경우

① 상업지역(근린상업지역 제외)의 건축물로서 다음 어느 하나에 해당하는 것 가. 제1종 근린생활시설, 제2종 근린생활시설, 문화 및 집회시설, 종교시설, 판매시설, 운동시설 및 위락시설의 용도로 쓰는 건축물로서 그 용도로 쓰는 바닥면적의 합계가 2천 제곱미터 이상인 건축물 나. 공장(화재 위험이 적은 공장은 제외)의 용도로 쓰는 건축물로부터 6m 이내에 위치한 건축물 ※ 화재위험이 적은 공장이라도 "공장의 일부 또는 전체를 기숙사 및 구내식당의 용도"로 사용하는 건축물은 해당이 된다. ② 3층 이상 또는 높이 9미터 이상인 건축물	⇨	「화재 확산 방지구조」로 설치 ⇩ 외벽의 마감재료: 난연성능 없는 재료(강판과 심재로 이루어진 복합자재가 아닌 것으로 한정한다) 설치 가능

22) 건축물의 피난 · 방화구조 등의 기준에 관한 규칙 [별표 3] 화재위험이 적은 공장의 업종

③ 공장, 창고시설, 위험물 저장 및 처리 시설(자가난방과 자가발전 등의 용도로 쓰는 시설을 포함), 자동차 관련 시설의 용도로 쓰는 건축물 → ①, ② 및 ③에 해당하는 건축물로서 5층 이하이면서 높이 22미터 미만인 건축물		
외벽의 마감재료: 난연재료(강판과 심재로 이루어진 복합자재가 아닌 것으로 한정한다)로 설치 가능		

3 화재 확산 방지구조 설치기준

화재 확산 방지구조는 "매 층마다 설치"하는 것을 원칙으로 하고 있다.

화재 확산 방지구조 설치기준[23)]

수직 화재확산 방지를 위하여 외벽 마감재와 외벽 마감재 지지구조 사이의 공간(별표 9에서 "화재확산방지재료" 부분)을 다음 각 호 중 하나에 해당 하는 재료로 매 층마다 최소 높이 400mm 이상 밀실하게 채운 것

1. 한국산업표준 KS F 3504(석고 보드 제품)에서 정하는 12.5mm 이상의 방화 석고 보드
2. 한국산업표준 KS L 5509(석고 시멘트판)에서 정하는 석고 시멘트판 6mm 이상인 것 또는 KS L 5114(섬유강화 시멘트판)에서 정하는 6mm 이상의 평형 시멘트판인 것
3. 한국산업표준 KS L 9102(인조 광물섬유 단열재)에서 정하는 미네랄울 보온판 2호 이상인 것
4. 한국산업표준 KS F 2257-8(건축 부재의 내화 시험 방법-수직 비내력 구획 부재의 성능 조건)에 따라 내화성능 시험한 결과 15분의 차염성능 및 이면온도가 120K 이상 상승하지 않는 재료

※ 반드시 매 층마다 설치하여야 한다.

그러나, 사용하는 용도와 높이와 층수 등 규모에 따라서 예외적으로 두 개 층마다 설치할 수 있는 경우도 있다.

두 개 층마다 설치할 수 있는 경우[24)]

① 상업지역(근린상업지역 제외)의 건축물로서 다음 어느 하나에 해당하는 것
  가. 제1종 근린생활시설, 제2종 근린생활시설, 문화 및 집회시설, 종교시설, 판매시설, 운동시설 및 위락시설의 용도로 쓰는 건축물로서 그 용도로 쓰는 바닥면적의 합계가 2천제곱미터 이상인 건축물
  나. 공장(화재 위험이 적은 공장은 제외)의 용도로 쓰는 건축물로부터 6미터 이내에 위치한 건축물
    ※ 화재위험이 적은 공장이라도 "공장의 일부 또는 전체를 기숙사 및 구내식당의 용도"로 사용하는 건축물은 해당됨
② 3층 이상 또는 높이 9미터 이상인 건축물
③ ① 및 ②에 해당하는 건축물로서 5층 이하이면서 높이 22미터 미만인 건축물

23) 건축자재등 품질인정 및 관리기준 제31조(화재 확산 방지구조) 제①항
24) 건축자재등 품질인정 및 관리기준 제31조(화재 확산 방지구조) 제②항

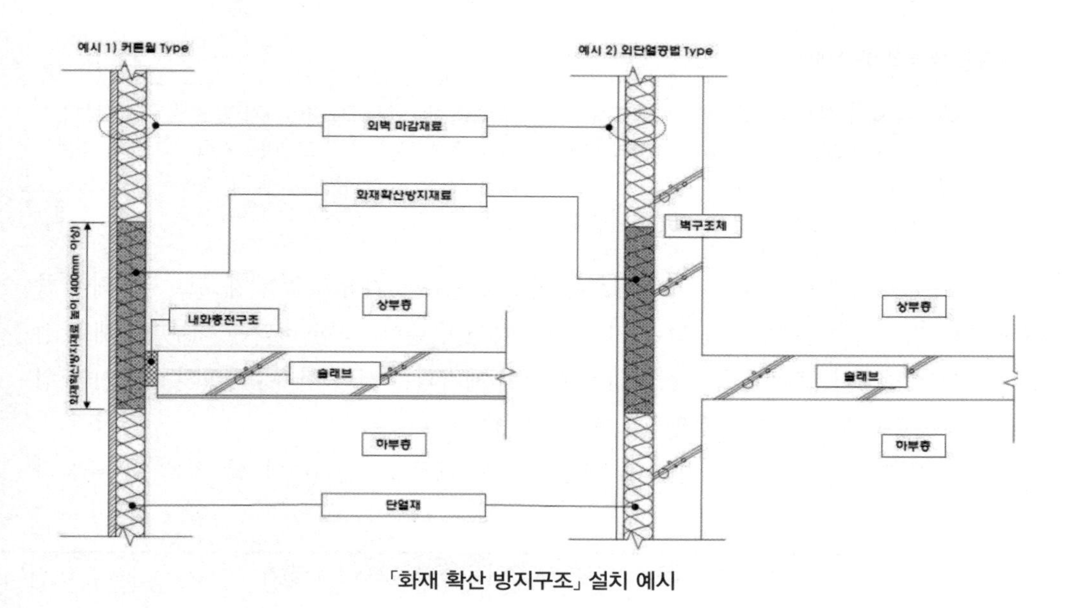

「화재 확산 방지구조」 설치 예시

04 내부의 마감재료

1 내부의 마감재료 설치대상

건축의 방재계획 중 가장 기본적인 것이 건축물 내부의 마감재를 불연화함으로써 화재초기에서 실내전체로의 성장기 화재로 진행되는 연쇄적 반응을 억제하는 것이다. 즉, 실내에 존재하는 가연물만 연소되도록 함으로써 연소확대 방지와 화재로부터 건축물 전체를 보호하기 위한 최우선 고려 요소이다.

건축법령에서는 "내부마감재료"의 정의는 아래와 같이 규정하고 있다.

내부마감재료 정의[25]
건축물 내부의 천장 · 반자 · 벽(경계벽 포함) · 기둥 등에 부착되는 마감재료를 말한다. 다만, 「다중이용업소의 안전관리에 관한 특별법 시행령」 제3조에 따른 실내장식물을 제외한다.

특히 「다중이용업소의 안전관리에 관한 특별법」에 의한 영업장에 설치하는 실내장식물은 제외하고, 복합자재의 경우 심재(心材)도 내부마감재료의 성능기준에 적합해야 한다. 건축물 내부의 마감재료는 용도 및 규모에 따라 「방화에 지장이 없는 재료」로 설치해야 하는데, 여기에는 "불연재료, 준불연재료, 난연재료"가 해당된다.

25) 건축물의 피난 · 방화구조 등의 기준에 관한 규칙 제24조(건축물의 마감재료) 제④항

건축물 내부의 마감재료[26]

건축물의 마감재료 설치에 해당하는 용도 및 규모의 건축물의 벽, 반자, 지붕(반자가 없는 경우에 한정한다) 등 내부의 마감재료[제52조의4 제1항의 복합자재의 경우 심재(心材)를 포함]는 방화에 지장이 없는 재료로 하여야 한다.
※ 방화에 지장이 없는 재료: 불연재료, 준불연재료, 난연재료

이 규정에서 벽과 반자의 내부마감재료는 반드시 방화에 지장이 없는 재료로 사용해야 하지만 지붕의 경우에는 "반자가 없는 지붕"에만 해당이 된다. 또한 바닥은 내부마감재료 설치기준에 해당되지 않는데 최근 바닥의 위험성이 제기되는 것이 지하주차장의 에폭시 작업이다. 이 부분은 뒤에서 다시 언급하도록 하겠다.

건축물 내부의 마감재료를 「방화에 지장이 없는 재료」로 설치해야 할 대상[27]은 다음과 같다.

내부의 마감재료를 「방화에 지장이 없는 재료」로 설치 대상		
①	단독주택 중 다중주택, 다가구주택, 공동주택	※ 주요구조부가 내화구조 또는 불연재료로 되어 있고 그 거실의 바닥면적(스프링클러나 그 밖에 이와 비슷한 자동식 소화설비를 설치한 바닥면적을 뺀 면적) 200m² 이내마다 방화구획이 되어 있는 건축물은 제외
②	제2종 근린생활시설 중 공연장, 종교집회장, 인터넷컴퓨터게임시설제공업소, 학원, 독서실, 당구장, 다중생활시설	
③	발전시설, 방송통신시설(방송국, 촬영소의 용도로 쓰는 건축물로 한정)	
④	공장, 창고, 위험물 저장 및 처리시설(자가난방과 자가발전 등의 용도로 쓰는 시설 포함), 자동차 관련 시설 ⇒ 단열재 포함 ※ 해당 건축물의 구조, 설계 또는 시공방법 등을 고려할 때 **단열재**로 불연재료 · 준불연재료 또는 난연재료를 사용하는 것이 곤란하여 건축위원회의 심의를 거친 경우에는 **단열재**를 불연재료 · 준불연재료 또는 난연재료가 아닌 것으로 사용할 수 있다.[28]	
⑤	5층 이상인 층 거실의 바닥면적의 합계가 500m² 이상인 건축물	
⑥	문화 및 집회시설, 종교시설, 판매시설, 운수시설, 의료시설, 교육연구시설 중 학교 · 학원, 노유자시설, 수련시설, 업무시설 중 오피스텔, 숙박시설, 위락시설, 장례시설	
⑦	다중이용업(다중이용업소의 안전관리에 관한 특별법 시행령 제2조)의 용도로 쓰이는 건축물	

건축물의 "주요구조부가 내화구조 또는 불연재료로 되어 있고 그 거실의 바닥면적(스프링클러나 그 밖에 이와 비슷한 자동식 소화설비를 설치한 바닥면적을 뺀 면적) 200제곱미터 이내마다 방화구획이 되어 있는 건축물"은 내부의 마감재료를 방화에 지장이 없는 재료로 설치하지 않아도 되는데, 「다중이용업소의 안전관리에 관한 특별법 시행령」에서 규정하는 "다중이용업소"의 용도로 사용하는 건축물은 방화구획과 관계없이 무조건 설치해야 한다.

26) 건축법 제52조(건축물의 마감재료 등)
27) 건축법 시행령 제61조(건축물의 마감재료)
28) 건축물의 피난 · 방화구조 등의 기준에 관한 규칙 제24조(건축물의 마감재료) 제③항

2 내부의 마감재료 설치기준

건축물 내부의 마감재료를「방화에 지장이 없는 재료」로 설치해야 할 대상에서 건축물 거실의 벽 등 마감을 "불연재료, 준불연재료, 난연재료"로 설치해야 하는 규정들은 각 사용 용도에 따른 위치에 따라 다르게 적용하고 있다. 즉, 그 거실의 벽 및 반자의 실내에 접하는 부분에는 세 가지 재료를 모두 사용할 수 있는데, 그 거실에서 지상으로 통하는 주된 복도, 계단 기타 통로의 벽 및 반자의 실내에 접하는 부분은 난연재료로는 설치할 수 없다.

건축법령에서 규정하고 있는 내부의 마감재료 설치기준[29]은 아래와 같다.

위 치	내부의 마감재료
【원칙】그 거실의 벽 및 반자의 실내에 접하는 부분 (반자돌림대 · 창대 기타 이와 유사한 것 제외)	불연재료, 준불연재료 또는 난연재료 ※ 공장, 창고, 위험물 저장 및 처리시설(자가난방과 자가발전 등의 용도로 쓰는 시설 포함), 자동차 관련 시설 → 단열재 포함
1. 그 거실에서 지상으로 통하는 주된 복도 · 계단, 그 밖의 벽 및 반자의 실내에 접하는 부분 2. 강판과 심재(心材)로 이루어진 복합자재를 마감재료로 사용하는 부분	불연재료, 준불연재료
상기 용도에 쓰이는 거실등을 지하층 또는 지하의 공작물에 설치한 경우의 그 거실(출입문 및 문틀 포함)의 벽 및 반자의 실내에 접하는 부분	불연재료, 준불연재료
문화 및 집회시설, 종교시설, 판매시설, 운수시설, 의료시설, 교육연구시설 중 학교 · 학원, 노유자시설, 수련시설, 업무시설 중 오피스텔, 숙박시설, 위락시설, 장례시설의 용도에 쓰이는 건축물의 거실의 벽 및 반자의 실내에 접하는 부분	
공동주택: 환경부장관이 고시한 오염물질방출 건축자재(다중이용시설 등의 실내공기질관리법 제11조 제1항 및 같은법 시행규칙 제10조)를 사용하여서는 아니 됨	

예를 들어 제2종 근린생활시설 중 공연장의 용도로 사용하는 건축물 거실의 벽 및 반자의 실내에 접하는 부분에는 불연재료, 준불연재료 또는 난연재료 중에서 설치하면 되는데, 그 거실에서 지상으로 통하는 주된 복도 등의 벽 및 반자의 실내에 접하는 부분의 내부마감재료는 반드시 불연재료 또는 준불연재료로 설치하여야 하고 난연재료는 사용할 수 없다. 이 경우 반자돌림대, 창대 등은 제외된다. 또한 이 용도로 사용하는 거실을 건축물의 지하층에 설치한 경우에는 그 거실에서 지상으로 통하는 주된 복도 등이 아니더라도 "출입문과 문틀을 포함"해서 그 거실의 벽 및 반자의 실내에 접하는 부분에는 "불연재료 또는 준불연재료"로 설치해야 하고 난연재료로는 설치할 수 없다. 문화 및 집회시설, 종교시설 등 법령에서 일부 규정한 용도로 쓰는 건축물 거실의 벽 및 반자의 실내에 접하는 부분은 불연재료 또는 준불연재료로 사용해야 하고 난연재료는 사용할 수 없다. 이때도 반자돌림대, 창대 등은 제

29) 건축물의 피난 · 방화구조 등의 기준에 관한 규칙 제24조(건축물의 마감재료)

외되고 출입문과 문틀도 포함되지 않는다. 방화에 지장이 없는 재료로 설치해야 할 건축물 내부의 마감재료 적용에 있어 반자의 유무, 피난 동선에 해당하는 복도 또는 계단 등의 벽 및 반자의 실내에 접하는 부분등으로 구분해서 이해해야 한다.

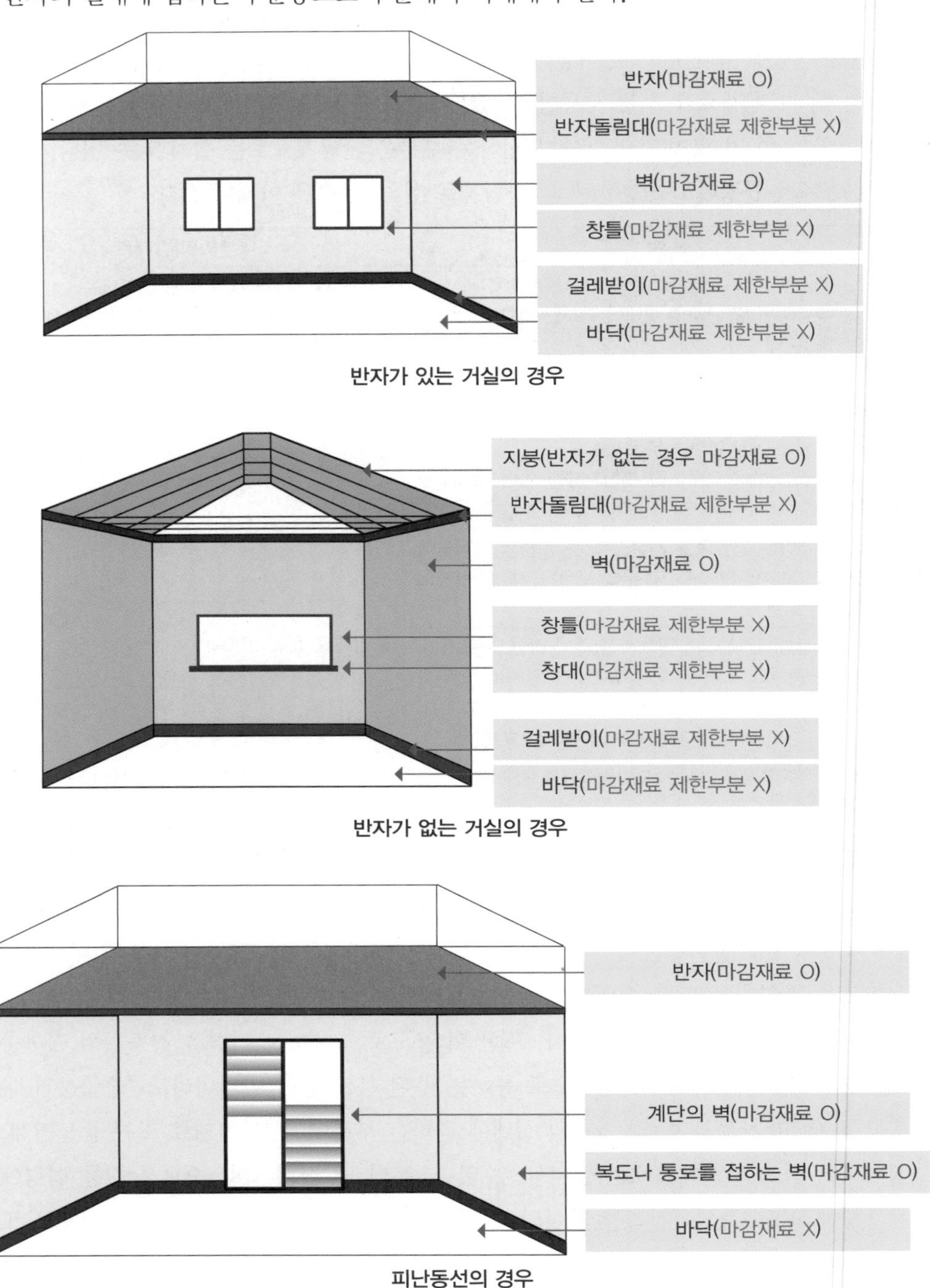

반자가 있는 거실의 경우

반자가 없는 거실의 경우

피난동선의 경우

3 내부마감 작업사례

일반적으로 건축물 내부의 마감재료 작업에 있어 항상 위험성을 가지는 작업이 내부 벽체의 우레탄폼 단열작업과 바닥의 에폭시 코팅 작업으로 볼 수 있는데 이 작업은 공정 과정에서 발생하는 다량의 가연성 증기의 체류와 동시에 불티등의 점화원에 의한 급격한 연소를 일으킬 위험이 있으므로 주의해야 한다.

(1) 우레탄폼 내부마감 작업

건축물 내부 단열을 위한 작업에서 가장 많이 사용되는 방법이 우레탄폼 마감작업이다. 우레탄폼의 마감은 시공비가 싸면서 단열의 효과가 아주 우수하여 특히 냉동공장 등에 많이 사용되고 있다. 그러나 실질적으로 냉동창고의 건설공정에서 보면 실내에서 우레탄폼 작업과 용접 등 화기취급 작업이 함께 이루어지는 경우가 많으며, 이런 원인으로 인해 공사 중 대형화재로 이어지는 경우가 빈번히 발생하고 있다. 실내에서의 우레탄폼 작업과 용접 · 용단 작업의 동시 시행은 화재발생 위험이 매우 높을 뿐 아니라 화재 발생 시에 일산화탄소, 시안화수소 등 유독가스가 많이 발생하여 다수의 인명피해를 발생시킬 수 있으므로 반드시 안전수칙이 동반된 작업이 필요하다.

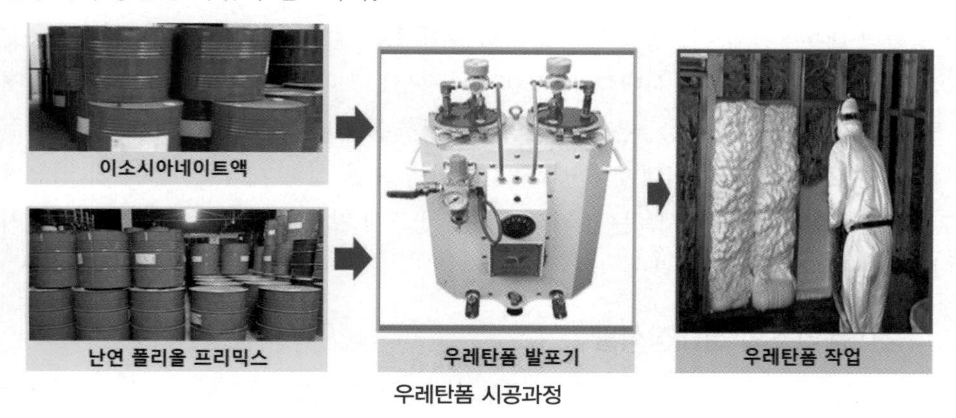

우레탄폼 시공과정

(2) 에폭시 내부마감 작업

건축법령에서 규정하는 내부의 마감재료에 해당되는 것이 “건축물 내부의 천장 · 반자 · 벽(경계벽 포함) · 기둥 등에 부착되는 마감재료”라고 하였다. 이 규정에 해당되는 내부마감재료는 반드시 방화에 지장이 없는 재료로 사용해야 하지만 바닥의 경우에는 설치대상 자체에 해당되지 않는다. 그러나 건축물 내부에서 문제가 되는 것이 주차장등의 바닥을 에폭시로 코팅하는 경우이다. 이것은 밀폐공간에서 작업 시 가연성 유증기의 발생과 내부에 체류하고 있는 상태에서 인근에서 화기취급 작업을 하고 있을 경우 폭발적 연소 확대 위험이 있을 수 있다.

특히 바닥의 에폭시 작업은 건축공정상 마지막에 하는 것으로 자칫 안전수칙을 위반한 느슨한 작업행위등 불안전한 행동으로 인한 화재 발생 위험요인이 있을 수 있으므로 작업공정의 안전에 대한 강화가 필요하며, 또한 작업 후의 에폭시 코팅자체가 가연성 물질에 해당되어 바닥면에 불이 붙어 연소확대 우려도 전혀 배제할 수 없으므로 내부마감재료 규정의 적용여부에 대한 검토가 필요하다.

하도(프라이머)
취급물질: 제4류 제1석유류

중도(스크래핑)
취급물질: 제4류 제3석유류

상도(에폭시라이딩)
취급물질: 제4류 제2석유류

4 다중이용업소 실내장식물 불연화 관계

건축물의 내부마감재료를 방화에 지장이 없는 재료로 설치해야 할 대상에 「다중이용업소의 안전관리에 관한 특별법 시행령 제2조(다중이용업)」에 따른 다중이용업의 내부마감재료가 포함된다. 특히 다른 대상들은 건축물의 주요구조부가 내화구조로 되어 있고 그 거실의 바닥면적이 200제곱미터 이내마다 방화구획되어 있으면 설치 대상에서 제외가 가능하지만, 다중이용업의 내부마감재료는 제외사항 없이 반드시 방화에 지장이 없는 재료로 설치하여야 하므로 잘 구분해야 한다.

(1) 다중이용업소의 실내장식물

다중이용업소의 실내장식물은 "건축물 내부의 천장 또는 벽에 설치하는 것"으로 정의하고 있다.

다중이용업소의 실내장식물

다중이용업소의 안전관리에 관한 특별법 제2조(정의)
"실내장식물"이란 건축물 내부의 천장 또는 벽에 설치하는 것으로서 대통령령으로 정하는 것을 말한다.

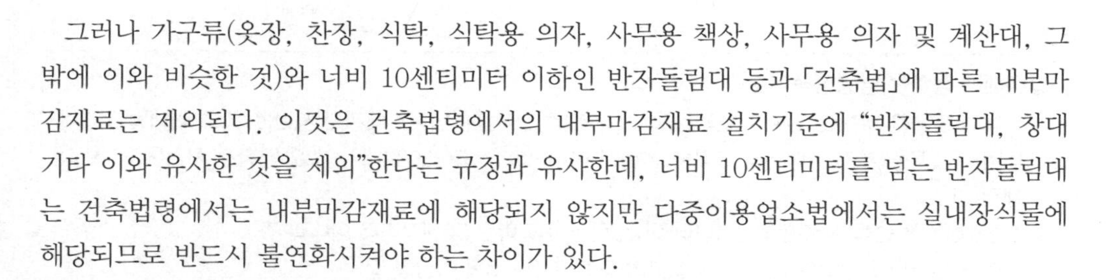

그러나 가구류(옷장, 찬장, 식탁, 식탁용 의자, 사무용 책상, 사무용 의자 및 계산대, 그 밖에 이와 비슷한 것)와 너비 10센티미터 이하인 반자돌림대 등과 「건축법」에 따른 내부마감재료는 제외된다. 이것은 건축법령에서의 내부마감재료 설치기준에 "반자돌림대, 창대 기타 이와 유사한 것을 제외"한다는 규정과 유사한데, 너비 10센티미터를 넘는 반자돌림대는 건축법령에서는 내부마감재료에 해당되지 않지만 다중이용업소법에서는 실내장식물에 해당되므로 반드시 불연화시켜야 하는 차이가 있다.

실내장식물의 종류

다중이용업소의 안전관리에 관한 특별법 시행령 제3조(실내장식물)

1. 종이류(두께 2밀리미터 이상인 것을 말한다) · 합성수지류 또는 섬유류를 주원료로 한 물품
2. 합판이나 목재
3. 공간을 구획하기 위하여 설치하는 간이 칸막이(접이식 등 이동 가능한 벽체나 천장 또는 반자가 실내에 접하는 부분까지 구획하지 아니하는 벽체를 말한다)
4. 흡음(吸音)이나 방음(防音)을 위하여 설치하는 흡음재(흡음용 커튼을 포함한다) 또는 방음재(방음용 커튼 포함)

(2) 실내장식물의 설치기준

다중이용업소의 실내장식물은 반드시 불연재료(不燃材料) 또는 준불연재료로 설치해야 한다. 그러나 영업장 면적의 일정비율 이하의 부분은 방염성능기준 이상의 성능을 가진 합판 또는 목재로 설치할 수 있도록 예외 규정을 두고 있는데, 이것은 일정부분을 난연재료로 설치하는 것이 가능하다는 의미이다.

다중이용업소의 실내장식물

다중이용업소의 안전관리에 관한 특별법 제10조(다중이용업의 실내장식물)

① 다중이용업소에 설치하거나 교체하는 실내장식물(반자돌림대 등의 너비가 10센티미터 이하인 것 제외)은 불연재료(不燃材料) 또는 준불연재료로 설치하여야 한다.

② 제1항에도 불구하고 합판 또는 목재로 실내장식물을 설치하는 경우로서 그 면적이 영업장 천장과 벽을 합한 면적의 10분의 3(스프링클러설비 또는 간이스프링클러설비가 설치된 경우에는 10분의 5) 이하인 부분은 방염성능기준 이상의 것으로 설치할 수 있다.

소방법령에 의한 방염성능기준에서 보면 방염대상물품에 대한 선처리 제품과 후처리 제품으로 나눌 수 있는데 합판 또는 목재는 현장에서 방염도료등에 의한 후처리를 하는 것이 일반적이다. 그러므로 다중이용업소의 영업장의 실내장식물의 불연화에서 난연재료를 사용할 수 있는 면적은 영업장 천장과 벽을 합한 면적의 10분의 3(스프링클러설비 또는 간이스프링클러설비가 설치된 경우에는 10분의 5) 이하이므로 반드시 해당 면적 부분에만 합판 또는 목재를 사용할 수 있고, 또한 이것이 소방법령에서 규정하는 방염성능기준 이상의 성능이 있어야 하므로 적정여부를 반드시 검토해야 한다.

여기서 잠깐!

법령에서 정하는 방염성능기준[30)]

1. 버너의 불꽃을 제거한 때부터 불꽃을 올리며 연소하는 상태가 그칠 때까지 시간은 20초 이내일 것
2. 버너의 불꽃을 제거한 때부터 불꽃을 올리지 아니하고 연소하는 상태가 그칠 때까지 시간은 30초 이내일 것
3. 탄화(炭化)한 면적은 50제곱센티미터 이내, 탄화한 길이는 20센티미터 이내일 것
4. 불꽃에 의하여 완전히 녹을 때까지 불꽃의 접촉 횟수는 3회 이상일 것
5. 소방청장이 정하여 고시한 방법으로 발연량(發煙量)을 측정하는 경우 최대연기밀도는 400 이하일 것

고시에서 정하는 방염성능기준[31)]

1. 정의
   - "잔염시간"이란 버너의 불꽃을 제거한 때부터 불꽃을 올리며 연소하는 상태가 그칠 때까지의 시간
   - "잔신시간"이란 버너의 불꽃을 제거한 때부터 불꽃을 올리지 아니하고 연소하는 상태가 그칠 때까지의 시간(잔염이 생기는 동안의 시간은 제외)
   - "탄화면적"이란 불꽃에 의하여 탄화된 면적
   - "접염횟수"란 불꽃에 의하여 녹을 때까지 불꽃의 접촉횟수
   - 합판: 나무 등을 가공하여 제조된 판을 말하며, 중밀도섬유판(MDF), 목재판넬(HDF), 파티클보드(PB)를 포함한다. 이 경우 방염처리 및 장식을 위하여 표면에 0.4mm 이하인 시트를 부착한 것도 합판으로 본다.
   - 목재: 나무를 재료로 하여 제조된 물품
2. 합판, 섬유판, 목재 및 기타물품(합판등)의 방염성능기준
   - 잔염시간 10초 이내, 잔신시간 30초 이내, 탄화면적 50cm^2 이내, 탄화길이 20cm 이내이어야 한다.
   - 합판 및 목재의 최대연기밀도: 신청값 이하(이 경우 신청값은 400 이하로 할 것) → 선처리 제품만 해당

다중이용업소 실내장식물의 불연화와 방염성능기준 이하일 경우 역시 법령에 의한 과태료 부과 등의 불이익 처분을 받을 수 있다.

PLUS TIPS⁺ 벌칙 조항

소방시설 설치 및 관리에 관한 법률 제61조(과태료)

특정소방대상물의 방염대상물품을 방염성능기준 이상의 것으로 설치하지 아니한 자: 300만 원 이하의 과태료

다중이용업소의 안전관리에 관한 특별법 제25조(과태료)

실내장식물을 기준에 따라 설치 · 유지하지 아니한 자: 300만 원 이하의 과태료

30) 소방시설 설치 및 관리에 관한 법률 시행령 제30조(방염대상물품 및 방염성능기준)

31) 방염성능 기준[소방청고시 제2021-7호, 2021. 1. 14.]

05 외벽에 설치하는 마감재료

1 외벽에 설치하는 마감재료 법령의 변천

건축물 외벽에 설치하는 마감재료는 과거에는 규제에서 자유롭다가 외벽의 특이한 화재가 발생함으로써 사회적 이목이 집중되었고, 그동안 안전사각지대로 내재되어 있던 외벽의 가연성 마감재료 설치 위험성의 문제가 드러나게 되었다.

(1) 화재 발생에 따른 설치대상의 변천

건축물 "외벽에 방화에 지장이 없는 재료"로 설치하는 기준은 기존의 건축법령에는 설치 규정이 없다가 건축법이 개정(2009. 12. 29.)되면서 최초 신설되었고, 하위 법령인 시행령에 "상업지역 안의 건축물로서 다중이용업의 용도로 쓰이는 바닥면적의 합계가 2천제곱미터 이상인 건축물"과 "공장의 용도로 쓰이는 건축물로부터 6미터 이내 위치한 상업지역 안의 건축물"의 외벽에는 방화에 지장이 없는 재료를 설치하도록 개정 시행(2010. 12. 30.)되었다. 이후 부산 해운대 우신골든스위트 화재(2010. 10. 01.)를 계기로 "고층건축물"의 외벽 마감재료 설치에 대해 법령이 개정(2011. 12. 30.)되었고, 경기도 의정부 대봉그린아파트 화재(2015. 01. 10.)를 계기로 "6층 이상 또는 22m 이상 건축물"로 강화(2015. 09. 22.)되었다. 이 화재를 계기로 「건축물의 피난·방화구조 등의 기준에 관한 규칙」이 개정(2015. 10. 07.)되어, 건축물의 외벽에 [필로티 구조의 외기(外氣)에 면하는 천장 및 벽체를 포함] 하도록 하였다. 또한 충북 제천스포츠센터 화재(2017. 12. 21.)가 발생하여 이후 외벽의 마감재료에 대해 "3층 이상 또는 9m 이상 건축물"에 방화에 지장 없는 재료를 사용하도록 한층 더 강화(2019. 08. 06.)되었다.

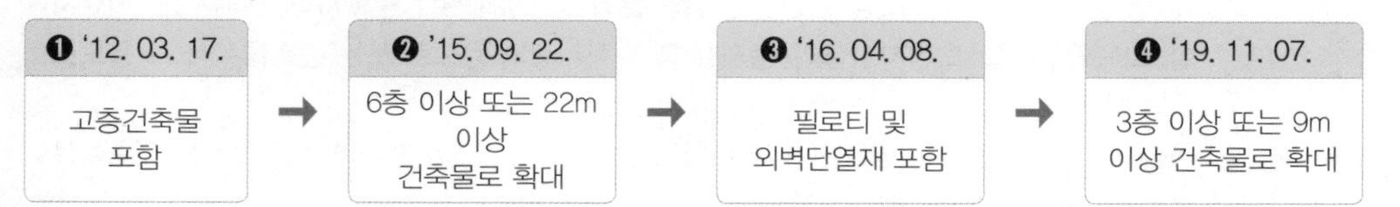

❶ 해운대 우신골든스위트 화재('10. 10. 01.) / ❷, ❸ 의정부 대봉그린아파트 화재('15. 01. 10.) / ❹ 충북 제천스포츠센터 화재('17. 12. 21.)

그리고 경기도 이천 물류센터 창고 공사장 화재(2020. 04. 29.)로 인해 복합자재의 심재(心材) 및 건축물 외벽에 설치하는 복합재료의 각 재료 개별 성능에 대한 규제가 강화되었다.

외벽의 「방화에 지장이 없는 재료」 설치 규정 변천과정

1. 건축법 제52조(건축물의 마감재료) [일부개정 법률 제9858호, 2009. 12. 29. 시행 2010. 12. 30.]
   ② 대통령령으로 정하는 건축물의 외벽에 사용하는 마감재료는 방화에 지장이 없는 재료로 하여야 한다. 이 경우 마감재료의 기준은 국토해양부령으로 정한다. 〈신설〉

2. 건축법 시행령 제61조(건축물의 마감재료) [일부개정 대통령령 제22526호, 2010. 12. 13.]
   ② 법 제52조 제2항에서 "대통령령으로 정하는 건축물"이란 상업지역(근린상업지역은 제외한다) 안의 건축물로서 다음 각 호의 어느 하나에 해당하는 것을 말한다.
   1. 「다중이용업소의 안전관리에 관한 특별법」 제2조 제1항 제1호에 따른 다중이용업의 용도로 쓰는 건축물로서 그 용도로 쓰는 바닥면적의 합계가 2천제곱미터 이상인 건축물
   2. 공장(국토해양부령으로 정하는 화재 위험이 적은 공장은 제외한다)의 용도로 쓰는 건축물로부터 6미터 이내에 위치한 건축물

3. 건축법 시행령 제61조(건축물의 마감재료) [일부개정 대통령령 제23469호, 2011. 12. 30, 시행 2012. 03. 17.]
   ② 법 제52조 제2항에서 "대통령령으로 정하는 건축물"이란 다음 각 호의 어느 하나에 해당하는 것을 말한다.
   1. 상업지역(근린상업지역은 제외한다)의 건축물로서 다음 각 목의 어느 하나에 해당하는 것
      가. 「다중이용업소의 안전관리에 관한 특별법」 제2조 제1항 제1호에 따른 다중이용업의 용도로 쓰는 건축물로서 그 용도로 쓰는 바닥면적의 합계가 2천제곱미터 이상인 건축물
      나. 공장(국토해양부령으로 정하는 화재 위험이 적은 공장은 제외한다)의 용도로 쓰는 건축물로부터 6미터 이내에 위치한 건축물
   2. 고층건축물 〈신설 2011. 12. 30.〉

4. 건축법 시행령 제61조(건축물의 마감재료) [일부개정 시행 대통령령 제26542호, 2015. 09. 22.]
   ② 법 제52조 제2항에서 "대통령령으로 정하는 건축물"이란 다음 각 호의 어느 하나에 해당하는 것을 말한다.
   1. 상업지역(근린상업지역은 제외한다)의 건축물로서 다음 각 목의 어느 하나에 해당하는 것
      가. 제1종 근린생활시설, 제2종 근린생활시설, 문화 및 집회시설, 종교시설, 판매시설, 의료시설, 교육연구시설, 노유자시설, 운동시설 및 위락시설의 용도로 쓰는 건축물로서 그 용도로 쓰는 바닥면적의 합계가 2천제곱미터 이상인 건축물
      나. 공장(국토교통부령으로 정하는 화재 위험이 적은 공장은 제외한다)의 용도로 쓰는 건축물로부터 6미터 이내에 위치한 건축물
   2. 6층 이상 또는 높이 22미터 이상인 건축물 〈개정 신설 2015. 09. 22.〉

5. 건축법 시행령 제61조(건축물의 마감재료) [일부개정 시행 대통령령 제30030호, 2019. 08. 06.]
   ② 법 제52조 제2항에서 "대통령령으로 정하는 건축물"이란 다음 각 호의 어느 하나에 해당하는 것을 말한다.
   1. 상업지역(근린상업지역은 제외한다)의 건축물로서 다음 각 목의 어느 하나에 해당하는 것
      가. 제1종 근린생활시설, 제2종 근린생활시설, 문화 및 집회시설, 종교시설, 판매시설, 운동시설 및 위락시설의 용도로 쓰는 건축물로서 그 용도로 쓰는 바닥면적의 합계가 2천제곱미터 이상인 건축물

나. 공장(국토교통부령으로 정하는 화재 위험이 적은 공장은 제외한다)의 용도로 쓰는 건축물로부터 6미터 이내에 위치한 건축물

2. 의료시설, 교육연구시설, 노유자시설 및 수련시설의 용도로 쓰는 건축물
3. 3층 이상 또는 높이 9미터 이상인 건축물
4. 1층의 전부 또는 일부를 필로티 구조로 설치하여 주차장으로 쓰는 건축물

6. 건축법 제52조(건축물의 마감재료) [일부개정 법률 제17940호, 2021. 03. 16. 시행 2021. 12. 23.]

① 대통령령으로 정하는 용도 및 규모의 건축물의 벽, 반자, 지붕(반자가 없는 경우에 한정한다) 등 내부의 마감재료[제52조의4 제1항의 복합자재의 경우 심재(心材)를 포함한다]는 방화에 지장이 없는 재료로 하되, 「실내공기질 관리법」 제5조 및 제6조에 따른 실내공기질 유지기준 및 권고기준을 고려하고 관계 중앙행정기관의 장과 협의하여 국토교통부령으로 정하는 기준에 따른 것이어야 한다.

② 대통령령으로 정하는 건축물의 외벽에 사용하는 마감재료(두 가지 이상의 재료로 제작된 자재의 경우 각 재료를 포함한다)는 방화에 지장이 없는 재료로 하여야 한다. 이 경우 마감재료의 기준은 국토교통부령으로 정한다.

③ 욕실, 화장실, 목욕장 등의 바닥 마감재료는 미끄럼을 방지할 수 있도록 국토교통부령으로 정하는 기준에 적합하여야 한다.

④ 대통령령으로 정하는 용도 및 규모에 해당하는 건축물 외벽에 설치되는 창호(窓戶)는 방화에 지장이 없도록 인접 대지와의 이격거리를 고려하여 방화성능 등이 국토교통부령으로 정하는 기준에 적합하여야 한다.

7. 건축법 시행령 제61조(건축물의 마감재료 등) [일부개정 대통령령 제31941호, 2021. 08. 10. 시행 2022. 2. 11.]

② 법 제52조제2항에서 "대통령령으로 정하는 건축물"이란 다음 각 호의 어느 하나에 해당하는 것을 말한다.

1.~ 4.(생략)

5. 제1항 제4호에 해당하는 건축물

PLUS TIPS 해운대구 골든스위트 외벽 연소 확대 화재사례

- 발생 일시: 2010. 10. 01.(금) 11:33 / 인명피해: 경상 4명(단순연기 흡입)
- 주요 사진[32]

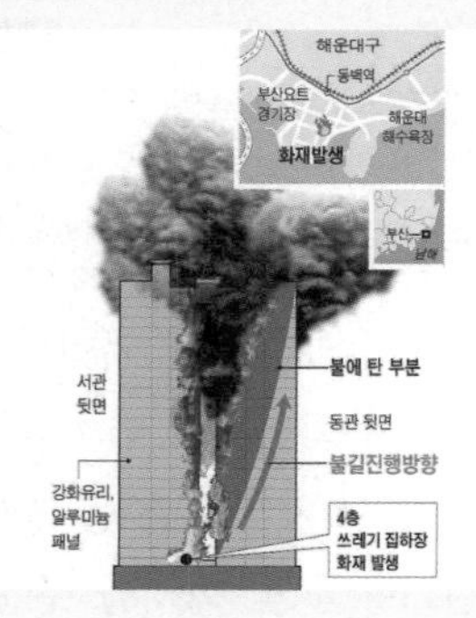

32) 출처: 부산소방재난본부 「우신골든스위트」 화재종합보고서 / https://blog.naver.com/giant2002

부산 해운대 골든스위트 화재는 그동안 간과했던 고층건축물 외부 마감재의 문제점을 인식하게 해준 매우 특이한 화재로서 제도개선에 매우 중요한 역할을 했던 사건이다. 특히 화재건물의 외벽 외장재로 설치된 알루미늄 복합패널은 폴리에틸렌(PE)수지에 두 장의 알루미늄판을 접합시킨 샌드위치 구조의 특수소재로서, 알루미늄의 녹는 온도는 660℃로 화재 시 패널 외부의 알루미늄을 용융시켜 내부에 인화성이 강한 폴리에틸렌(PE)수지에 쉽게 착화되어 빠르게 상부로 연소 확대되었다. 이러한 알루미늄 복합패널 소재가 연소하면서 다량의 유독가스가 발생되었고, 또한 소화수가 침투되지 않아 화재진화에 상당한 시간이 소요되었다.

여기서 잠깐!

알루미늄 복합패널 시공 방법

두 장의 알루미늄판 사이에 단열재 역할을 하는 충진재를 접합한다.

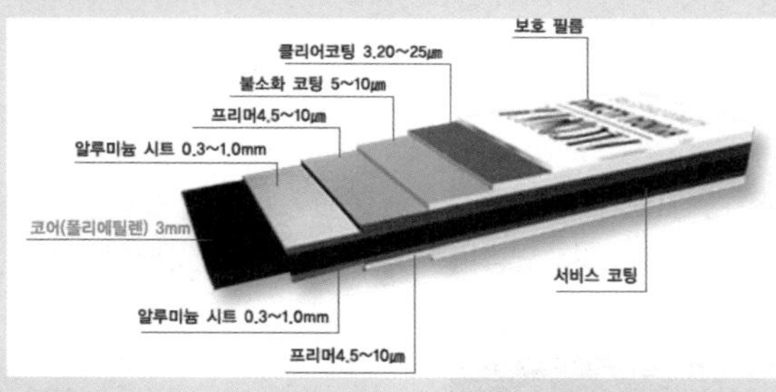

- 드라이비트(건물 외벽에 스티로폼을 붙이고 시멘트를 덧바른 마감재)보다 가격이 2~3배 더 비쌈
- 얇고 무게가 가볍고 가공이 용이하여 외관이 중요한 주상복합 건물 등에 주로 사용
- 충진재를 붙이는 접착제 종류에 따라 화재에 취약하고 알루미늄 자체도 열에 강하지 않음

건축물의 관리적 측면에서 보면 외벽의 마감재에 연소확대가 되었을 경우 대형피해가 예상됨에도 내부의 화재가 외벽으로 연소할 가능성이 농후한 피트층에 판자 등으로 작업 공간을 만들어 사용하여 왔고 재활용품 등 가연성 물품을 대량으로 적치하는 등 가연성 물질이 보관된 장소에서 전기용품 및 화기를 무분별하게 사용하다 화재 발생의 원인이 되었다. 이 화재사건을 계기로 고층건축물 외벽의 마감재료를 「방화에 지장이 없는 재료」로 사용하도록 법령이 강화되었다.

PLUS TIPS 의정부시 대봉그린아파트 외벽 연소확대 화재사례

- 발생 일시: 2015. 01. 10.(토) 09:13(신고접수 09:27) / 피해 현황: 130명(사망 5, 부상 125)
- 작전도[33]

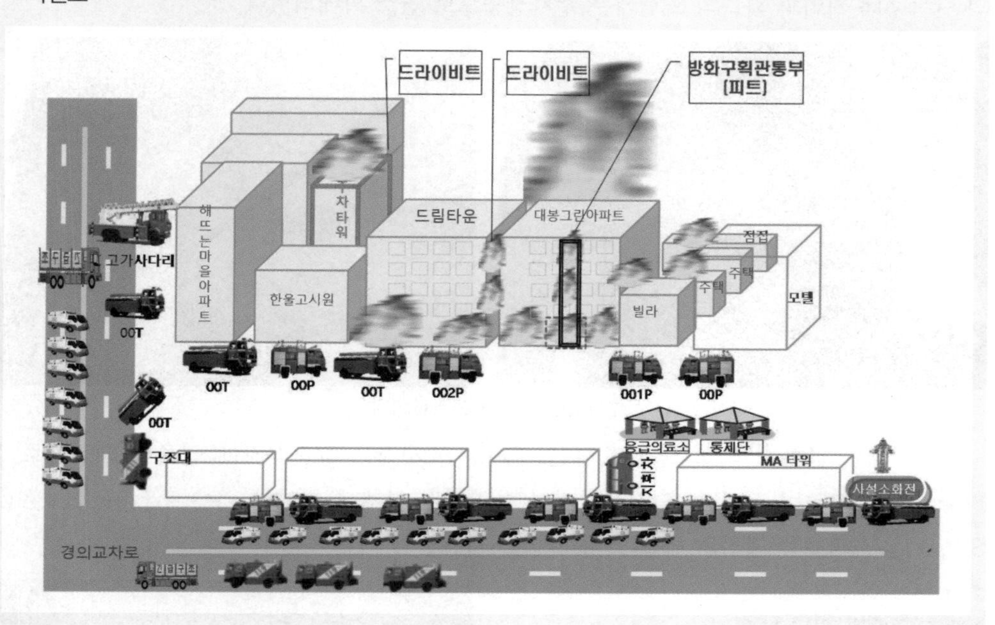

이 화재는 1층 필로티 주차장에 주차되었던 이륜자동차에서 최초 화재가 발생하여 주차 차량(20대)을 태우고 필로티 주차장 상부의 가연성 재료인 열경화성 수지로 설치된 천장에 연소 확대되었으며, 이 화염이 외부로 분출되어 건축물 외벽을 통해서 인접 건물로 연소가 확대된 사례이다.

화재 발화지점 모습

필로티 열경화성수지 연소

33) 출처: 의정부소방서

외벽은 단열을 위한 드라이비트 공법으로 시공하여 화재건물의 드라이비트 외장재를 타고 10층까지 급격히 연소가 확산되면서 옥상 상부 약 50미터까지 농연이 분출되었고, 우측의 단독주택 지역과 좌측의 드림타운 주차장등으로 연소 확대되었다.

드라이비트 외벽 연소확대 모습

화재 당시 1층에서 최초 발생한 불은 주차장을 시작으로 순식간에 건축물 외장재로 옮겨붙었다. 드라이비트 공법을 적용하면서 단열재로 화재에 취약한 EPS(Expanded Poly-Styrene, 스티로폼 재질의 발포 스타이렌)를 사용했기 때문이었다.

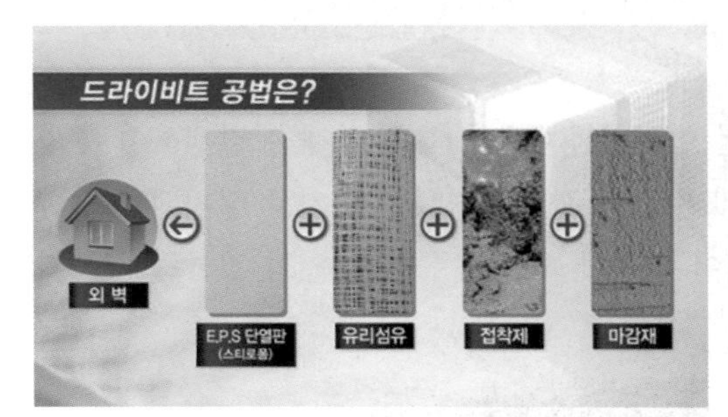

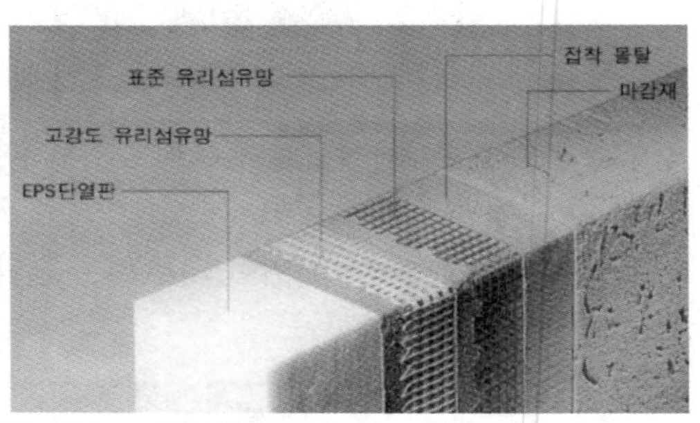

드라이비트 공법 → 건축물 외벽에 스티로폼을 붙이고 시멘트를 덧바른 마감재로 시공

드라이비트는 건축물 외벽 단열 공법 중 하나로 단열성이 뛰어나고 시공이 편리한 장점이 있지만, 이러한 드라이비트 공법 적용 시 단열재를 스티로폼 등으로 적용하므로 화재에 치명적일 수밖에 없었던 것이다.

드라이비트 공법 시공 사례

이 화재 이후에 외벽의 마감재에 대한 방화에 지장이 없는 재료의 설치대상이 "6층 이상 또는 22m 이상 건축물"로 강화되었고, 특히 "필로티 구조의 외기에 면하는 천장 및 벽체와 단열재도 외벽에 포함"되도록 하여 필로티 주차장 화재에 의한 외부 연소확대 방지가 가능하도록 하였다.

PLUS TIPS 충북 제천 스포츠센터 외벽 연소확대 화재사례

- 발생 일시: 2017. 12. 21.(목) 15:53 / 피해 현황: 69명(사망 29, 부상 40)

이 화재는 지상 1층 필로티 주차장 천장에서 발화하여 천장에 부착된 스티로폼(두께 약 10cm)이 타면서 불덩어리가 주차차량에 떨어져 차량이 연소하고 차량이 타면서 발생한 고열과 유독가스가 1층 비상구(개방상태), 주계단과 화물용 승강로를 통해 상층부로 급격하게 확산하였는데, 이 화물용 승강기 승강로가 굴뚝역할을 하여 상층부로의 연소 확산 통로가 되었고, EPS실 및 PD의 방화구획 미비로 2, 3층 천장 속으로 확산하였다. 또한 건물 외벽 드라이비트가 상층부로 연소되면서 다량의 화염과 연기가 발생하고 폐쇄형 옥상구조였기 때문에 열 · 연기가 건물내 체류하여 다수의 인명피해가 발생되었다. 2015년 법령이 개정되면서 외벽 마감재료의 불연 · 준불연재료 사용 의무화가 강화되었으나(6층 이상) 이 화

재건물은 2011년 준공으로 미적용되었다. 이 화재를 계기로 외벽 마감재의 기준이 "3층 이상 또는 높이 9미터 이상인 건축물"과 "1층의 전부 또는 일부를 필로티 구조로 설치하여 주차장으로 쓰는 건축물"에는 방화에 지장이 없는 재료를 사용하도록 한층 더 강화되었다.

(2) 외벽 마감재료 설치기준의 변천

외벽 마감재료의 기준이 신설되던 시기(2010. 12. 30.)에는 외벽 마감재료를 "불연재료 또는 준불연재료"만을 사용하도록 하였다. 이후 「화재 확산 방지구조 기준」이 신설(2012. 09. 20.)되면서 고층건축물의 외벽을 기준에 적합하게 설치하는 경우에는 "난연재료"를 마감재료로 사용할 수 있도록 변경되었다. 그리고 법령이 일부개정(2015. 10. 07.)되면서 외벽의 마감재료를 단일재료가 아닌 「복합재료」로 설치하고자 할 때에는 "구성하는 재료 전체를 하나"로 보아 불연재료 또는 준불연재료에 해당하는 경우 마감재료 중 "단열재는 난연재료"로 사용할 수 있도록 하였다. 이후 "일정한 용도로 쓰이는 5층 이하이면서 높이 22미터 미만인 건축물"의 외벽 마감재료를 "난연재료"로 설치할 수 있도록 하였는데, 이 건축물의 외벽을 화재 확산 방지구조 기준에 적합하게 설치하는 경우에는 "난연성능이 없는 재료"를 마감재료로 사용할 수 있도록 하였다.

「경기도 이천 물류창고 공사장 화재(2020. 04. 29.)」 이후, 건축물의 외벽에 사용하는 마감재료에서 "두 가지 이상의 재료로 제작된 자재의 경우 각 재료"가 방화에 지장이 없는 성능의 재료를 사용하도록 법령이 개정(2021. 03. 16.) 강화되었다.

PLUS TIPS+ 이천 물류센터 공사장 화재

- 발생 일시: 2020. 04. 29.(수) 13:32 / 피해 현황: 48명(사망 38, 부상 10)
- 현장사진[34]

2020년 4월 29일 오후 1시 32분 이천시 모가면 소고리 640-1 한익스프레스 남이천물류센터 냉동 및 냉장 물류창고 신축 현장 지하 2층에서 화재가 발생하였는데, 화재가 난 물류창고는 2019년 4월 23일 착공, 2020년 6월 30일 완공 예정이었으며, 공정률 85% 상태였다. 사고는 지하 2층 실내기 냉매 배관용 접작업에서 발생한 불꽃이 천장 우레탄폼에 옮겨 붙으면서 발생하였으며, 약 9개의 협력사가 동시에 작업을 수행하여 화재 위험성이 있었다.

34) 출처: 한국경제(2020. 06. 15.)

외벽의 마감재료 설치기준 변천과정

1. 건축물의 피난 · 방화구조 등의 기준에 관한 규칙 제24조(건축물의 마감재료)
   [일부개정시행 국토해양부령 제320호, 2010. 12. 30.]
   ⑤ 영 제61조 제2항에 해당하는 건축물의 외벽에는 법 제52조 제2항 후단에 따라 불연재료 또는 준불연재료를 마감재료로 사용하여야 한다. 〈신설〉

2. 건축물의 피난 · 방화구조 등의 기준에 관한 규칙 제24조(건축물의 마감재료)
   [일부개정 국토해양부령 제433호, 2012. 01. 06, 시행 2012. 03. 17.]
   ⑤ 영 제61조 제2항에 해당하는 건축물의 외벽에는 법 제52조 제2항 후단에 따라 불연재료 또는 준불연재료를 마감재료(도장 등 코팅재료를 포함한다. 이하 이 항에서 같다)로 사용하여야 한다. 다만, 고층건축물의 외벽을 국토해양부장관이 정하여 고시하는 화재 확산 방지구조 기준에 적합하게 설치하는 경우에는 난연재료를 마감재료로 사용할 수 있다.

3. 건축물의 피난 · 방화구조 등의 기준에 관한 규칙 제24조(건축물의 마감재료)
   [일부개정시행 국토교통부령 제238호, 2015. 10. 07.]
   ⑤ 영 제61조 제2항에 해당하는 건축물의 외벽[필로티 구조의 외기(外氣)에 면하는 천장 및 벽체를 포함한다]에는 법 제52조 제2항 후단에 따라 불연재료 또는 준불연재료를 마감재료(단열재, 도장 등 코팅재료 및 그 밖에 마감재료를 구성하는 모든 재료를 포함한다. 이하 이 항 및 제6항에서 같다)로 사용하여야 한다. 다만, 외벽 마감재료를 구성하는 재료 전체를 하나로 보아 불연재료 또는 준불연재료에 해당하는 경우 마감재료 중 단열재는 난연재료로 사용할 수 있다.
   ⑥ 제5항에도 불구하고 영 제61조 제2항 제2호에 해당하는 건축물의 외벽을 국토교통부장관이 정하여 고시하는 화재 확산 방지 구조 기준에 적합하게 설치하는 경우에는 난연재료를 마감재료로 사용할 수 있다.

4. 건축물의 피난 · 방화구조 등의 기준에 관한 규칙 제24조(건축물의 마감재료)
   [일부개정시행 국토교통부령 제641호, 2019. 08. 06.]
   ⑤ 영 제61조 제2항 제1호부터 제3호까지의 규정에 해당하는 건축물의 외벽에는 법 제52조 제2항 후단에 따라 불연재료 또는 준불연재료를 마감재료(단열재, 도장 등 코팅재료 및 그 밖에 마감재료를 구성하는 모든 재료를 포함한다. 이하 이 조에서 같다)로 사용해야 한다. 다만, 다음 각 호의 어느 하나에 해당하는 경우 난연재료(제2호의 경우 단열재만 해당한다)를 사용할 수 있다. 〈개정〉
   1. 국토교통부장관이 정하여 고시하는 화재 확산 방지구조 기준에 적합하게 설치하는 경우
   2. 마감재료를 구성하는 재료 전체를 하나로 보아 국토교통부장관이 고시하는 기준에 따라 난연성능을 시험한 결과 불연재료 또는 준불연재료에 해당하는 경우
   ⑥ 제5항에도 불구하고 영 제61조 제2항 제1호 및 제3호에 해당하는 건축물로서 5층 이하이면서 높이 22미터 미만인 건축물의 경우 난연재료를 마감재료로 할 수 있다. 다만, 건축물의 외벽을 국토교통부장관이 정하여 고시하는 화재 확산 방지구조 기준에 적합하게 설치하는 경우에는 난연성능이 없는 재료를 마감재료로 사용할 수 있다. 〈개정〉
   ⑦ 영 제61조 제2항 제4호에 해당하는 건축물의 외벽[필로티 구조의 외기(外氣)에 면하는 천장 및 벽체를 포함한다] 중 1층과 2층 부분에는 불연재료 또는 준불연재료를 마감재료로 해야 한다. 다만, 마감재료를 구성하는 재료 전체를 하나로 보아 국토교통부장관이 고시하는 기준에 따라 난연성능을 시험한 결과 불연재료 또는 준불연재료에 해당하는 경우 난연재료를 단열재로 사용할 수 있다.

5. 건축물의 피난 · 방화구조 등의 기준에 관한 규칙 제24조(건축물의 마감재료등)
[개정 시행 국토교통부령 제868호, 2021. 07. 05.]
⑦ 영 제14조 제4항 각 호의 어느 하나에 해당하는 건축물 상호 간의 용도변경 중 영 별표 1 제3호다목(목욕장만 해당한다) · 라목, 같은 표 제4호 가목 · 사목 · 카목 · 파목(골프연습장, 놀이형시설만 해당한다) · 더목 · 러목, 같은 표 제7호 다목 2) 및 같은 표 제16호 가목 · 나목에 해당하는 용도로 변경하는 경우로서 스프링클러 또는 간이 스크링클러의 헤드가 창문등으로부터 60센티미터 이내에 설치되어 건축물 내부가 화재로부터 방호되는 경우에는 제5항 및 제6항을 적용하지 않을 수 있다.
⑧ 영 제61조 제2항 제4호에 해당하는 건축물의 외벽[필로티 구조의 외기(外氣)에 면하는 천장 및 벽체를 포함한다] 중 1층과 2층 부분에는 불연재료 또는 준불연재료를 마감재료로 해야 한다.(이하 생략)
⑨ 법 제52조 제4항에 따라 영 제61조 제2항 각 호에 해당하는 건축물의 인접대지경계선에 접하는 외벽에 설치하는 창호(窓戶)와 인접대지경계선 간의 거리가 1.5미터 이내인 경우 해당 창호는 방화유리창[「산업표준화법」에 따른 한국산업표준 KS F 2845(유리구획 부분의 내화 시험방법)에 규정된 방법에 따라 시험한 결과 비차열 20분 이상의 성능이 있는 것으로 한정한다]으로 설치해야 한다. 다만, 스프링클러 또는 간이 스프링클러의 헤드가 창호로부터 60센티미터 이내에 설치되어 건축물 내부가 화재로부터 방호되는 경우에는 방화유리창으로 설치하지 않을 수 있다.

6. 건축물의 피난 · 방화구조 등의 기준에 관한 규칙 제24조(건축물의 마감재료 등)
[개정 국토교통부령 제1106호, 2022. 02. 10, 시행 2022. 02. 11.]
⑦ 제6항에도 불구하고 영 제61조 제2항 제1호 · 제3호 및 제5호에 해당하는 건축물로서 5층 이하이면서 높이 22미터 미만인 건축물의 경우 난연재료(강판과 심재로 이루어진 복합자재가 아닌 것으로 한정한다)를 마감재료로 할 수 있다.(이하 생략)
⑧ 제6항 및 제7항에 따른 마감재료가 둘 이상의 재료로 제작된 것인 경우 해당 마감재료는 다음 각 호의 요건을 모두 갖춘 것이어야 한다.(이하 생략)
⑨ 영 제14조 제4항 각 호의 어느 하나에 해당하는 건축물 상호 간의 용도변경 중 ~(이하 생략)
⑩ 영 제61조 제2항 제4호에 해당하는 건축물의 외벽[필로티 구조의 외기에 면하는 천장 및 벽체를 포함한다] 중 1층과 2층 부분에는 불연재료 또는 준불연재료를 마감재료로 해야 한다. 〈단서조항 삭제〉
⑪ 강판과 심재로 이루어진 복합자재를 마감재료로 사용하는 경우 해당 복합자재는 다음 각 호의 요건을 모두 갖춘 것이어야 한다.(이하 생략)
⑫ 법 제52조 제4항에 따라 영 제61조 제2항 각 호에 해당하는 건축물의 인접대지경계선에 접하는 외벽 ~(이하 생략)

2 외벽에 설치하는 마감재료 설치대상

과거 건축물 외벽의 마감재료는 반드시 방화에 지장이 없는 재료로 설치하라는 규정이 없었기 때문에 건축주가 지정하는 재료로 설치하였다. 그러나 앞의 화재사례처럼 외벽의 가연성 마감재료가 화재의 건축물 상층부로 확대 및 인접 건축물로의 연소를 확대시키는 원인이 되기도 하였으므로 이에 대한 대책으로 건축물 외벽의 마감재료에 대한 규제를 하게 되었다.(최초시행 2010. 12. 30.)

건축법에서 외벽 마감재료의 실치에 대해서 아래와 같이 규정[35]하고 있다.

건축물의 외벽마감재료

대통령령으로 정하는 건축물[36]의 외벽에 사용하는 마감재료(두 가지 이상의 재료로 제작된 자재의 경우 각 재료를 포함)는 방화에 지장이 없는 재료로 하여야 한다. 이 경우 마감재료의 기준은 국토교통부령[37]으로 정한다.

건축물 외벽에 설치하는 마감재료가 두 가지 이상의 재료로 제작된 경우의 요건들은 앞에서의 "외벽 복합마감재료 기준"에서 언급하였다.

건축물의 외벽 마감재료를 「방화에 지장이 없는 재료」로 설치해야 할 대상은 다음과 같다.

<table>
<tr><th>구분</th><th colspan="2">해당 지역 또는 각 용도의 건축물</th></tr>
<tr><td rowspan="3">①</td><td colspan="2">상업지역(근린상업지역은 제외)의 건축물로서 다음 각 어느 하나에 해당하는 것</td></tr>
<tr><td>• 제1종 근린생활시설, 제2종 근린생활시설, 문화 및 집회시설, 종교시설, 판매시설, 운동시설, 위락시설</td><td>그 용도로 쓰는 바닥면적의 합계가 2,000m² 이상인 건축물</td></tr>
<tr><td colspan="2">• 공장(국토교통부령으로 정하는 화재 위험이 적은 공장[38]은 제외)의 용도로 쓰는 건축물로부터 6m 이내에 위치한 건축물
※ 화재위험이 적은 공장이라도 "공장의 일부 또는 전체를 기숙사 및 구내식당의 용도"로 사용하는 건축물은 해당이 된다.</td></tr>
<tr><td>②</td><td colspan="2">의료시설, 교육연구시설, 노유자시설, 수련시설</td></tr>
<tr><td>③</td><td colspan="2">3층 이상 또는 9m 이상인 건축물</td></tr>
<tr><td>④</td><td colspan="2">1층의 전부 또는 일부를 필로티 구조로 설치하여 주차장으로 쓰는 건축물</td></tr>
<tr><td>⑤</td><td colspan="2">공장, 창고시설, 위험물 저장 및 처리 시설(자가난방과 자가발전 등의 용도로 쓰는 시설을 포함한다), 자동차 관련 시설의 용도로 쓰는 건축물</td></tr>
</table>

3 외벽에 설치하는 마감재료 설치기준[39]

(1) 설치기준

건축물 외벽을 방화에 지장이 없는 재료로 설치하는 기준을 보면, 앞에서 언급한 설치대상의 외벽에 대해 원칙적으로 불연재료, 준불연재료를 사용하도록 하고 있는데, 일부 대상물에 대해서는 화재 확산방지 구조 기준에 적합하게 설치하는 경우등 예외적으로 난연재료를 사용할 수 있다. 문제는 이 규정 이전에 완공된 건축물의 경우 외벽 마감재료를 방화에 지장이 없

35) 건축법 제52조(건축물의 마감재료 등)
36) 건축법 시행령 제61조(건축물의 마감재료)
37) 건축물의 피난 · 방화구조 등의 기준에 관한 규칙 제24조(건축물의 마감재료)
38) 건축물의 피난 · 방화구조 등의 기준에 관한 규칙 제24조의2 [별표 3]
39) 건축물의 피난 · 방화구조 등의 기준에 관한 규칙 제24조(건축물의 마감재료) 제5항

는 재료로 사용하지 않아도 된다는 것이다. 앞의 제천 스포츠센터 화재 사례를 보면, 화재가 발생(2017. 12. 21.)하기 전인 그해 7월쯤 건축물에 대한 리모델링 작업을 하면서 외벽을 가연성이 있는 드라이비트 구조로 설치함으로써 상부로 연소 확대의 원인이 되었다. 리모델링 하여야 할 시점의 외벽 마감재료의 설치 규정은 "6층 이상 또는 22m 이상 건축물"의 외벽에 대하여 방화에 지장이 없는 재료로 설치하도록 규정하고 있었는데 건축물의 층수나 높이는 이 규정에 해당이 되었지만 공사의 규모는 건축법상의 대수선에 해당되지 않아 관할 행정기관의 신고 또는 허가사항이 아니였으므로 건축물 사용승인일(2011. 07. 15.)의 규정이 적용되었다. 즉, 불연재료, 준불연재료 사용에 대한 의무가 없었다.

그러므로 이런 건축물에 대한 외관의 변경등 어떤 행위는 하지만 법령의 규정을 받지 않는 사각지대에 대한 제도의 보완이 시급히 필요하다. 현재는 건축법령의 개정으로 건축물의 증축이 아니더라도 세부 용도변경의 경우에 외벽마감 교체의무가 부과되어 마감재료를 기준에 맞게 설치되도록 하고 있는데 아래와 같이 일정 수준의 안전조건이 확보된 경우에 한하여 건축물대장 기재내용의 변경 신청등 법령에 규정[40]하고 있는 용도로 변경할 때는 외벽을 불연재료, 준불연재료 및 난연재료의 설치를 적용하지 않을 수 있도록 하고 있다.

세부용도변경에 따른 외벽마감 교체 규제완화 대상[41]

용도변경 시 외벽을 방화에 지장이 없는 재료로 설치하지 않아도 되는 경우
→ 외벽을 불연재료, 준불연재료 및 난연재료의 설치를 적용하지 않을 수 있음

- 각 호의 어느 하나에 해당하는 건축물 상호 간의 용도변경 중
  1. 건축법 시행령 [별표 1]의 같은 호에 속하는 건축물 상호 간의 용도변경
  2. 「국토의 계획 및 이용에 관한 법률」이나 그 밖의 관계 법령에서 정하는 용도제한에 적합한 범위에서 제1종 근린생활시설과 제2종 근린생활시설 상호 간의 용도변경
- 영 [별표 1] 제3호 다목(목욕장만 해당한다) · 라목, 같은 표 제4호 가목 · 사목 · 카목 · 파목(골프연습장, 놀이형시설만 해당한다) · 더목 · 러목, 같은 표 제7호 다목 2) 및 같은 표 제16호 가목 · 나목에 해당하는 용도로 변경하는 경우로서,
- 「스프링클러 또는 간이스프링클러의 헤드가 창문등으로부터 60센티미터 이내에 설치되어 건축물 내부가 화재로부터 방호되는 경우」

건축법령에서 규정하고 있는 외벽 마감재료의 설치기준은 아래와 같다.

40) 건축법 시행령 제14조(용도변경) 제4항
41) 건축물의 피난 · 방화구조 등의 기준에 관한 규칙 제24조(건축물의 마감재료등) 제9항 〈규정 신설 2021. 07. 05.〉

<table>
<tr><th>원칙</th><th colspan="3">외벽마감재료: 불연재료, 준불연재료
(단열재, 도장 등 코팅재료 및 그 밖에 마감재료를 구성하는 모든 재료 포함)</th></tr>
<tr><td rowspan="3">①</td><td colspan="2">상업지역(근린상업지역 제외)의 건축물로서 다음 각 어느 하나에 해당하는 것</td><td rowspan="6">난연재료(강판과 심재로 이루어진 복합자재가 아닌 것으로 한정한다)로 설치 가능한 경우
• ①에서 ④까지의 건축물로서 화재 확산 방지구조 기준에 적합하게 설치하는 경우
• ①, ③, ④에 해당하는 건축물로서 「5층 이하이면서 높이 22m 미만인 건축물」

난연재료성능이 없는 재료(강판과 심재로 이루어진 복합자재가 아닌 것으로 한정한다)로 설치 가능한 경우
①, ③, ④에 해당하는 건축물로서 「5층 이하이면서 높이 22m 미만인 건축물」로서 외벽을 화재 확산 방지구조 기준에 적합하게 설치하는 경우</td></tr>
<tr><td>• 제1종 근린생활시설, 제2종 근린생활시설, 문화 및 집회시설, 종교시설, 판매시설, 운동시설,위락시설</td><td>그 용도로 쓰는 바닥면적의 합계가 2,000m^2 이상인 건축물</td></tr>
<tr><td colspan="2">• 공장(국토교통부령으로 정하는 화재 위험이 적은 공장[42]은 제외)의 용도로 쓰는 건축물로부터 6m 이내에 위치한 건축물
※ 화재위험이 적은 공장이라도 “공장의 일부 또는 전체를 기숙사 및 구내식당의 용도”로 사용하는 건축물은 해당이 된다.</td></tr>
<tr><td>②</td><td colspan="2">의료시설, 교육연구시설, 노유자시설, 수련시설</td></tr>
<tr><td>③</td><td colspan="2">3층 이상 또는 9m 이상인 건축물</td></tr>
<tr><td>④</td><td colspan="2">공장, 창고시설, 위험물 저장 및 처리 시설(자가난방과 자가발전 등의 용도로 쓰는 시설 포함), 자동차 관련 시설의 용도로 쓰는 건축물</td></tr>
<tr><td>⑤</td><td colspan="2">1층의 전부 또는 일부를 필로티 구조로 설치하여 주차장으로 쓰는 건축물
• 설치 부분: 건축물의 외벽[필로티 구조의 외기에 면하는 천장 및 벽체를 포함] 중 1층과 2층 부분에 설치</td><td></td></tr>
</table>

위의 기준에 대해서 예를 들어 보면, 상업지역에 있는 건축물로서 판매시설의 용도로 쓰는 바닥면적의 합계가 2,000제곱미터 이상인 건축물의 외벽은 불연재료 또는 준불연재료로 설치해야 하는데, 예외적으로 외벽을 고시에서 정하는 화재 확산 방지구조 기준에 적합하게 설치하는 경우에는 난연재료로 외벽을 마감할 수 있다는 것이다. 또한 “3층 이상 또는 9m 이상인 건축물”에 해당이 되면 역시 외벽을 불연재료 또는 준불연재료로 설치해야 하는데, 예외적으로 건축물의 규모가 「5층 이하이면서 높이 22m 미만인 건축물」에 해당이 되는 경우 난연재료를 마감재료로 할 수 있고, 또한 이 규모 건축물의 외벽을 화재 확산 방지구조 기준에 적합하게 설치하는 경우에는 난연성능이 없는 재료를 마감재료로 사용할 수 있다는 것이다. 그리고 1층의 전부 또는 일부를 필로티 구조로 설치하여 “주차장으로 쓰는” 건축물의 경우 반드시 건축물의 외벽[필로티 구조의 외기에 면하는 천장 및 벽체를 포함] 중 “1층과 2층 부분”에는 불연재료 또는 준불연재료를 마감재료로 해야 한다.

건축물의 외벽을 방화에 지장이 없는 재료로 설치해야 할 대상에서 불연재료 또는 준불연재료로 설치해야 하는 기준과 예외 규정이 다를 수 있으므로 구분해야 한다.

42) 건축물의 피난 · 방화구조 등의 기준에 관한 규칙 제24조의2 [별표 3]

PART 4

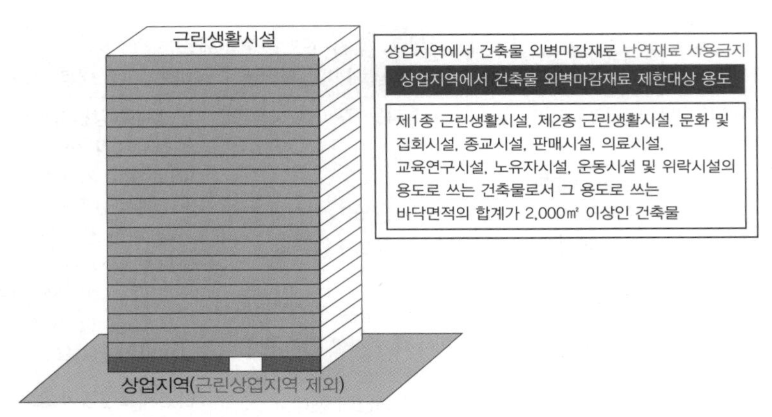
근린생활시설
상업지역에서 건축물 외벽마감재료 난연재료 사용금지
상업지역에서 건축물 외벽마감재료 제한대상 용도
제1종 근린생활시설, 제2종 근린생활시설, 문화 및
집회시설, 종교시설, 판매시설, 의료시설,
교육연구시설, 노유자시설, 운동시설 및 위락시설의
용도로 쓰는 건축물로서 그 용도로 쓰는
바닥면적의 합계가 2,000㎡ 이상인 건축물
상업지역(근린상업지역 제외)

상업지역에서 건축물 외장재료의 난연재료 사용금지 대상 건축물 용도

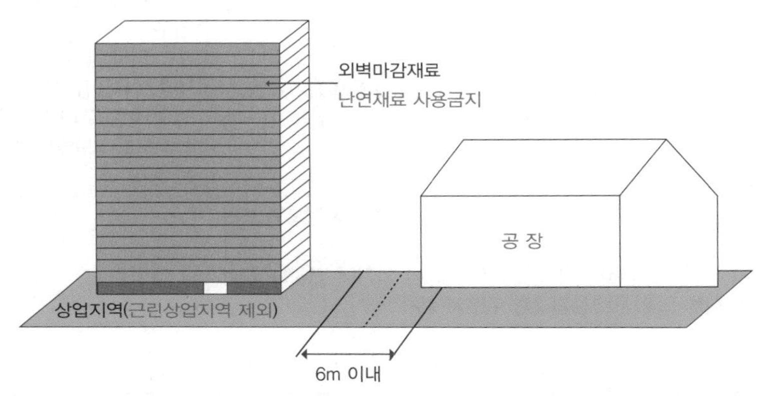
외벽마감재료
난연재료 사용금지
공 장
상업지역(근린상업지역 제외)
6m 이내

상업지역에서 공장으로부터 6m 이내에 있는 건축물 외장재료의 난연재료 사용금지

(2) 외벽에 설치하는 창호(窓戶)의 설치기준

건축물 외벽에 방화에 지장이 없는 재료로 설치하는 모든 대상 건축물의 외벽에 설치되는 창호(窓戶)는 방화에 지장이 없도록 인접 대지와의 이격거리를 고려하여 방화성능 등이 법령에서 정하는 기준에 적합하여야 한다.

외벽 창호(窓戶)의 방화성능

제52조(건축물의 마감재료 등) 제④항
대통령령으로 정하는 용도 및 규모에 해당[43]하는 건축물 외벽에 설치되는 창호(窓戶)는 방화에 지장이 없도록 인접 대지와의 이격거리를 고려하여 방화성능 등이 국토교통부령으로 정하는 기준[44]에 적합하여야 한다.(신설 2020. 12. 22., 시행 2021. 06. 23.)

43) 건축법 시행령 제61조(건축물의 마감재료 등) 제③항
44) 건축물의 피난 · 방화구조 등의 기준에 관한 규칙 제24조(건축물의 마감재료등) 제⑫항

건축물 외벽에 설치되는 창호를 방화성능이 있는 구조로 설치해야 하는 대상은 아래와 같다.

<table>
<tr><td rowspan="3">①</td><td colspan="2">상업지역(근린상업지역 제외)의 건축물로서 다음 각 어느 하나에 해당하는 것</td></tr>
<tr><td>• 제1종 근린생활시설, 제2종 근린생활시설, 문화 및 집회시설, 종교시설, 판매시설, 운동시설, 위락시설</td><td>그 용도로 쓰는 바닥면적의 합계가 2,000m² 이상인 건축물</td></tr>
<tr><td colspan="2">• 공장(국토교통부령으로 정하는 화재 위험이 적은 공장[45]은 제외)의 용도로 쓰는 건축물로부터 6m 이내에 위치한 건축물
※ 화재위험이 적은 공장이라도 "공장의 일부 또는 전체를 기숙사 및 구내식당의 용도"로 사용하는 건축물은 해당이 된다.</td></tr>
<tr><td>②</td><td colspan="2">의료시설, 교육연구시설, 노유자시설, 수련시설의 용도로 쓰이는 건축물</td></tr>
<tr><td>③</td><td colspan="2">3층 이상 또는 9m 이상인 건축물</td></tr>
<tr><td>④</td><td colspan="2">1층의 전부 또는 일부를 필로티 구조로 설치하여 주차장으로 쓰는 건축물</td></tr>
<tr><td>⑤</td><td colspan="2">공장, 창고시설, 위험물 저장 및 처리 시설(자가난방과 자가발전 등의 용도로 쓰는 시설 포함), 자동차 관련 시설의 용도로 쓰는 건축물</td></tr>
</table>

방화에 지장이 없는 구조로 설치해야 하는 건축물의 외벽에 설치하는 방화성능의 창호(窓戶)는 건축물의 외벽과 인접대지 대지와의 경계선을 고려하여 아래의 기준에 따라 설치하여야 한다.

건축물 외벽에 설치되는 창호의 방화유리창 설치[46]

건축물의 인접대지경계선에 접하는 외벽에 설치하는 창호와 인접대지 경계선 간의 거리가 1.5m 이내인 경우 해당 창호는 방화유리창*으로 설치하여야 한다.

※ 제외: 스프링클러 또는 간이 스프링클러 헤드가 창호로부터 60cm 이내에 설치되어 건축물 내부가 화재로부터 방호되는 경우

※ 방화유리창의 성능기준

한국산업표준 KS F 2845(유리구획부분의 내화시험방법)에서 규정하고 있는 시험방법에 따라 시험한 결과, 비차열 20분 이상의 성능이 있는 것으로 한정한다.

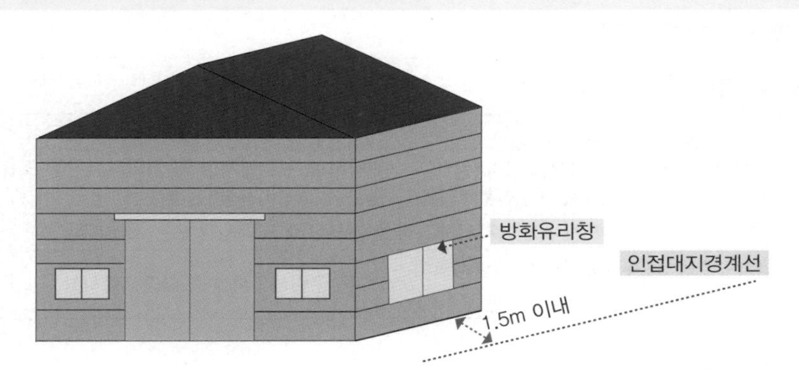

45) 건축법 시행령 제61조(건축물의 마감재료 등) 제③항

46) 건축물의 피난 · 방화구조 등의 기준에 관한 규칙 제24조(건축물의 마감재료등) 제⑫항

▸ **건축물 외벽 창호의 방화유리창 관련 심의 사례**

검토사항	조치결과	반영
1. 각 소화설비의 펌프용량 가압송수능력, 소화수원공급방식에 대한 추가 보충자료 제시 – 건축물의 외벽과 인접대지경계선을 고려하여 건축물 외벽에 설치되는 창호(窓戸)는 방화에 지장이 없도록 설치	• 인접대지경계선 1.5m 이내 외벽에 설치되는 창호에 스프링클러 창호로부터 0.6m 이내 인접하게 설치하였으며, 도서에 외창과의 거리를 명기하였음	

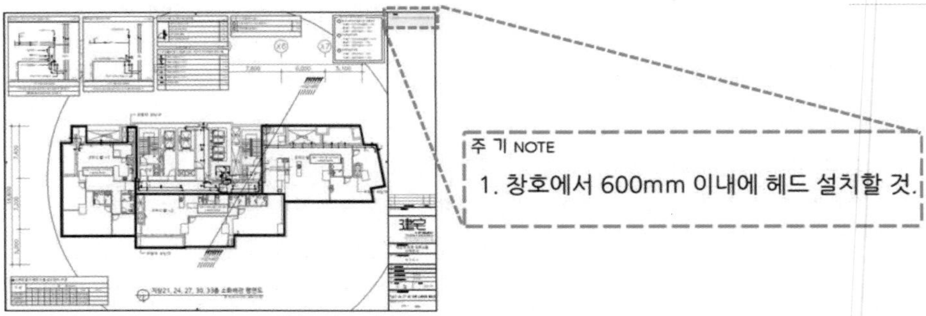

주 기 NOTE
1. 창호에서 600mm 이내에 헤드 설치할 것.

지상 21, 24, 27, 30, 33층 소화배관 평면도

06 복합건축물 피난시설의 마감재료등

1 방화에 장애가 되는 용도의 제한

건축법령에는 하나의 건축물에 거실의 일부 사용 용도들이 같은 건축물에 상호 설치되지 못하도록 「방화에 장애가 되는 용도의 제한」을 규정[47]하고 있다.

방화에 장애가 되는 용도의 제한

같은 건축물에 함께 설치할 수 없는 용도

거실의 사용 용도	같이 사용할 수 없는 용도
의료시설, 노유자시설(아동관련시설,노인복지시설), 공동주택, 장례시설, 제1종 근린생활시설(산후조리원)	위락시설, 위험물저장 및 처리시설,공장 또는 자동차 관련 시설(정비공장)
노유자시설 중 아동 관련 시설 또는 노인복지시설	판매시설 중 도매시장 또는 소매시장
다중주택, 다가구주택, 공동주택, 제1종 근린생활시설 중 조산원 또는 산후조리원	제2종 근린생활시설 중 다중생활시설

47) 건축법 시행령 제47조(방화에 장애가 되는 용도의 제한)

이것은 하나의 건축물에 평상시의 수용인원과 화재 시 피난의 효율성등 여러 가지 요소들을 반영한 것으로서 위의 각 용도들을 같이 사용한다는 것은 그만큼 화재 발생과 그로 인한 대형 인명피해 발생 우려가 있어 법령에서 원천적으로 사용의 제한을 하는 것이라 볼 수 있다.

2 복합건축물 피난시설등의 기준

각 거실 용도가 "방화에 장애가 되는 용도의 제한" 규정에 해당되더라도 각 용도별 상호 거실이 내화구조의 바닥 및 벽으로 구획되어 있고, 내부의 마감재료를 불연재료 또는 준불연재료로 설치하는 등 법령에서 정하는 기준에 적합하면 같은 건축물에 설치 가능하도록 예외 규정을 두고 있다. 이때에는 반드시 내부 마감재료의 난연성능기준이 적합한 것이 설치되었는지 확인하는 것이 매우 중요하다.

같은 건축물에 함께 설치 할 수 있는 용도와 기준

- **다음 각 호의 어느 하나에 해당하는 경우로서,**
  1. 공동주택(기숙사만 해당한다)과 공장이 같은 건축물에 있는 경우
  2. 중심상업지역 · 일반상업지역 또는 근린상업지역에서 「도시 및 주거환경정비법」에 따른 재개발사업을 시행하는 경우
  3. 공동주택과 위락시설이 같은 초고층 건축물에 있는 경우. 다만, 사생활을 보호하고 방범 · 방화 등 주거 안전을 보장하며 소음 · 악취 등으로부터 주거환경을 보호할 수 있도록 주택의 출입구 · 계단 및 승강기 등을 주택 외의 시설과 분리된 구조로 하여야 한다.
  4. 「산업집적활성화 및 공장설립에 관한 법률」 제2조 제13호에 따른 지식산업센터와 「영유아보육법」 제10조 제4호에 따른 직장어린이집이 같은 건축물에 있는 경우
- **같은 건축물안에 공동주택 · 의료시설 · 아동관련시설 또는 노인복지시설("공동주택등") 중 하나 이상과 위락시설 · 위험물저장 및 처리시설 · 공장 또는 자동차정비공장("위락시설등") 중 하나 이상을 함께 설치하고자 하는 경우에는 다음 각 호의 기준[48]에 적합하여야 한다.**
  1. 공동주택등의 출입구와 위락시설등의 출입구는 서로 그 보행거리가 30미터 이상이 되도록 설치할 것
  2. 공동주택등(당해 공동주택등에 출입하는 통로 포함)과 위락시설등(당해 위락시설등에 출입하는 통로 포함)은 내화구조로 된 바닥 및 벽으로 구획하여 서로 차단할 것
  3. 공동주택등과 위락시설등은 서로 이웃하지 아니하도록 배치할 것
  4. 건축물의 주요 구조부를 내화구조로 할 것
  5. 거실의 벽 및 반자가 실내에 면하는 부분(반자돌림대 · 창대 그 밖에 이와 유사한 것을 제외)의 마감은 불연재료 · 준불연재료 또는 난연재료로 하고, 그 거실로부터 지상으로 통하는 주된 복도 · 계단 그 밖에 통로의 벽 및 반자가 실내에 면하는 부분의 마감은 불연재료 또는 준불연재료로 할 것

48) 건축물의 피난 · 방화구조 등의 기준에 관한 규칙 제14조의2(복합건축물의 피난시설 등)

그러나 문제는 건축물 내부 마감재료를 불연재료로 설치하였다가 향후 필요에 의해서 행정절차가 필요 없는 실내인테리어 공사를 일부 실시하여 준불연재료 이상의 성능기준 재료를 설치해야 함에도 난연재료로 설치하였다면 이것은 법령의 위반이 된다. 그러므로 현장확인 시 반드시 같은 건축물에 설치된 거실의 각 용도가 제한규정에 해당하는 것인지 먼저 검토되어야 하고 용도제한 규정에 해당함에도 같이 설치되어 있다면 내부 마감재료의 난연성능기준에 적합한 재료가 사용되었는지 반드시 확인해야 한다.

07 건축자재의 품질관리 등

1 품질관리서 제출[49)]

복합자재(불연재료인 양면 철판, 석재, 콘크리트 또는 이와 유사한 재료와 불연재료가 아닌 심재로 구성된 것을 말한다)를 포함한 마감재료, 방화문 등 대통령령에서 정하는 건축자재의 제조업자, 유통업자, 공사시공자 및 공사감리자는 국토교통부령으로 정하는 사항[50)]을 기재한 품질관리서를 허가권자에게 제출하여야 한다. 과거에는 '복합자재의 품질관리 등'에 대한 규정이 있어 건축물의 마감재료 중 '복합자재'에 대해서만 공급하는자, 공사시공자 및 공사감리자가 '복합자재 품질관리서'를 허가권자에게 제출하였다. 하지만 지금은 제조업자까지 제출의무를 가지게 하고 그 대상 건축자재도 확대되어 시행하고 있다.

(1) 건축자재 품질관리서 제출 대상

건축자재 품질관리서를 허가권자에게 제출하여야 하는 건축자재는 아래와 같다.

품질관리서 제출대상 건축자재[51)]

1. 복합자재
   └→ 불연재료인 양면 철판, 석재, 콘크리트 또는 이와 유사한 재료와 불연재료가 아닌 심재(心材)로 구성된 것
2. 건축물의 외벽에 사용하는 마감재료로서 단열재
3. 방화문
4. 그 밖에 방화와 관련된 건축자재로서 국토교통부령으로 정하는[52)] 건축자재
   └→ 방화구획을 구성하는 내화구조, 자동방화셔터, 내화채움성능이 인정된 구조 및 방화댐퍼

---

49) 건축법 제52조의4(건축자재의 품질관리등)
50) 건축물의 피난 · 방화구조 등의 기준에 관한 규칙 제24조의3(건축자재 품질관리서) 제②항
51) 건축법 시행령 제62조(건축자재의 품질관리 등) 제①항
52) 건축물의 피난 · 방화구조 등의 기준에 관한 규칙 제24조의3(건축자재 품질관리서) 제①항

특히 여기에서 주의해야 할 것이 복합자재 중에서 '심재(心材)가 불연재료가 아닌 것'으로 구성된 것만 품질관리서 제출 대상에 해당된다는 것이다. 또한 과거에는 복합자재에 대해서만 품질관리서를 허가권자에게 제출하면 가능했지만 현재는 외벽의 단열재, 방화문, 내화채움성능이 인정된 구조등 방화에 관련된 건축자재 대부분에 적용되도록 하여 화재확대 방지를 위한 Passive System의 기준이 최초 설치 시의 재료에서부터 적용되도록 강화되었다.

(2) 건축자재 품질관리서 제출 절차등

건축물의 시공에서 방화문등 방화를 위한 건축자재 사용에 대해서 '제조업자, 유통업자, 공사시공자 및 공사감리자' 모두는 그 사용 건축자재의 품질관리서를 허가권자에게 제출[53] 해야 한다. 또한 건축자재 품질관리서에 기재되는 사항은 사용하는 해당 건축자재에 따라 각각 별도로 규정[54]된 품질관리서 서식의 항목에 제조업자, 유통업자등의 서명 날인과 난연성능이 표시된 시험성적서, 품질인정서, 단열재 시험성적서등의 각 사용재료 서류를 첨부하여 제출해야 한다.

건축자재 품질관리서를 허가권자에게 제출해야 하는 과정에 대해 알아보면, 건축자재의 제조업자는 그 사용 건축자재에 대한 품질관리서를 건축자재 유통업자에게 제출해야 하며, 건축자재 유통업자는 품질관리서와 건축자재의 일치 여부 등을 확인하여 품질관리서를 공사시공자에게 전달해야 한다. 또한 품질관리서를 제출받은 공사시공자는 품질관리서와 건축자재의 일치 여부를 확인한 후 해당 건축물에서 사용된 건축자재 품질관리서 전체를 공사감리자에게 제출해야 하고, 공사감리자는 제출받은 품질관리서를 공사감리완료보고서에 첨부하여 건축주에게 제출해야 하며, 건축주는 건축물의 사용승인을 신청할 때에 이를 허가권자에게 제출하는 절차로 이루어진다.

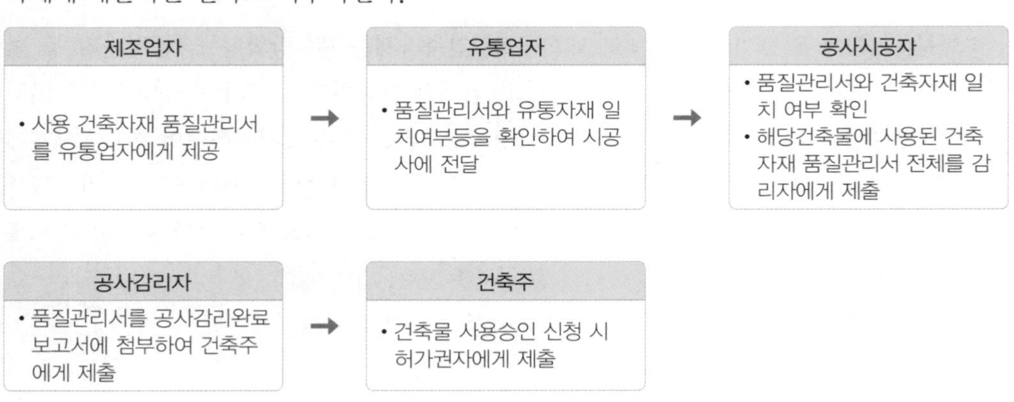

제조업자
• 사용 건축자재 품질관리서를 유통업자에게 제공
유통업자
• 품질관리서와 유통자재 일치여부등을 확인하여 시공사에 전달
공사시공자
• 품질관리서와 건축자재 일치 여부 확인
• 해당건축물에 사용된 건축자재 품질관리서 전체를 감리자에게 제출
공사감리자
• 품질관리서를 공사감리완료보고서에 첨부하여 건축주에게 제출
건축주
• 건축물 사용승인 신청 시 허가권자에게 제출

53) 건축법 제52조의4(건축자재의 품질관리등) 제①항
54) 건축물의 피난 · 방화구조 등의 기준에 관한 규칙 제24조의3(건축자재 품질관리서) 제②항

건축물의 시공현장에서 방화구획등을 위한 건축자재 품질관리서의 제출은 '소방공사감리업자'의 업무수행에 있어 확인해야 하는 사항에 해당되는지 검토할 필요가 있다.

소방시설공사업법에는 소방공사감리업자는 소방공사를 감리할 때 "피난시설 및 방화시설의 적법성 검토"의 업무를 수행해야 한다고 규정[55]하고 있다. 현장에서 시공되는 품질관리서 제출대상 건축자재들은 소방법령에서 규정하는 피난 · 방화시설등의 일부에 해당될 수 있는데, 소방감리가 소방자재뿐 아니라 건축자재의 검수까지 해야 하는가의 문제에 직면한다. 이런 사항은 향후 각 시 · 도 담당자들의 업무처리 방식에 따라 감리결과보고서 제출 시 확인여부 이행에 대한 문제를 제기할 경우도 발생할 수 있을 것이다.

PLUS TIPS+ 필자의 의견

건축자재 품질관리서 제출제도의 목적은 건축물 형성의 최초 과정에서부터 법령에 적합한 건축자재가 사용될 수 있도록 관리하여 화재등의 위험요인을 사전 제거하고자 하는 것이다. 즉, 건축자재의 제조에서부터 유통 · 시공 · 감리 · 완공의 모든 공정과정에 적법한 자재가 설치되는지 확인하는 공정 절차상의 관리감독제도라 할 수 있다. 그러므로 품질관리서를 허가권자에게 최종 제출하기 전에 건축 공정과정에 있는 건축법령의 모든 관계자가 그 자재 사용의 적합여부를 직접 확인하여 전달하는 단계를 거치게 하여 제조 · 유통 · 시공등 절차상 관계자 모두에게 확인의무를 부과하고 있다고 할 수 있다.

따라서 소방공사감리자는 이러한 건축공정 절차상의 직접적인 관계자로 볼 수 없으므로 그 현장의 소방시설에 사용할 소방자재의 검수와 건축법령의 피난 · 방화시설등이 허가된 구조와 기준에 적법한지 검토만 하면 될 것이며 건축자재 품질관리서의 적정여부까지 확인할 의무는 없다고 할 수 있다. 현장에 유통된 건축자재 품질의 적정여부에 대해서 건축시공자 또는 감리자에게 확인하여 최초 감리일지에 기록하는 정도만 해도 적극적인 업무를 수행한 것으로 생각할 수 있을 것이다.

2 건축자재등의 품질인정[56]

방화문, 복합자재 등의 건축자재와 내화구조("건축자재등")는 방화성능, 품질관리 등 법령이 정하는 기준[57]에 따라 품질이 적합하다고 인정받아야 하고, 건축관계자등은 품질인정을 받은 건축자재등만 사용하고 인정받은 내용대로 제조 · 유통 · 시공하여야 한다. 과거에는 품질인정 없이 일부 방화재료등에 대해서 각 재료마다의 시험성적서만 있으면 가능했으나 현재는 '건축자재등 품질인정기관(한국건설기술연구원)'의 인정까지 받아야 하는 것으로 변경되어 시행하고 있다.(신설 2020. 12. 22, 시행 2021. 12. 23.)

품질인정기관의 인정을 받아야 하는 건축자재등은 아래와 같다.

55) 소방시설공사업법 제16조(감리)

56) 건축법 제52조의5(건축자재등의 품질인정)

57) 건축물의 피난 · 방화구조 등의 기준에 관한 규칙 제24조의7(건축자재등의 품질인정 기준)

품질인정을 받아야 하는 건축자재등[58]

- 내화구조
- 다음 각 호에 해당하는 건축자재
  1. 복합자재 중 강판과 단열재로 이루어진 복합자재
  2. 주요구조부가 내화구조 또는 불연재료로 된 건축물의 방화구획에 사용되는 다음 각 목의 건축자재와 내화구조
     가. 자동방화셔터
     나. 내화채움성능이 인정된 구조
  3. 방화문
  4. 그 밖에 건축물의 안전 · 화재예방 등을 위하여 품질인정이 필요한 건축자재와 내화구조로서 국토교통부령으로 정하는[59] 건축자재와 내화구조
     ↳ 한국건설기술연구원장이 성능기준과 인정기준에 따라 적합하다고 인정하는 것
     ※ 건축자재등 품질인정기관 : 한국건설기술연구원 「건축법 시행령 제63조의3(건축자재등 품질인정기관)」

품질인정기관에서 인정을 받은 건축자재등의 품질인정서는 허가권자에게 제출하여야 하는 품질관리서에 같이 첨부되어야 하는 필수적인 서류이다.

3 건축자재 표면에 정보를 표시해야 하는 단열재

건축자재 중에서 건축자재의 표면에 정보를 표시해야 하는 단열재[건축물의 외벽에 사용하는 마감재료로서 단열재]에 대해서는 국토교통부장관이 고시하는 기준에 따라 해당 건축자재에 대한 정보를 표면에 표시하여야 한다. 그러므로 현장에서 설치되는 외벽 마감재료의 단열재는 건축자재의 표면에 표시되어 있는 정보만 보면 적합여부를 판단할 수 있다.

단열재 표면 정보 표시[60]

① 단열재 제조 · 유통업자는 다음 각 호의 순서대로 단열재의 성능과 관련된 정보를 일반인이 쉽게 식별할 수 있도록 단열재 표면에 표시하여야 한다.
1. 제조업자: 한글 또는 영문
2. 제품명, 단 제품명이 없는 경우에는 단열재의 종류
3. 밀도: 단위 K
4. 난연성능: 불연, 준불연, 난연
5. 로트번호: 생산일자 등 포함

58) 건축법 시행령 제63조의2(품질인정 대상 건축자재 등)
59) 건축물의 피난 · 방화구조 등의 기준에 관한 규칙 제24조의6(품질인정 대상 복합자재 등) 제②항
60) 건축자재등 품질인정 및 관리기준제32조(단열재 표면 정보 표시)

② 제1항의 정보는 시공현장에 공급하는 최소 포장 단위별로 1회 이상 표기하되, 단열재의 성능에 영향을 미치지 않은 표면에 표기하여야 하며, 표기하는 글자의 크기는 2.0cm 이상이어야 한다.
③ 단열재의 성능정보는 반영구적으로 표기될 수 있도록 인쇄, 등사, 낙인, 날인의 방법으로 표기하여야 한다.(라벨, 스티커, 꼬리표, 박음질 등 외부 환경에 영향을 받아 지워지거나, 떨어질 수 있는 표기방식은 제외)

08 소방법령에서의 유지·관리

건축물 실내의 마감재료와 외벽에 설치하는 마감재료의 기준에 있어 「방화에 지장이 없는 재료」로 설치하도록 하는 「건축법 제52조(건축물의 마감재료 등)」의 규정은 소방법령에서는 「방화시설」로 규정[61]하고 있다. 그러므로 이 기준에 의해 설치된 시설들의 유지 · 관리에 있어 훼손, 변경, 제거 등의 위반행위를 하였을 때 소방법령에 위한 과태료 부과 등 불이익 처분을 받게 된다. 또한 「방화에 장애가 되는 용도의 제한」은 건축법 제49조(건축물의 피난시설 및 용도제한 등) 제②항의 규정에 의해서 건축법 시행령 제47조(방화에 장애가 되는 용도의 제한)에서 세부적으로 규정하고 있으므로, 이것이 "피난시설"에 해당하는지에 대한 검토에 있어 명확하게 판단하기는 쉽지 않다.

그러나 같은 건축물에 설치하기 위해서 내부의 마감재료를 "불연재료 또는 준불연재료"로 설치하였다면, 이것은 용도의 제한규정에 의한 내부의 마감재료에 대한 설치 규정이므로 이때의 내부의 마감재료는 소방법령상의 방화시설에 해당이 될 수 있다. 그러므로 난연재료 이하의 성능의 마감재료로 교체등을 하였을 경우 소방법령상의 유지 · 관리 위반에 해당되어 불이익 처분을 받을 수 있다.

61) 소방시설 설치 및 관리에 관한 법률 제6조 제⑤항 제3호(건축허가등의 동의 등)

CHAPTER

13 | 거실의 배연설비등

건축물 내부 거실의 채광과 환기는 쾌적한 생활을 위한 거주환경의 필수적인 요건들이다. 과거에는 창문이 설치되어 자연 채광과 환기를 위한 용도로 사용되었으나 현재는 조명기술의 발달로 인공조명이 설치되고 기계식 환기설비의 발달로 창문이 없는 무창층 건축물도 흔히 볼 수 있다.

채광·환기, 배연설비 규정

건축법 제49조(건축물의 피난시설 및 용도제한 등)

② 대통령령으로 정하는 용도 및 규모의 건축물의 안전 · 위생 및 방화(防火) 등을 위하여 필요한 용도 및 구조의 제한, 방화구획(防火區劃), 화장실의 구조, 계단 · 출입구, 거실의 반자 높이, 거실의 채광 · 환기, 배연설비와 바닥의 방습 등에 관하여 필요한 사항은 국토교통부령으로 정한다.

일정한 용도 및 규모의 건축물에는 "안전 · 위생 및 방화(防火)등"을 위해서 필요한 "거실의 채광 · 환기, 배연설비"를 설치하도록 하고 있는데, 이 규정에서 나열하고 있는 모든 시설들 중에서 화재 발생 시 피난을 위한 용도로 사용되는 피난시설의 범위에는 어떤 시설들이 해당되는지 명확하게 구분하고 있지 않다. 예를 들어 환기설비는 위생설비이고 배연설비는 피난시설에 해당된다는 등 명확한 구분의 정의가 없다는 것이다. 이 시설들이 건축법령에서의 피난시설에 해당되는지에 따라 소방법령에서 규정하고 있는 관계인의 유지 · 관리에 대한 의무와 책임을 이행해야 하므로 여기서는 배연관련 시설의 설치규정과 기준에 대해서 세부적으로 알아보고 이런 시설들의 구분에 대한 모호성과 쟁점사항들에 대해 검토하도록 한다.

01 채광 및 환기를 위한 창문등

1 채광 및 환기 창문등의 설치대상

건축물의 사용 용도에서 의료시설의 병실등 일정한 용도의 거실에는 채광 및 환기를 위한 창문이나 설비등을 의무적으로 설치해야 한다.

채광 및 환기를 위한 창문등이나 설비를 설치해야 하는 대상

건축법 시행령 제51조(거실의 채광 등)

단독주택 및 공동주택의 거실, 교육연구시설 중 학교의 교실, 의료시설의 병실 및 숙박시설의 객실

2 채광을 위한 창문등의 면적

채광을 위하여 거실에 설치하는 창문 등의 면적은 "그 거실의 바닥면적의 10분의 1 이상"의 크기로 설치해야 한다. 그러나 거실의 용도에 따라 법령에서 규정하는 조도[1] 이상의 조명장치를 설치하는 경우에는 창문의 설치를 제외할 수 있는데, 이것은 거실에 따라 불가피하게 창문을 설치할 수 없는 경우 인공적인 조명으로 법적인 조도(Lux) 기준을 만족하면 가능하도록 한 창문 설치의 예외 규정이다. 이때 거실의 용도에 따른 조도의 기준은 "바닥에서 85센티미터의 높이에 있는 수평면의 조도(Lux)"를 기준으로 한다.

비상조명등의 화재안전기술기준(NFTC 304) 2.1 비상조명등의 설치기준

2.1.1 비상조명등은 다음 각 기준에 따라 설치해야 한다.

2.1.1.2 조도는 비상조명등이 설치된 장소의 각 부분의 바닥에서 1lx 이상이 되도록 할 것

2.1.1.6 영 별표 6 제10호 비상조명등의 설치면제 요건에서 "그 유도등의 유효범위"란 유도등의 조도가 바닥에서 1lx 이상이 되는 부분을 말한다.

3 환기를 위한 창문등의 면적

환기를 위하여 거실에 설치하는 창문 등의 면적은 "그 거실의 바닥면적의 20분의 1 이상"으로 설치하여야 한다. 그러나 커튼월 구조 등 통유리의 고정창으로 설치된 건축물들은 환기를 위한 창문의 면적을 확보하지 못하는 경우도 있으므로 이때는 기계환기장치 및 중앙관리방식의 공기조화설비를 설치하여 환기를 위한 창문 등을 설치하지 않을 수 있다.

4 미닫이로 구획된 실의 창문

채광 및 환기를 위한 창문등이나 설비를 적용함에 있어 "수시로 개방할 수 있는 미닫이"로 구획된 2개의 거실은 이를 1개의 거실로 본다.

1) 건축물의 피난 · 방화구조 등의 기준에 관한 규칙 [별표 1의3]「거실의 용도에 따른 조도기준」

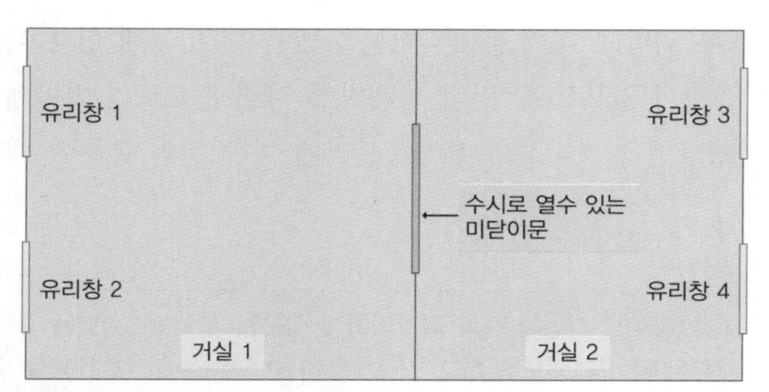

1. 채광창 면적산정: 창1+창2+창3+창4 면적 합계 ≧ (거실1의 면적 + 거실2의 면적) × 1/10
2. 환기창 면적산정: 창1+창2+창3+창4 면적 합계 ≧ (거실1의 면적 + 거실2의 면적) × 1/20

이것은 거실이 별도로 상호구획되어 있을 때는 각 거실의 바닥면적으로 채광창 및 환기창의 크기를 확보해야 하지만 구획된 부분이 "미닫이로 설치되어 수시로 개방할 수 있는 구조"로 되어 있으면 유사시 개방하면 하나의 거실로 인정될 수 있으므로 비록 2개의 거실이지만 1개의 거실로 봐도 문제가 없다는 뜻이다. 구획된 부분이 자유롭게 개방할 수 있는 구조라도 미닫이가 아닌 여닫이의 구조로 설치되었을 때는 각각의 거실로 적용되어 설치해야 한다.

5 창문의 추락방지 안전시설의 설치

"오피스텔"에 거실 바닥으로부터 높이 1.2미터 이하 부분에 여닫을 수 있는 창문을 설치하는 경우에는 "높이 1.2미터 이상의 난간이나 그 밖에 이와 유사한 추락방지를 위한 안전시설을 설치"하도록 규정[2)]하고 있다. 보통 오피스텔의 거실은 원룸 또는 투룸으로 설치되고 이것은 숙박시설의 객실과 유사하여 재실자의 추락위험에 대한 법령상 안전확보의 필요성에 의해 별도로 규정하고 있다. 즉, 오피스텔은 업무시설로서 법령의 규정에서 채광 및 환기를 위한 창문을 의무적으로 설치해야 할 대상에 해당되지 않더라도 1.2미터 이하의 부분에 창문을 설치하는 경우에는 안전시설을 설치하도록 하여 재실자의 추락을 방지하기 위한 규정이다.

6 피난시설 규정의 적용검토

채광과 환기를 위해 설치되는 창문이 건축법 제49조에서 규정하는 피난시설의 해당여부에 대한 명확한 구분의 정의가 없다. 채광을 위한 창문의 면적과 환기를 위한 창문의 면적확보에서 이 창문들의 사용용도가 거실에서의 생활에 있어 쾌적한 환경을 위한 목적으로 설치되는 것인지 화재 시 연기의 자연배출 등으로 피난용도의 의미도 포함하고 있는지의 판단에 있어 불명확하다는 것이다. 만약 피난시설의 취지도 포함하고 있다면 소방법령상의 피난

2) 건축법 시행령 제51조(거실의 채광 등) 제3항

시설 유지 · 관리 의무 위반에 대한 불이익처분을 받을 수 있는데 현재 이것에 대한 명확한 구분을 하고 있는 규정이 없으므로, 만약 화재발생 시 창문으로의 피난에 장애가 발생하여 인명피해가 발생하였다면 피난시설의 유지 · 관리에 대한 책임 유무에 대한 판단은 법원에 맡길 수밖에 없다.

PLUS TIPS+ 필자의 의견

채광을 위해서 설치하는 창문은 거실에 따라 불가피하게 창문을 설치할 수 없는 경우 인공적인 조명을 설치하면 창문을 설치하지 않아도 되도록 하고 있으므로 이런 의미로 볼 때 채광을 위한 창문은 피난을 위한 시설의 개념에 해당하지 않는다고 본다.

또한 환기를 위해서 설치하는 창문은 거실의 쾌적한 실내공기질을 유지하기 위한 자연환기의 개념으로 설치되고, 기계환기장치 및 중앙관리방식의 공기조화설비를 설치하면 환기 창문을 설치하지 않을 수 있으므로, 이것은 '거주자의 실내 공기질의 유지'를 위한 위생시설로서의 기능이지 피난을 위한 시설이 아니라고 생각할 수 있을 것이다. 하지만 이런 기계적 설비가 환기뿐만 아니라 배연의 기능을 가지고 있으므로 만일 화재 시 연기를 배출하고 거주자가 출입문을 통한 피난을 한다고 볼 때 이 시설의 기능이 비록 실내공기의 환기를 위한 위생시설이지만 피난을 위한 배연설비의 기능으로서 피난시설에 해당되지 않는다고 확신할 수는 없다.

또 다른 시각으로 검토해야 할 부분은 창문 그 자체가 외부로 피난할 수 있는 피난시설로 볼 수 있는가에 대한 사항이다. 가령 요양원 각 병실의 창문에 설치된 쇠창살의 경우를 보면 관계인 입장에서는 치매, 조현병 등 환자 특성상 낙상 · 이상행동에 대한 환자 관리 및 안전보호를 위한 쇠창살 등 필요하다는 입장이고, 소방관서의 입장에서는 유사시 자력대피 및 인명구조 · 화재진압 등 내부진입에 장애를 줄 수 있으므로 쇠창살 등을 제거하거나 소방시설 연동 및 수동조작으로 개방되도록 설치하라고 한다. 이것은 피난약자시설 거실의 창문 자체를 피난시설로 인식한다고 할 수 있는데 건축법령상의 규정에서는 명확하게 정의하고 있지 않으므로 법적인 강제력으로 제거등의 행정행위를 한다는 것은 법률의 근거가 명확하지 아니한 상태로서 관계인에게 부담을 지우는 불법적인 침해에 해당될 우려도 없지 않다.

결론적으로 채광과 환기를 위한 창문은 건축법령에서 규정하는 피난시설에 해당되는가에 대한 해석이 불분명하므로 현장확인 시 이 창문들의 유지 · 관리가 건축물 내부에서의 피난 기능에 장애 등 영향을 끼친다고 판단할 때는 관계자에게 제거 등의 필요성을 이해시키고 자율적으로 관리가 될 수 있도록 계도적 행정행위를 하는 것이 현명하다. 건축법령에서 규정하고 있는 피난시설 종류의 구분에 이러한 모호성 있는 규정을 명확하게 정립해야 할 필요성이 여기에 있다고 할 수 있다.

02 거실의 배연설비(排煙設備) 설치

1 배연설비의 개념 및 목적

앞에서 언급한 거실 등의 채광 및 환기를 위한 창문 등이나 설비를 설치해야 하는 것과는 별개로 일정한 용도의 건축물 거실에는 배연설비를 설치해야 한다. 배연설비의 사전적 개념은 "화재 때 건물 내부에 차 있는 연기를 강제적으로 배출하기 위한 설비"로 정의하고 있다. 이것은 화재 시 연기가 외부로 배출되어 거실 전체로의 연기확산을 하지 못하게 하여 실내거주자의 피난시간을 확보하기 위한 목적으로 설치하는 것으로 볼 수 있는데, 이 배연설비는 거주자의 일상생활에서의 실내 공기질의 확보를 위한 목적보다 화재 시 연기에 의한 피난장애 요소를 제거하기 위한 성격의 설비이므로 피난시설에 해당된다고 할 수 있다. 그러므로 배연설비의 설치기준에 대해서는 건축법령에서 규정하고 있지만 건축법에서 규정하는 피난시설에 대한 유지 · 관리 의무 위반에 대한 불이익처분은 소방법령에 의해서 할 수 있다.

배연설비는 공기를 급기하는 목적보다 자연배기가 가능한 곳에 설치하는 것이 대부분인데 화재 시 높은 온도의 연기가 발생하여 열기류의 부력에 의하여 연기가 상부 천장으로 축적되면 배연창의 개방이나 실의 상부벽 또는 천장에 설치된 전용의 개구부에서 옥외로 배출하는 자연배연 방식이다. 건축법령에서 규정하고 있는 거실의 배연설비 방식은 창호의 개방은 자동으로 작동하지만 연기의 옥외로의 배출은 대부분 자연배기 방식으로 설치된다. 즉, 거실에 설치된 배연창이 화재의 감지에 의해 자동개방 되어 공기의 온도차로 발생된 기류로 연기를 옥외로 배출하는 방식이 주로 사용된다.

건축법령의 배연설비와 구분해서 이해해야 하는 것이 소방법령에서 규정하고 있는 제연설비이다. 제연설비란 "화재가 발생하였을 때 연기가 피난 경로인 복도, 계단 전실 및 사무실에 침입하는 것을 방지하고, 거주자를 유해한 연기로부터 보호하여 안전하게 피난시키는 것과 동시에 소화 활동을 유리하게 할 수 있도록 돕는 설비"라고 사전적으로 정의된다. 이 제연설비는 창, 개구부가 없는 건물이나 바닥면적에 비해 개구부가 작은 건물 등에 주로 설치하는데 거실에 직접적으로 연결되는 개구부를 만들 수 없으므로 별도의 덕트를 이용해 공기를 불어 넣어주고 화재실의 연기를 배출시키는 방법으로 설치한다. 이것은 기계적 배연방식에 해당되며 이 기계적 배연 방식은 급기와 배기의 어느 쪽에 기계력을 이용하는가에 따라서 제1종 · 제2종 · 제3종 배연방식으로 나누어진다.

여기에서는 건축법령에서 규정하고 있는 배연창을 이용한 자연배연설비에 대해서만 알아보기로 한다.

2 배연설비 설치대상

배연설비는 6층 이상인 건축물로서 일정한 용도가 있는 거실과 산후조리원등과 같이 층수에 관계없이 사용하는 용도의 거실에만 설치하는 경우로 나눌 수 있다.

배연설비 설치대상[3)]

6층 이상인 건축물로서 다음 각 목의 어느 하나에 해당하는 용도로 쓰는 건축물

- 제2종 근린생활시설 중 공연장, 종교집회장, 인터넷컴퓨터게임시설제공업소(해당 용도로 쓰는 바닥면적의 합계가 각각 300제곱미터 이상인 경우만 해당) 및 다중생활시설
- 문화 및 집회시설, 종교시설, 판매시설, 운수시설, 의료시설(요양병원 및 정신병원 제외)
- 교육연구시설 중 연구소, 노유자시설 중 아동 관련 시설, 노인복지시설(노인요양시설 제외)
- 수련시설 중 유스호스텔, 운동시설, 업무시설, 숙박시설, 위락시설, 관광휴게시설, 장례시설

다음 각 목의 어느 하나에 해당하는 용도로 쓰는 건축물

- 의료시설 중 요양병원 및 정신병원
- 노유자시설 중 노인요양시설 · 장애인 거주시설 및 장애인 의료재활시설
- 제1종 근린생활시설 중 산후조리원

층수와 사용 용도에 따른 배연설비 설치대상을 보면 건축물의 층수는 6층 이상이 되는 건축물이어야 하고, 이 건축물 어느 층에 있는 거실이라도 사용 용도가 위의 용도에 해당이 되면 건축물 전층에 설치하는 것이 아니라 설치대상이 되는 용도로 사용하는 거실에만 설치하면 된다. 예를 들어 층수가 7층인 건축물에서 5층과 6층을 오피스텔(업무시설)로 사용하고 있고 다른 층들은 배연설비 설치대상이 되지 않는 용도로 사용한다면 배연설비를 5층과 6층에만 설치하면 된다는 것이다.

또한 층수에 관계없이 사용용도에 따른 설치대상은 건축물 전체의 층수의 규모와 상관없이 어느 층에서라도 설치대상의 용도로 쓰이는 거실이 있으면 설치하라는 것이다. 예를 들면 층수가 5층인 건축물에서 2층과 3층이 산후조리원의 용도로 사용된다면 층수는 7층 이상의 건축물이 아니더라도 배연설비 설치대상이 되는 용도가 있으므로 2층과 3층에 배연설비를 설치해야 한다. 배연설비 설치대상 중에 「다중생활시설」이 해당이 되는데 이것은 「다중이용업소의 안전관리에 관한 특별법」에 따른 다중이용업 중 "고시원업의 시설"을 말한다.

여기서 잠깐!

다중생활시설[4)]

다중이용업소의 안전관리에 관한 특별법에 따른 다중이용업 중 고시원업의 시설로서 국토교통부장관이 고시하는 기준[5)]과 그 기준에 위배되지 않는 범위에서 적정한 주거환경을 조성하기 위하여 건축조례로 정하는 실별 최소 면적, 창문의 설치 및 크기 등의 기준에 적합한 것을 말한다.

3) 건축법 시행령 제51조(거실의 채광 등) 제2항
4) 건축법 시행령 제3조의5(용도별 건축물의 종류) [별표 1] 제4호 거목
5) 다중생활시설 건축기준 제2조(건축기준)

다중생활시설인 고시원의 설치에 대한 기준은 다른 용도의 건축물의 설치기준과는 다른 별도의 고시에서 규정하고 있는데 이것은 고시원의 화재로 인한 인명피해 발생이 빈번했으므로 이에 대한 안전대책을 강화한 것으로 보면 된다.

다중생활시설(고시원) 설치 구조

다중생활시설 건축기준 제2조(건축기준)

다중생활시설은 「다중이용업소의 안전관리에 관한 특별법」에 따른 다중이용업 중 고시원업의 시설로서 다음 각 호의 기준에 적합한 구조이어야 한다.

1. 각 실별 취사시설 및 욕조 설치는 설치하지 말 것(단, 샤워부스는 가능)
2. 다중생활시설(공용시설 제외)을 지하층에 두지 말 것
3. 각 실별로 학습자가 공부할 수 있는 시설(책상 등)을 갖출 것
4. 시설 내 공용시설(세탁실, 휴게실, 취사시설 등)을 설치할 것
5. 2층 이상의 층으로서 바닥으로부터 높이 1.2미터 이하 부분에 여닫을 수 있는 창문(0.5제곱미터 이상)이 있는 경우 그 부분에 높이 1.2미터 이상의 난간이나 이와 유사한 추락방지를 위한 안전시설을 설치할 것
6. 복도 최소폭은 편복도 1.2미터 이상, 중복도 1.5미터 이상으로 할 것
7. 실간 소음방지를 위하여 「건축물의 피난 · 방화구조 등의 기준에 관한 규칙」 제19조에 따른 경계벽 구조 등의 기준과 「소음방지를 위한 층간 바닥충격음 차단 구조기준」에 적합할 것
8. 범죄를 예방하고 안전한 생활환경 조성을 위하여 「범죄예방 건축기준」에 적합할 것

「다중생활시설」은 건축법령의 "다중이용건축물[6]"과 비슷하게 생각될 수 있으나 전혀 다른 내용이므로 용어의 정의를 명확히 구분해서 이해해야 한다. 또한 「다중이용업소의 안전관리에 관한 특별법」에서 규정하는 "고시원"에 설치하는 "창문"은 건축법령의 채광 및 환기설비가 아니라 소방관련법령의 "안전시설등"에 해당되는 시설이다.

 여기서 잠깐!

다중이용업소의 영업장 「고시원」에 설치해야 하는 "창문"[7]

가. 영업장 층별로 가로 50센티미터 이상, 세로 50센티미터 이상 열리는 창문을 1개 이상 설치할 것

나. 영업장 내부 피난통로 또는 복도에 바깥 공기와 접하는 부분에 설치할 것(구획된 실에 설치하는 것을 제외)

6) 건축법 시행령 제2조(정의) 제17호

7) 다중이용업소의 안전관리에 관한 특별법 시행규칙 [별표 2]

3 배연설비 설치기준

배연설비는 다음의 기준에 따라 설치해야 하는데, 피난층에는 설치하지 않아도 된다.

배연설비 설치기준[8)]

1. 건축물이 방화구획으로 구획된 경우에는 그 구획마다 1개소 이상의 배연창을 설치하되, 배연창의 상변과 천장 또는 반자로부터 수직거리가 0.9미터 이내일 것. 다만, 반자높이가 바닥으로부터 3미터 이상인 경우에는 배연창의 하변이 바닥으로부터 2.1미터 이상의 위치에 놓이도록 설치하여야 한다.
2. 배연창의 유효면적은 「별표 2의 산정기준」[9)]에 의하여 산정된 면적이 1제곱미터 이상으로서 그 면적의 합계가 당해 건축물의 바닥면적(영 제46조 제1항 또는 제3항의 규정에 의하여 방화구획이 설치된 경우에는 그 구획된 부분의 바닥면적을 말한다)의 100분의 1이상일 것. 이 경우 바닥면적의 산정에 있어서 거실바닥면적의 20분의 1 이상으로 환기창을 설치한 거실의 면적은 이에 산입하지 아니한다.
3. 배연구는 연기감지기 또는 열감지기에 의하여 자동으로 열 수 있는 구조로 하되, 손으로도 열고 닫을 수 있도록 할 것
4. 배연구는 예비전원에 의하여 열 수 있도록 할 것
5. 기계식 배연설비를 하는 경우에는 제1호 내지 제4호의 규정에 불구하고 소방관계법령의 규정에 적합하도록 할 것

(1) 배연창의 설치 높이

일반적으로 배연설비는 배연창으로 설치하는 것이 대부분이다.

배연창의 설치 사진

배연창은 천장등의 수직거리와 바닥으로부터의 높이에 따라 일정한 기준을 만족해야 한다.

배연창의 상변과 천장 또는 반자로부터 수직거리가 0.9미터 이내일 것.
다만, 반자높이가 바닥으로부터 3미터 이상인 경우에는 배연창의 하변이 바닥으로부터 2.1미터 이상의 위치에 놓이도록 설치하여야 한다.

8) 건축물의 설비기준 등에 관한 규칙 제14조(배연설비)
9) 건축물의 설비기준 등에 관한 규칙 [별표 2] "배연창의 유효면적 산정기준"

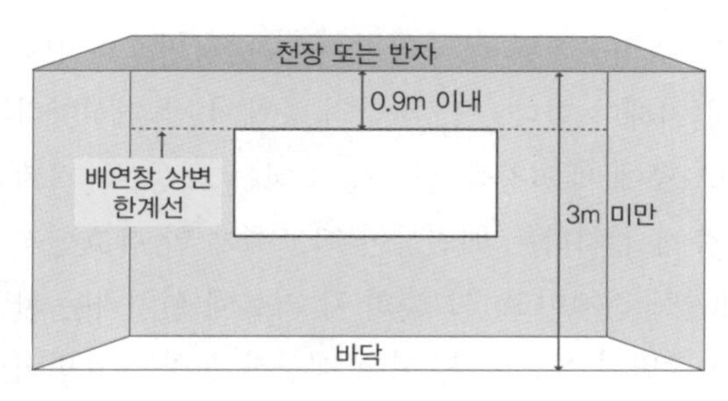

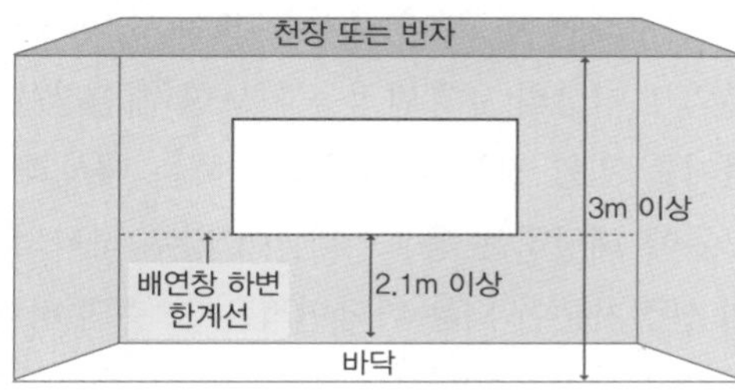

여기서 잠깐!

제연설비 제연경계의 폭[10]

제연경계는 제연경계의 폭이 0.6m 이상이고, 수직거리는 2m 이내이어야 한다. 다만, 구조상 불가피한 경우는 2m를 초과할 수 있다.

└→ "제연경계의 폭"이란 제연경계의 천장 또는 반자로부터 그 수직하단까지의 거리

└→ "수직거리"란 제연경계의 바닥으로부터 그 수직하단까지의 거리

(2) 배연창의 유효면적[11]

배연창의 유효면적은 "화재 시 창문이 자동개방되어 연기가 유효하게 배출될 수 있는 창의 개방된 면적"으로 표현할 수 있다.

법령에서 규정하고 있는 배연창 설치의 유효면적은 산정기준에 의하여 산정된 면적이 1제곱미터 이상으로서 그 면적의 합계가 당해 건축물의 바닥면적(방화구획이 설치된 경우에는 그 구획된 부분의 바닥면적)의 100분의 1 이상의 면적이 되어야 한다.
또한 이 경우 바닥면적의 산정에 있어서 거실바닥면적의 20분의 1 이상으로 환기창을 설치한 거실의 면적은 이에 산입하지 아니한다.

즉, 배연창 한 개의 최소면적은 1제곱미터 이상을 만족시키면서 설치하는 배연창의 모든 유효면적의 합이 건축물 바닥면적의 100분의 1 이상의 유효면적을 만족시켜야 한다는 의미이다. 예를 들어 방화구획된 한층의 바닥면적이 300제곱미터라고 했을 때 설치하는 배연창을 계산하면 $300m^2 \times (1/100) = 3m^2$이다. 그러므로 설치해야 되는 배연창의 개수는 유효면적이 $3m^2$인 창을 1개 또는 $1.5m^2$ 이상인 창을 두 개 이상이나 $1m^2$인 창을 세 개 이상 설치하면 된다. 배연창 유효면적 산정기준이 되는 바닥면적에서 환기창 설치에 대한 "거실면적의 제외규정"을 적용하는 부분은 잘 이해해야 한다.

"의료시설의 병실 및 숙박시설의 객실"에는 환기를 위한 창을 거실바닥면적 20분의 1 이

10) 제연설비의 화재안전성능기준(NFPC 501) 제4조(제연설비) 제2항
11) 건축물의 설비기준 등에 관한 규칙 [별표 2] "배연창의 유효면적 산정기준"

상 설치해야 하고, 의료시설 또는 숙박시설의 방화구획된 하나의 층에는 바닥면적의 100분의 1 이상의 유효면적을 확보한 배연창을 설치해야 한다. 즉, 하나의 층에서 각 거실마다 환기를 위한 창문을 설치해야 하는 대상과 그 층에 배연창을 설치해야 하는 대상 두 가지 모두에 해당하는 용도이다. 이 경우 하나의 층에 설치하는 배연창이 확보해야 할 유효면적의 산정기준이 되는 바닥면적은 그 층의 바닥면적 전체이고, 그 층의 각 거실에 설치하는 환기창의 산정기준의 면적은 그 층 각 거실의 바닥면적으로 한다. 이때 배연창 설치 유효면적 기준이 되는 바닥면적은 하나의 층 바닥면적에서 환기창이 설치된 각 거실의 바닥면적을 뺀 바닥면적이 배연창 설치 산정기준 바닥면적이 된다. 이 바닥면적의 100분의 1 이상의 유효면적을 만족하는 크기의 배연창을 설치해야 하는 것이다.

예를 들어 배연창 설치대상이 되는 종합병원(의료시설)의 하나의 층 바닥면적이 300제곱미터이고, 그 층에 40제곱미터의 거실이 3개소가 있다고 했을 때, 각 거실마다 2제곱미터 이상[$40m^2 \times (1/20) = 2m^2$]의 환기를 위한 창을 설치해야 한다. 이때 그 층에 설치해야 하는 배연창의 유효면적의 기준 바닥면적은 [그 층 바닥면적 - 환기창 산정 각 거실면적의 합계]이다. 즉, [$300m^2 - (40m^2 \times 3$개소$) = 180m^2$]로 계산된다. 여기에서 설치해야 하는 배연창 유효면적은 [$180m^2 \times (1/100) = 1.8m^2$] 이상으로 설치해야 한다. 즉, 창문의 개방형태에 따른 유효면적 1.8제곱미터 이상의 배연창을 1개소 설치하거나, 1제곱미터 이상의 배연창을 2개소 설치하면 된다는 뜻이다.

배연창은 여러 형태의 창문들이 있는데 각 종류마다 개방되는 방식과 방향 등이 다르고 개방된 부분이 실제 연기의 배출을 유효하게 하는 면적이 다를 수 있다. 그러므로 건축법령에서는 「배연창의 유효면적 산정기준」을 창문의 개방 형태별로 규정하고 있다.

1. 미서기창: H× ℓ

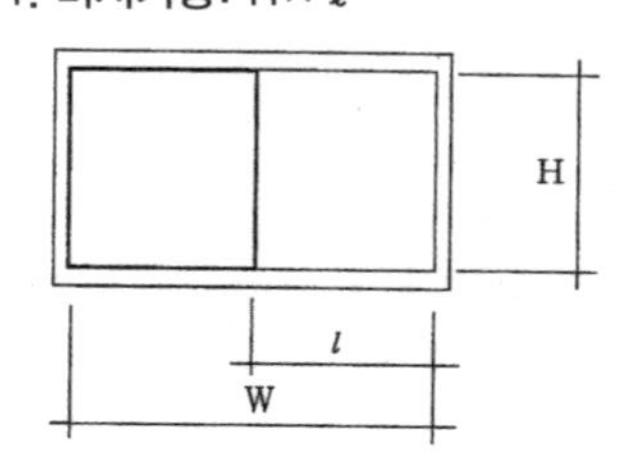

- ℓ : 미서기 창의 유효폭
- H: 창의 유효 높이
- W: 창문의 폭

※ 창틀을 제외한 안목치수 적용

출처:(주)한일배연창

2. Pivot 종축창: H× ℓ'/2×2

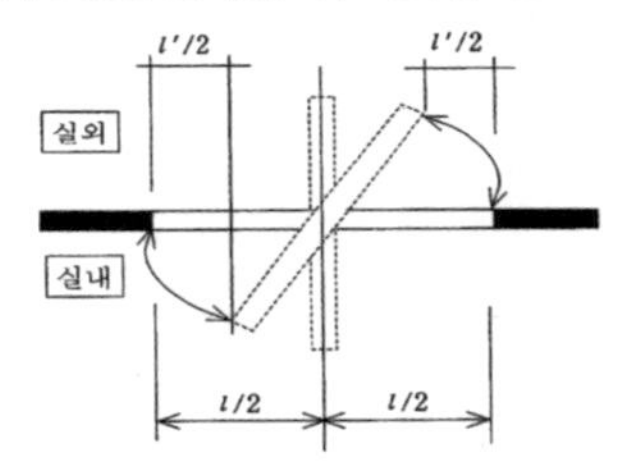

- H: 창의 유효 높이
- ℓ : 90° 회전 시 창호와 직각방향으로 개방된 수평거리
- ℓ': 90° 미만 0° 초과 시 창호와 직각방향으로 개방된 수평거리

출처:(주)고창시스템

3. Pivot 횡축창:$(W \times \ell_1) + (W \times \ell_2)$

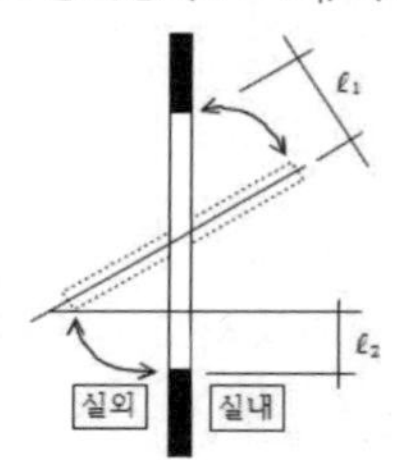

- W: 창의 폭
- ℓ_1: 실내 측으로 열린 상부 창호의 길이방향으로 평행하게 개방된 순거리
- ℓ_2: 실외 측으로 열린 하부 창호로서 창틀과 평행하게 개방된 수평투영거리

출처:(주)고창시스템

4. 들창: $W \times \ell_2$

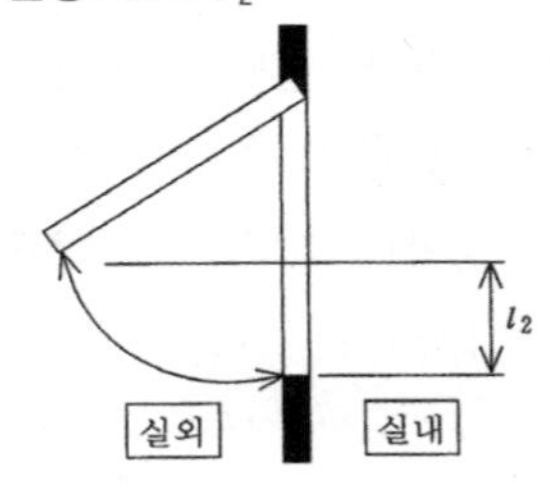

- W: 창의 폭
- ℓ_2: 창틀과 평행하게 개방된 순수 수평투명면적

출처:(주)한일배연창

5. 미들창: 창이 실외 측으로 열리는 경우:$W \times \ell$
창이 실내 측으로 열리는 경우:$W \times \ell_1$
(단, 창이 천장(반자)에 근접하는 경우:$W \times \ell_2$)

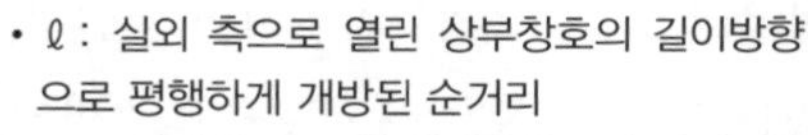

- W: 창의 폭
- ℓ: 실외 측으로 열린 상부창호의 길이방향으로 평행하게 개방된 순거리
- ℓ_1: 실내 측으로 열린 상호창호의 길이방향으로 개방된 순거리
- ℓ_2: 창틀과 평행하게 개방된 순수 수평투영면적

※ 창이 천장(또는 반자)에 근접된 경우 창의 상단에서 천장면까지의 거리≤ℓ_1

출처:(주)한일배연창

(3) 배연구의 설치

배연설비를 설치하는 하나의 방법으로 배연구를 설치하는 것이 있다. 배연구는 연기감지기 또는 열감지기에 의하여 자동으로 열 수 있는 구조로 해야 하고 손으로도 열고 닫을 수 있도록 설치해야 한다. 즉, 자동과 수동의 두 가지 방법으로 개방되는 구조로 설치해야 한다. 그리고 배연구는 예비전원에 의하여 열 수 있도록 해야 하는데 이 예비전원의 용량에 대한 세부 규정은 없다. 건축법령에서는 배연설비로서 배연구로 설치 가능하도록 규정하고 있으나 배연구의 크기에 대한 기준이 없으므로 배연을 위한 개구부의 유효면적 즉, 크기를 얼마로 설치해야 하는지 모호하다. 배연구 설치에 대한 세부 규정이 없는 것이 건축물 상황에 따라 재량으로 설치하라는 것을 의미하는지 알 수 없으나 배연구의 크기는 배연창 유효면적의 합계에 준하는 크기로 설치하는 것이 타당하다고 생각하면 된다. 필자가 배연구가 설치된 현장을 실제 본 적은 없으나 만일 현장확인 시 배연구가 설치되어 있다면 자동과 수동의 개방방식과 예비전원 확보여부만 확인하는 수준으로 검토할 수밖에 없다. 일반적으로 실무에서는 배연구의 설치사례를 찾기 힘들며 대부분 배연창으로 설치하고 있다.

(4) 기계식 배연설비

배연설비 설치에 대해 기계식 배연설비를 하는 경우에는 소방관계법령의 규정[12]에 적합하게 설치해야 한다. 소방관계법령의 규정에 대한 것은 소방활동설비의 한 종류인 제연설비를 말하는데, 제연설비에는 거실과 통로상에 설치하는 "거실제연설비(NFPC 501)"와 특별피난계단의 계단실 및 부속실에 설치하는 "급기가압방식의 제연설비(NFPC 501A)"로 나누어진다. 건축법령상의 배연설비는 거실에 설치하는 것으로 소방법령의 거실제연설비가 화재안전기준에 적합하게 설치되면 규정에 적합하게 설치된 것으로 인정된다. 즉, 건축물 내에 거실제연설비를 설치하면 배연창을 별도로 설치하지 않는다. 제연설비의 설치에 대한 세부내용들은 화재안전성능기준(NFPC 501)과 화재안전기술기준(NFTC 501)을 참고하면 될 것이다.

03 배연설비(排煙設備) 설치의 쟁점사항

실무에서 거실의 배연설비(배연창)를 설치하는 것에 있어 몇 가지 쟁점사항들이 있다.

첫째, 배연창 앞부분에 설치하는 방충망이 배연기능에 미치는 영향에 관한 사항이다. 배연창의 유효면적을 산정할 때 연기의 유동에 장애를 주는 환경이 없다는 조건에서 계산되는

12) 제연설비의 화재안전성능기준(NFPC 501), 화재안전기술기준(NFTC 501)

것이다. 그러나 방충망을 설치함으로써 실내의 연기가 외부로 자연배출될 때 배연창의 성능과 기능에 전혀 영향을 주지 않는다고 확신할 수 없을 것이다. 연기는 미세입자로 이루어져 있기 때문에 일반적인 공기와는 차이가 있으므로 방충망을 통과할 때 메쉬(mesh)의 크기 등에 따라 영향이 없는지가 주요 쟁점사항이다. 현재 건축법령에서는 거실의 연기가 외부로 배출될 때 시간의 제한을 규정하고 있지 않다. 즉, 배출속도와 시간에 따른 배출량에 대한 규정이 없어 거실에 발생한 연기가 외부로 배출만 되면 가능하다는 것이다. 이런 문제에 대해서 설계자나 담당자들도 명확한 해답을 제시하지 못한다. 또한 이것에 대한 학문적 연구도 찾기 힘들다. 필자는 화재 시 불완전연소로 인한 연기가 방충망을 통과할 때 장애가 발생한다는 개념보다 배연창 유효면적 산정기준에 의해서 설치된 유효면적이 방충망에 설치된 메쉬(mesh)의 총 부피만큼 축소되므로 그 부피만큼 유효면적의 크기를 증가시켜 설치하는 것이 타당하다는 생각이다. 즉, 방충망 설치가 불가능하다는 것이 아니라 방충망의 재료가 차지하는 부피만큼 유효면적을 증가시켜 설치해야 한다는 것이다.

둘째, 배연창에 피난기구(완강기등)와 소방관 진입창등의 설치에 관한 사항이다. 실무에서 가끔 배연창에 완강기를 설치하는 것으로 설계를 하는 경우가 있다. 완강기의 설치장소가 마땅치 않다는 이유 때문이다. 그러나 배연창의 설치목적은 거실의 연기를 옥외로 배출하는 개구부의 역할이 주요 목적으므로 그 개구부를 통하여 연기와 함께 탈출하도록 피난기구를 설치한다는 것은 상식으로도 적절하지 않다. 소방관계법령의 피난기구 설치기준(NFTC 301)에서 설치장소의 개구부는 "안전한 구조로 된 피난 또는 소화활동상 유효한 개구부"에 설치하도록 규정하는 것으로 볼 때 열기와 유독가스를 포함한 연기의 배출통로인 배연창 설치장소가 "안전한 구조의 피난에 유효한 개구부"에 해당되지 않는 것이 당연할 것이다.

여기서 잠깐!

피난기구의 설치기준[13)]

피난기구는 계단 · 피난구 기타 피난시설로부터 적당한 거리에 있는 안전한 구조로 된 피난 또는 소화활동상 유효한 개구부(가로 0.5m 이상 세로 1m 이상인 것을 말한다. 이 경우 개구부 하단이 바닥에서 1.2m 이상이면 발판 등을 설치하여야 하고, 밀폐된 창문은 쉽게 파괴할 수 있는 파괴장치를 비치하여야 한다)에 고정하여 설치하거나 필요한 때에 신속하고 유효하게 설치할 수 있는 상태에 둘 것

그러므로 "배연창에 소방법령상의 피난기구와 같이 설치하는 것은 매우 부적절"하므로 피난기구의 설치장소로서 반드시 지양해야 한다.

또 다른 쟁점은 소방관 진입창과 배연창을 겸용으로 설치하는 것이 가능한가에 대한 사항이다. 소방관 진입창의 설치목적은 장비를 착용한 소방대원들이 유사시 인명구조 및 화재진압을 위한 건축물 내부 진입통로로 사용되는 것이다. 배연창으로 사용하는 개구부에서 연기

13) 피난기구의 화재안전기술기준(NFTC 301) 2.1 적응성 및 설치개수 등(2.1.3.1)

가 배출되더라도 그 개구부의 유효면적이 공기호흡기 등 장비를 착용한 소방대원의 진입에 장애가 되지 않는다면 소방관 진입창과 배연창과의 겸용으로 설치하는 것이 전혀 불가능한 것은 아니다. 이런 경우에는 창호를 개방하는 체인 등의 설비가 소방관의 진입에 장애가 될 우려가 있는 방식의 배연창 구조로 설치하면 안 된다. 이런 겸용의 설치가 시설 규정 취지에 적합하다고 할 수 없지만 건축물 내부 환경상 부득이한 경우 민원인을 위한 적극 행정으로서 인정하는 것도 재량행위 범위 내에서의 업무처리라고 할 수 있을 것이다. 성능위주설계(PBD) 평가운영 가이드라인에서는 배연창과 소방관 진입창을 일정한 거리 이상 떨어진 곳에 설치하도록 권고하고 있다.

◎ 3-3 소방관진입창 설치 「건축법」 제49조제3항 / 「건축물방화구조규칙」 제18조의2
화재 발생 등 각종 재난·재해 그 밖의 위급한 상황에서 건축물 내부로의 신속한 진입으로 '인명구조 골든타임'을 확보하기 위함.

가. 소방관진입창은 2층 이상 11층 이하의 층에 설치하되, 시·도별 보유한 특수소방자동차의 제원(52m, 70m)에 따라 12층 이상의 층에도 설치할 것.
[공동주택(아파트)의 경우와 하나의 층에 공동주택(아파트) 및 주거용 오피스텔 용도가 함께 계획되어 있는 경우에는 그 사용 형태가 주거용도임을 고려하여 소방관 진입창 표시 제외]

나. 소방관진입창은 배연창 또는 피난기구가 설치된 창문(개구부)과 수평거리 1m 이상 떨어진 위치에 설치할 것.

셋째, 환기를 위한 창문과 배연창과의 겸용 설치 시의 문제에 대한 사항이다. 일반적으로 원룸의 오피스텔은 창호의 설치장소가 한정되어 있고 그 설치 면적 또한 크지 않으므로 환기를 위한 창문과 배연창의 용도를 같이 사용하도록 설치하고 있다. 이것은 법령상 규제 없이 설치 가능하지만 여기에는 관리상의 문제점이 있다. 배연창의 제어반은 규모가 크지 않은 건축물은 독립적으로 설치하는 경우도 있지만 대부분은 방재실의 수신기에 복합적으로 설치하는 경우가 많다.

제어반이 독립적으로 설치된 배연창

오피스텔의 재실자가 환기를 위해 수동으로 창문을 열었을 때 방재실에서 경고음과 표시 등이 나타난다. 이것은 화재에 의한 신호가 아니라 수동에 의한 작동이므로 방재실 관계자는 자연스레 작동 경보신호를 off할 가능성이 농후하다. 즉, 평상시 환기를 위한 창호의 개방 시 작동경보음이 발생하므로 배연창 작동 유지상태를 off해서 관리할 여지가 높다는 것이다. 이것은 곧 인명피해로 이어질 가능성이 있다. 그러므로 환기를 위한 창문과의 겸용 설치는 반드시 지양해야 한다.

PLUS TIPS 울산 삼산동 오피스텔 화재사례

사건개요	2020년 11월 8일 오전 9시 10분쯤, 울산 남구 삼산동의 한 오피스텔 4층에서 불이 나 거주자 32살 여성 박 모 씨가 연기에 질식해 숨진 사건으로, 상기장소 403호에서 물이 새고 있다는 112공동대응 요청으로 소방 출동 내용도 화재가 아닌 '물이 샌다'는 것이었음. 발화 추정 시각보다 무려 5시간 늦게 신고 되었는데, 구조대가 문을 개방하고 주출입문 앞에서 심정지 환자를 발견함. 스프링클러는 작동하여 발화지점만 연소되었지만 불이 나면 자동으로 열려 연기를 배출하는 배연창이 작동하지 않아 질식으로 사망함. 소방관리업체에 3개월간 비용을 지급하지 않아 지난 7월부터 계약도 해지된 상태였음	

이런 이유로 성능위주설계(PBD)심의에서는 배연창의 제어반을 복합수신기와 분리하여 별도의 제어반으로 설치하도록 하고, 또한 환기를 위한 창문과 배연창을 별도로 설치하도록 하고 있다.

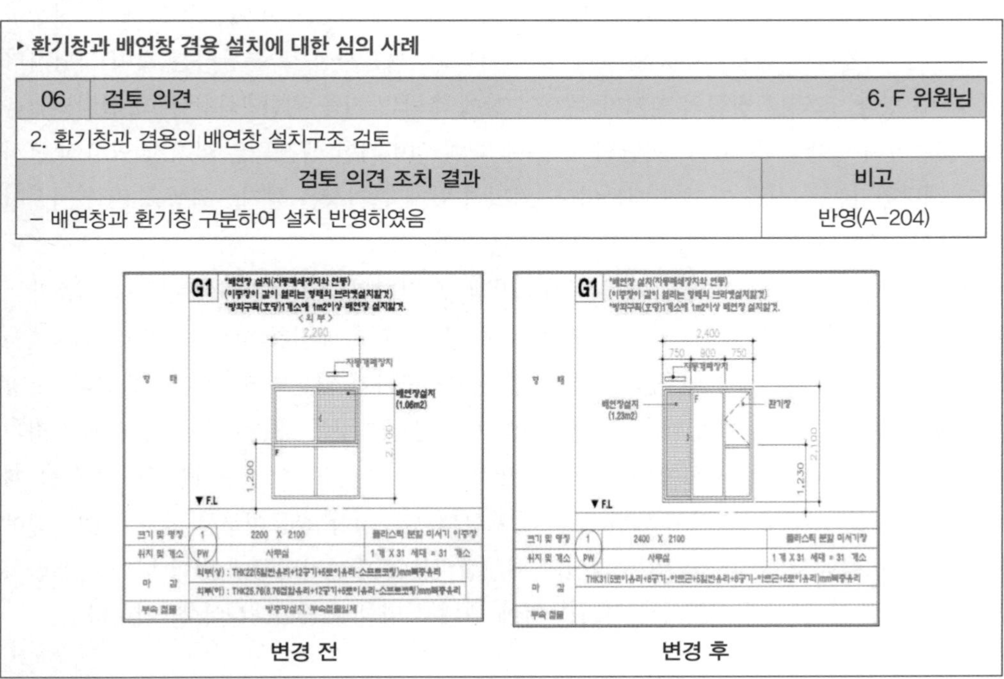

▸ 환기창과 배연창 겸용 설치에 대한 심의 사례

06	검토 의견	6. F 위원님
2. 환기창과 겸용의 배연창 설치구조 검토		

검토 의견 조치 결과	비고
- 배연창과 환기창 구분하여 설치 반영하였음	반영(A-204)

변경 전 변경 후

넷째, 고층건축물 상부에서의 배연창 기능이 유효한 것인가에 대한 사항이다. 고층건축물의 상층부는 저층부와는 달리 기류의 영향을 많이 받는다. 화재 시 배연창의 작동으로 거실의 연기가 배연창을 통하여 외부로 자연 배출되어야 하는데, 상층부의 외부 바람으로 인해 배연창의 개방에 장애가 있거나 또는 개방되었더라도 외부로 자연 배출되지 못하고 외력에 의한 거실로의 유입으로 거실 내부로 연기가 확산될 우려가 있다. 또한 고층건축물이 밀접한 장소는 빌딩풍의 영향으로 항상 기류가 강하게 흐르고 있으므로 배연창에 의한 자연 배출 방식보다 소방관계법령에 의한 기계식 배연설비를 설치하는 것이 효율적이고 안전할 것이다.

04 소방법령에서의 유지 · 관리

건축법 시행령 제51조(거실의 채광등)에서 규정하는 "채광 및 환기를 위한 창문등이나 설비"와 건축물의 거실(피난층의 거실 제외)에 설치하는 "배연설비"에 대한 유지 · 관리의 소홀에 대해 「소방시설 설치 및 관리에 관한 법률」 제16조(피난시설, 방화구획 및 방화시설의 관리)의 규정을 적용하기 위해서는 이 모든 시설들이 건축법 제49조에서 규정하는 "피난시설"에 해당되는지에 대한 검토가 우선되어야 한다.

앞에서 언급한 채광이나 환기창에 대한 부분은 환기 · 위생시설에 해당한다고 할 수 있고, 배연설비는 일반공기의 환기가 아닌 배연, 즉 연기를 배출하는 설비이므로 화재 시 발생하는 연기를 배출하여 원활한 피난을 위한 목적이므로 "피난시설"로 분류하는 것이 타당하다고 할 수 있다. 그러나 병실의 환기가 목적인 창에 추락 방지를 위한 "쇠창살"이 설치되었을 때 이로 인해 발생할 수 있는 "피난의 장애"에 대한 일반적인 생각들은 환기창 역시 피난시설에 해당한다는 인식을 가지기 때문이다. 엄밀히 말해 환기창은 환기 · 위생을 위한 시설이지 피난을 위한 목적의 시설이 아니라고 필자는 생각한다.

하지만 모든 법규정의 명확한 해석은 사고발생 후 시설의 유지 · 관리에 관한 책임소재의 유무에 대한 법원의 판단에 따라 좌우될 수밖에 없다. 또한 배연창의 유지 · 관리에 대해서 소방시설이 아니므로 소방관리업자의 업무범위에 해당하지 않는다고 주장하고 있다. 소방시설등의 자체점검 실시에 있어 점검 세부내역 사항에 배연창에 대한 부분이 없으므로 정기 자체점검을 실시해야 할 시설에는 해당하지 않는다. 하지만 소방안전관리업무대행을 할 때에는 피난시설의 유지 · 관리에 대한 부분이 포함되므로 정상 작동여부를 반드시 확인해야 한다. 건축법령에서 규정하고 있는 거실의 배연설비는 소방관련업무에 있어 다양한 논란이 있는 설비이므로 규정의 취지와 설치기준 등에 대해서 명확하게 이해해야 할 것이다.

CHAPTER

14 | 건축물의 승강기

우리의 일상생활에서 거의 매일 이용하고 있는 시설이 승강기, 즉 엘리베이터(Elevator)이다. 승강기는 건물을 이용할 때 계단의 역할을 대신한다고 할 수 있는데 건축물의 화재 시 재실자의 피난이나 출동한 소방대원들이 신속하게 건물 내로 진입하여 소방활동을 하는 것에 효율적인 용도의 시설이라 할 수 있다.

이 장에서는 건축법령에서 규정하고 있는 승강기의 종류와 설치기준에 대해서 알아보고 유사시 건축물 내의 소방활동과 피난을 위한 설비로서의 기능에 대해 세부적으로 검토해 본다.

01 승강기의 개념

1 승강기의 정의

일반적으로 사전에서는 "엘리베이터, 또는 승강기(昇降機)는 동력을 사용하여 빌딩, 대형 선박 또는 다른 구조물에서 사람이나 화물을 나르는 수직운송장치(vertical transportation machine)"로 정의[1]하고 있고, 법령에서는 "승강기"란 건축물이나 고정된 시설물에 설치되어 일정한 경로에 따라 사람이나 화물을 승강장으로 옮기는 데에 사용되는 설비로서 구조나 용도 등의 구분에 따른 설비를 말한다."라고 정의[2]하고 있다.

2 승강기의 종류

승강기 안전관리법에서는 승강기를 엘리베이터, 에스컬레이터, 휠체어리프트로 나누고 있다. 건축물에서의 수직이동과 화재 시 이용의 피난측면에서는 엘리베이터를 생각할 수 있을 것이고, 에스컬레이터는 건축물 내의 층간 이동수단이 주목적으로서 방화시설의 측면에서는 설치된 주위를 반드시 방화구획해야 하는 것이 제일 먼저 떠오를 것이다. 그리고 휠체어리프트는 일반적으로 지하철 역사에서 자주 볼 수 있는 피난약자의 이동에 편의를 주는 시설이라 볼 수 있다.

---

1) 출처: 위키백과, 우리 모두의 백과사전

2) 승강기 안전관리법 제2조(정의) 제1호

이 장에서 언급하는 승강기는 엘리베이터로만 한정하여 용어를 사용하기로 한다.

여기서 잠깐!

승강기 안전관리법 시행령 제3조(승강기의 종류)

1. 엘리베이터: 일정한 수직로 또는 경사로를 따라 위 · 아래로 움직이는 운반구(運搬具)를 통해 사람이나 화물을 승강장으로 운송시키는 설비
2. 에스컬레이터: 일정한 경사로 또는 수평로를 따라 위 · 아래 또는 옆으로 움직이는 디딤판을 통해 사람이나 화물을 승강장으로 운송시키는 설비
3. 휠체어리프트: 일정한 수직로 또는 경사로를 따라 위 · 아래로 움직이는 운반구를 통해 휠체어에 탑승한 장애인 또는 그 밖의 장애인 · 노인 · 임산부 등 거동이 불편한 사람을 승강장으로 운송시키는 설비

승강기는 주된 용도에 따라서 승용 승강기, 화물용 승강기, 비상용 승강기, 피난용 승강기로 구분할 수 있다. "승용 승강기"는 우리가 평상시 이용하고 있는 오직 승객의 운송만을 위한 것으로 대부분의 건물에 설치된 승강기가 여기에 해당된다. "화물용 승강기"는 화물의 운반에 적합하게 제조 · 설치된 것으로 조작자 또는 화물취급자가 탑승할 수 있는 것으로서, 최근에는 대형매장뿐만 아니라 아파트에 설치되어 이삿짐을 외부에서 고가사다리를 이용하지 않고 화물용 승강기를 이용하는 경우가 많다. "비상용 승강기"는 화재 등 비상시 소방관의 소화활동이나 구조활동을 위해 설치된 것으로 「건축법」과 「주택건설기준 등에 관한 규정」에 따라 설치되어 평상시에는 승객용 승강기나 화물용 승강기와의 겸용으로 사용하는 것이 일반적이다. 이것은 비상운전스위치를 갖추어 평상시에는 일반용으로 사용하다가 비상시 소방활동을 위한 용도로 전환할 수 있고 이 스위치를 가동하면 문이 열린 상태로도 엘리베이터를 움직이게 할 수 있다. 소방활동을 위한 전용의 용도이므로 비상시 이 스위치가 가동되면 소방관 외에는 절대 탑승하면 안 된다. "피난용 승강기"는 고층건축물에 설치되어 재실자들의 피난 전용으로 사용할 목적으로 설치된 것이다. 피난용 승강기 역시 일반용 승강기와 겸용으로 사용하는 경우도 있는데 비상용 승강기처럼 사용자들이 비상스위치의 조작 등 전환하여 사용하는 것이 아니라 화재 시에 방재실에서 제어하여 피난자들을 피난층으로 이동시키는 기능(Life Boat)으로 사용된다.

3 각 승강기 종류별 기능의 겸용

실무 현장에서 보면 각각 용도가 다른 승강기가 겸용으로 설치된 부분을 많이 볼 수 있다. 가령 아파트 1층 승강장에서 승용 승강기의 출입문 주위를 보면 "비상용 승강기 겸용"이라는 표시를 많이 볼 수 있다. 이런 기능이 다른 각 승강기들을 독립적으로 설치하지 않고 겸용으로 사용하는 것에 법령의 제한 규정은 없다. 그러므로 건축물의 최초 설계 시 그 부지의 건폐율과 평면배치 등 상황에 따라 건축주에게 가장 유리하게 설치하면 된다.

승강기 사용용도에 따른 분류

종류	사용목적		기능겸용 가능여부
	평상시	비상시	
승용 승강기	일반승용	사용 금지 (겸용 시 사용가능)	화물용, 비상용, 피난용
화물용 승강기	화물용	사용 금지 (겸용 시 사용가능)	일반승용, 비상용, 피난용
비상용 승강기	일반승용, 화물용	소방활동용 (소방관 전용)	일반승용, 화물용 ※ 주택건설기준에 의한 공동주택이 10층 이상인 경우 일반 승용승강기를 모두 비상용 승강기 구조로 설치 → 일반승용과 겸용 ※ 피난용과 겸용 불가능
피난용 승강기	일반승용, 화물용	피난용 (재실자 전용)	일반승용, 화물용

승용 승강기는 건축물 내의 이동을 위한 것이지만 평상시 화물 · 비상 · 피난의 용도와 겸용으로 사용할 수 있는데 일반적으로 비상용 승강기 또는 피난용 승강기와 겸용으로 설치하는 경우가 많다. 화물용 승강기는 화물의 이동을 위한 전용의 승강기로서 승용 · 비상 · 피난의 용도와 겸용으로 사용 가능하지만 일반적으로 비상용 승강기의 용도와 겸용으로 설치된다. 비상용 승강기는 화재 발생 시 소방활동을 하는 소방관이 전용으로 사용하는 승강기로서 법령에서 규정하고 있는 승강기의 구조를 비상용 승강기의 구조로 설치하면 되고, 이때 승용 · 화물용의 용도와 겸용으로 설치할 수 있다. 또한 「주택건설기준 등에 관한 규정」에 의한 10층 이상의 공동주택에 설치하는 기준대수의 승용 승강기는 모두 비상용 승강기 구조로 설치해야 하는데, 이때 승용 승강기는 모두 비상용 승강기와 겸용으로 사용된다. 물론 기준대수 이상의 승용 승강기가 설치되었다면 기준대수 외의 나머지 승강기는 일반 승용 승강기로 설치할 수 있다. 피난용 승강기는 화재 시 재실자들의 피난에 사용되는 것이므로 평상시에는 승용 · 화물의 용도로 사용하다 비상시 피난전용으로 사용되므로 겸용으로 설치가 가능하다. 그러나 재실자들이 피난을 위해 사용 중에 소방활동을 위한 소방관들이 같이 이용한다면 피난동선의 중복과 활동에 많은 장애가 발생할 것이다. 이런 이유로 피난용 승강기와 비상용 승강기는 용도를 겸용으로 설치할 수 없고 각각 별도로 독립되게 설치해야 한다.

피난용 승강기 설치 기준 적용 관련 운영지침 [국토교통부 2018. 10. 17. 공문내용]

1. 평소 건축 관련 행정업무에 협조하여 주심에 감사드리며, 피난용승강기 설치기준 적용과 관련하여 운영지침을 시달합니다.

2. 고층건축물(30층 또는 120m 이상)의 피난용승강기 설치 의무를 내용으로 하는 건축법 제64조 제3항이 신설(공포 '18. 4. 17, 시행 '18. 10. 18.)됨에 따라, 종전에 부령에서 설치 제외 대상으로 정하던 준초고층 건축물 중 공동주택 또한 피난용승강기 설치 대상에 포함되어 제1항에 따른 승용승강기 중 1대 이상을 피난용승강기로 설치하여야 합니다.
3. 한편 제64조 제2항에 따라 설치하는 비상용승강기는 일반적으로 승용승강기 외에 추가로 설치되어야 하는 것이나, 이를 추가로 설치하지 않고 승용승강기를 비상용승강기의 구조로 하는 경우에 대해서 건축법령 및 주택법령에서 정하고 있는바, 동 승강기를 피난용승강기로도 겸용할 수 있는지에 대한 문의가 접수되고 있습니다.
4. 비상용승강기의 구조로 한 승용승강기는 화재 시 소방관의 소화 및 구조활동에 사용 될 수 있어 비상용승강기 및 피난용승강기 각각의 역할을 고려하였을 때 이를 겸용하는 경우에는 소방관의 동선 및 대피자의 동선에 간섭이 발생할 수 있으므로 비상용승강기의 구조에 적합한 승용승강기를 피난용승강기로 겸용할 수는 없는 것입니다.
5. 따라서 건축법 시행령 제90조 제1항 단서 및 주택건설기준 등에 관한 규정 제15조 제2항에 따라 승용승강기를 비상용승강기의 구조로 하더라도 1대 이상의 피난용 승강기를 추가 설치하여야 함을 알려드립니다.

그리고 화물용의 용도와 겸용으로 사용할 수 있지만 화물용은 건축물 내로의 화물자체를 이동시키기 위한 목적이 강하므로 건축설계 시 설치위치 자체가 평소에 일반인의 사용 동선과 중복되지 않는 떨어진 위치에 설치되는 경우가 대부분이므로 피난용 승강기와 화물용 승강기를 겸용으로 설치하는 경우는 그렇게 많지 않다.

02 승강기 종류별 기준

1 승용 승강기

건축법령에서는 건축주는 「6층 이상으로서 연면적이 2천제곱미터 이상인 건축물」을 건축하려면 반드시 승강기를 설치하도록 규정[3]하고 있다. 이때 층수가 "6층인 건축물로서 각 층 거실의 바닥면적 300제곱미터 이내마다 1개소 이상의 직통계단을 설치한 건축물"은 승강기 설치가 제외된다. 그러나 일반적으로 건축물의 이용에 따른 편의성과 건축물 자체의 부동산 가치 상승 목적 등으로 3층 이상의 건축물에는 거의 설치하고 있는 것이 일반적이다.

3) 건축법 제64조(승강기)

승강기 설치대상

건축법 제64조(승강기)

① 건축주는 6층 이상으로서 연면적이 2천제곱미터 이상인 건축물(대통령령으로 정하는[4] 건축물은 제외한다)을 건축하려면 승강기를 설치하여야 한다. 이 경우 승강기의 규모 및 구조는 국토교통부령[5]으로 정한다.

※ 제외 건축물

층수가 6층인 건축물로서 각 층 거실의 바닥면적 300제곱미터 이내마다 1개소 이상의 직통계단을 설치한 건축물

규모에 따른 승강기의 설치기준은 「건축물의 설비기준 등에 관한 규칙」에서 규정하고 있으나, 승강기의 설치구조에 대해서는 「승강기시설 안전관리법」에서 정하는 기준에 따라 설치한다.

2 비상용 승강기

승강기 설치대상 중에서 일정높이를 초과하는 건축물에는 비상용 승강기를 추가로 설치하도록 규정하고 있는데 화재 시 등 긴급한 상황발생 시 전용의 소방활동을 위한 용도로 설치하는 것이다. 비상용 승강기는 층수의 개념이 아니라 높이의 개념으로서 설치대상 기준을 정하고 있는데 연혁에 따라 그 높이의 기준이 변천되어 왔다.

(1) 비상용 승강기 설치연혁

비상용 승강기는 최초 제정(1972. 12. 30.) 당시에는 "높이 31미터를 초과하는 건축물"에 대하여 비상용 기능의 승강기를 추가 설치하도록 규정되었다가 법률의 일부개정(1999. 02. 08.)으로 설치대상 기준이 "높이 41미터를 초과하는 건축물"로 완화 변경되었고, 이후 법률이 다시 일부개정(2005. 11. 08.)되어 최초 제정 당시의 규정 "높이 31미터를 초과하는 건축물"에 설치하도록 변경되었다.

건축법 연혁

「건축법」의 비상용 승강기 설치대상 변천과정

1. 건축법 제22조(승강기) ※ 비상용 승강기 설치규정 최초 신설
   [일부개정 법률 제2434호, 1972. 12. 30, 시행 1973. 07. 01.]
   ② 높이 31미터를 초과하는 건축물에는 대통령령으로 정하는 바에 따라 비상용의 승강기를 설치하여야 한다. 다만, 대통령령으로 정하는 건축물은 그러하지 아니하다.

4) 건축법 시행령 제89조(승용 승강기의 설치)

5) 건축물의 설비기준 등에 관한 규칙 제5조(승용승강기의 설치기준), 제6조(승강기의 구조)

2. 건축법 제57조(승강기)
[일부개정 법률 제5895호, 1999. 02. 08, 시행 1999. 05. 09.]
② 높이 41미터를 초과하는 건축물에는 대통령령이 정하는 바에 의하여 제1항의 규정에 의한 승강기 외에 비상용 승강기를 추가로 설치하여야 한다. 다만, 건설교통부령이 정하는 건축물의 경우에는 그러하지 아니하다.

3. 건축법 제57조(승강기)
[일부개정 법률 제7696호, 2005. 11. 08, 시행 2006. 05. 09.]
② 높이 31미터를 초과하는 건축물에는 대통령령이 정하는 바에 의하여 제1항의 규정에 의한 승강기 외에 비상용 승강기를 추가로 설치하여야 한다. 다만, 건설교통부령이 정하는 건축물의 경우에는 그러하지 아니하다.

최초 제정 시의 기준에서 일정기간(7년) 완화되었다가 다시 최초 기준으로 변경되었으므로 현장의 건축물 규모에 따른 비상용 승강기 설치대상 여부를 판단하기 위해서는 건축물대장의 허가시점을 확인하고 제외규정에 해당되는지 여부를 확인하여야 한다.

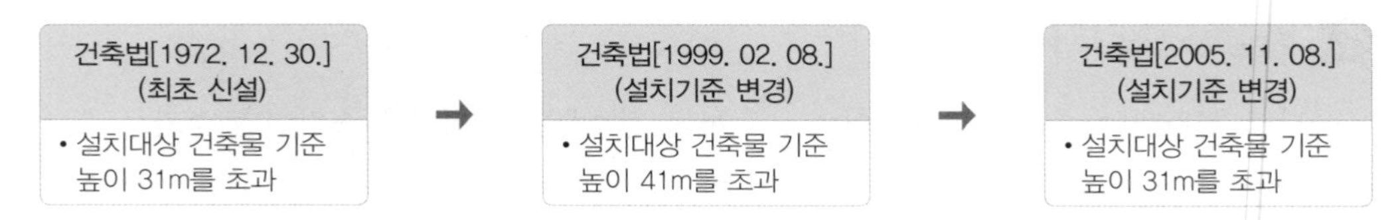

또한 공동주택 용도의 건축물에 대한 승강기 설치에 대해 별도로 규정한 법령인 「주택건설기준등에관한규정」이 신설(1991. 01. 15.)되어, "6층 이상인 공동주택에는 대당 6인승 이상인 승용승강기"를 의무적으로 설치하도록 하였다. 그리고 "16층 이상인 공동주택"인 경우에는 이 승용 승강기를 비상용 승강기의 구조로 강화 설치하도록 규정하였다. 이후 법령이 일부개정(2007. 07. 24.)되어 "10층 이상인 공동주택"에 설치하는 승용 승강기는 비상용 승강기의 구조로 설치하도록 변경되었다.

여기서 반드시 알아야 할 것이 "주택건설기준규정 및 규칙"의 설치기준에 따라 「설치기준 대수가 산정된 승용 승강기는 모두 비상용 승강기 구조」로 설치해야 한다는 것이다.

「공동주택」의 비상용 승강기 설치대상 변천과정

1. 주택건설기준등에관한규정 제15조(승강기등) ※ 비상용 승강기 설치규정 최초 신설
[최초 제정 대통령령 제13252호, 1991. 01. 15, 시행 1991. 03. 16.]
② 16층 이상인 공동주택의 경우에는 제1항의 승용 승강기를 비상용 승강기의 구조로 하여야 한다.

2. 주택건설기준등에관한규정 제15조(승강기등)
[일부개정 대통령령 제20189호, 2007. 07. 24, 시행 2007. 07. 24.]
② 10층 이상인 공동주택의 경우에는 제1항의 승용 승강기를 비상용 승강기의 구조로 하여야 한다.

그러므로 비상용 승강기의 설치대상에 대해서는 「건축법」과 「주택건설기준 등에 관한 규정」에서 규정하고 있다는 것을 알아야 한다.

(2) 비상용 승강기 설치대상

비상용 승강기는 「높이 31미터 이상의 건축물」에 일반용 승강기와는 별도로 추가 설치하고, 「10층 이상인 공동주택」의 경우에는 설치기준 대수의 승용 승강기를 비상용승강기 구조로 설치하도록 하고 있는데, 이때 일반용 승강기를 모두 비상용 승강기의 구조로 설치해도 된다. 그리고 설치대상의 기준에 해당되더라도 거실 외의 용도나 바닥면적이 소규모일 때 등 일부 제외규정에 해당되면 비상용 승강기의 구조로 설치하지 않을 수 있다.

비상용 승강기 설치대상

건축법 제64조(승강기)

② 높이 31미터를 초과하는 건축물에는 대통령령으로 정하는[6] 바에 따라 제1항에 따른 승강기뿐만 아니라 비상용 승강기를 추가로 설치하여야 한다. 다만, 국토교통부령으로 정하는[7] 건축물의 경우에는 그러하지 아니하다.

주택건설기준 등에 관한 규정 제15조(승강기등)

② 10층 이상인 공동주택의 경우에는 제1항의 승용 승강기를 비상용 승강기의 구조로 하여야 한다.

비상용 승강기 설치제외 규정은 설치대상의 높이기준 변경 연혁에 따라 제외기준 역시 높이에 대한 기준만 같이 변경되었다.

비상용 승강기 설치 제외대상

건축물의 설비기준 등에 관한 규칙 제9조(비상용 승강기를 설치하지 아니할 수 있는 건축물)

1. 높이 31미터를 넘는 각층을 거실 외의 용도로 쓰는 건축물
2. 높이 31미터를 넘는 각층의 바닥면적의 합계가 500제곱미터 이하인 건축물
3. 높이 31미터를 넘는 층수가 4개 층 이하로서 당해 각층의 바닥면적의 합계 200제곱미터 이내마다 방화구획으로 구획된 건축물
   └→ 벽 및 반자가 실내에 접하는 부분의 마감을 불연재료로 한 경우에는 500제곱미터

즉, 거실 외의 용도 500제곱미터 이하의 건축물 등의 제외기준은 그대로 규정되었고 여기에서 높이기준만 31미터(1973. 09. 01.) → 41미터(1999. 05. 11.) → 31미터(2006. 05. 12.)로 변경 적용되었다.

6) 건축법 시행령 제90조(비상용 승강기의 설치)

7) 건축물의 설비기준 등에 관한 규칙 제9조(비상용승강기를 설치하지 아니할 수 있는 건축물)

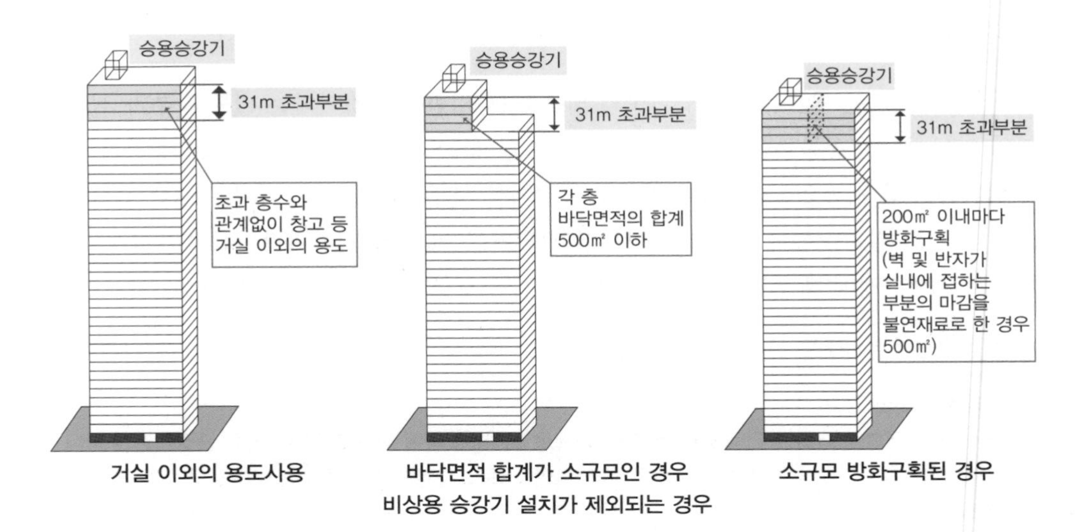

비상용 승강기 설치가 제외되는 경우

PLUS TIPS 비상용 승강기의 설치대상 판단을 위한 높이기준(녹색건축과, 2015. 12. 07.)

질의	**건축법 시행령 제90조(비상용승강기의 설치)** ① 법 제64조 제2항에 따라 높이 31m를 넘는 건축물에는 다음 각 호의 기준에 따른 대수 이상의 비상용 승강기(비상용 승강기의 승강장 및 승강로를 포함한다. 이하 이 조에서 같다)를 설치하여야 한다. 건축물의 설비기준 등에 관한 규칙 제9조(비상용승강기를 설치하지 아니할 수 있는 건축물) 법 제64조 제2항 단서에서 "국토교통부령이 정하는 건축물"이라 함은 다음 각 호의 건축물을 말한다. 1. 높이 31m를 넘는 각층을 거실외의 용도로 쓰는 건축물 2. 높이 31m를 넘는 각층의 바닥면적 합계가 500m² 이하인 건축물 3. 높이 31m를 넘는 층수가 4개 층 이하로서 당해 각층의 바닥면적 합계 200m²(벽 및 반자가 실내에 접하는 부분의 마감을 불연재료로 한 경우에는 500m²) 이내마다 방화구획으로 구획한 건축물 상기와 같이 규정되어 있는바, '높이 31m를 넘는 층'을 규정함에 있어, 층의 기준을 무엇으로 하는지 확인하고자 합니다. 바닥높이를 기준으로 하는지 층고높이를 기준으로 하는지 확인 부탁드립니다.
답변	건축물의 설비기준 등에 관한 규칙 제9조에서 규정하고 있는 높이 31m는 해당 층의 최고높이 지점을 의미합니다. 따라서 층의 바닥은 31m를 넘지 않으나 천장부위가 31m를 넘게 되는 경우 해당 층은 31m가 넘는 층으로 판단됨을 알려드리니 참고하시기 바랍니다.

(3) 비상용 승강기 설치대수[8]

높이 31미터를 넘는 건축물에는 승강장 및 승강로를 포함한 기준에 따른 대수 이상의 비상용 승강기를 설치하여야 한다. 이때 승용 승강기를 비상용 승강기 구조로 설치하는 경우에는 기준대수 산정에 포함시킬 수 있다.

8) 건축법 시행령 제90조(비상용 승강기의 설치)

비상용 승강기 설치대수 기준

높이 31미터를 넘는 각 층의 바닥면적 중 최대 바닥면적	설치 대수
1,500m² 이하	1대 이상
1,500m² 초과	1대 + [(최대바닥면적–1,500m²)÷3,000m²] ※ 1대 + 1,500m²를 넘는 3,000m²당 1대 가산
※ 2대 이상의 비상용 승강기를 설치하는 경우에는 화재가 났을 때 「소화에 지장이 없도록 일정한 간격」을 두고 설치하여야 한다.	

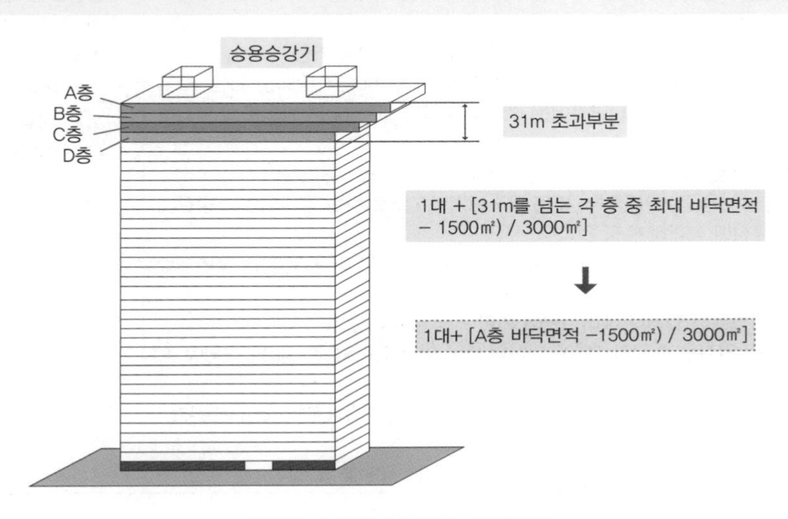

비상용 승강기 설치대수 산정기준

여기에서 높이 31미터를 넘는 각층 최대 바닥면적이 1,500제곱미터를 넘는 대상에 대한 기준대수 산정 계산방식이 앞에서(제2장 직통계단) 배웠던 (특별)피난계단을 추가로 설치하는 기준의 계산방식과 혼란이 있을 수 있으므로 잘 비교 · 구분해야 한다.

 여기서 잠깐!

(특별)피난계단 추가설치 기준 **※ 건축법 시행령 제35조(피난계단의 설치) 제⑤항**

5층 이상인 층의 그 층 당해 용도에 쓰이는 바닥면적 합계가 2,000m²를 넘는 경우

→ 그 넘는 2,000m² 이내마다 1개소를 추가 설치(기존 직통계단 + 추가설치)

※ 추가설치 기준: (그 층 당해용도 바닥면적합계–2,000m²) ÷ 2000m²

또한 현재 실무에서 2대 이상의 비상용 승강기를 설치하는 경우 법령의 규정에서는 화재가 났을 때 「소화에 지장이 없도록 일정한 간격」을 두고 설치하도록 되어 있지만 "소화에 지장이 없는 일정한 간격"에 대한 명확한 기준이 없으므로 설계자의 재량에 의해 설치되고 있는데, 현장활동을 위한 동선의 중복을 피할 수 있는 충분한 이격거리를 가지는 것이 효율적일 것이다. 이것은 법령에서 명확하게 규정하고 있는 "직통계단의 이격거리" 기준과는 차이가 있으므로 구분해서 이해할 수 있어야 한다.

(4) 비상용 승강기 설치기준[9]

비상용 승강기의 승강장은 각층의 내부와 반드시 연결될 수 있도록 하고, 그 출입구에는 60분+ 방화문이나 60분 방화문을 설치해야 한다. 또한 6제곱미터 이상의 바닥면적을 확보하여 활동에 지장이 없도록 해야 하고, 특히 「공동주택」의 경우 "승강장과 특별피난계단의 부속실을 겸용"해서 사용할 수 있다.

승강장의 구조	승강로의 구조
1. 승강장의 창문 · 출입구 기타 개구부를 제외한 부분은 당해 건축물의 다른 부분과 내화구조의 바닥과 벽으로 구획할 것 ※ 공동주택의 경우 승강장과 특별피난계단의 부속실과 겸용 가능 2. 각층의 내부와 연결될 수 있도록 하되, 그 출입구에는 60분+ 방화문 또는 60분 방화문을 설치할 것. 다만, 피난층에는 60분+ 방화문 또는 60분 방화문을 설치하지 아니할 수 있다. 3. 노대 또는 외부를 향하여 열 수 있는 창문이나 배연설비를 설치할 것 ※ 공기유입방식을 급기가압방식 또는 급 · 배기방식으로 하는 경우에는 소방관계 법령의 규정에 적합하게 할 것 4. 벽 및 반자가 실내에 접하는 부분의 마감재료(마감을 위한 바탕 포함)는 불연재료로 할 것 5. 채광이 되는 창문이 있거나 예비전원에 의한 조명설비를 할 것 6. 승강장의 바닥면적은 승강기 1대에 대하여 6m² 이상으로 할 것. 다만, 옥외에 승강장을 설치하는 경우에는 제외 7. 피난층이 있는 승강장의 출입구(승강장이 없는 경우에는 승강로의 출입구)로부터 도로 또는 공지에 이르는 거리가 30m 이하일 것 8. 출입구 잘 보이는 곳에 비상용승강기임을 알 수 있는 표지를 할 것	1. 승강로는 당해 건축물의 다른 부분과 내화구조로 구획할 것 2. 각층으로부터 피난층까지 이르는 승강로를 단일구조로 연결하여 설치할 것

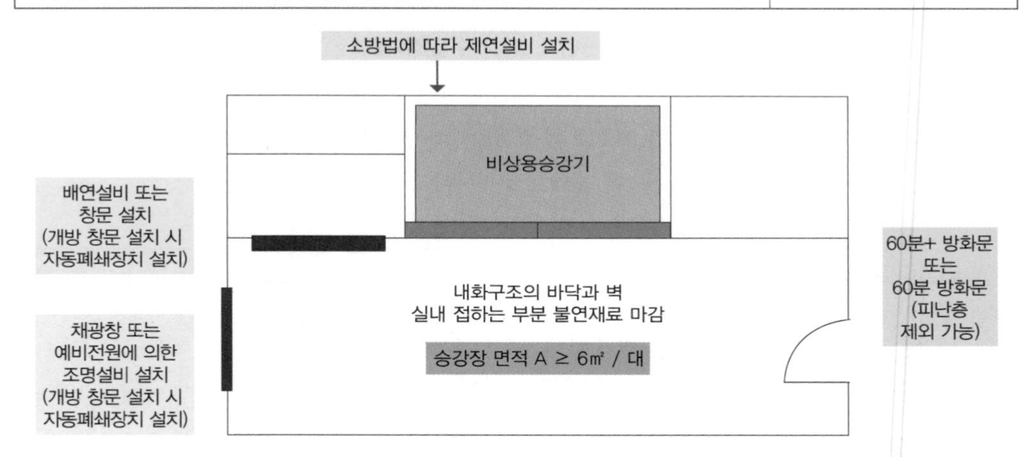

이 기준에서 승강장은 "창문 · 출입구 기타 개구부"를 설치할 수 있고 이것을 제외한 부분을 내화구조의 바닥과 벽으로 구획하도록 하고 있는데, 이것은 승강장의 "출입구를 제외한 모든 부분"을 내화구조로 구획해야 하는 피난용 승강기의 설치기준과는 차이가 있으므로 구분해야 한다. 또한 승강장 내에는 창문이나 배연설비를 설치해야 하는데 일반적으로 실무에

9) 건축물의 설비기준 등에 관한 규칙 제10조(비상용승강기의 승강장 및 승강로의 구조)

서는 배연설비의 공기유입방식을 소방관계법령의 규정에 맞는 급기가압방식 또는 급 · 배기 방식으로 설치하는 경우가 대부분이고 승강장에 창문이 설치된 경우는 보기가 쉽지 않다. 그리고 피난층일 경우에는 건축물 내부와 연결되는 출입구에 방화문을 설치하지 않아도 되므로 배연설비의 설치가 면제된다. 승강로의 설치기준에서 중요한 것이 각층으로부터 피난층까지 이르는 승강로를 단일구조로 연결하여 설치하는 것인데, 이 규정은 비상용 승강기가 하나의 승강로에 설치되어 연속하여 피난층까지 도달할 수 있는 비상용 승강기의 구조로 설계해야 한다는 뜻이다. 예를 들어 저층 부분과 고층 부분을 별도로 구분해서 비상용 승강기를 설치하였다면, 소방대원들이 비상용 승강기를 이용하여 고층부로 이동하고자 할 때 저층부의 비상용 승강기를 타고 고층부의 비상용 승강기가 시작되는 일부층에서 내려서 다시 고층부의 비상용 승강기를 갈아타서 상층부로 가는 구조로 설치하면 안 된다는 것이다. 즉, 하나의 건축물에서 오피스텔은 10층까지 설치되고 아파트는 35층까지 설치하는 것으로 설계한다고 할 때, 오피스텔에 설치되는 비상용 승강기의 구조를 10층까지만 설치하고, 공동주택에 설치되는 비상용 승강기의 구조는 11층부터 35층까지만 설치하면 안 된다는 의미이다.

PLUS TIPS 비상용 승강기의 지하층 설치 여부(녹색건축과, 2020. 01. 08.)

질의	지하 1~2층의 지하주차장을 갖춘 23층의 아파트에 비상용 승강기를 지하 1층에서부터 지상 23층까지만 설치하고 지하 2층에는 설치하지 않아도 되는지 여부?
답변	「건축법」 제64조 제2항의 규정에 의하여 높이 31m를 초과하는 건축물에는 「같은 법 시행령」 제90조 제1항 각 호의 기준에 의한 대수이상의 비상용 승강기(비상용 승강기의 승강장 및 승강로를 포함한다)를 설치토록 하고 있음. 승강장은 각층의 내부와 연결되어야 함에 따라 지하주차장 등 모든 공간에 연결될 수 있도록 하여야 함

성능위주설계(PBD) 평가 심의에서도 모든층의 내부와 연결될 수 있게 의견을 반영하기도 한다.

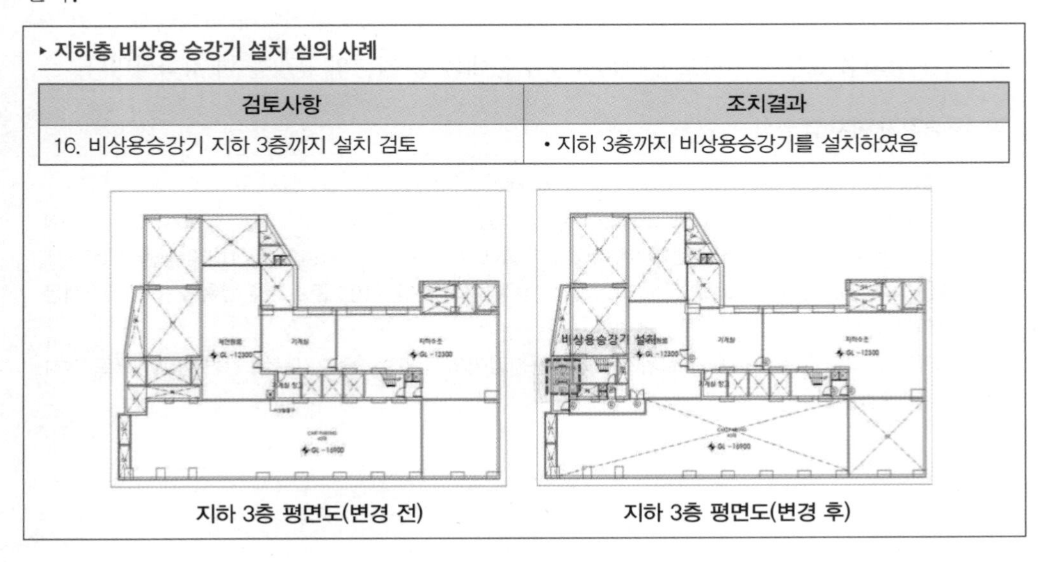

▸ 지하층 비상용 승강기 설치 심의 사례

검토사항	조치결과
16. 비상용승강기 지하 3층까지 설치 검토	• 지하 3층까지 비상용승강기를 설치하였음

지하 3층 평면도(변경 전)　　지하 3층 평면도(변경 후)

3 피난용 승강기

법령에서는 고층건축물에 설치하는 승용 승강기는 반드시 1대 이상을 피난용 승강기로 설치해야 한다고 규정하고 있다. 고층건축물은 그 규모의 특성상 화재 발생 시 재실자의 피난개시부터 피난완료 시까지 많은 시간이 소요될 우려가 있고, 또한 재실자들의 피난개시가 동시에 이루어진다고 하면 그만큼 피난로 상의 병목현상과 피난동선의 중복 등으로 외부로의 피난완료가 지체될 수밖에 없을 것이다.

이러한 피난장애로부터 효율적으로 대처하기 위해 재실자 전용의 피난용 승강기를 설치하여 외부로 피난하는 것이 하나의 방안으로 사용되고 있다. 이것은 순수하게 피난전용의 설비이기 때문에 그 구조와 설치기준 등에 있어서 법령상 규정이 더욱 강화되어 있다.

(1) 피난용 승강기 설치연혁

피난용 승강기는 과거에는 설치규정이 없다가 해운대 우신골든스위트 화재사건(2010. 10. 01.) 이후에 고층건축물의 건축방재계획 강화방안의 필요성에 의해서 제도가 도입되었다. 이 화재사건 이후「건축물방화구조규칙」에 고층건축물에 설치하는 승용 승강기 중 1대 이상을 피난용 승강기의 설치기준에 적합하게 설치하도록 규정이 최초 신설(2012. 01. 06.)되었다.

이때는 준초고층 건축물 중 공동주택은 설치 제외하도록 하였는데 공동주택의 특성상 한 세대의 재실자 수용밀도가 그다지 높지 않아 설치 필요성이 크지 않다는 판단이 작용했을 것이다. 이후 피난용 승강기의 설치 근거가「건축법」의 규정으로 변경(2018. 04. 17.)되었고, 하위법령에 규정이 신설(2018. 10. 16.)되어 현재까지 적용되고 있다. 건축법으로 규정이 변경될 당시 공동주택 화재로 인명피해 발생이 빈번함에 따라 고층건축물에 해당하는 공동주택의 화재위험에 대한 대책이 필요하게 되었고, 이에 따라 공동주택이라 하더라도 고층건축물에 해당이 되면 모두 설치하도록 예외규정을 없애는 등 기존의 규정을 더 강화하였다.

피난용승강기 설치 법 연혁

1. 건축물의 피난 · 방화구조 등의 기준에 관한 규칙 제29조(피난용승강기의 설치 및 구조)
   [일부개정 국토해양부령 제433호, 2012. 01. 06, 시행 2012. 03. 17.] ※ 설치규정 최초 신설
   ① 고층건축물에는 법 제64조 제1항에 따라 건축물에 설치하는 승용승강기 중 1대 이상을 제30조에 따른 피난용 승강기의 설치기준에 적합하게 설치하여야 한다. 다만, 준초고층 건축물 중 공동주택은 제외한다.
   ② 제1항에 따라 고층건축물에 설치하는 피난용승강기의 구조는「승강기시설 안전관리법」으로 정하는 바에 따른다.

2. 건축법 제64조(승강기)
   [일부개정 법률 제15594호, 2018. 04. 17, 시행 2018. 10. 18.] ※ 설치규정 법률로 변경
   ③ 고층건축물에는 제1항에 따라 건축물에 설치하는 승용승강기 중 1대 이상을 대통령령으로 정하는 바에 따라 피난용승강기로 설치하여야 한다.

3. 건축법 시행령 제91조(피난용승강기의 설치)
   [일부개정 대통령령 제29235호, 2018. 10. 16, 시행 2018. 10. 18.]
   법 제64조 제3항에 따른 피난용승강기(피난용승강기의 승강장 및 승강로를 포함한다. 이하 이 조에서 같다)는 다음 각 호의 기준에 맞게 설치하여야 한다.(이하 생략)

4. 건축물의 피난 · 방화구조 등의 기준에 관한 규칙 제29조(피난용승강기의 설치 및 구조)
   [일부개정 시행 국토교통부령 제548호, 2018. 10. 18.]
   └→ 조문 삭제〈2018. 10. 18.〉

그러므로 준초고층건축물에 해당하는 공동주택이라 하더라도 피난용 승강기의 설치여부에 대해서는 건축물 대장상의 허가일을 확인하면 해당 대상물에 설치여부를 판단할 수 있다.

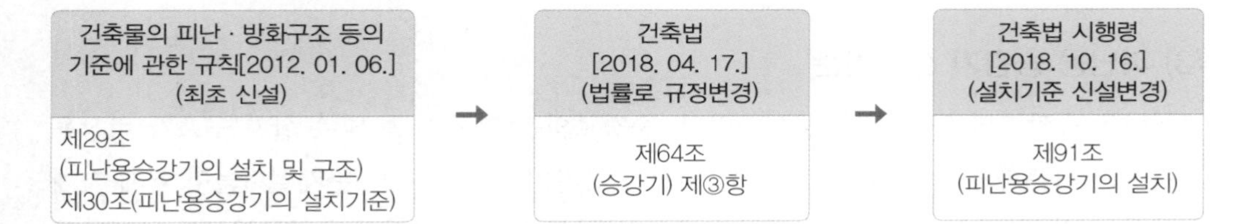

(2) 피난용 승강기 설치대상

건축물에 설치되는 승용 승강기 중에서 고층건축물에 설치하는 것은 그 승용 승강기 중에서 1대 이상을 피난용 승강기로 설치하여야 한다.

피난용 승강기 설치대상

건축법 제64조(승강기)
③ 고층건축물에는 제1항에 따라 건축물에 설치하는 승용승강기 중 1대 이상을 대통령령으로 정하는[10] 바에 따라 피난용승강기로 설치하여야 한다.

비상용 승강기와 피난용 승강기의 설치대수에 대한 가장 큰 차이점은 비상용 승강기는 높이 31미터를 초과하는 건축물에 그 건축물에 설치하는 승용 승강기와는 별도로 비상용 승강기를 추가 설치해야 하지만 피난용 승강기는 해당 건축물의 규모에 따라 설치되는 승용 승강기 중에서 이 건축물이 고층건축물이면 이 건축물에 설치되는 승용 승강기 중에서 1대 이상을 피난용승강기로 설치하라는 것이다.

10) 건축법 시행령 제91조(피난용승강기의 설치)

피난용 승강기와 비상용 승강기의 설치대수 비교

구분	설치대상	설치기준 대수
비상용 승강기	높이 31미터 초과 건축물	승용 승강기 설치 외 추가로 1대 이상 설치
	10층 이상 공동주택	모든 승용 승강기를 비상용 승강기 구조로 설치
피난용 승강기	고층건축물 (30층 이상, 120m 이상)	승용 승강기 중에서 1대 이상을 피난용 승강기 구조로 설치
	공동주택인 고층건축물 (30층 이상, 120m 이상)	피난용 승강기를 별도로 1대 이상 추가설치 ※ 공동주택의 승용 승강기는 모두 비상용 승강기의 구조로 설치해야 하고 피난용 승강기와 겸용으로 사용할 수 없으므로 별도 추가설치

위와 같이 고층건축물의 공동주택에서는 승용 승강기의 기능겸용으로 사용함에 있어 피난용승강기와 비상용승강기는 겸용이 불가능하므로 이러한 경우에는 전용 용도로 사용되는 별도의 피난용 승강기를 추가 설치해야 한다.

(3) 피난용 승강기 설치기준

피난용 승강기의 구조는 승강장의 면적, 승강로의 단일구조 등 일부 설치 구조가 비상용 승강기의 기준과 동일한 규정도 있으나 피난용 승강기의 주된 용도는 재실자들이 화재 시에 사용하는 것이며 어떠한 외부의 위험에 영향을 받지 않도록 신뢰성이 확보되어야만 피난자들이 망설이지 않고 이용할 수 있으므로 더 강화된 기준이 적용되도록 규정하고 있다.

피난용 승강기(승강장 및 승강로 포함) 설치기준[11)]

1. 승강장의 바닥면적은 승강기 1대당 6제곱미터 이상으로 할 것
2. 각 층으로부터 피난층까지 이르는 승강로를 단일구조로 연결하여 설치할 것
3. 예비전원으로 작동하는 조명설비를 설치할 것
4. 승강장의 출입구 부근의 잘 보이는 곳에 해당 승강기가 피난용승강기임을 알리는 표지를 설치할 것
5. 그 밖에 화재예방 및 피해경감을 위하여 국토교통부령으로 정하는[12)] 구조 및 설비 등의 기준에 맞을 것

건축법 시행령에 피난용 승강기의 승강장 및 승강로의 설치기준이 규정되어 있지만 화재예방 및 피해경감을 위한 승강장의 구조, 승강로의 구조, 기계실의 구조와 전용 예비전원에 대한 구조 및 설비의 세부기준은 "건축물의 피난 · 방화구조 등의 기준에 관한 규칙"에서 규정하고 있으므로 이 규정들에 대해 구분해서 알아보도록 하자.

11) 건축법 시행령 제91조(피난용승강기의 설치)
12) 건축물의 피난 · 방화구조 등의 기준에 관한 규칙 제30조(피난용승강기의 설치기준)

1) 승강장의 구조

승강장의 바닥면적 기준 등과 같이 피난용 승강기의 세부 설치기준이 비상용 승강기 승강장의 구조와 유사한 부분이 있지만 아래와 같이 더 강화된 부분이 있으므로 구분해야 한다.

피난용 승강기 승강장의 구조

1. 승강장의 출입구를 제외한 부분은 해당 건축물의 다른 부분과 내화구조의 바닥 및 벽으로 구획할 것
2. 승강장은 각 층의 내부와 연결될 수 있도록 하되, 그 출입구에는 60분+ 방화문 또는 60분 방화문을 설치할 것. 이 경우 방화문은 언제나 닫힌 상태를 유지할 수 있는 구조이어야 한다.
3. 실내에 접하는 부분(바닥 및 반자 등 실내에 면한 모든 부분)의 마감(마감을 위한 바탕 포함)은 불연재료로 할 것
4. 「건축물의 설비기준 등에 관한 규칙」 제14조에 따른 배연설비를 설치할 것. 다만, 「소방시설 설치 및 관리에 관한 법률 시행령」에 따른 제연설비를 설치한 경우에는 배연설비를 설치하지 아니할 수 있다.

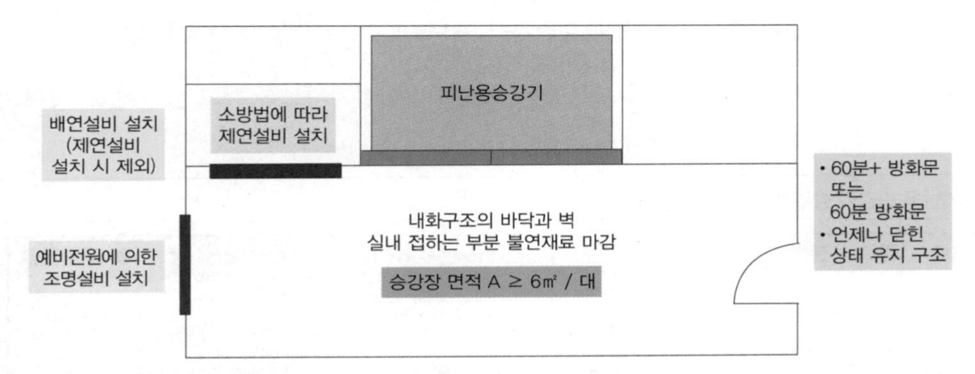

피난용 승강기의 승강장 구조에서 제일 먼저 검토되어야 하는 것이 "내화구조의 바닥 및 벽으로 구획"하는 것이다. 이 규정에서 보면 "출입구"를 제외한 모든 부분을 구획하도록 하고 있는데, 이것은 피난자들이 화재로부터 어떠한 위험요소도 없어야 한다는 것이다. 즉, 출입구를 제외한 승강장의 모든 부분에 개구부 설치를 제거함으로써 연기 등의 유입을 사전에 차단하여 안전성을 확보하자는 취지이다. 만일 출입구 개방으로 인한 연기의 유입에 대한 우려에 대해서는 승강장의 출입구가 개방되더라도 가압방식의 제연설비로 인해 승강장으로 연기가 유입될 우려가 전혀 없다. 이런 규정에도 불구하고 실무에서는 승강장 내에 방화문으로 설치된 피트(PIT)의 점검구등이 설치된 경우에도 승강장의 구조가 방화구획되었으므로 적합하다고 인정하는 경향이 많이 있는데 이것은 법령의 취지에 맞지 않다. 왜냐하면 피트(PIT)의 점검구 등이 방화문으로 설치되어 방화구획 기준을 만족하였더라도 피난용 승강기의 승강장은 출입구외의 개구부는 내화구조의 바닥 및 벽으로 구획해야 하기 때문이다.

그러므로 피난용 승강기 승강장에는 피트의 점검구등 개구부를 설치하면 안 된다. 이 규정은 앞에서 언급했던 비상용승강기 승강장의 구조에서 "창문 · 출입구 · 기타 개구부"를 제외

한 부분과는 차이가 있으므로 반드시 구분해서 이해해야 한다. 피난용 승강기 승강장의 출입구에 설치하는 방화문은 그 층이 피난층이더라도 무조건 설치해야 한다. 즉, 피난층이라도 그 출입구 부분이 건축물 내부에 설치되어 피난층의 거실에서 화재발생 시 그 발생연기가 승강장의 승강기문 틈새를 통해 상부로 확산되어 피난전용인 피난용 승강기 기능의 상실을 초래할 우려가 있기 때문이다. 그러므로 반드시 모든 층의 출입구에 방화문을 설치해야 한다.

2) 승강로의 구조

피난용 승강기의 승강로 역시 각 층으로부터 피난층까지 이르는 승강로를 단일구조로 연결하여 설치해야 하고, 승강로는 다른 부분과 내화구조로 구획되어야 한다.

피난용 승강기 승강로의 구조

1. 승강로는 해당 건축물의 다른 부분과 내화구조로 구획할 것
2. 승강로 상부에 「건축물의 설비기준 등에 관한 규칙」 제14조에 따른 배연설비를 설치할 것

특히 피난용 승강기의 승강로의 상부에는 배연설비를 설치하도록 하고 있는데, 이것이 비상용 승강기와의 큰 차이점이다.

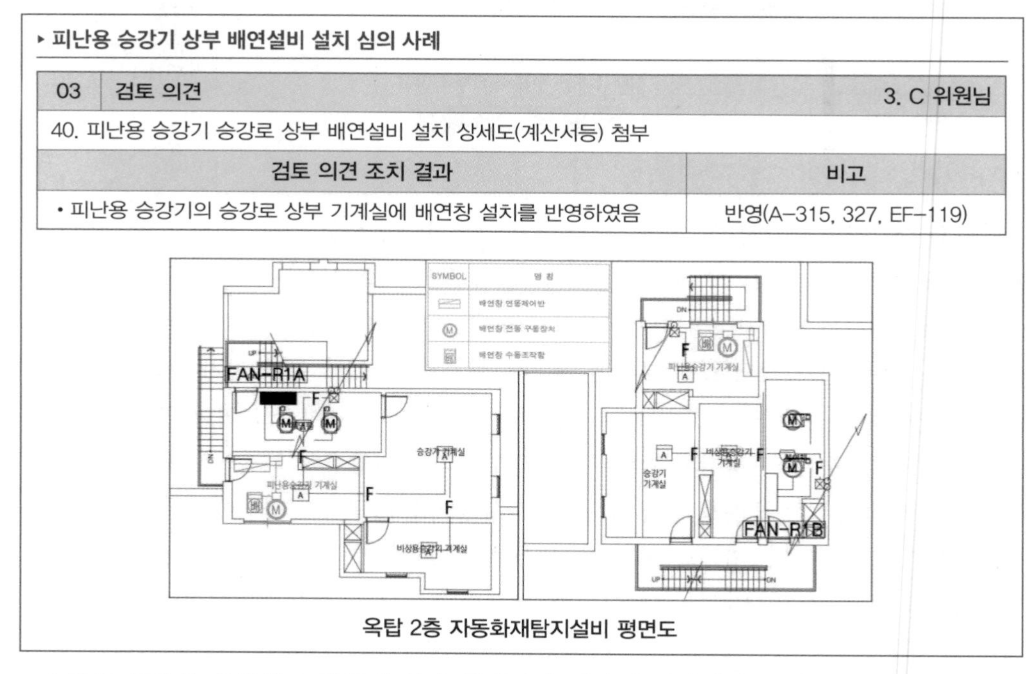

▸ **피난용 승강기 상부 배연설비 설치 심의 사례**

03	검토 의견	3. C 위원님
40. 피난용 승강기 승강로 상부 배연설비 설치 상세도(계산서등) 첨부		
검토 의견 조치 결과		비고
• 피난용 승강기의 승강로 상부 기계실에 배연창 설치를 반영하였음		반영(A-315, 327, EF-119)

옥탑 2층 자동화재탐지설비 평면도

승강로 상부의 배연설비 설치에 있어 문제점이 상부의 배연설비를 배연창으로 설치할 경우 그 성능과 확보해야 할 유효면적의 기준등이 없고, 기계식 배연설비를 설치하는 경우에도 소방관계법령에 적합한 성능기준의 설계적용를 하라는 명확한 규정이 없다는 것이다. 이런 이유로 대부분 실무에서는 기계실 상부에 설계자 재량에 의한 크기의 배연창을 하는

것이 대부분이다. 그러므로 향후 승강로 상부에 설치하는 배연설비의 설치기준이 법령에서 세부적으로 규정될 수 있도록 제도가 신설되어야 한다.

또 하나 쟁점사항이 피난용 승강기의 승강장 가압방식을 소방관계법령에 의한 기계식 배연설비의 방법 중 하나인 "승강로를 이용한 가압방식"으로 설치할 때 발생하는 문제점이다. 이 방식은 승강로 자체를 유입공기의 풍도로 사용하여 가압하는 방식으로 승강로상의 가압을 위해서는 상부에 개구부를 설치할 수 없으므로 당연히 승강로 상부에 배연설비를 설치할 수 없다. 이것이 건축법령의 기준에 위반되는 것이 아닌가에 대한 의견이 공통적이지 못하다. 비상용 승강기의 승강로 상부에는 배연설비를 설치하라는 규정이 없으므로 승강장을 승강로를 이용한 가압방식으로 설치하는 것에 문제가 없으나 피난용 승강기의 설치구조에 있어서는 달라지는 문제이다.

PLUS TIPS + 필자의 의견

피난용 승강기의 승강로 상부에 배연설비를 설치하는 것은 혹시나 화재층에서의 연기가 승강로 안으로 유입되어 이 연기가 승강기 운행 시 다른 층으로 확산될 우려를 배제할 수 없으므로 이런 위험요인에 대한 대책으로 상부에 배연설비를 설치하는 취지로 판단된다. 하지만 실제 실무에서는 승강장의 제연설비를 "승강로를 이용한 가압방식"으로 설치하는 사례가 빈번하며 이 또한 연기제어의 한 방법으로 화재 시에 승강로를 이용한 급기팬의 외부 유입공기에 의해 승강로 자체가 가압되므로 가압된 승강로 안으로의 연기의 유입 가능성은 낮아 법령의 취지로 비교해 본다면 이 방법 또한 가능할 것이며, 이 경우 승강로 상부에는 배연설비를 설치할 필요가 없다고 생각한다.

3) 기계실의 구조

피난용 승강기에서 가장 중요한 또 하나의 사항 중 하나가 화재 등의 위험이 없는 안전한 기계실의 확보이다. 승강기의 구조에 대한 모든 설치기준을 만족하고 기능상 문제가 없다고 하더라도 기계실이 위협을 받으면 그 피난용 승강기를 절대로 사용하면 안 된다.

피난용 승강기 기계실의 구조

1. 출입구를 제외한 부분은 해당 건축물의 다른 부분과 내화구조의 바닥 및 벽으로 구획할 것
2. 출입구에는 60분+ 방화문 또는 60분 방화문을 설치할 것

그러므로 피난용 승강기의 기계실은 출입구를 제외한 모든 부분이 다른 부분과 내화구조의 바닥 및 벽으로만 구획되어야 한다. 이것은 승강장을 내화구조로 구획하는 것과 같은 기준으로 이해하면 되는데 비상용 승강기의 기계실 설치구조와의 또 다른 차이점이다.

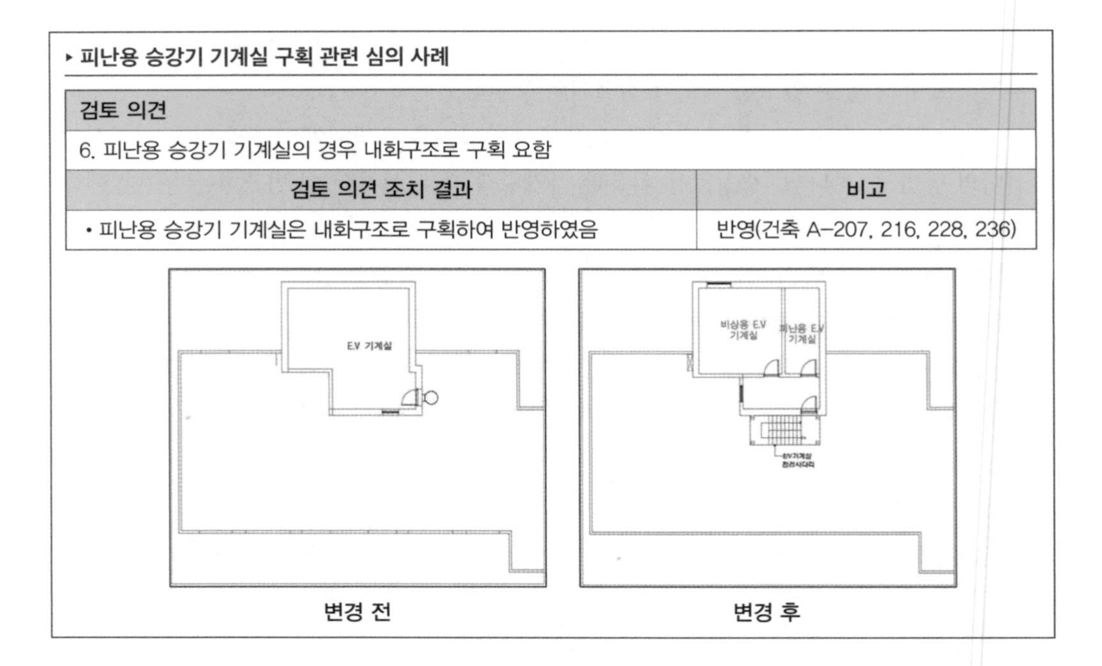

▸ **피난용 승강기 기계실 구획 관련 심의 사례**

검토 의견	
6. 피난용 승강기 기계실의 경우 내화구조로 구획 요함	
검토 의견 조치 결과	**비고**
• 피난용 승강기 기계실은 내화구조로 구획하여 반영하였음	반영(건축 A-207, 216, 228, 236)

변경 전 **변경 후**

4) 전용 예비전원

피난용 승강기는 재실자 전용의 피난을 위한 설비이므로 화재 등으로 인한 정전에도 일정 시간 동안 사용에 지장이 없는 예비전원을 확보해야 한다. 즉, 승강기를 이용한 피난 중 전원의 공급이 차단되어 멈춘다면 피난설비로서의 기능을 상실하여 매우 위험하므로 충분한 전용의 예비전원이 확보되어야 한다.

전용의 예비전원

가. 정전 시 피난용승강기, 기계실, 승강장 및 폐쇄회로 텔레비전 등의 설비를 작동할 수 있는 별도의 예비전원 설비를 설치할 것
나. 가목에 따른 예비전원은 초고층 건축물의 경우에는 2시간 이상, 준초고층 건축물의 경우에는 1시간 이상 작동이 가능한 용량일 것
다. 상용전원과 예비전원의 공급을 자동 또는 수동으로 전환이 가능한 설비를 갖출 것
라. 전선관 및 배선은 고온에 견딜 수 있는 내열성 자재를 사용하고, 방수조치를 할 것

실무에서 논란이 많은 것이 예비전원에서 "전용"이라는 규정의 해석에 대한 차이이다. 즉, 피난용승강기는 다른 설비와는 다르게 "전용 예비전원"의 설치 규정이 있는데, 이것의 해석이 다른 설비와의 겸용으로 설치되더라도 필요한 용량만 확보하면 되는 것인지 해석의 차이가 있다. 일반적으로 건축물에는 비상발전기가 설치되고 각 소방설비의 비상전원, 비상용승강기의 비상전원 등 건축물의 정전 시 비상전원이 필요한 모든 설비의 법정용량을 산출하여 모두 합한 용량 이상의 비상발전기를 설치한다. 이것은 하나의 비상발전기를 설치하여도 그 용량이 비상전원을 설치해야 하는 모든 설비의 법령 기준만 충족하면 별도의 비상전

원이 설치되었다고 인정하는 것이고 현재 실무에서는 적용하고 있는 방식이다.

▸ 피난용 승강기 전용 예비전원용량 관련 심의 사례

#6 심의위원	조치계획	비고
4. 제연설비 비상전원 비상용승강기, 피난용승강기 운행가능시간(예비전원에 의한 운행가능시간) 동안 사용 가능토록 비상전원 용량 산정 요함	• 건축물의 피난 · 방화구조 등의 기준에 관한 규칙에 따라 피난용의 승강기의 예비전원을 초고층 건축물에 준하여 2시간을 적용하였습니다. • 또한 소화펌프, 제연설비 등 소방 비상전원 유지시간은 2시간을 적용하였으며 경유탱크 용량은 주거는 177L, 비주거는 289.2L의 용량을 확보하였습니다.	반영

1) 건축물의 피난 · 방화구조 등의 기준에 관한 규칙

제30조(피난용승강기의 설치기준) 영 제91조 제5호에서 "국토교통부령으로 정하는 구조 및 설비 등의 기준"이란 다음 각 호를 말한다. 〈개정 2014. 03. 05, 2018. 10. 18, 2021. 03. 26.〉

(중간 생략)

4. 피난용승강기 전용 예비전원
   가. 정전 시 피난용승강기, 기계실, 승강장 및 폐쇄회로 텔레비전 등의 설비를 작동할 수 있는 별도의 예비전원 설비를 설치할 것
   나. 가목에 따른 예비전원은 초고층 건축물의 경우에는 2시간 이상, 준초고층 건축물의 경우에는 1시간 이상 작동이 가능한 용량일 것

2) 발전기 용량 선정

구분	신정[kVA]	발전기 용량[kW]	비고
pG1	294.9	236	
pG2	199.0	159	
pG3	344.9	276	

위의 계산값에서 그 최대는 비상용 276[kW]이 된다.

∴ 발전기 용량은 3ø 4w 380/220V 300[kW]을 선정함

∴ 피난용 승강기 설치기준에 따라 초고층건축물에 준하여 2시간 이상 연료를 확보할 것

발전기 용량계산서 – 주거

용량(비상)		용량(상용)		엔진제조사	엔진모델	발전기 SET 크기			무게 (KG)	발전기 기초대 크기			연료탱크 용량(L)	연료소모량 (L/HR)
KW	KVA	KW	KVA			L	W	H		L	W	H		
300	375	273	341	DOOSAN	P126TI-2	2,994	1,110	1,560	2,450	3,300	1,300	250	215	89.5
330	413	300	375		P158LE-2	2,990	1,400	1,875	2,600	3,300	1,400	250	300	[illegible]
360	450	327	409		P158LE-1	2,990	1,400	1,875	2,650	3,300	1,400	250	300	104
400	500	364	455		P158LE	2,990	1,400	1,875	2,700	3,300	1,400	250	300	115.7
450	563	409	511		P158LE-3	2,990	1,400	1,875	2,800	3,300	1,400	250	300	[illegible]
500	625	455	568		P180LE	3,170	1,400	1,875	3,100	3,500	1,500	250	370	144.6
550	688	500	625		P180LE-2	3,170	1,400	1,875	3,250	3,500	1,500	250	370	155.6
610	763	555	693		P222LE	3,390	1,400	1,875	3,850	3,700	1,500	300	390	173.5
650	813	591	739		P222FE	3,390	1,400	2,075	4,100	3,700	1,500	300	390	192.1

발전기 용량별 연료 사용량

그러나 이것은 비상전원을 설치해야 한다는 규정에 대한 것이지, 엄밀히 말하면 전용의 예비전원 설치 규정이 아니다.

PLUS TIPS 필자의 의견

피난용 승강기의 예비전원은 다른 설비의 비상전원 용량으로 같이 사용하는 하나의 비상발전기의 용량에 포함되어 설치하는 것이 아니라, 별도의 피난용 승강기 비상전원 용량이 확보된 전용의 비상발전기를 설치해야 한다는 생각이다. 왜냐하면 피난용 승강기의 설치기준에서 "전용 예비전원"의 설치규정을 별도로 두고 있는 것은 화재 시 재실자들이 승강기를 이용한 피난에 있어 정전 시 비상발전기의 가동 시 다른 설비의 동작을 위한 비상전원의 용량이 소모되어 피난용 승강기의 비상운행에 필요한 비상전원의 용량 확보에 장애를 줄 우려를 전혀 배제할 수 없으므로 이런 위험을 제거하기 위한 취지가 있다고 생각하기 때문이다. 또한 상용전원과 예비전원의 공급을 자동 또는 수동으로 전환이 가능한 설비를 갖추도록 규정하고 있는 것도 이와 같은 이유라고 생각한다.

현재 실무에서 설계자는 피난용 승강기의 "전용 예비전원"의 의미는 "정전 시 자력의 전원으로 피난층까지 자동 하강할 때 요구되는 필요전원"을 의미하는 것이고, 다른 설비의 비상전원 겸용으로 사용하는 비상발전기의 용량에 피난용 승강기의 비상전원용량을 별도로 추가하여 확보하면 된다고 주장하기도 하며 이런 방식이 실제 설계에 적용하는 경우가 대부분이라고 보면 된다. 이 부분에 대해서는 향후 명확한 기준이 정립되어야 할 필요성이 요구된다.

▸ **피난용 승강기 전용 예비전원 설치 관련 심의 사례**

#3 심의위원	조치계획	비고
2. 피난용 승강기는 모든 전원(예비전원 포함)이 차단되어도 자체 전원으로 피난층까지 운전할 수 있는 구조로 해주고, 전원이 차단될 때 피난승객이 탑승할때)예, 13인승 65kg×13)를 고려하여 시험할 수 있도록 시험항목을 추가해 줄 것	• 전원이 차단된 경우 자동구출 운전장치를 설치하여 피난 승객이 탑승한 경우를 고려하여 시험할 수 있도록 반영하였습니다. • 피난용 승강기의 전원공급이 차단 시 별도의 UPS로 전원을 공급하여 피난층까지 운전할 수 있도록 하였습니다.	반영

[지상 4층 평면도]

피난용 승강기 부하
→ 실시설계 부하용량은 변경될 수 없음

(4) 피난용 승강기의 관제계획

피난을 위한 승강기가 법령에 적합하게 설치되었다 하더라도 실제 그 설비의 사용에 있어서는 가장 효율적인 방법으로 운행하여야 한다. 피난용 승강기의 설치 취지에 비교해서 통일적이지 못한 것이 피난용 승강기 관제계획의 표준화이다. 피난용 승강기는 화재 시 각 재실자들이 외부로의 피난을 위해 가장 신속하고 안전하게 이용할 수 있어야 한다. 그러나 재실자들 모두가 동시에 피난을 개시하고 각 층마다 피난용 승강기를 이용하기 위해 버튼을 누른다고 했을 때 이 승강기는 매 층마다 정차해야 하는가의 문제가 발생한다. 이런 피난용 승강기의 관제방식은 피난을 지연시키고 설비의 효율적인 본래의 기능에 적합하지 않을 것이다. 현재 국내의 법령에 피난용 승강기의 관제계획에 대한 표준화된 규정이 없다. 실무에서 일반적으로 적용하고 있는 관제계획은 화재 시 승용 승강기와 겸용으로 사용하던 피난용 승강기를 피난층으로 무정차 이동시키고, 이후 피난용 승강기 내에 관계자가 탑승하여 종합방재실에서의 운행제어를 통해 피난안전구역으로 이동하여 각 층에서 대피한 피난안전구역의 재실자들을 태우고 지상층으로 이동시키는 Life Boat 개념의 운행계획이 적용되고 있는 실정이다. 본래 피난용 승강기의 설치 취지는 재실자들이 그 층의 피난용 승강기가 설치된 장소에서 이용할 수 있도록 하는 것인데 재실자들이 자력으로 피난안전구역으로 대피하고 피난안전구역에서 피난용 승강기에 의해 지상으로 피난하는 것은 이런 취지와는 거리가 멀다고 할 수 있다. 그러므로 용도별 수용밀도에 따른 재실자들의 거주인원을 예측하고 화재 피난시뮬레이션에 의한 화재 시 피난동선과 피난개시시간 등을 비교 · 분석하여 피난용 승강기의 비상 운행계획이 그 건축물의 용도와 규모에 맞는 관제계획이 수립되어 고층건축물 거주자들이 당해층에서 직접 이용할 수 있도록 제도화하는 것이 필요하다고 할 수 있다.

▸ 피난용 승강기 관제계획 관련 심의 사례

검토사항	조치결과	반영
• 피난용 승강기 수직동선 운영방식 및 운영형태 관제계획 제시할 것	• 피난용 승강기는 비상시(화재 등) 내부 운전자가 운전하도록 계획하였음	

* 피난용 승강기
- 화재시 내부 운전자가 운전 가능하도록 계획
◆ 기 준
- 화재시 : 피난층 복귀
- 운행 : 피난층 ↔ 피난안전구역
◆ 적 용
- 화재시 : 피난층 복귀
- 운행 : 운전자에 의한 전층 운행, 사용자에 의한 외부 입력버튼 사용불가

[101동 기준층 확대 평면도]

하나의 방안으로 피난용 승강기의 승강장에 종합방재실에서 감시할 수 있는 CCTV를 설치하고, 화재 시 거동이 불편한 피난약자 등이 승강장에서 피난을 위해 대기하고 있을 때 종합방재실에서 CCTV를 통한 피난자가 있는 층을 확인한 후, 그 층의 승강장까지 승강기를 이동시켜 지상으로 대피시키는 관제계획도 고려할 필요가 있을 것이다.

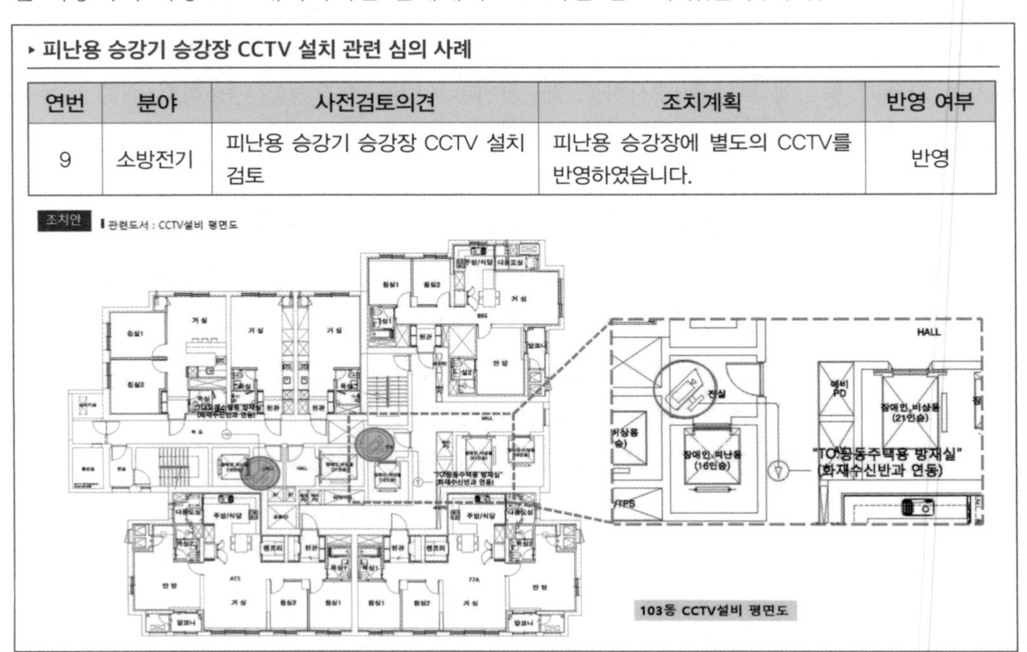

▸ **피난용 승강기 승강장 CCTV 설치 관련 심의 사례**

연번	분야	사전검토의견	조치계획	반영 여부
9	소방전기	피난용 승강기 승강장 CCTV 설치 검토	피난용 승강장에 별도의 CCTV를 반영하였습니다.	반영

또 다른 검토사항은 피난용 승강기를 옥상광장까지 연결되도록 하여 승강기를 이용한 옥상광장으로의 피난이 가능하도록 계획되어야 하는가이다.

현재 성능위주설계(PBD) 평가단의 심의에서 피난용 승강기의 운행이 옥상까지 연결될 수 있도록 하라는 의견을 제시하기도 하는데, 이것은 옥상광장이나 헬리포트 등의 피난시설이 설치되어 있는 건축물 상부로의 피난을 위한 이동에는 효율적일 수 있으나, 건축측면에서는 옥상 바닥면적의 초과로 층수로 산정되어 다른 한 층을 줄여야 하는 문제가 발생할 수 있다. 또한 앞에서 언급한 피난용 승강기의 관제계획을 수립함에 있어서 피난안전구역과 지상층뿐만 아니라 피난안전구역과 옥상까지의 운행계획에 포함하는 등 이것이 피난계획에 얼마나 신뢰성과 효율성이 있는지 확신에 복잡한 측면이 있다.

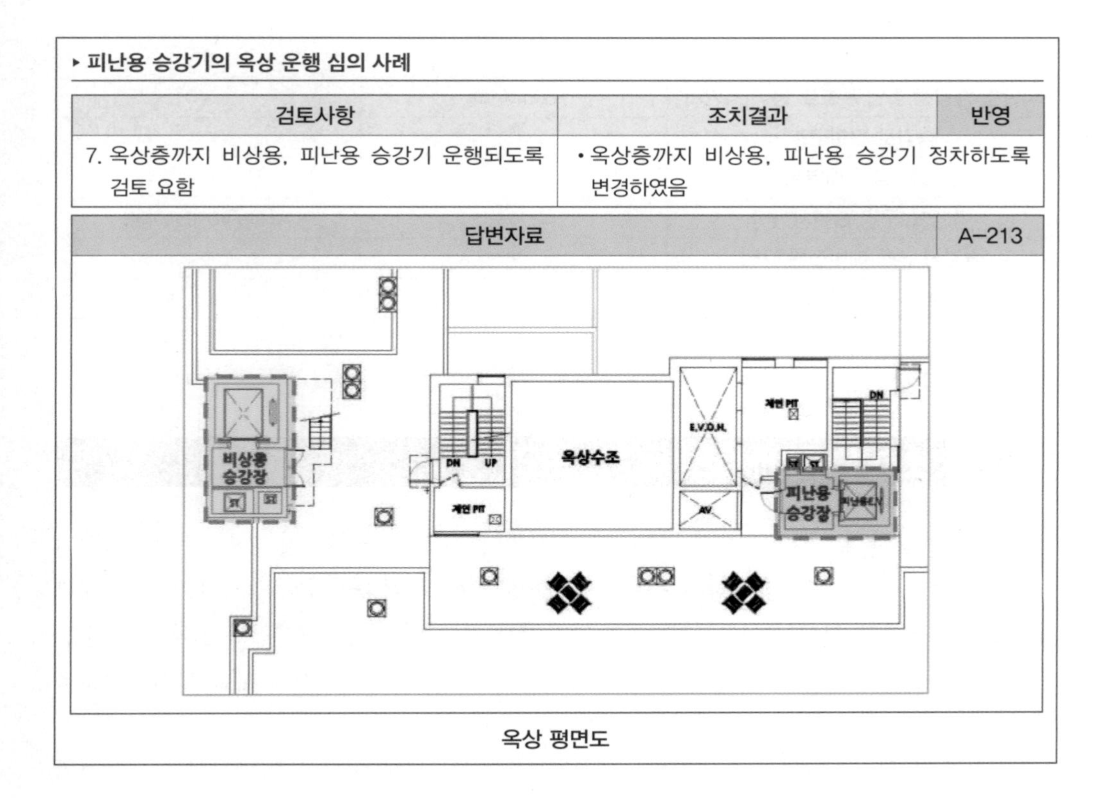

▸ 피난용 승강기의 옥상 운행 심의 사례

검토사항	조치결과	반영
7. 옥상층까지 비상용, 피난용 승강기 운행되도록 검토 요함	• 옥상층까지 비상용, 피난용 승강기 정차하도록 변경하였음	
답변자료		A-213

옥상 평면도

4 비상용 승강기와 피난용 승강기의 비교

앞에서 개별적으로 알아보았던 비상용 승강기와 피난용 승강기는 화재 시 긴급을 요하는 상황에서의 작동기능은 비슷하다고 할 수 있으나 사용자 측면에서의 기능에서는 상이한 부분이 많이 있으므로 반드시 구분해서 이해할 수 있어야 한다. 승강기의 "피난안전구역 승·하차 구조로 설치"와 같이 현재 실무에서 비상용 승강기에는 있지만 피난용 승강기에는 없는 규정들에 대해서는 비상용 승강기의 규정을 준용해서 적용하기도 한다.

내용 \ 대상	비상용 승강기	피난용 승강기
승강장 겸용여부	공동주택만 가능 (특별피난계단 부속실)	×
승강장 내화구조 바닥, 벽 구획	창문 · 출입구 기타 개구부를 제외한 부분	출입구를 제외한 부분
승강장 출입구 방화문	60분+ 방화문, 60분 방화문 – 피난층 제외 가능	60분+ 방화문, 60분 방화문 – 피난층 제외 불가 ※ 언제나 닫힌 상태를 유지할 수 있는 구조
승강장 면적	$6m^2$ 이상	$6m^2$ 이상

승강장 예비전원 조명시설	○	○
피난층 승강장 출입구 도로 등 이격거리	30m 이하	×
승강로 단일구조	○	○
승강로 상부 배연설비	×	○
피난안전구역 승하차 구조	○	×(실무에서는 적용)
승강기 전용 예비전원 규정	×	○
승강기 기계실구조	×	○

03 소방법령에서의 유지·관리

「소방시설 설치 및 관리에 관한 법률」 제16조(피난시설, 방화구획 및 방화시설의 관리)의 규정을 적용을 받는 건축법령상의 시설은 "건축법 제49조(건축물의 피난시설 및 용도제한 등)"에서 규정하고 시설들이다. 그러나 승강기의 설치에 대한 규정은 "건축법 제64조(승강기)"에서 규정하고 있는데 이것은 소방관계법령에서 유지 · 관리 위반에 대한 불이익처분을 할 수 있는가에 대한 문제가 제기된다.

비상용승강기는 소방관들의 현장활동을 위한 전용의 시설들이므로 피난시설에 포함시키는 것에 무리가 있을 것이고, 피난용승강기는 재실자들의 피난에 이용되는 시설이므로 피난시설로 인정하는 것이 타당하다고 할 수도 있을 것이다. 그렇지만 소방관계법령에서 명확하게 규정하고 있는 건축법 제49조의 조문에 해당되지 않으므로 소방시설법 제16조에 의한 "피난 · 방화시설 등의 관리의무" 위반을 적용시키지 못한다.

만일 소방관서에서 현장확인 시 피난용승강기의 사용불가 방치 등을 발견하였을 경우에는 관할 구청에 통보하여 「건축물관리법」에 의한 행정처분이나 「화재의 예방 및 안전관리에 관한 법률」 제14조(화재안전조사 결과에 따른 조치명령)에 의한 행정조치명령 후 불이행하였을 때, 조치명령 불이행에 따른 벌금 등의 불이익 처분을 하는 방법으로 행정업무를 하는 것이 적절할 것이다.

CHAPTER 

15 | 종합방재실과 소방시설의 감시제어반실

방재실(防災室)은 소방 설비 수신기, 방송 앰프, TV 증폭 설비, CCTV 모니터 및 DVR 설비 따위를 설치하여 재해를 감시하는 곳이라고 사전적으로 정의된다.[1] 일반적으로 방재실이라는 용어를 정의하고 있는 법령상의 규정을 찾기는 힘들다. 법령에서 유일하게 「초고층 및 지하연계 복합건축물 재난관리에 관한 특별법」에 "종합방재실"의 설치에 관하여 규정하고 있는데, 이것도 법령에서 용어의 정의를 규정하고 있는 것이 아니라 조문 내에서 설치 · 운영에 대해 기술하고 있고, 여기에 "(일반건축물등의 방재실 등을 포함한다)"라는 내용의 방재실 단어에 대해서만 짧게 언급하고 있다.

이 장에서는 「초고층 및 지하연계 복합건축물 재난관리에 관한 특별법」에 의해서 설치되는 "종합방재실"과 화재안전성능기준(NFPC)에서의 소방시설의 감시와 제어를 위해 설치되는 "감시제어반실"에 대해 알아보도록 한다.

01 종합방재실

종합방재실은 초고층재난관리법에 의해서 반드시 설치되어야 할 시설이다. 즉, 건축물의 안전, 제어, 보안등을 종합적으로 담당하는 장소라고 할 수 있다.

초고층건축물 종합방재실 설치 모습[2]

1) 출처:https://dic.daum.net "한국어 사전"
2) 출처: 부산광역시 해운대구 OOO 방재센터

1 종합방재실의 설치·운용[3)]

초고층재난관리법에 의하면 초고층 건축물 등의 관리주체는 그 건축물 등의 건축 · 소방 · 전기 · 가스 등 안전관리 및 방범 · 보안 · 테러 등을 포함한 통합적 재난관리를 효율적으로 시행하기 위하여 종합방재실을 반드시 설치 · 운영해야 하고 관리주체 간 종합방재실을 통합하여 효율성 있게 운영할 수 있도록 규정하고 있다. 또한 관계지역 내 관리주체는 종합방재실(일반건축물 등의 방재실 등을 포함) 간 재난 및 안전정보 등을 공유할 수 있는 정보망을 구축하고, 유사시 서로 긴급연락이 가능한 경보 및 통신설비를 설치하도록 하고 있다.

법적 근거	초고층 및 지하연계 복합건축물 재난관리에 관한 특별법 제16조(종합방재실의 설치 · 운영)
설치자	소유자 또는 관리자(그 건축물등의 소유자와 관리계약 등에 따라 관리책임을 진 자 포함)
설치 대상	**초고층 건축물등** 1. 초고층 건축물: 층수가 50층 이상 또는 높이가 200m 이상인 건축물 2. 지하연계 복합건축물 다음 각 목의 요건을 모두 갖춘 것을 말한다. 가. 층수가 11층 이상이거나 1일 수용인원이 5천명 이상인 건축물로서 지하부분이 지하역사 또는 지하도상가와 연결된 건축물 나. 건축물 안에 「건축법」 제2조 제2항에 따른 문화 및 집회시설, 판매시설, 운수시설, 업무시설, 숙박시설, 위락(慰樂)시설 중 유원시설업(遊園施設業)의 시설 또는 종합병원과 요양시설 용도의 시설이 하나 이상 있는 건축물

여기에서 보면 종합방재실을 설치해야 하는 자는 관리주체인 소유자와 관리자이다. 소방관계법령에서 규정하고 있는 관계인(소유자 · 관리자 · 점유자)이 아니므로 구별되어야 한다.

여기서 잠깐!

관리주체 ※ 초고층 및 지하연계 복합건축물 재난관리에 관한 특별법 제2조(정의)

"관리주체"란 초고층 건축물등 또는 일반건축물등의 소유자 또는 관리자(그 건축물등의 소유자와 관리계약 등에 따라 관리책임을 진 자를 포함한다)를 말한다.

관계인 ※ 소방기본법 제2조(정의)

"관계인"이란 소방대상물의 소유자 · 관리자 또는 점유자를 말한다.

2 종합방재실과 119종합상황실과의 연계[4)]

종합방재실은 「소방기본법」 제4조에 따른 "종합상황실"과 반드시 연계되도록 설치되어야 한다. 이것은 초고층건축물의 화재발생 시 현장에서의 지휘와 더불어 소방의 119종합상황실에서 현장 상황에 따라 필요시 상황판단에 의한 지휘 · 통제를 하기 위한 필요성에 의한 것이다.

---

3) 초고층 및 지하연계 복합건축물 재난관리에 관한 특별법 제16조(종합방재실의 설치 · 운영)

4) 초고층 및 지하연계 복합건축물 재난관리에 관한 특별법 제16조(종합방재실의 설치 · 운영) 제2항

 여기서 잠깐!

소방기본법 제4조(119종합상황실의 설치와 운영)

① 소방청장, 소방본부장 및 소방서장은 화재, 재난 · 재해, 그 밖에 구조 · 구급이 필요한 상황이 발생하였을 때에 신속한 소방활동(소방업무를 위한 모든 활동을 말한다. 이하 같다)을 위한 정보의 수집 · 분석과 판단 · 전파, 상황관리, 현장 지휘 및 조정 · 통제 등의 업무를 수행하기 위하여 119종합상황실을 설치 · 운영하여야 한다.

그러나 「초고층 및 지하연계 복합건축물 재난관리에 관한 특별법」에 의한 "종합방재실"과 「소방기본법」에 의한 "119종합상황실" 간의 연계에 관한 방법과 세부기준의 규정이 없다. 상호 간 기능의 연계를 어느 정도 수준으로 설치해야 하는지 표준화된 기준이 없으므로 일부에서는 자동화재속보설비와 직통 비상 경비전화를 설치하는 정도의 수준으로 설치하고 있는 것이 현실이다.

필자가 초고층 건축물의 성능위주설계(PBD) 평가 심의에서 이와 같은 문제점과 시스템의 설치에 대한 의견을 제시한 경험이 있는데 이런 사례를 조금 소개하겠다. 먼저 소방 작전상황실과 현장대응팀 간의 지휘체계와 상황파악 및 지시가 가능할 수 있는 방안을 모색하도록 하고, 종합모니터링 화면 및 카메라를 설치하여 상호 영상회의가 가능하도록 소방본부와 지속적으로 의견 조율하도록 하였다.

PLUS TIPS 종합방재실의 119종합상황실과의 연계 성능위주설계 심의 의견제시 내용 사례

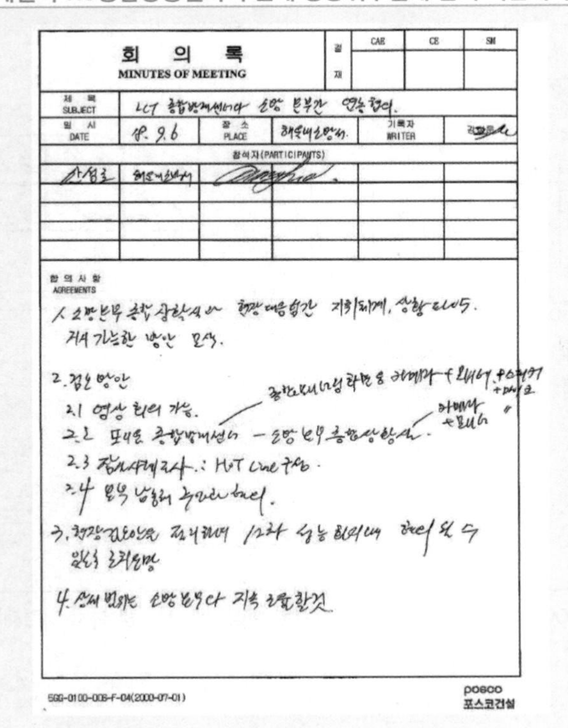

회 의 록
MINUTES OF MEETING

결재	CAE	CE	SM

제목 SUBJECT	LCT 종합방재센터와 소방본부간 연계 협의.				
일시 DATE	18. 9. 6	장소 PLACE	해운대소방서	기록자 WRITER	[illegible]
참석자(PARTICIPANTS)					
신성호	해운대소방서	[illegible]			

합의사항 AGREEMENTS

1. 소방본부 종합상황실과 현장대응팀간 지휘체계, 상황파악. 지시 가능한 방안 모색.
2. 검토 방안
   2.1 영상 회의 가능. (종합모니터링화면 & 카메라 + 모니터 + 스피커 + 마이크)
   2.2 모니터 종합방재센터 – 소방본부 종합상황실. (카메라 + 모니터 ")
   2.3 작전상황실 : HOT Line 구성.
   2.4 [illegible]
3. 현장검토의견은 정리해서 12차 성능위원회 협의 될 수 있도록 조치요망
4. 상세 방안은 소방본부와 지속 조율할것

5GG-0100-006-F-04(2000-07-01)

posco 포스코건설

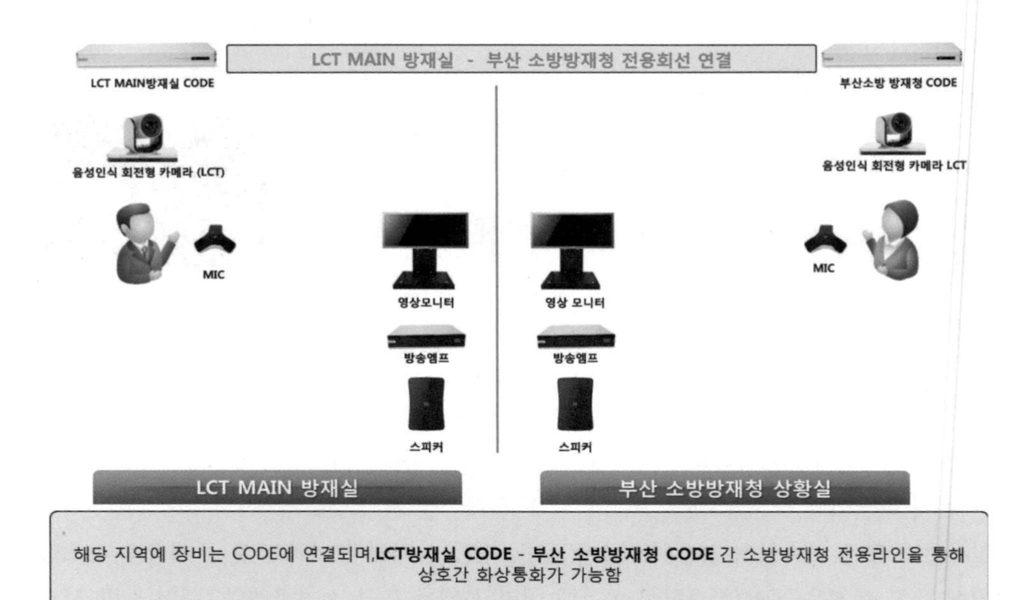

해운대 000 현장 소방본부 상황실과 메인방재센터 연동 의견제시 내용

통신전달 체계의 한 방법으로 종합방재실 간의 Hot-Line을 구성하도록 하고 자동화재속보설비는 당연히 설치하도록 하였다.

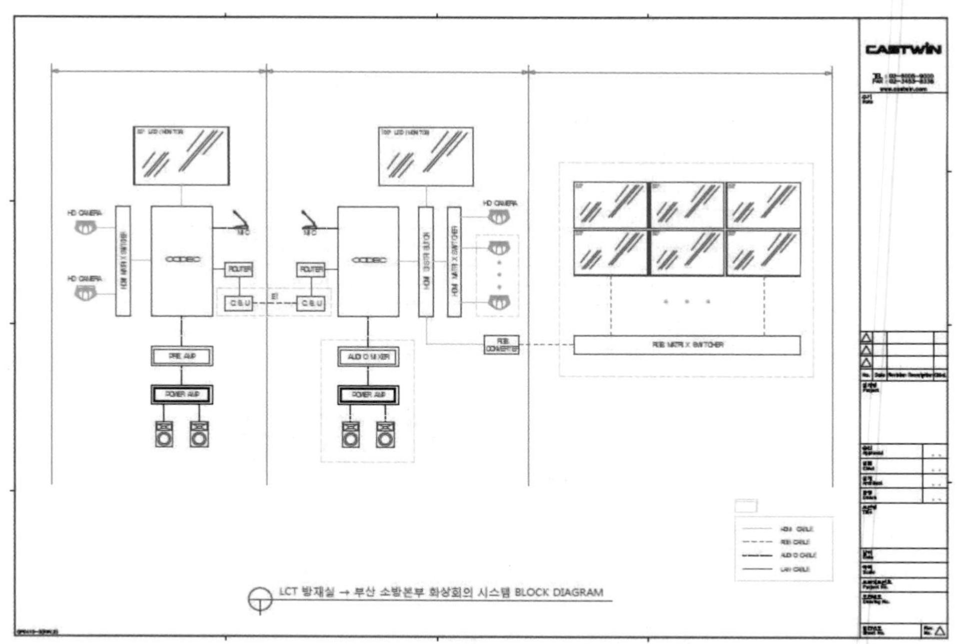

해운대 000 방재실 ⇔ 부산 소방재난본부 화상회의 시스템 설치 의견제시 내용

이런 의견제시 내용 또한 법령에서 규정하고 있는 것이 아니라 재난발생 시의 효율적인 대응을 위해 필요하다는 필자 개인의 의견을 제시한 것이므로 실제 재난현장의 작전을 수행하는 여러 부서와의 소방상황실과의 협의 결과에 따라 설치 내용이 달라질 수 있다. 필자의 이런 의견제시 내용들이 실제로 설치되었는지에 대해서는 아쉽지만 확인하지 못했다는 것을 미리 얘기한다.

현재 건축되는 건축물의 규모와 층수에 있어서 초고층건축물의 설치가 증가하고 있으므로 종합방재실과 소방 종합상황실과의 상호 기능연계에 대한 표준화 마련이 시급히 이루어져야 한다.

3 종합재난관리체제의 구축[5)]

초고층 건축물 등의 관리주체는 관계지역 안에서 재난의 신속한 대응 및 재난정보 공유 · 전파를 위한 종합재난관리체제를 종합방재실에 구축 · 운영하여야 한다. 이런 종합재난관리체제를 구축할 때 재난대응체제, 재난 · 테러 및 안전 정보관리체제, 그 밖에 관리주체가 필요로 하는 사항들이 반드시 포함되도록 법령에서 규정하고 있다.

종합재난관리체제의 구축 시 포함되어야 할 사항

1. 재난대응체제
   가. 재난상황 감지 및 전파체제
   나. 방재의사결정 지원 및 재난 유형별 대응체제
   다. 피난유도 및 상호응원체제
2. 재난 · 테러 및 안전 정보관리체제
   가. 취약지역 안전점검 및 순찰정보 관리
   나. 유해 · 위험물질 반출 · 반입 관리
   다. 소방 시설 · 설비 및 방화관리 정보
   라. 방범 · 보안 및 테러대비 시설관리
3. 그 밖에 관리주체가 필요로 하는 사항

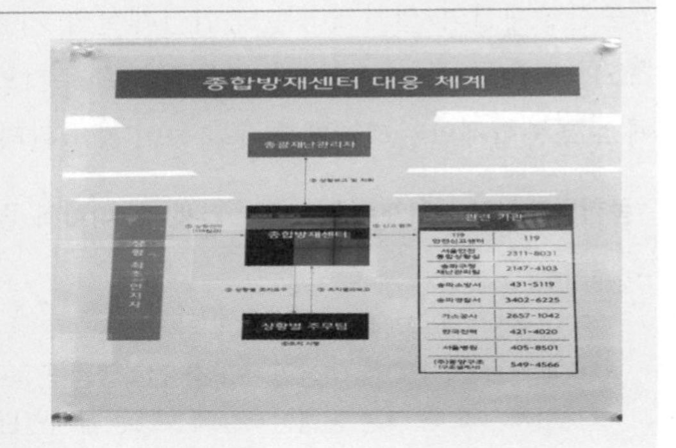

종합방재실에 설치하는 종합재난관리체제는 관계지역 안에서 재난의 신속한 대응과 전파를 위해 구축하여야 하는데, 이것을 어떻게 구축하라는 표준화된 규정이 없고 위의 포함되어야 할 사항에 대해 현장에 맞게 관리주체의 재량에 의한 내용으로 설치하도록 되어 있으므로 구축된 체계에 대한 실행 신속성과 효율성 등의 신뢰성이 얼마나 될 것인지에 대해서는 의문을 가질 수밖에 없다.

5) 초고층 및 지하연계 복합건축물 재난관리에 관한 특별법 제17조(종합재난관리체제의 구축)

여기서 잠깐!

관계지역 ※ 초고층 및 지하연계 복합건축물 재난관리에 관한 특별법 제2조(정의)

"관계지역"이란 제3조에 따른 건축물 및 시설물(이하 "초고층 건축물등"이라 한다)과 그 주변지역을 포함하여 재난의 예방 · 대비 · 대응 및 수습 등의 활동에 필요한 지역으로 대통령령으로 정하는 지역을 말한다.

초고층 및 지하연계 복합건축물 재난관리에 관한 특별법 시행령 제3조(관계지역)

1. 초고층 건축물등이 있는 대지
2. 초고층 건축물등이 있는 대지와 접한 대지로서 「재난 및 안전관리 기본법」 제16조에 따른 시 · 군 · 구 재난안전대책본부의 본부장이 통합적 재난관리가 필요하다고 인정하여 지정 · 고시하는 지역(단서조항 생략)

4 종합방재실의 설치기준[6)]

초고층 건축물 등의 관리주체는 종합방재실의 개수, 위치, 구조 및 면적, 설비를 설치하고 상주 필수인력을 배치하여 운영하여야 한다. 그러므로 이런 기준들의 세부적인 설치규정에 대해서 각 기준마다 구분할 수 있어야 한다.

(1) 설치개수 및 보조종합재난관리체제

종합방재실의 설치개수는 종합방재실의 기능이 상실될 경우를 대비하여 "100층 이상의 초고층건축물 등"에 대해서 의무적으로 추가로 설치하거나, 관계지역 내 다른 종합방재실에 보조종합재난관리체제를 구축하여 재난관리 업무가 중단되지 않도록 하여야 한다.

종합방재실의 설치개수 및 보조종합재난관리체제 구축

종합방재실의 설치 개수: 1개
↳ 종합방재실 기능 상실 경우 대비
① 추가설치: 100층 이상인 초고층 건축물등(공동주택 제외)
② 관계지역 내 다른 종합방재실에 보조종합재난관리체제를 구축

아래는 필자가 관여했던 현장의 보조종합재난관리체제가 구축된 사례이다. 통합방재센터를 포함한 4개의 각 방재센터가 설치되어 상호 네크워크로 구성되어, 메인(Master) 주수신기의 기능이 상실되면 다른 방재센터로 기능이 순차적으로 공유되어 다른 방재센터(예 타워방재센터)에서 메인 주수신기의 기능을 할 수 있도록 하였는데, 다른 방재센터가 역시 기능이 상실되었다면 또 다른 방재센터(예 관광숙박방재센터)가 그 역할을 대신 수행할 수 있도록 구축된 사례이다.

6) 초고층 및 지하연계 복합건축물 재난관리에 관한 특별법 시행규칙 제7조(종합방재실의 설치기준)

PLUS TIPS 해운대 000 현장「보조종합재난관리체제」구축 사례

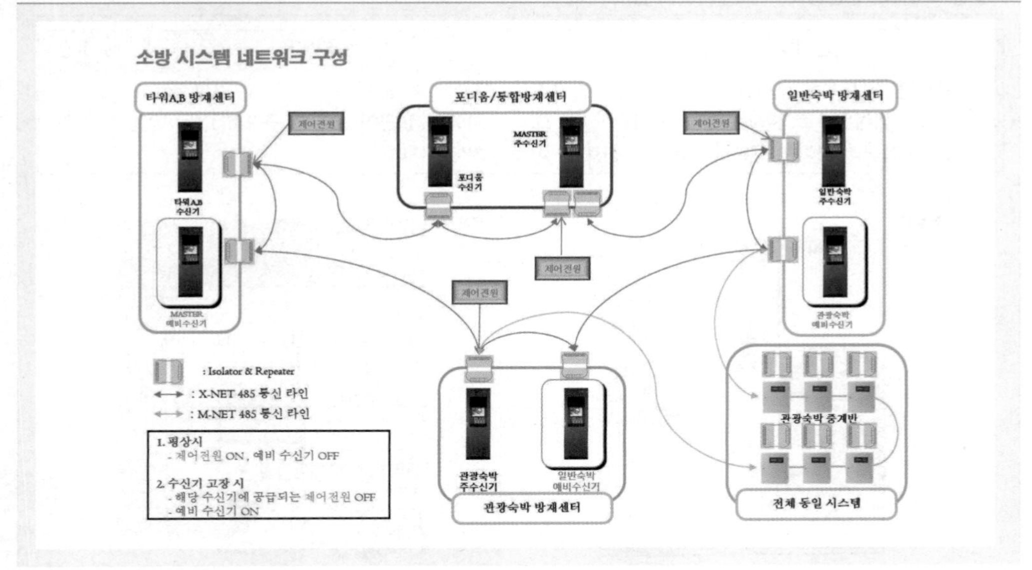

(2) 종합방재실의 설치위치

종합방재실의 위치는 기본적으로 접근하기가 용이하고 재난으로 인해 피해를 입을 우려가 없는 곳에 위치하도록 설계하여야 한다. 일반적으로 1층이나 피난층에 설치하는 것이 신속한 접근성 등에 있어 가장 이상적이라 할 수 있으나 공동주택의 경우 관리사무소 내에 설치 가능하도록 하는 등 상시 근무에 따른 효율적인 접근성을 인정하여 예외적으로 다른 층에도 설치할 수 있도록 하고 있다.

종합방재실의 설치위치

가. 1층 또는 피난층. 다만, 초고층 건축물등에 특별피난계단이 설치되어 있고, 특별피난계단 출입구로부터 5미터 이내에 종합방재실을 설치하려는 경우에는 2층 또는 지하 1층에 설치할 수 있으며, 공동주택의 경우에는 관리사무소 내에 설치할 수 있다.
나. 비상용 승강장, 피난 전용 승강장 및 특별피난계단으로 이동하기 쉬운 곳
다. 재난정보 수집 및 제공, 방재 활동의 거점(據點) 역할을 할 수 있는 곳
라. 소방대(消防隊)가 쉽게 도달할 수 있는 곳
마. 화재 및 침수 등으로 인하여 피해를 입을 우려가 적은 곳

종합방재실을 1층 또는 지상과 면하는 피난층에 설치하는 것이 원칙이나 지상 2층이나 지하 1층에 설치하고자 하는 경우 특별피난계단의 출입구가 5미터 이내에 반드시 있을 때에만 가능하다. 비록 피난층이 아닌 장소에도 설치할 수 있도록 하고 있지만 종합방재실 기능의 중요성 관점에서 본다면 관계자나 소방대원등이 접근하기가 가장 쉬운 장소에 위치할 수 있도록 검토되어야 한다.

▸ **종합방재실의 접근성에 따른 설치위치 심의 사례**

#2 000 심의위원	조치내용	비고
1. 지상 1층 방재실은 화재 시 접근성이 용이한 구조로 보기 어려우므로, 방재실 위치를 인접한 8m 도로에서 접근이 용이한 곳으로의 배치를 검토할 것	• 지상 1층 방재실은 화재 시 인접 8m 도로에서 접근이 용이한 곳으로 이동 반영하였습니다.	반영

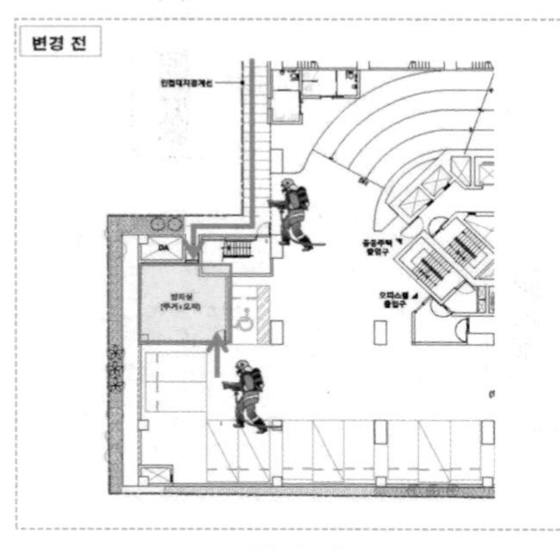

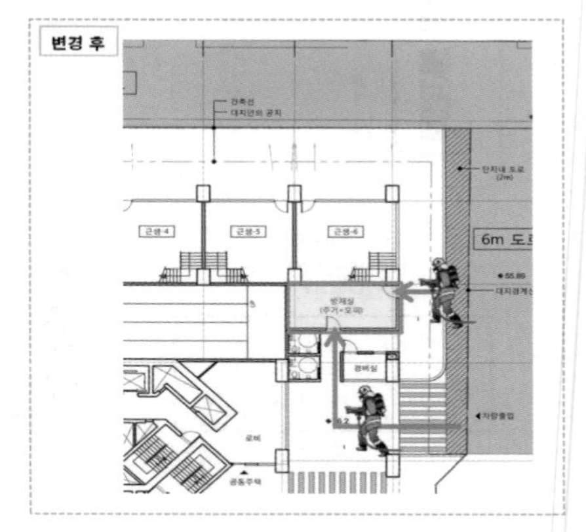

변경 전 　 변경 후

지상 1층 방재실 위치 변경

또한 비록 특별피난계단 출입구가 5미터 이내에 있다 하더라도 성능위주설계(PBD) 평가 심의에서는 침수 우려, 신속한 접근성 등으로 반드시 지상 1층에 위치하도록 하는 것이 대부분이다.

▸ **종합방재실의 설치위치(1층) 심의 사례**

#4 000 심의위원	조치내용	비고
4. 방재실이 1층이 아닌 2층에 설치되는 이유를 제시하고 적절한 이유가 없으면 1층에 설치하는 방안을 검토할 것. 또한 장치 배치도를 실제 스케일에 맞게 작성하여 실제 소방활동을 위한 공간이 확보되는지 확인이 필요하며 휴게실, 화장실 등을 설치할 여유공간을 확보할 것	• 종합방재실을 지상 1층으로 변경하였으며, 소방작전에 충분한 공간을 확보하였습니다. • 또한 장비 배치도를 실제 스케일에 맞게 계획하였으며, 상세도의 경우 성능위주설계 신고(2차) 시 제출하겠습니다. • 다만, 휴게실 및 화장실을 계획하는 것은 공간확보의 어려움이 있어 미반영하였으나 1층 근린생활시설 화장실을 사용할 수 있도록 출입구를 계획하였습니다.	반영

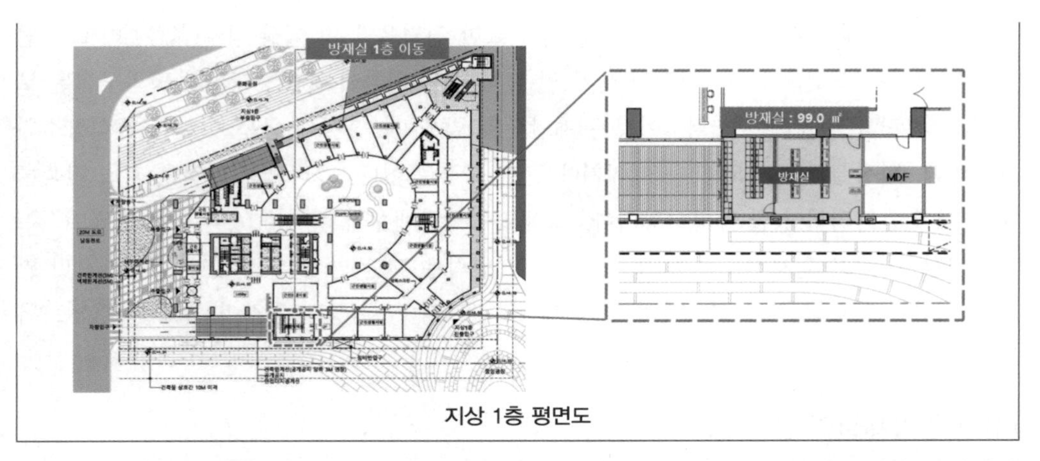

지상 1층 평면도

이것과 구분되어야 하는 것이 소방시설 전용의 감시제어반실 설치 위치에 대한 규정인데 이 부분은 뒤에서 다시 언급하기로 한다.

(3) 종합방재실의 구조 및 면적

종합방재실의 설치기준에서 화재등의 위험으로부터 피해를 입을 우려가 없도록 하기 위해서는 반드시 다른 부분과 방화구획되어야 한다. 또한 출입문에는 출입 제한 및 통제 장치를 갖추고 방범 및 보안, 테러등의 예방에 지장이 없도록 설치하여야 한다.

종합방재실의 구조 및 면적 설치기준

가. 다른 부분과 방화구획(防火區劃)으로 설치할 것. 다만, 다른 제어실 등의 감시를 위하여 두께 7밀리미터 이상의 망입(網入)유리(두께 16.3밀리미터 이상의 접합유리 또는 두께 28밀리미터 이상의 복층유리를 포함한다)로 된 4제곱미터 미만의 붙박이창을 설치할 수 있다.
나. 제2항에 따른 인력의 대기 및 휴식 등을 위하여 종합방재실과 방화구획된 부속실(附屬室)을 설치할 것
다. 면적은 20제곱미터 이상으로 할 것
라. 재난 및 안전관리, 방범 및 보안, 테러 예방을 위하여 필요한 시설 · 장비의 설치와 근무 인력의 재난 및 안전관리 활동, 재난 발생 시 소방대원의 지휘 활동에 지장이 없도록 설치할 것
마. 출입문에는 출입 제한 및 통제 장치를 갖출 것

종합방재실을 반드시 방화구획으로 설치해야 하지만 다른 제어실 등의 감시를 위하여 4제곱미터 미만의 붙박이창을 설치할 수 있도록 하는 규정이 예외적으로 인정된다. 그러나 여기에서 주목해야 할 것이 앞의 제11장(방화지구 안의 건축물)에서 언급한 "망입유리의 성능"이 반드시 내화구조의 성능기준을 만족해야 한다는 것은 아니라는 것이다.

이런 의미로 볼 때 방화구획 부분에 붙박이창으로 설치할 수 있도록 한 것은 방화구획의 완화개념이지 이 규정에 적합한 두께의 창호가 반드시 내화구조의 성능 기준까지 만족되어야 한다는 것은 아니다.

또한 종합방재실에는 재난 및 안전관리에 필요한 인력을 "3명 이상 상주(常住)"하도록 법령에서 규정하고 있는데, 이 인력의 대기 및 휴식 등을 위하여 종합방재실과 방화구획된 부속실(附屬室)을 설치해야 한다. 이것은 재난상황 발생 시 장시간 근무로 인한 휴식장소의 개념인데, 화장실과 세면도구 등의 설치에 관한 규정은 없다. 그러므로 이것은 최초 건축물 허가 시에 반영되어야 할 재량사항이다. 그리고 종합방재실의 설치에 있어 최소 면적이 "20제곱미터 이상"을 확보하도록 하고 있는데, 이 면적은 재난 발생 시 소방대원등의 지휘 활동에 지장이 없도록 하는 최소한의 면적이므로 반드시 그 이상의 공간이 확보될 수 있도록 해야 한다.

(4) 종합방재실의 설비 등

초고층건축물의 종합방재실은 그 건축물 등의 건축 · 소방 · 전기 · 가스 등 안전관리 및 방범 · 보안 · 테러 등을 포함한 통합적 재난관리를 효율적으로 시행하기 위하여 설치하는 것이므로 여기에 관련된 다양한 설비들을 제어 · 통제 할 수 있도록 각각의 설비들을 설치하여 통합적으로 운영하게 된다. 전력 공급 상황 확인 시스템에서부터 테러 등의 감시와 방범 · 보안설비 등의 설치까지 법령에서 규정하고 있는 설비들은 어떤 방식으로 하더라도 반드시 시스템적으로 설치해야 한다.

종합방재실 설비등의 설치기준

종합방재실의 설비등

가. 조명설비(예비전원을 포함한다) 및 급수 · 배수설비
나. 상용전원(常用電源)과 예비전원의 공급을 자동 또는 수동으로 전환하는 설비
다. 급기(給氣) · 배기(排氣) 설비 및 냉방 · 난방 설비
라. 전력 공급 상황 확인 시스템
마. 공기조화 · 냉난방 · 소방 · 승강기 설비의 감시 및 제어시스템
바. 자료 저장 시스템
사. 지진계 및 풍향 · 풍속계(초고층 건축물에 한정한다)
아. 소화 장비 보관함 및 무정전(無停電) 전원공급장치
자. 피난안전구역, 피난용 승강기 승강장 및 테러 등의 감시와 방범 · 보안을 위한 폐쇄회로텔레비전(CCTV)

초고층건축물에 설치된 각종 계측기, 전력공급시스템, 공조설비 및 냉 · 난방설비, 감시와 보완시스템 등 건축물의 사용에 관련된 모든 설비의 운용에 대한 부분들은 통합방재센터에서 제어 · 통제가 가능하도록 설치해야 한다.

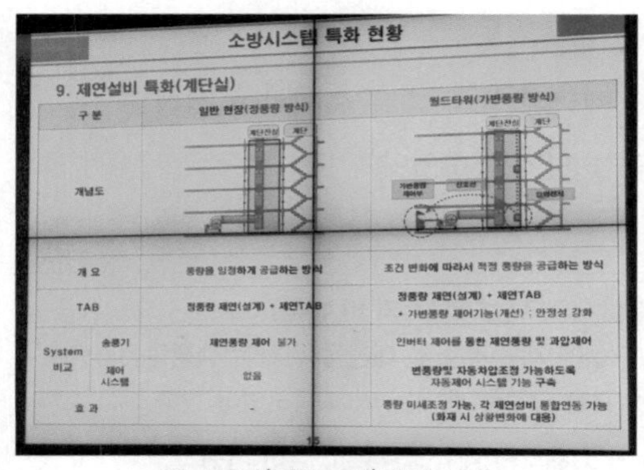

공조설비(제연설비)관련 사례

지진계 및 풍향 · 풍속계 설비관련 사례[7)]

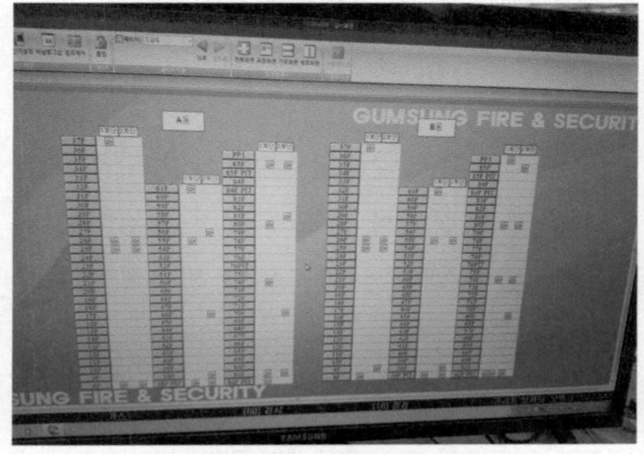

비상콘센트설비 통전관련 사례

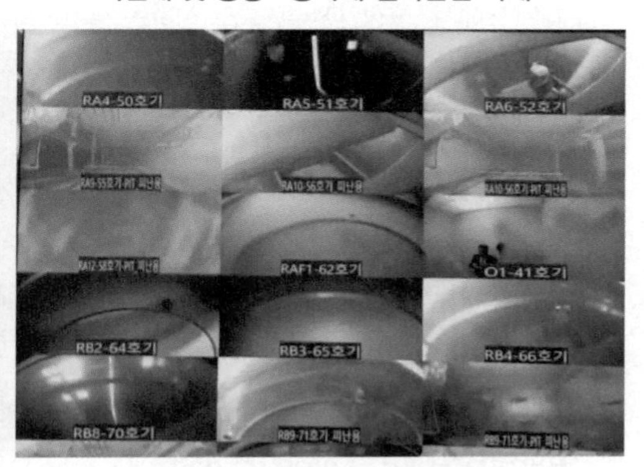

피난용승강기 작동관련 사례

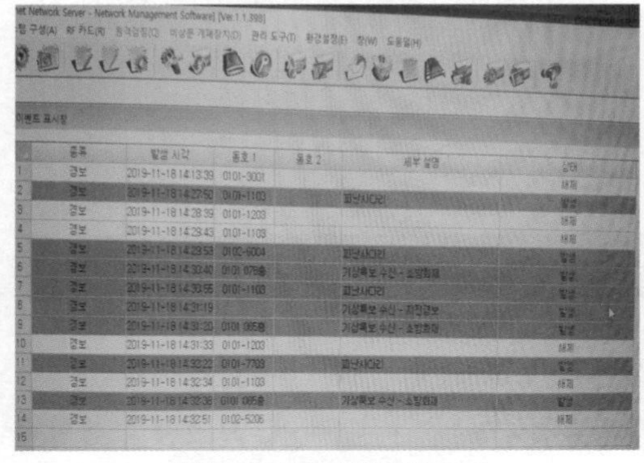

하향식피난구 작동관련 사례

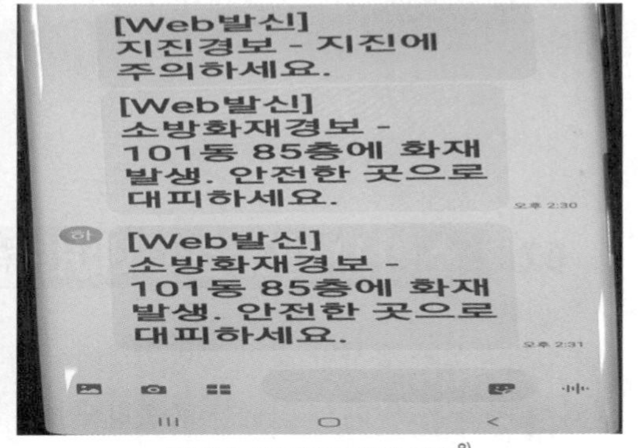

관계자 재난통보관련 사례[8)]

또한 초고층 건축물등의 관리주체는 종합방재실의 기능이 항상 정상적으로 작동되도록 종합방재실의 시설 및 장비 등을 수시로 점검하고 그 결과를 보관하여야 한다.

7) 출처: 서울특별시 OOO 통합방재센터

8) 출처: 부산광역시 해운대구 OOO 통합방재센터

(5) 종합방재실 설계도서의 비치[9)]

초고층 건축물등의 관리주체는 종합방재실에 재난예방 및 대응을 위하여 설계도서를 비치하여야 하며, 관계 기관이 열람을 요구할 때에는 이에 응하여야 한다.

종합방재실의 설계도서의 비치

초고층 및 지하연계 복합건축물 재난관리에 관한 특별법 제20조(설계도서의 비치 등)
초고층 건축물등의 관리주체는 제16조에 따른 종합방재실에 재난예방 및 대응을 위하여 행정안전부령으로 정하는 설계도서를 비치하여야 하며, 관계 기관이 열람을 요구할 때에는 이에 응하여야 한다.

초고층 및 지하연계 복합건축물 재난관리에 관한 특별법 시행규칙 제10조(설계도서의 비치 등)
법 제20조에서 "행정안전부령으로 정하는 설계도서"란 다음 각 호의 설계도서를 말한다.
1. 「건축법 시행규칙」 별표 2의 설계도서[건축계획서 및 시방서(示方書)는 제외]
2. 「소방시설 설치 및 관리에 관한 법률 시행규칙」 제5조 제2항 제2호 각 목의 설계도서

설계도서의 비치에 대해서 가볍게 여기는 경향이 없지 않은데 이것은 재난상황 시 신속한 작전계획을 수립하기 위한 아주 중요한 요소이기 때문에 법령에서 별도의 규정을 두어 설계도서 비치 의무를 부과해 놓았다. 만일 이 규정을 위반했을 때에는 벌금등의 행정형벌 처분을 받을 수 있으므로 반드시 주의해야 한다.

 여기서 잠깐!

종합방재실 설계도서 비치의무 위반 **※ 초고층 및 지하연계 복합건축물 재난관리에 관한 특별법 제30조(벌칙)**
제20조를 위반하여 설계도서를 비치하지 아니한 자는 2년 이하의 징역 또는 2천만 원 이하의 벌금에 처한다.

02 소방시설의 감시제어반실

종합방재실과 유사한 것이 소방법령에서 규정하고 있는 수계소화설비의 감시제어반 전용실의 설치이다. 앞에서 언급한 종합방재실은 초고층건축물의 안전, 제어, 보안등을 종합적으로 담당하는 장소이므로 소방설비의 제어를 위한 감시제어반은 별도의 장소가 아닌 종합방재실내에 설치되어 통합적으로 관리된다.

또한 화재안전성능기준(NFPC)에서 자동화재탐지설비 등 경보설비의 수신기는 수위실 등 사람이 상시 근무하는 장소에 설치하여 유사시 관계인의 접근이 쉽고 빠른 조치를 할 수 있도록 하고 있는데, 이런 수신기 역시 감시제어반 전용실에 해당하는 종합방재실에 설치된다. 소방설비의 감시제어반은 전용실에 설치하도록 각 화재안전기준에 규정하고 있지만 공통적

9) 초고층 및 지하연계 복합건축물 재난관리에 관한 특별법 제20조(설계도서의 비치 등)

인 설치기준이 종합방재실의 설치기준과 거의 유사하므로 구분해서 이해해야 한다.

1 감시제어반의 설치기준

수계소화설비의 화재안전성능기준(NFPC)에서는 각 소화설비마다 펌프등의 기동과 제어를 위해서 제어반을 설치하도록 규정하고 있는데, 감시제어반과 동력제어반으로 구분하여 설치한다.

동력제어반 설치 모습

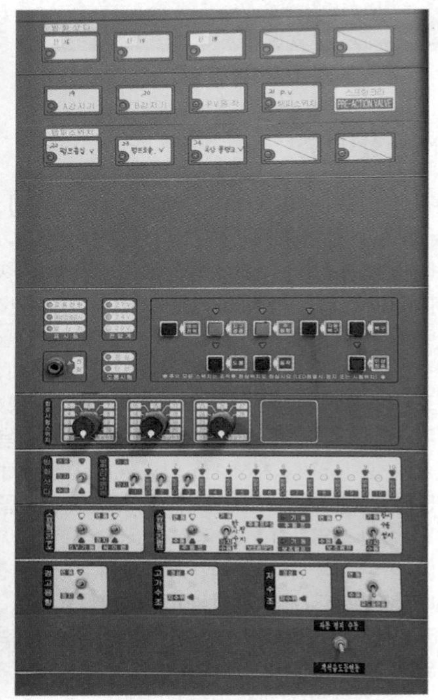

감시제어반 설치 모습

동력제어반은 MCC패널 등 설비를 작동시키기 위한 동력원으로서 펌프가 설치된 지하실에 설치하는 것이 일반적이나, 이에 반해 감시제어반은 복합수신기, 비상방송용 앰프 등이 설치되어 있는 장소로서 펌프 등의 작동여부 확인, 수동 및 자동 조작기능, 비상전원의 공급여부 확인 등의 기능을 가진 것으로서 그 설치장소와 위치 등은 별도의 기준에 따라 설치하도록 규정되어 있다. 비상전원을 설치해야 하는 소화설비에는 감시제어반과 동력제어반을 구분해서 설치해야 하고, 감시제어반은 전용실 안에 설치해야 한다.

각 소화설비마다 감시제어반 전용실 내에 설치하는 기능들이 소화시설 종류에 따라 조금씩 차이가 있지만 전용실의 설치장소와 구조 등은 공통적인 기준이 적용된다. 여기서는 옥내소화전설비와 스프링클러설비에서 규정하고 있는 공통적 설치기준 위주로 알아보기로 한다.

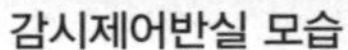

감시제어반실 모습

감시제어반실 내부 모습

감시제어반 설치기준

화재안전성능기준(NFPC), 화재안전기술기준(NFTC)

1. 화재 및 침수 등의 재해로 인한 피해를 받을 우려가 없는 곳에 설치
2. 감시제어반은 소방설비의 전용으로 할 것(설비의 제어에 지장이 없는 경우에는 다른 설비와 겸용가능)
3. 감시제어반은 다음 각 목의 기준에 따른 전용실안에 설치할 것(예외규정 있음)
   가. 다른 부분과 방화구획을 할 것. 이 경우 전용실의 벽에는 기계실 또는 전기실 등의 감시를 위하여 두께 7mm 이상의 망입유리(두께 16.3mm 이상의 접합유리 또는 두께 28mm 이상의 복층유리를 포함한다)로 된 $4m^2$ 미만의 붙박이창을 설치할 수 있다.
   나. 피난층 또는 지하 1층에 설치할 것. 다만, 다음 각 세목의 어느 하나에 해당하는 경우에는 지상 2층에 설치하거나 지하 1층 외의 지하층에 설치할 수 있다.
      (1) 특별피난계단이 설치되고 그 계단(부속실을 포함한다) 출입구로부터 보행거리 5m 이내에 전용실의 출입구가 있는 경우
      (2) 아파트의 관리동(관리동이 없는 경우에는 경비실)에 설치하는 경우
   다. 비상조명등 및 급 · 배기설비를 설치할 것
   라. 무선통신보조설비가 설치된 특정소방대상물에 「무선통신보조설비의 화재안전성능기준(NFPC 505)」에 따라 유효하게 통신이 가능할 것
   마. 바닥면적은 감시제어반의 설치에 필요한 면적 외에 화재 시 소방대원이 그 감시제어반의 조작에 필요한 최소면적 이상으로 할 것
4. 전용실에는 특정소방대상물의 기계 · 기구 또는 시설 등의 제어 및 감시설비외의 것을 두지 아니할 것

감시제어반은 소방설비 정상작동 등을 위한 중요한 장소이므로 화재 등 재난으로부터 피해를 받을 우려가 없어야 하고, 그 설비의 전용으로 설치해야 한다. 그러나 설비의 제어에 지장이 없는 경우에는 다른 설비와 겸용으로 설치가 가능하다. 또한 감시제어반 전용실 내에 제어 및 감시설비 외의 것을 두어 기능의 유지에 장애를 가지게 해서는 안 된다. 감시제어반은 일반적으로 전용실 안에 설치해야 하지만 예외 규정에 해당이 되면 그 외의 장소에 설치할 수도 있다.

감시제어반을 전용실 안에 설치하지 않아도 되는 경우

1. 다음 각 목의 어느 하나에 해당하지 아니하는 특정소방대상물에 설치되는 소화설비
   가. 지하층을 제외한 층수가 7층 이상으로서 연면적이 2,000m² 이상인 것
   나. 가목에 해당하지 아니하는 특정소방대상물로서 지하층의 바닥면적의 합계가 3,000m² 이상인 것
2. 내연기관에 따른 가압송수장치를 사용하는 소화설비
3. 고가수조에 따른 가압송수장치를 사용하는 소화설비
4. 가압수조에 따른 가압송수장치를 사용하는 소화설비
5. 공장, 발전소 등에서 설비를 집중 제어 · 운전할 목적으로 설치하는 중앙제어실 내에 감시제어반을 설치하는 경우

수계소화설비 중 "미분무소화설비"는 반드시 감시제어반을 전용으로 설치해야 하고, 또한 감시제어반 전용실 설치에 대한 예외 규정의 적용을 받지 않는다. 이런 이유는 미분무소화설비는 특정소방대상물의 점화원, 연료의 특성과 형태 등에 따라서 발생할 수 있는 화재의 유형이 고려되어 작성한 특별설계도서에 미분무소화설비 성능을 확인하기 위하여 위험도가 높은 하나의 발화원을 가정하여 설계하고, 소방관서에 허가동의를 받기 전에 성능시험기관으로 지정받은 기관에서 그 성능을 검증받아 설치해야 신뢰성 있는 소화성능을 가질 수 있기 때문이다. 만일 다른 설비와의 겸용으로 설치 시 감시제어반이 다른 설비 등에 의해 장애를 받는다면 이런 특별설계도서와 성능검증에 영향을 줄 우려가 있으므로 반드시 전용의 감시제어반을 전용실 안에 설치하도록 하는 것이다.

 여기서 잠깐!

미분무소화설비(NFPC 104A)

제3조(정의) 이 기준에서 사용하는 용어의 정의는 다음과 같다.

1. "미분무소화설비"란 가압된 물이 헤드 통과 후 미세한 입자로 분무됨으로써 소화성능을 가지는 설비를 말하며, 소화력을 증가시키기 위해 강화액 등을 첨가할 수 있다.
2. "미분무"란 물만을 사용하여 소화하는 방식으로 최소설계압력에서 헤드로부터 방출되는 물입자 중 99%의 누적체적분포가 400μm 이하로 분무되고 A, B, C급 화재에 적응성을 갖는 것을 말한다.

각 소화설비의 종류에 따라 감시제어반의 설치기준이 조금씩 상이하므로 이 기준들에 대한 세부내용들은 각 소방시설별 화재안전성능기준(NFPC)과 화재안전기술기준(NFTC)을 찾아보면 될 것이다.

2 감시제어반 전용실의 쟁점사항 검토

감시제어반 전용실의 설치기준에서 검토해야 할 사항들이 몇 가지 있는데 실제 실무에서의 적용에 있어 특히 세밀한 검토가 되지 않는 부분들이라 할 수 있다.

PART 4

첫째, 감시제어반 전용실의 방화구획 설치에 관한 완화적용 사항이다. 감시제어반 전용실 역시 다른 부분과 방화구획을 하여야 하고, 전용실의 벽에는 기계실 또는 전기실 등의 감시를 위하여 유리로 된 4제곱미터 미만의 붙박이창으로 설치할 수 있다. 이것은 종합방재실에서의 기준과 같이 방화구획의 완화규정으로 유리재질이 반드시 내화구조의 성능을 가지지 않더라도 규정된 두께만 만족하면 가능하다.

일부 담당자들이 유리재질 자체도 내화성능이 있는 재질로 설치하여야 한다고 주장하는 경우도 있는 것이 사실이나, 이 규정의 취지를 본다면 방화구획 완화적용의 개념으로 이해하는 것이 맞다. 현장에서 감시를 위한 창호에 종종 발견할 수 있는 것이 감시제어반 전용실에 관계자가 상주하면서 건축물 내로의 출입 차량에 대한 관리업무를 하는 경우가 있는데, 이때 창호는 붙박이창이 아니라 슬라이딩 창호가 설치되어 있는 것을 볼 수 있다. 이것은 감시제어반 전용실 설치기준 위반에 해당한다. 또한 감시제어반을 건축물의 내부에 설치함에도 출입문을 방화문이 아닌 알루미늄 재질 등의 문으로 설치된 현장을 발견 할 수 있는데 이것 역시 소방법령의 화재안전기준의 위반이므로 주의해야 한다.

PLUS TIPS+ 전용실 방화구획 위반 사례

감시제어반이 전용실 안에 설치된 경우로서, 건축물 내부 복도상에 감시제어반이 설치되어 있으며, 다른 부분과 방화구획을 하여야 함에도 알루미늄재질의 출입문을 설치하여 방화구획의 설치기준을 만족하지 못하고 있다. 이 경우는 소방법령에서 규정한 "특정소방대상물의 관계인은 소방시설을 화재안전기준에 따라 설치 또는 유지 · 관리하여야 한다"는 규정을 위반한 것이다.

둘째, 감시제어반의 설치장소의 위치에 대한 사항이다. 앞의 설치기준에서 보면 감시제어반은 종합방재실 설치 위치의 기준과는 달리 지하 1층 이외의 지하층과 지상 2층에도 설치가 가능하다. 그러나 감시제어반실을 지상 1층과 피난층이 아닌 다른 층에 설치하는 것은 관계자의 접근용이성이 확보된다 하더라도 지상에서 지하층으로의 이동 소요시간과 이동에 있어 연기 등의 장애 우려에 대한 위험을 전혀 배제할 수 없으므로 특별한 환경조건이 아니면 지상 1층과 피난층에 설치하도록 해야 한다.

셋째, 감시제어반실 내의 급 · 배기시설의 세부설치 규정에 관한 사항이다. 감시제어반 전용실에는 반드시 급 · 배기 시설을 설치하도록 규정하고 있는데, 이것은 신선한 공기의 유입과 오염공기의 배출로 사용에 지장이 없도록 하기 위함이다. 그러나 이 시설의 성능과 설치방법 등에 대해 세부적으로 규정되어 있지 않으므로 실무에서는 설치여부만 확인하는 정도이며 그 성능과 작동방식 등에 대한 효율성을 조건으로 하지는 않는다. 그러므로 이것에 대한 세부 설치기준 역시 정립될 필요가 있다.

넷째, 감시제어반실 바닥면적 크기의 규정에 관한 사항이다. 사용 활동면에서 보면 감시제어반은 평소 관계자의 상주 및 사용에 대한 시설일 뿐 아니라 화재 시 소방대원이 감시제어반실에서의 지휘 작전에 필요에 따라 그 감시제어반을 조작하기 위한 목적도 있으므로 그 조작에 필요한 최소면적 이상을 확보해야 한다. 여기서 "조작에 필요한 최소면적 이상"이라는 것 또한 기준이 모호함으로 실제 적용에는 한계가 있다. 실무에서는 이것에 대한 세부적인 검토와 적용에 있어 부족한 면이 없지는 않다. 이와 달리 종합방재실은 20제곱미터 이상의 면적을 확보하도록 규정하고 있으므로 감시제어반 전용실의 최소면적에 대한 기준 역시 필요하다.

03 종합방재실과 감시제어반 전용실의 비교

초고층건축물에 설치하는 종합방재실과 화재안전성능기준(NFPC) 및 화재안전기술기준(NFTC)에서 규정하고 있는 각 소화설비의 감시제어반 전용실의 설치기준은 그 성격이 비슷하지만 상이한 부분이 있으므로 반드시 비교하여 알아두어야 한다.

구분	종합방재실	감시제어반 전용실
근거	초고층 및 지하연계 복합건축물 재난관리에 관한 특별법 제16조(종합방재실의 설치 · 운영)	각 소방시설의 화재안전성능기준(NFPC) 화재안전기술기준(NFTC)
성격	건축물의 안전, 제어, 방범등의 통합시스템관리	소방설비의 감시, 제어 전용
설치위치	1층 또는 피난층 ※ 일부 규정 만족하는 경우 ↳ 지상 2층/지하 1층/공동주택은 관리사무소 내	피난층 또는 지하 1층 ※ 일부 규정 만족하는 경우 ↳ 지상 2층/지하 1층 이외의 지하층(아파트 관리동/경비실)
바닥면적	20m² 이상	감시제어반 설치면적 + 조작 필요 최소면적
부속실	내부 방화구획된 부속실 설치	설치기준 없음

또한 소화설비의 감시제어반 전용실에는 특정소방대상물의 기계 · 기구 또는 시설 등의 제어 및 감시설비 외의 것을 두지 않도록 규정하고 있지만 종합방재실은 통합적인 시스템으로 설치하므로 이런 규정이 없다. 그러나 실질적으로 초고층건축물의 종합방재실에 소방용 감시제어반을 같이 설치하는 것이 현실이므로 이런 규정의 실효성이 크게 없다.

04 소방법령에서의 유지·관리

종합방재실의 설치와 운영에 관해서는 건축법이 아닌 초고층재난관리법 규정의 적용을 받는다. 그러므로 건축법 제49조에서 규정하는 "피난시설, 방화구획, 방화시설"에 해당하지 않으며, 따라서「소방시설 설치 및 관리에 관한 법률」제16조(피난시설, 방화구획 및 방화시설의 관리)의 적용을 받지 않는다. 다시 말해 종합방재실의 유지·관리의무 위반에 대해서 소방법령에 의한 과태료 부과 등의 불이익 처분을 할 수 없다는 것이다. 초고층재난관리법에 따라 시·도지사 또는 시장·군수·구청장은 종합방재실이 법령에서 규정한 설치기준에 적합하지 아니할 때에는 관리주체에게 보완 등 필요한 조치를 명할 수 있고, 이에 따른 조치명령을 이행하지 아니한 자에게 과태료 부과 등 불이익 처분이 내려진다.

여기서 잠깐!

종합방재실 설치기준 보완조치 명령 위반

※ 초고층 및 지하연계 복합건축물 재난관리에 관한 특별법 제34조(과태료)

2의2. 제16조 제5항에 따른 조치명령을 이행하지 아니한 자에게는 300만원 이하의 과태료를 부과한다.

그러나 각 소방설비의 감시제어반 설치에 대한 위반 시에는「소방시설 설치 및 관리에 관한 법률」제12조(특정소방대상물에 설치하는 소방시설의 관리 등)에 따라 과태료 부과등 불이익 처분을 받을 수 있다. 이것은 "특정소방대상물의 관계인은 소방시설을 화재안전기준에 따라 설치 또는 유지·관리하여야 한다"는 규정을 위반한 것이기 때문이다. 종합방재실과 소방시설의 감시제어반 전용실은 그 건축물의 안전관리유지에 있어 가장 중요한 한 부분이므로 반드시 설치와 유지관리 등에 있어 사소한 에러(error)라도 없어야 한다.

건축소방의 이해

PART 05 ▶ 참고 부록: 건축방재계획의 성능위주설계(PBD) 제도

이 [참고 부록]은 성능위주설계(PBD) 제도의 실시 방법과 절차에 관한 것으로 법령에서 규정하고 있는 내용을 바탕으로 기술하였다. 성능위주설계(PBD)제도는 최초 소방청 고시 [소방시설 등의 성능위주설계 방법 및 기준]에 의해 적용되었으나, 고층건축물의 건축방재계획의 중요성이 증가됨에 따라 신설 법령인 「소방시설의 설치 및 관리에 관한 법률」의 규정으로 포함 변경되어 법적인 지위가 상향되었다.

현재 성능위주설계(PBD) 분야의 규정등이 지속적으로 정비되고 있으므로 일부 내용들이 변경될 여지는

참고 부록

PART 05

건축방재계획의 성능위주설계(PBD) 제도

있으나 부록의 주요 내용들이 성능위주설계(PBD)의 도입취지와 건축 소방 방재계획수립의 역할등 에 관한 것이므로 기본적인 틀에서 내용은 크게 달라지지 않을 것이므로 참고하면 될 것이다.

CHAPTER 

01 | 성능위주설계(PBD) 제도

01 성능위주설계의 의의

성능위주설계(PBD)는 기존의 획일적이고 일률적인 사양위주설계(Prescriptive-based design)를 고층건축물, 특수용도의 건축물 및 일정규모 이상의 대형건물 등에 적용하기 어려운 한계를 극복하기 위하여 적용하는 제도로서, 특정소방대상물의 용도, 구조, 수용인원, 가연물의 종류 및 양 등을 고려한 "공학기반의 화재안전 성능평가기법"이다. 1990년대 우리나라에 도입되어 2011년 7월부터 개정된 「소방시설공사업법」을 근거로 소방안전에 대한 성능위주설계(Performance-Based Design, PBD)가 시행되고 있다. 「소방시설공사업법」 제11조(설계)에서 "소방시설설계업을 등록한 자(설계업자)는 법이나 이 법에 따른 명령과 화재안전기준에 맞게 소방시설을 설계하여야 한다"라고 규정하고 있다. 이것은 소방설계 시에 건축물의 연면적, 층수, 높이, 용도 등에 맞는 소방시설을 검토하고 화재안전기준에서 규정한 기준에 맞도록 설계를 하면 된다는 의미이다. 그러나 일정규모 이상의 특정소방대상물에는 법령에서 정하는 소방시설의 설치만으로는 다양한 재실자들의 피난동선 확보와 화재 시의 여러 위험요소를 반영하는 것에 한계가 있다. 그러므로 제도화된 설계를 대체하여 그 대상물의 용도, 위치, 구조, 수용 인원, 가연물(可燃物)의 종류 및 양 등을 고려한 설계(성능위주설계)를 하여 그 대상물에 대한 화재안전 성능평가를 하도록 규정[1)]하고 있다. 이 경우 성능위주설계 대상이 되는 건축물에 대하여는 "화재안전기준 등 법규에 따라 설계된 화재안전성능보다 동등 이상의 화재안전성능을 확보"하도록 설계[2)]하여야 한다.

성능위주설계(PBD)를 규정하고 있는 각 소방법령에서의 규정들을 살펴보면 다음과 같다.

해당 법령	내용	대상
소방시설 설치 및 관리에 관한 법률 제8조(성능위주설계)	연면적 · 높이 · 층수 등이 일정 규모 이상인 대통령령으로 정하는 특정소방대상물(신축)에 소방시설을 설치하려는 자는 성능위주설계를 하도록 함	설치하려는 자
소방시설 설치 및 관리에 관한 법률 시행령 제9조 (성능위주설계를 하여야 하는 특정소방대상물의 범위)	성능위주설계를 해야 하는 특정소방대상물의 범위를 규정	

1) 소방시설 설치 및 관리에 관한 법률 제8조(성능위주설계)
2) 소방시설 등의 성능위주설계 방법 및 기준 제2조(성능위주설계 정의)

소방시설공사업법 제11조(설계) 제2항	설계업자가 소방시설을 설계함에 있어 성능위주설계를 하도록 함	설계업자
소방시설공사업법 시행령 제2조의3 (성능위주설계를 할 수 있는 자의 자격 등)	성능위주설계를 할 수 있는 자의 자격, 기술인력 및 자격에 따른 설계의 범위와 그 밖에 필요한 사항을 정함	
(고시)소방시설 등의 성능위주설계 방법 및 기준	성능위주설계의 방법과 그 시행에 관하여 필요한 사항을 정함	

법규의 화재안전성능보다 동등 이상의 화재안전성능을 확보하도록 설계해야 하는 성능위주설계(PBD)의 특성으로 볼 때 각 지역별 지리적 특성과 기후 환경등 여러 상이한 요소들이 고려되므로 설계내용에 대한 표준화는 사실상 불가능하다고 할 수 있다.

이러한 문제점을 해결하고자 각 시 · 도별에서는 「성능위주설계 심의 가이드라인」을 자체 제정하여 최대한 표준화에 가깝게 적용되도록 해왔으며, 소방청에서는 「성능위주설계 평가 운영 표준 가이드라인」을 제정(2021. 10. 01.)하였다. 또한 이런 가이드라인은 법령, 고시, 조례도 아니므로 개정에 대한 절차적 제약에서는 매우 자유롭다고 할 수 있다.

02 성능위주설계의 내용

1 성능위주설계의 건축방재계획 등

성능위주설계(PBD) 제도에는 소방시설의 설치 부분에 한정되는 것이 아니라 건축방재계획의 전반적인 요소들이 검토의 범위에 있다. 즉, 부지 및 도로 계획(소방차량 진입동선 포함), 화재안전계획의 기본방침, 건축물 기본 계획 · 설계, 건축물의 구조 설계에 따른 피난계획 및 피난동선도, 소방시설의 설치계획 · 설계, 화재 및 피난시뮬레이션에 의한 화재안전성 평가의 실시 등으로 되어 있다. 특히 성능위주설계(PBD)에서 건축물의 방재계획이 차지하는 중요성은 매우 크다 할 수 있으므로 피난 · 방화계획에 대한 개념 또한 넓게 이해해야 한다. 건축물의 피난 · 방화계획은 Fail safe와 Fool proof를 고려한 계획으로 구분할 수 있다.[3)]

"Fail safe"는 화재의 발생이 바로 중대한 사고나 위험에 연결되지 않도록 이중의 안전설계와 시스템/계획의 여분을 준비해 두고 일부가 무너지더라도 다른 부분이 작동하여 본래의 목적이나 기능을 달성되도록 하고 2방향 피난로의 확보, 비상전원, 매뉴얼에 의한 피난유도 등이 이에 해당 된다고 할 수 있다. "Fool proof"는 화재 시 인간이 혼란 없이 대응할 수 있도록 단순하고도 명쾌한 배려를 한 계획으로 피난방향으로 문의 개방, 피난문 패닉바의 사

3) 대전대 소방방재학과 박사논문(안성호), 「전수조사 분석을 통한 성능위주설계(PBD) 제도개선에 관한 연구」, 2018

용, 소화설비나 유도표시가 쉽게 인지될 수 있는 색채를 사용하는 것 등이 이에 해당된다고 이해하면 될 것이다.

또한 (초)고층건축물 방재계획에서 필수적으로 고려되어야 하는 것이 Passive system(자연 · 수동적 시스템)과 Active system(기계 · 능동적 시스템)의 조화이다. "Passive system"은 건축물 그 자체의 구성에 의해 방재성능을 확보하는 것으로 인명안전(Life safety) 관점의 피난설계와 화재저항 관점에서의 건축구조로 나눌 수 있다. 이 대표적인 요소가 방화구획, 피난계단, 내화구조, 배연창 등이다. "Active system"은 적극적으로 화재에 대응(소화, 연기제어 등)하는 설비시스템으로 스프링클러설비, 옥내소화전설비등의 수계소화설비와 Special hazard system을 위한 가스계 소화설비, 제연설비, 자동화재감지기 등이 대표적 요소로 볼 수 있다. Passive system과 Active system의 조화는 건축물의 방호성능이 우수할수록 소방설비의 부담은 줄어든다. 방재의 기본은 Passive system에 두고, 한계점을 Active system으로 극복하는 등 상호 보완적으로 계획을 수립하는 것이 아주 중요하다고 할 수 있다. 그러므로 성능위주설계(PBD)에서 건축물의 방재계획에 대한 심의는 주로 건축물의 피난 · 방화계획, 건축 내장 및 마감재료, 화재 및 연소확대 방지를 위한 계획에 대한 적합성을 확인하는 것으로 그 건축물의 화재안전성평가 및 확보에 있어 아주 중요하다.

2 화재 · 피난 시뮬레이션을 이용한 화재안전성 평가

성능위주설계(PBD)에서 반드시 검토되어야 할 사항이 「화재안전성평가」이다. 현재 국내에서는 성능위주설계 과정 중에 화재 · 피난 시뮬레이션 프로그램을 이용한 건축물의 화재 및 피난 안전성 평가를 포함시키도록 정해 놓았다. 즉, 화재시뮬레이션에 의한 피난가능시간(ASET)을 산정하고 피난시뮬레이션에 의해 피난소요기간(RSET)을 산정하여 이 두 값의 비교분석에 의해 안전성 여부를 평가는 방법이다. 건축물의 화재안전성을 평가하고 성능위주의 설계를 위한 여러 가지 접근방법 가운데 실증 · 실험적 접근방법은 막대한 비용과 인력, 시간이 소요되기 때문에 매우 제한된 경우를 제외하고는 실제 적용에 어려움이 있다. 따라서 건축물의 화재 위험에 대한 사전예방 및 피해경감효과를 거두기 위해서는 성능설계의 성능기준을 개선 및 보완하고 신뢰성이 확보된 화재시뮬레이션의 활용은 매우 효율적이라 할 수 있다. "ASET"이란 Available Safety Egress Time의 약자로서 이는 재실자가 화재로 인한 열, 연기 등에 치명적인 피해를 입지 않고 안전하게 피난할 수 있는 시간을 의미한다. 즉, 「피난가능시간」이라 한다. "ASET"은 화재 시뮬레이션 툴을 이용하여 계산할 수 있으며 화원으로부터 확산되는 열, 연기, 독성가스 등의 시간별 유동을 확인할 수 있다. 그리고 타당한 시나리오에 의해 산출된 Flashover 시간이나 설계목적에 따라 요구되는 특정 높이까지의 연기층 하강시간 등에 의해 결정된다. 이는 설계자가 화원의 발열량, 연기생성량, 독성가스 생성량, 주변 온도, 건축물의 구조를 어떻게 설정하느냐에 따라 다른 값을 나타낸다. ASET에서 재실자가 안전여부를 판단하는 기준으로 고시[4]에서 정하는 화재 및 피난시뮬레이션의 시나리오 작성 기준에 있는 인명안전기준을 사용한다. 화재 및 피난시뮬레이션의 시나리오 작성 기준은 시나리오는 실제 건축물에서 발생 가능한 시나리오를 선정하되 건축물의 특성에 따라 구분된 7가지의 시나리오 유형 중 가장 피해가 클 것으로 예상되는 최소 3개 이상의 시나리오에 대하여 실시한다. 시나리오 적용 기준에는 인명안전 기준, 피난가능시간 기준, 수용인원 산정기준이 있다.

"RSET"이란 Required Safety Egress Time의 약자로서 이는 건축물 안의 모든 재실자가 생명의 안전을 확보할 수 있는 지점까지 피난하는 데까지 소요되는 시간을 의미한다. 즉,「피난소요시간」 또는 「피난요구시간」이라 한다. 피난소요시간(RSET)은 재실자의 성별, 연령별 구성, 보행속도, 건물의 기하학적 형태, 피난경로의 효율성, 안전구획까지의 거리 등과 같은 요소들에 의해 계산된다. RSET은 피난 시뮬레이션 툴을 이용하여 계산이 가능하며 시간 흐름에 따른 재실자의 유동, 병목현상 발생부분 등을 확인할 수 있다. 이는 설계자가 에이전트의 반응지연시간, 보행속력, 어깨너비, 수용인원 등을 어떻게 설정하느냐에 따라 다른 결과를 얻게 된다. 또한 피난시간을 산정할 때는 화재 등의 비상상황에서 즉각적인 피난이 가능하지 않을 수 있으므로 피난을 개시하기 이전의 시간에 대한 고려가 필요하다. 화재 시 안전하게 피난하기 위해 필요한 시간(RSET)은 다음과 같이 구한다.

총피난시간 = 감지시간 + 통보시간 + 피난개시 지연시간 + 시뮬레이션 시간

여기에서 감지시간(time for detection)은 화재시뮬레이션에 의해 계산되며 통보시간(time for notification)과 피난개시 지연시간(pre-movement delay time)은 피난지연시간으로 고시에서 정하는 값을 사용하지만, 화재실과 비화재실 각각에 대한 지연시간 기준이 명확하지 않다. 그래서 실무에서는 화재실과 비화재실 각각에 대한 총 피난완료시간(RSET)을 아래와 같이 결정하고 있다.

총 피난완료시간(RESET) 산정방법	
화재실 총 피난 완료시간	= 피난개시시간 + 시뮬레이션 측정시간 └→ 일본 건축방재계획지침 기준과 화재시뮬레이션에 의한 화재감지기 작동시간중 큰 값을 적용 / └→ 피난시뮬레이션 적용
비화재실 총 피난 완료시간	= 화재감지기 작동시간 + 피난지연시간 + 시뮬레이션 측정시간 └→ 화재시뮬레이션 적용 / └→ 성능위주설계 기준적용 / └→ 피난시뮬레이션 적용

4) 소방시설 등의 성능위주설계 방법 및 기준

PART 5

ASET과 RSET을 비교하는 방법은 재실자의 피난동선상 통행량이 가장 많은 곳 또는 설계자가 별도로 측정을 원하는 지점에 포인트를 정하고 해당 포인트의 ASET과 RSET을 비교한다. 그 결과 모든 포인트에서 ASET이 RSET보다 길다면 해당 건축물은 안전하다고 판단하게 된다. 국내 성능위주설계에서는 대부분 「ASET-RSET 비교방법」을 사용하고 있으며 도식하면 아래와 같다.

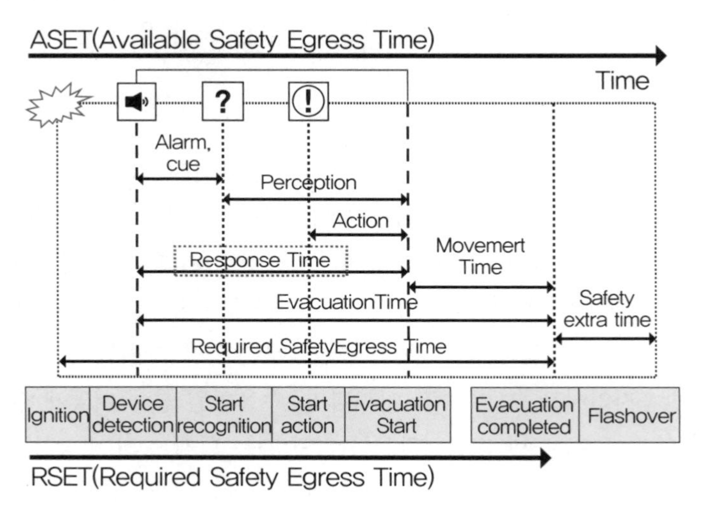

화재 · 피난 시뮬레이션의 결괏값은 건축물의 안전성 평가 결정을 위한 값이므로 정확성이 매우 필요하다. 그러나 실무에서 설계자의 입력요소 값에 따라 상이한 차이가 날 수 있어 입력요소 값에 대한 신뢰성이 그 건물의 안전성 평가 결과를 좌우하는 것이 현실이다. 실제 현장에서 각 시 · 도별 건축물마다 시뮬레이션 입력요소가 어떻게 적용되고 있는지에 대해 전수조사를 실시하여 입력요소 현황을 분석한 논문[5]이 있으므로 참고하면 도움이 될 것이다.

5) 대전대 소방방재학과 박사논문(안성호), 「전수조사 분석을 통한 성능위주설계(PBD) 제도개선에 관한 연구」, 2018

3 성능위주설계의 범위 등

(1) 성능위주설계의 대상

성능위주설계(PBD)는 건축허가등의 동의 대상물 중에서 신축하는 특정소방대상물에만 적용이 된다. 그러므로 건축허가 동의의 대상이 되는 증축 · 개축 · 재축(再築) · 이전 · 용도 변경 또는 대수선(大修繕)은 포함되지 않으므로 성능위주설계의 변경신고 대상 해당여부와는 구분해야 한다. 법령에서 정한[6] 성능위주설계(PBD)의 대상은 다음과 같다.

법령 근거	성능위주설계 대상
소방시설 설치 및 관리에 관한 법률 시행령 제9조 (성능위주설계를 하여야 하는 특정소방대상물의 범위)	1. 연면적 20만m^2 이상 ※ 공동주택 중 주택으로 쓰이는 층수가 5층 이상인 주택(아파트등) 제외 2. 50층 이상(지하층 제외)이거나 지상으로부터 높이가 200미터 이상인 아파트등 3. 30층 이상(지하층 포함)이거나 지상으로부터 높이가 120미터 이상인 특정소방대상물(아파트등 제외) 4. 연면적 3만제곱미터 이상인 특정소방대상물로서 다음 각 목의 어느 하나에 해당하는 특정소방대상물 가. 철도 및 도시철도 시설 나. 공항시설 5. 창고시설 중 연면적 10제곱미터 이상인 것 또는 지하 2층 이하이고 지하층의 바닥면적의 합이 3만제곱미터 이상인 것 6. 하나의 건축물에 영화상영관이 10개 이상인 특정소방대상물 7. 「초고층 및 지하연계 복합건축물 재난관리에 관한 특별법」에 따른 지하연계 복합건축물에 해당하는 특정소방대상물 8. 터널 중 수저(水低)터널 또는 길이가 5천미터 이상인 것

연면적과 층수등은 설계대상 규모에 해당이 되지만 "공동주택 중 주택으로 쓰이는 층수가 5층 이상인 주택(아파트등)"에 해당되는 것은 설계대상에서 제외되는데 이는 순수한 공동주택의 용도로만 사용되는 경우이다. 그러나 실제 고층건물을 신축할 때는 근린생활시설 등 상가의 용도가 일반적으로 설치되는데 이것이 관계법령에서 주된 용도의 부수시설로서 그 설치를 의무화하고 있는 부속용도에 해당되는지, 아니면 이것이 별도의 주용도로서 복합건축물에 해당하는지에 따라 그 신축하고자 하는 특정소방대상물의 성능위주설계(PBD) 해당여부가 결정된다. 이런 이유로 주용도인지 부속용도인지에 대해 건축설계를 하는 건축사와 소방관서의 담당자간의 해석에 대한 이견이 많이 있으며, 또한 각 시 · 도마다의 해석에 차이로서 성능위주설계(PBD) 해당여부가 다르게 적용되는 경우도 있다.

일반적으로 지상층에서는 아파트의 용도와 오피스텔의 용도로서 각각 별개동으로 설계를 하지만 지하주차장부분에서는 상호 연결되어 순수 아파트가 아닌 복합건축물로서 한 개의 동으로 적용하여 설계하는 것이 대부분이다. 그러나 사업시행사의 요청으로 각각 별개의 동

6) 소방시설 설치 및 관리에 관한 법률 시행령 제9조(성능위주설계를 하여야 하는 특정소방대상물의 범위)

으로 완전구획하여 설계대상에서 제외하려는 경향도 많이 있다.

이때 완전구획의 개념이 어느 정도의 범위까지 구획을 말하는 것인지 세부적인 규정이 없어 다툼이 많이 발생하고 있다. 각각 별개의 건축물이나 대상물에 관해서는 건축법과 소방법령에서도 규정하고 있다. 건축법에서는 직통계단 등 피난규정을 적용할 때 "건축물이 창문, 출입구, 그 밖의 개구부(開口部)(이하 "창문등"이라 한다)가 없는 내화구조의 바닥 또는 벽으로 구획되어 있는 경우에는 그 구획된 각 부분을 각각 별개의 건축물로 보아 적용한다."라고 규정[7]하고 있다. 그리고 소방법령에서는 "내화구조로 된 하나의 특정소방대상물이 개구부(건축물에서 채광 · 환기 · 통풍 · 출입 등을 위하여 만든 창이나 출입구를 말한다)가 없는 내화구조의 바닥과 벽으로 구획되어 있는 경우에는 그 구획된 부분을 각각 별개의 특정소방대상물로 본다."라고 규정[8]하고 있다. 여기에서 "개구부가 없는 내화구조의 바닥과 벽으로 구획되어 있는 경우"에 대해서 많은 다툼이 있다. 가운데 내화벽을 기준으로 좌우의 부분을 별개의 대상물로 볼 때 가운데 설치된 벽에만 내화구조이면서 개구부가 없어도 되는 것인지 또는 바닥을 중심으로 상하를 별개의 대상물로 볼 때 바닥에만 내화구조이면서 개구부가 없고 상하층의 외부창문은 있어도 되는지 등에 관하여 명확하게 정의하고 있지 않다. 즉, 계단등 출입구의 문제, 위생배관의 통과여부, 전선의 통과여부 또는 별도의 외부전원의 설치등 각각 별개의 특정소방대상물 해당에 대한 세부적인 기준들이 없어 담당자의 재량적 해석에 의해 처리되고 있다고 할 수 있다.

하나의 건축물이 시설등의 설치에 대한 적용을 할 때 각각 별개의 특정소방대상물에 해당된다고 하면 우려되는 몇 가지 사항들이 있다.

첫째, 하나의 건축물이지만 소방시설의 적용이 각각 별개의 연면적등으로 적용되어 소방시설 설치의 종류가 완화되는 측면이 있으므로 화재 예방적 측면에서 더 취약해진다고 할 수 있다.

둘째, 별개의 대상물로 사용하면서 소유주가 변경되어 이런 사실들을 알지 못하는 상태에서 향후 벽에 출입문을 하나 설치하였다고 하면 화재안전에 대한 위험성은 높아지므로 그 시점에 소방시설 설치가 강화되어야 하는데 감독기관에서 그 사실을 인지하는 것이 매우 어려울 수 있다.

셋째, 건축물 대장상에는 하나의 건축물로 되어 있지만 소방법령상 소방안전관리자 선임, 자체점검의 실시 등 개별적 관리를 해야 하는 문제 등이 있을 수 있다. 이런 이유로 인해 소

---

7) 건축법 시행령 제44조(피난 규정의 적용례)

8) 소방시설 설치 및 관리에 관한 법률 시행령 제5조(특정소방대상물) [별표 2]

방관서 담당자의 입장에서는 하나의 건축물에서 소방법령 적용을 각각 별개의 특정소방대상물로 인정하는 것은 화재예방을 위한 시설의 설치 자체가 면제될 수 있으므로 완전구획 규정의 적용에 있어서는 상당히 보수적으로 접근하려고 하는 경향이 강하다.

성능위주설계(PBD)를 해야 하는 대상에서 완전구획 개념이 적용되어 설계대상에서 제외된 사례도 있다.

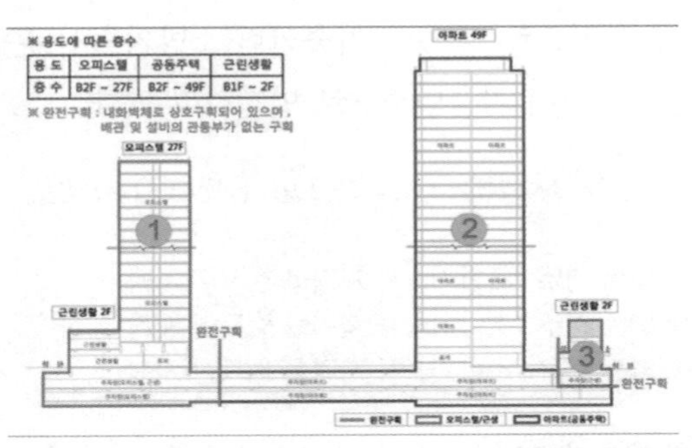

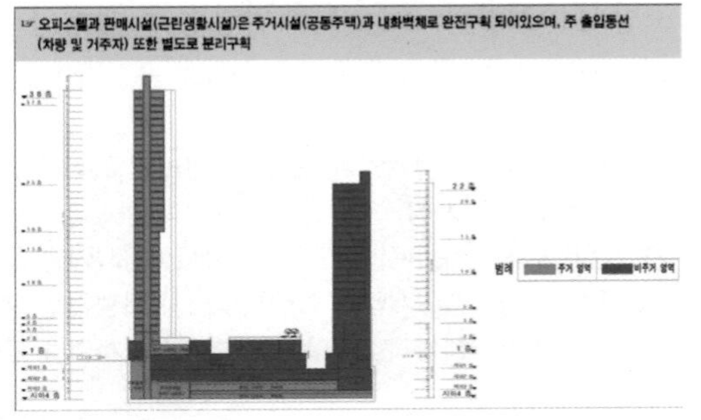

완전구획으로 성능위주설계 면제된 사례

또한 최초 성능위주설계(PBD)를 하여 심의를 받아 시행하던 중 일부 변경사항이 발생하였을 경우를 생각해보자. 성능위주설계자는 최초의 설계에 대한 일부 변경이 되었을 때 성능위주설계 변경신고서에 변경되는 부분만의 서류를 첨부하여 관할 소방서장에게 신고하여야 한다. 또한 소방서장은 성능위주설계 변경신고서를 접수한 경우 성능위주설계의 변경사항을 확인한 후 지체 없이 관할 소방본부장에게 보고하여야 한다.

법령 근거	변경신고 대상
소방시설 설치 및 관리에 관한 시행규칙 제6조(성능위주설계 변경신고) 제①항	특정소방대상물의 연면적 · 높이 · 층수의 변경이 있는 경우. 다만, 「건축법」 제16조(허가와 신고사항의 변경) 제1항 단서 및 같은 조 제2항에 따라 경미한 사항인 경우와 사용승인 신청 시 일괄신고 할 수 있는 변경사항일 경우에는 제외한다.

변경사항을 보고받은 관할 소방본부장은 기 평가단으로 구성되었던 평가단원 중 5명 이상으로 구성 · 운영하여 14일 이내에 검토 · 평가하고, 그 결과를 관할 소방서장에게 지체 없이 통보하여야 한다.

(2) 성능위주설계의 자격 및 기술인력

성능위주설계(PBD)를 할 수 있는 설계자의 자격은 “전문 소방시설설계업을 등록한 자”와 “전문 소방시설설계업 등록기준에 따른 기술인력을 갖춘 자로서 소방청장이 정하여 고시하는 연구기관 또는 단체”에서만 할 있도록 법령에서 규정[9]하고 있는데 이때 반드시 소방기술사 2명의 전문기술인력이 있어야 한다. 일반적으로 전문 소방시설설계업을 하는 자는 다른

9) 소방시설공사업법 시행령 제2조의3(성능위주설계를 할 수 있는 자의 자격 등) [별표 1의2]

소방관련업을 함께하는 경우가 많은데 이때 기술인력을 각 업종마다 주인력을 별도로 등록해야 하는지 한 사람만으로 다른 업종의 주인력으로 이중등록 할 수 있는지에 대한 의문이 있다. 소방시설공사업법에는 소방시설업의 업종별 등록기준을 분류하여 규정[10]하고 있는데, 전문 소방시설설계업을 등록하고 성능위주설계(PBD) 하려는 자가 소방시설공사업, 소방시설관리업[11] 또는 화재위험평가 대행업[12] 중 어느 하나를 함께 하려는 경우 소방시설공사업, 소방시설관리업 또는 화재위험평가 대행업 기술인력으로 등록된 기술인력(소방기술사)은 소방시설설계업 등록 시 갖추어야 하는 해당 자격을 가진 기술인력으로 인정하고 있다.

1. 전문 소방시설설계업과 소방시설관리업을 함께 하는 경우: 소방기술사 자격과 소방시설관리사 자격을 함께 취득한 사람
2. 전문 소방시설설계업과 전문 소방시설공사업을 함께 하는 경우: 소방기술사 자격을 취득한 사람
3. 전문 소방시설설계업과 화재위험평가 대행업을 함께 하는 경우: 소방기술사 자격을 취득한 사람
4. 전문 소방시설설계업과 일반 소방시설공사업을 함께 하는 경우: 소방기술사 자격을 취득한 사람

즉 전문 소방시설설계업을 등록한 자가 소방기술사 1명을 주된 기술인력으로 등록하고 있고 소방기술사와 소방시설관리사 자격을 함께 취득한 한 사람을 소방시설관리업의 주된 기술인력으로 등록하여 소방시설관리업의 영업을 함께 한다고 하면, 그 관리업의 주된 기술인력 소방기술사는 설계업의 기술인력으로도 인정되어 성능위주설계(PBD)를 할 수 있다는 것이다.

(3) 성능위주설계 평가단원의 구성 및 운영

성능위주설계의 심의에 필요한 평가단의 구성 · 운영은 50명 이내의 평가단원으로 성별을 고려하여 구성하고 소방청장 또는 관할소방본부장이 임명 또는 위촉하는데 그 자격[13]은 다음과 같다. 이때 관할 소방서의 업무담당 과장은 당연직으로 한다.

1. 소방공무원 중 다음 각 목의 어느 하나에 해당하는 사람
   가. 소방기술사
   나. 소방시설관리사
   다. 다음의 어느 하나에 해당하는 자격을 갖춘 사람으로서 「소방공무원 교육훈련규정」 제3조 제2항에 따른 중앙소방학교에서 실시하는 성능위주설계 교육을 이수한 사람
      1) 소방설비기사 이상의 자격을 가진 자로서 건축허가동의 업무를 1년 이상 담당한 사람
      2) 건축 또는 소방 관련 석사학위 이상을 취득한 자로서 건축허가동의 업무를 1년 이상 담당한 사람

10) 소방시설공사업법 시행령 제2조(소방시설업의 등록기준 및 영업범위) [별표 1]
11) 소방시설 설치 및 관리에 관한 법률 제29조(소방시설관리업의 등록 등)
12) 다중이용업소의 안전관리에 관한 특별법 제16조(화재위험평가 대행자의 등록 등)
13) 소방시설 설치 및 관리에 관한 시행규칙 제10조(평가단의 구성) 제③항

2. 건축 및 소방방재분야 전문가 중 다음 각 목의 어느 하나에 해당하는 사람
   가. 위원회 위원 또는 지방소방기술심의위원회 위원
   나. 부교수 이상 또는 이에 상당하는 직에 있었던 사람으로서 전문성이 있는 사람
   다. 소방기술사
   라. 소방시설관리사
   마. 건축계획, 건축구조, 도시계획과 관련된 업종에 종사하는 자로서 건축사, 건축구조기술사 자격 등을 취득한 사람
   바. 「소방시설공사업법」 제28조 제3항에 따른 특급감리원 자격 소지자로서 소방공사 현장 감리업무를 10년 이상 수행한 사람

위촉된 평가단원의 임기는 2년으로 하되, 2회에 한하여 연임할 수 있다. 그리고 평가단원이나 평가단원이 소속된 기관 · 단체가 해당 평가단의 심의사항에 대한 용역 · 자문 또는 연구를 하였거나 그 밖의 방법으로 참여한 경우, 배우자 또는 친족이 해당 평가단의 심의사항인 성능위주설계 대상 건축물의 관계인이거나 성능위주설계자인 경우, 그 밖에 평가단원이 평가단의 심의사항과 직접적인 이해관계가 있다고 인정되는 경우에는 해당 심의대상에 대한 평가단 회의에서 제척되며, 또한 평가단원이 위 어느 하나에 해당하면 스스로 해당 평가단 회의의 참여를 회피하여야 한다. 평가단원이 성능위주설계의 심의와 관련하여 금품을 주고받았거나 부정한 청탁에 따라 권한을 행사하는 등 비위(非違) 사실이 있는 경우, 회피를 하지 아니하여 성능위주설계 심의의 공정성을 해친 경우, 평가단원 본인 또는 평가단원이 소속된 기관의 요청이 있는 경우, 위촉된 평가단원 임기가 만료된 경우, 기타 평가단원으로 활동하기 어렵다고 인정되는 경우 소방본부장은 평가단원을 해임하거나 위촉을 해제할 수 있다.

평가단은 성능위주설계 사전검토 신청 및 신고 서류에 대한 확인 및 평가에 관한 사항, 성능위주설계 신고서에 대한 화재 및 피난안전성능의 평가에 관한 사항, 그 밖에 성능위주설계와 관련하여 평가단장 또는 위원장이 심의에 부치는 사항을 심의한다. 심의를 위한 평가단은 평가단장을 포함하여 6명 이상 8명 이하의 평가단원으로 구성하며 회의는 재적 평가단원 과반수의 출석으로 개의(開議)하고, 출석 평가단원 과반수의 찬성으로 의결한다.

CHAPTER 

02 | 성능위주설계(PBD)의 심의 절차 및 방법

성능위주설계 평가단의 심의 절차는 두 단계의 행정절차를 거치게 된다.

첫 번째 단계는 성능위주설계자가 특정소방대상물의 건축위원회 심의 전에 소방본부의 성능위주설계의 확인 · 평가단의 검증을 받고 그 검토결과를 건축위원회 심의에 상정하는 단계인 성능위주설계의 사전검토신청 단계인데 일반적으로 "건축심의 전 단계"라고 한다. 두 번째 단계는 성능위주설계자가 건축법의 건축허가 신청 전에 관할 소방서장에게 신고하는 성능위주설계의 신고단계인데 일반적으로 "건축허가 전 단계"라고 한다.

이렇게 성능위주설계 평가단의 심의 절차를 거치면 건축허가동의 절차를 이행한 것으로 본다.

01 성능위주설계 평가단의 건축심의 전 단계

성능위주설계자는 성능위주설계(PBD) 대상이 되는 특정소방대상물에 대해 건축법에 따른 건축위원회에 건축심의를 신청하기 전에 성능위주설계 사전검토 신청서에 각 서류를 첨부하여 관할 소방서장에게 사전검토를 신청하여야 하는데 반드시 "건축심의 신청 전"에 하여야 한다. 다만, 건축심의를 하지 않는 경우에는 사전검토를 신청하지 않을 수 있다.

소방서장은 성능위주설계 사전검토 신청서를 접수하면 성능위주설계 대상 및 자격여부를 확인한 후 지체 없이 소방본부장에게 보고하고, 소방본부장은 성능위주설계의 확인 · 평가 등 검증을 위한 성능위주설계 확인 · 평가단(평가단)을 구성 · 운영하여 성능위주설계 내용을 검토한 후 그 검토결과를 신청인 및 관할 소방서장에게 통보하고 이 검토결과를 시 · 도 또는 시 · 군 · 구 건축위원회 개최 시에 상정한다.

성능위주설계의 건축심의 전 단계의 일반적인 절차는 다음과 같다.

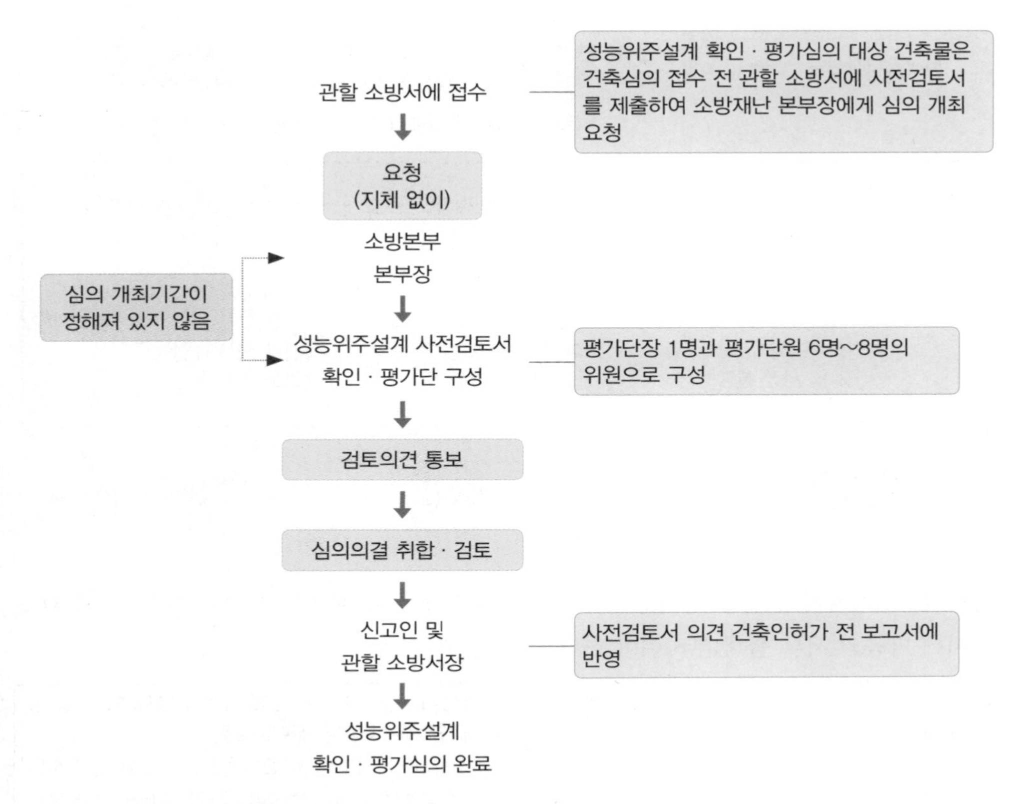

사전검토신청 단계에서는 소방관서에서 성능위주설계 확인 · 평가단의 구성과 심의개최 기간에 대한 규정이 없으나, 일반적으로 신고단계에서 규정하고 있는 20일 이내의 기간을 준용하고 있는 게 일반적이다.

성능위주설계자의 건축심의 전 단계 사전검토 신청서의 소방관서 접수 시부터 확인평가단의 검토결과의 건축심의 상정까지의 세부 흐름도는 다음과 같이 나타낼 수 있다.

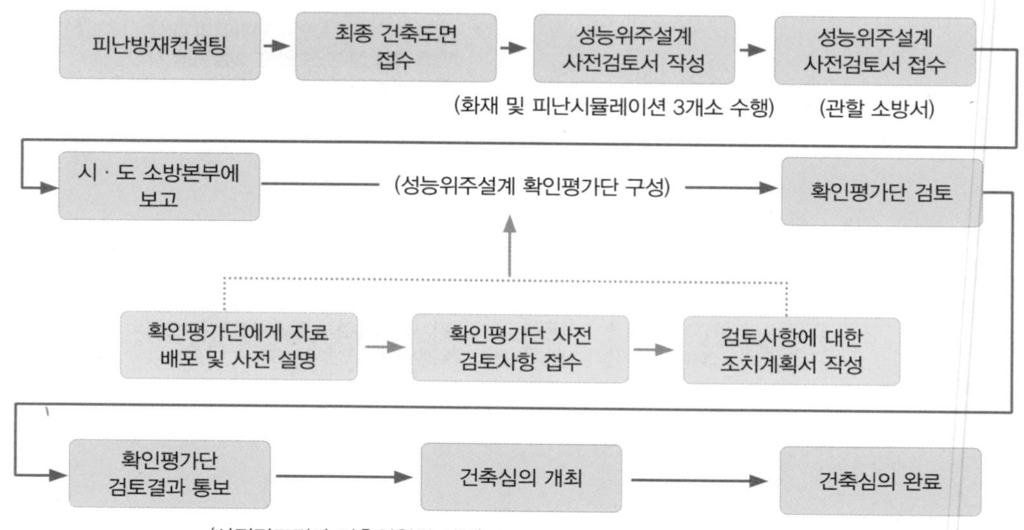

성능위주설계자가 관할 소방서장에게 사전검토를 신청할 때에는 성능위주설계 사전검토 신청서에 다음의 서류[1]를 첨부하여야 한다.

다음 각 호의 사항이 포함된 건축물의 기본 설계도서 1. 건물의 개요(위치, 규모, 구조, 용도) 2. 부지 및 도로의 설치 계획(소방차량 진입동선을 포함한다.) 3. 화재안전성능의 확보 계획 4. 화재 및 피난 모의실험 결과 5. 다음 각 목의 건축물 설계 상세도면 가. 주단면도 및 입면도 나. 층별 평면도 및 창호도 다. 실내 · 실외 마감재료표 라. 방화구획도(화재확대 방지계획 포함) 마. 건축물의 구조 설계에 따른 피난계획 및 피난 동선도	6. 소방시설등의 설치계획 및 설계 설명서(소방시설 기계, 전기분야 기본 계통도 포함) 7. 「소방시설공사업법 시행령」 별표 1의 2에 따른 성능위주설계를 할 수 있는 자의 자격 · 기술인력을 확인할 수 있는 서류 8. 성능위주설계 용역 계약서 사본

사전검토 신청에 따른 성능위주설계 확인 · 평가단의 심의 결과는 시 · 도 건축위원회 심의 개최 시 의견 상정되는데, 이것은 소방본부가 시 · 도 건축위원회의 당연직 위원으로 참석하여 소방에서 대표적으로 심의의견을 제시한 것으로 볼 수 있으므로 평가단원들의 심의의견이 매우 중요하다 할 수 있다.

1) 소방시설 설치 및 관리에 관한 시행규칙 제7조(성능위주설계의 사전검토 신청)

02 성능위주설계(PBD) 평가단의 건축허가 전 단계

성능위주설계자는 건축물을 건축하려는 자가 건축허가를 신청하기 전에 성능위주설계 각 서류를 첨부하여 관할 소방서장에게 신고하여야 한다. 이때는 사전검토 신청 시 제출한 서류와 동일한 서류는 제외한다.

<table>
<tr>
<td>1. 다음 각 목의 사항이 포함된 신고서(사전검토 단계에서 보완된 내용을 포함)
가. 건물의 개요(위치, 구조, 규모, 용도)
나. 부지 및 도로의 계획(소방차량 진입동선을 포함)
다. 화재안전성능의 확보계획
라. 성능위주설계요소에 대한 성능평가(화재 및 피난모의실험 결과 포함)
마. 성능위주설계 적용으로 인한 화재안전성능 비교표
바. 다음 각 목의 건축물 설계도면
1) 주단면도 및 입면도
2) 층별 기준층 평면도 및 창호도
3) 실내 · 실외 마감재료표
4) 방화구획도(화재확대 방지계획 포함)
5) 건축물의 구조 설계에 따른 피난계획 및 피난 동선도
사. 소방시설등의 설치계획 및 설계 설명서</td>
<td>아. 다음 각 목의 소방시설등 설계도면
1) 소방시설 계통도 및 층별 평면도
2) 소화용수설비 및 연결송수구 설치위치 평면도
3) 종합방재센터 설치 및 운영계획
4) 상용전원 및 비상전원의 설치계획
5) 소방시설의 내진설계 계통도 및 기준층 평면도(내진 시방서 및 계산서 등 세부 내용이 포함된 설계도면은 제외)
자. 소방시설에 대한 전기부하 및 소화펌프등 용량계산서
2.「소방시설공사업법 시행령」 별표 1의 2에 따른 성능위주설계를 할 수 있는 자의 자격 · 기술인력을 확인할 수 있는 서류
3. 성능위주설계 용역 계약서 사본</td>
</tr>
</table>

성능위주설계 신고서에 첨부된 서류는 건축허가등의 동의절차에 따른 건축허가동의 신고서류와 상이하여서는 아니 된다.

앞에서 이행한 첫 번째 단계인 사전검토신청은 건축심의를 하지 않는 경우에는 사전검토를 신청하지 않을 수 있었지만 신고단계에서는 성능위주설계(PBD) 대상이 되면 무조건 신고해야 하는 기속행위의 행정행위이다.

성능위주설계의 건축허가 전 단계 신고서 신청의 일반적인 절차는 다음과 같다.

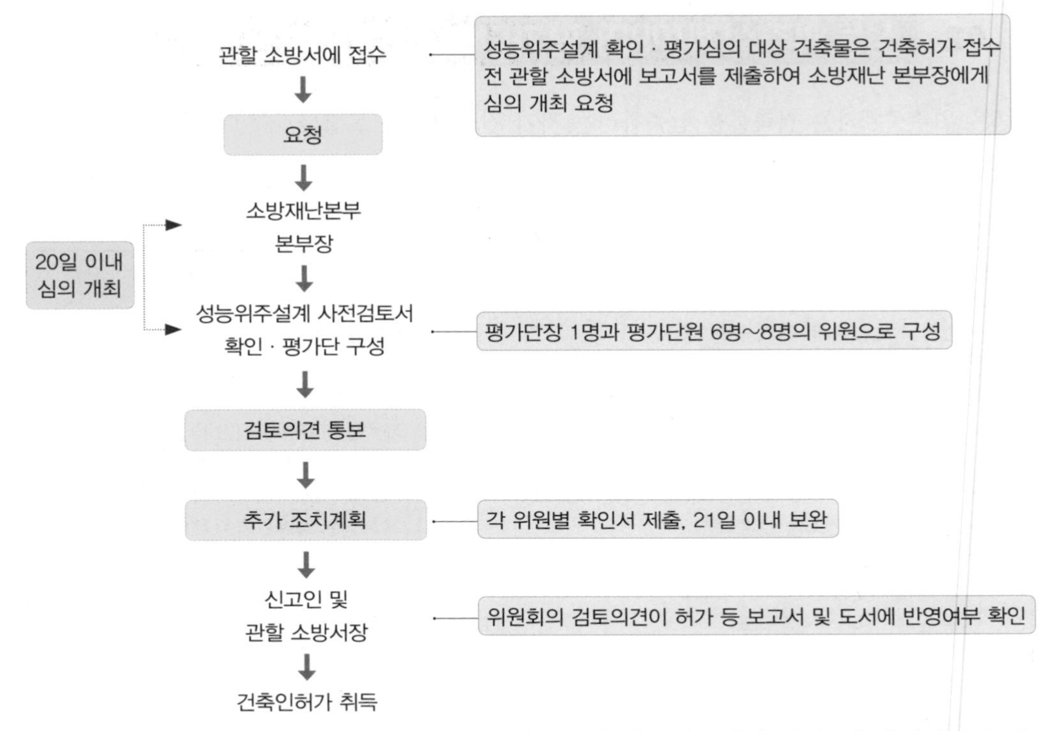

관할 소방서장은 성능위주설계 신고서를 접수하면 성능위주설계 대상 및 자격여부를 확인한 후 지체 없이 소방본부장에게 보고하고, 소방본부장은 접수한 날부터 "20일 이내"에 평가단을 구성 · 운영하여 성능위주설계 신고서를 확인 · 평가하는 등 검증을 실시하고 그 내용을 심의 결정하여야 한다. 다만, 성능위주설계의 검증 및 심의에 고도의 기술이 필요하여 평가단에서 심의 결정하기 곤란한 경우 소방청의 중앙소방기술심의위원회에 상정을 요청할 수 있고 중앙위원회의 심의 결과를 반영하여 성능위주설계의 내용을 검토 · 평가해야 한다. 신고신청 단계에서는 사전검토서 신청절차에는 없는 처리기한이 있는데 보고를 받은 소방본부장은 접수한 날부터 "20일 이내"에 확인 · 평가단의 구성 · 운영 후 심의결정 결과를 신고인 및 관할 소방서장에게 통보해야 한다. 이 기간은 민원인을 이익 및 불편해소를 위해 소방관서에서 행정처리 할 수 있는 최대한의 기한을 법령에서 부여하고 있는 기한이므로 반드시 지켜져야 한다. 현재까지 성능위주설계 확인 · 평가단의 구성과 심의개최 기간의 하자에 의한 행정소송 사례는 찾아볼 수 없으나 향후 평가단 심의의결이 부결되어 결과에 대한 구제절차로 행정소송을 제기하였을 때 심의개최 기한 초과등 행정절차에 대한 하자를 이유로 심의의결이 무효인 결과가 나올 가능성을 배제하지는 못할 것이다.

성능위주설계의 건축허가 전 단계 신고 신청서의 소방관서 접수 시부터 확인 · 평가단 검토결과의 건축허가동의 간주 시까지의 세부 흐름도는 다음과 같이 나타낼 수 있다.

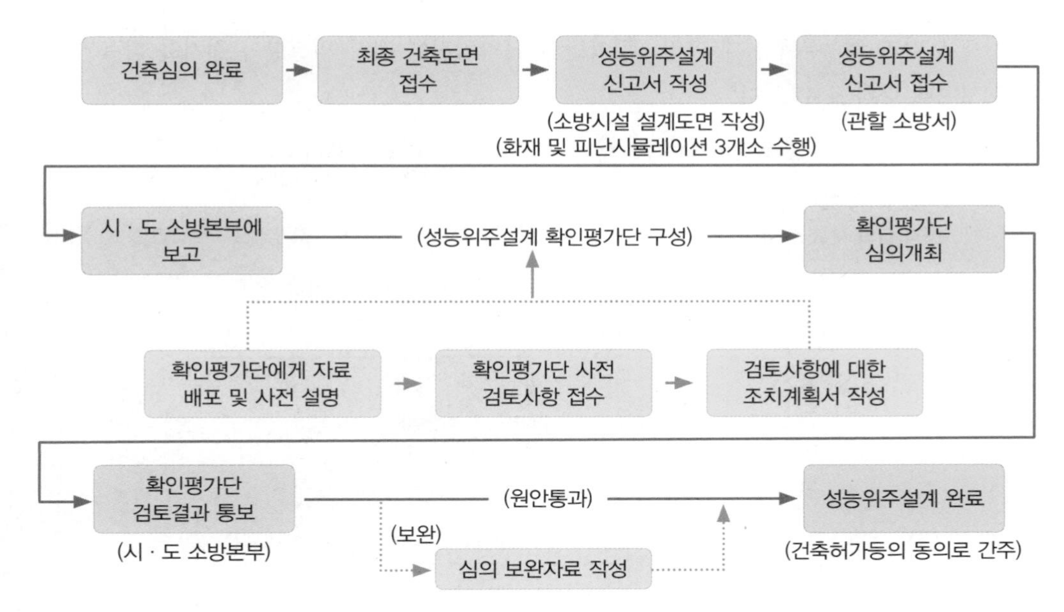

성능위주설계의 검증을 위하여 첨부서류의 보완이 필요한 경우에는 7일 이내의 기간을 정하여 성능위주설계자에게 보완을 요구할 수 있는데, 이 경우 서류의 보완기간은 처리기간에 산입하지 아니하며, 보완되지 않은 경우 성능위주설계 신고서를 반려하여 종결처리 하는데 이것은 평가단의 심의의결이 "부결"된 것을 말하므로 향후 성능위주설계를 하고자 할 때는 처음부터 다시 행정절차를 이행해야 한다는 의미로 보면 된다.

평가단은 성능위주설계 신고서의 검토 · 평가를 한 경우에는 "원안채택", "보완", "재검토", "부결"로 결정한다. 성능위주설계 평가단의 검토 · 평가 구분 및 통보 시기[2]는 아래와 같다.

구분		성립요건	통보시기
수리	원안채택	신고서(도면 등) 내용에 수정이 없거나 경미한 경우 원안대로 수리	지체 없이
	보완	평가단 또는 중앙위원회에서 검토 · 평가한 결과 보완이 요구되는 경우로서 보완이 완료되면 수리	보완완료 후 지체 없이 통보
불수리	재검토	평가단 또는 중앙위원회에서 검토 · 평가한 결과 보완이 요구되나 단기간에 보완될 수 없는 경우	지체 없이
	부결	평가단 또는 중앙위원회에서 검토 · 평가한 결과 소방 관련 법령 및 건축 법령에 위반되거나 평가 기준을 충족하지 못한 경우	지체 없이
비 고 보완으로 결정된 경우 보완기간은 21일 이내로 부여하고 보완이 완료되면 지체 없이 수리 여부를 통보해야 한다.			

2) 소방시설 설치 및 관리에 관한 법률 시행규칙 [별표 1]

위 표에 따라 성능위주설계 확인 · 평가단의 심의의견에 대한 의결항목 절차를 다음과 같이 도시하여 나타낼 수 있다[3]

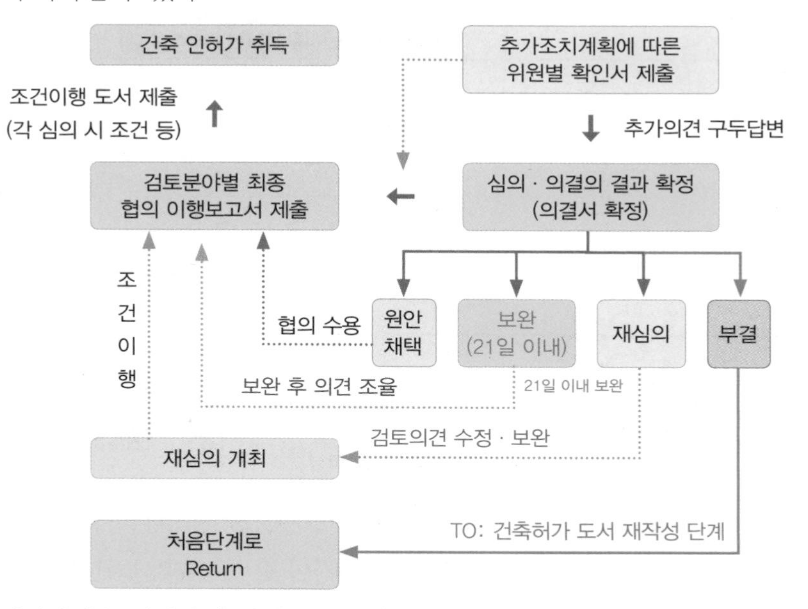

관할 소방본부장은 평가단이 심의 결정하였을 경우 성능위주설계 신고 검토 · 평가 결정서를 작성하여 관할 소방서장에게 지체 없이 통보하여야 한다. 관할 소방서장은 성능위주설계의 신고서 검토 · 평가 결과를 통보받은 경우에는 위 표에서 정하는 시기에 따라 그 결과를 성능위주설계를 한 자에게 통보하고, 법 제6조에 따라 인허가등의 권한이 있는 행정기관에 건축허가등의 동의 여부를 알려야 한다.

이때 성능위주설계에 대한 심의 결정을 통보한 경우 심의 결정된 사항대로 「소방시설 설치 및 관리에 관한 법률」 제6조에 따른 건축허가등의 동의를 한 것으로 간주한다. 이것은 평가단의 심의위원구성에 관할 소방서의 업무 담당과장을 당연직으로 참석하도록 하여 의견을 제시하기 때문에 허가동의의 검토가 이행된 것으로 인정하는 것이다.

3) 대전대 소방방재학과 박사논문(안성호), 「전수조사 분석을 통한 성능위주설계(PBD) 제도개선에 관한 연구」, 2018

CHAPTER 

03 | 성능위주설계(PBD)와 사전재난영향성검토협의

(초)고층건축물에 해당하는 특정소방대상물을 신축하고자 할 때는 건축허가 전 화재영향에 대한 건축방재계획과 재난의 영향에 관한 사전 안전계획을 수립하고 심의를 받도록 제도화 하고 있는데 이것이 성능위주설계(PBD) 심의제도와 사전재난영향성검토협의이다.

실시대상에는 차이가 있지만 화재에서의 위험요인과 재난 발생시의 영향을 사전분석하고 예방하는 취지로 볼 때, (초)고층건축물의 재난에 있어 사전 안전대책을 강화한 제도라고 할 수 있다.

초고층건축물과 지하연계복합건축물에 실시하는 사전재난영향성검토협의는 성능위주설계(PBD) 평가단에서 심의하는 유사한 내용에 대해서도 검토하는 경우가 있으므로 이 두 가지 제도의 실시에 대한 차이점의 명확한 개념과 절차를 알아보도록 하자.

01 사전재난영향성검토협의의 신설 배경

「구. 환경 · 교통 · 재해등에 관한 영향평가법」에는 도시계획 또는 지구단위계획 등에서 4대(환경 · 교통 · 재해 · 인구) 영향평가를 실시하여 왔는데 여기에 화재(재난)에 대한 영향평가는 실시하지 않았고, 2009년 1월 이 법이 폐지되면서 인구영향평가와 재해영향평가는 삭제되고, 나머지 환경 · 교통영향평가 또한 개별법에서 시행하도록 간소화되었다. 이후 2010년 부산 해운대 고층건물 화재사고[1]를 계기로 「초고층에 관한 특별법」이 제정[2]되면서 "사전재난영향성검토협의" 조항이 신설되었고, 성능위주설계(PBD)에 관한 규정이 2005년 도입되어 소방시설공사업법에 규정되어 있었지만 시행되지 않았던 제도가 이 사건을 계기로 세부내용을 규정한 고시가 제정[3]된 이후 실질적으로 시행되었다. 그러므로 이 시기부터 고층건축물의 화재(재난)에 대한 사전영향평가가 실시되었다고 할 수 있다.

1) 2010. 10. 01. 부산광역시 해운대구 우동 1435-1 우신골든스위트(지하 4층/지상 38층)
2) 초고층 및 지하연계 복합건축물 재난관리에 관한 특별법[제정 2011. 03. 08. 시행 2012. 03. 09.]
3) 소방시설등의 성능위주 설계방법 및 기준[제정 2011. 07. 01.]

PART 5

02 사전재난영향성검토협의의 범위 등

1 사전재난영향성검토협의 정의

초고층재난관리법에서의 사전재난영향성검토협의의 용어는 다음과 같이 나타낼 수 있다.

> "사전재난영향성검토협의"란 초고층 건축물등의 신축 · 증축 · 개축 · 재축 · 이전 · 대수선 또는 대통령령으로 정하는 용도변경 · 수용인원 증가(이하 "설치등"이라 한다)로 인한 재난발생 위험요인을 예측 · 분석하고 이에 대한 대책을 마련하는 것을 말한다.

초고층 건축물등의 재난발생 위험요인을 예측 · 분석하고 이에 대한 대책을 마련하는 것으로 용어를 정의할 수 있다.

2 사전재난영향성검토협의 대상

사전재난영향성검토협의의 신청은 "초고층 건축물등"을 설치할 때 해야 하는데 "초고층 건축물등"이란 초고층 건축물, 지하연계복합건축물, 그밖에 재난관리가 필요한 건축물 및 시설물을 말한다.

건축법 규정에는 고층건축물을 초고층 건축물과 준초고층 건축물로 구분[4]하고 있는데, 이 중에서 초고층 건축물과 준초고층 건축물이라도 지하연계복합건축물에 해당될 때는 사전재난영향성검토협의의 신청 대상이 된다.

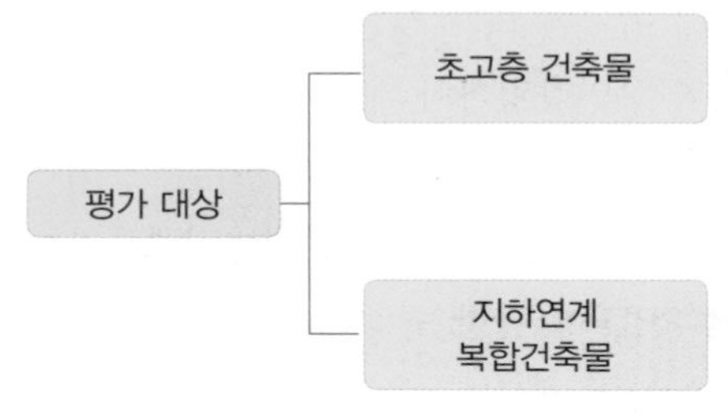

층수가 50층 이상 또는 높이가 200미터 이상인 건축물

지하부분이 지하역사 또는 지하도상가와 연결된 건축물로서 다음 각 목의 요건을 모두 갖춘 것을 말한다.(다만, 화재 발생 시 열과 연기의 배출이 쉬운 구조를 갖춘 건축물로서 대통령으로 정하는 건축물은 제외)

가. 층수가 11층 이상이거나 수용인원이 5천명 이상인 건축물
나. 건축물 안에 문화 및 집회시설, 판매시설, 운수시설, 업무시설, 숙박시설, 위락시설 중 유원시설업의 시설 또는 종합병원과 요양시설 용도의 시설이 하나 이상 있는 건축물

과거의 규정에서는 시 · 도시지사와 시장 · 군수 · 구청장이 초고층 건축물 등의 설치에 대한 허가 등을 하고자 하는 경우 "사전재난영향성검토협의"를 요청하고, 시 · 도재난안전대책본부장은 사전재난영향성검토협의 요청사항의 전문적인 검토를 위하여 "사전재난영향성검토위원회"를 구성 · 운영하고 검토의견을 통보하도록 규정하고 있었다.

---

4) 건축법 시행령 제2조(정의)

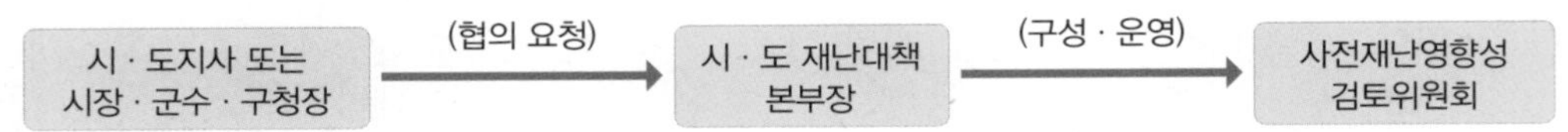

이 규정에 대해 시 · 도지사와 시 · 도재난안전대책본부장의 개념을 이해하는 것에 많은 혼선이 있었던 것이 사실이었다. "시 · 도지사"란 특별시장 · 광역시장 · 도지사 · 특별자치도지사를 말하는데 모두 기관의 장이다. "시 · 도재난안전대책본부장"이란 「재난 및 안전관리 기본법」에서 규정하고 있는 것으로서, 해당 관할 구역에서 재난의 수습 등에 관한 사항을 총괄 · 조정하고 필요한 조치를 하기 위해 시 · 도지사는 「시 · 도재난안전대책본부」를 두고, 시장 · 군수 · 구청장은 「시 · 군 · 구재난안전대책본부」를 두도록 규정하고 있다.

여기서 「시 · 도재난안전대책본부」의 본부장은 시 · 도지사가 되고 「시 · 군 · 구재난안전대책본부」의 본부장은 시장 · 군수 · 구청장이 된다. 그러므로 시 · 도지사가 시 · 도재난안전대책본부를 두고 그 본부의 장이 되므로 실질적으로 동일인이 된다는 뜻이다. 즉, 시 · 도지사가 초고층 건축물 등의 허가 전에 사전재난영향성검토협의를 요청하고 사전재난영향성검토위원회를 구성 · 운영하고 검토의견을 통보하는 사람 역시 시 · 도지사이므로 동일인이 행정절차를 진행함에도 별도의 기구로 구분하고 있었다. 이것은 「재난 및 안전관리 기본법」에서 재난에 대응하는 직책을 별도로 규정하고 있기 때문이다.

3 사전재난영향성검토협의 내용

사전재난영향성검토협의의 내용[5]은 다음과 같다.

1. 종합방재실 설치 및 종합재난관리체제 구축 계획
2. 내진설계 및 계측설비 설치계획
3. 공간 구조 및 배치계획
4. 피난안전구역 설치 및 피난시설, 피난유도계획
5. 소방설비 · 방화구획, 방연 · 배연 및 제연계획, 발화 및 연소확대 방지계획
6. 관계지역에 영향을 주는 재난 및 안전관리 계획
7. 방범 · 보안, 테러대비 시설설치 및 관리계획
8. 지하공간 침수방지계획
9. 그 밖에 대통령령으로 정하는 사항
   가. 해일(지진해일을 포함한다) 대비 · 대응계획(초고층 건축물등이 해안으로부터 1킬로미터 이내에 건축되는 경우만 해당한다)
   나. 건축물 대테러 설계 계획[폐쇄회로텔레비전(CCTV) 등 대테러 시설 및 장비 설치계획을 포함한다]
   다. 관계지역 대지 경사 및 주변 현황
   라. 관계지역 전기, 통신, 가스 및 상하수도 시설 등의 매설 현황

각 평가 항목들에 대한 세부적인 내용은 소방청 사전재난영향성검토협의 지침에 의해서

5) 초고층 및 지하연계 복합건축물 재난관리에 관한 특별법 제7조(사전재난영향성검토협의 내용) 제①항

이루어진다.

4 사전재난영향성검토협의 절차[6]

초고층 건축물등의 설치등을 하려는 자는 특별시장 · 광역시장 · 특별자치시장 · 도지사 · 특별자치도지사("시 · 도지사")에게 사전재난영향성검토협의를 신청하여야 하는데 설치등의 허가권자가 시장 · 군수 · 구청장인 경우에는 관할 시장 · 군수 · 구청장을 거쳐서 신청해야 한다.

평가 신청을 받은 시 · 도지사는 사전재난영향평가위원회에 사전재난영향성검토협의를 요청하고 그 결과를 사전재난영향성검토협의를 신청한 자에게 통보하는데 설치 등의 허가권자가 시장 · 군수 · 구청장인 경우에는 관할 시장 · 군수 · 구청장에게 그 결과를 통보해야 한다.

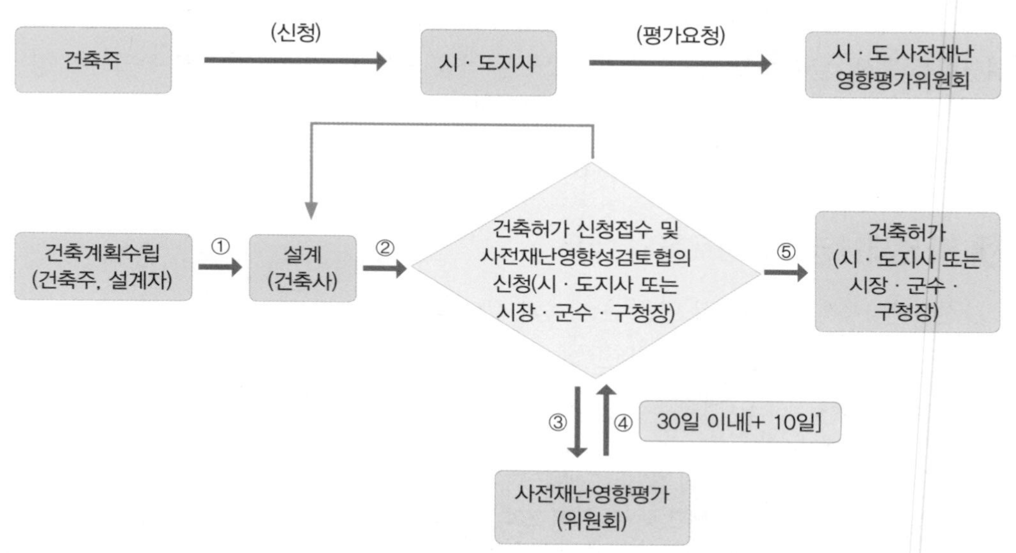

건축주로부터 사전재난영향성검토협의에 관한 신청을 받은 시 · 도지사는 평가대상에 해당하는지와 평가요청서의 내용의 적정 여부 등 기본요건을 검토하고 평가대상이 아닌 경우 반려할 수 있으며 평가요청 서류가 부실하거나 내용이 미비한 경우 담당자의 사전검토 또는 사전재난영향평가위원회 검토회의를 통해 건축주에게 보완 또는 재작성을 요구할 수 있다. 그리고 시 · 도지사는 사전재난영향성검토협의 신청을 받은 날부터 30일 이내에 초고층 건축물 등의 관리주체가 수정 · 보완할 사항을 포함한 검토의견을 통보하여야 한다. 다만, 천재지변이나 그 밖의 부득이한 사유로 30일 이내에 검토의견을 통보하기 곤란한 경우에는 10일의 범위에서 그 기간을 연장할 수 있다. 시 · 도지사는 협의에 필요한 준비도서(서

6) 초고층 및 지하연계 복합건축물 재난관리에 관한 특별법 제6조(사전재난영향성검토협의 내용)

류) 등 제반자료에 대한 확인 후 이상이 없으면 이를 회의 개최일로부터 최소 15일 전 위원들에게 사전 배포하여 검토의견 작성 요청하고, 검토위원별 사전 검토의견 취합 후 회의 개최일로부터 7일 전까지 관계인에게 통보하여 필요한 사항에 대하여 회의 당일까지 수정·보완하여 제출하도록 요청한다. 검토결과 평가 수용 여부를 의결서에 작성하는데 평가결과를 "수용, 조건부 수용, 부분 수용, 불수용"으로 구분한다.

수용	검토결과 협의서의 내용에 흠이 없거나 경미하여 조건 없이 협의를 수용하는 의결
조건부 수용	검토결과 협의서 내용 중 일부 미흡한 사항에 대한 수정·보완을 전제로 협의를 수용하는 의결
부분 수용	검토결과 단시일 내 해결 가능한 특정분야의 중대한 흠에 대하여 해당분야 전문위원의 추가 심의를 전제로 협의서의 내용 중 흠이 없는 부분에 대하여만 부분적으로 협의를 수용하는 의결
불수용	검토결과 협의서에 단기간의 수정·보완으로 곤란한 중대하고 해결하기 어려운 흠으로 인하여 불수용 의결

사전재난영향성검토협의를 신청한 자는 통보받은 사전재난영향성검토협의 결과에 이의가 있는 경우에는 시·도지사에게 재평가를 신청할 수 있다. 다만, 설치 등의 허가권자가 시장·군수·구청장인 경우에는 관할 시장·군수·구청장을 거쳐 재평가를 신청하여야 한다.

5 사전재난영향평가위원회의 자격 등

사전재난영향평가위원회는 위원장 1명과 부위원장 1명을 포함하여 20명 이상 40명 이하의 위원으로 구성하며 시·도지사가 다음과 같은 사람으로 위촉하거나 임명한다.

1. 초고층 건축물등의 건축·유지, 안전관리, 방재 및 대테러 등에 관한 학식과 경험이 풍부한 사람
2. 「국가기술자격법」에 따라 건설, 기계, 전기·전자, 정보통신, 안전관리, 환경·에너지 분야의 국가기술자격을 취득한 사람이나 같은 분야의 박사 이상의 학위를 취득한 사람
3. 「건축사법」에 따른 건축사
4. 재난관리, 소방 또는 대테러 관련 업무에 종사하는 공무원(전체 위원 수의 4분의 1 이하)

위촉위원의 임기는 2년으로 하고 한 차례 연임할 수 있으며, 위원회의 회의는 재적위원 과반수의 출석으로 개의(開議)하고, 출석위원 과반수의 찬성으로 의결한다.

03 성능위주설계 심의와 사전재난영향성검토협의의 연관성

성능위주설계(PBD) 평가단의 심의를 득한 건축물인 경우 관련 사항에 대한 재검토 여부는 사전재난영향평가위원회에서 판단하여 결정하도록 한다. 종합방재실 설치, 피난안전구역 설치 등 사전재난영향성검토협의 내용들의 대부분은 성능위주설계(PBD) 평가단 심의에서 의견이 반영되는 경우가 많으므로 중복으로 검토의견을 제시할 이유는 없을 것이다. 최근 성능위주설계(PBD)와 사전재난영향성검토협의는 사전심의 행정의 중복성으로 이해하는 의견들이 많이 있으며, 이는 관계자의 부담과 행정력의 소모이므로 하나의 심의과정으로 통합해야 할 필요성이 많이 제기되고 있다. 관계자가 초고층 건축물을 신축하기 위해서는 성능위주설계(PBD) 평가단 심의, 건축심의, 사전재난영향성검토협의 등을 거치게 되는데 이 과정에서 내용적 중복성이 있다. 사전재난영향성검토협의 신청은 건축물 허가신청 후 또는 신청과 거의 동시에 하게 되는데 이때 성능위주설계(PBD) 평가단의 "건축허가 전 단계" 신고 심의가 먼저 개최된다. 여기에서 대부분의 사전재난영향성검토협의 내용들의 의견이 제시되고 반영된다고 할 수 있다.

다음은 성능위주설계(PBD)와 사전재난영향성검토협의의 추진일정표의 예시를 나타낸 것이다.

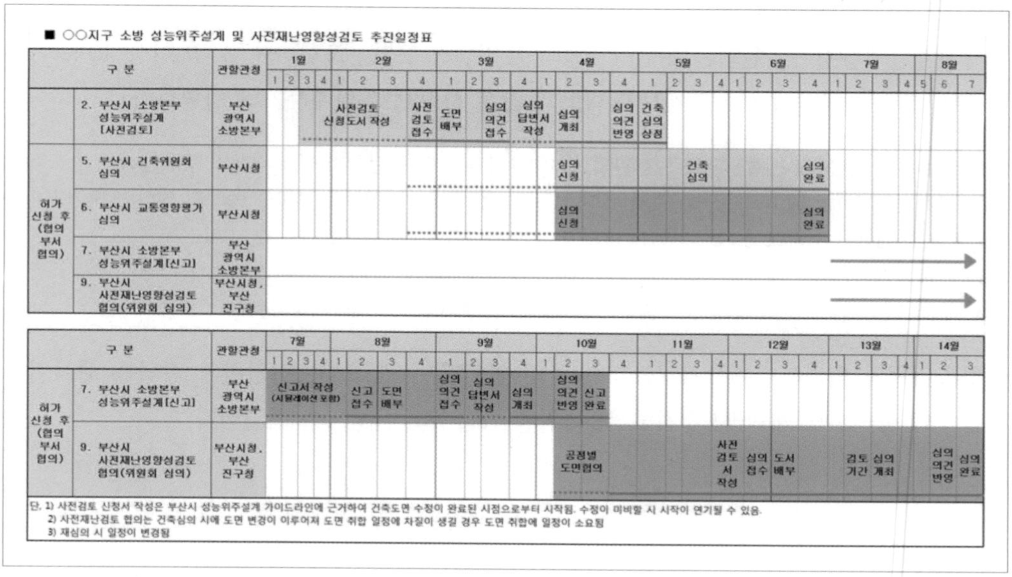

■ ○○지구 소방 성능위주설계 및 사전재난영향성검토 추진일정표

구분		관할관청	1월	2월	3월	4월	5월	6월	7월	8월
	2. 부산시 소방본부 성능위주설계 [사전검토]	부산광역시 소방본부		사전검토 신청도서 작성, 사전검토접수	도면배부, 심의의견접수, 심의답변서 작성	심의개최, 심의의견반영	건축심의상정			
허가 신청 후 (협의부서 협의)	5. 부산시 건축위원회 심의	부산시청				심의신청	건축심의	심의완료		
	6. 부산시 교통영향평가 심의	부산시청				심의신청		심의완료		
	7. 부산시 소방본부 성능위주설계[신고]	부산광역시 소방본부							→	→
	9. 부산시 사전재난영향성검토 협의(위원회 심의)	부산시청, 부산진구청							→	→

구분		관할관청	7월	8월	9월	10월	11월	12월	13월	14월
허가 신청 후 (협의부서 협의)	7. 부산시 소방본부 성능위주설계[신고]	부산광역시 소방본부	신고서 작성 (시뮬레이션 포함)	신고접수, 도면배부	심의의견접수, 심의답변서 작성, 심의개최	심의의견반영, 신고완료				
	9. 부산시 사전재난영향성검토 협의(위원회 심의)	부산시청, 부산진구청				공정별 도면협의	사전검토서 작성	심의접수, 도서배부	검토기간, 심의개최	심의의견반영, 심의완료

단. 1) 사전검토 신청서 작성은 부산시 성능위주설계 가이드라인에 근거하여 건축도면 수정이 완료된 시점으로부터 시작됨. 수정이 미비할 시 시작이 연기될 수 있음.
2) 사전재난검토 협의는 건축심의 시에 도면 변경이 이루어져 도면 취합 일정에 차질이 생길 경우 도면 취합에 일정이 소요됨
3) 재심의 시 일정이 변경됨

성능위주설계(PBD)를 규정하고 있는 「소방시설공사업법」과 「소방시설 설치 및 관리에 관한 법률」은 소관부서가 소방청이며 각 시 · 도 소방본부가 주체가 되어 심의를 개최한다. 를 규정하고 있는 「초고층 및 지하연계 복합건축물 재난관리에 관한 특별법」은 소관부서가 소방청임에도 불구하고 위원회의 검토는 시 · 도의 재난관련 부서에서 하고 있다. 이런 이유는

이 법령이 재난의 관리에 관한 법률이므로 사전재난영향성검토협의는「재난 및 안전관리 기본법」에서 규정하고 있는 지역재난대책본부장(시 · 도지사)에게 신청해야 하기 때문이다. 향후 중복 실시하는 성격의 행정절차에 대해서는 과감한 통 · 폐합을 통하여 행정간소화가 필요하며 이것이 곧 효율적인 재난관리를 할 수 있는 지름길이라 생각한다.

건축소방의 이해

건축소방의 이해

「피난 · 방화시설」 실무 해설서

건축소방의 이해

발행일 | 2023년 3월 10일 초판발행
저 자 | 안성호
발행인 | 정용수
발행처 | 예문사

저자협의
인지생략

주 소 | 경기도 파주시 직지길460(출판도시) 도서출판 예문사
TEL | 031) 955-0550
FAX | 031) 955-0660
등록번호 | 11-76호

• 예문사 홈페이지 http://www.yeamoonsa.com

정가 : 43,000원
ISBN 978-89-274-4987-4 03540